Crédit photographique :

- Couverture : *Spencer model 1865 contract carbine* © JJB Collection (www.jjb-collection.com).
- Page vi : *Le Pavillon du Roi* – © Olivier Malingrey.
- Pages xvi à xxi - *Documents photographiques* – Henri Ortholan.

ISBN. : 978-2-36965-062-1
ISSN : 2493-2221

Dépot légal : 4e trimestre 2016

Histoire des Armes

- *Dictionnaire des armes offensives et défensives* - E. Viollet-le-Duc
- *Le développement des armes à feu* - Rodolphe Schmidt
- *L'arme blanche de guerre française au XVIIIe siècle* - Maurice Bottet

Autres collections déjà parues :

Égyptologie
Histoire des Civilisations
Histoire
Explorations - Découvertes
Poésie
Histoire régionale
Astrologie
Sciences & Techniques

Ces ouvrages sont disponibles aux

Éditions Decoopman
30440 Saint-Laurent-le-Minier
Tel : +33 (0)4.67.73.90.95
web : www.decoopman.com
e.mail : editions@decoopman.com

Catalogue gratuit sur simple demande

L'ARMEMENT
ET LE
TIR DE L'INFANTERIE

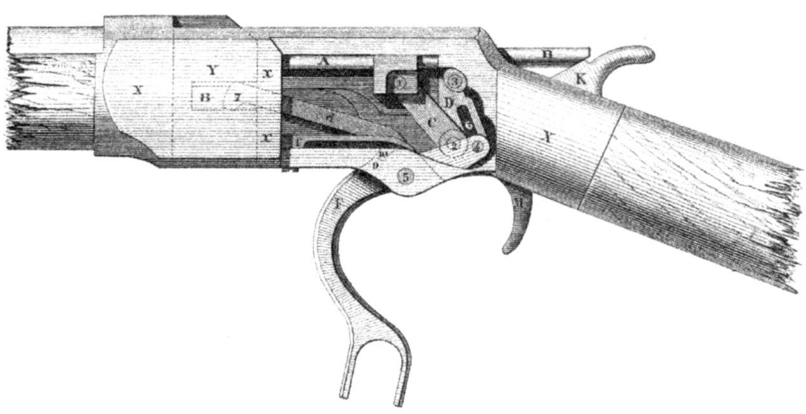

J. CAPDEVIELLE

Lieutenant-colonel au 33e d'infanterie

1872

PRÉFACE

Le sujet abordé par ce superbe ouvrage concerne l'étude du tir et des armes de l'infanterie d'une époque bien particulière, celle qui couvre le Second Empire jusqu'aux lendemains de la guerre franco-prussienne de 1870. C'est la réédition, sous une forme différente, d'une étude publiée en 1872 par le lieutenant-colonel d'infanterie Jean Capdevielle, déjà sous le même titre : *L'armement et le tir de l'infanterie*, mais paru à l'époque en deux parties distinctes, l'une contenant le texte de l'étude, l'autre réunissant en un « Atlas » un ensemble de planches et de tableaux.

L'intérêt du présent ouvrage est d'en avoir fait un document unique, sous une présentation bien plus agréable, où le texte va de pair avec l'iconographie. La compréhension des explications et descriptions, largement techniques, s'en trouve grandement facilitée.

Ce travail présente d'autant plus d'intérêt qu'il a été rédigé par un spécialiste ; le lieutenant-colonel Capdevielle a consacré une importante partie de sa carrière, plus de quinze ans, à l'instruction du tir et à l'étude des armes d'infanterie. Commençons donc par présenter cet officier, dont l'expérience et les connaissances techniques expliquent le niveau particulièrement élevé de l'ouvrage dont il est l'auteur.

Fils de notaire, Jean Joseph Jules Honoré Donatien Capdevielle[1] naît le 12 octobre 1828 à Maubourguet, dans les Hautes-Pyrénées. Il entre à Saint-Cyr en décembre 1846, promotion d'*Italie*. Nommé sous-lieutenant deux ans après, il commence sa carrière au 16e régiment d'infanterie de ligne. Il sert en Afrique, en pleine conquête d'Algérie, d'août 1849 à mai 1850. Son orientation de carrière commence à se profiler à l'occasion d'un stage suivi courant 1851 à l'École normale de tir de Vincennes où, encore sous-lieutenant, il se fait

[1] Le dossier d'officier de Capdevielle est à Vincennes, au Service historique de la Défense, (SHD) cote GR 5YE 22 286.

remarquer par des résultats exceptionnels qui lui valent de recevoir un premier prix pour l'ensemble de ses résultats, et un autre premier prix d'instruction, tous les deux décernés par le ministre de la Guerre.

Lieutenant en 1852, puis capitaine le 4 mars 1855 dans le même régiment, il rejoint à peine promu l'École normale le 20 juillet de cette année-là, comme « sous-instructeur ». Il appartient toujours au 16e de ligne, mais désormais administrativement. Sans aucun doute, les résultats qu'il avait obtenus en 1851 ont motivé cette décision. Affecté ensuite au 1er régiment de ligne, toujours administrativement, puis pareillement au 58e de ligne à partir de 1864, c'est là qu'il reçoit ses galons de chef de bataillon (commandant), le 12 août. Sans tarder, le 19 novembre, le voilà enfin hors-cadre, position qui s'explique par ses fonctions de commandant de l'École normale de tir, qui déménage à Châlons cette même année. Le 18 août 1866, il est fait chevalier de la Légion d'honneur[2].

Les évènements extérieurs le ramènent en corps de troupe lorsque la France déclare la guerre à la Prusse, le 19 juillet 1870. La veille, il venait d'être affecté au 41e régiment d'infanterie[3], dans les rangs duquel il participe aux opérations d'août autour de Metz. Appartenant à l'armée du Rhin, commandée par le maréchal Bazaine, son régiment est engagé à la bataille de Borny, le 14 août, où il a un cheval tué sous lui. Pris dans le blocus de Metz, c'est dans ces conditions qu'il passe lieutenant-colonel, le 12 septembre 1870. Comme toute l'armée du Rhin, il connaît la capitulation le 28 octobre et il prend le lendemain le chemin de la captivité comme prisonnier de guerre. Il revient en France le 23 avril 1871, trois mois après la signature de l'armistice, conclu avec l'Allemagne le 28 janvier précédent.

À son retour de captivité, appartenant toujours au 41e de ligne, il reçoit le 7 mai une affectation au 33e de ligne, à Arras. Paris est alors en pleine insurrection et l'armée de Versailles se prépare à sa reconquête. On apprend un peu plus tard, par le *Journal officiel* du 26 octobre, qu'il fait partie des souscripteurs pour la reconstruction du palais de la Légion d'honneur, incendié par la Commune le 23 mai précédent, pendant la Semaine sanglante.

L'École normale de tir n'est pas recréée tout de suite après la guerre[4], ce qui explique l'affectation de notre officier en corps de troupe. Cependant, très rapidement, l'institution militaire se souvient de ses compétences. Au début de l'année suivante, le général Clinchant, président d'une commission

[2] Base Léonore, base de données des dossiers des membres de l'Ordre national de la Légion d'Honneur.

[3] Brigade Nayral, division de Castagny, 3e corps d'armée (maréchal Bazaine, puis maréchal Le Bœuf).

[4] Elle est remplacée en 1873 par des cours provisoires de tir à Vincennes et au camp de Châlons. Elle est recréée par décret du 9 décembre 1879, puis réorganisée par décrets du 18 novembre 1886 et du 29 avril 1898.

chargée de divers travaux sur le tir, fait demander, le 25 janvier 1872, le détachement provisoire « de l'ancien commandant de l'École normale de tir, M. Capdevielle » auprès de cette commission. Un an et demi après, le ministre de la Guerre crée, le 3 septembre 1873, une Commission chargée de l'examen de la cartouche modèle 1866, celle du fusil *Chassepot*, et des modifications qu'elle est susceptible de recevoir. Présidée par le général Douay – on parlera de Commission Douay – elle compte dans ses membres de nombreux officiers, dont trois d'infanterie, et parmi eux le lieutenant-colonel Capdevielle. En 1874, il en était le vice-président.

La mission de la commission s'achevant, Capdevielle retourne au 33e de ligne, toujours à Arras. Il est promu colonel le 8 octobre 1875 et muté au 4e de ligne. Le 12 suivant, le ministre de la Guerre lui propose de prendre le commandement du 106e de ligne, à Bar-le-Duc, à la faveur du départ du colonel titulaire du régiment, promu au grade de général de brigade. On apprend ensuite, le 19 janvier 1876, qu'il prendrait en fait le 111e de ligne à Nice, à la suite d'une permutation pour convenances personnelles. Le colonel Jean Capdevielle ne pourra se rendre à Nice car, malade et hospitalisé au camp de Mourmelon, il venait de décéder la veille, dans sa quarante-huitième année[5].

La carrière de cet officier venait donc de s'arrêter prématurément, alors que, colonel à 47 ans, il aurait pu très vraisemblablement prétendre aux étoiles d'officier général, surtout après avoir commandé un régiment. Le destin en a décidé autrement, mais il a laissé un nom comme spécialiste reconnu de l'armement d'infanterie. Quelques temps après son retour de captivité, Capdevielle avait demandé l'autorisation de publier *L'armement et le tir de l'infanterie*, le présent ouvrage, à nouveau publié sous sa forme actuelle. Le ministre de la Guerre la lui avait accordée le 25 octobre.

Si l'on considère l'importance de ce projet, on pourra s'étonner que son auteur ait demandé l'autorisation de sa publication aussi rapidement. On en donnera une explication un peu plus loin. On peut cependant resituer le cadre et l'esprit dans lequel s'inscrit cette étude. À court terme, l'armée française devait se relever de sa défaite, et tout devait être repris à zéro, y compris l'instruction du tir.

À moyen terme, Capdevielle est le contemporain et le témoin d'une époque qui a vu l'armement du fantassin se transformer considérablement en peu de temps. En vingt ans en effet, on passe d'une arme se chargeant par la bouche, suivant des opérations compliquées et pour un résultat aléatoire, à une arme précise et fiable se chargeant par la culasse : vingt ans d'essais et de tâtonnement en France durant lesquels de nombreux modèles de fusil vont se succéder, et cette étude est une manière de faire un bilan.

[5] Jean Capdevielle était célibataire et meurt sans descendance.

Comme on l'a compris, c'est l'École normale de tir qui a fait véritablement la carrière de Jean Capdevielle. Il lui doit tout, et c'est grâce elle que le présent ouvrage verra le jour. Aussi, faut-il la présenter dans ses grandes lignes.

Pendant les toutes premières décennies du XIXe siècle, et aussi regrettable que cela puisse paraître, le soldat tirait mal. Ce n'était pas faute d'instruire les jeunes recrues, mais le chargement du fusil par la bouche et la mise à feu par un système à silex nécessitaient en eux-mêmes tout un apprentissage. De plus, avec des armes munies d'un canon à âme lisse, le tir perdait toute efficacité au-delà d'une distance de 200 mètres en raison d'une dispersion considérable ; d'où un enseignement du tir réduit à sa plus simple expression et, dans toutes les armées, la pratique du feu de peloton pour compenser par le nombre le manque de précision.

Tout commence à changer en France à partir de 1837. Le lieutenant Delvigne et le colonel de Pontcharra mettent au point une arme d'essai, rayée et à percussion, la *carabine modèle 1837*, pour laquelle ils améliorent le forcement de la balle dans le canon[6]. On confie l'arme, dès 1837, à une compagnie de chasseurs d'essai dont le duc d'Orléans, fils aîné de Louis-Philippe, obtient la création à Vincennes, création suivie l'année suivante par celle d'un bataillon provisoire de chasseurs à pied. En 1840, ce bataillon donne naissance aux dix premiers bataillons de chasseurs à pied, armés d'une carabine rayée et à percussion, assurant un tir à la fois plus rapide et plus précis. Des améliorations successives déboucheront sur la série des modèles 1842, 1846, 1853, 1857 et 1859. Marquant une première rupture par rapport aux armes antérieures, celle-ci nécessitait une formation spécifique et, dans ce but, on ouvre à Vincennes justement, en 1842, une école de tir, d'abord appelée *École de tir des chasseurs d'Orléans*, puis École normale de tir à partir de 1845. L'ouverture de cette école, qui est une nouveauté dans l'instruction du soldat, avait fait dire au duc d'Aumale, autre fils de Louis-Philippe, qu'avant l'organisation des chasseurs[7] :

> « [...] l'instruction du tir était complètement négligée dans l'infanterie. En armant les chasseurs de carabines de précision, on avait compris que les leur confier sans leur apprendre à s'en servir, ce serait mettre un violon dans les mains d'un homme qui ne saurait pas la gamme. On créa donc une instruction de tir, mais on n'avait pu la déterminer que par un manuel provisoire, il importait de l'améliorer, de veiller à ce qu'elle fut uniforme. À cet effet, on institua à Vincennes une école normale de tir. Les résultats en ayant été très favorables, on étendit cette instruction à toute l'infanterie, et afin d'accélérer l'exécution de cette mesure, des écoles secondaires furent établies à Grenoble et à Saint-Omer... ».

---

[6] Il s'agit encore à cette époque de fusils se chargeant par la bouche, la balle étant introduite et poussée dans le canon à l'aide d'une baguette.

[7] Colonel (er) P. Carles, « Instruction du tir dans l'infanterie (2e partie) », *Bulletin de l'association des amis du musée de l'infanterie*, 2e semestre 1992, n° 23, p. 3.

L'ordonnance du 2 février 1845, qui ouvre l'École normale de tir[8] comme telle, stipulait : « Une école normale de tir est créée à Vincennes pour rendre uniforme dans l'armée l'enseignement des principes du tir et de l'évaluation des distances ; elle est appelée à résoudre toutes les questions relatives aux armes portatives. » L'idée faisant rapidement son chemin, une instruction du 15 juillet 1845 prévoit ensuite que « Des écoles régimentaires de tir sont appelées à appliquer les principes de l'école normale » et, par décret du 20 août suivant, le ministère de la Guerre étend ce principe d'instruction à tous les corps de troupe en ouvrant des écoles de tir régimentaires, chacune dirigée par un capitaine instructeur formé à Vincennes.

Le donjon du Fort-Vieux de Vincennes.
Au-delà, le Pavillon du Roi qui abritait l'École normale de tir.

Installée dans le pavillon du Roi et dans l'une des casemates de l'actuel Fort-Vieux[9], l'*École normale de tir de Vincennes,* maison mère du tir de l'armée française, mériterait toute une étude à elle seule. À Vincennes, l'École se limite à quelques officiers, cinq ou six, voire sept. On notera que les professeurs sont des artilleurs et les instructeurs des fantassins. C'est ce qui explique la position de Capdevielle, officier d'infanterie, d'abord sous-instructeur (instructeur-adjoint), puis instructeur à partir de 1860. À partir des années 1852-1853, l'École reçoit le concours de deux gardes d'artillerie, assimilables à des sous-officiers, et d'un maître-artificier.

[8] École dite « normale » par rapport aux écoles dites « supérieure, ou spéciale, ou d'application ».

[9] Le ministre de la Guerre lui attribue une salle de cours et une salle d'armes au deuxième étage du pavillon du Roi, ainsi qu'un bureau dans la casemate n°8 au premier étage des casemates sud (Patrice Bret, « Un berceau de l'artillerie au XIXe siècle », *Le Château de Vincennes, une histoire militaire,* Vincennes, Service historique de la Défense, et Paris, Éditions Nicolas Chaudun, 2008, p. 108-121.

Vincennes, le Pavillon du Roi, siège de l'École normale de tir de 1842 à 1865.

En 1864, l'École est réorganisée et transférée au camp de Mourmelon, camp de Châlons à l'époque, dont elle prend l'appellation *d'École normale de tir de Châlons*, au moment où le chef de bataillon Capdevielle en prend la direction.

Cette fois l'effectif en officiers double. L'École y trouve de meilleures conditions au point de vue du casernement et de l'espace nécessaire aux exercices. Elle est appelée désormais à accueillir chaque année un sous-officier par régiment et un officier pour deux régiments.

Le Pavillon du Roi, de nos jours.
(© Olivier Malingrey).

L'instruction donnée aux sous-officiers sera plus particulièrement pratique, alors que celle des officiers[10] sera, comme à Vincennes, à la fois théorique et pratique. À partir de l'hiver 1867-1868, l'École commence à former les capitaines-instructeurs des régiments d'infanterie sur le fusil modèle 1866 *Chassepot*, première arme se chargeant pas la culasse qui entre en dotation dans toute l'armée française[11].

Camp de Châlons - École normale de Tir - Le bureau de Service

Centre d'instruction, l'École normale de tir est en même temps un centre d'étude et de recherche. Dépendant de l'artillerie, au même titre que tout ce qui touche à l'armement, comme les arsenaux et les manufactures de l'Armée[12], c'est en étroite relation avec le Comité de l'artillerie[13], à Paris, que l'École normale de tir mène ses activités. Elle met au point les méthodes d'instruction et les techniques de tir à appliquer dans les unités. Elle participe à l'étude des nouveaux modèles d'arme qui apparaissent à ce moment, armes à percussion, armes rayées… Elle procède aussi à des essais comparatifs permettant d'évaluer les performances des armes d'infanterie françaises et étrangères, armes étrangères dont elle possède d'ailleurs une belle collection depuis 1844. Ce seront les missions du capitaine Capdevielle à partir du moment où il rejoindra Vincennes.

[10] Elle forme même des officiers de la Marine de guerre.

[11] Pour être exact, il faut citer le fusil conçu près de quinze plus tôt, en 1852, par le chef d'escadron Treuille de Beaulieu, polytechnicien et officier d'artillerie, première arme de dotation mais qui n'a équipé que l'escadron des Cent-Gardes. Comme l'explique Cadpevielle (*op. cit.*, p. 151), les difficultés de fabrication de la cartouche n'ont pas permis de généraliser l'emploi de cette arme, qu'il considère comme née avant son temps.

[12] Sachant qu'il y a, d'un côté, l'Armée et de l'autre, la Marine, avec leurs ministères propres.

[13] Instance consultative dont l'origine remonte en 1795, chargée, chaque fois à la demande du ministre de la Guerre, de donner des avis motivés sur tout ce qui concerne le personnel et le matériel de l'artillerie.

Comme centre d'étude et de recherche, l'École normale de tir s'inscrit dans la continuité d'essais pratiqués en fait depuis plus d'une décennie sur la transformation ou la modernisation des armes d'infanterie. Capdevielle fait très justement observer que l'évolution de l'armement est une suite de tâtonnements dont il se fait l'écho. C'est le cas pour le rayage des canons, rayures dont la largeur, la profondeur, le tracé… ont fait l'objet d'une mise au point progressive. C'est encore le cas pour la mise au point des balles de fusil, où interviennent de nombreuses données : poids, forme, longueur, métaux entrant dans sa composition, vitesse initiale... Quel doit être le rapport entre la charge de poudre et le poids du projectile ? Quel calibre donner à l'arme ? Quel doit être son poids ?

Il en est de même pour déterminer une doctrine de tir, au terme d'essais parfois empiriques, compte tenu des moyens de mesure disponibles à l'époque,

Camp de Châlons – Intérieur de l'École Normale de Tir.

mais au caractère incontestablement pratique. Puis, le temps venant, ils deviennent de plus en plus rigoureux. L'ouvrage de Capdevielle illustre le sujet par de nombreux croquis faisant appel à la géométrie, qui expliquent comment ont été étudiés les effets sur la trajectoire du projectile, de la pesanteur, du vent, des conditions atmosphériques, du rayage du canon, de la charge de poudre, de la longueur du canon, de la tension de la trajectoire… La démarche, qui concerne bien évidemment la balistique de la balle du fusil, fait appel autant à la rigueur scientifique qu'aux très nombreux essais effectués au champ de tir qui permettent d'établir des valeurs d'ordre statistique. La question qui se pose en même temps est celle de savoir comment apprécier les distances, l'instruction du tir ayant pour objet d'obtenir tout simplement du soldat qu'il vise juste. Il apparaît donc à Capdevielle que derrière cette méthode, au caractère largement expérimental, une théorie du tir peut se dégager pour servir de base aux méthodes d'instruction.

Résultat des travaux de l'École, plusieurs textes relatifs à l'exercice du tir se succèdent. Les instructeurs de tir régimentaires s'inspirent de l'*Instruction provisoire* du 28 novembre 1847[14] pour les chasseurs à pied.

Une *Instruction sur le tir* du 17 novembre 1860[15] concerne le fusil rayé d'infanterie. Elle insiste sur la nécessité de reprendre chaque année dans tous ses détails l'application de cette formation, non seulement au profit des jeunes soldats, mais aussi à celui des soldats et gradés plus anciens pour corriger leurs défauts, même s'il s'agit de bons tireurs.

Laissons poursuivre le regretté colonel Pierre Carles[16], toujours au sujet de cette même instruction :

> « Elle insiste sur le pointage, sur la position du tireur isolé debout, sur celle du tireur à genou, sur la conservation de l'immobilité de l'arme une fois pointée. Enfin, on doit essayer de faire tirer à la cible par tous les temps. Chaque année, les sous-officiers des corps stationnés au camp de Châlons reçoivent quelques leçons de tir des officiers instructeurs de l'école normale de tir, qui y a été transférée de Vincennes.[17] »

On comprend donc le rôle essentiel de l'École normale de tir. Derrière cette approche, Capdevielle, comme officier d'infanterie, ne perd jamais de vue la finalité de l'instruction du tir, qui est de former le soldat au combat. Son étude entre à plusieurs reprises dans des considérations de poids, de recul de l'arme, d'encombrement, de simplicité d'emploi et d'ergonomie. Pour lui, le poids du fusil ne devrait pas dépasser 4,75 kg[18], baïonnette comprise, et même devrait se limiter à 4 kg[19]. Et ce sera bien celui des armes qui vont entrer en service bientôt, dans les années qui suivent son décès. On note d'ailleurs que la tendance est à la diminution des calibres, qui se traduit par une diminution de poids de l'arme et de celui de la munition, et donc qui va dans le sens de l'allègement de l'équipement porté par le soldat, dont le *Chassepot* est le meilleur exemple du moment : 11 mm contre 17,8 pour le modèle 1859.

L'adoption de ce fusil bouleverse à la fois les techniques de tir et la tactique de l'infanterie. Elle est la conséquence directe de la victoire de la Prusse sur

---

[14] *Instruction provisoire sur le tir à l'usage des bataillons de chasseurs à pied.*

[15] *Instruction sur le tir rayé d'infanterie et du mousqueton rayé de gendarmerie.*

[16] Colonel (er) P. Carles, *op. cit.*, p. 4. Le colonel Pierre Carles, docteur en Histoire, membre du Comité d'histoire de Montpellier, créateur du musée de l'Infanterie, nous a quitté le 24 mai 2016.

[17] Transfert qui se fait, rappelons-le, en 1864.

[18] Cadpevielle, *op. cit.*, p. 123. Le poids de la plupart des armes de l'époque dépassait facilement les 5 kg.

[19] Cadpevielle, *op. cit.*, p. 146 et 302.

l'Autriche à Sadowa le 4 juillet précédent, où le fusil à aiguille prussien *Dreyse* s'était montré bien supérieur au fusil autrichien *Lorenz*, qui se chargeait encore par la bouche. Dès lors, toutes les puissances adoptent un fusil se chargeant par la culasse. Il est désormais possible de tirer couché, à une cadence et avec une précision que ne permettaient pas les modèles précédents. S'appuyant sur les recommandations de l'École normale de tir, une *Instruction sur le tir*[20] voit le jour le 18 novembre 1867. Ceci explique, dès la sortie de cette instruction, les efforts faits par l'École pour former sans tarder les instructeurs des régiments d'infanterie sur ce nouveau, ainsi que la place importante qu'il occupe dans l'étude de Capdevielle.

Le Chassepot s'imposant par la rapidité de tir[21] que permettait une telle arme, pour les mêmes raisons l'armée française fait transformer dès 1866-1867 plusieurs modèles anciens se chargeant par la bouche en armes se chargeant par la culasse, dites « à tabatière ». Il s'agit des fusils et carabines modèle 1867. Capdevielle donne de ces transformations une description particulièrement détaillée.

Il s'agissait alors de dernières dispositions prises en ce domaine avant la guerre franco-prussienne.

Au lendemain du conflit, une nouvelle instruction du tir, intitulée *Manuel de l'instructeur de tir*, en date du 19 novembre 1872, remplace celle de 1867. On notera qu'elle sort la même année que *L'armement et le tir de l'infanterie*. Alors que les instructions successives s'inspiraient des précédentes, aux modifications près rendues nécessaires par l'évolution des modèles d'armes, ce *Manuel* est une rupture dans sa rédaction et sa présentation avec les documents précédents. Mais il est intéressant de constater en même temps une analogie très nette entre celui-ci et *L'armement et le tir de l'infanterie* : organisés l'un et l'autre en trois parties, tous deux traitent exactement des mêmes rubriques.

La première partie du *Manuel* est consacrée à des notions théoriques élémentaires sur le tir : principes généraux, causes de déviation, justesse, trajectoire et règles de tir. Celle de l'ouvrage de Capdevielle expose la théorie du tir : trajectoire théorique, causes d'irrégularité, trajectoire expérimentale, appréciation des distances, ce qui n'est pas très différent. La deuxième partie du *Manuel* présente les caractères généraux des armes modernes et la description de l'armement en service, l'étude de Capdevielle est consacrée à l'étude des armes. Enfin, la troisième partie concerne dans les deux documents la pratique du tir.

Tout donne donc à penser que Capdevielle est l'auteur du *Manuel*, ou qu'il a été rédigé sous sa direction et que, pour les besoins de sa publication, il a

[20] *Instruction sur le tir à l'usage de l'infanterie de la garde impériale, des régiments d'infanterie, des bataillons chasseurs à pied et des corps permanents d'Afrique.*

[21] « …réputée désormais la qualité essentielle d'une arme de guerre », précise Capdevielle, *op. cit.*, p. 211.

développé le propos bien au-delà de ce qui était nécessaire pour une instruction ministérielle dans le but d'en faire une étude approfondie et de haut niveau. Il faut en déduire que ledit *Manuel* était en cours de rédaction, courant 1871, certainement peu après les événements de la Commune, et que Capdevielle a demandé l'autorisation de publier sa propre étude à ce moment-là, puisque le ministre de la Guerre, à l'époque le général de Cissey, la lui donnait le 25 octobre suivant.

On comprend mieux pourquoi, plus tard, le ministre de la Guerre, alors le général du Barail, l'autorisera, le 16 avril 1874, à publier un article dans le *Journal des sciences militaires*, article paru en mai suivant[22] destiné à répondre à des observations faites par un officier d'infanterie, au sujet de ce *Manuel de l'instructeur de tir*. Cet officier, le chef de bataillon du Puy de Podio[23], avait déjà publié en août 1866 un opuscule sur les questions d'armement d'infanterie, qui faisait suite à la victoire prussienne de Sadowa.

Le *Manuel de l'instructeur du tir* connaît une actualisation avec celui du 12 février 1877. Lui fait suite un *Règlement du tir* en date du 11 novembre 1882, qui lui-même sera actualisé par un nouveau règlement. Il s'agit d'un travail de réflexion qui ne cessera d'évoluer mais dont *L'armement et le tir de l'infanterie* de 1872 a contribué à poser les bases.

Courant 1874, Capdevielle achevait sa mission au sein de la Commission Douay, réunie pour trouver une solution à la cartouche tirée par le Chassepot. Celui-ci tirait une cartouche, dite combustible, qui comprenait un étui en papier appelé à brûler dans la chambre de l'arme au moment du départ du coup. L'étude de Capdevielle aborde bien sûr la question. Or, le système était loin d'être parfait, en ce sens que la combustion de l'étui n'était pas complète, ce qui avait pour résultat d'encrasser assez rapidement la chambre du fusil. Par ailleurs, conformément à une longue habitude, la France privilégiait les méthodes manuelles pour la fabrication des cartouches, non seulement celles des modèles anciens, mais aussi celle du Chassepot, ce qui permettait de se passer de machines-outils[24]. À l'époque par exemple, les États-Unis s'étaient engagés dans la fabrication de cartouches à étui rigide, ce qui supposait la mise en œuvre de moyens mécaniques dont la France ne disposait pas encore, et qui l'auraient rendue dépendante de l'étranger pour sa production. En 1873 cependant, on pouvait voir les choses autrement, car trois maisons nationales étaient en mesure de fournir d'excellents produits.

D'où la Commission de septembre 1873. Lors d'une séance du Comité de l'artillerie, tenue le 8 mai précédent, son secrétaire adjoint, le capitaine

[22] La publication de l'article de Capdevielle dans le *Journal des sciences militaires* est citée en bibliographie dans le numéro de la *Revue maritime et coloniale* de 1874, p. 402.

[23] Marie Vincent Léopold du Puy de Podio, alors officier au 48e de ligne, publie *Les armes de guerre se chargeant par la culasse et le fusil à aiguille*.

[24] Cadpevielle, *op. cit.*, p. 162.

Gras, venait de présenter un *Chassepot* transformé pour le tir des cartouches métalliques. Le capitaine d'artillerie Basile Gras avait appartenu pendant deux ans à l'École normale de tir de Châlons, sous les ordres de Capdevielle. Cette commission débouchera sur l'adoption du fusil modèle 1874 *Gras*, du nom de l'officier qui l'avait mis au point.

Comme nous en avons fait état, et comme pour le *Manuel de l'instructeur de tir*, la deuxième partie de l'ouvrage de Capdevielle est consacrée à l'étude des armes. C'est l'occasion pour l'auteur de procéder à de nombreuses comparaisons entre divers modèles de fusils de toute nation. Loin de se cantonner au seul armement français, son étude s'intéresse en effet à celui de pays comme l'Allemagne, l'Autriche, la Russie…, et même les États-Unis. Cet intérêt porté aux armes étrangères est dans l'esprit et dans la démarche de l'École normale de tir. Ces comparaisons indiquent, sans surprise, que toutes les armées étrangères étaient confrontées aux mêmes difficultés, et que les solutions à un problème donné pouvaient être multiples d'un pays à l'autre. On notera d'ailleurs, au travers des propos de Capdevielle, la connaissance approfondie que les officiers de l'École pouvaient avoir de l'ensemble des armes d'infanterie en service à l'époque. Il s'agit donc d'un regard qui, tout en abordant les productions françaises antérieures à l'apparition du *Chassepot*, se veut complet sur les armes et systèmes en vigueur dans les différentes armées du monde.

Il est bon d'indiquer qu'au moment où Capdevielle rédige son étude, la guerre de 1870, qu'il évoque surtout en fin d'ouvrage, venait de mettre l'armée française en contact avec de nombreux modèles étrangers à la faveur d'importants achats. Le Second Empire agonisant s'était déjà tourné vers les États-Unis et l'Angleterre pour l'acquisition de *Snider* et de *Remington*, ou même pour la fabrication de *Chassepot* « anglais ». Pour pourvoir à l'équipement des nouvelles armées mises sur pied aux lendemains immédiats de la chute du Second Empire, qui survient le 4 septembre, les manufactures nationales ne sont pas en mesure de fournir ces armes en quantités suffisantes. C'est donc, principalement, vers la Grande-Bretagne et les États-Unis que se tourne la France pour procéder à l'achat de très nombreuses armes.

Ainsi, si on veut faire un bilan de ces démarches, outre 300 000 *Chassepots* distribués dans les unités, il existait au mois de février 1871, après l'arrêt des combats, 1 200 000 fusils de tout type, distribués ou en réserve. Et l'on trouve vraiment de tout. Armes américaines : fusils *Springfield* modèles 1855 et 1863, *Sharp* « New Model » modèle 1863/65, *Berdan* « russe », *Spencer* Navy, *Winchester* modèle 1866…, mais aussi des revolvers *Colt* Army model 1860 et *Colt* Navy, *Remington*, *Starr* « Single Action Army » model 1863, *Smith & Wesson* n°2 « Old Model »… Armes britanniques : *Enfield* modèle 1853, *Snider* modèle 1860, *Chassepots* « anglais »… Ces achats permettront par exemple aux États-Unis de liquider une importante partie de leurs stocks de la guerre de

Sécession. Ils porteront sur plus d'un million d'armes dont seule la moitié sera livrée avant la fin du conflit.

Non seulement, la plupart de ces armes se trouve décrite dans le travail de Capdevielle, mais celui-ci étend le propos aux armes connues de son temps, qu'il compare entre elles et par rapport aux armes françaises, et dont il présente à la fois les qualités et les défauts.

On dispose ainsi d'une étude exhaustive, certainement difficile à trouver ailleurs. Citons à ce sujet le propos d'un officier de marine, stagiaire à l'École normale de tir en 1858, le capitaine de frégate Cavelier de Cuverville, qui a donc connu Capdevielle et qui consacre à cet ouvrage deux longs articles dans la *Revue Maritime et Coloniale*[25]. On retiendra les lignes suivantes, qui sont pour le moins un compliment :

> « Nous nous occupions nous-même de réunir sur l'armement actuel des puissances étrangères tous les documents de nature à permettre d'utiles comparaisons et à marquer les différentes étapes des progrès accomplis depuis l'impression de notre *Cours de tir* (1864) ; mais la difficulté de contrôler l'exactitude des renseignements recueillis rendait cette tâche délicate, et nous sommes heureux d'avoir été devancés par une publication qui se présente avec toutes les garanties d'une autorité incontestée. »

Il s'agissait bien évidemment de l'ouvrage de Capdevielle.

Si les critères de comparaisons pris par Capdevielle portent sur des données objectives, comme par exemple la qualité de la poudre, les mécanismes, le service de l'arme, et même la baïonnette… il relativise les choses dans la mesure où il considère que, suivant le contexte, ce qui peut être une qualité dans un pays donné peut être un défaut dans un autre. Mais on ne sera pas surpris de noter que, selon lui, le *Chassepot* se trouve parmi les meilleurs fusils de l'époque, arguments à l'appui bien sûr.

Au travers de cette deuxième partie, très technique, on se rend compte que le monde de l'armement vit une transition. Alors qu'en 1872, l'on est sorti depuis longtemps des armes à chargement par la bouche, on est déjà résolument entré dans l'ère des armes modernes.

Dès lors, une rapide évolution s'en suit qui va conduire aux armes utilisées pendant la Grande Guerre. Les armes à répétition apparaissent, comme la légendaire *Winchester* illustrée par le monde du Western, avec son levier de chargement placé sous la crosse.

Capdevielle ne manque pas bien sûr de leur consacrer un chapitre particulier, qu'il s'agisse de fusils, dits à « magasin », et même des pistolets-revolvers, dits « à barillet ». Mais il considère que ce type d'arme, tout au moins le fusil, ne répond pas, encore dirions-nous, aux besoins du combat. Il est vrai que nous sommes en 1872, et il faudra que, à la fois, les esprits et les techniques évoluent pour que ces types d'arme entrent dans le monde militaire. En revanche, Capdevielle manifeste une réserve moins grande pour le revolver.

[25] *Revue Maritime et Coloniale*, tomes trente-sixième et trente-neuvième.

Cette période de transition va déboucher sur la généralisation des fusils à répétition. Aussi est-il intéressant de noter que, en avant-propos de son étude, Jean Capdevielle se demande, au moment où il écrit, si, en ce qui concerne les armes à feu portatives, les modèles employés en 1870 seront utilisables dans dix ans[26].

Lui-même, décédé en 1876, n'aura pas le temps de le constater, mais dix ans plus tard, d'autres armes d'infanterie vont apparaître, qui vont dépasser même le fusil *Gras* 1874, dont Capdevielle est encore le contemporain. L'ère du fusil de guerre à un coup s'achève à son tour, place bientôt aux fusils *Lebel*, *Mauser*, etc. On notera encore cette remarque presque à caractère philosophique, y a-t-il « une limite de puissance que l'on ne pourra dépasser dans la construction des armes de guerre » ?[27] En ce début de XXIe siècle, tout porte à croire que non.

Comme dans le *Manuel de l'instructeur du tir* de 1872, la troisième et dernière partie de l'étude, consacrée à la pratique du tir, est la plus importante. Elle relève d'une démarche pédagogique qui trouve ses racines dans les enseignements à tirer du dernier conflit. Elle traite par exemple de considérations d'ordre tactique relatives aux opérations d'août 1870. Capdevielle peut en parler en connaissance de cause, il les a vécues.

Le comportement de l'infanterie au feu lui a permis de mesurer la valeur de l'instruction délivrée par l'École normale de tir, à deux niveaux : celui des hommes, incontestablement bien formés, celui des officiers d'encadrement, inégalement à la hauteur, et encore moins aux niveaux supérieurs. À l'époque, il y a manifestement un problème d'état d'esprit dans l'armée française, qui se manifeste dans ce domaine comme dans bien d'autres. S'il écrit par exemple que « tout officier doit être instructeur de tir »[28], cela semble vouloir dire que ce n'était pas toujours le cas auparavant.

Il préconise en conséquence un ensemble de dispositions destinées à assurer une instruction sur le tir la plus complète possible, dont il détaille tous les volets. En fait, il s'agit d'un véritable programme de formation.

Ce programme part de l'instruction individuelle, ce que l'on doit attendre d'un instructeur, avec les méthodes à employer, le matériel et les moyens à mettre en œuvre, ce qu'il faut faire pour apprécier les distances, les éléments de motivation pour obtenir de bons résultats. Il poursuit avec la formation collective, en abordant les différentes configurations de tir, que ce soit en exercices ou au combat. Qui dit enfin instruction dit en même temps contrôle des résultats à tous les niveaux : justesse, vitesse, effets du tir…

Le propos se termine en voulant démontrer que l'infanterie française ne manquait pas d'atouts en ce malheureux mois d'août 1870. Aussi, bien

[26] Cadpevielle, *op. cit.*, p. 8.

[27] *Revue Maritime et Coloniale*, tomes trente-sixième et trente-neuvième.

[28] Cadpevielle, *op. cit.*, p. 337.

qu'ayant conscience qu'avec l'apparition des armes à tir rapide, l'emploi de grandes masses serrées est « peu praticable », il ne désespère pas du fantassin français, qu'il n'est pas loin de considérer comme le meilleur soldat du monde. N'oublions qu'en 1872, la France entrait dans un contexte de revanche.

D'autres publications, petits opuscules de moins de cent pages, avaient précédé celle de Capdevielle. Il existait déjà, cité plus haut, celle du chef de bataillon du Puy de Podio, d'août 1866, *Les armes de guerre se chargeant pas la culasse et le fusil à aiguille*. En 1870, le capitaine de Parades de la Plaigne donne une conférence intitulée *de l'armement de l'Europe et des États-Unis, Influence du fusil à tir rapide sur la tactique et l'instruction du soldat d'infanterie*, publiée chez Dumaine.

Il existait aussi, toujours publié en 1870, et que Capdevielle cite en bibliographie en début d'étude, l'important travail du capitaine suisse Rodolphe Schmidt : *Le développement des armes à feu et autres engins de guerre*[29], avec comme sous-titre pour en préciser le cadre : *Depuis l'invention de la poudre à tirer jusqu'aux temps modernes*. Capdevielle s'en est certainement inspiré, si cette étude ne lui a pas donné, peut-être aussi, l'idée de se lancer dans la sienne.

Se démarquant totalement cependant de celle de Schmidt, celle de Capdevielle est un ouvrage tout spécialement consacré aux armes de son temps, complet et remarquablement documenté, qui a fait référence en France. Un an après sa parution, *L'armement et le tir de l'infanterie* était cité par le Journal officiel du 5 novembre 1873, qui en donnait une longue analyse, à l'occasion de la publication d'une communication publiée par son auteur dans l'un des tout premiers numéros du *Bulletin de la réunion des officiers*.

Rappelons les deux articles du capitaine de frégate Cavelier de Cuverville dans la *Revue Maritime et Coloniale*.

Durant l'entre-deux-guerres enfin, le général Jules Challéat le cite encore dans son étude *L'Artillerie de terre en France pendant un siècle. Histoire technique (1816-1919)*, publiée en 1933 (deux tomes).

Colonel (er) Henri ORTHOLAN

Le colonel (er) Henri Ortholan, officier du génie, saint-cyrien, est docteur en histoire et ancien conservateur au musée de l'Armée. Il est l'auteur de plusieurs ouvrages et articles portant notamment sur le Second Empire, la guerre de 1870 et les deux guerres mondiales.

NB : Les termes dans le texte suivis d'un astérisque renvoient à un glossaire en fin d'ouvrage.

[29] Réédité en 2016 aux éditions Decoopman.

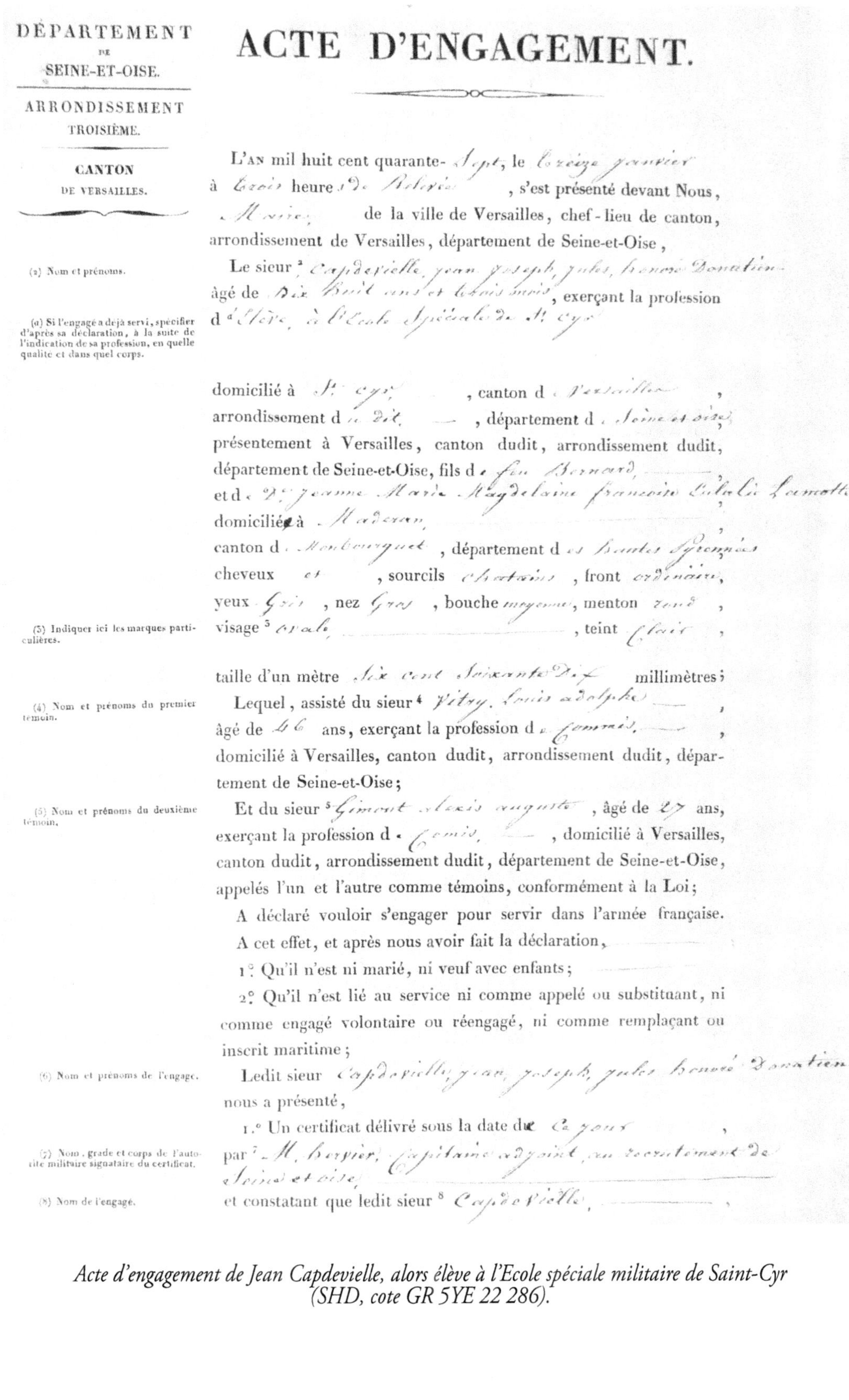

DÉPARTEMENT DE SEINE-ET-OISE.

ARRONDISSEMENT TROISIÈME.

CANTON DE VERSAILLES.

ACTE D'ENGAGEMENT.

L'AN mil huit cent quarante-sept, le treize janvier à trois heures de relevée, s'est présenté devant Nous, Maire, de la ville de Versailles, chef-lieu de canton, arrondissement de Versailles, département de Seine-et-Oise,

Le sieur [2] Capdevielle, jean joseph, jules, honoré Donatien âgé de dix huit ans et trois mois, exerçant la profession d [a] élève, à l'Ecole Spéciale de St Cyr

domicilié à St Cyr, canton de Versailles, arrondissement dudit, département de Seine et oise, présentement à Versailles, canton dudit, arrondissement dudit, département de Seine-et-Oise, fils de feu Bernard, et de Dᵉ Jeanne Marie Magdelaine françoise Eulalie Lamotte, domiciliée à Maderan, canton de Montbourguet, département des hautes Pyrénées cheveux et sourcils chatains, front ordinaire, yeux Gris, nez Gros, bouche moyenne, menton rond, visage [3] ovale, teint Clair,

taille d'un mètre six cent soixante dix millimètres;

Lequel, assisté du sieur [4] Vitry, louis adolphe, âgé de 46 ans, exerçant la profession de Commis, domicilié à Versailles, canton dudit, arrondissement dudit, département de Seine-et-Oise;

Et du sieur [5] Gimont alexis auguste, âgé de 27 ans, exerçant la profession de Commis, domicilié à Versailles, canton dudit, arrondissement dudit, département de Seine-et-Oise, appelés l'un et l'autre comme témoins, conformément à la Loi;

A déclaré vouloir s'engager pour servir dans l'armée française.

A cet effet, et après nous avoir fait la déclaration,

1° Qu'il n'est ni marié, ni veuf avec enfants;

2° Qu'il n'est lié au service ni comme appelé ou substituant, ni comme engagé volontaire ou réengagé, ni comme remplaçant ou inscrit maritime;

Ledit sieur [6] Capdevielle, jean, joseph, jules honoré Donatien nous a présenté,

1.° Un certificat délivré sous la date de ce jour, par [7] M. Bergier, Capitaine adjoint au recrutement de Seine et oise,

et constatant que ledit sieur [8] Capdevielle,

(2) Nom et prénoms.

(a) Si l'engagé a déjà servi, spécifier d'après sa déclaration, à la suite de l'indication de sa profession, en quelle qualité et dans quel corps.

(3) Indiquer ici les marques particulières.

(4) Nom et prénoms du premier témoin.

(5) Nom et prénoms du deuxième témoin.

(6) Nom et prénoms de l'engagé.

(7) Nom, grade et corps de l'autorité militaire signataire du certificat.

(8) Nom de l'engagé.

Acte d'engagement de Jean Capdevielle, alors élève à l'Ecole spéciale militaire de Saint-Cyr (SHD, cote GR 5YE 22 286).

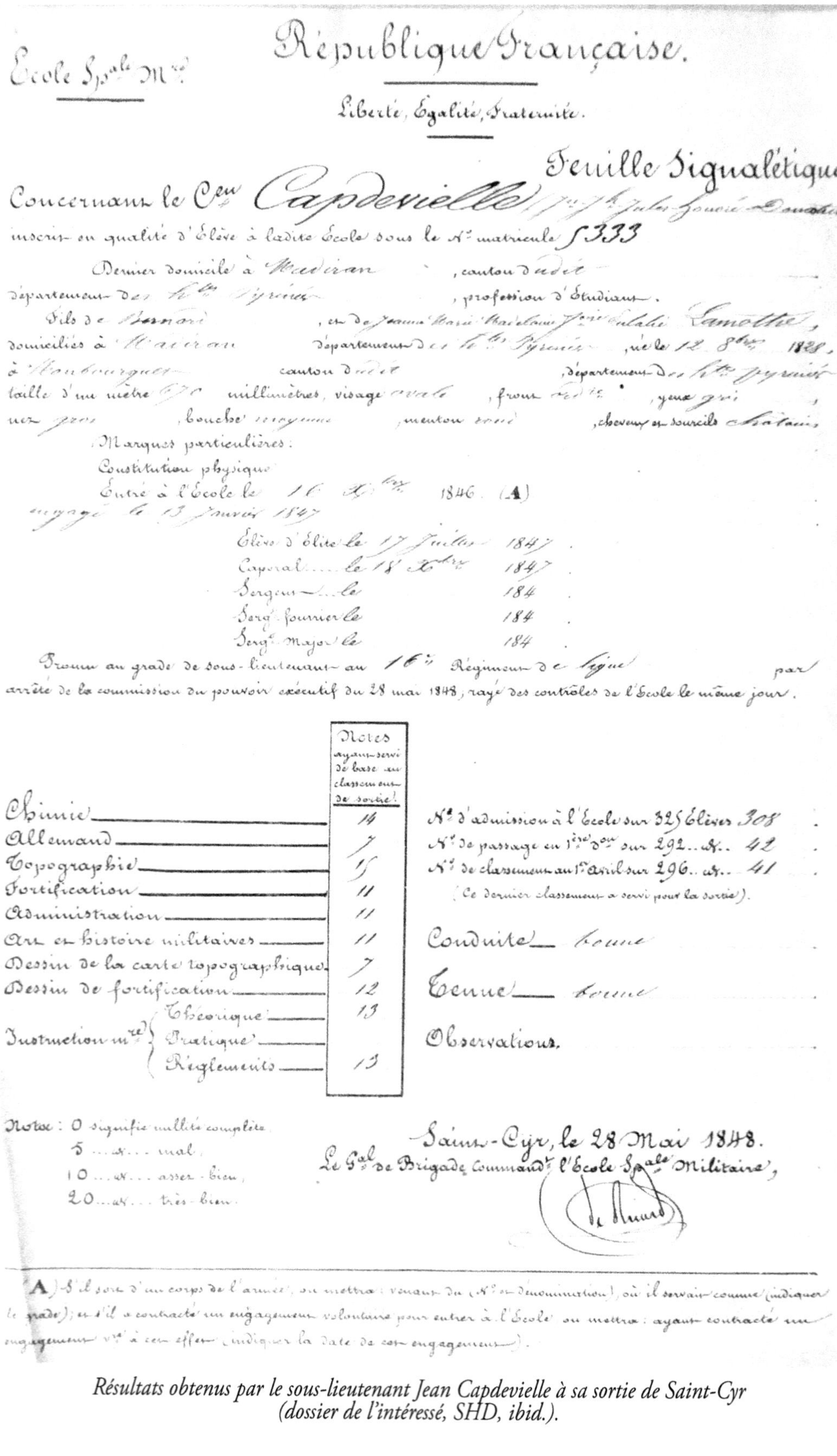

École Sp^ale M^re.

République Française.

Liberté, Égalité, Fraternité.

Feuille Signalétique

Concernant le C^en Capdevielle (J^n J^h Jules Louis Donatien)

inscrit en qualité d'Élève à ladite École sous le N° matricule 5333

Dernier domicile à Madiran, canton de Castelnau, département des H^tes Pyrénées, profession d'Étudiant.

Fils de Bernard, et de Jeanne Marie Madeleine J^ne Eulalie Lamothe, domiciliés à Madiran département des H^tes Pyrénées, né le 12 8bre 1828, à Monbourguet canton de [illegible] département des H^tes Pyrénées

taille d'un mètre 670 millimètres, visage ovale, front [illegible], yeux gris, nez gros, bouche moyenne, menton rond, cheveux et sourcils châtains

Marques particulières:

Constitution physique

Entré à l'École le 16 9bre 1846. (A)

engagé le 13 janvier 1847

Élève d'Élite le 17 Juillet 1847.

Caporal .... le 18 9bre 1847.

Sergent .... le 184

Serg^t fourrier le 184

Serg^t Major le 184

Promu au grade de sous-lieutenant au 16e Régiment de Ligne par arrêté de la commission du pouvoir exécutif du 28 mai 1848, rayé des contrôles de l'École le même jour.

	Notes ayant servi de base au classement de sortie.
Chimie	14
Allemand	7
Topographie	15
Fortification	11
Administration	11
Art et histoire militaires	11
Dessin de la carte topographique	7
Dessin de fortification	12
Instruction m^re — Théorique	13
Instruction m^re — Pratique	
Instruction m^re — Règlements	13

N° d'admission à l'École sur 325 Élèves 308

N° de passage en 1re Div^on sur 292 .. id. .. 42

N° de classement au 1er Avril sur 296 .. id. .. 41

(Ce dernier classement a servi pour la sortie).

Conduite — bonne

Tenue — bonne

Observations.

Notes : 0 signifie nullité complète,
5 ... id ... mal,
10 ... id ... assez-bien,
20 ... id ... très-bien.

Saint-Cyr, le 28 Mai 1848.

Le Gal de Brigade Command^t l'École Sp^ale Militaire,

[signature]

(A) S'il sort d'un corps de l'armée, on mettra : venant du (N° et dénomination), où il servait comme (indiquer le grade); et s'il a contracté un engagement volontaire pour entrer à l'École on mettra : ayant contracté un engagement v^re à cet effet (indiquer la date de cet engagement).

Résultats obtenus par le sous-lieutenant Jean Capdevielle à sa sortie de Saint-Cyr (dossier de l'intéressé, SHD, ibid.).

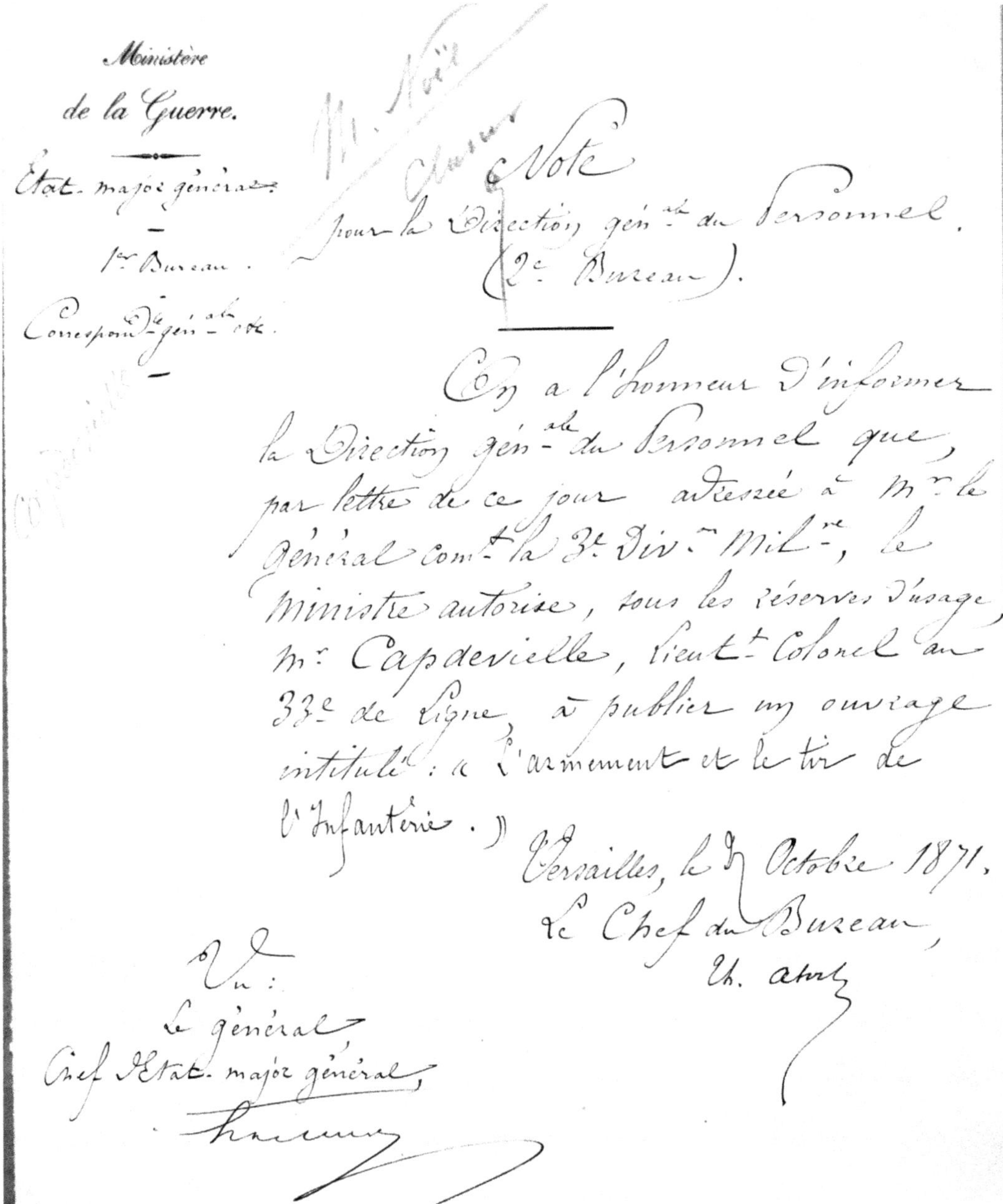

Ministère
de la Guerre.

État-major général
—
1er Bureau.
Correspondce génale etc.

Note
pour la Direction génale du Personnel.
(2e Bureau).

On a l'honneur d'informer la Direction génale du Personnel que, par lettre de ce jour adressée à Mr le général comt la 3e Divon Milre, le Ministre autorise, sous les réserves d'usage, Mr Capdevielle, lieutt Colonel au 33e de Ligne, à publier un ouvrage intitulé : « L'armement et le tir de l'Infanterie. »

Versailles, le 7 Octobre 1871.
Le Chef du Bureau,

Vu :
Le général
Chef d'État-major général,

Autorisation donnée par le ministre de la Guerre au lieutenant-colonel Capdevielle de publier son ouvrage (SHD, ibid.).

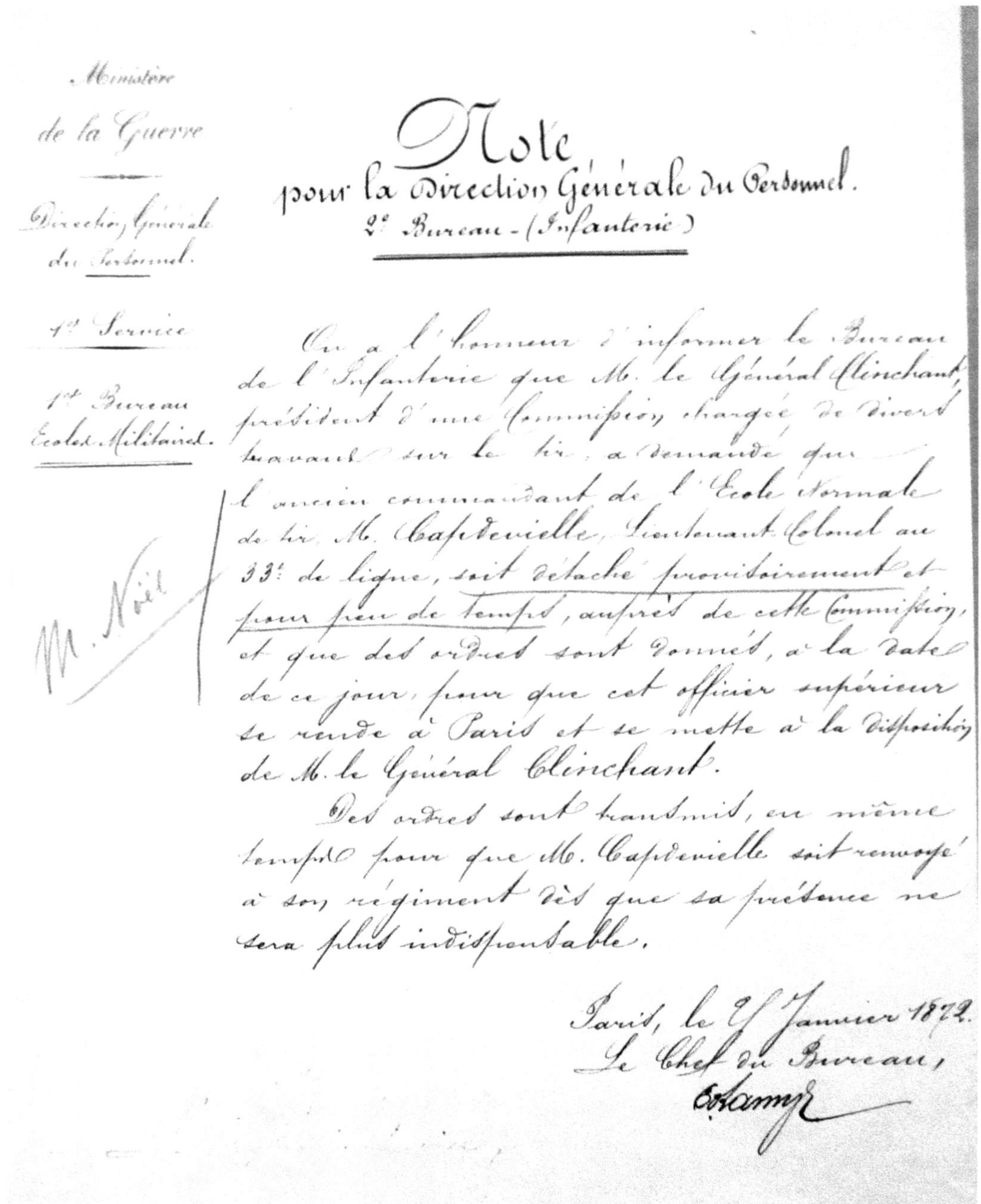
Ministère de la Guerre

Direction Générale du Personnel.

1er Service

1er Bureau
Écoles Militaires.

M. Noël

Note
pour la Direction Générale du Personnel.
2e Bureau – (Infanterie)

On a l'honneur d'informer le Bureau de l'Infanterie que M. le Général Clinchant, président d'une Commission chargée de divers travaux sur le tir, a demandé que l'ancien commandant de l'École Normale de tir, M. Capdevielle, Lieutenant-Colonel au 33e de ligne, soit détaché provisoirement et pour peu de temps, auprès de cette Commission, et que des ordres sont donnés, à la date de ce jour, pour que cet officier supérieur se rende à Paris et se mette à la disposition de M. le Général Clinchant.

Des ordres sont transmis, en même temps pour que M. Capdevielle soit renvoyé à son régiment dès que sa présence ne sera plus indispensable.

Paris, le 25 Janvier 1872.
Le Chef du Bureau,

Demande de détachement au profit de Jean Capdevielle pour rejoindre une commission d'armement présidée par le général Clinchant (SHD, ibid.).

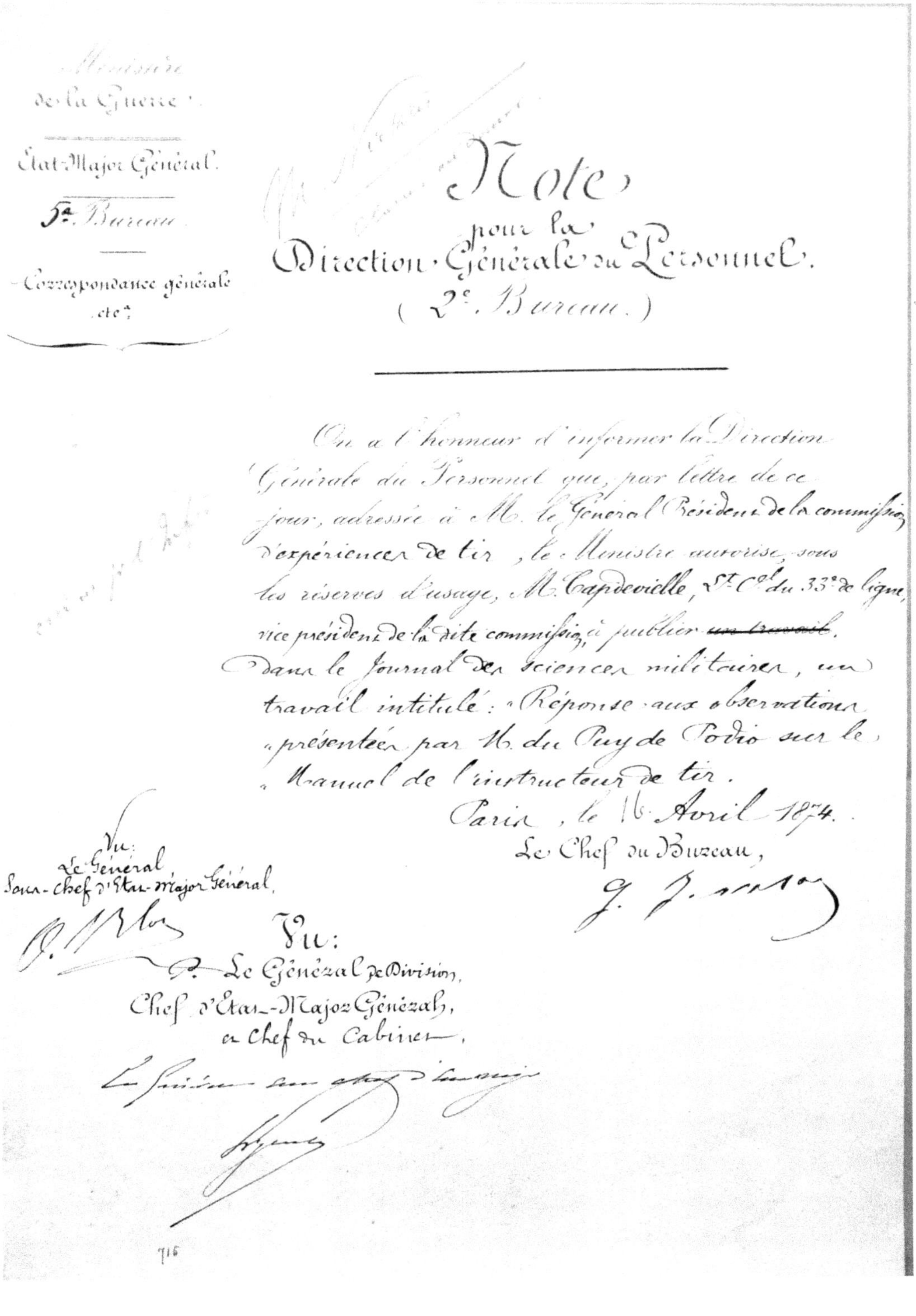

Ministère de la Guerre.

État-Major Général.

5e Bureau.

Correspondance générale etc.

Note pour la Direction Générale du Personnel. (2e Bureau.)

On a l'honneur d'informer la Direction Générale du Personnel que, par lettre de ce jour, adressée à M. le Général Président de la commission d'expériences de tir, le Ministre autorise, sous les réserves d'usage, M. Capdevielle, Lt Col. du 33e de ligne, vice président de la dite commission, à publier ~~un travail~~ dans le Journal des sciences militaires, un travail intitulé : « Réponse aux observations « présentées par M. du Puy de Podio sur le « Manuel de l'instructeur de tir. »

Paris, le 16 Avril 1874.

Le Chef du Bureau,

[illegible signature]

Vu : Le Général Sous-Chef d'État-Major Général,

[illegible signature]

Vu : Le Général de Division, Chef d'État-Major Général, et Chef du Cabinet,

[illegible]

[illegible signature]

716

Autorisation donnée par le ministre de la Guerre au lieutenant-colonel Capdevielle de répondre à une publication (SHD, ibid.).

Ministère
de la Guerre.

Direction Gale
du Personnel,
et du Matériel,

1er Bureau
Infanterie,

Le Ministre de la Guerre

informe Mr Capdevielle, (Jean, Joseph, Jules, Honoré, Donatien), Colonel du 106ème régiment d'infanterie de ligne, que, par Décision de ce jour, il passe au 111ème régiment de la même arme, pour y occuper l'emploi de son grade, en remplacement de Mr Marthe, qui permute avec lui (convenances personnelles).

Il rejoindra son nouveau corps à Nice.

Cette lettre lui servira de titre dans l'exercice de ses fonctions.

Versailles, le 19 Janvier 1876.

pour le Ministre et par son ordre:
Le Directeur Général du Personnel et du Matériel

Renson.

A Mr Capdevielle.

[N° 32.]

Décision du ministre de la Guerre désignant le colonel Capdevielle au commandement du 111e de ligne à Nice en date du 19 janvier 1876, alors que l'intéressé vient de décéder la veille (SHD, ibid.).

AVANT-PROPOS

Toutes les guerres dont l'Europe a été le théâtre dans les vingt dernières années ont mis en relief des engins de destruction d'un modèle nouveau et d'une puissance toujours croissante.

À part quelques améliorations de détail, les armes employées pendant la guerre de Crimée (1854-1855) différaient peu de celles de nos pères ; c'étaient des canons et des fusils lisses tirant des projectiles sphériques. Cependant quelques milliers de carabines et de fusils rayés furent employés de part et d'autre avec assez de succès pour déterminer, ou plutôt pour accélérer, la transformation générale de l'armement de l'infanterie.

Quatre ans après (1859), les fusils lisses avaient entièrement disparu pour faire place à des fusils rayés tirant des projectiles allongés[1].

La portée de la mousqueterie était triplée et devenait égale à celle de l'artillerie de campagne. L'infanterie parut un moment destinée à jouer un rôle prépondérant dans les guerres modernes, mais l'artillerie se transforma à son tour et reprit largement ses anciens avantages. La France, qui marcha la première dans cette voie de progrès, amena en Italie 32 batteries de 4 rayées, qui contribuèrent beaucoup au succès de nos armes.

Cependant les fusils et les canons de la guerre d'Italie, si remarquables par la portée et par la précision du tir, ne devaient avoir qu'une existence éphémère.

La Prusse, rompant la première avec la tradition, avait déjà abandonné d'une manière absolue le chargement par la bouche. Elle avait depuis longtemps un fusil à chargement rapide, que personne ne paraissait lui envier en raison de la complication apparente du mécanisme ; elle adopta néanmoins le même principe de chargement pour son artillerie. Dans la guerre de 1866, les avantages du fusil à aiguille* ressortirent d'une façon si éclatante, qu'à tort ou à raison on attribua à cette arme tous les succès de la Prusse.

[1] Il s'agit du fusil Dreyse, modèle 1841 (NDE)

Quant au canon, sa supériorité, quoique très réelle, passa inaperçue, parce que les pièces nouvelles n'étaient pas en nombre suffisant pour obtenir de brillants résultats[2].

Après Sadowa, toutes les puissances se hâtèrent d'adopter des fusils à chargement rapide ; mais la France ne crut pas devoir appliquer le même principe à son artillerie.

Au début de la guerre de 1870, notre infanterie était munie d'un fusil à aiguille supérieur, à tous égards, à celui des Prussiens.

L'artillerie, outre les pièces de 4 rayées qui avaient fait nos succès en Italie possédait des canons de réserve de 12 rayés plus 36 batteries de mitrailleuses, engins tout nouveaux qui allaient faire leur première apparition sur les champs de bataille européens.

La Prusse avait toujours son armement de 1866 mais son artillerie, largement complétée, avait acquis une puissance écrasante, tant par le nombre des pièces mises en ligne que par la précision de son tir et la supériorité de sa portée. Elle a joué le principal rôle pendant toute la campagne.

Quelque extraordinaires que soient les effets des engins employés pendant la dernière guerre, l'imagination en conçoit de plus merveilleux encore.

D'un autre côté, l'industrie moderne a déjà réalisé tellement de prodiges, que les récits les plus fantastiques en matière de tir sont généralement acceptés avec une incroyable crédulité. C'est que peu de personnes connaissent assez bien les éléments de cette question spéciale pour savoir où le possible finit, où l'irréalisable commence. Les exagérations de toute nature publiées, soit dans les journaux, soit dans les livres, ont égaré le jugement à ce sujet ; mais, en même temps, elles ont fait naître une curiosité bien naturelle, principalement dans l'esprit des militaires.

En ce qui concerne les armes à feu portatives, on se demande, par exemple si les modèles employés en 1870 seront utilisables dans dix ans ; ce qu'il y a de fondé dans les reproches que l'on fait à l'armement actuel ; ce qu'il y a de vrai dans les merveilles que l'on raconte de tel ou tel type resté jusqu'ici sans emploi ; ce qu'il y a à craindre ou à espérer des recherches qui se poursuivent sans cesse ; enfin, s'il y a une limite de puissance que l'on ne pourra dépasser dans la construction des armes de guerre.

Résoudre toutes ces questions d'une manière simple, donner un étalon qui permette de juger des qualités ou des défauts d'une arme à feu portative donner la clef du langage technique employé dans un compte rendu d'expériences : tel est le but de cet ouvrage.

L'étude du tir comporte la connaissance du mouvement des projectiles, la construction des armes et la manière de s'en servir, soit dans un polygone,

[2] La Prusse, qui n'avait pas achevé la transformation de son artillerie, avait été obligée de compléter son armement avec des pièces de 12 lisses qui ne purent se mettre en batterie en face de l'artillerie rayée des Autrichiens.

soit devant l'ennemi. Si l'on veut traiter les deux premières questions d'une manière complète, il faut s'appuyer sur des connaissances mathématiques d'un ordre très élevé et sur des applications nombreuses de la physique, de la chimie, de la métallurgie et de la mécanique.

Il est donc très facile de faire de la science à propos de tir ; mais cette science très complexe est nécessaire aux spécialistes seuls. Elle pourrait rebuter les officiers désireux d'acquérir des connaissances élémentaires qui les mettent à même de bien diriger l'instruction du tir et d'apprécier ce que vaut un fusil.

Afin d'éviter cet écueil, toutes les questions ont été envisagées principalement au point de vue de l'application, en demandant cependant à la théorie tout ce qui est nécessaire pour éclairer la pratique et pour juger sûrement les travaux du passé et les espérances de l'avenir. On s'est attaché, en même temps, à n'employer que des termes appartenant à la langue usuelle ou aux éléments de l'arithmétique et de la géométrie.

Les connaissances spéciales relatives à la construction et au tir des armes à feu portatives n'ont entre elles aucun lien apparent.

Cependant l'ordre chronologique des idées et des faits permet de grouper d'une manière logique tous ces éléments hétérogènes ; c'est l'ordre qui a été adopté pour l'ensemble de cet ouvrage et pour le développement de chaque partie et de chaque chapitre.

Dans l'ordre chronologique, les lois du mouvement des projectiles viennent en première ligne ; elles sont aussi vieilles que le monde : elles formeront la première partie.

Après ces lois générales viendra l'examen de l'engin qui sert à lancer le projectile. Cette deuxième partie se terminera naturellement par la description de l'armement actuel de la France et par quelques données sur l'armement des puissances étrangères.

La description de l'arme sera suivie de la manière de s'en servir.

L'ouvrage sera donc divisé en trois parties :

1ere Partie. – *Théorie du tir* ;

2e Partie. – *Études des armes* ;

3e Partie. – *Pratique du tir.*

Première partie

THÉORIE DU TIR

Un homme qui n'a jamais reçu d'instruction théorique sur le tir, croit généralement que le plomb lancé par la poudre ne dévie pas de sa première direction ; pour un chasseur, le chemin parcouru par une balle est l'idéal de la ligne droite.

Cependant l'expérience lui a prouvé que le plomb n'atteint plus le but au-delà d'une certaine limite (pour lui, une portée de fusil) ; mais il ne s'est jamais demandé comment finit cette ligne droite que suit le plomb ou la balle, et comment le projectile retombe sur le sol plus ou moins loin du point de départ.

Pour faire un usage intelligent et efficace d'une arme à longue portée munie d'une hausse mobile, il est indispensable d'avoir une idée approximative du trajet que suit la balle et des relations qui existent entre ce trajet et la hausse employée pour diriger l'arme.

Les principales lois du mouvement dont on déduit les relations en question, sont très connues dans leurs effets : pas un homme qui ne les ait appliquées maintes fois (dès son enfance).

Lorsqu'on lance une pierre en cherchant à raser le sol, elle retombe non loin du point de départ, après avoir décrit une courbe qui s'infléchit très peu.

Si l'on cherche à atteindre plus loin, on lance la pierre plus haut, en lui faisant décrire une courbe plus prononcée.

Le maximum de distance auquel chacun puisse atteindre avec la force dont il dispose, correspond à une certaine inclinaison de projection, que tout enfant connaît approximativement. Une pierre lancée sous une inclinaison plus grande que cet angle limite, monte plus haut, mais retombe moins loin. Ainsi on peut lancer une pierre avec une grande vigueur et la faire retomber à ses pieds, si elle suit en partant une direction très rapprochée de la verticale.

D'un autre côté, à égalité d'inclinaison dans la projection, la pierre va d'autant plus loin qu'elle a été lancée avec plus de force. Un homme atteindra plus loin qu'un enfant, plus loin encore avec une fronde qu'avec la main. Qu'au lieu de lancer une balle de plomb à l'aide de la fronde il en vienne à se servir de la poudre, la balle sera projetée à une distance infiniment plus considérable ; mais elle décrira toujours une courbe analogue à celle de la pierre lancée avec la main.

Avant l'invention de la poudre, on pouvait suivre de l'œil la marche des projectiles usités à la guerre. On voyait comment il fallait combiner la force de projection et l'inclinaison du tir pour atteindre un but déterminé. Aujourd'hui, il faut que la pensée remplace l'œil devenu impuissant ; et ce rôle de la pensée est d'autant plus important que les idées erronées sont plus répandues et plus enracinées dans les esprits.

Toute erreur disparaît lorsqu'on connaît les causes sous l'influence desquelles une pierre décrit une courbe dans l'air, lorsqu'on a établi l'analogie qui existe entre cette courbe et la route suivie par une balle et qu'on a précisé les lois du mouvement applicables à toute espèce de projectiles.

- Quel que soit le projectile lancé et quel que soit le moyen de projection, la direction première de ce projectile s'appelle *ligne de tir.*
- Le plan vertical qui contient la ligne de tir se nomme *plan de tir.*
- L'inclinaison de la ligne de tir sur l'horizon s'appelle *angle de tir.*
- La courbe suivie par le projectile est la *trajectoire.*
- La distance qui sépare le point de départ du point de chute s'appelle *portée.*
- Les causes qui déterminent et qui font varier à l'infini la forme et les dimensions des courbes décrites par les projectiles, peuvent se réduire à trois :
    - La force de projection,
    - La pesanteur,
    - La résistance de l'air.

L'étude des effets combinés de ces trois forces supposées invariables fera l'objet du chapitre I.

On examinera ensuite les divers agents employés, les variations auxquelles ils sont sujets et, par suite, les causes qui ont une influence sur la grandeur de la portée ou sur la régularité de la marche du projectile.

Après avoir établi que le calcul ne peut tenir compte de tous les éléments qui s'imposent, on donnera les méthodes expérimentales ayant pour objet de déterminer la valeur et de régler le tir d'une arme à feu portative.

L'emploi d'une arme dont l'appareil de pointage a été préalablement réglé exigeant la connaissance de la distance de tir, on indiquera en dernier lieu les meilleurs moyens connus pour apprécier une distance.

La première partie comprendra les quatre chapitres suivants :

Chapitre I. — *Trajectoire théorique ;*
Chapitre II. — *Causes d'irrégularité* ;
Chapitre III. — *Trajectoire expérimentale* ;
Chapitre IV. — *Appréciation des distances.*

CHAPITRE I

TRAJECTOIRE THÉORIQUE

La connaissance des effets combinés, de la force de projection, de la pesanteur et de la résistance de l'air nécessite préalablement l'étude du mode d'action de chacune d'elles en particulier.

Il y a donc lieu de diviser le premier chapitre en 5 paragraphes, savoir :

I. Force de projection ;
II. Pesanteur ;
III. Effets combinés de la pesanteur et de la force de projection ;
IV. Résistance de l'air ;
V. Trajectoire dans l'air ou effets combinés de la force de projection, de la pesanteur et de la résistance de l'air.

I. Force de projection

Nature de la force. — La poudre fournit le plus puissant moyen de projection connu jusqu'à ce jour.

La combustion de la poudre donne naissance à une énorme quantité de gaz. Ceux-ci, lorsqu'ils sont enfermés dans un espace restreint, tendent à briser tous les obstacles qui s'opposent à leur expansion. Dans un canon suffisamment résistant, les gaz s'ouvrent un passage à l'extérieur en chassant violemment le projectile qui opère la fermeture de la chambre dans laquelle ils sont contenus.

Malgré la rapidité d'inflammation de la poudre, un temps appréciable s'écoule avant que tous les gaz soient produits, et on conçoit que le projectile doive être en mouvement avant l'entier développement de la force de projection. On a écrit des volumes sur ce qui se passe ou, plus exactement, sur ce qu'on suppose devoir se passer dans ce petit intervalle de temps ; il suffit de comprendre que, grâce à la force qui continue à se développer et à agir après la mise en mouvement de la balle, ce mouvement s'accélère tant que la balle est dans le canon, et que la vitesse de projection n'est réellement acquise que lorsque le mobile entre dans l'air. On a cherché par expérience quelle longueur il faudrait donner à l'âme pour que les frottements de la balle contre les parois fissent équilibre à l'accélération de vitesse.

En France, on a trouvé que cette longueur serait de 2,40 m pour un fusil du calibre de 18^{mm} , tirant une balle évidée de 36 grammes avec une charge de 4,50 g de poudre.

En Suisse, on a trouvé seulement une longueur de 0,9308 m, pour le fusil de chasseurs, du calibre de 10,4 mm tirant une balle de 20,2 g, avec la charge de 3,75 g.

Les expériences faites sur le fusil de chasseurs suisses ont encore permis de déterminer le point de tension maximum des gaz dans le canon. Dans cette arme, le maximum de tension a lieu lorsque le projectile est à 12 centimètres environ de la tranche du tonnerre* ; à ce moment, la pression des gaz sur l'arrière de la balle, peut être évaluée à 217 kilogrammes par centimètres carrés ou à 210 atmosphères. Ce sont là des nombres qui varient nécessairement d'une arme à l'autre et suivant les différents éléments du tir.

Si le projectile, à la sortie du canon, n'était soumis à aucune autre cause de mouvement, il continuerait à suivre la direction qui lui aurait été donnée, et il conserverait sans altération sa vitesse acquise. Il faut en effet une cause pour changer la direction ou pour modifier la vitesse d'un mobile. On verra plus tard que ces causes ne manquent pas, et que la balle change de vitesse et de direction dès qu'elle est entrée dans l'air.

La direction première, nous l'avons déjà dit, s'appelle *ligne de tir* ; la vitesse première a reçu le nom de *vitesse initiale*. Ainsi, lorsqu'on dit qu'une balle a une vitesse initiale de 400 mètres, on veut indiquer qu'elle parcourrait 400 mètres par seconde, si elle conservait, sans altération, la vitesse qu'elle possède à sa sortie du canon.

Mesure de la force. — Une force se définit : une cause de mouvement, et se mesure par les effets qu'elle produit ou qu'elle est capable de produire. Dans tous les cas, il y a deux éléments à considérer : la masse mise en mouvement et la vitesse imprimée à cette masse. Un nombre exprimant la valeur d'une force indique que la force considérée contient autant de fois l'unité de force que le nombre contient d'unités numériques.

Étant donné que l'unité de force est capable d'imprimer à un kilogramme un mètre de vitesse dans une seconde, il sera toujours facile d'avoir la valeur numérique d'une force connue par ses effets.

Ainsi, pour imprimer :

– à 1 kilogr.	une vitesse 1	il faut une force	1 ;
– à 1 kilogr.	une vitesse 2	–	2 ;
– à 1 kilogr.	une vitesse v	–	v ;
– à 2 kilogr.	une vitesse v	–	$2\,v$;
– à 2 kilogr.	une vitesse v	–	$m\,v$.

Le produit $m\ v$ de la masse par la vitesse est ce qu'on appelle la *quantité de mouvement* du mobile.

La masse est la quantité de matière contenue dans un corps. Quand on veut passer de cette notion abstraite à une expression numérique qui permette de faire un calcul, on remplace la masse par le poids. C'est que deux corps de même masse ont aussi même poids, et que pour deux corps différents, le rapport entre les masses est identique au rapport entre les poids.

Dans le cas d'un projectile, on connaît toujours le poids, reste à trouver la vitesse.

Remarquons d'abord qu'il faut mesurer cette vitesse au moment où la balle sort du canon, puisqu'elle doit changer presque aussitôt.

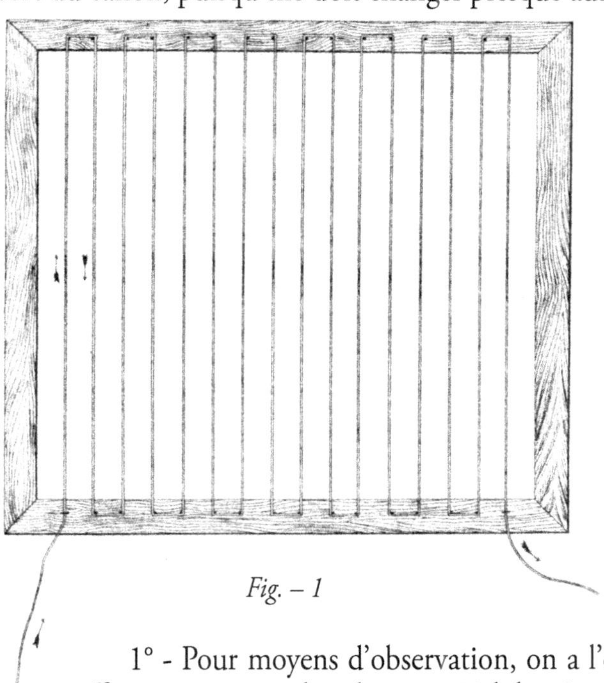

Fig. – 1

On la mesure, par exemple, dans son parcours entre le 5e et le 15e mètre et, par conséquent, sur un parcours de 10 mètres. La durée du parcours est excessivement courte, il faut donc :

1° - Des moyens d'observation instantanés pour marquer le passage du projectile ;

2° - Des instruments qui permettent d'apprécier des intervalles de temps extrêmement petits.

1° - Pour moyens d'observation, on a l'électricité qui transmet un effet avec une rapidité de 180 000 kilomètres par seconde.

On dispose en avant de la bouche du canon, deux écrans formés de fils métalliques très fins, assez rapprochés les uns des autres, pour qu'une balle ne puisse traverser l'écran sans couper au moins un fil.

Le premier écran est placé, par exemple, à 5 mètres de la bouche du canon ; le deuxième à 15 mètres et, par conséquent, à 10 mètres du premier.

Les courants électriques qui passent dans les cadres-cibles sont successivement interrompus par la balle coupant un fil dans chaque écran (fig. 1).

2° - Plusieurs instruments ont été inventés dans ces dernières années pour mesurer la durée qui sépare les passages successifs de la balle dans les deux cadres-cibles. Au moyen de combinaisons ingénieuses, qu'il est inutile de détailler ici, on est arrivé à apprécier avec une exactitude suffisante le temps que met le projectile, à parcourir 10 mètres ; on en déduit facilement l'espace qu'il parcourrait pendant une seconde.

Le poids de la balle et sa vitesse initiale étant connus, il suffit de multiplier ces deux quantités l'une par l'autre pour avoir la quantité de mouvement *m v*, et, par suite, la mesure de la force de projection.

En voici quelques exemples :

ESPÈCES D'ARMES.	MODE de chargement.	CALIBRE.	ESPÈCE de poudre.	POIDS de la charge de poudre.	POIDS du projectile.	VITESSE initiale.	QUANTITÉ de mouvement.
		millim.		grammes.	kilogramm.	mètres.	
Fusil d'infanterie lisse, modèle 1842 .	par la bouche	18,0	ancienne de guerre	9,00	0,027	450	12,150
Fusil d'infanterie, modèle 1857	id.	17,8	id.	4,50	0,036	324	11,664
Carabine, modèle 1859.	id.	17,8	id.	5,00	0,048	310	14,880
Fusil de 11,5 d'étude.	id.	11,5	poudre B.	5,00	0,025	454	11,350
Fusil de chasseurs suisses.	id.	10,4	id.	4,00	0,017	438	7,446
Id.	id.	id.	id.	5,00	0,0165	538	8,877
Fusil à aiguille, modèle 1866.	par la culasse	11,0	id.	5,50	0,0245	410	10,045
Fusil prussien.	id.	15,7	poudre prussienne	4,75	0,032	257	8,224

On voit que pour les types qui figurent dans ce tableau, la plus grande force développée correspond à une des plus petites vitesses de projection. Cela tient au poids plus considérable de la balle lancée.

On voit aussi dès à présent qu'il faut un certain rapport entre le poids de la balle et celui de la charge pour obtenir une vitesse déterminée. On établira plus tard les conditions dans lesquelles il faut combiner ces deux éléments, dans une arme de guerre.

En Suisse, on ne s'est pas contenté de déterminer la vitesse initiale de la balle, on a encore cherché les vitesses acquises dans l'âme à diverses distances de la tranche du tonnerre. Voici les résultats de ces expériences :

Longueur d'âme. . .	0m,075	0m,180	0m,330	0m,480	0m,630	0m,740	0m,930
Vitesses correspondantes.	173m,7	295m,3	363m,0	397m,6	420m,1	430m,8	439m,3

En résumé :

1°. On peut, au moyen de la poudre, développer une force de projection imprimant au projectile une vitesse de 500 mètres par seconde ;

2°. La position de l'axe du canon, au moment du tir, donne la direction imprimée au projectile. La ligne de projection ou ligne de tir est le prolongement de l'axe du canon

3°. Si la balle, à sa sortie du canon, n'était soumise à aucune autre force, elle continuerait à se mouvoir d'un mouvement rectiligne et uniforme, c'est-à-dire qu'elle resterait constamment sur la ligne de tir et qu'elle conserverait sa vitesse initiale sans aucune altération.

II. Pesanteur

Nature de la force. — La pesanteur est cette cause qui fait tomber à la surface de la terre tous les corps non soutenus. C'est le résultat d'une attraction telle, par exemple, que celle qu'un aimant exerce sur un morceau de fer.

Mode d'action de la force. — Dans le mode d'action de la pesanteur, il y a deux choses à considérer : la direction et l'intensité.

Lorsqu'un corps descend en vertu de la pesanteur agissant seule, il a une direction dont le prolongement viendrait passer par le centre de la terre. Cette direction, indiquée par le fil à plomb, a reçu le nom de *verticale.*

Quant à l'intensité de l'attraction, elle est proportionnée à la masse, de telle manière que tous les corps, quels que soient leur masse et leur volume, tomberaient tous avec la même vitesse, si la résistance de l'air ne venait altérer les vitesses de chute.

La résistance de l'air retarde beaucoup la chute des corps qui sont légers ou qui présentent une grande surface relativement à leur masse. (C'est sur cette observation qu'est basée l'idée du parachute). Si l'on pouvait supprimer l'action retardatrice de l'air, on verrait tomber avec la même vitesse une barbe de plume, un flacon de neige, une balle de plomb, un quartier de rocher, etc..

Lois du mouvement. — En laissant tomber divers corps d'une grande hauteur, on pourrait, semble-t-il, déterminer la durée de trajet correspondant à une hauteur de chute quelconque et déduire des résultats les lois du mouvement.

Cette expérience, malgré sa simplicité apparente, n'a jamais été faite. Mais ce qu'on n'a pu exécuter d'une manière directe, on l'a réalisé par des moyens détournés qui ont permis d'établir les trois tableaux suivants.

TABLEAU N° 1

VITESSES acquises. a	DURÉE de trajet. $t = \frac{a}{g}$	ESPACES parcourus $e = \frac{1}{2} a t = \frac{1}{2} g t^2$	VITESSES acquises.	DURÉE de trajet.	ESPACES parcourus.	VITESSES acquises.	DURÉE de trajet.	ESPACES parcourus.	VITESSES acquises,	DURÉE de trajet.	ESPACES parcourus.
0m,25	0″,02549	0m,00318	9m	0″,9476	4m,4242	20m	2″,038	20m,380	31m	3″,160	48m,980
0m,50	0″,05097	0m,04274	10	1″,020	5m,100	21	2″,139	22m,459	32	3″,262	52m,192
1	0″,1019	0m,05095	11	1″,121	6m,165	22	2″,242	24m,662	33	3″,364	55m,506
2	0″,2038	0m,2038	12	1″,233	7m,398	23	2″,345	26m,967	34	3″,466	58m,922
3	0″,3059	0m,4588	13	1″,335	8m,477	24	2″,446	29m,352	35	3″,568	62m,440
4	0″,4078	0m,8156	14	1″,437	10m,059	25	2″,548	31m,850	36	3″,670	66m,06
5	0″,5097	1m,2742	15	1″,529	11m,467	26	2″,650	34m,450	37	3″,772	69m,782
6	0″,6146	1m,8348	16	1″,631	13m,048	27	2″,752	37m,152	38	3″,874	73m,601
7	0″,7146	2m,4906	17	1″,734	14m,739	28	2″,854	39m,956	39	3″,976	77m,532
8	0″,8155	3m,2620	18	1″,835	16m.565	29	2″,956	42m,862	40	4″,078	81m,560
			19	1″,937	18m,404	30	3″,058	45m,870			

TABLEAU N° 2

DURÉE de CHUTE. t	VITESSE ACQUISE. $a = gt$	HAUTEUR DE CHUTE ou espace parcouru à partir du point de départ. $e = \frac{1}{2}gt^2$	DURÉE de CHUTE.	VITESSE ACQUISE.	HAUTEUR DE CHUTE ou espace parcouru à partir du point de départ.
0″,1	0,981	0m,049	0″,8	7,84704	3m,138
0″,2	1,962	0m,196	0″,9	8,82792	3m,972
0″,3	2,943	0m,441	1″	9,8088	4m,904
0″,4	3,923	0m,785	2″	19,6176	19m,61
0″,5	4,904	1m,226	3″	29,4264	44m,13
0″,6	5,8852	1m,765	4″	39,2352	78m,47
0″,7	6,8664	2m,403	5″	49,0440	122m,61

TABLEAU N° 3

HAUTEUR de chute. e	DURÉE du trajet. $t = \sqrt{\frac{2e}{g}}$	VITESSE acquise. $a = gt$	HAUTEUR de chute.	DURÉE du trajet.	VITESSE acquise.	HAUTEUR de chute.	DURÉE du trajet.	VITESSE acquise	HAUTEUR de chute.	DURÉE du trajet.	VITESSE acquise.
0^m,25	0″,2258	2^m,214	7	1″,194	11^m,718	15	1 ,748	17^m,154	50	3″,193	31^m,319
0^m,50	0″,3193	3^m,132	8	1″,277	12^m,528	16	1″,806	17^m,747	60	3″,497	34^m,308
1	0″,54	4^m,429	9	1″,354	13^m,288	17	1″,864	18^m,262	70	3″,807	37^m,057
2	0″,638	6^m,264	10	1″,427	14^m,006	18	1″,915	18^m,791	80	4″,038	39^m,616
3	0″,782	7^m,672	11	1″,498	14^m,690	19	1″,973	19^m,306	90	4″,283	42^m,019
4	0″,903	8^m,858	12	1″,564	15^m,343	20	2″,019	19^m,808	100	4″,515	44^m,292
5	1″,010	9^m,904	13	1″,602	15^m,970	30	2″,473	24^m,260	500	10″,09	99^m,04
6	1″,106	10^m,849	14	1″,688	16^m,570	40	2″,891	28^m,013	1000	14″,27	140^m,06

Les quantités ci-dessus ont été déterminées en faisant abstraction de la résistance que l'air oppose aux corps pendant leur chute ; quoique cette résistance augmente réellement la durée du trajet, on peut admettre sans erreur sensible, que les nombres précédents sont applicables à la chute d'une balle de plomb dans l'air, pendant les trois premières secondes.

On voit, à la lecture de ces nombres, que la vitesse de chute s'accélère considérablement, c'est-à-dire que le corps tombe plus vite pendant la deuxième seconde que pendant la première, pendant la troisième que pendant la deuxième et ainsi de suite.

C'est un fait d'ailleurs que chacun a remarqué : plus un corps tombe de haut, plus sa vitesse est grande quand il arrive à terre ; mais ce qu'il faut bien comprendre, c'est la valeur du mot vitesse dans un mouvement où la vitesse varie continuellement.

Le mouvement de chute d'un corps a une certaine analogie avec le mouvement d'un train qui se met en marche ; grâce à l'action continuelle de la locomotive, la vitesse s'accélère à chaque instant, et lorsque dans un pareil mouvement, on dit : « nous marchons, en ce moment, avec une vitesse de 4, 8, 12 kilomètres à l'heure », on indique que le train parcourait 3, 8,12 kilomètres à l'heure, si le mouvement se maintenait sans altération pendant une heure, tel qu'il est à l'instant que l'on précise.

La pesanteur joue un rôle analogue à celui de la locomotive. Elle détermine la chute de tout corps non soutenu et continue à l'attirer pendant tout le temps de sa chute, en accélérant sa vitesse. Lors donc qu'on donne la valeur de cette vitesse à un moment quelconque, après deux secondes, par exemple, le nombre 19,6176 m veut dire que le corps parcourrait 19,6176 m dans la troisième seconde, si la vitesse se maintenait sans altération telle qu'elle est à la fin de la deuxième.

Les tableaux précédents contiennent des renseignements plus que suffisants pour la solution des questions suivantes. — Voici d'ailleurs le moyen de les compléter à l'occasion.

Tous ces nombres se déduisent de la vitesse acquise par un corps pesant au bout d'une seconde de chute. Cette vitesse est de 9,8088 m[3]. Pour simplifier la rédaction, nous désignerons désormais cette quantité par la lettre *g*. C'est un signe d'abréviation consacré par l'usage ; nous désignerons, en outre, la vitesse acquise au bout d'un temps quelconque par la lettre initiale *a*, l'espace parcouru, par l'initiale *e*, et la durée de la chute ou le temps employé, par la lettre *t*.

Ces conventions faites, il est très commode et très avantageux d'exprimer chaque loi par une formule qui indique toutes les opérations à faire.

Exemple. — On obtient la vitesse acquise au bout d'un temps quelconque, en multipliant la vitesse acquise au bout d'une seconde par le temps donné ;

[3] Que l'on appelle «accélération», valeur arrondie à 9,81 m/s^2. (NDE)

ainsi on obtient la vitesse au bout de 3 secondes (tableau n° 2) en multipliant la vitesse au bout d'une seconde (9,8088 m) par le nombre 3.

Cette loi est résumée dans l'expression :

$$a = 3\,g = 20{,}4264$$

et si, au lieu de 3, je prends *t* secondes, la règle générale à suivre pour trouver le résultat devient :

$$a = gt$$

Si l'on connaît la durée de la chute et que l'on veuille connaître l'espace parcouru, on se servira de l'expression :

$$e = ½\,gt^2$$

Ce qui signifie, en langage ordinaire :

1 - Élevez au carré la durée donnée :

2 - Multipliez ce carré par la valeur *g* (9,8088 m) ;

3 - Prenez la moitié de ce dernier produit.

C'est le nombre cherché.

Si l'on connaît seulement l'espace parcouru, on emploiera d'abord l'expression :

$$t = \sqrt{(2c\,/g)}$$

qui résume la règle générale suivante :

1 - Multipliez l'espace donné par 2 ;

2 - Divisez le produit par la valeur *g* (9,8088 m) ;

3 - Prenez la racine carrée du quotient.

Ce nombre est la durée du trajet.

Cette durée étant connue, on trouve la vitesse acquise en employant la première expression donnée $a = gt$.

Enfin si l'on donne la vitesse acquise, on aura la durée du trajet en employant l'expression : $t = a\,/g$. La durée ainsi déterminée, on trouvera l'espace parcouru correspondant en employant l'une des deux formules suivantes :

$$e = ½\,at \qquad \text{ou} \qquad c = ½\,gt^2$$

Les lois fondamentales de la pesanteur doivent être considérées comme des résultats d'observation ; elles sont ordinairement formulées de la manière suivante :

4°. La vitesse acquise à un instant quelconque par un corps qui tombe librement sous l'action de la pesanteur est proportionnelle au temps qui s'est écoulé depuis le commencement du mouvement .

5°. Les espaces parcourus par un corps qui tombe librement sous l'action de la pesanteur et mesurés depuis son point de départ, sont entre eux comme les carrés des temps employés à les parcourir.

Mouvement ascensionnel d'un corps pesant. – Lorsqu'un corps est lancé verticalement de bas en haut, il monte avec une vitesse qui décroît à chaque instant et qui finit par se perdre complètement au bout d'un temps assez court ; le corps, un instant immobile, descend alors en sens inverse et retombe avec une vitesse toujours croissante, suivant la verticale qu'il avait d'abord parcourue avec une vitesse décroissante. La diminution de vitesse dans le premier cas, l'accélération de vitesse dans le deuxième, sont dues à une seule et même cause : la pesanteur.

On peut déjà prévoir qu'il doit y avoir une certaine relation entre les lois de ces deux mouvements contraires.

On démontre, en effet, et l'expérience confirme le fait, que le mouvement ascensionnel d'un corps pesant est exactement l'inverse de son mouvement de chute, ce qui donne les conséquences suivantes :

1°. Le mobile met, pour descendre, le même temps qu'il avait mis pour monter ;
2°. La vitesse acquise par le corps revenu à son point de départ est égale à la vitesse ascensionnelle qui lui avait été imprimée ;
3°. Le mobile passe et repasse à chaque point de la verticale avec la même vitesse. Ainsi, si le mobile parti du point A avec une vitesse ascensionnelle de 30 mètres, passe en B avec une vitesse de 20 mètres et en C avec une vitesse de 10, il repassera aux points C, B, A, avec des vitesses de 10, 20 et 30 mètres ;
4°. Le temps que met le mobile pour aller du point A au point B, par exemple, sera exactement le même que pour revenir du point B au point A.

Les renseignements relatifs à la chute d'un corps sont donc applicables à l'ascension ; il suffit de renverser les résultats. Ainsi, si l'on veut savoir quelle est la vitesse nécessaire pour faire monter un mobile à 15 mètres de hauteur, on prendra dans le tableau n° 1 la vitesse acquise après 15 mètres de chute.

Si l'on veut déterminer quelle vitesse il faut imprimer à un projectile pour que l'ascension se fasse en 3 secondes, on prendra dans le tableau n° 3 la vitesse correspondante à 3 secondes de chute.

Enfin, si l'on désire connaître quelle est la hauteur à laquelle une vitesse donnée peut faire monter un mobile, on prendra le résultat dans le tableau n° 3, qui donnera et la hauteur cherchée et le temps nécessaire à l'ascension.

Ce tableau n° 3 indique d'une manière générale que la durée de l'ascension est proportionnelle à la vitesse imprimée, c'est une remarque qu'il faut toujours avoir présente à l'esprit ; car dire qu'on a doublé la vitesse ascensionnelle ou qu'on a doublé la durée de l'ascension, revient exactement au même.

III. Effets combinés de la pesanteur et de la force de projection

Après avoir étudié les effets que produisent la force de projection et la pesanteur agissant isolément, on peut étudier le mouvement d'un corps soumis simultanément à ces deux forces.

Ce corps ne peut avoir à un moment donné qu'une seule direction et une seule vitesse de translation. Mais cette vitesse et cette direction unique peuvent être le résultat de deux mouvements bien distincts.

Un exemple suffira pour rendre cette proposition évidente.

Supposez qu'un petit ballon soit abandonné à lui-même, l'air étant parfaitement calme, le ballon montera verticalement.

Supposez, en second lieu, que le vent souffle pendant l'ascension, le ballon, dès qu'il sera abandonné, à lui-même, sera soumis à l'action de deux forces distinctes : la première, qui tient à sa construction, tendra à le faire monter verticalement ; la deuxième, due au mouvement de l'air, tendra à l'entraîner horizontalement dans la direction du vent.

On sait que, dans ces conditions, le ballon montera suivant une ligne plus ou moins inclinée dans le sens du vent ; il aura obéi en même temps aux deux forces qui le sollicitaient simultanément (fig. 3.)

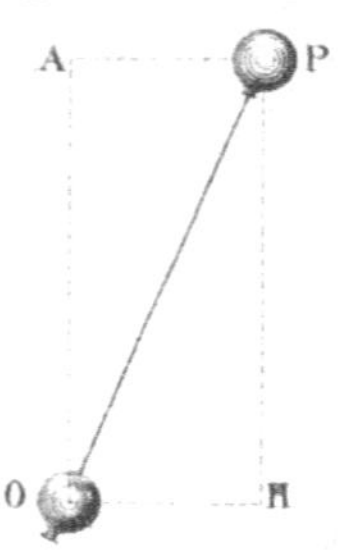

Fig. – 3

En pareil cas, les deux forces produisent leur effet indépendamment l'une de l'autre, c'est-à-dire que l'ascension a lieu comme si le vent ne soufflait pas, et que le ballon est entraîné horizontalement, comme s'il ne montait pas.

Si l'on veut connaître le point exact où est arrivé le mobile au bout d'un temps déterminé, il faut chercher d'abord le point où l'une des deux vitesses, agissant seule, l'aurait amené au bout de ce temps ; supposer, en second lieu, que le mouvement dû à la deuxième vitesse a ce premier point pour origine, et chercher le chemin parcouru par le mobile en vertu de cette dernière vitesse.

L'extrémité de ce chemin sera le point cherché.

Supposons, par exemple, que le ballon étant au point 0, la vitesse due à la force ascensionnelle soit de 3 mètres par seconde et la vitesse du vent de 1,25 m. Au bout d'une seconde, la force ascensionnelle seule l'aurait conduit en A, à 3 mètres au-dessus du point 0 ; le vent, d'un autre côté, est capable dans le même temps d'entraîner horizontalement le ballon de 1,25 m à droite du point A ; au bout d'une seconde, il sera donc rendu au point P, à 3 mètres au-dessus et à 1,25 m à droite du point O, et il y sera arrivé directement en suivant la ligne OP.

La direction OP suivie par le ballon et la vitesse avec laquelle il a parcouru cette ligne sont donc le résultat des deux vitesses données suivant OA et OH.

On serait arrivé au même résultat en prenant en premier lieu la vitesse du vent qui conduirait le ballon en H et en faisant agir en second lieu la force ascensionnelle qui l'aurait élevé en P. Cette combinaison de mouvements est tellement simple, qu'un enfant résoudrait pratiquement le problème suivant : où faudrait-il lâcher le ballon pour le faire passer par un point R situé à 6 mètres au-dessus du point H ? (fig. 4).

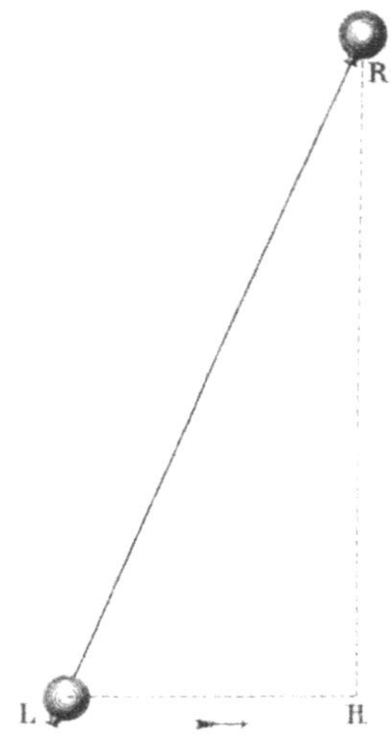

Fig. – 4

Il faut d'abord se placer dans le vent, pour que le ballon soit porté vers le point R. On se placera donc sur la ligne HL (direction du vent) à gauche du point H ; 2° le point R étant à 6 mètres au-dessus de la ligne HL, l'ascension s'opérera en deux secondes ; mais, pendant ce temps, le vent entraînera le ballon de 2,50 m : donc il faut le lâcher au point L, à 2,50 m à gauche de la verticale HR.

La pesanteur et la force de projection combinent leurs effets d'une manière analogue.

Supposons un projectile lancé dans la direction O T , sous un angle de tir TOH (fig. 5.) L'inclinaison de la ligne OT au-dessus de l'horizontale OH a pour but et pour résultat de donner au mobile deux mouvements simultanés :

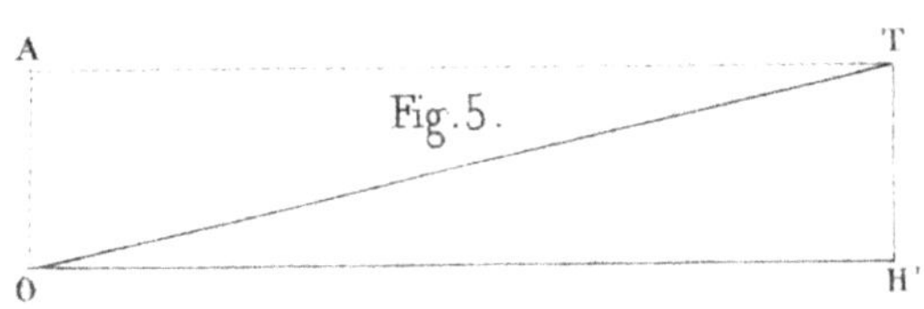

Fig. – 5

1° - Une vitesse ascensionnelle OA ;

2° - Une vitesse de cheminement OH.

La force ascensionnelle a pour but de maintenir le projectile au-dessus du sol, pour que la vitesse de cheminement puisse l'entraîner dans la direction OH sans rencontrer d'obstacle.

Toute trajectoire est donc décrite dans les conditions suivantes : le projectile monte jusqu'à une certaine hauteur en vertu d'une force ascensionnelle, et il redescend ensuite par l'effet de la pesanteur.

Pendant le temps de l'ascension et de la descente, la vitesse de cheminement agit, de telle sorte que lorsque le projectile revient à terre, il se trouve fort loin du point de départ. On sait que cette distance entre le point de départ et le point d'arrivée se nomme la *portée* ou l'*amplitude du jet.* La hauteur où le projectile est monté en vertu de la force ascensionnelle se nomme la *hauteur du jet.*

Pour faire arriver un projectile sur un point donné, le problème à résoudre consiste à combiner la vitesse ascensionnelle et la vitesse de cheminement, de manière que la chute du mobile s'achève juste au moment où la vitesse de cheminement l'amène sur la verticale qui passe par le but à atteindre (fig. 6).

Si la chute est achevée avant que le projectile ait atteint la verticale, le projectile tombe en avant du but, le coup est trop court (fig. 7).

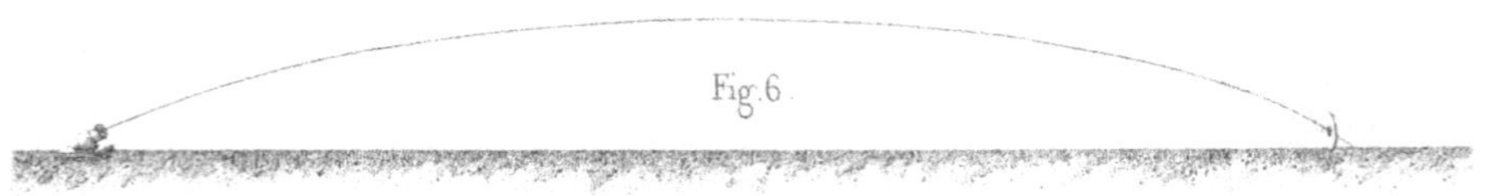

Fig. 6.

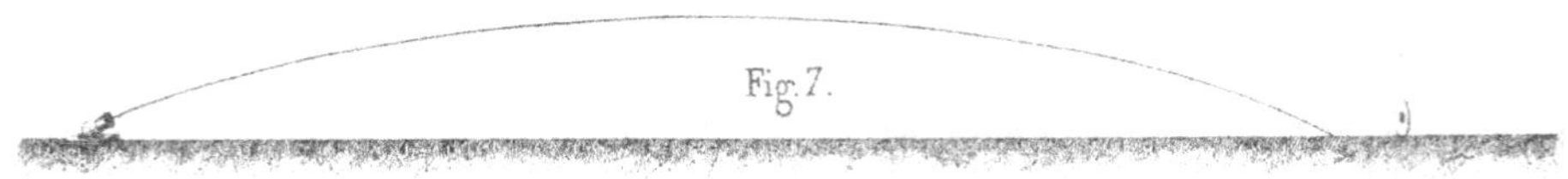

Fig. 7.

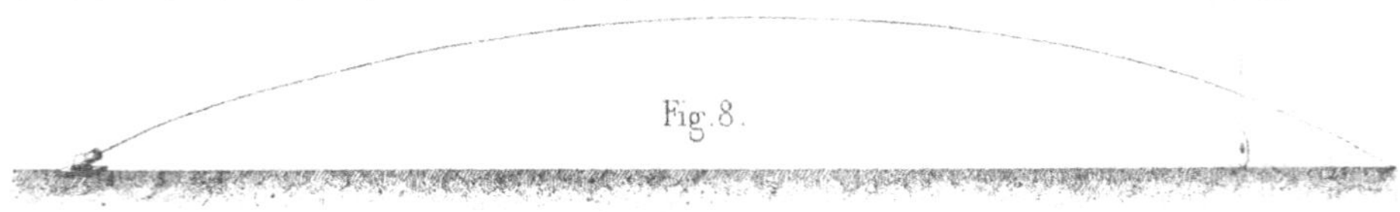

Fig. 8.

Si la chute n'est pas terminée au moment où le projectile atteint la verticale, il dépasse le but, le manque par conséquent, le coup est trop long.(fig. 8).

La décomposition de mouvement qui vient d'être indiquée permet de résoudre toutes les questions de tir.

Proposons-nous d'atteindre un objet placé à 1 000 mètres avec une vitesse de cheminement de 500 mètres par seconde.

Et d'abord, la durée du trajet doit être de deux secondes (1000 m / 500). Comme la durée de l'ascension est égale à celle de la descente, il faut que l'ascension dure exactement une seconde.

Le tableau n° 2 donne la vitesse correspondant à une ascension d'une seconde ; c'est 9,8088 m. Connaissant la vitesse ascensionnelle et la vitesse de cheminement, l'angle de tir est connu. On l'exprime ordinairement comme les pentes, par le nombre de millimètres d'élévation correspondant à 1 mètre de base. Ici la base est de 500 mètres, l'élévation de 9,8088 m pour ces 500 mètres ; la pente sera donc de 9,8088 / 500 = 0,0196176 m, c'est-à-dire 19,6 mm par mètre (fig. 9).

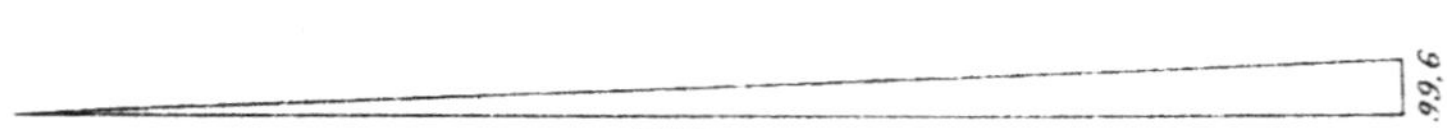

Fig. – 9

Presque toujours les angles de tir sont exprimés de la manière précédente. Cependant on trouve quelques fois les angles de tir exprimés en degrés, minutes et secondes. Une table (page 412) permettra de faire la réduction et, par conséquent, de comparer les résultats.

Reste à déterminer un certain nombre de points de la trajectoire.

Le premier point à déterminer est le sommet de la courbe, c'est-à-dire le point où le mobile a fini de monter et a commencé à descendre. Ce point correspond à la moitié du trajet, c'est-à-dire à la distance de 500 mètres. La valeur de l'élévation est donnée par le tableau n° 2 : c'est 4,904 m, hauteur correspondant à une chute d'une seconde.

Cette hauteur maximum se nomme la *hauteur du jet* ou la *flèche de la trajectoire*.

La descente et l'ascension se faisant dans des conditions exactement inverses, les élévations prises de part et d'autre de la flèche doivent être égales. En calculant les élévations de 100 en 100 mètres pour la partie descendante, on aura les élévations correspondantes de la branche ascendante. Or chaque distance de 100 mètres correspond à une durée de trajet de 0,2" et le tableau n° 2 donne pour ces durées les hauteurs de chute correspondantes, comptées à partir de l'origine, c'est-à-dire à partir du sommet de la courbe. Cette hauteur, pour 0,2" est de 0,196 m ; elle doit être sur la verticale de 600 mètres.

Pour avoir, à cette distance, l'élévation au-dessus de la ligne OP, il suffit d'observer que l'origine, à partir de laquelle la hauteur de chute a été comptée, est située à 4,904 au-dessus de la ligne de base et que, par conséquent, si le point de la trajectoire pris à 600 mètres est situé à 0,196 m au-dessous de l'origine, il est encore au-dessus de la base de la différence entre 4,904 m et 0,196 m, c'est-à-dire 4,708 m.

4,708 m est donc l'élévation de la trajectoire à 600 mètres et, par suite, à 400 mètres. On trouvera tout aussi facilement les élévations correspondant aux autres distances, et on obtiendra ainsi la courbe de la fig.10.

Fig. 10

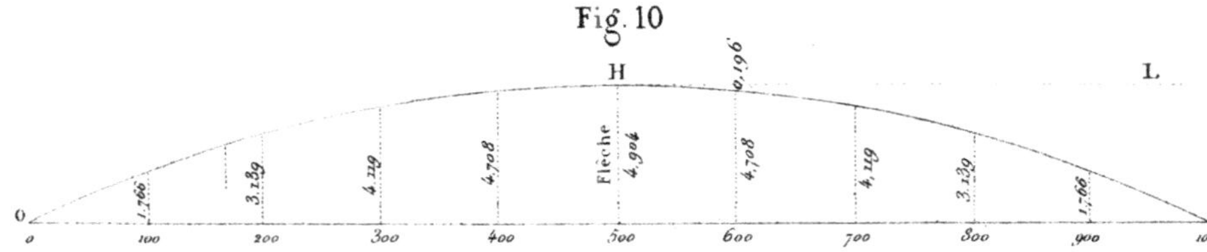

On voit d'après ce qui précède que si on faisait tourner la deuxième partie de la figure autour de la verticale 500 mètres pour la rabattre sur la première :

–	Le point	600	viendrait se placer sur le point		400
–	—	700	—	—	300
–	—	800	—	—	200
–	—	900	—	—	100
–	—	1000	—	—	0

Les deux branches de la trajectoire sont donc parfaitement symétriques, et l'angle de chute est égal à l'angle de tir ou de départ.

Cherchons maintenant quelle serait la portée d'un projectile lancé avec une vitesse ascensionnelle de 25 mètres et une vitesse de cheminement de 400 mètres. (Voir fig. 11).

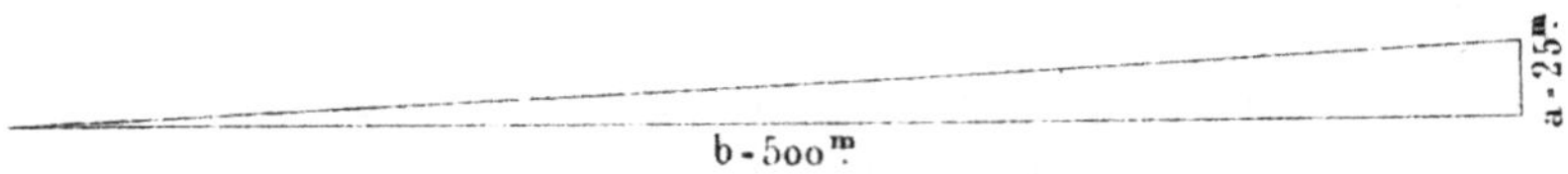

Fig. – 11

La vitesse ascensionnelle étant de 25 mètres, la durée de l'ascension sera de 2,548" (tableau n° 3) ; la durée totale du trajet du projectile sera double, c'est-à-dire de 5,096".

Le projectile ayant marché pendant ce temps avec une vitesse de cheminement de 400 mètres par seconde dans le sens horizontal, il aura parcouru dans cette direction un espace de 400 m x 5,096" = 2038,4 m.

La portée serait donc de 2038,4 m.

Afin de ne pas être obligé de reprendre le même raisonnement pour chaque cas particulier, on a l'habitude de représenter les données de la question par des signes conventionnels, et d'indiquer les opérations à effectuer dans une expression ou formule. (Voir fig. 11).

- Nous représenterons la vitesse réelle du projectile par la lettre..... *v* ;
- La vitesse ascensionnelle par la lettre.. *a ;*
- La vitesse de cheminement par la lettre...................................... *b* ;
- La portée par la lettre .... *p.*

Ces conventions faites, reprenons le problème précédent : la vitesse ascensionnelle étant *a*, la durée de l'ascension, d'après l'en-tête du tableau n° 3, sera donnée par la formule $t = a / g$, et la durée totale du trajet sera $2a / g$.

Le projectile ayant marché pendant ce temps avec une vitesse de cheminement *b*, la portée sera donnée par l'expression :

$$p = 2\,a\,b\,/\,g$$

ce qui signifie en langage ordinaire :

Règle générale,

Pour avoir la portée d'un projectile :

1 - Multipliez la vitesse ascensionnelle par la vitesse de cheminement ;
2 - Prenez le double du produit ;
3 - Divisez le nombre ainsi obtenu par la valeur *g* (9,8088).

Le quotient vous donnera la portée cherchée.

Cette manière d'opérer ne nécessite pas l'emploi des tableaux précédents ; elle est donc très avantageuse dans le cas où les nombres donnés ne seraient pas dans ces tableaux.

Variations des portées dues à l'augmentation de l'angle de tir. — Nous avons dit au commencement du premier chapitre que lorsqu'on lançait une pierre sous différents angles, avec la même vigueur, la portée augmentait jusqu'à une certaine limite, après quoi elle diminuait.

Pour nous rendre compte du fait, supposons qu'avec une vitesse initiale OT, nous fassions grandir l'angle de tir de 0° à 90° ; c'est-à-dire qu'après avoir supposé la ligne de tir horizontale, nous la relevions progressivement jusqu'à ce qu'elle ait atteint la verticale. (Voir fig. 12).

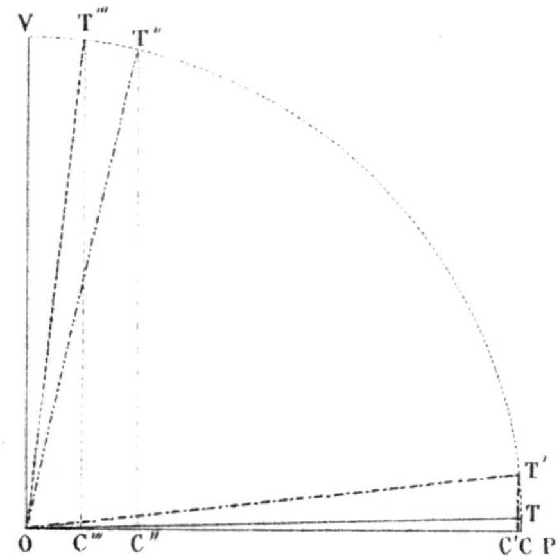

Fig. – 12

On voit tout d'abord que la ligne de tir étant horizontale, la vitesse ascensionnelle est nulle ainsi que la portée ; ce qui signifie qu'il est impossible d'atteindre un objet de niveau avec le point de départ, sans donner à la ligne de tir une certaine inclinaison au-dessus de l'horizon.

Si l'on prend, en second lieu, la ligne de tir dans deux positions successives, très rapprochées de l'horizontale, OT et OT', et que l'on compare les deux vitesses correspondant à ces deux positions, on voit que la vitesse ascensionnelle C'T' étant triple de la vitesse CT, les vitesses de cheminement OC, OC' sont peu différentes l'une de l'autre. La durée du trajet pour la position OT' étant triple de celle qui correspond à la position OT, et les vitesses de cheminement étant peu différentes dans les deux cas, la portée correspondant à l'angle de tir T'OP sera presque triple de la portée correspondant à l'angle TOP. La portée doit donc augmenter avec l'angle de tir.

D'autre part, lorsque la ligne de tir se rapproche de la verticale, c'est-à-dire lorsque l'angle de tir devient très grand, il est facile de voir qu'une augmentation nouvelle se traduit par une diminution de portée. Ainsi, en comparant les vitesses correspondant aux deux positions OT'' et OT''', on voit que la vitesse de cheminement diminue de moitié pour une augmentation de durée d'ascension peu sensible. La portée doit donc diminuer dans ce cas, alors que l'angle de tir augmente.

Enfin, lorsque la ligne de tir devient verticale, la vitesse de cheminement devient nulle ainsi que la portée horizontale ; ce qui signifie que la balle, après s'être élevée à une certaine hauteur, retombe et repasse par le point de départ.

Ainsi, en amenant la ligne de tir de la position horizontale à la position verticale, on observera : 1° que la portée horizontale est nulle dans la première position ; 2° que la portée augmente rapidement avec l'angle de tir tant que la ligne de tir reste voisine de l'horizontale ; 3° que, lorsque cette dernière ligne se rapproche de la verticale, la portée diminue au contraire, lorsque l'angle de tir augmente ; 4° que la portée redevient nulle lorsque la ligne de tir devient verticale.

En résumé, la portée, nulle au début, augmente d'abord pour diminuer ensuite, et redevient nulle à la dernière position de la ligne de tir.

On conçoit tout d'abord qu'il doit exister une position de ligne de tir où la portée cesse d'augmenter et au-delà de laquelle cette portée doit commencer à décroître. Pour cette position, la portée est maxima. L'angle de tir de cette position s'appelle angle de maximum de portée. Nous allons chercher à en déterminer la grandeur.

Prenons pour cela trois inclinaisons de lignes de tir différentes :

- Dans la première (qui correspond au plus petit des trois angles de tir), la vitesse de cheminement est plus grande que la vitesse ascensionnelle (fig. 13).
- Dans la deuxième, la vitesse de cheminement est égale à la vitesse ascensionnelle (fig. 14).
- Dans la troisième, enfin, c'est la vitesse ascensionnelle qui est plus grande que la vitesse de cheminement (fig. 15).

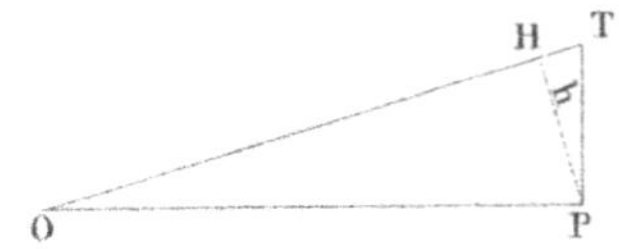

Fig. – 13

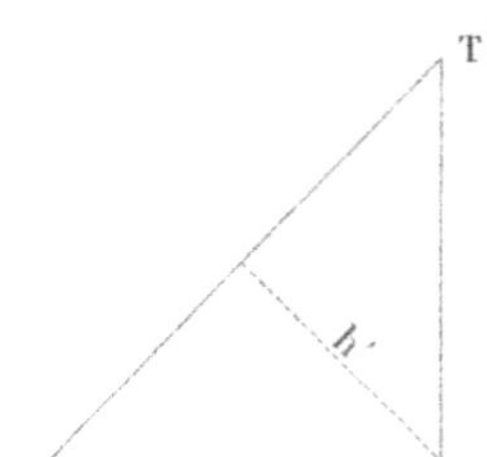

Fig. – 14

Dans chacun des cas, on aura la portée en appliquant la formule :

$$p = 2\,a\,b\,/\,g$$

La plus grande portée correspondra donc à la position pour laquelle le produit des deux vitesses sera maximum.

Or, le produit *ab* représente le double de la surface du triangle rectangle OPT.

Mais la surface de ce triangle a aussi pour mesure la moitié du produit de l'hypoténuse par la perpendiculaire abaissée du sommet de l'angle droit sur OT ; soit (h) cette hauteur, on aura :

$$ab = vh$$

Fig. – 15

Dans la deuxième partie de cette égalité, v est constant par hypothèse (c'est la vitesse initiale) : donc, le plus grand produit correspond à la plus grande valeur de h. Or, chacun sait que cette plus grande valeur correspond à la deuxième position indiquée ci-dessus, où les deux côtés du triangle sont égaux entre eux. L'angle de tir est alors de 45°[4].

[4] Les trois triangles précédents peuvent être inscrits dans une demi-circonférence décrite sur OT comme diamètre. La plus grande valeur possible de la perpendiculaire abaissée du sommet de l'angle droit sur l'hypoténuse est égale au rayon P'H'. Dans ce cas, OP' = P'T et POT = 45° (fig. 16).

L'angle de 45° est donc l'angle du maximum de portée horizontale.

On voit de plus que, si PH était égal P"H", la portée du troisième cas serait égale à la portée du premier, puisqu'on aurait :

$$vh = vh'' \text{ et par conséquent } ab = a''b''$$

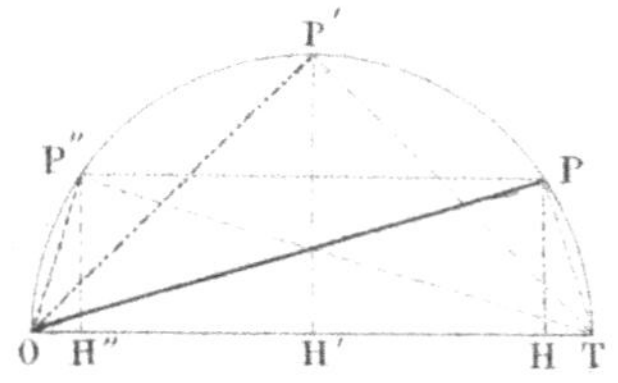

Fig. – 16

On peut donc obtenir la même portée avec la même vitesse initiale et deux angles de tir très différents. (Voir fig. 17).

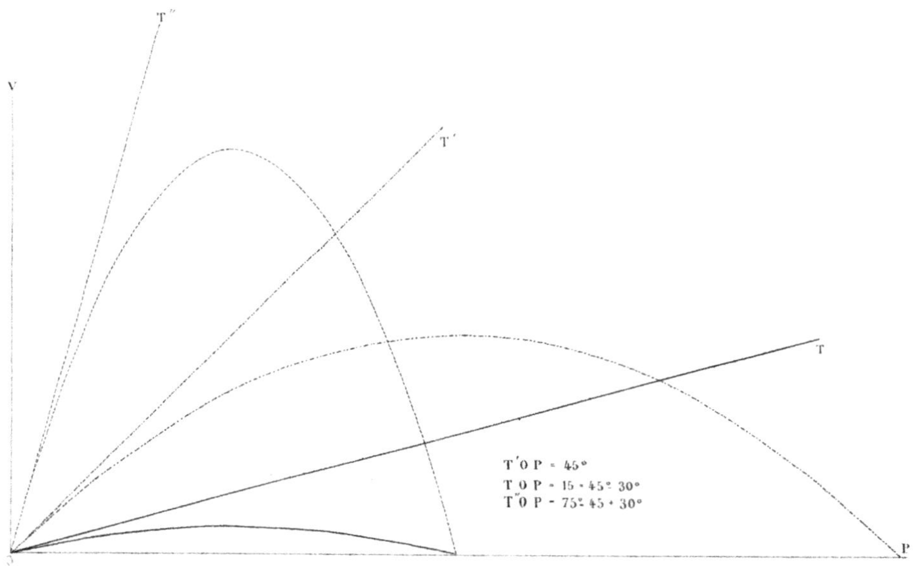

Fig. – 17

On pourra remarquer que ces deux portées égales correspondent à deux positions de la ligne de projection également éloignées de 45°.

Variations des portées dues à l'augmentation de vitesse initiale. — On sait déjà pratiquement qu'a égalité d'angle de tir, la plus grande portée correspond toujours à la plus grande vitesse ; voyons dans quelles proportions la portée est augmentée. (Voir fig. 18).

Admettons que la vitesse soit doublée, la vitesse ascensionnelle T'C' devient double de TC, et la vitesse de cheminement OC' devient en même temps double de OC. Donc le projectile restera en l'air deux fois plus de temps, et

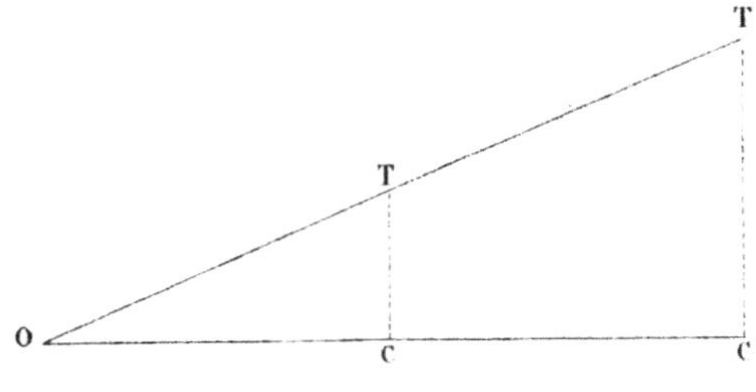

Fig. – 18

de plus, il cheminera deux fois plus vite. La portée sera donc quadruplée. On verrait de la même manière que si la vitesse triplait, la portée deviendrait neuf fois plus grande. On en conclura d'une manière générale que :

À égalité d'angle de tir, la portée augmente comme le carré de la vitesse initiale.

On comprend, d'après cela, combien il est important d'obtenir de grandes vitesses pour le tir des armes de guerre. Cette importance ressortira encore à propos de la tension de la trajectoire.

Tension de la trajectoire. Des deux lois de variations précédentes on peut déduire que, pour faire arriver un projectile d'un point à un autre, il y aura une foule de combinaisons à employer, en faisant varier à son gré la vitesse initiale et l'angle de tir. (Voir fig. 19).

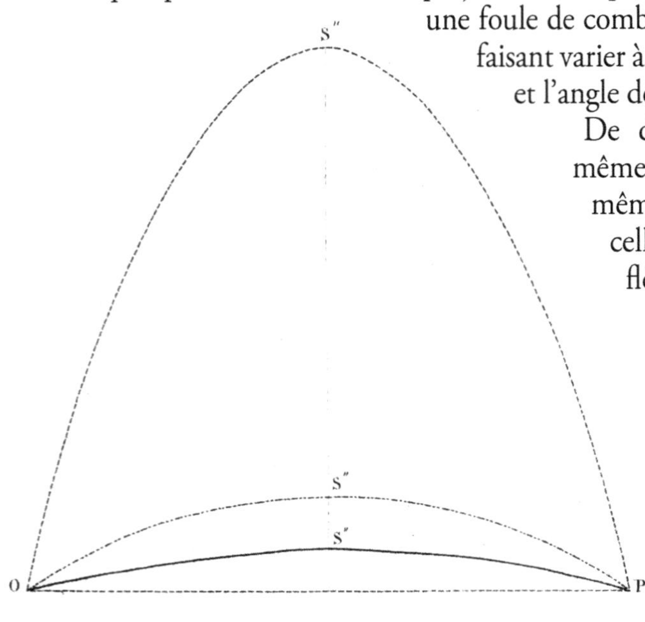

Fig. – 19

De deux trajectoires ayant même origine et arrivant au même point, on dit que celle qui a la plus petite flèche est la plus tendue.

Toutes les formes de trajectoires ont leur application à la guerre. On varie les moyens suivant le but qu'on se propose d'atteindre : on tire sous un très grand angle, lorsqu'on veut faire tomber les projectiles (des grenades, par exemple) derrière un mur, un parapet, dans une tranchée très rapprochée où se trouve l'ennemi. On emploie encore de grands angles pour détruire des voûtes, des blindages, pour couler des vaisseaux, etc...

L'angle de maximum de portée a une utile application pour atteindre des vaisseaux éloignés de la côte, pour lancer des projectiles dans une place ennemie, etc...

Dans ces cas, le projectile n'agit qu'à son point de chute, le tir est très incertain. On étend cependant les effets meurtriers dans une certaine zone autour du point de chute, en employant des projectiles chargés qui éclatent après leur arrivée.

Lorsqu'on veut battre un espace d'une certaine étendue masqué par un parapet, on combine la vitesse initiale et l'angle de tir, de manière à faire passer le projectile par-dessus l'obstacle, et à le faire tomber sous un angle de chute qui permette le ricochet. Il faut une trajectoire plus tendue que dans le cas précédent.

C'est dans les sièges, principalement, que les tirs précédents trouvent leur application : on a du temps pour connaître la distance, pour préparer les combinaisons de vitesse et d'angle de tir (fig. 20).

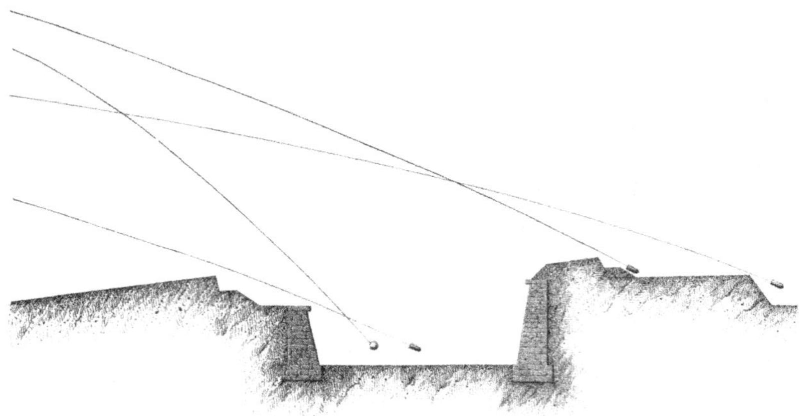

Fig. – 20

Les trajectoires quelquefois visibles à l'œil permettent d'observer les résultats et de rectifier les premières combinaisons.

Le tir de l'infanterie est dans des conditions toutes différentes ; on ne peut pas faire varier les vitesses, parce qu'on n'a qu'une espèce de cartouche.

La portée dépend absolument de l'angle sous lequel on tire. Or, on n'a que fort peu de temps et des moyens très imparfaits pour apprécier la distance ; il est donc très important d'éluder autant que possible la difficulté résultant du choix de l'angle à employer.

Si l'on pouvait maintenir le projectile pendant toute la durée de sa course à une hauteur du sol variant entre 0,50 m et 1,50 m par exemple, il serait inutile de se préoccuper de la distance.

Un homme debout serait toujours touché, s'il se trouvait dans la direction du coup tiré.

La tension de la trajectoire est donc une des qualités essentielles qu'on doit demander à une arme de guerre, et il est intéressant de savoir jusqu'à quel point on peut réaliser cette condition.

La vitesse de 500 mètres par seconde étant à peu près le maximum que l'on puisse obtenir avec les poudres actuellement employées, cherchons quelle est la portée qu'on obtiendrait en ne laissant à la trajectoire que 0,50 m de flèche et en faisant abstraction de la résistance de l'air.

La flèche étant de 0,50 m, il faut que la vitesse ascensionnelle corresponde à 0,50 m de chute. D'après le tableau n°1, la vitesse ascensionnelle doit être de 3,132 m, et la durée de l'ascension de 0,3193". La trajectoire doit être entièrement décrite dans un temps double de l'ascension, soit 2 x 0,3193" = 0,6386'. La portée étant égale à la vitesse de cheminement multipliée par la durée du trajet, on aura cette portée en multipliant 0,6386 par la vitesse 500, ce qui donnera 319,3 m.

L'angle de tir à employer serait de 3,132 / 500 = 0,0006264 m, c'est-à-dire 0,6 mm par mètre.

En calculant les élévations de la trajectoire au-dessus de la ligne de base, comme il a été expliqué plus haut, on trouverait pour la trajectoire décrite les quantités indiquées par la figure 21.

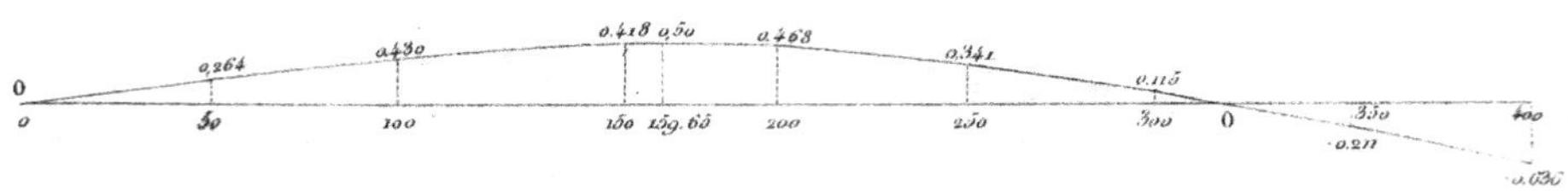

Fig. – 21

La flèche de 0,50 m correspond à la distance de 159,65 m. Dans la figure, on a prolongé la trajectoire au-delà du point O, où la chute de 0,50 m est achevée ; si le projectile n'avait pas trouvé au point O l'obstacle du sol, il aurait continué à tomber et à cheminer.

Les quantités dont la trajectoire prolongée s'éloigne de la ligne OP s'appellent *abaissements* ; ils sont indiqués par le signe (—).

Cette continuation de la trajectoire permet d'expliquer et de rectifier deux erreurs répétées par tous les chasseurs :

1° « Le vide attire les balles » (fig. 22) ;

2° « L'eau attire le plomb » (fig. 23).

Ces deux erreurs sont les corollaires de l'idée fausse que le plomb va au but en ligne droite.

Fig. – 22 - Le vide attire les balles

Fig. – 23 - L'eau attire le plomb

Les faits observés d'où elles découlent s'expliquent tout naturellement. Qu'un chasseur tire à travers un ravin, à une distance plus grande que ce qu'il appelle la *portée de son fusil*, il manque le but et voit la balle frapper le flanc opposé du ravin, au-dessous du but visé.

Comme il croit que la balle va en ligne droite, il explique ce fait en attribuant au vide une puissance d'attraction.

Dans le cas que nous envisageons, le projectile a suivi sa route normale ; la trajectoire a un abaissement plus ou moins considérable, suivant la distance plus ou moins grande du but, et enfin la disposition du terrain n'a eu d'autre influence que de rendre manifeste l'abaissement du coup.

C'est pour le même motif que le chasseur attribue à l'eau la même propriété attractive.

Qu'il tire au-dessus de l'eau sur un but hors de portée de fusil, il le manque et voit le plomb retomber sur l'eau bien au-dessous du but visé ; il déduit de ce fait que *l'eau attire le plomb*, bien que l'eau n'ait joué, comme précédemment, d'autre rôle que de se prêter à l'observation de la chute des projectiles.

Revenons à la tension de la trajectoire. On a cherché, dans le temps, sans se rendre bien compte des conditions du problème, une arme qui permit de tirer à 400 mètres avec 0,50 m de flèche. Voyons quelle est la vitesse de cheminement qu'il faudrait obtenir pour arriver à ce résultat.

La durée de trajet est toujours la même : 0,6386", comme dans le problème précédent ; il faudrait donc, pour obtenir cette trajectoire tant désirée, que le projectile parcourût 400 mètres en 0,6386". La vitesse à donner serait de 400 m / 0,6386 = 626. Or la poudre de guerre actuelle ne donne pas une pareille vitesse. La trajectoire cherchée est donc une utopie, même en faisant abstraction de l'influence retardatrice de l'air.

On verra dans le paragraphe suivant que l'utopie est bien plus manifeste encore, quand on se place dans la réalité des faits, c'est-à-dire lorsqu'on fait intervenir la résistance de l'air.

IV. Résistance de l'air

Nature de la force. — La résistance de l'air est une force de réaction. Presque nulle pour les petites vitesses elle est déjà sensible pour un cavalier lancé au galop ; elle est incommode sur l'impériale d'une voiture de chemin de fer qui parcourt 10 à 12 mètres par seconde ; elle devient énorme pour les projectiles qui sont animés de vitesses infiniment supérieures.

Tout corps en mouvement dans l'atmosphère rencontre sur son passage une certaine quantité d'air qu'à chaque instant il déplace, en lui imprimant une certaine vitesse aux dépens de sa vitesse propre, laquelle va sans cesse diminuant à mesure qu'augmente la durée de trajet.

La résistance de l'air agit sur les projectiles d'une manière très énergique. Elle diminue considérablement les portées, elle courbe les trajectoires, et elle est sinon la seule, du moins la plus puissante des causes de déviation. Il est donc important de connaître le mode d'action de cette force et de déterminer quelles sont les meilleures conditions à adopter pour atténuer autant que possible son influence tout à la fois retardatrice et déviatrice.

Lois de la résistance.

1°. La résistance est d'autant plus grande que la colonne d'air à déplacer est plus considérable, et on peut admettre déjà que pour des formes semblables *la résistance est proportionnelle à la section du projectile.*

   Ainsi une balle qui a une section d'un centimètre carré éprouvera une résistance deux fois plus petite qu'une seconde balle présentant, sous des formes semblables, une section de deux centimètres carrés.

2°. La forme de la partie antérieure influe sur la résistance. Un projectile pointu fend l'air plus facilement que s'il avait une forme obtuse. On peut dire cependant qu'avec de grandes vitesses ces différences de formes sont de peu d'importance.

3°. Si la vitesse du projectile augmente, si elle double par exemple, la force à dépenser pendant le même temps est modifiée de deux manières : d'abord le projectile rencontre deux fois plus de molécules d'air dans le même temps, ce qui constitue déjà une résistance double ; mais de plus il est obligé de communiquer à chaque molécule une vitesse double de celle qu'il imprimait dans le premier cas, ce qui double de nouveau la force à dépenser.

   Cette dépense de force, ou la résistance à vaincre est donc quadruple pour une vitesse double. On verrait de la même manière qu'elle serait neuf fois plus grande pour une vitesse triple ; de sorte qu'on peut dire d'une manière générale : *la résistance de l'air croît comme le carré de la vitesse des projectiles.* L'expérience démontre même que pour les grandes vitesses, la résistance croît plus vite que le carré des vitesses.

4°. L'air n'a pas toujours et partout la même composition, la même densité : il se raréfie à mesure que l'on s'élève, et partant il offre moins de résistance sur les hauts plateaux que dans les basses régions.

Dilaté par les grandes chaleurs, l'air est généralement moins compact, moins dense pendant l'été que pendant l'hiver ; de là encore une différence de résistance, suivant la saison.

Enfin la plus ou moins grande quantité d'humidité qu'il contient fait varier aussi sa force de résistance.

Ces remarques expliquent pourquoi on obtient des portées différentes dans différents lieux ; et, pour le même lieu, dans différentes saisons, quoiqu'on emploie toujours la même vitesse initiale et le même angle de tir.

Pertes de vitesse dues à la résistance de l'air. — Et d'abord ne confondons jamais résistance avec perte de vitesse. La résistance est la cause, la perte de vitesse est l'effet. Ces deux quantités ne varient pas nécessairement dans le même sens.

Faites agir un frein sur une voiture ordinaire et supposez que cette résistance soit capable de diminuer de moitié la vitesse de marche ; appliquez, en second lieu, un frein d'une force double à une locomotive, la vitesse sera à peine altérée.

On voit, d'après cet exemple, que la résistance et la perte de vitesse qui en résulte ne varient pas nécessairement dans le même sens pour deux véhicules différents ; il en est de même de deux projectiles.

Pour fixer les idées, supposons qu'un petit cube d'un millimètre de côté, animé d'une certaine vitesse, présente à l'air une de ses faces planes, il éprouvera une certaine résistance et, par suite, une perte de vitesse ; plaçons un deuxième petit cube derrière le premier, la résistance sera la même, attendu que le deuxième cube, invariablement contigu au premier, marchera toujours à sa suite ; mais la force nécessaire pour vaincre cette résistance étant fournie par les deux cubes réunis, chacun d'eux ne perd que moitié de ce que perdait le premier quand il était seul (fig. 24).

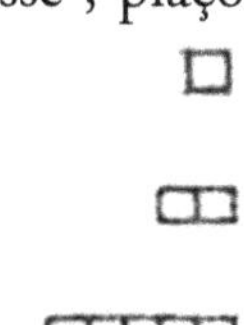

Fig. – 24

On verrait de même que la perte de vitesse serait de ⅓ pour trois cubes, et ainsi de suite ; de sorte qu'on peut conclure que, pour une ligne de cubes de même matière, la perte de vitesse est d'autant plus petite que le nombre de cubes est plus grand ou que la file qu'ils forment est plus longue.

Il y a donc avantage à allonger les projectiles pour atténuer les effets de la résistance de l'air.

Reste à prouver maintenant que les gros projectiles perdent moins de vitesse que les petits, quoiqu'ils éprouvent une plus grande résistance. Supposons un premier projectile à base carrée ayant 5 millimètres d'épaisseur et 10 millimètres

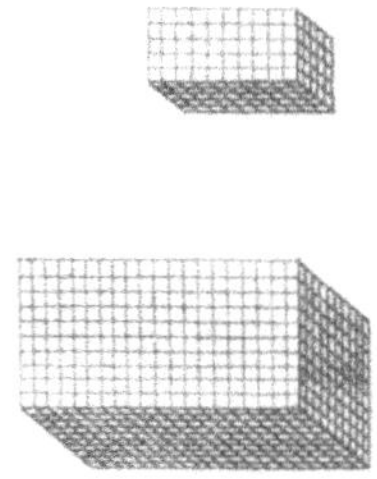

Fig. – 25

de hauteur (fig. 25), on peut le décomposer en vingt-cinq files de dix cubes.

Prenons, en second lieu, un deuxième projectile animé de la même vitesse, ayant des formes semblables sous des dimensions doubles ; ce projectile se décompose en cent files de vingt cubes.

La base présente 100 millimètres carrés au lieu de vingt-cinq ; la résistance est donc plus grande, mais chaque file contient vingt cubes au lieu de dix, et éprouve une perte de vitesse moitié moindre que dans le cas précédent.

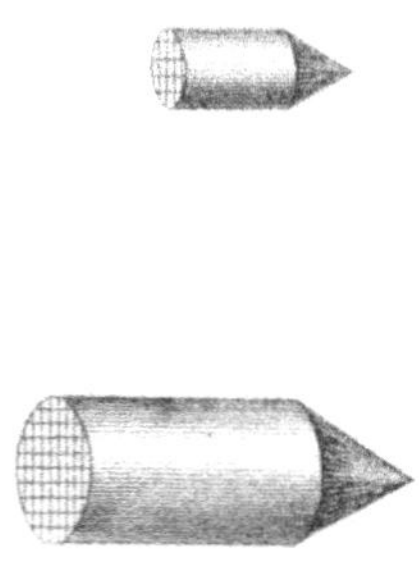

Fig. – 26

Dans cet exemple, le gros projectile, malgré l'augmentation de résistance, éprouve une perte de vitesse moitié moindre que le petit.

On verrait de même que, si les dimensions étaient triplées, la perte de vitesse serait trois fois moindre, et ainsi de suite.

Pour la simplicité de la démonstration, on a pris deux projectiles à faces planes. Le raisonnement serait le même, en somme, pour deux cylindres, pour deux cônes et, par suite, pour deux projectiles cylindro-coniques ou ogivo-cylindriques, ce qui permet de poser la conclusion suivante (fig. 26) :

Pour des projectiles de même matière, de formes semblables et animés de la même vitesse, les résistances sont proportionnelles au carré des diamètres, et les pertes de vitesse sont en raison inverse des longueurs.

Il faut en déduire qu'un projectile évidé perd plus de vitesse que s'il était plein.

La matière employée a encore une grande influence sur les pertes de vitesse. Toutes les substances n'ont pas le même poids sous le même volume. Un centimètre cube d'eau pèse 1 gramme, tandis qu'un centimètre cube de plomb pèse 11,35 g, et un centimètre cube d'or, 19,26 g. On dit qu'un corps est plus dense qu'un autre corps lorsqu'il pèse plus sous le même volume.

Les densités s'expriment par des nombres ; on convient de représenter par 1 la densité de l'eau distillée, et on la prend pour terme de comparaison. En disant d'un corps que sa densité est 3, on indique qu'il pèse trois fois plus que l'eau sous le même volume.

Ceci compris, reprenons un cube de 1 millimètre de côté et supposons que, sans changer la dimension de la face opposée à l'air, on ait comprimé la matière de manière à réduire la hauteur de moitié.

Le corps éprouvera évidemment la même résistance et la même perte de vitesse qu'avant la compression.

Qu'on reconstitue le cube en ajoutant une égale quantité de la même matière également comprimée, le cube 3 éprouvera même résistance et perdra moitié moins de vitesse que le cube 1 (fig. 27).

Le cube 3 a une densité double du cube 1. On verrait de la même manière que, si la densité devenait triple, la perte de vitesse serait trois fois plus petite ; ce qui permet de dire :

Fig. – 27

Les pertes de vitesse sont inversement proportionnelles aux densités.

Le plomb a une très grande densité (11,35) ; c'est une des raisons qui le rendent fort avantageux pour la fabrication des projectiles destinés aux armes à feu portatives.

En résumé, pour atténuer autant que possible les effets de la résistance de l'air, il faut prendre des projectiles aussi gros, aussi allongés et aussi denses que possible.

Mesure des pertes de vitesse. — Les pertes de vitesse éprouvées par les balles se mesurent comme les vitesses initiales. On transporte les deux cadres-cibles à telle distance que l'on veut, et on mesure la vitesse après 10 mètres, 200 mètres, 300 mètres de parcours. Le tableau de la page 42 montre quelques résultats obtenus à Vincennes.

La comparaison des lignes 1 et 2 montre que de deux projectiles de même calibre, le plus lourd perd le moins de vitesse. La balle modèle 1859, qui a seulement 310 mètres de vitesse initiale, en possède encore 230 à la distance de 400 mètres, tandis que la balle modèle 1863, qui a une vitesse de 320 mètres au départ, n'a plus que 202 mètres à la même distance de 400 mètres.

D'après les lignes 1 et 4, la balle modèle 1863 perd 76 mètres de vitesse dans les 200 premiers mètres de parcours, tandis que la balle du fusil de 11,5, qui a une vitesse de 331 mètres à 200 mètres, ne perd que 48 mètres dans le même parcours (de 200 à 400) (moins des deux tiers).

La balle du fusil de 11,5 ne pèse cependant que 27 grammes, tandis que la balle modèle 1863 pèse 30 grammes. Cette différence tient à la forme de la balle de 11,5, qui est plus allongée et moins creuse que la balle modèle 1863.

Ces résultats confirment les explications théoriques que nous avons données mais ce qu'il faut surtout remarquer, c'est l'énorme perte de vitesse éprouvée par un projectile léger animé d'une grande vitesse initiale ; ainsi, avec le fusil suisse (ligne 5), une vitesse initiale de 537 mètres est réduite à 428 à la distance de 100 mètres, et à 360 à la distance de 200 mètres.

À la distance de 400 mètres, la balle du fusil suisse n'a que la vitesse de la balle du Withworth (ligne 6), quoiqu'il y ait 149 mètres de différence entre les deux vitesses initiales.

RÉSULTATS OBTENUS À VINCENNES

N°	ESPÈCES D'ARMES.	MODE de chargement.	CALIBRE.	POIDS du projectile.	VITESSE initiale.	VITESSES RESTANTES.				
						100m	200m	400m	600m	800m
			millim.	grammes.	mètres.	mètres.	mètres.	mètres.	mètres.	mètres
1	Fusil d'infanterie modèle 1857. . . .	par la bouche	17,8	36,0	324	280	248	202	»	»
2	Carabine modèle 1859.	id.	17,8	48,0	340	284	268	230	»	»
3	Fusil d'étude.	id.	11,5	25,0	454	380	331	276	»	»
4	Id.	id.	11,5	27,0	436	371	331	283	254	237
5	Fusil suisse	id.	10,4	16,5	537	428	360	287	»	»
6	Carabine Withworth.	id.	11,5	34,0	388	346	318	286	»	»
7	Id. Wesley-Richards	par la culasse	11,5	31,2	385	341	»	»	»	»
8	Fusil prussien	id.	15,7	32,0	257	244	»	»	»	»

Ces faits d'expérience prouvent qu'il ne faut pas s'attacher à dépasser la vitesse de 450 mètres dans l'établissement d'une arme de guerre. Cette idée sera complétée dans la deuxième partie.

V. – Trajectoire dans l'air ou effets combinés de la force de projection de la pesanteur et de la résistance de l'air.

La résistance de l'air exerce sur les projectiles deux sortes d'influence :

1° Une influence retardatrice ;

2° Une influence déviatrice.

Examinons d'abord comment cette résistance modifie les effets combinés de la pesanteur et de la force d'impulsion. Les effets de déviation seront analysés dans le chapitre suivant.

Influence retardatrice. — Les effets combinés de la pesanteur et de la force d'impulsion ont été développés dans le § 3. Pour compléter l'étude de la trajectoire théorique, il reste à faire intervenir l'influence retardatrice de l'air atmosphérique.

La résistance de l'air est toujours directement opposée au mouvement ; elle a pour résultat de diminuer la vitesse et, par suite, l'espace parcouru dans un certain temps. Supposons qu'un projectile lancé suivant OT avec une vitesse suffisante pour arriver en T au bout d'une seconde, ne puisse arriver qu'en T' à cause de la résistance de l'air ; par ce fait, la vitesse ascensionnelle se trouve réduite à H'T' et la vitesse de cheminement à OH', pour la première seconde.

La vitesse ascensionnelle étant moindre, la durée de trajet est diminuée et, par conséquent, la portée raccourcie (fig. 28).

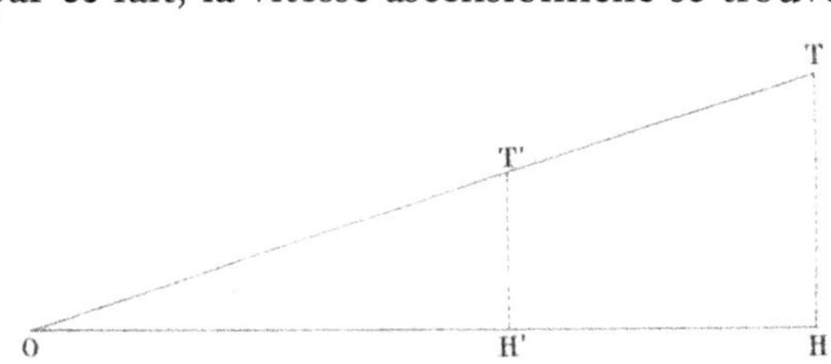

Fig. – 28

L'affaiblissement continu de la vitesse de cheminement vient s'ajouter à la première cause pour raccourcir encore la portée (fig. 29). La flèche de la trajectoire, qui était égale à MH,

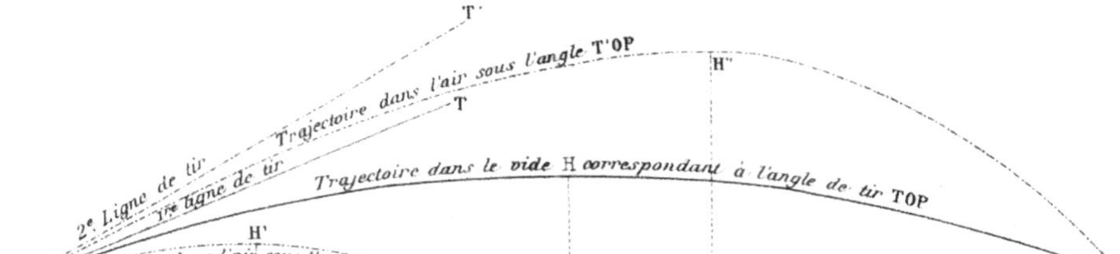

Fig. – 29

abstraction faite de la résistance de l'air, se trouve réduite, à M'H' ; elle correspond à la distance OM' au lieu de la distance OM, parce que le trajet OM' a été fait dans un temps moindre et avec une plus petite vitesse que le trajet OM.

La distance M'P' n'est plus égale à OM', parce que la chute de la balle se fait dans le même temps que l'ascension. Or la vitesse de cheminement est moindre au-delà qu'en deçà du point M'. La distance M'P' est donc plus petite que OM'. La deuxième branche de la trajectoire est plus courbe que la première ; l'angle de chute est plus grand que l'angle de départ.

Enfin la portée OP' est beaucoup plus petite que OP, quoique les deux trajectoires aient même origine et que les projectiles aient eu au départ même vitesse initiale et même angle de tir.

Pour faire arriver le projectile au point P en tenant compte de la résistance de l'air, il faudrait augmenter considérablement l'angle de tir et faire décrire à la balle la trajectoire OH"P, bien plus courbe que la première.

Quelques exemples donneront une idée de l'influence retardatrice de la résistance de l'air.

Des boulets ronds de 8, de 12, de 10 et de 24[5], tirés avec une même vitesse initiale de 485 mètres, sous un angle de 6°, auraient tous une portée de 4986 mètres, abstraction faite de la résistance de l'air. Dans la réalité des faits, cette portée est réduite :

Pour le boulet de 24, à 2015 mètres.
– de 16, à 1856 –
– de 12, à 1780 –
– de 8, à 1615 –

Plus le projectile est léger, plus la résistance de l'air a des effets marqués ; mais ces effets sont autrement sensibles quand on passe des gros projectiles de l'artillerie aux balles sphériques lancées par les fusils. Une balle ronde de 16,7 mm lancée avec une vitesse de 450 mètres, a une portée maximum de 1000 mètres, sous l'angle de 28°. Elle serait de 19 kilomètres environ dans les mêmes conditions, si la résistance de l'air n'existait pas.

Cette résistance produit beaucoup moins d'effet sur les projectiles allongés. La portée de 1000 mètres s'obtient avec nos armes actuelles sous de petits angles. Leur portée maximum, à peu près connue aujourd'hui, parait être supérieure à 2750 mètres sous un angle d'environ 27 degrés.

La figure 30 donne, pour une portée de 1000 mètres, la comparaison de la trajectoire du fusil modèle 1866 et de la trajectoire théorique qu'on obtiendrait avec la même vitesse initiale, abstraction faite de la résistance de l'air.

La flèche de la trajectoire supérieure est presque triple de la deuxième et correspond à la distance de 550 mètres au lieu de 500.

[5] Poids exprimés en livres, soit chaque fois un peu moins de 4, 6, 5 et 12 kg.

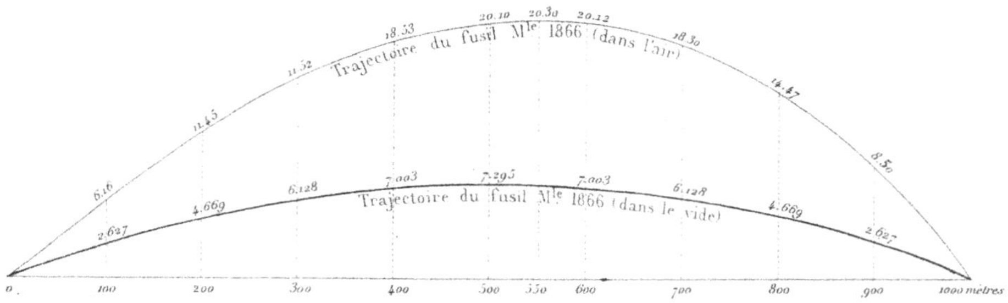

Fig. – 30

Tension de la trajectoire aux petites distances. — N'était la résistance de l'air, une vitesse de 500 mètres donnerait une portée de 319 mètres avec une flèche de 0,50 m, mais nous savons maintenant qu'un projectile animé d'une pareille vitesse la perd bien rapidement. La portée de 319 mètres est donc impossible à obtenir dans l'air.

Après avoir examiné les diminutions de vitesse données au § 4, on voit qu'il est bien difficile, sinon impossible, qu'une balle de fusil, c'est-à-dire un projectile relativement léger, lancé dans l'air avec toute la vitesse que peuvent imprimer les poudres connues, arrive à franchir un espace de 250 mètres dans un temps inférieur à 0,6386".

Or cette durée correspond à une flèche de 0,50 m. (Voir p. 51). On peut donc conclure que la distance de 250 mètres doit être considérée comme le maximum de la portée réalisable sous une flèche de 0,50 m.

Telle est l'extrême limite de la tension de trajectoire, pour les armes portatives.

CHAPITRE II

CAUSES D'IRRÉGULARITÉ

On a supposé jusqu'ici que la direction initiale d'un projectile était mathématiquement établie et que les trois forces qui déterminaient le mouvement étaient invariables dans leurs effets et exactement connues dans leurs grandeurs.

Il est loin d'en être ainsi dans la pratique. La question se complique toujours d'une foule de circonstances accessoires qui ont une influence plus ou moins marquée sur la portée ou la régularité de la trajectoire.

La principale étude du tir consiste à découvrir, à analyser ces influences et surtout à trouver les meilleurs moyens d'en neutraliser les effets.

Or, à l'exception de la pesanteur, que l'on peut tout d'abord mettre hors de cause, les éléments à employer, les agents à mettre en œuvre pour lancer les projectiles, les influences extérieures à subir, sont et seront toujours sujets à des variations plus ou moins considérables, plus ou moins préjudiciables à la précision du tir.

L'examen de ces variations donnera l'explication de toutes les irrégularités qui peuvent se produire dans le tir d'une arme à feu portative. On examinera donc successivement :

1° - L'arme ;
2° - Le tireur ;
3° - La cartouche ;
4° - La résistance de l'air ;
5° - La rotation donnée par les rayures.

I. L'arme

L'axe du canon détermine la direction initiale du projectile. C'est ce que nous avons appelé la *ligne de tir* (fig. 31).

Mais l'arme est dirigée elle-même par le tireur à l'aide de la ligne de mire, c'est-à-dire à l'aide du fond de l'encoche de la hausse et du sommet du guidon*.

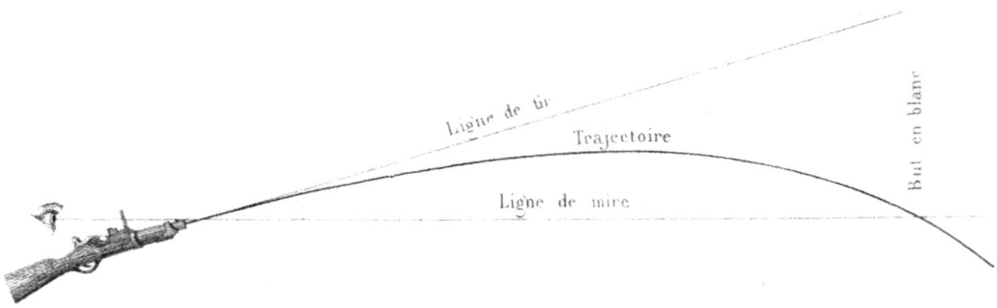

Fig. – 31

Donc toute variation dans la position relative de la ligne de mire et de la ligne de tir devient une cause d'irrégularité.

Les procédés de fabrication des armes de guerre ne peuvent donner que des à-peu-près. On n'est donc jamais certain ni de la position du plan de tir ni de l'angle de projection.

En ce qui concerne la direction, il est facile de voir que si le cran de la hausse est à droite du plan de tir (fig. 32), la balle, qui se meut dans ce plan, doit passer à droite du point visé. Elle porterait à gauche pour une erreur de placement à gauche.

Fig. – 32

Donc une position défectueuse du cran de mire donne une erreur du même sens que l'erreur de construction.

On voit également que la déviation est proportionnelle au défaut de l'arme et, pour une même erreur de construction, proportionnelle à la distance à laquelle on observe l'écart correspondant.

À l'inspection de la fig. 33, on voit qu'un mauvais placement du guidon entraîne une déviation de sons contraire à l'erreur ; c'est-à-dire que si le guidon est trop à droite, le coup porte à gauche, et réciproquement.

Fig. – 33

Enfin, si les deux points sont tous deux mal placés, les déviations s'ajoutent, si les points sont situés de part et d'autre du plan de tir.

Les erreurs de construction se compensent en partie si elles sont de même sens ; elles se neutralisent même quand elles sont égales : ainsi on peut, sans erreur sensible, transporter la ligne de mire parallèlement au plan de tir sur la droite ou sur la gauche du canon.

En ce qui touche l'angle de projection, on ne peut le déterminer pratiquement qu'à l'aide de la ligne de mire. On doit alors tenir compte de l'angle de mire (angle formé par la ligne de tir et la ligne de mire).

Cet angle, supposé connu et invariable, résulte, ainsi qu'on le verra plus tard, de la différence de saillie du cran de mire et du sommet du guidon au-dessus de l'axe du canon.

Si ces saillies ne sont pas rigoureusement égales aux hauteurs indiquées dans les tables de construction, l'angle de mire et, par suite, l'angle de projection n'ont pas la valeur qu'on leur attribue. De là, une variation dans la portée.

Le guidon ayant par hypothèse la hauteur voulue, l'angle de mire est trop grand ou trop petit, suivant que le cran de la hausse est trop haut ou trop bas.

C'est le contraire qui arrive lorsque le cran est à bonne hauteur et que le guidon est trop haut ou trop bas : la portée est diminuée dans le premier cas et augmentée dans le second.

Enfin, si les deux saillies sont mal établies, les erreurs s'ajoutent si elles sont de sens contraire ; elles se compensent en partie, et peuvent même se neutraliser complètement si elles sont de même sens.

Ainsi, on peut sans inconvénient transporter la ligne de mire parallèlement à elle-même dans le plan de tir en surélevant ou en abaissant d'une même quantité la hausse et le guidon.

Quelque soin que l'on apporte à la construction et à l'entretien des armes, il peut arriver que le canon soit faussé. Dans ce cas, c'est le dernier élément du tube qui détermine la position du plan de tir et la direction initiale de la balle. La ligne de projection n'a plus alors la position que lui attribuerait le pointage de l'arme. De là, des déviations dont le sens et la grandeur dépendent et du défaut de l'arme et de la distance à laquelle on en observe les effets.

Le canon vibre sous l'action des gaz de la charge. C'est un fait acquis d'une manière indiscutable.

Les vibrations peuvent-elles imprimer une oscillation à la ligne de tir et donner une mauvaise direction au projectile ? Le tube se dilate-t-il assez pour que la balle échappe aux rayures ? On ne peut donner à cet égard que des conjectures. Quel que soit le genre d'influence, les effets sont bien connus la précision du tir est d'autant plus grande que le canon est plus étoffé et le métal plus homogène ; c'est-à-dire que les vibrations sont moins fortes et plus symétriques par rapport à l'axe.

En résumé, la ligne de mire étant exactement dirigée sur un point déterminé, on n'a qu'une connaissance approximative de la direction initiale du projectile.

De là, la nécessité, pour un tireur, de connaître son arme et de savoir en rectifier les défauts suivant les distances de tir. C'est une des parties les plus délicates de l'éducation du tireur.

L'imperfection inévitable de la fabrication amène encore des irrégularités d'un autre ordre : le tube intérieur et la chambre n'ont pas des dimensions invariables ; les rayures ne sont pas également profondes, également polies. De là, inégalité dans la résistance que la balle oppose à la mise en mouvement et dans les frottements qu'elle éprouve pendant son trajet dans l'âme.

L'encrassement qui se forme pendant le tir vient encore changer à chaque coup les conditions de frottement et de résistance.

Toutes ces inégalités se traduisent par des différences dans la vitesse de projection.

Voilà donc un autre élément du problème qui est forcément entaché d'erreur par le seul fait de l'arme.

On verra plus tard de nouvelles causes de variation de la vitesse initiale.

II. Le tireur

La position de la ligne de mire par rapport au point à viser est encore moins assurée que la position de la ligne de projection par rapport à la ligne de mire.

Le tireur, en effet, pour obtenir un pointage parfait, devrait réunir les conditions suivantes :

1°. Mettre en joue en maintenant l'appareil de pointage dans le plan vertical de tir ;
2°. Bien prendre la ligne de mire, c'est-à-dire placer son œil exactement dans le prolongement du fond du cran de mire* et du sommet du guidon ;
3°. Amener cette ligne de mire sur un point bien déterminé ;
4°. Maintenir son arme immobile dans cette position ;
5°. Faire partir le coup sans déranger l'arme.

Or, non seulement l'accord complet de ces opérations est de la plus haute difficulté, mais encore chacune d'elles en particulier est plus ou moins entachée d'erreur :

1° – Le tireur n'a aucun moyen précis de reconnaître si l'appareil de pointage est bien dans le plan vertical de tir ; son attention est d'ailleurs en grande partie absorbée par le pointage proprement dit ; il arrive donc fort souvent que la hausse et le guidon penchent à droite ou à gauche. Il est facile de se rendre compte des conséquences de cette position défectueuse de l'appareil de pointage (fig. 34).

Après avoir enlevé la culasse* mobile d'un fusil, on place la tête mobile à l'entrée de la boîte de culasse et un réticule à la bouche. (Les fils sont portés par un anneau de fer-blanc ou de carton.) (Fig. 35).

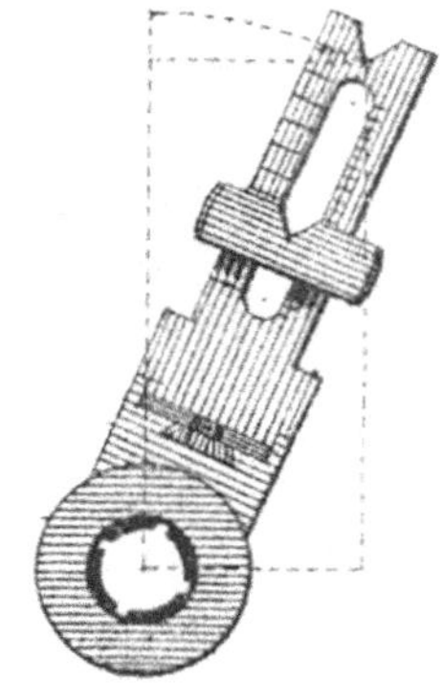

Fig. – 34

L'arme étant ainsi disposée et placée sur un chevalet de pointage, on vise un point, en prenant la hausse de 800 mètres, par exemple ; puis, sans déranger l'arme, on vise par le trou de l'aiguille et l'intersection des fils, et on fait marquer le point (a) où cette ligne prolongée rencontre le mur ou la cible ; si l'opération est bien faite, le point (a) doit être sur la même verticale que le point visé (o) et au-dessus de lui (fig. 36).

Fig. – 35

Cela fait, on penche l'arme à droite, par exemple, et on recommence l'opération en faisant marquer le point *b* où aboutit en second lieu la ligne de tir. Ce point sera à droite de la verticale *oa* et plus bas que le point *a*.

Si le premier pointage devait amener le projectile en *o*, le deuxième le conduira en *d, bd* étant égal à *ao*. La balle aura donc porté trop à droite de la quantité *fo* = *cb*, et trop bas de la quantité *fd* = *ac*.

Donc, lorsqu'on incline la hausse à droite ou à gauche, le coup porte du côté où penche l'appareil de pointage, et au-dessous du point où il serait arrivé si la hausse eût été régulièrement placée.

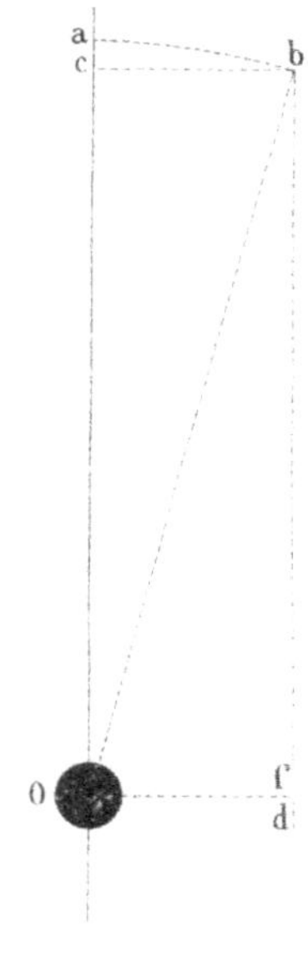

Fig. – 36

2° – Théoriquement la ligne de mire serait la ligne droite qui joint le fond du cran de mire au sommet du guidon (fig. 37). Supposons qu'un tireur ait réussi à placer son œil sur la ligne droite tangente au fond de l'encoche et au sommet du guidon et que cette ligne prolongée aboutisse au centre du noir.

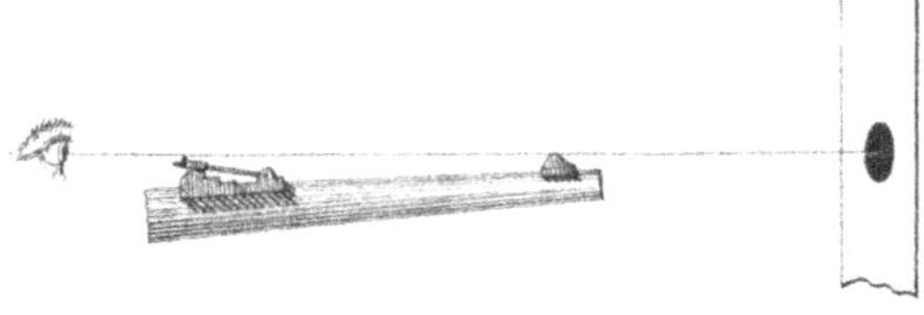

Fig. – 37

La hausse faisant écran, masquera une grande partie du noir et la totalité du guidon (fig. 38).

On voit que cette opération, fort simple à concevoir, est matériellement inexécutable.

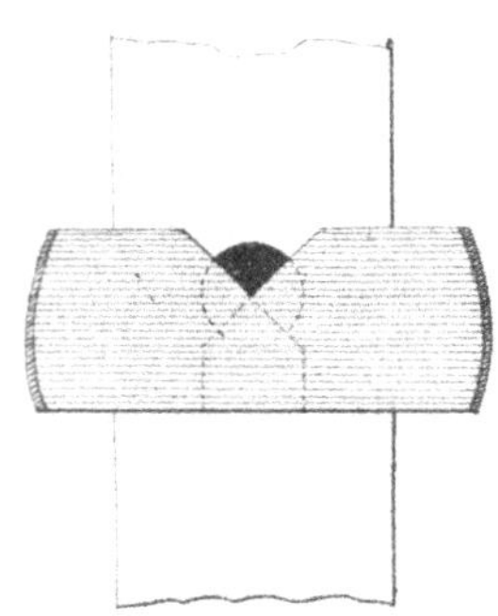

Fig. – 38

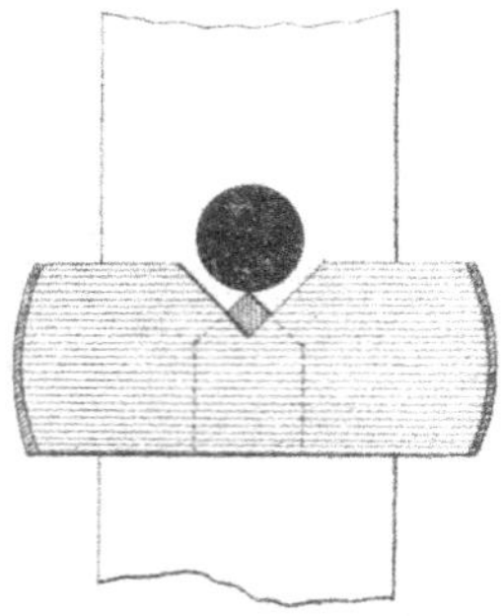

Fig. – 39

On est forcé, pour savoir ce que l'on fait, pour se repérer, et pour ne pas perdre la ligne de mire au moindre tremblement de la main, d'élever l'œil un peu plus haut que la théorie abstraite ne le prescrirait, et de voir une portion du guidon et la totalité du noir, ainsi que l'indique la figure 39.

Si l'on voit une trop grande quantité de guidon, c'est parce qu'on a trop élevé l'œil au-dessus du fond du cran. Il arrive très vite un point où l'œil se trouvant par trop haut, le rayon visuel se détache de la hausse.

Dans ce cas : 1° on prend trop de hausse et le coup porte trop haut ; 2° on détermine la ligne de mire à l'aide d'un seul point, le guidon ; on est ainsi exposé à la faire passer à droite ou à gauche de la verticale qui passe par le fond du cran, c'est-à-dire à commettre une erreur de pointage dans le sens latéral.

3° Il est impossible d'ajuster un point. À 200 mètres, il faut déjà une mouche de 15 centimètres de diamètre ; à 1000 mètres, on a de la peine à bien distinguer, en visant, un noir carré de 0,60 sur 0,80. On voit donc que, par le seul fait de l'imperfection de la vue, le pointage est toujours approximatif, surtout aux grandes distances.

4° Maintenir son arme immobile lorsqu'elle est dirigée sur le but est un véritable tour de force qui ne peut être réussi que par quelques rares tireurs parfaitement doués et exceptionnellement exercés.

Pour la presque totalité, le maintien se borne à limiter les oscillations de l'arme dans un cercle plus ou moins restreint. Le pointage de l'arme n'est donc encore qu'un à-peu-près.

5° Le pointage au moment du départ dépend de l'accord du doigt, de l'œil et de la volonté. On peut, sans obtenir l'immobilité de l'arme, saisir, pour faire partir le coup, le moment précis où la ligne de mire passe sur le point visé.

Mais cet accord parfait est encore d'une grande difficulté ; le tireur ordinaire se borne à limiter les écarts et à en reconnaître le sens. Ainsi, un tireur exercé doit toujours connaître le point sur lequel était dirigée la ligne de mire au moment où le coup est parti.

En somme, le tireur n'établit la direction de l'arme pour le tir que d'une manière grossière ; et encore cette direction est-elle plus ou moins dérangée par le recul de l'arme.

Il est prouvé, en effet, que le mouvement de recul est commencé avant que la balle soit sortie de l'âme, et que le pointage n'est plus régulier au moment où le projectile sort du tube.

La résistance de l'épaule, en s'opposant au recul, occasionne une double déviation du pointage :

1° L'arme se relève en pivotant autour de l'épaule ;

2° Le tireur tourne un peu sur lui-même en imprimant à l'arme une légère déviation à droite.

Cette double déviation doit faire porter le coup trop haut et trop à droite.

Les hausses sont réglées de manière à tenir compte du relèvement.

Quant à la déviation latérale, elle est variable suivant le tireur ; à chacun le soin d'en corriger les effets.

Pour les mêmes motifs, les pistolets portent haut et à gauche : haut à cause du relèvement dû à l'inclinaison de la crosse ; à gauche en raison du mouvement imprimé à l'avant-bras droit par le recul.

On peut corriger cette double déviation en réglant en conséquence les hauteurs et les emplacements de la hausse et du guidon.

On corrige le relèvement en surélevant le guidon.

On neutralise la déviation à gauche en plaçant le cran de mire à gauche et le guidon à droite du plan de tir.

On verra dans la troisième partie quels sont les meilleurs moyens à employer pour restreindre de plus en plus les erreurs inévitables du pointage et du tir à bras francs.

Mais, disons dès maintenant que l'instruction peut être réputée bonne lorsque les écarts dus au tireur ne dépassent pas la somme de toutes les déviations dues à l'arme et à la cartouche.

III. La charge de poudre

La vitesse initiale imprimée par la charge est et sera toujours sujette à des variations. Il est d'abord impossible que toutes les poudreries fournissent des produits identiques ; il est même certain que les poudres fabriquées dans le même établissement, à des époques différentes, n'ont pas exactement les mêmes propriétés balistiques. Si l'on a déjà des différences à constater dès la fabrication, ces différences seront bien plus considérables après quelques années d'emmagasinage.

La confection des cartouches amène encore quelques variations dans les vitesses initiales.

La poudre n'est pas en égale quantité ni également tassée dans tous les étuis. Les balles n'ont pas toutes le même poids, les mêmes dimensions. Il en résulte des variations de vitesse, tant à cause des différences dans la masse à mettre en mouvement que par suite des frottements plus ou moins considérables que le projectile éprouve dans le canon. Même en supposant une identité parfaite dans la fabrication de la poudre et des munitions, il faut tenir compte de leur état de conservation ; il faut savoir enfin que l'on n'obtient pas plus l'identité dans les armes que dans les munitions, et que les conditions de combustion de la poudre, de frottement du projectile dans l'âme doivent varier d'une arme à une autre et même dans la même arme suivant son degré d'encrassement.

IV – Résistance de l'air

L'air est sujet à des variations de densité, de température, suivant les lieux et les saisons et, en outre, contient de l'humidité dans des proportions très variables. De là, des différences dans la résistance et, par suite, dans les portées, aussi les hausses doivent-elles être réglées chaque jour et presque à chaque instant, lorsqu'on veut faire un tir de précision.

Les portées obtenues avec une même hausse peuvent varier de près de 100 mètres d'une saison à une autre, quand on tire dans les limites de 1000 à 1500 mètres.

Les variations de vitesse dues aux munitions, à l'arme et à la résistance de l'air, ont pour conséquence des différences de portée ou, si l'on veut, des irrégularités dans le tir.

L'atmosphère est rarement dans l'état de repos où nous l'avons supposée précédemment : si le vent souffle de droite, la balle est jetée à gauche, en dehors du plan de tir et, par conséquent, en dehors de la route qu'elle devait suivre. Elle est jetée à droite si le vent souffle de gauche.

Le vent d'arrière équivaut à une diminution dans la résistance de l'air et se traduit par une légère augmentation de portée ; les coups portent donc un peu haut.

Les coups doivent porter trop bas par un vent debout.

Les effets du vent arrière et du vent debout sont peu sensibles dans la pratique ; il n'est guère nécessaire de s'en préoccuper, même aux grandes distances. Il n'en est pas ainsi des déviations latérales dues au vent de droite et au vent de gauche, surtout avec des projectiles allongés : on a constaté que ces déviations allaient jusqu'à 20 mètres à la distance de 1 000 mètres, avec une balle de 48 grammes tirée dans la carabine mod. 1859.

Toutefois, on prévoit le sens de la déviation due au vent. Après quelques coups d'essai, on en détermine approximativement la valeur, et on règle le tir en conséquence.

La correction de pointage est très difficile lorsque le vent souffle par rafales et que le tireur est obligé de choisir l'instant favorable pour lâcher le coup ; mais elle est toujours indiquée au moins en direction.

Les irrégularités dans la forme des projectiles produisent des déviations bien plus préjudiciables à la régularité du tir, parce qu'on ne peut en prévoir ni le sens ni la grandeur.

Pour se rendre compte de ces effets, qu'on se représente la chute d'une feuille d'arbre. Elle tombe en tournoyant sur elle-même et arrive lentement sur le sol, après avoir suivi une route plus ou moins capricieuse :

- *Elle tombe lentement*, parce qu'étant très légère et offrant de larges surfaces à la résistance de l'air, la vitesse de chute est considérablement diminuée.
- *Elle tourne sur elle-même*, parce que toutes les parties n'étant pas dans les mêmes conditions de perte de vitesse, les parties qui en perdent le moins gagnent sur les autres en déterminant la rotation de toute la masse.
- *Elle suit une route irrégulière*, parce qu'à chaque instant la feuille se présente à l'air sous une inclinaison et dans un sens différents, et que chaque position particulière donne lieu à une déviation de grandeur et de sens variables.

Examinons la feuille dans la position (1). Si *a* descend plus vite que *b*, la feuille prend une position inclinée (2), ce qui détermine d'abord la rotation de la feuille sur elle-même (fig. 40).

Prenant ensuite la feuille dans la position inclinée (2), il est facile de prévoir que la résistance de l'air sur la face inférieure déterminera une déviation à gauche. La feuille viendra à la position (3) en descendant et en glissant, pour ainsi dire, sur l'air. (Ce fait est facile à vérifier ou à démontrer en laissant tomber une feuille de papier dans une position analogue). Que, par suite du tournoiement la feuille vient prendre la position (4) : le sens de l'inclinaison ayant changé, la déviation va s'opérer à droite.

La feuille continuera sa chute par une série d'oscillations et arrivera sur le sol, s'étant plus ou moins éloignée de la ligne verticale qu'elle aurait dû suivre dans sa chute (fig. 41).

La quantité qui sépare le pied de la verticale du point où la feuille est tombée, est une déviation. Il est impossible, dans un pareil mouvement, de prévoir le sens et la grandeur de l'écart. Supposez que la même feuille, roulée, et serrée en boule, ait été ramenée au point de départ.

La deuxième chute sera plus rapide et plus régulière que la première :

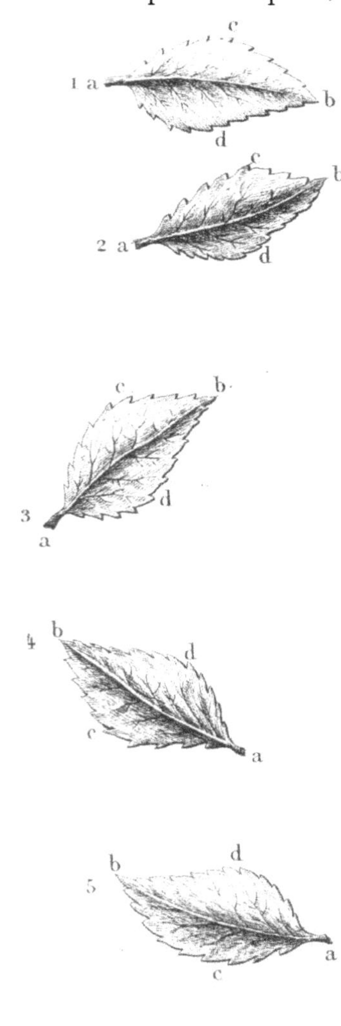

Fig. – 40

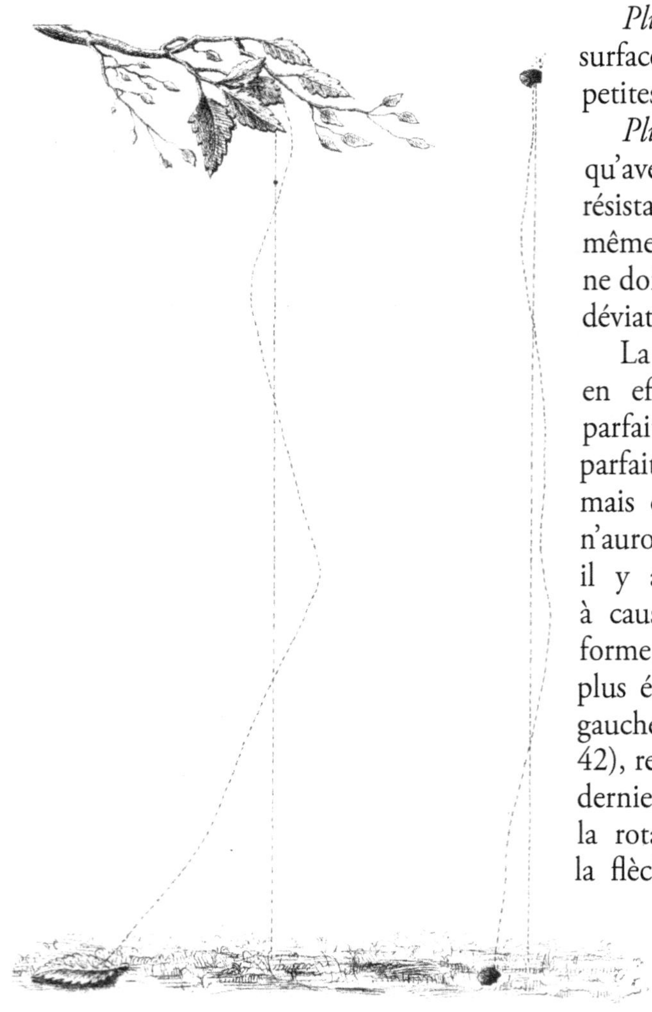

Fig. – 41. *Fig. – 42*

Plus rapide, parce que les surfaces sont devenues plus petites pour la même masse.

Plus régulière, parce qu'avec la forme ronde, la résistance de l'air doit être la même dans tous les sens et ne doit donner lieu à aucune déviation.

La chute serait verticale, en effet, si la boule était parfaitement sphérique et parfaitement homogène ; mais comme ces conditions n'auront pas été réalisées, il y aura encore déviation à cause des irrégularités de forme, l'action de l'air étant plus énergique à droite qu'à gauche, par exemple (fig. 42), rejettera la boule dans ce dernier sens et déterminera la rotation dans le sens de la flèche *a b*. Or, par suite de cette rotation, le défaut *e d*, qui se trouve à droite dans la position (1), se trouvera à gauche un peu plus bas et déterminera une déviation inverse, et ainsi de suite.

La résistance de l'air agit sur les projectiles d'une manière analogue car, en dépit des précautions prises, les projectiles ne sont jamais assez parfaits pour que les actions de la résistance de l'air s'équilibrent dans tous les sens.

Autrefois, les balles rondes étaient grossièrement fabriquées par le coulage. Elles n'étaient ni rondes ni homogènes ; il existait toujours des soufflures dans l'intérieur de la masse.

Nous savons que les déformations de la surface sont des causes de déviation ; nous allons voir que le défaut d'homogénéité doit produire des rotations irrégulières et, partant, des déviations.

Dans la figure 43, les surfaces extérieures étant supposées symétriques, la résistance serait la même à droite qu'à gauche ; mais la résistance à gauche étant appliquée à une masse moindre, donne lieu à une plus grande perte de vitesse et détermine immédiatement, la rotation irrégulière du projectile.

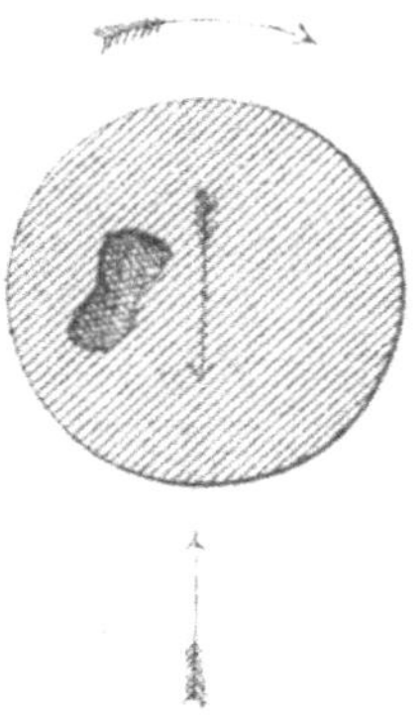

Fig. – 43

Ainsi la balle ronde prend toujours un mouvement de rotation dans l'air tant à cause de l'irrégularité de la surface extérieure que du défaut d'homogénéité de la masse intérieure.

Les irrégularités extérieures produisent de plus des déviations dans la marche ; et comme les irrégularités changent à chaque instant de position par suite de la rotation, la route suivie par la balle change à chaque instant de direction. Et, comme le projectile ne tourne pas chaque fois dans le même sens ni avec la même force, il doit décrire à chaque coup une courbe différente, courbe toujours sinueuse.

La trajectoire décrite par une balle ronde ne peut donc être régulière que lorsque cette balle est mathématiquement sphérique et parfaitement homogène, et qu'elle sort du canon sans mouvement de rotation. Dans de pareilles conditions, en effet, tout serait symétrique par rapport à la ligne de tir, et il n'y aurait pas de raison pour que la balle prît un mouvement de rotation pour qu'elle déviât dans un sens plutôt que dans un autre.

Tel est l'idéal théorique. La réalisation en est impossible. En admettant même une fabrication parfaite, le plomb est un métal très mou, qui se déformerait toujours dans la confection des munitions, dans le transport, dans le chargement, surtout dans le tir. Le seul progrès à effectuer aurait consisté à fabriquer la balle ronde par compression, pour éviter les soufflures.

V. Mouvement de rotation imprimé par les rayures.

La rotation du projectile autour de son axe est un agent de régularisation à l'aide duquel on combat l'influence déviatrice de la résistance de l'air. Mais cet agent donne lui-même naissance à quelques irrégularités qu'il est bon de bien connaître car c'est de la diminution de ces irrégularités que dépendent les progrès de l'avenir.

Examinons sommairement :

- La nature et les éléments du mouvement ;
- Son influence régulatrice sur la marche du projectile ;
- Les irrégularités de tir auxquelles la rotation donne naissance.

Nature et éléments du mouvement. — Toute rotation suppose un axe autour duquel s'opère le mouvement. Cet axe peut être fixe, comme dans la meule, le volant ; il peut être libre, comme dans les corps célestes, les projectiles pendant leur trajet dans l'air.

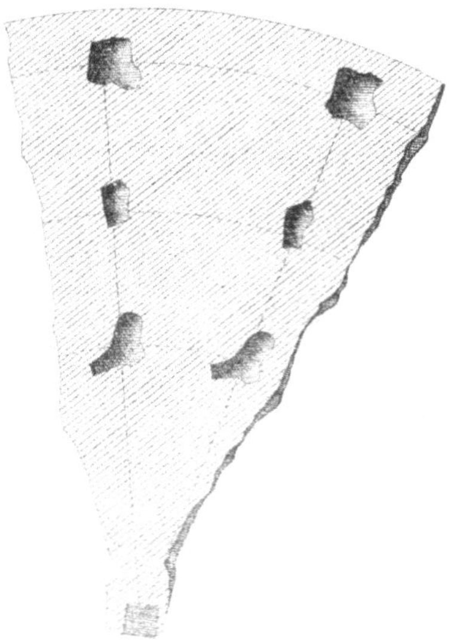

Fig. – 44

Prenons le premier cas comme le plus facile à observer : l'axe reste immobile, tandis que tous les points pris en dehors décrivent des circonférences autour de cet axe (fig. . 44).

La vitesse de chaque parcelle tournante dépend de sa distance à l'axe et de la rapidité de rotation de la masse totale. Cette rapidité peut être exprimée par le nombre de tours complets que fait le corps dans un temps donné. Ainsi, on dira : pour une balle, la vitesse de rotation est de 150 tours par seconde ; elle est de 1 tour par 24 heures pour la terre, etc....

Le sens du mouvement est indiqué par des conventions. On dit des corps célestes qu'ils tournent ou qu'ils paraissent tourner de l'ouest à l'est, ou réciproquement.

On dit des corps que nous observons sur notre planète, qu'ils tournent de droite à gauche ou réciproquement, de dessus en dessous ou réciproquement, d'avant en arrière ou réciproquement.

Pour toutes ces indications, une convention est nécessaire.

En ce qui concerne les projectiles, on dit qu'ils tournent de droite à gauche, lorsque la moitié supérieure marche de la droite vers la gauche par rapport à un observateur placé à l'arrière.

Un corps tournant autour de son axe peut être animé d'un mouvement de translation rectiligne ou curviligne. Ainsi la terre décrit un orbe autour du soleil, en même temps qu'elle tourne sur elle-même ; la balle décrit sa trajectoire tout en tournant autour de son axe.

Pour suivre les positions successives que prend un point dans ce double mouvement, il suffit de se rappeler le principe de la page 42, à savoir que les deux mouvements simultanés s'exécutent indépendamment l'un de l'autre. Il suffit donc de trouver successivement :

1°. Le lieu où le mouvement de translation a amené le mobile ;

2°. La position que la rotation aurait donnée au point considéré, pendant le même temps, en supposant que le corps n'ait point changé de place.

Prenons un exemple : un projectile animé d'une vitesse de translation de 400 mètres par seconde tourne en même temps sur lui-même de droite à gauche avec une vitesse de 100 tours à la seconde.

Proposons-nous de retrouver la position d'un point déterminé à chaque demi-mètre de parcours, et supposons pour cela que le point considéré soit tout à fait à la partie supérieure à l'origine du mouvement (fig. 45).

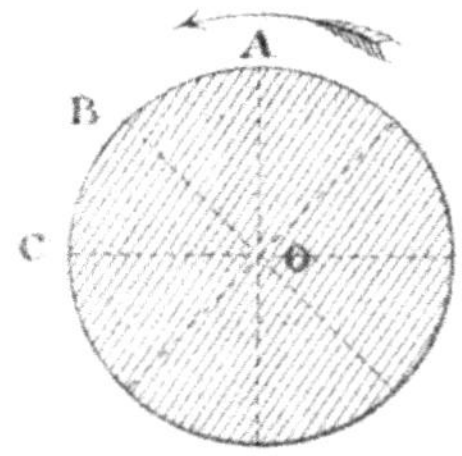

Fig. – 45

Le projectile parcourt ½ mètre en 1/800 de seconde (1 / (2 x 400)). Pendant ce temps, il fait 1/8 de tour (1/800 de 100). Donc, le point A sera en B lorsque le centre O aura marché de 0,50 m ; il sera en C au bout de 1 mètre et reviendra en A lorsque le mobile sera à 4 mètres de son point de départ. Le point considéré aura parcouru une hélice. C'est une courbe qui s'enroule autour d'un cylindre ; c'est la rayure du canon.

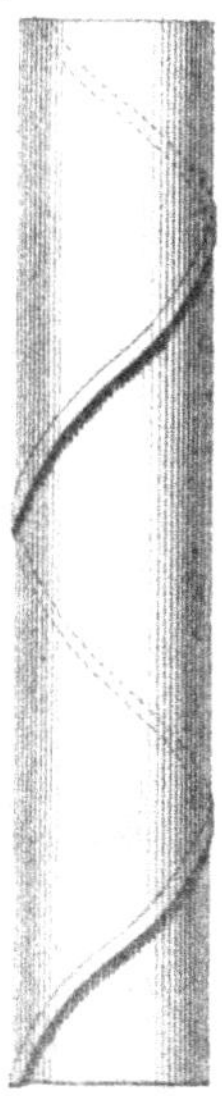
Fig. – 46

On appelle *pas d'une rayure* la longueur sur laquelle cette rayure fait un tour complet dans l'intérieur de l'âme (fig. 46).

Lorsqu'on dit qu'un canon est rayé au pas de 0,50 m, on indique que la rayure ou la balle qui y est engagée fait un tour complet sur une longueur de 0,50 m.

Connaissant le pas de la rayure et la vitesse initiale de la balle, on trouve aisément sa vitesse de rotation à la sortie de l'âme.

Ainsi la balle du fusil modèle 1866, qui est lancée avec une vitesse de 410 mètres par seconde par un canon rayé au pas de 0,55 m, fait dans une seconde autant de tours sur elle-même qu'il y a de fois 0,55 m dans 410 mètres ; elle tourne donc avec une vitesse de 745 tours par seconde (410 / 0,55).

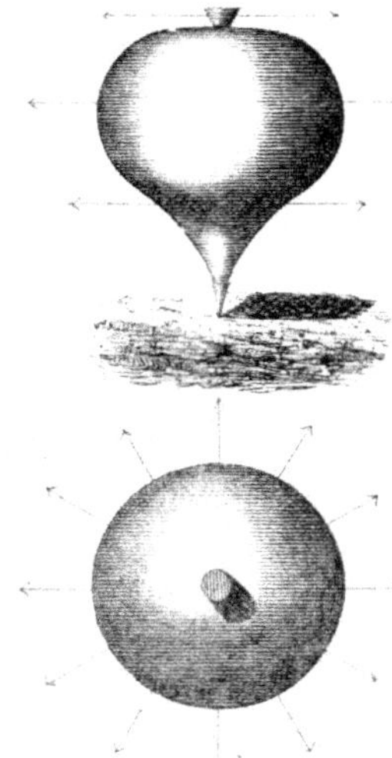
Fig. – 47

Force centrifuge. — Dans tout mouvement curviligne il se développe une force particulière qui tend à éloigner le mobile du centre du mouvement, et qu'on appelle pour cela force centrifuge. C'est cette force qui tend la corde de la fronde lorsqu'on veut lancer une pierre.

Lorsqu'un corps tourne, toute parcelle située en dehors de l'axe est animée d'une force centrifuge dont l'énergie dépend de la masse considérée, de sa distance à l'axe et de la vitesse angulaire du mouvement.

Lorsque la matière est symétriquement répartie autour de l'axe, les forces centrifuges des diverses parcelles se font équilibre deux à deux. Dans ces conditions, la rotation continuerait indéfiniment autour du même axe si une cause extérieure ne venait la modifier. L'axe est maintenu dans sa direction par l'ensemble même de ces forces.

Ainsi, lorsqu'une toupie dort, son axe est maintenu dans la position verticale par les forces centrifuges.

Ces forces produisent le même effet qu'une série de fils horizontaux attachés au pourtour de la toupie, et tendus en sens contraire (fig. 47).

Ces forces tendent à maintenir l'axe de la toupie dans la direction verticale, lorsque cette toupie prend un mouvement de translation dans le sens horizontal ou dans tout autre sens.

Influence régulatrice des rayures. — Lorsqu'un corps tourne sur lui-même avec une grande vitesse, les forces centrifuges maintiennent l'axe parallèle à lui-même, que l'axe soit au repos, comme celui de la toupie, ou qu'il soit animé d'un mouvement de translation, comme celui de la balle.

On utilise cette propriété pour combattre l'influence déviatrice de la résistance de l'air.

Lorsqu'une balle, animée d'une rotation de 745 tours par seconde autour de son axe, présente un petit défaut extérieur qui tend à produire une déviation, ce défaut prend dans 1/745 de seconde toutes les positions possibles autour de l'axe, de sorte que s'il tend à faire dévier la balle à droite, il passe presque instantanément du côté opposé pour engendrer une déviation de sens contraire, qui neutralise la première. La balle se trouve donc ramenée à chaque instant sur la route normale et ne peut s'en écarter que de très faibles quantités.

Irrégularités de tir provenant de la rotation. — La rotation autour de l'axe assurerait la justesse du tir d'une manière presque absolue, si elle était parfaitement régulière au départ et si elle se maintenait dans toute sa régularité primitive ; malheureusement il n'en est pas ainsi. Les projectiles ne sont jamais parfaitement centrés, c'est-à-dire que la matière n'est pas symétriquement répartie autour de l'axe de rotation, soit parce que la balle n'est pas régulière dans sa forme, soit parce qu'elle n'est pas homogène, soit parce qu'elle est placée plus ou moins de travers dans l'âme.

Tout le monde a observé les trépidations qui se produisent lorsqu'on fait tourner une meule mal centrée par rapport à son arbre. Elles sont dues à l'inégalité des forces centrifuges, qui ne se font pas équilibre. Le corps serait entraîné dans le sens des plus grandes forces, s'il n'était maintenu en place par les coussinets qui enserrent l'arbre. Comme ces plus grandes forces changent à chaque instant de position par suite de la rotation du corps, l'effet exercé sur les coussinets change à chaque instant de sens. De là cette trépidation qui ébranle les supports.

Si ces supports étaient supprimés à un moment donné, la meule ne tomberait pas régulièrement : elle serait d'abord entraînée en dehors de la verticale du côté où agissent les plus grandes forces au moment où les supports feraient défaut.

Mais il se produira un autre genre de perturbation (fig. 48). La matière peut être irrégulièrement répartie non seulement par rapport à l'axe OO', mais encore par rapport au plan médian MN. Ainsi les plus grandes forces centrifuges tendant, d'un côté, à entraîner la partie gauche de l'axe dans le sens OA, il peut se faire que la partie droite soit sollicitée dans le sens contraire OD. Si, dans ce cas, l'arbre OO' était dégagé des coussinets, il serait immédiatement dévié, et la rotation deviendrait irrégulière.

Donc, si une meule tournant autour d'un axe par rapport auquel elle est mal centrée, vient à être libérée de ses guides et supports, elle tomberait ordinairement en suivant une ligne autre que la verticale, l'arbre serait dévié, la rotation deviendrait irrégulière, de sorte que la meule, partie de la position AB, pourrait arriver à terre dans la position CD (fig. 49).

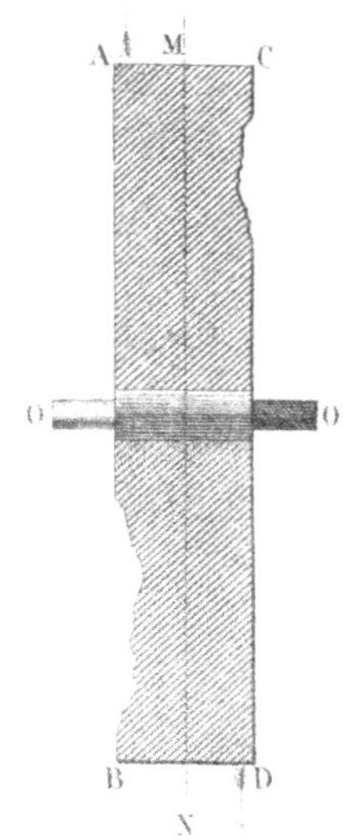

Fig. – 48

Tout le monde a également observé les immenses volants des puissantes machines à vapeur qui fonctionnent dans les grandes usines. Les forces centrifuges développées dans leur mouvement sont énormes mais comme elles sont soigneusement équilibrées, les volants tournent silencieusement sans fatiguer leurs supports.

Si ces supports étaient supprimés à un moment donné, le volant tomberait verticalement et arriverait à terre, son arbre étant resté rigoureusement horizontal.

Les projectiles lancés par des armes rayées donnent lieu à des observations analogues ; ils prennent dans l'intérieur de l'âme un mouvement de rotation très rapide qui s'établit autour de l'axe du canon. En entrant dans l'air, le corps tournant est libéré de ses guides. S'il est parfaitement centré par rapport à l'axe de rotation existant, aucune perturbation ne se produit, la trajectoire est régulière, le tir a de la précision.

Si, au contraire, le centrage est défectueux, le projectile est entraîné en dehors de sa voie par les plus grandes forces centrifuges, l'axe est dévié, la rotation devient plus ou moins irrégulière, et on remarque dans le tir des écarts plus ou moins sensibles.

Fig. – 49

Il résulte de ce qui précède que le défaut de centrage entraîne une mauvaise direction initiale. Si les plus grandes forces centrifuges agissent en dessus lorsque la balle quitte le canon, le projectile monte au-dessus de la ligne de tir, le coup porte trop haut ; c'est le contraire qui a lieu lorsque ces forces sont dirigées vers la terre ; la balle dévie à droite ou à gauche, suivant que les forces déviatrices sont dirigées dans l'un de ces deux sens.

Ces observations font comprendre combien est important le centrage des balles lancées par les armes rayées.

Donc, pour obtenir de la justesse dans le tir, il faut employer des projectiles réguliers et homogènes centrés dans le canon et prenant dans l'âme un mouvement de rotation très rapide autour de leur axe.

On n'emploie plus aujourd'hui que des projectiles allongés ; ils donnent lieu à une déviation particulière qu'on a pu constater dès les premiers essais, mais qui n'a été expliquée que longtemps après, et encore n'est-on pas bien d'accord sur les explications.

Dérivation. — Pendant les expériences qui ont eu pour objet la création de la carabine modèle 1846, on avait constaté que tous les projectiles allongés, tirés dans des canons rayés, s'écartaient du plan de tir d'une manière sensible ; que ces écarts augmentaient très rapidement avec la distance et qu'ils étaient toujours de même sens que les rayures, c'est-à-dire que les projectiles tournant de gauche à droite portaient toujours à droite, et réciproquement. On désigne sous le nom de *dérivation* cette déviation particulière et constante des projectiles allongés.

Lorsque plus tard on a tiré des boulets allongés, on a pu non seulement observer le même fait, mais encore se rendre compte de la position que prenait l'axe du projectile aux divers points de sa trajectoire. Il était à présumer que la dérivation provenait d'une déviation de l'axe. On a constaté que pendant toute la durée du mouvement la pointe du projectile baissait en ramenant l'axe sur la tangente à la trajectoire, et qu'en même temps la pointe déviait à droite, de façon que le projectile présentait son travers gauche à la résistance de l'air.

On reproduit des mouvements analogues à l'aide du gyroscope inventé par M. Léon Foucault et modifié par M. le lieutenant-colonel Maldan, en vue de l'approprier à l'explication du mouvement des projectiles (fig. 50).

L'instrument se compose essentiellement d'un tore monté sur un axe autour duquel on peut lui imprimer un mouvement de rotation très rapide. Au moyen de limbes* convenablement disposés, l'axe du corps tournant est libre de prendre toutes les directions possibles en n'étant assujetti qu'à la condition de passer toujours par un point fixe qui est le centre de gravité du corps lui-même et de tout le système, limbes compris. Le corps tournant est ainsi placé dans des conditions qui rappellent celles d'un projectile considéré pendant un temps infiniment court en un point quelconque de la trajectoire, relativement aux diverses positions que peut prendre son axe de rotation.

Il résulte de cette analogie de conditions que, sous l'action de mêmes forces, ou du moins de forces agissant dans le même sens, l'axe de rotation du projectile et l'axe de rotation du gyroscope doivent tous deux dévier dans le même sens.

Donc, pour connaître la direction de la force qui produit les changements de direction observés sur l'axe des projectiles, il suffira de chercher sur le

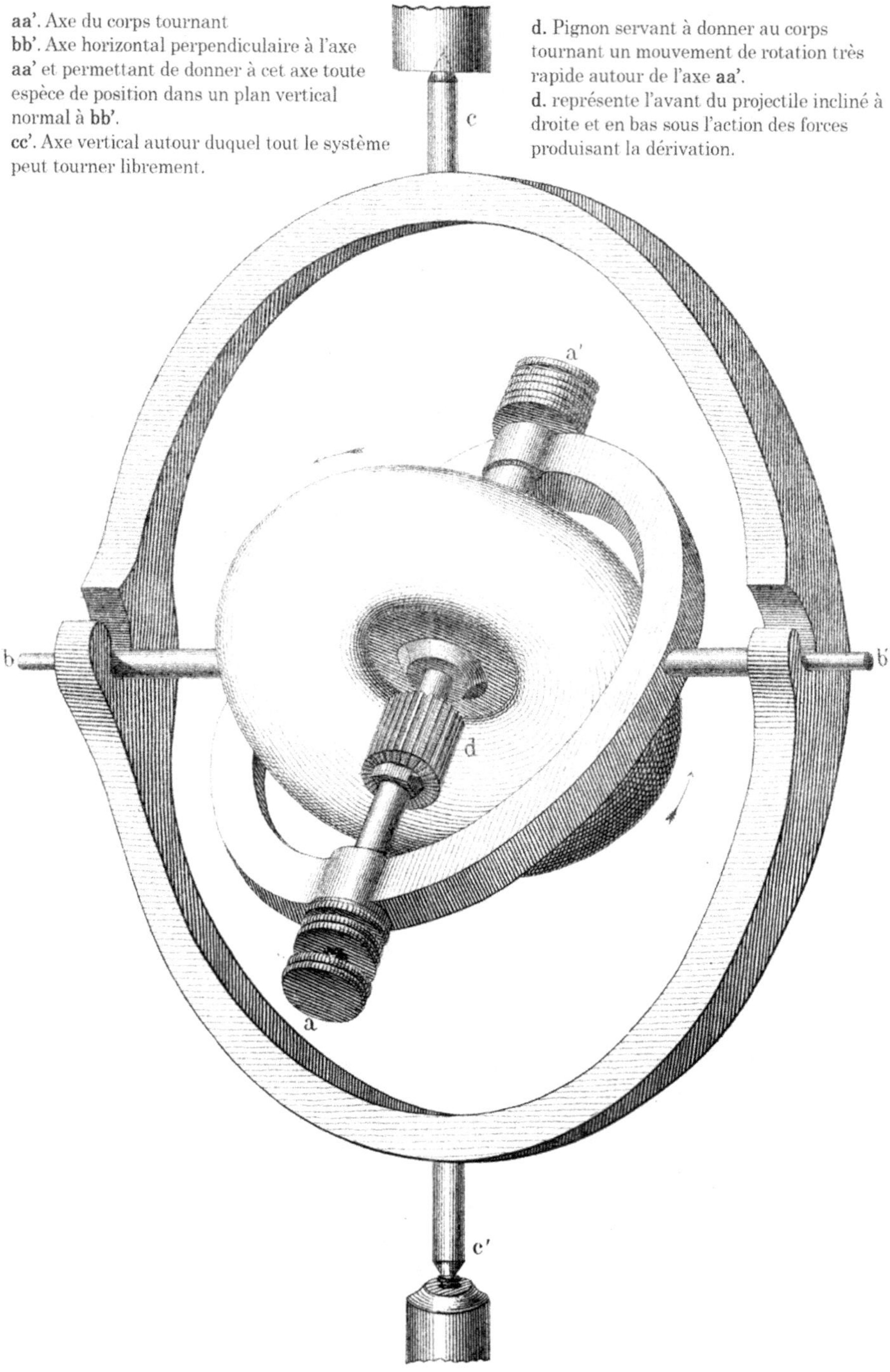

aa'. Axe du corps tournant
bb'. Axe horizontal perpendiculaire à l'axe **aa'** et permettant de donner à cet axe toute espèce de position dans un plan vertical normal à **bb'**.
cc'. Axe vertical autour duquel tout le système peut tourner librement.
d. Pignon servant à donner au corps tournant un mouvement de rotation très rapide autour de l'axe **aa'**.
d. représente l'avant du projectile incliné à droite et en bas sous l'action des forces produisant la dérivation.
c
a'
b
b'
d
a
c'

Fig. – 50

gyroscope quelle est la direction de la force qui fait prendre à son axe une direction semblable à celle que l'on a observée sur le projectile.

On suppose que le corps tournant ait un mouvement de rotation de même sens qu'un projectile tiré dans une arme rayée de gauche à droite ; le sens des déviations de l'axe est pris par rapport à l'expérimentateur supposé placé devant l'instrument, dans la même position qu'un observateur regardant un projectile qui s'éloigne de lui.

Or l'expérience démontre :

1°. Que lorsqu'on cherche à soulever l'avant du corps tournant, l'axe dévie à droite ;

2°. Que lorsqu'on cherche à faire dévier l'axe à droite, l'avant baisse immédiatement ;

3°. Que lorsqu'on cherche simultanément à soulever la pointe et à la porter à droite, cette pointe incline à droite et en bas.

Donc les mouvements de déviation observés sur l'axe du projectile ont pour cause une force tendant à soulever sa pointe et à la pousser à droite. Cette force est la résultante des actions de la résistance de l'air (fig. 51).

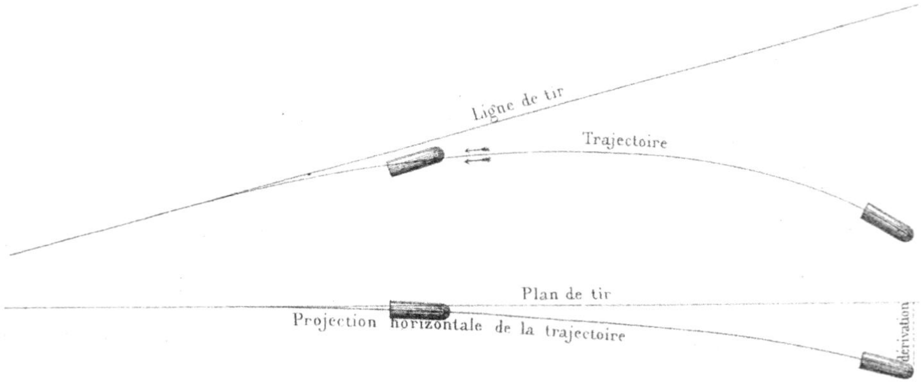

Fig. – 51

Voici ce qui se passe avec une arme rayée de gauche à droite : dès que la trajectoire a pris une inflexion, l'axe du projectile resté parallèle à lui-même fait un angle avec la tangente à la trajectoire ; la résistance de l'air n'est plus symétrique par rapport à l'axe, elle agit plus en dessous qu'en dessus et elle tend à soulever la pointe, ce qui détermine immédiatement une déviation de l'axe à droite. Dès que ce premier mouvement est produit, la résistance de l'air devient plus grande à gauche qu'a droite ; cette différence tend à pousser la pointe encore plus vers la droite, et a pour effet de la faire baisser en ramenant l'axe sur la tangente à la trajectoire.

Quelle est maintenant l'influence de la déviation de l'axe sur la direction de la balle ?

Il est facile de voir qu'un projectile qui présentera son travers gauche à la résistance de l'air pendant toute la durée de son trajet, sera rejeté à droite, en dehors de la direction primitive, et que cette force agissant constamment, les déviations qui en résultent croîtront plus vite que les distances auxquelles on les observe.

Avec une arme rayée de droite à gauche, la dérivation se produirait en sens inverse.

Le gyroscope qui permet d'observer et de prévoir les mouvements de l'axe d'un projectile et de déterminer la nature ou tout au moins la direction des forces déviatrices qui modifient à chaque instant la direction de l'axe de rotation, permet encore de se rendre compte d'une manière palpable de l'énergie avec laquelle le mouvement de rotation tend à maintenir l'axe du corps tournant parallèle à lui-même.

On peut, en effet, déplacer le gyroscope dans tous les sens et sans éprouver la moindre résistance, si l'axe de rotation reste parallèle à lui-même pendant tous les mouvements ; mais dès qu'on cherche à faire dévier l'axe de sa direction, on sent une résistance très énergique, même avec une vitesse de rotation relativement minime.

En résumé :

1°. La position relative de la ligne de tir et de la ligne de mire n'est pas assez bien assurée sur l'arme, pour qu'on puisse établir d'une manière certaine la direction initiale du projectile ;

2°. La position de la ligne de mire au moment du tir n'est déterminée que d'une manière approximative par le tireur ;

3°. La vitesse initiale est sujette à des variations provenant de ce qu'il est impossible d'obtenir l'identité des produits soit dans la fabrication des armes, soit dans la confection des munitions ;

4°. Lorsqu'un mobile présente à l'air une surface qui n'est pas parfaitement symétrique par rapport à la direction de translation, la résistance du fluide donne naissance à des forces déviatrices considérables ;
Lorsque le projectile n'est pas en même temps parfaitement homogène dans sa masse intérieure et parfaitement régulier dans sa forme extérieure, il tend à tourner irrégulièrement et à se jeter en dehors de sa voie ;

5°. La rotation qu'on imprime au projectile autour de son axe est un agent qui neutralise, dans une certaine mesure, les effets des irrégularités de la forme extérieure. Mais cet agent donne lui-même naissance à des déviations particulières ;
Enfin, la dérivation paraît être une des conséquences inévitables de l'emploi des projectiles allongés.

D'une manière générale on doit chercher à combattre toutes ces influences déviatrices :

- En obtenant de la précision dans la fabrication des armes et dans la confection des munitions ;
- 2° En développant l'adresse des tireurs, et en leur donnant les connaissances théoriques strictement nécessaires pour faire de leur arme un usage intelligent.

CHAPITRE III

TRAJECTOIRE EXPÉRIMENTALE

Il résulte de l'expérience que plusieurs balles lancées par la même arme, dans les meilleures conditions connues jusqu'à ce jour, donnent toutes des trajectoires différentes.

Or, dans l'état actuel de la science, le calcul ne peut tenir compte de toutes les circonstances qui influent sur la mise en mouvement ou la marche du projectile. Il est donc indispensable d'avoir recours à l'expérience directe, soit pour déterminer la grandeur des déviations produites, soit pour régler le tir d'un type d'arme donné.

L'étude expérimentale de la trajectoire sera divisée en trois paragraphes :

I – Mesure de la justesse ;
II – Trajectoire moyenne ;
III – Hausses et règles de tir.

I - Mesure de la justesse

Pour apprécier la justesse d'une arme, il faut employer des termes de comparaison : on les trouve dans la mesure des déviations.

Les déviations peuvent tenir à différentes causes, on s'attache à écarter toutes celles qui ne tiennent pas à l'arme ou à la cartouche.

À cet effet, les tirs de justesse s'exécutent sur affût ou sur appui.

Le tir sur affût est un peu long et n'a pas donné jusqu'ici toute la précision qu'on serait en droit d'en attendre ; cela tient à ce que l'on n'a pas encore construit un affût convenable, maintenant l'arme sans la brider et *ne serrant pas le canon.* Le tir sur appui est rapide et donne des résultats suffisamment précis.

Le tireur est assis et appuie son arme sur un coussin dont, il peut à volonté faire varier la hauteur.

Écarts des balles. — La balle a toujours un écart, lequel peut se produire en hauteur ou en largeur.

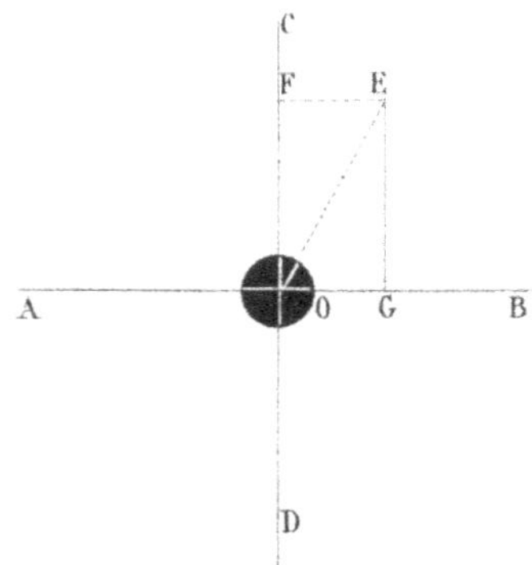

Fig. – 52

L'écart en hauteur est appelé *écart vertical* ; l'écart en largeur prend le nom d'*écart horizontal*. Le plus souvent, ces deux écarts se produisent simultanément ; ainsi, en supposant que deux lignes rectangulaires, l'une verticale et l'autre horizontale, se croisent sur le point visé, et qu'un coup frappe la cible en E, on voit qu'il est trop haut de la quantité EG, et trop à droite de la quantité EF ; EG sera donc l'écart vertical du coup, et EF son écart horizontal (fig. 52).

Par suite de ces deux écarts qui se sont produits simultanément, le coup s'est éloigné du centre O d'une quantité EO plus grande que chacun des deux écarts en hauteur et en largeur.

Cette quantité s'appelle l'*écart absolu* du coup : c'est la distance du milieu du noir au milieu du trou fait par le projectile.

Un tir est d'autant meilleur que la moyenne des écarts produits est plus petite, et l'on est naturellement porté à faire cette moyenne pour comparer les tirs entre eux.

On appelle *écart vertical moyen* la moyenne des écarts verticaux, c'est-à-dire la somme de tous ces écarts divisée par le nombre de coups tirés.

L'*écart horizontal moyen* est la moyenne des écarts horizontaux.

L'*écart absolu moyen* est la moyenne des écarts absolus.

Ces trois quantités, qui servent à apprécier la justesse du tir, s'obtiennent d'une manière très simple.

On exécute les tirs d'expériences sur des panneaux divisés en petits carrés de un décimètre de côté, de sorte qu'il est très facile de prendre à un centimètre près, la distance d'un coup quelconque aux deux axes qui se croisent sur le milieu du noir.

On inscrit la position de chaque coup sur un tableau à quatre colonnes disposées de la manière suivante.

Les en-têtes S. I. G. D. signifient respectivement :

Coups *supérieurs* au noir ;
Coups *inférieurs* au noir ;
Coups *à gauche* du noir ;
Coups *à droite* du noir.

S	I	G	D	ÉCARTS absolus.
c. m.	c. m.	c. m.	c. m.	c. m.
25	»	52	»	58
40	»	00	»	40
00	»	10	»	10
90	»	24	»	93
83	»	»	8	84
54	»	»	70	88
30	»	»	60	67
13	»	»	82	83
»	32	»	3	32
»	42	76	»	87
335 + 74	74	162 + 223	223	642
$\frac{409}{10}=40,9$		$\frac{385}{10}=38,5$		$\frac{642}{10}=64,2$

Pour avoir l'*écart vertical moyen*, il faut faire la somme de tous les écarts en hauteur inscrits dans les deux premières colonnes. Cette somme se compose de deux parties totalisées séparément : les écarts supérieurs s'élevant à 335 centimètres, et les écarts inférieurs montant ensemble à 74 centimètres ; la somme totale des écarts verticaux est donc égale à 335+74 ou à 409 centimètres.

En divisant cette somme par 10, nombre de coups tirés, on obtient 40,9 cm, moyenne des écarts verticaux ou *écart vertical moyen.*

En raisonnant et en opérant de la même manière, on trouve que l'*écart horizontal moyen* est égal à 38,5 cm.

Dans toutes ces opérations, on prend le centimètre pour unité.

Il reste à trouver l'*écart absolu moyen.*

Après chaque tir d'expérience, on fait ce qu'on appelle le tableau figuratif de chaque série. On prend, pour cela, du papier quadrillé en centimètres et en millimètres ; on trace deux axes rectangulaires représentant les deux lignes qui, sur le panneau, se croisaient sur le noir, et l'on marque par un point, la place de chaque coup, en ayant soin de se rappeler que chaque millimètre sur le papier représente un centimètre sur le panneau ; ainsi, le premier coup sera placé sur le tableau figuratif à 25 millimètres au-dessus de l'axe horizontal et à 52 millimètres à gauche de l'axe vertical (fig. 54).

Essai d'une carabine du système X

Tir à 600 mètres

17 décembre 1869. Temps sombre et froid. Vent faible d'arrière.

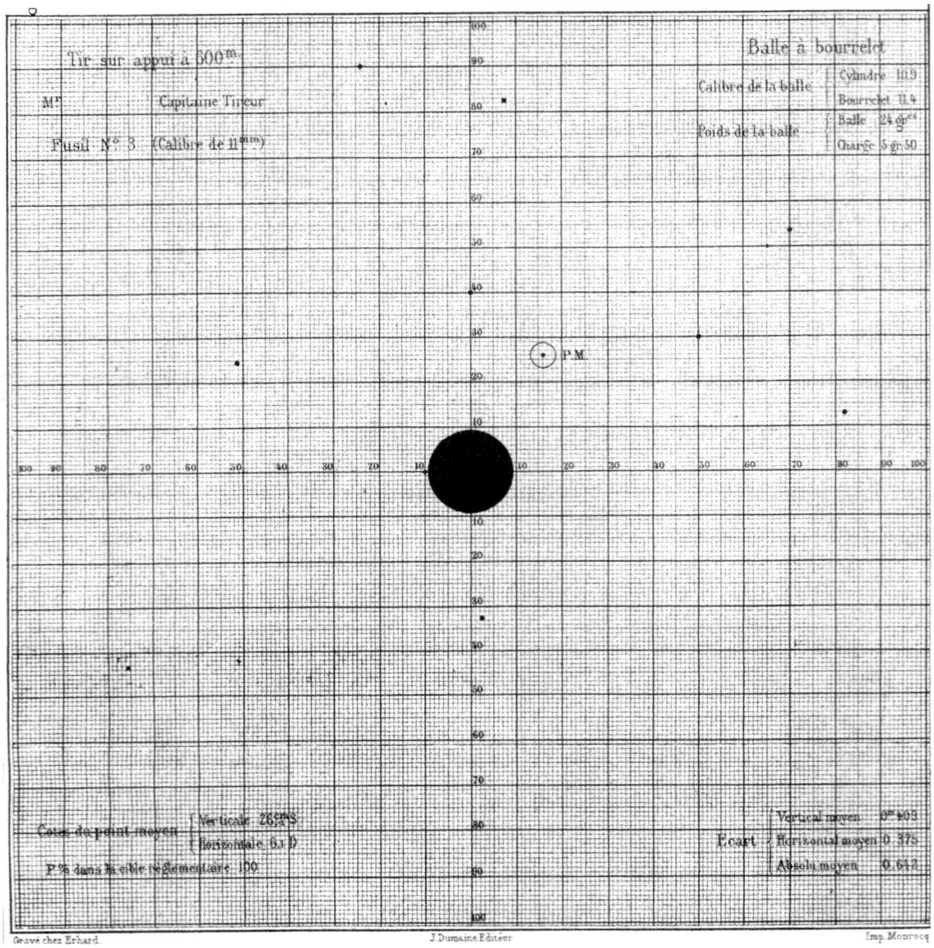

Fig. – 54

Le tableau figuratif, comme l'indique son nom, représente à des dimensions dix fois plus petites, le tir tel qu'il s'est produit sur le panneau. Si l'on mesure sur ce tableau les *écarts absolus* de tous les coups, on aura, pour chacun, la dixième partie de sa grandeur réelle, c'est-à-dire qu'en prenant les millimètres mesurés sur le papier pour des centimètres, on aura la grandeur réelle de chaque écart absolu comme si l'on avait directement mesuré les écarts sur le panneau d'expériences. Ainsi, pour mesurer l'écart absolu du coup figuré en E, ouvrant les deux branches d'un compas, on place l'une des pointes sur le croisement de deux axes, l'autre sur le point E : l'ouverture des deux pointes représente la dixième partie de l'écart absolu réel du coup figuré en E ; mesurant alors avec une règle graduée en millimètres l'ouverture du compas, on trouve 58 millimètres, et l'on en conclut que l'écart absolu cherché est de 58 centimètres. Ce nombre est inscrit dans la dernière colonne du tableau sur la ligne correspondant au coup dont il s'agit, et la même opération est recommencée pour tous les coups suivants.

Les écarts de la série ayant été mesurés sur le tableau figuratif et inscrits en face du relevé du tir, on fait la somme de tous ces écarts, que l'on divise ensuite par le nombre de coups de la série. La moyenne obtenue 64,2 cm est l'*écart absolu moyen.*

Il arrive très souvent dans les expériences que les coups se groupent complètement en dehors du point visé ; ainsi, si la hausse employée est trop faible, ils se groupent au-dessous ; ils se grouperaient à gauche ou à droite, suivant le cas, si la ligne de mire n'était pas dans le plan vertical de tir.

Lorsque le vent est fort et qu'il est perpendiculaire au plan de tir, il rejette tous les coups du côté opposé. Toutes ces causes se trouvent quelquefois réunies et portent le groupement à de grandes distances du point visé. Les écarts absolus de chaque coup deviennent ainsi très considérables, et l'écart absolu moyen, qui doit donner la mesure de la justesse, atteint une dimension qui dénote un mauvais tir.

Le tir, cependant, peut être bien groupé, et, dans ce cas, l'arme qui l'a produit peut être réputée bonne. Il suffira, pour obtenir avec cette arme un tir réellement efficace, de faire disparaître ou de neutraliser les causes qui ont éloigné la masse des coups du point visé.

La manière dont une arme groupe ses coups donnant la mesure de sa valeur comme tir, il faut pouvoir faire abstraction, dans l'appréciation de sa justesse, des causes accidentelles qui éloignent les projectiles du point visé.

On prend à cet effet l'écart absolu moyen par rapport au centre du groupement.

Ce point central, imaginé par la pensée, prend le nom de *point moyen.* On déduit sa position de la connaissance du tir. Revenons pour cela au tir déjà pris pour exemple.

Les totaux des quatre colonnes ayant été faits, on opère d'abord sur les deux premières qui contiennent les écarts verticaux des divers coups. Il est clair, d'abord, que si la somme des écarts supérieurs était égale à celle des écarts inférieurs, le tir ne serait ni trop haut ni trop bas.

Dans le cas qui nous occupe, la somme des coups supérieurs est plus forte : donc le tir est trop haut.

Mais de quelle quantité ?

	S	I	G	D
	c. m.	c. m.	c. m.	c. m.
	25	»	52	»
	40	»	00	»
	00	»	10	»
	90	»	24	»
	83	»	»	8
	54	»	»	70
	30	»	»	60
	13	»	»	82
	»	32	»	3
	»	42	76	»
Totaux. . . .	335	74	162	223
A déduire. . .	74			162
Reste.	261			61

$$\text{P.M.}\ \frac{261}{10} = 26^{cm},1 \quad \frac{61}{10} = 6^{cm},1$$

Déduisons de 335, somme des coups supérieurs, 74, somme des coups plus bas que le point visé. La trop grande hauteur du tir est accusée par la différence, qui est ici de 261 centimètres.

Mais cette différence totale doit être répartie entre 10 coups tirés : donc chaque coup est trop haut de 261 cm / 10 ou 26,1 cm .

Si chaque coup était baissé de 26,1 cm, le tir serait à bonne hauteur ; la somme des écarts supérieurs serait égale à celle des écarts inférieurs.

Reprenant ensuite les écarts horizontaux contenus dans les deux dernières colonnes, on trouverait, en raisonnant et en opérant de la même manière, que le tir a porté trop à droite de 6,1 cm.

En rapprochant ces deux résultats, on voit que le tir s'est groupé autour d'un point qui est de 26,1 cm au-dessus du point visé, et à 6,1cm à droite. Ces deux nombres sont ce qu'on appelle les *cotes du point moyen* ; on marque la position de ce point sur le tableau figuratif, en l'entourant d'un petit cercle, pour le distinguer du figuré des coups. On met à côté du point les initiales P.M. pour rendre ce point bien visible.

Ces dispositions étant prises, on mesure les écarts absolus de tous les coups, comme il a été expliqué plus haut, en mettant la première pointe du compas sur le point moyen, au lieu de la placer au croisement des axes.

Ayant ainsi obtenu les écarts absolus de tous les coups par rapport au point moyen, on prend la moyenne et l'on obtient l'écart absolu moyen par rapport au point moyen.

Cette dernière quantité donne une mesure très exacte de la justesse d'une arme.

Expériences

Ayant pour objet la détermination d'une balle estampée par compression pour le fusil rayé d'Infanterie

3 mars 1870. Vent très fort de droite

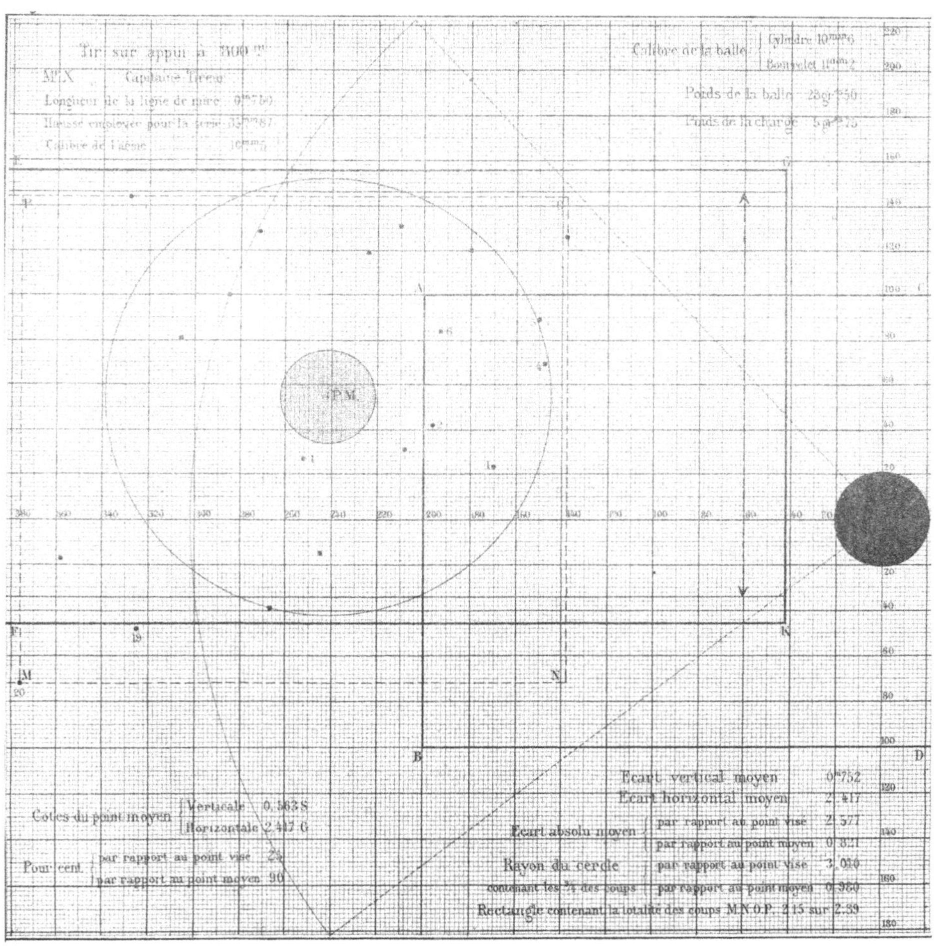

Pour faire mieux comprendre l'usage des tableaux figuratifs, nous avons supposé plus haut que chaque millimètre sur le papier représentait un centimètre sur le panneau de tir. Les tableaux figuratifs sont généralement plus petits que celui que nous avons donné pour exemple, c'est-à-dire que chaque millimètre du tableau représente plus d'un centimètre sur le panneau.

Quelle que soit l'échelle adoptée, il faut la conserver pour toutes les distances, afin que tous les tableaux soient comparables entre eux : on prend d'habitude un millimètre sur le papier pour représenter deux centimètres en vraie grandeur.

Comme application de ce qui précède, supposons un tir exécuté dans des circonstances exceptionnelles, et voyons les conséquences que l'on doit tirer de l'examen du tableau figuratif et des éléments déduits du relevé du tir (fig. 55).

La cote verticale du point moyen indique que le tir est trop haut. La cote horizontale donne la valeur de la déviation horizontale.

L'écart absolu moyen pris par rapport au point visé, donne une idée très fausse de la valeur de l'arme, parce qu'il contient, outre les déviations attribuables à l'arme, les déviations accidentelles et considérables dues au vent qui régnait pendant le tir. Il faut donc se reporter à l'écart absolu moyen pris par rapport au point moyen pour juger le tir et l'arme qui l'a fourni.

L'écart absolu moyen n'est pas la seule quantité dont on se serve pour comparer la justesse des armes.

Les étrangers emploient plus volontiers les rayons des cercles contenant une fraction donnée des coups, les 2/3 ou les 3/4 ordinairement : ces quantités se déduisent du tableau figuratif. On indique quelquefois la valeur d'un tir par les côtés du rectangle qui contiendrait la totalité des coups. On a aussi employé en France une autre quantité qui se déduit simplement du relevé des tirs, sans passer par les tableaux figuratifs et qui donne une idée tout aussi exacte de la justesse que l'écart absolu moyen : c'est l'écart absolu d'un coup fictif qui aurait pour écart vertical l'écart vertical moyen et pour écart horizontal l'écart horizontal moyen.

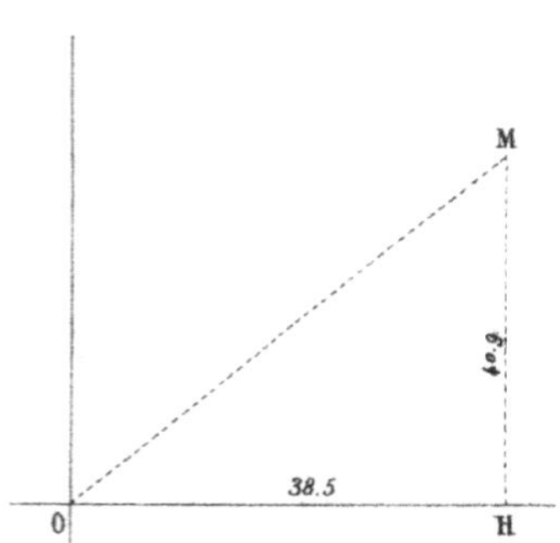

Fig. – 56

Dans l'exemple que nous avons choisi, nous aurions obtenu cette quantité en construisant sur papier quadrillé le triangle OHM, ayant pour base l'écart horizontal moyen 38,5 cm et pour hauteur l'écart vertical moyen 40,9 cm (fig. 56).

L'emploi de cet écart, qu'on aurait pu appeler *moyen écart*, par exemple, aurait épargné bien du travail aux rapporteurs des commissions d'expériences, mais il avait reçu dans le principe le nom d'écart géométrique moyen, et on l'avait défini par la formule :

$$EGM = \sqrt[2]{\left(\frac{x+x'+x''+..x^{(n+1)^2}}{n}\right)+\left(\frac{(y+y'+y''+..y^{(n+1)^2}}{n}\right)}$$

Ce moyen de comparaison, qui était cependant bien simple et, surtout très commode, a été abandonné, écrasé sous le double poids de son nom et de sa définition.

On n'a pas toujours à sa disposition des panneaux quadrillés pour faire les expériences de tir. Le relevé coup par coup est d'ailleurs impraticable lorsqu'il y a un très grand nombre de coups tirés par plusieurs hommes, soit successivement, soit simultanément. Dans ces divers cas, on compare les résultats par le *pour cent*, c'est-à-dire par la proportion de balles mises dans la cible sur 100 coups tirés.

Le pour cent est un renseignement sans valeur, si l'on ne donne pas en même temps les dimensions du but.

Quoique l'écart absolu moyen pris par rapport au point moyen, donne une idée plus exacte de la valeur d'un tir relevé coup par coup, on a l'habitude de joindre toujours le pour cent qu'aurait donné le tir de la série.

Pour cela, on trace sur le tableau figuratif, les cibles dont l'emploi est réglementaire pour la distance à laquelle on a fait l'expérience.

Dans notre exemple, le tir ayant été exécuté à 800 mètres, le rectangle ABCD figure les huit cibles réglementaires qu'on doit employer à cette distance. Ces cibles sont placées de manière que leur centre corresponde exactement au milieu du point visé. Les cinq coups n°s 1, 2, 4, 5 et 6, se trouvant compris dans le rectangle, on voit que le pour cent aurait été de vingt-cinq, puisqu'il y a cinq balles mises sur vingt coups tirés.

Le rectangle EFGK figure les huit cibles réglementaires placées de manière que leur centre corresponde au point moyen. Tous les coups, sauf les deux derniers, n°s 19 et 20, se trouvent compris dans ce rectangle, de sorte que le pour cent par rapport au point moyen aurait été de 90 au lieu de 25.

S'il s'était agi d'un tir d'instruction, il aurait fallu prescrire aux tireurs de viser le bord droit du panneau et un peu au-dessus du noir.

Les tirs d'instruction peuvent s'apprécier par points. Les détails relatifs à cette manière de mesurer l'adresse des tireurs, seront développés dans la 3e partie. La quantité choisie pour mesurer la justesse d'une arme, n'a de valeur que par comparaison avec une quantité connue et de même espèce. L'écart absolu moyen pris par rapport au point moyen, dans l'exemple précédent, dénote un bon tir, parce que le fusil modèle 1866, qui est une très bonne arme, a un écart plus considérable à la même distance. (Voir les tableaux ci-après).

On a réuni, dans le tableau suivant, des renseignements qui permettent d'apprécier les progrès déjà accomplis et de juger la valeur d'un tir d'expérience quelconque.

- La 1re colonne de résultats (colonne 1) rappelle approximativement le tir de la balle ronde tirée dans un fusil lisse ;
- La 2e colonne, le tir de la balle modèle 1857;

- La 3e colonne le tir des balles modèle 1854 et 1863 ;
- La 4e — le tir de la balle id. 1859 ;
- La 5e — représente à peu près le tir du fusil modèle 1866 ;
- La 7e colonne donne une idée très approximative du tir de la carabine Withworth. On peut le prendre comme la limite du progrès à espérer dans la justesse des armes de guerre.

Écarts absolus moyens à obtenir dans un tir sur appui, avec des armes différentes.

DISTANCES.	1 Mauvais tir.	2 Tir médiocre.	3 Tir assez bon.	4 Bon tir.	5 Très-bon tir.	6 Tir excellent.	7 Tir de précision.
mètres	mètres	mètres	mètres	mètres	mètres	mètres	mètres
100	0,25	0,12	0,08	0,07	0,06	0,05	0,035
200	1,00	0,38	0,22	0,17	0,13	0,10	0,08
300	2,50	0,73	0,40	0,28	0,23	0,17	0,12
400	6,50	1,20	0,62	0,41	0,34	0,23	0,17
500	»	1,80	0,91	0,56	0,46	0,33	0,22
600	»	2,50	1,26	0,75	0,60	0,46	0,31
700	»	»	1,75	1,01	0,81	0,62	0,42
800	»	»	2,50	1,35	1.07	0,85	0,62
900	»	»	»	1,84	1,41	1,12	0,85
1000	»	»	»	2,50	1,87	1,46	1,12
1100	»	»	»	»	2,50	1,91	1,46
1200	»	»	»	»	»	2,50	1,92
1300	»	»	»	»	»	»	2,50

Les résultats d'expérience exprimés par les pour cent peuvent être jugés à l'aide des renseignements suivants, à la condition, bien entendu, de tenir compte des dimensions du but employé dans l'expérience.

Pour cent à obtenir dans un tir sur appui avec des armes de valeurs différentes.

DISTANCES.	DIMENSIONS du but.	1 Mauvais tir.	2 Tir médiocre.	3 Assez bon tir.	4 Bon tir.	5 Très-bon tir.	6 Excellent tir.
mètres							
100	2 mèt. sur $0^m,50$	50	60	80	90	100	100
200	2 — $1^m,00$	20	35	70	85	95	100
300	2 — $1^m,50$	7	25	60	80	90	100
400	2 — $2^m,00$	2	15	40	70	80	100
500	2 — $2^m,50$	»	10	30	60	70	100
600	2 — $3^m,00$	»	6	20	50	60	100
700	2 — $3^m,50$	»	»	15	40	50	95
800	2 — $4^m,00$	»	»	10	30	40	90
900	2 — $4^m,50$	»	»	»	20	30	80
1000	2 — $5^m,00$	»	»	»	15	25	70
1100	2 — $5^m,50$	»	»	»	»	20	60
1200	2 — $6^m,00$	»	»	»	»	»	50

Afin d'embrasser d'un coup d'œil tous les résultats d'une expérience, on joint au mémoire les courbes représentatives de la justesse.

On les construit à l'aide de papier quadrillé, en prenant sur une base horizontale des longueurs proportionnelles aux distances de tir, et en portant sur les verticales qui passent par les points de division, des grandeurs proportionnelles aux écarts.

Courbes représentatives de la portée et de la justesse

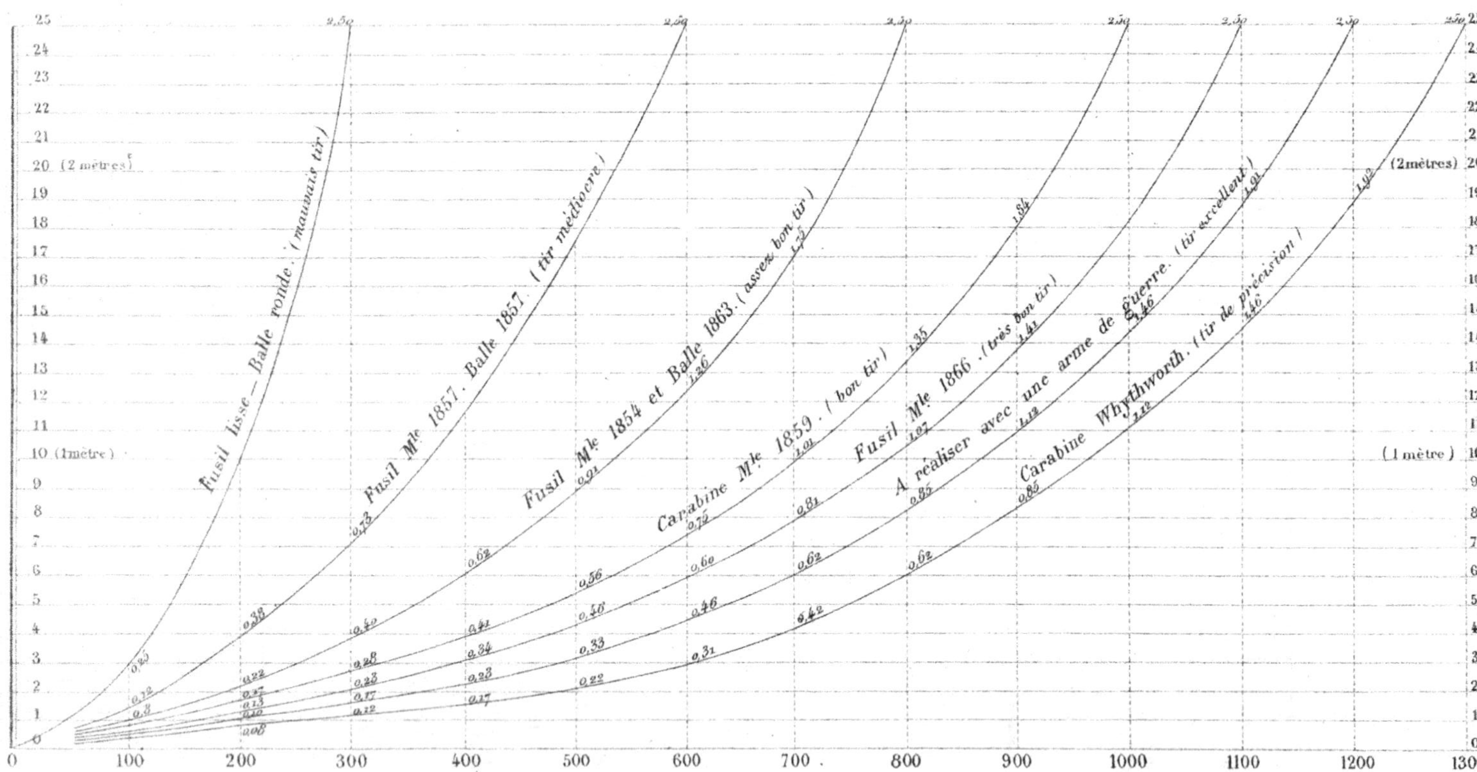

La figure 57 donne une idée suffisante du mode de construction ; elle servira en même temps de terme de comparaison.

Les courbes représentatives de la justesse sont très avantageusement employées pour rechercher les meilleures conditions de tir d'un élément quelconque de l'arme.

Supposons qu'il s'agisse de rechercher la meilleure charge à employer dans une arme et avec un projectile donné. On représentera les résultats obtenus comme l'indique la figure 58, et on conclura que la charge à employer, pour obtenir la plus grande justesse, est celle de 4,27.

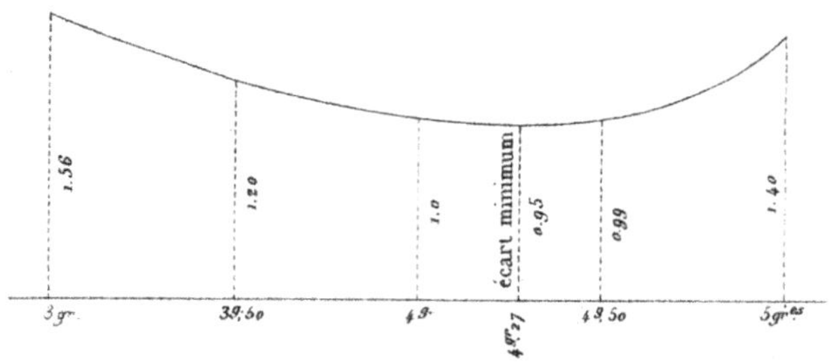

Fig. – 58

Cet exemple est extrait du rapport sur les recherches relatives à l'établissement de la carabine à tige modèle 1846.

II. Trajectoire moyenne

Les irrégularités inévitables de la trajectoire éveillent en premier lieu l'idée de justesse qui a été traitée dans les paragraphes précédents. Une autre question se présente ensuite : comment régler le tir d'une arme, puisque les coups tirés dans des conditions aussi identiques que possible ne donnent pas des trajectoires semblables ?

On voit tout d'abord qu'il ne suffit pas d'étudier isolément la trajectoire décrite par un seul projectile ou, en d'autres termes, qu'on ne saurait se contenter d'une seule observation pour poser une règle ; il faut tirer un certain nombre de coups, pour que les déviations de toute nature aient le temps de se produire, et baser la règle sur la moyenne des résultats.

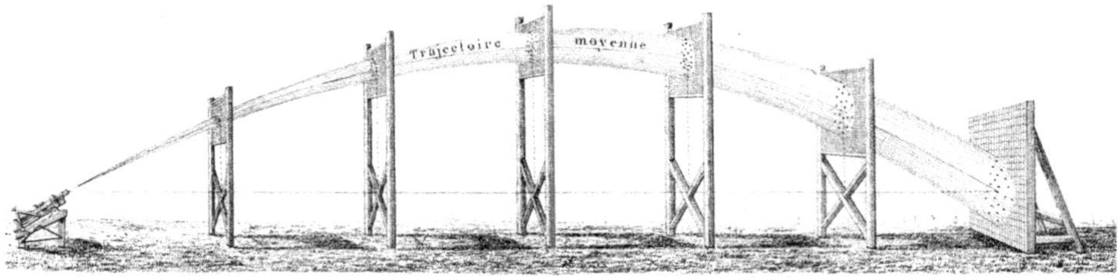

Fig. – 59

Supposons que l'on ait établi sur le champ de tir, des écrans assez minces pour qu'une balle puisse les traverser sans que sa vitesse soit altérée d'une manière sensible, et que l'on ait tiré un très grand nombre de coups dans des conditions aussi identiques que possible. Toutes les trajectoires décrites formeront un faisceau dont le passage sur chaque écran sera marqué par les empreintes des différents projectiles (fig. 59). On se figure très bien au centre de ce faisceau une courbe moyenne telle que tous les écarts produits soient également répartis dans tous les sens, autour de cette ligne.

Cette courbe imaginaire se nomme la *trajectoire moyenne*. Il est clair que la trajectoire moyenne passera par les points moyens dont on peut relever la position exacte sur chacun des écrans.

Si l'on mesure la distance verticale des points moyens à une ligne de base joignant l'origine commune O, au point moyen de la dernière distance (1000 mètres, par exemple), on connaîtra les élévations de la trajectoire moyenne de l'arme mise en expérience, pour une portée de 1000 mètres.

Cette manière de procéder, très frappante pour l'intelligence du résultat, présente de sérieuses difficultés pratiques, en raison des élévations considérables de la trajectoire, lorsqu'on tire à de grandes distances, et en raison de la résistance des écrans qu'on ne peut négliger sans erreur lorsqu'une balle doit en traverser plusieurs de suite.

Cependant cette manière de faire est avantageusement employée comme moyen de démonstration.

Ainsi, on fait chaque année à l'école de tir, une expérience ayant pour objet de déterminer la trajectoire du fusil modèle 1866 de 0 à 400 mètres, comparativement à la trajectoire d'une autre arme ayant moins de tension.

On place des écrans de 50 en 50 mètres, et on marque avec des disques de couleurs différentes le passage des deux trajectoires dans les sept écrans. En se plaçant sur le côté, on voit très distinctement le chemin suivi par chacune des balles. C'est un excellent moyen de donner aux sous-officiers une idée exacte de la forme des trajectoires.

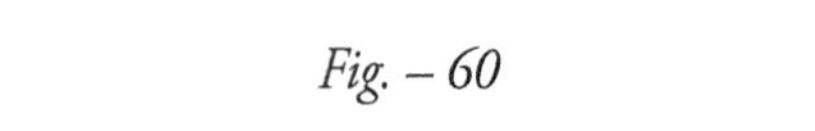

Fig. – 60

Voici les résultats obtenus avec le fusil à aiguille modèle 1866 et la carabine à aiguille prussienne (fig. 60).

Dans ce genre d'expérience, on relève les ordonnées d'une trajectoire isolée.

Voici maintenant le procédé à employer pour la détermination d'une trajectoire moyenne.

L'école possédait un appareil fixe , composé d'une charpente élevée et solide, servant à relever les ordonnées de 8 à 15 mètres, et un deuxième écran, monté sur roues, que l'on utilisait lorsque les élévations ne dépassaient pas 8 mètres.

Prenons pour exemple la détermination de la trajectoire moyenne du fusil modèle 1866 de 0 à 600 mètres. L'écran mobile étant suffisant, le tireur s'installe à 600 mètres de la plaque ; l'écran mobile est successivement placé aux distances de 50, 100, 150, 200, 250, 300, 350, 400, 450, 500 et 550 mètres.

ORDONNÉES des trajectoires aux distances de	0m	50	100	150	200	250	300	350	400
Fusil à aiguille.	mètr. 0,000	0,807	1,456	1,883	2,077	2,010	1,659	0,998	0,000
Carabine prussienne. . . .	0,000	1,558	2,690	3,388	3,640	3,438	2,770	1,629	0,000

À chacune de ces distances, on opère comme il va être expliqué pour la distance de 100 mètres.

L'écran est disposé de manière à être traversé par une balle qui touchera de plein fouet la plaque de fonte située à 600 mètres (fig. 61).

Fig. – 61

Ces deux conditions étant remplies, c'est-à-dire le même projectile parti de O, ayant traversé l'écran en A et touché la plaque en P, on fait placer le centre d'une palette sur l'empreinte de la balle en P, et on applique une règle M N sur la face antérieure des montants de l'écran.

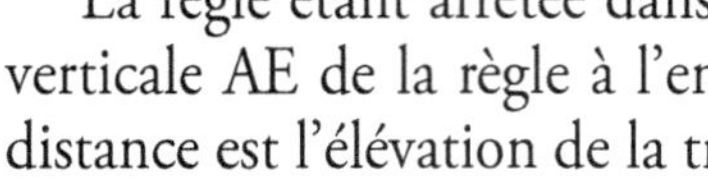

Fig. – 62

À l'aide d'une lunette disposée sur l'appui en O, à la place du fusil, le tireur observe la position de la règle par rapport à la palette, et cette règle étant toujours maintenue horizontale, il fait signe de l'élever ou de l'abaisser, jusqu'à ce qu'elle vienne masquer la moitié inférieure de la palette (fig. 62).

La règle étant arrêtée dans cette position, on mesure la distance verticale AE de la règle à l'empreinte de la balle sur l'écran. Cette distance est l'élévation de la trajectoire décrite, au-dessus de la ligne droite qui joint le point de départ au point d'arrivée à 600 mètres.

Comme les trajectoires ne sont point identiques, on tire plusieurs coups et on prend la moyenne.

Admettons qu'une série de 10 coups ait donné successivement les élévations suivantes :

2,72 m
2,76 m
2,75 m
2,74 m
2,75 m
2,76 m
2,77 m
2,74 m
2,75 m
2,76 m
———
27,50m

On fait la somme et on la divise par 10, ce qui donne l'élévation de 2,75 m pour la distance de 100 mètres. En répétant cette opération de 50 en 50 mètres, on obtient les élévations de la trajectoire moyenne pour une portée de 600 mètres.

La trajectoire de 600 mètres étant ainsi déterminée, on peut la prolonger, c'est-à-dire se servir des résultats connus jusqu'à 600 mètres, pour obtenir les ordonnées de la trajectoire de 700 mètres, par exemple.

Pour cela, on place l'écran à 600 mètres du tireur et le panneau de tir à 700, et l'on mesure, comme on vient de l'expliquer, l'élévation BC de la trajectoire de 700 mètres à la distance de 600 (fig. 63).

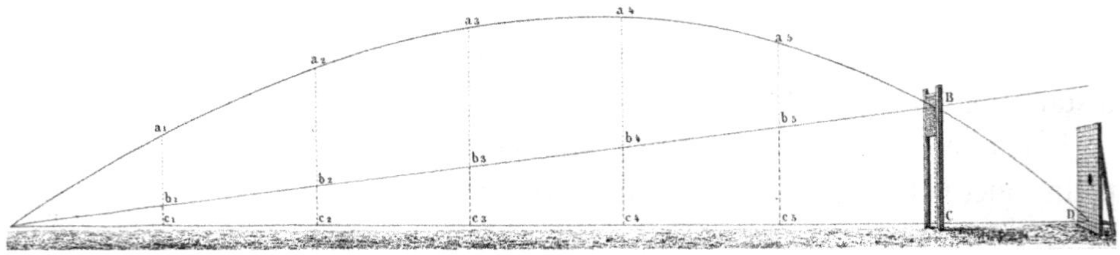

Fig. – 63

Cette quantité connue, les ordonnées de la nouvelle trajectoire aux distances de 100, 200, 300, 400 et 500 mètres se composent de deux parties *ab* + *bc* ; les portions supérieures *a b* sont connues, ce sont les ordonnées de la trajectoire de 600. Les portions inférieures se déduiront très simplement de la connaissance de BC. On a en effet :

$c_1b_1 = {}^1/_6$ BC ;
$c_2b_2 = {}^2/_6$ BC ;
$c_3b_3 = {}^3/_6$ BC, et ainsi de suite.

On aura ainsi toutes les ordonnées de la trajectoire de 700 mètres. Cette trajectoire connue, on peut la prolonger jusqu'à 800 mètres par le même procédé.

On se sert de l'écran fixe pour vérifier quelques-unes des ordonnées ainsi obtenues, c'est-à-dire qu'on mesure directement une ordonnée qui a été obtenue par l'addition de 2 ou plusieurs portions.

Lorsqu'on se sert de l'écran fixe, on recueille les coups sur un panneau mobile. Ainsi, si l'on veut avoir l'élévation de la trajectoire à la distance de 800 mètres au-dessus de la ligne qui coupe la trajectoire à 1000 mètres, on place le

Fig. – 64

panneau à 200 mètres au-delà de l'écran, le tireur étant à 800 mètres en deçà (fig. . 64).

La représentation graphique d'une trajectoire quelconque s'exécute de la manière suivante (fig. 65).

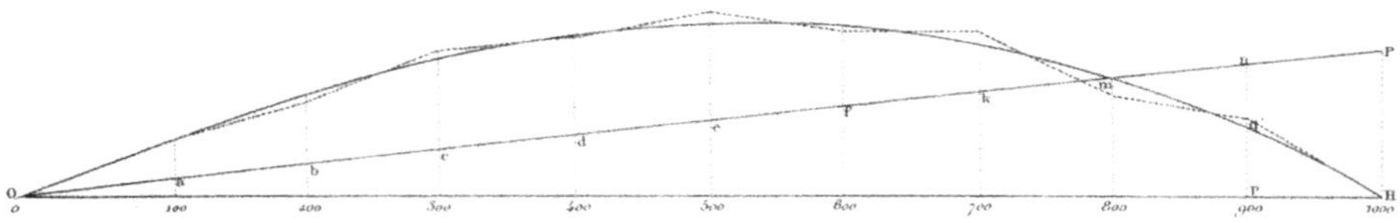

Fig. – 65

Sur une ligne indéfinie AX, représentant la ligne de base, on prendra des longueurs proportionnelles aux distances de tir ; à chacun des points de division ainsi obtenus, on mènera des perpendiculaires sur lesquelles on prendra, à une échelle convenable, des longueurs proportionnelles aux élévations trouvées à chaque distance ; joignant ensuite toutes les extrémités des perpendiculaires par une ligne courbe, on obtiendra la représentation graphique de la trajectoire.

Il est souvent impossible de faire passer une ligne régulière par tous les points marqués sur les perpendiculaires. Cela tient à ce que certaines quantités ont été mal déterminées, par suite de causes d'irrégularités que le tireur n'a pas remarquées. Alors on trace une courbe régulière qui laisse autant de points en dessus qu'en dessous, et qui se rapproche le plus possible des données de l'expérience (fig. 65).

Les élévations de la trajectoire sont tellement minimes par rapport à la ligne de base, qu'on est obligé d'employer des échelles différentes pour les distances et pour les cotes de la trajectoire ; le choix des échelles dépend de la portée totale à représenter et de la dimension du papier.

Le dessin ne donnant jamais la forme réelle de la trajectoire, la représentation n'a de valeur que par comparaison avec la représentation à mêmes échelles d'une trajectoire connue (fig. 66).

Trajectoires comparées
du fusil Prussien, de la carabine M[le] 1859 et du fusil M[le] 1866

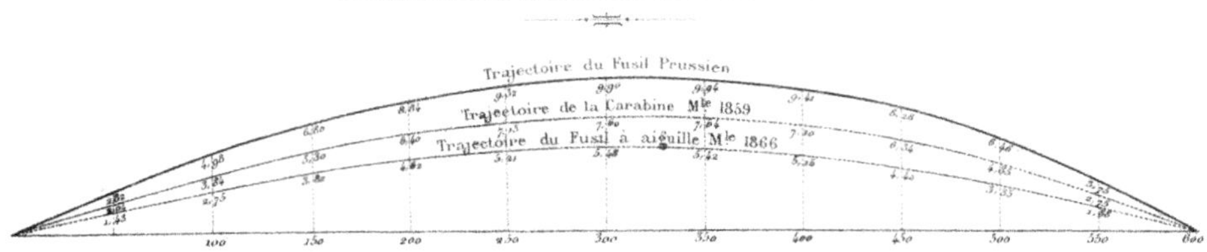

Fig. – 66

La figure 67 représente la trajectoire moyenne du fusil modèle 1866 pour une portée de 1000 mètres. On peut en déduire les cotes de la trajectoire pour une portée inférieure quelconque.

Trajectoire du fusil M^{le} 1866.

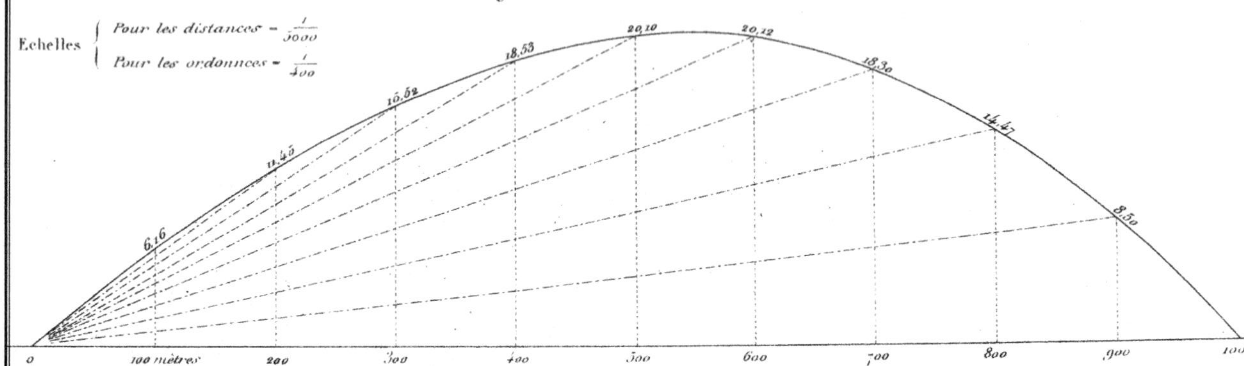

Hauteurs de la trajectoire du fusil M^{le} 1866 au dessus des diverses lignes de mire.

Distances	0	50	100	150	200	250	300	350	400	450	500	550	600	650	700	750	800	850	900	950	1000	Hauteurs maxima ou flèches de la trajectoire	Angles de projection.
200	0	0,27	0,42	0,34	0	-0,60	-1,50	-2,75	-4,22													0,43	0° 26'
300	0	0,51	0,92	1,05	1,00	0,68	0	-1,15														1,07	0° 42'
350	0	0,64	1,20	1,50	1,54	1,36	0,82	0	-1,00													"	0° 51'
400	0	0,78	1,46	1,88	2,05	2,00	1,60	0,93	0	-1,38	-3,05	-5,20	-7,70									2,07	1° 1'
500	0	1,10	2,08	2,82	3,28	3,50	3,45	3,10	2,48	1,42	0	-1,80										3,52	1° 22'
600	0	1,43	2,75	3,82	4,62	5,21	5,48	5,42	5,15	4,40	3,35	1,88	0									5,50	1° 45'
700	0	1,80	3,47	4,95	6,20	7,05	7,67	8,07	8,10	7,75	7,05	5,92	4,40	2,45	0							8,12	2° 10'
800	0	2,20	4,30	6,15	7,75	9,07	10,07	10,87	11,30	11,35	11,30	11,05	9,26	5,75	-5,75	-3,12	0					11,54	2° 38'
900	0	2,65	5,15	7,42	9,50	11,26	12,63	13,92	14,75	15,25	15,38	15,11	14,47	13,35	11,78	9,61	-6,95	-3,57	0			15,40	3° 8'
1000	0	3,15	6,16	8,85	11,45	13,57	15,52	17,20	18,53	19,50	20,10	20,30	20,12	19,45	18,30	16,65	14,47	11,77	8,50	-4,50	0	20,30	3° 41'

Si l'on veut avoir, par exemple, la trajectoire de 800 mètres, on joindra le point O au point 800 mètres. Les portions de verticales interceptées entre cette ligne et la courbe, quoiqu'obliques à la nouvelle ligne de base, seront les élévations cherchées. On aura la valeur de chacune d'elles, soit en la mesurant directement sur le dessin, soit en la déduisant de l'élévation trouvée pour 1000 mètres de portée, par le moyen suivant :

On voit tout d'abord qu'il s'agit de déduire des élévations déjà connues, les portions de verticales comprises entre la ligne OH et la ligne OP. Ces quantités sont proportionnelles aux distances de 100, 200, 300 mètres, etc..., de sorte qu'une de ces quantités étant connue, il devient facile de calculer toutes les autres : on les déduit de l'élévation à 800 mètres qui est donnée dans la première trajectoire (fig. 65).

PORTÉES SUPÉRIEURES à 1000 mètres.	HAUSSES CORRESPONDANTES.	ANGLES de PROJECTION.
mètres	millimètres	
1100	74,57	4°16'
1200	85,42	4°53'
1300	97,11	5°33'
1400	109,05	6°15'
1500	122,75	7°00'
1600	136,73	7°47'
1700	151,52	8°37'
1800	167,18	9°29'
1900	183,81	10°25'
2000	201,57	11°24'
2100	227,71	12°30'
2200	242,61	13°38'
2300	265.83	14°53'
2400	292,17	16°17'
2500	322,74	17°53'
2600	359,04	19°45'
2700	410,00	22°18'
2770	510,00	27°02'

Les points *q'* et H se trouvant au-dessous de la ligne OP, *nq'* et PH sont des abaissements qui se désignent par le signe (—), ainsi qu'on l'a déjà vu.

On voit que *nq'=nr — q'r*

Tous les renseignements relatifs à une trajectoire se trouvent ordinairement dans un tableau qui accompagne la représentation graphique de la trajectoire (voir la fig. 67, le tableau qui l'accompagne et la fig. 65).

Le tableau qui accompagne la figure 67 donne la valeur de l'angle de projection correspondant aux portées de 100, 200, ...,etc.

Mais là ne se sont pas bornées les études sur la portée du fusil modèle 1866.

Dans une série d'expériences faites par l'École de tir en 1870, on a déterminé les portées correspondant à des angles de projection variant entre 4 et 36 degrés ; on en a déduit approximativement la portée maxima de l'arme.

Elle paraît être un peu supérieure à 2750 mètres.

Elle est obtenue avec un angle de projection d'environ 27 degrés.

Le tableau précédent et la figure 68 donnent d'ailleurs l'ensemble des résultats de l'expérience.

III - Hausses et règles de tir

Les hausses et les règles de tir se déduisent de la connaissance de la trajectoire moyenne.

Lorsqu'on se propose d'atteindre un but avec une balle, on doit, pour se ménager le plus de chances possible, diriger la trajectoire sur le milieu du but. On voit tout d'abord que, pour y arriver, il faut que la ligne de tir soit dirigée au-dessus de l'objet à atteindre, pour donner au projectile la vitesse ascensionnelle qui lui est nécessaire, en raison de la distance à franchir.

Ligne de mire. Il est donc indispensable que la construction de l'arme fournisse au tireur un moyen sûr de donner à la ligne de tir la direction et l'inclinaison voulues.

La hausse et le guidon placés sur le fusil répondent à cette nécessité.

Angle de mire. — Pour que la ligne de tir passe au-dessus du point à atteindre lorsque la ligne de mire est dirigée sur ce point, on fait faire à ces deux lignes un angle que l'on appelle angle de mire (fig. 31, p. 48).

L'angle de mire s'obtient en donnant au cran de mire une plus forte saillie qu'au sommet du guidon.

Lorsque la ligne de mire est horizontale, l'angle de mire est égal à l'angle de tir. Donc, dans le cas d'un tir horizontal, on obtiendra telle portée que l'on voudra dans les limites de la portée de l'arme, en donnant à l'angle de mire la même grandeur qu'à l'angle de tir qui correspond à la portée cherchée.

L'expérience et le raisonnement prouvent qu'avec un angle de mire déterminé, l'on obtient, dans les tirs de haut en bas ou les tirs de bas en haut, la même portée que dans le tir horizontal, pourvu qu'on ne donne pas à la ligne de mire de trop grandes inclinaisons au-dessus ou au-dessous de l'horizon.

Dans la pratique, on tire fort rarement sous des inclinaisons qui rendent nécessaire une modification de l'angle de mire. Les angles de mire, réglés pour le tir horizontal, seront donc applicables dans presque toutes les circonstances de la guerre et dans tous les champs de tir, quel que soit leur nivellement.

Règles de tir. — Pour diriger la trajectoire au moyen de la ligne de mire, il est indispensable de placer cette dernière dans le plan de tir (voir page 67). On reconnaît que cette condition est remplie, lorsque la hausse et le guidon ne penchent ni à droite ni à gauche au moment du tir.

Si l'on examine les positions relatives de la ligne de mire et de la trajectoire, on reconnaît que cette courbe est coupée en deux points par la ligne de mire.

Le point d'intersection le plus éloigné de la bouche du canon est ce qu'on appelle le *but en blanc* (fig. 31).

La distance comptée sur la ligne de mire, de la bouche de l'arme au but en blanc, est ce que l'on appelle *portée de but en blanc.*

On voit, d'après la figure 31, qu'il n'y a qu'une seule distance où l'on puisse viser directement le but à atteindre, puisqu'il n'y a qu'un seul but en blanc.

On remarquera facilement que si l'objet à toucher est plus près que la portée du but en blanc, il faudra, pour l'atteindre, viser au-dessous de la quantité dont la trajectoire s'élève, à cette distance, au-dessus de la ligne de mire ; et qu'au contraire s'il est plus éloigné que le but en blanc, la ligne de mire devra être dirigée au-dessus précisément de la quantité dont la trajectoire s'abaisse, à cette distance, au-dessous de cette même ligne de mire.

Pour diriger sûrement l'arme dans le tir, il est donc indispensable de connaître, à chaque distance, les élévations ou les abaissements de la trajectoire au-dessus ou au-dessous de la ligne de mire. Les procédés à employer pour obtenir ces résultats ont été développés dans le paragraphe précédent.

Détermination du but en blanc d'une arme de guerre. — Nous avons supposé jusqu'ici que le but à atteindre se réduisait à un point, et nous avons été amenés à conclure que, pour toucher ce point, on ne devait le viser directement qu'à une seule distance, celle de la portée du but en blanc. (Nous faisons abstraction ici du premier point d'intersection de la trajectoire et de la ligne de mire, lequel est trop près de la bouche du canon pour qu'il y ait à s'en préoccuper dans la pratique).

À toute distance autre que la portée du but en blanc, il faut viser au-dessous ou au-dessus du but à atteindre, de la quantité dont la trajectoire s'élève ou s'abaisse au-dessus ou au-dessous de la ligne de mire à la distance considérée.

En passant de la théorie à la pratique du tir de guerre, nous voyons qu'il faut beaucoup simplifier pour obtenir des résultats : la mémoire du soldat ne doit pas être surchargée de règles dont la multiplicité engendrerait la confusion. On doit aussi tenir compte des émotions dont le tireur ne pourra se défendre dans un combat rapproché et qui lui feront certainement oublier, en supposant qu'il les ait retenues, les quantités dont il faut viser au-dessus ou au-dessous du point à atteindre suivant la distance. On pose donc en principe qu'à petite distance, le but à atteindre dans un tir de guerre est un homme debout et que peu importe qu'il soit frappé à la tête ou aux pieds ; il suffira donc de construire l'arme de manière que, la ligne de mire étant dirigée vers la ceinture, la trajectoire ne sorte pas du corps de l'homme. Il serait certainement préférable de pouvoir, dans tous les cas, diriger la ligne de mire de manière à amener la trajectoire sur le centre ou le milieu de l'objet, parce qu'alors on aurait moins de risque de le manquer, par suite d'une déviation de la balle, d'une erreur ou d'une maladresse dans le tir ; mais dans les combats rapprochés il faut sacrifier l'application rigoureuse des principes à la simplicité des règles.

Donc, quelle que soit l'arme, son but en blanc devra être déterminé de telle sorte qu'on puisse négliger, dans la pratique, les élévations de la trajectoire au-dessus de la ligne de mire, pour toutes les distances plus petites que la portée du but en blanc. En d'autres termes, il faut qu'on puisse atteindre un homme plus rapproché du tireur que le but en blanc, en le visant à la ceinture, et, conséquemment, que la plus grande élévation de la trajectoire au-dessus de la ligne de mire soit moindre que la demi-hauteur d'un homme.

On peut fixer à 0,50 m environ cette flèche convenable.

Le même raisonnement nous conduit à admettre qu'on peut négliger les abaissements au-dessous de la ligne de mire, inférieurs à 0,50 m.

Supposons qu'une trajectoire ayant une portée de but en blanc de 200 mètres avec une flèche de 0,50 m ait un abaissement de même valeur à 250 mètres ; dans ce cas, la distance de 250 mètres devra être connue du soldat, comme une portée de fusil.

Importance de la tension de trajectoire. — Le tir dans les limites de la portée de fusil, est le plus simple et le plus certain ; il n'est pas besoin d'insister sur l'énorme avantage d'en augmenter l'étendue. Ainsi, l'arme qui aurait pour trajectoire la courbe OMEC, avec une portée de but en blanc OE et une portée de fusil AC, serait bien supérieure comme arme de guerre à celle qui, toutes choses égales d'ailleurs, n'aurait que OD pour portée de but en blanc et AB pour portée de fusil (fig. 69).

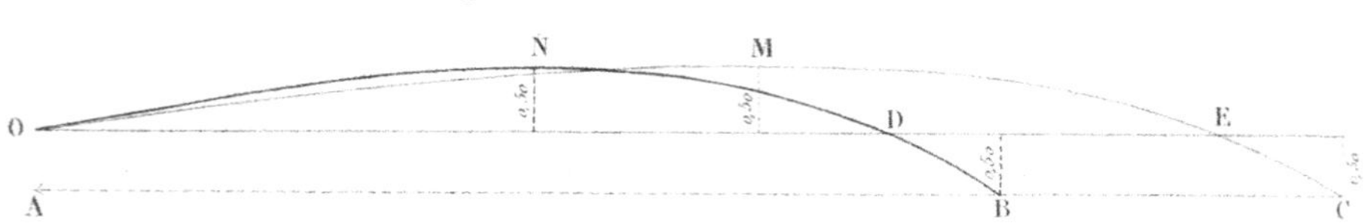

Fig. – 69

Pour augmenter la portée de fusil, sans changer la flèche de la trajectoire, il faut rendre la courbe moins prononcée ou tendre la trajectoire et, pour cela, augmenter la force d'impulsion.

Hausses mobiles. — L'ancien fusil d'infanterie canon lisse tirait une balle de 27 grammes avec une charge de 9 grammes de poudre. La vitesse initiale était très grande et la trajectoire très tendue ; mais, dès la distance de 200 mètres, les écarts devenaient tellement considérables que le tir n'avait plus d'efficacité au-delà des limites de la portée de fusil. Une seule ligne de mire suffisait donc, moyennant quelques règles de tir, à diriger l'arme dans toute l'étendue de son tir efficace.

Les perfectionnements apportés au chargement et au tir dans les armes rayées, ont permis d'adopter, pour toutes les troupes, des armes de justesse qui conservent un tir très régulier au-delà des limites de la portée de fusil.

On a cherché naturellement à utiliser, à la guerre, la grande portée et la grande justesse de ces armes ; on y est arrivé par l'emploi des hausses mobiles.

On donne le nom de hausse mobile à un appareil au moyen duquel on peut faire varier à volonté la hauteur du cran de mire.

Les hausses mobiles étaient connues et employées avec les armes de trait bien avant l'invention de la poudre ; elles furent appliquées aux premières armes à feu portatives et abandonnées peu après, parce que leur utilité pratique était contestable, ainsi que nous venons de le dire.

L'invention des carabines rayées fit reparaître les hausses ; mais ce n'est qu'en 1866 qu'on a résolu la question de savoir si le fusil d'infanterie serait pourvu d'une hausse mobile.

Deux opinions contradictoires ont été longtemps en présence et ont été toutes deux soutenues par de bonnes raisons. Certains militaires ne voulaient qu'un seul cran de mire, d'autres demandaient une hausse à curseur mobile qui permit d'utiliser toute la portée de l'arme.

Entre ces deux opinions tranchées on a vu se produire une troisième idée, qui a été présentée comme un moyen terme et qui a été longtemps appliquée en France, malgré les défauts qui la rendaient insoutenable.

Il suffit de poser nettement la question pour la résoudre. Ceux qui ne voulaient qu'un seul cran de mire pensaient que le meilleur moyen d'inspirer de la confiance au soldat consistait à simplifier le plus possible les notions et les procédés qu'il doit posséder et appliquer pour faire un bon usage de son arme ; ils étaient d'avis que tous les tirs à la cible fussent exécutés à la même distance (celle du but en blanc), et que, dans l'appréciation des distances, on se bornât à faire connaître au soldat la portée de son fusil, définissant cette expression : la distance extrême à laquelle il pourrait atteindre un homme en le visant à la ceinture. Cette distance bien connue, on devait dire au soldat : « Si vous êtes à portée de fusil, tirez ; si vous êtes hors de portée, avancez ou attendez. »

Les partisans du cran de mire unique cherchaient donc le progrès de l'armement dans l'augmentation de la portée de fusil, et ils poursuivaient plutôt la tension de la trajectoire que la justesse du tir ; cette manière de faire devant d'ailleurs, pensait-on, diminuer les tirailleries à grande distance, qui n'ont jamais pour résultat qu'une stérile consommation de munitions.

Peut-on amener le soldat à penser et à agir de la sorte ? Le fait est contestable.

Les partisans de la hausse mobile répondaient que le meilleur moyen de donner au soldat une grande confiance en son arme, consiste à lui prouver ou à lui faire croire qu'il peut riposter au feu de l'ennemi à toutes distances ; bien plus, qu'il peut tirer avec efficacité tout en restant lui-même hors de portée, et qu'il faut, en conséquence, exécuter les tirs jusqu'à la dernière limite possible.

On ne se dissimulait pas, d'ailleurs, que dans bien des circonstances le soldat tirerait à grande distance sans employer sa hausse, et que souvent encore il s'en servirait inefficacement parce qu'il aurait mal apprécié la distance. Mais on soutenait avec raison que la hausse mobile, souvent utile, quelquefois indispensable, ne pourrait en aucun cas être nuisible, et que cette considération devait suffire pour la faire adopter.

Le tir à distances variables entraîne, il est vrai, une complication dans l'instruction du soldat. Pour atténuer autant que possible cet inconvénient, on doit s'attacher à employer les moyens les plus simples. Or une hausse à curseur permet de placer le cran de mire suivant la distance estimée, et, cette opération faite, les moyens de pointage sont invariables ; on a toujours la même forme de cran de mire pour ajuster.

L'idée d'employer le pouce pour le pointage est venue d'une sorte de compromis entre les partisans et les adversaires de la hausse. Par ce moyen, l'arme n'avait qu'un seul cran de mire, et cependant on conservait le bénéfice du tir à grande distance. Soutenir une pareille idée, c'est admettre la hausse en principe, tout en remplaçant un appareil simple et précis par des moyens grossiers, incertains, demandant de grands efforts de mémoire et de longs exercices préparatoires.

La hausse mobile est un moyen facile de retrouver l'angle de mire qui donne telle ou telle portée. Il y a lieu d'examiner les relations qui existent entre les angles et les hausses, et les moyens de graduation employés dans la pratique.

L'angle de mire résulte, comme nous l'avons vu, de la différence de saillie du cran de la hausse et du sommet du guidon, ces saillies étant comptées à partir de l'axe.

Ainsi, l'angle *hga* que la ligne de mire fait avec *ga* parallèle à la ligne de tir est déterminé et mesuré par *ha* différence entre *hd* (distance du cran de mire à l'axe) et *gc*, distance du sommet du guidon à l'axe du canon (fig. 70).

La hauteur du cran de mire comptée au-dessus de la parallèle à l'axe passant par le sommet du guidon, se nomme *hausse totale*. Telle est *ha*.

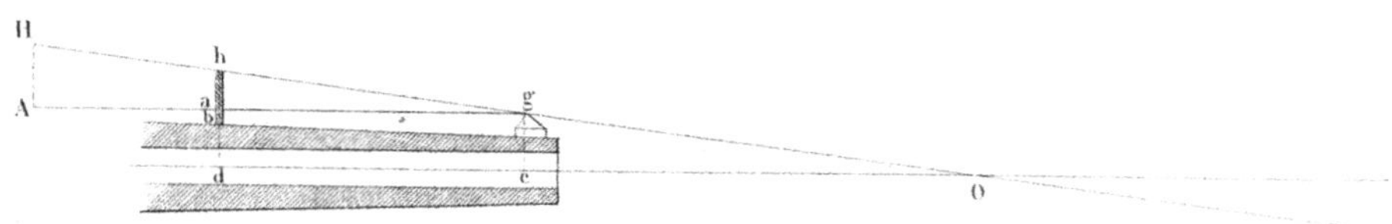

Fig. – 70

Dans les tables de construction, la hausse est comptée à partir du dessus du canon : c'est la hausse pratique, celle que donne la mesure directe effectuée sur l'arme.

Les angles de tir et les angles de mire étant exprimés par le nombre de millimètres d'élévation correspondant à 1 mètre de base, on en déduit la hausse totale qui doit donner cette inclinaison. Il faut seulement connaître pour cela la distance de la hausse au guidon.

Si cette distance était toujours de 1 mètre, la grandeur de la hausse serait exactement égale à l'élévation mesurant la pente.

Dans toutes les armes portatives, la distance de la hausse au guidon est inférieure à 1 mètre ; il faut, par conséquent, réduire l'élévation correspondante à 1 mètre de base, proportionnellement à la longueur de la ligne de mire. Ainsi, 8 millimètres d'élévation par mètre se réduisent à 6 millimètres de hausse, si la ligne de mire a 0,75 m de longueur ; il ne faudrait que 4 millimètres de hausse pour mesurer le même angle, si la distance entre la hausse et le guidon n'était que de 0,50 m.

On peut inversement déduire l'angle de mire de la hausse, en cherchant quelle serait la hausse à employer s'il y avait 1 mètre d'intervalle entre la hausse et le guidon.

Ainsi, une hausse totale de 9 mm, avec 0,75 m de longueur de ligne de mire, est équivalente à 12 millimètres pour une base de 1 mètre.

Les hausses totales, ramenées à 1 mètre de base, se nomment hausses totales comparatives. Telle est HA (fig. 70).

Le nom de hausse comparative indique suffisamment l'usage de cette quantité : elle sert à comparer les angles de mire d'armes différentes, la comparaison directe des hausses étant impossible lorsque la distance entre la hausse et le guidon n'est pas la même.

Graduation pratique d'une hausse.— Supposons qu'une arme possédant une hausse mobile non graduée doive être tirée au-delà des limites de la portée de fusil, et que l'on veuille régler l'angle de mire ou la hauteur de hausse à employer pour porter le but en blanc à la distance de 600 mètres, par exemple.

On placera le curseur de la hausse à une position supposée voisine de celle que l'on veut déterminer, et l'on tirera un coup. La balle ricochera, par exemple ; c'est une preuve que l'angle de mire n'est pas assez grand ; il faut alors l'augmenter et, pour cela, relever le curseur d'une certaine quantité et recommencer l'essai. Si le deuxième coup ricoche comme le premier, mais bien plus près de la cible, on augmentera encore la hauteur de la hausse. Supposons que le troisième coup passe par-dessus la cible : la portée est devenue trop grande, il faut diminuer la hausse et placer le cran entre les deux dernières positions qu'il a occupées ; c'est-à-dire que le curseur doit être plus haut que lorsque la balle a ricoché, et plus bas que lorsque la balle a passé par-dessus la cible.

Le quatrième coup porte dans le panneau ; un observateur placé à la butte montre avec une palette le point où la balle a frappé ; on tire une série avec la même hausse, et l'on s'aperçoit qu'en moyenne les coups sont trop hauts de 0,50 m. En consultant le tableau suivant, on verra de combien il faut baisser le curseur pour faire baisser le tir de cette quantité.

DISTANCES.	QUANTITÉS dont on élève ou dont on abaisse le tir quand on augmente ou qu'on diminue la hausse de 1 millimètre.		QUANTITÉS dont il faut augmenter ou diminuer la hausse pour relever ou abaisser le tir de 1 mètre.	
	Fusil modèle 1866.	Carabine transformée.	Fusil modèle 1866.	Carabine transformée.
1	2	3	4	5
mètres.	mètres.	mètres.	millimètres.	millimètres.
300	0,41	0,40	2,04	2 5
400	0,54	0,53	1,80	1,9
500	0,73	0,66	1,30	1,5
600	0,87	0,80	1,14	1,2
700	1,02	0,93	0,97	1,1
800	1,16	1,07	0,86	0,9
900	1,30	1,20	0,76	0,8
1000	1,46	1,33	0,68	0,7
1100	1,62	1,46	0,61	0,68

Les quantités contenues dans ce tableau varient quand on change la distance de la hausse au guidon ; les chiffres ci-dessus sont calculés pour les carabines françaises dans lesquelles la distance de la hausse au guidon est égale à 0,750 m, et pour le fusil modèle 1866, dans lequel cette distance est de 0,680 m.

Si l'arme essayée était construite dans les mêmes conditions que la carabine, la colonne cinq indiquerait que, pour abaisser le tir de 1 mètre, il faudrait diminuer la hausse de 1,2 mm : donc, pour l'abaisser de 0,50 m il faudrait diminuer la hausse de moitié, c'est-à-dire de 0,60 mm environ.

Après avoir fait cette diminution, on tire encore quelques coups et l'on observe avec soin s'ils se groupent à hauteur du point visé. Si le tir n'est pas encore bien réglé avec cette nouvelle hausse, on la corrige de nouveau jusqu'à ce qu'on ait obtenu autant de coups en dessous qu'en dessus. Quand cette condition est bien remplie, on repère la position du curseur et l'on a déterminé l'angle de mire ou la hausse à employer, pour porter le but en blanc de l'arme à 600 mètres.

On répète cette opération de 50 en 50 mètres ou de 100 en 100 mètres, et l'on arrive à régler la hausse dans les limites de justesse de l'arme essayée.

Des erreurs dues principalement à la variation des circonstances atmosphériques et au trop petit nombre de coups tirés se manifestent toujours dans la détermination des hausses d'une arme. On doit corriger les hausses les unes par les autres avant d'en arrêter définitivement les dimensions.

On trace à cet effet ce qu'on appelle la *courbe des hausses* (fig. 71).

Ayant tiré une ligne indéfinie AX, on porte à partir du point A, à une échelle convenable, les distances auxquelles on a tiré. À chaque point de division, on élève une perpendiculaire sur laquelle on porte à une échelle beaucoup plus grande la valeur de la hausse déterminée pour la distance ; on joint ensuite les extrémités de toutes les ordonnées par une ligne courbe.

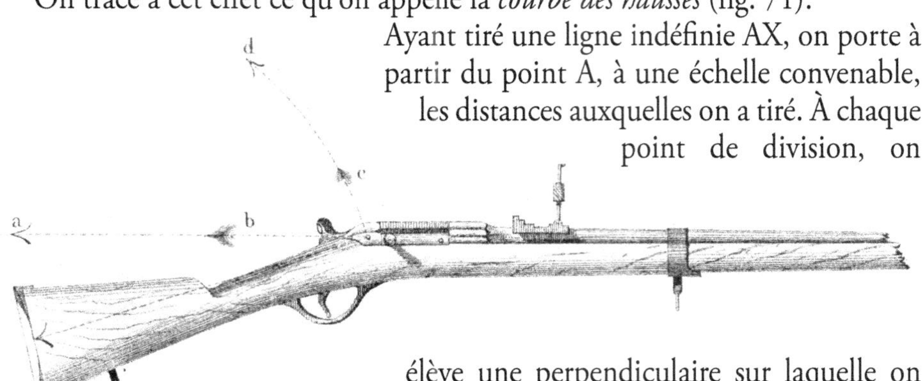

Fig. – 71

Si les hausses ont été déterminées avec exactitude, cette courbe doit être régulière et tourner sa convexité vers la ligne de base. Si elle ne satisfait pas à cette double condition, on la corrige graphiquement, comme il a été expliqué pour la trajectoire moyenne ; c'est-à-dire qu'on consulte d'abord les notes prises sur le terrain pour voir si elles n'expliquent pas quelques-unes des irrégularités rendues manifestes par le tracé de la courbe, et que, si rien n'indique le sens des corrections à faire, il faut tracer une courbe régulière laissant de part et d'autre le même nombre de points de la courbe primitive.

Cette courbe assigne à chaque perpendiculaire une nouvelle longueur que l'on prend pour hausse de la distance correspondante.

La courbe rectifiée donne encore la grandeur de hausse qui convient à une distance quelconque comprise entre les deux distances extrêmes auxquelles on a tiré. Ainsi l'ordonnée CD est la hausse de 475 mètres.

Les dimensions définitives des hausses d'une arme doivent de plus satisfaire à la condition suivante :

Les différences de hausses correspondant à des portées équidistantes doivent aller en augmentant ainsi que les différences des différences.

Hausses du fusil à aiguille, modèle 1866

DISTANCES.	HAUSSES correspondantes.	DIFFÉRENCES premières.	DIFFÉRENCES secondes.
mètres.			
100	2,70		
200	6,80	4,10	
300	11,54	4,74	0,64
400	16,93	5,39	0,65
500	22,98	6,05	0,66
600	29,70	6,72	0,67
700	37,10	7,40	0,68
800	45,19	8,09	0,69
900	54,00	8,79	0,70
1000	63,50	9,50	0,71

Cette condition est utilisée pour vérifier les résultats de la correction graphique.

Lorsque les hausses sont bien déterminées, la courbe des hausses, prolongée du côté de l'origine, passe entre la distance 0 et la distance 100. Ce résultat semble indiquer qu'à la distance où la courbe coupe la ligne de base, la hausse doit être nulle, c'est-à-dire que la ligne de tir doit être dirigée sur le but pour l'atteindre.

Dans l'exemple précédent, la distance qui exigerait une hausse nulle est de 17 mètres.

Conséquemment, pour tirer à une distance plus courte que 17 mètres, il faudrait que la ligne de tir fût dirigée plus bas que le but à atteindre.

Ces exigences sont en contradiction flagrante avec ce qui a été dit précédemment. (Voir page 102).

Cette contradiction n'est cependant qu'apparente, elle s'explique très bien par l'existence d'un autre phénomène dont nous avons déjà parlé : le relèvement de l'arme au moment du tir.

Dans toute arme portative, la monture est coudée pour que le canon arrive dans la direction de l'œil alors que la crosse est appuyée à l'épaule (fig. 71).

Il résulte de cette disposition que la direction du recul passe au-dessus de l'épaule qui sert de point d'appui à l'arme. Il est facile de voir que le recul, agissant dans la direction *ba*, doit faire tourner l'arme autour de son point d'appui, dans le sens de la flèche *dc*. Ce mouvement relève le canon. Or, l'expérience prouve que ce relèvement a commencé pendant que la balle est encore dans l'âme. Le canon n'a donc plus, au moment du départ du projectile, la position qu'on lui avait donnée en visant. Ce relèvement s'ajoute nécessairement à l'inclinaison primitive, de sorte que l'angle de projection se compose de deux parties :

1° - L'inclinaison résultant de l'emploi de la hausse ;

2° - L'angle de relèvement.

On voit donc qu'à la distance où l'angle de projection doit être précisément égal à l'angle que donne le relèvement, il est inutile de donner au préalable une inclinaison à la ligne de tir.

Par suite si, pour des distances inférieures, l'angle de projection à employer doit être plus petit que l'angle de relèvement, il faut diriger au préalable la ligne de tir au-dessous du but. L'angle de projection, au moment où la balle quitte le canon, sera alors égal à la différence entre l'angle de relèvement dû au tir et l'abaissement qu'on a eu soin de donner à la ligne de tir en visant.

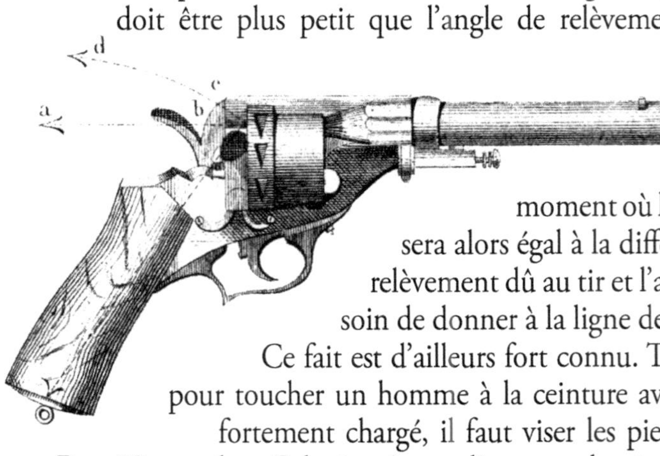

Fig. – 72

Ce fait est d'ailleurs fort connu. Tout le monde sait que pour toucher un homme à la ceinture avec un pistolet un peu fortement chargé, il faut viser les pieds et quelquefois plus bas. Cela tient à un relèvement du pistolet au moment du tir.

Ce relèvement est beaucoup plus considérable avec les pistolets qu'avec les fusils, parce que l'arme est plus légère et que le coude de la monture est beaucoup plus prononcé (fig. 72).

Dans l'exemple précédent, la courbe des hausses prolongée, coupe en B la verticale O ; la longueur OB est la quantité dont il faut diminuer les hausses de toutes les distances pour compenser le relèvement de l'arme au moment du tir. OB mesure donc le relèvement. Si du point B on mène BZ parallèle à AX et que l'on compte les hausses à partir de BZ, on aura les quantités qui mesurent l'angle de projection au moment où la balle quitte le canon.

Ces quantités, pour le fusil modèle 1866, sont les suivantes :

DISTANCES.	100m	200	300	400	500	600	700	800	900	1000
	3,47	7,57	12,31	17,70	23,75	30,47	37,87	45,96	54,77	64,27

On sait déjà que le règlement d'une hausse n'a rien d'absolu ; les officiers de tir et les officiers de compagnie doivent donc déterminer, avant chaque tir d'instruction, quelle est la hausse à employer. Ce règlement se fera par quelques coups d'essai en suivant la méthode qui vient d'être expliquée.

Pour faciliter cette opération, on a placé sur le côté droit de la hausse une graduation en millimètres.

Le règlement de la hausse pour tirer de but en blanc à une distance connue et déterminée, est donc chose facile ; et les tirs d'instruction doivent donner d'excellents résultats, lorsque les hommes sont bien instruits et que la hausse a été convenablement déterminée par les officiers chargés de diriger les exercices.

Les armes à longue portée, ainsi réglées, donneront également des résultats excellents à la guerre, toutes les fois qu'on tirera sur des buts fixes, placés à des distances qu'on aura pu déterminer. Ainsi, dans un siège, des hommes bien dressés, placés dans des tranchées ou dans des embuscades, pourront tirer avec avantage sur telle partie qu'on voudra de la fortification attaquée ; il suffira, pour cela, qu'on ait fait connaître aux tireurs la distance qui les sépare du but désigné.

En rase campagne, l'emploi des hausses se complique d'une difficulté nouvelle parce qu'on tire généralement sur un but mobile dont on ne connaît pas l'éloignement.

Valeurs numériques des hausses

Distances	Hausses comptées à partir de AX	Hausses comptées à partir de BZ
	mm.	mm.
100	2,70	3,47
200	6,80	7,57
300	11,54	12,31
400	16,93	17,70
500	22,98	23,75
600	29,70	30,47
700	37,10	37,87
800	45,19	45,96
900	54,00	54,77
1,000	63,50	64,27

COURBE DES HAUSSES.

DU FUSIL MODÈLE 1866.

L'angle de relèvement $= \frac{AB}{1} = \frac{0,77}{680}$

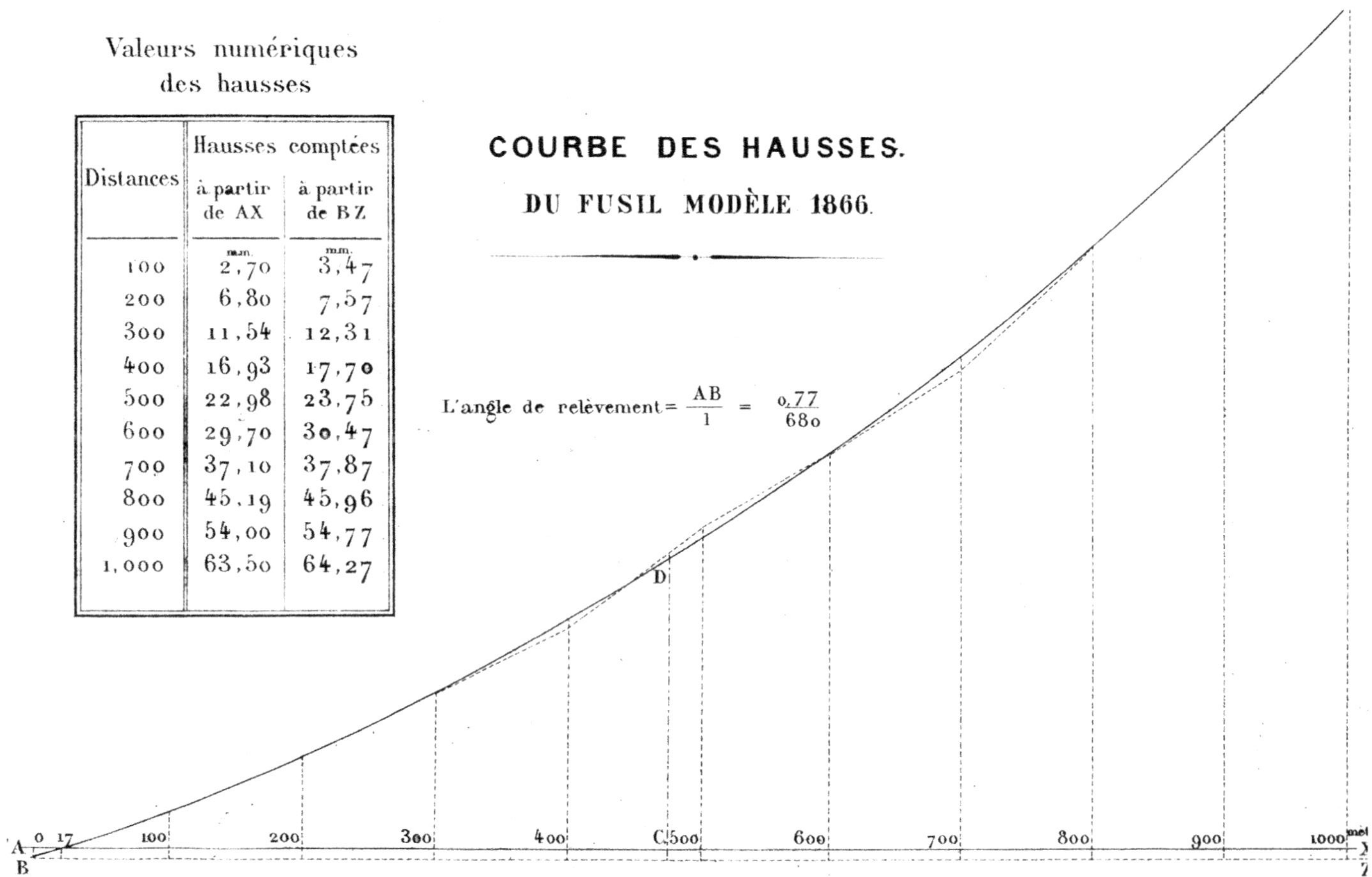

Fig. – 73

CHAPITRE IV

APPRÉCIATION DES DISTANCES

Le tir exigeant l'emploi d'une hausse différente à chaque distance, on voit qu'il est indispensable, de connaître celle à laquelle se trouve l'ennemi, pour choisir la ligne de mire correspondante ; il faut donc que les soldats, et surtout les officiers et les sous-officiers qui sont appelés à diriger le tir sur le champ de bataille, soient exercés avec le plus grand soin à l'appréciation des distances comprises dans les limites de la portée de l'arme.

Deux moyens peuvent être employés pour arriver à ce résultat :

- L'appréciation à simple vue ;
- La mesure rapide à l'aide d'un instrument simple et portatif.

Après avoir indiqué les bases sur lesquelles on doit appuyer ces opérations, il y aura lieu d'examiner quelle est l'approximation à laquelle il faut arriver pour obtenir des résultats à la guerre.

On examinera en dernier lieu les dispositions à adopter pour l'appareil de pointage en raison des résultats à obtenir.

Le chapitre IV sera en conséquence divisé en 4 paragraphes :

I - Appréciation à simple vue ;
II - Stadias* et télémètres ;
III - Appréciation nécessaire pour le tir de guerre ;
IV - Lignes de mire fixes.

I. Appréciation à simple vue

Il est hors de doute que cette partie si essentielle de l'instruction des tireurs, a été fort négligée jusqu'ici, ou tout au moins, que les résultats obtenus sont loin d'approcher du but qu'il faudrait atteindre.

Ce fâcheux état de choses peut être attribué en partie à l'imperfection de la méthode d'enseignement suivie jusqu'à ce jour.

La méthode exposée dans le titre III de toutes les instructions antérieures à 1867, est séduisante à la lecture ; elle est déduite de faits théoriquement vrais, avec une logique rigoureuse ; elle est exposée avec toute la clarté désirable. Mais quand on passait de l'examen ou de l'étude spéculative de cette méthode à son application sur le terrain, et qu'il fallait débuter par surcharger la mémoire du soldat d'observations minutieuses qui se compteraient par centaines, on se heurtait tout d'abord à des difficultés insurmontables.

D'ailleurs, les observations préliminaires ne portaient jamais que sur des hommes revêtus de l'uniforme français et placés face à la troupe, dans l'attitude du soldat reposé sur l'arme. Le tireur ne pouvait plus utiliser devant l'ennemi, des remarques dont on aurait pu, à la rigueur, surcharger sa mémoire sur les terrains de manœuvre.

Enfin, la méthode suivie jusqu'alors ne faisait pas ressortir le but de l'appréciation d'une distance qui est l'application d'une règle de tir.

Pour ces motifs, l'école de tir a changé entièrement la méthode d'enseignement de l'appréciation des distances. Les moyens qu'on y a adoptés sont pratiques et établissent une telle corrélation entre l'appréciation d'une distance et son application, qu'ils permettent de supprimer l'énoncé de la distance. On ne demande au soldat que la hauteur de hausse qui correspond, dans son idée, à une distance observée.

On a introduit, dans le règlement du 16 mars 1869, sur les manœuvres de l'infanterie, quelques-unes des améliorations réalisées à l'école de tir. Malgré cela, la méthode adoptée n'est pas encore assez simplifiée. De plus, la réglementation des exercices réellement pratiques n'est pas suffisamment développée.

Quelque parfaite que soit la méthode d'instruction, il ne faut pas s'attendre à ce que les soldats, après quelques exercices, apprécient les distances avec une grande exactitude ; mais ils arriveront certainement à commettre des erreurs moins grossières que celles qu'ils auraient faites s'ils n'avaient point reçu d'instruction.

Un laboureur juge avec une assez grande approximation de la superficie d'un champ d'une forme quelconque, parce que, sans s'en douter, il a dans l'esprit des termes de comparaison.

Si l'on force ce laboureur à porter son attention sur l'appréciation d'une distance, son œil s'exercera et il arrivera à des estimations de moins en moins erronées.

Si les hommes n'avaient aucune idée de l'appréciation des distances, on serait certain de les voir tirer hors de portée et gaspiller inutilement leurs munitions devant l'ennemi.

Dans les exercices de l'appréciation des distances, comme dans les exercices du tir à la cible, il faut surtout s'attacher à faire connaître au soldat :

1°. La bonne portée du fusil (portée du but en blanc avec la ligne de mire de 200 mètres) ;

2°. La distance extrême au-delà de laquelle il n'y a pas de résultats à attendre (dernière distance réglementaire de tir).

II. Stadias et télémètres

L'appréciation des distances à simple vue ne permettra jamais d'utiliser sûrement la portée et la justesse des nouvelles armes de guerre ; il est donc indispensable de chercher des moyens plus précis, pour estimer ou pour mesurer rapidement sur le terrain l'éloignement de l'ennemi.

Cette nécessité évidente a donné naissance à une foule de stadias, qui reposent toutes sur le même principe, et qui pèchent toutes par le même défaut de base.

Avec toutes, en effet, on se propose de déduire la distance de la hauteur apparente d'un fantassin ou d'un cavalier ; il suffit d'analyser les éléments du problème pour voir qu'il est insoluble en pratique (fig. 74).

$$\frac{AD}{ad} = \frac{OD}{od} \text{ d'où } OD = \frac{AD \times Od}{ad}$$

Fig. – 74

Et d'abord, on suppose que tous les fantassins ont une taille de 1,80 m avec leur coiffure et tous les cavaliers, une hauteur invariable de 2,50 m.

Mettez un tambour-major orné de son plumet, à côté d'un fantassin en casquette, mesurant 1,55 m, et vous reconnaîtrez à quelles erreurs on s'expose en attribuant à tous les hommes à pied une hauteur uniforme de 1,80 m.

Cette seule observation suffit pour condamner les stadias. Mais là ne se bornent pas toutes les causes d'erreurs auxquelles leur emploi doit donner lieu. En effet, pour observer la hauteur apparente, il faut que l'objet observé se détache bien sur le fond du tableau. Ce n'est pas ce qui arrive sur un terrain quelconque, les pieds sont ordinairement masqués ou se confondent avec le sol.

Enfin la hauteur apparente de laquelle on prétend déduire la distance est forcément très petite ; elle devrait être connue au moins à un dixième de millimètre près pour que l'observation ait quelque valeur, et les stadias sont loin de pouvoir donner une pareille approximation. Les stadias passées, présentes et futures n'offrent donc aucune ressource pratique pour la mesure des distances de tir ; mais il existe déjà des instruments fondés sur un autre principe et qui sont appelés à rendre de grands services. Tel est, par exemple, le télémètre du capitaine Gauthier (fig. 75).

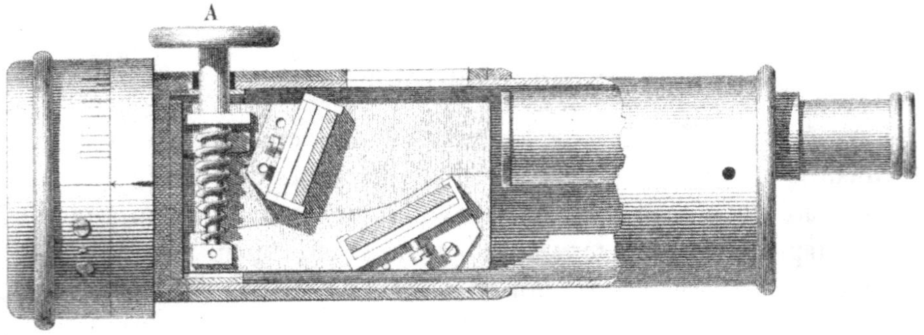

Fig. – 75 - Vue intérieure du Télémètre Gauthier

La mesure de la distance est déduite de la connaissance d'une base que l'on mesure sur le terrain, normalement à la direction de la distance à estimer.

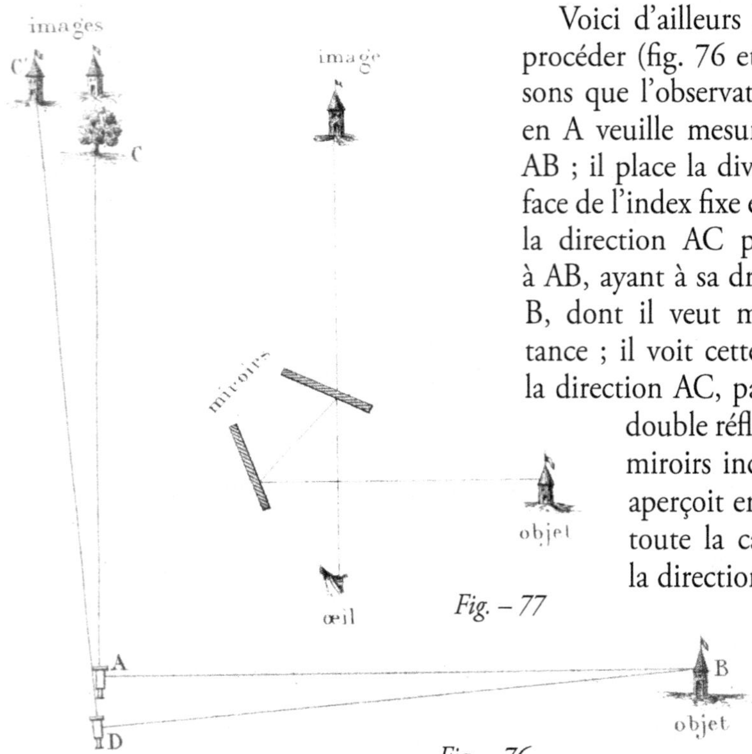

Fig. – 77

Fig. – 76

Voici d'ailleurs la manière de procéder (fig. 76 et 77) : Supposons que l'observateur en station en A veuille mesurer la distance AB ; il place la division *infini* en face de l'index fixe et regarde dans la direction AC perpendiculaire à AB, ayant à sa droite la maison B, dont il veut mesurer la distance ; il voit cette maison dans la direction AC, par l'effet d'une double réflexion sur deux miroirs inclinés à 45°. Il aperçoit en même temps toute la campagne dans la direction AC ; il choisit un objet saillant, l'arbre C, par exemple, se trouvant exactement dans la direction AC. On voit, dans ce cas, le faîte de la maison B sur la même verticale que l'arbre C.

Cela fait, on recule dans la direction CA jusqu'en D, d'une quantité que l'on mesure soit au pas, soit à l'aide d'un ruban gradué. Cette distance peut être de 10, de 20, de 50 ou de 100 mètres, suivant les dispositions du terrain et le temps que l'on aura à consacrer à la mesure ; dans tous les cas, il faut choisir une distance exprimée par un nombre rond, qui soit un multiplicateur facile.

L'observateur étant en D devra, pour apercevoir de nouveau le faîte de la maison B dans les miroirs, braquer sa lunette dans la direction DC' perpendiculaire à DB, il verra la maison B dans la direction DC' et l'arbre C sur la droite de la maison B.

À l'avant de l'instrument, se trouve une virole liée à un prisme à l'aide duquel on peut dévier le rayon DC pour obtenir de nouveau la coïncidence des deux images. La quantité dont il faut dévier le rayon DC, pour le ramener vers DC' (CDC' =ABD) est mesurée par la quantité dont on a dû faire tourner le prisme pour ramener la coïncidence.

Cette coïncidence obtenue, on regarde à quelle graduation de la virole mobile correspond le repère fixe de la lunette. En multipliant le nombre que donne cette graduation par la longueur de la base, on a la distance cherchée. Si la base est de 50 mètres et que l'index soit en face de la graduation 17, la distance cherchée sera de 850 mètres (17 x 50).

Si la base est de 20 mètres et que l'index marque 59, la distance sera de 1180 mètres (59 x 20).

C'est en raison de ce calcul final qu'il faut choisir pour la base un nombre qui soit un multiplicateur facile. On n'a pas besoin de prendre son crayon pour multiplier un nombre de 2 chiffres par 10, 20, 50 ou 100.

Il va de soi que la mesure obtenue est d'autant moins erronée qu'on a pris une base plus longue.

Il est rare que l'on trouve dans la campagne un point de repère exactement dans la direction de l'image produite par les miroirs ; on choisit alors un point aussi rapproché que possible de cette direction et on ramène l'image sur le point choisi en changeant l'angle des miroirs.

Ce changement s'obtient au moyen d'une vis A qui fait mouvoir le miroir antérieur.

La coïncidence établie, on opère comme il est expliqué ci-dessus. Le télémètre du capitaine Gauthier est une lunette de poche qui n'exige l'emploi d'aucune espèce de support (fig. 78). La mesure d'une distance au moyen de deux observations n'est prompte et exacte

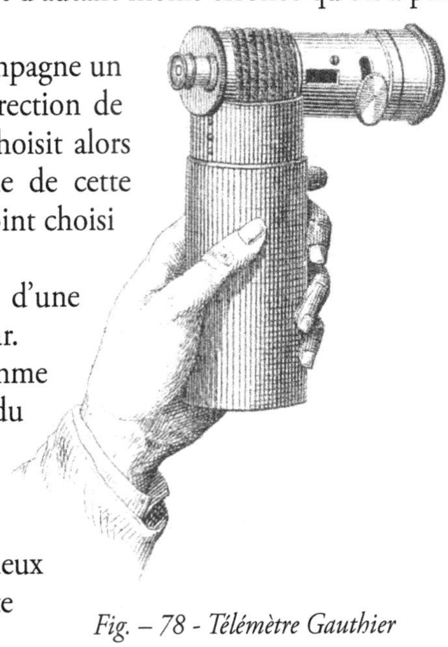

Fig. – 78 - Télémètre Gauthier

qu'autant qu'on a une grande habitude de l'instrument. Aussi cette opération ne peut être confiée au premier venu ; mais on peut et on doit former des spécialistes. Il devrait exister dans chaque bataillon un instrument de ce genre, spécialement confié à l'officier de tir ou à l'adjudant-major.

En résumé :

- L'instruction sur l'appréciation des distances de tir a été fort négligée jusqu'à ce jour ;
- Il serait avantageux d'adopter une méthode d'instruction pratique très simple, pour apprendre aux soldats à estimer la distance à simple vue, en traduisant immédiatement cette appréciation par une règle de tir ;
- MM. les officiers en général et MM. les officiers de tir en particulier doivent chercher à diriger les feux avec une connaissance assez approchée de la distance de tir ; il faut pour cela un instrument simple et un observateur habile.

La recherche de l'instrument et la formation de spécialistes pour le manœuvrer deviennent donc des questions de la plus grande importance.

Lorsque ces deux questions seront pratiquement résolues, l'appréciation à simple vue ne deviendra pas inutile pour cela car la mesure de la distance devant l'ennemi ne sera pas toujours possible ; le soldat et l'officier de compagnie ne doivent compter que sur leurs moyens propres, pour exécuter ou pour diriger le feu en présence de l'ennemi.

III. Appréciation nécessaire pour le tir de guerre

Zones dangereuses. — Il n'est pas indispensable, pour que l'ennemi soit frappé, que l'appréciation de la distance soit rigoureusement exacte il suffit qu'il soit placé dans la zone efficace ou zone dangereuse de la ligne de mire employée.

Supposons, pour fixer les idées, que l'homme à atteindre soit à 600 mètres, et que la distance ait été bien appréciée (fig. 79).

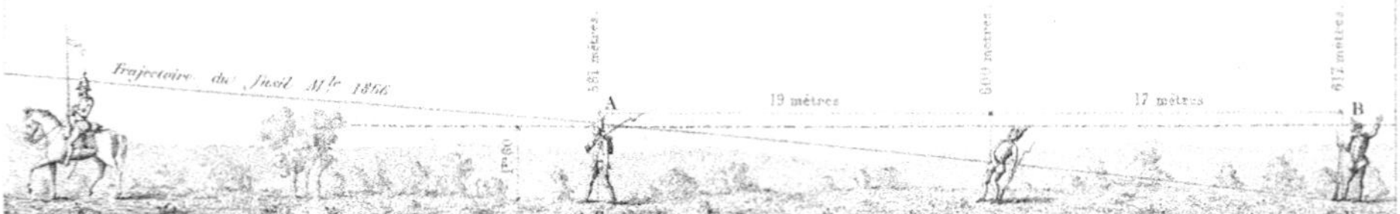

Fig. – 79

En dirigeant la ligne de mire de 600 mètres sur la ceinture, l'homme placé au but en blanc sera touché au milieu du corps ; mais on voit facilement qu'il n'est pas indispensable que cet homme soit placé exactement à 600 mètres, pour que la trajectoire le rencontre ; il peut avancer jusqu'en AC sans cesser d'être en danger ; seulement en A, il sera frappé à la tête, au lieu de l'être à la ceinture ; il peut, d'un autre côté, reculer jusqu'en BD et recevoir encore la balle dans les pieds.

Pour qu'un homme visé à la ceinture avec la ligne de mire de 600 mètres, soit atteint, il suffit donc que cet homme se trouve dans la zone CDBA, que l'on peut appeler zone efficace ou zone dangereuse de la ligne de mire de 600 mètres.

Pour savoir avec quelle approximation il faut apprécier une distance suivant l'éloignement du but, il est nécessaire de connaître l'étendue des zones dangereuses correspondant à chacune des lignes de mire à employer. Ce calcul a été fait, pour la carabine de chasseurs et le fusil modèle 1866 ; les résultats sont contenus dans le tableau suivant.

Zones dangereuses aux diverses distances

DISTANCES.	CABARINE TRANSFORMÉE.						FUSIL MODÈLE 1866.					
	Fantassin, 1m,60			Cavalier, 2m50			Fantassin, 1m,60			Cavalier, 2m,50		
	En avant.	En arrière.	Totales.	En avant.	En arrière.	Totales.	En avant.	En arrière.	Totales.	En avant.	En arrière.	Totales.
mètres.												
200	200	43	243	200	62	262	200	65	265	200	88	288
300	34	26	60	58	40	98	68	43	111	300	63	363
400	24	18	42	35	25	60	43	31	74	72	45	117
500	16	14	30	22	17	39	28	23	51	44	36	80
600	11	10	21	16	13	29	19	17	36	31	28	59
700	»	»	»	»	»	»	15	14	29	24	22	46
800	»	»	»	»	»	»	13	11	23	19	18	37
900	»	»	»	»	»	»	10	9	19	16	15	31
1000	»	»	»	»	»	»	8	8	16	13	13	26

On voit à la seule inspection de ces nombres, que l'appréciation des distances doit être d'autant moins erronée que le but est plus éloigné ; l'exactitude devient donc plus nécessaire, à mesure que la difficulté d'appréciation augmente.

Comme conséquence, le tir est d'autant moins certain que le but est plus éloigné.

On peut même dire que si l'approximation qui résulte du tableau précédent était rigoureusement nécessaire, le tir des armes à longue portée serait presque illusoire en rase campagne. Mais on n'a pas tenu compte de tous les éléments de la question. Le fusil modèle 1866 donne des ricochets tendus qui augmentent considérablement les zones dangereuses. Elles s'accroissent encore, dans la pratique du tir de guerre, par les différences de hausse et les erreurs de pointage.

En effet, tous les hommes ne prennent pas exactement la même hausse, et ceux qui ont la même ne visent pas toujours d'une manière identique. Il résulte de ces différences que les balles ne tombent pas toutes à la même distance : les points de chute sont échelonnés sur une étendue de terrain 5 ou 6 fois plus grande que celle qui est indiquée par la zone dangereuse d'un coup considéré isolément.

Si chaque point de chute devient, en outre, le point de départ d'un ricochet tendu, prolongeant la trajectoire, on voit qu'il existe en avant et en arrière de la ligne de chute moyenne ou théorique, un enchevêtrement de trajectoires et de ricochets qui couvrent une surface très considérable (fig. 81).

Fig. – 81

Sur un champ de tir favorable aux observations, comme au camp de Châlons, on voit très nettement, pendant l'exécution des feux d'ensemble, une zone de 5 et 600 mètres entièrement couverte de projectiles. Cette zone, marquée par la poussière que soulèvent les balles, commence en avant des panneaux, s'étend à plusieurs centaines de mètres au-delà. Elle est la vraie zone dangereuse de la pratique du tir de guerre.

Les résultats d'expérience obtenus à l'École de tir donneront une idée de la puissance de l'arme nouvelle au point de vue de l'étendue des zones dangereuses.

Des panneaux de 2 mètres sur 20 mètres étant placés en colonne sur la direction de la ligne de tir, des pelotons de sous-officiers élèves ont exécuté divers feux d'ensemble sur le panneau le plus rapproché, sans tenir compte de la présence des autres ; c'est-à-dire que tout le monde a pris la hausse en raison de la distance du premier panneau et que tout le monde a visé le milieu de ce premier but.

Voici les résultats obtenus dans ces conditions :

NATURE du feu.	BUTS.	DISTANCES du peloton au 1er panneau.	HAUSSES employées.	POUR CENT sur les panneaux. n° 1	n° 2	n° 3	n° 4	ENSEMBLE sur les 4 panneaux.
		mètres.	mètres.					
Feu à volonté.	4 panneaux de 20 mèt. sur 2 mèt espacés de 100 mèt. simulant une colonne de 300 mèt. de profondeur.	200	200	83,4	70,6	21,9	9,4	185,5
		400	400	35,5	38,4	16,9	8,8	99,8
		600	600	27,5	28,2	8,9	8,6	73,3
		800	800	23,9	18,6	5,7	3,8	52,1
Feu à commandement.	4 panneaux de 20 mèt. sur 2 mèt. espacés de 50 mèt. simulant une colonne de 150 mèt. de profondeur.	900	850	24,8	18,3	4,8	4,5	45,0
		1000	975	18,2	6,0	3,8	2,6	29,9
		1100	1000	8,8	6,3	4,1	4,1	23,8
		1200	plus 4 millim. 1200	15,5	6,3	2,3	2,6	26,9

Ces tirs ont eu pour but de faire voir :

- Qu'en deçà de 500 mètres, un feu à volonté exécuté avec la hausse de 200 mètres, permettait d'atteindre à coup sûr une troupe placée à une distance quelconque plus petite que 500 mètres ;
- Qu'entre 500 et 800 mètres, un feu à commandement bien exécuté balayait une zone de plus de 300 mètres ;
- Qu'au-delà de 800 mètres, jusqu'à 1350 mètres environ, un feu à commandement bien exécuté couvrait de projectiles un espace de plus de 150 mètres.

Ces résultats démontrent donc qu'il n'est pas indispensable d'apprécier les distances avec exactitude, pour obtenir des résultats à la guerre, et qu'il est avantageux de prendre une hausse plutôt trop faible que trop forte.

Cette puissance de tir du fusil modèle 1866 tient à la tension de la trajectoire. Il faut remarquer, en effet, que la tension de la trajectoire augmente, non seulement les limites de la portée du fusil, mais encore l'étendue des zones dangereuses et le nombre de ricochets frappant les cibles. On a donc plus de chances d'atteindre un but donné avec une trajectoire tendue qu'avec une trajectoire relativement plus courbe. L'inspection de la figure 80 le fera comprendre immédiatement .

Fig. – 80

La zone efficace de la trajectoire CDOF va de D en F, tandis que la trajectoire AOH, arrivant au même but en blanc O, sous un angle moins prononcé, a pour zone efficace tout l'espace BH.

Cette observation démontre, encore une fois, l'importance des trajectoires tendues pour le tir de guerre.

IV. Lignes de mire fixes

Il est généralement admis que le soldat n'aura le temps et le sang-froid nécessaires pour lire les graduations d'une hausse, que lorsqu'il sera au moins à 400 ou 500 mètres de l'ennemi. Les hausses des armes de guerre sont construites d'après ce principe en deçà de 500 mètres, le tir est réglé au moyen de lignes de mire fixes, faciles à trouver et à préparer, sans regarder la hausse.

L'espace de 500 mètres en avant du tireur est partagé en zones efficaces correspondant chacune à une ligne de mire fixe. Le soldat doit alors se borner à apprécier si l'ennemi est dans la première, la deuxième ou la troisième zone, et tirer avec les lignes de mire correspondantes.

Ces conditions de simplicité ont été réalisées par la tension de la trajectoire du fusil modèle 1866. On peut prescrire au soldat de viser toujours à la ceinture. Les limites d'emploi de chaque ligne de mire sont les seules quantités qu'il ait à retenir et les seules distances qu'il ait à apprécier.

Les diverses lignes de mire devront correspondre autant que possible à des distances exprimées en nombres ronds, pour la commodité de l'instruction du tir et la simplification de l'appréciation des distances.

En tenant compte de cette dernière condition, le but en blanc naturel de l'arme se place à 200 mètres, distance pour laquelle la flèche de la trajectoire est très rapprochée de 0,50 m.

Il est bon de ménager un cran de mire éventuel, donnant autant que possible un but en blanc de 100 mètres. Ce cran est parfaitement inutile pour le tir de campagne, mais il peut trouver son application dans la dernière période d'un siège, lorsque les assaillants touchent pour ainsi dire les ouvrages de défense de la place et que le tir demande une grande précision.

De bons tireurs lanceront ainsi des balles dans les embrasures et dans les créneaux. La ligne de mire éventuelle de 100 mètres peut être également utilisée pour exécuter des tirs de précision dans les polygones, lorsqu'on veut perfectionner l'instruction des hommes qui ont fait preuve d'aptitude et d'adresse.

Ce tir de précision trouvera son application à la guerre, car on ne tire pas toujours sur des cavaliers ou sur des fantassins debout ; il faut s'attendre à viser, et s'exercer à atteindre un ennemi couché ou abrité derrière un obstacle où on ne voit que la tête, et il faut régler le tir en raison de la dimension du but.

Deuxième partie

ÉTUDE DES ARMES

L'arme la plus puissante dont l'imagination puisse rêver réaliserait les conditions suivantes :

- Toujours prête à obéir à la volonté, elle lancerait un projectile qui, rasant le sol et ne déviant pas de sa route, irait frapper le but que l'œil aurait aperçu, sans qu'il fût nécessaire de se préoccuper de la distance ; la force de pénétration serait assez grande pour briser tout obstacle ;
- Cette arme puissante comme la foudre ne serait dangereuse ni pour le tireur ni pour ses voisins ; ses organes seraient d'une fixité à toute épreuve, de sorte que leur jeu se maintiendrait dans toute sa régularité primitive, malgré l'intempérie des saisons et les chocs qu'elle aurait à supporter ;
- L'arme et un approvisionnement inépuisable de munitions seraient d'un poids trop minime pour incommoder le soldat.

Tel est l'idéal qu'on ne réalisera jamais, mais vers lequel on doit tendre de tous ses efforts, sans autre espoir que de s'en rapprocher le plus possible.

En effet, quelques-unes des conditions précédentes sont inconciliables entre elles, d'autres sont en contradiction flagrante avec les lois de la nature. Nous les énonçons pour mettre en relief les qualités suivantes que l'on doit s'efforcer de concilier le mieux possible dans une arme de guerre :

1°. Vitesse de chargement ;
2°. Certitude que le coup partira à la volonté du tireur ;
3°. Tension de trajectoire ;
4°. Justesse de tir ;
5°. Portée ;
6°. Pénétration ;
7°. Sécurité pour le tireur et pour ses voisins ;
8°. Simplicité de l'arme et facilité de maniement ;
9°. Légèreté de l'arme et des munitions ;
10°. Facilité d'approvisionnement.

Tels ont été dans le passé, tels sont dans le présent, tels seront toujours dans l'avenir le but de toutes les recherches, le résultat de tous les progrès.

Dans l'énumération précédente, il n'a pas été question de la condition imposée jusqu'ici à tout fusil d'infanterie d'être en même temps une arme de jet et une arme de main, c'est que la baïonnette est complètement indépendante de l'arme à feu dont nous nous occupons spécialement ; c'est un cas qui, indispensable avec un chargement lent, devient moins nécessaire avec un chargement rapide, et serait inutile avec une arme constamment prête à faire feu.

Quelle que soit la valeur relative de la baïonnette, les conditions d'établissement du fusil considéré comme arme de main, conservent toujours une grande importance. Cette question sera examinée en dernier lieu ; elle n'a été écartée de l'énoncé précédent que pour simplifier l'étude du fusil considéré uniquement comme arme à feu.

L'armement actuel de l'Europe est le résultat de quatre siècles de recherches .

- Parcourir rapidement les diverses phases des progrès accomplis dans le passé ;
- Décrire et apprécier ces systèmes en service dans le présent ;
- Indiquer les améliorations encore réalisables ;
- Chercher les limites de puissance que ne pourront pas dépasser les armes de l'avenir.

Tel est le but des développements qui vont suivre ; ils seront divisés en six chapitres, à savoir :

Chapitre I – Historique des recherches et des progrès ;
Chapitre II – Caractères généraux des armes modernes ;
Chapitre III – Armement de la France ;
Chapitre IV – Armement des puissances étrangères ;
Chapitre V – Armes à répétition ;
Chapitre VI – Comparaison des divers modèles (français et étrangers).

CHAPITRE I

HISTORIQUE DES RECHERCHES ET DES PROGRÈS

Un système d'armes est toujours caractérisé par une ou plusieurs dispositions essentielles appliquées à toutes les armes, quel que soit leur service. Ainsi, l'on a le système à silex, le système à percussion, caractérisés par les platines (*mode de production du feu*); le système à tige, caractérisé par le forcement du projectile ; le système Lefaucheux, caractérisé par son mode de chargement, etc.

Un modèle d'armes est l'ensemble des dispositions de détail arrêtées pour une arme en particulier ; toutes les dimensions sont soigneusement indiquées sur des tables de construction signées par le ministre de la guerre. Le système porte le nom de l'inventeur ou de la disposition caractéristique ; le modèle se désigne par le nom de l'arme et le millésime de l'année d'adoption.

Ainsi on dira : système à tige, système à aiguille ; fusil modèle 1866.

Le nombre des systèmes inventés, proposés ou employés jusqu'à ce jour est tellement considérable que, pour ne pas s'égarer dans les recherches, il devient indispensable de grouper les travaux tendant vers un même but.

Deux grandes divisions se présentent tout d'abord :

- Les armes se chargeant par la bouche ;
- Les armes se chargeant par la culasse.

Chacune de ces divisions comprend des armes à canon lisse et des armes rayées et, dans chaque subdivision, on trouve des armes tirant des balles sphériques ou des balles allongées.

Enfin, il y aurait encore lieu de distinguer entre elles les armes de gros calibre et les armes de petit calibre.

Plusieurs de ces subdivisions n'offrant qu'un intérêt très secondaire, l'analyse des recherches et des progrès ne portera que sur les six séries suivantes :

1re Série.		Armes à canon lisse tirant la balle ronde ;
2e	–	Armes à canon lisse tirant des balles de formes diverses ;
3e	–	Armes rayées tirant des balles sphériques :
4e	–	Armes rayées de gros calibre tirant des projectiles allongés ;
5e	–	Armes rayées dites de petit calibre ;
6e	–	Armes se chargeant par la culasse.

Première série

Armes à canon lisse tirant des balles sphériques.

La première série des recherches nous ramène à l'origine des armes à feu portatives, c'est-à-dire au commencement du XIVe siècle.

Ce n'était, à proprement parler, que des armes de rempart ou de position, fort lourdes, de très gros calibre et ne pouvant pas être tirées à bras.

Les arquebuses dites à croc, présentaient vers la partie antérieure un crochet que l'on appliquait sur la paroi externe des créneaux et qui supportait le recul de l'arme : on mettait le feu à la charge au moyen d'une mèche.

Ces armes grossières se perfectionnèrent rapidement. On attacha bientôt la mèche à un mécanisme très simple nommé *serpentin* ; l'arme fut allégée et devint réellement portative ; le calibre fut considérablement diminué et l'on put songer à faire supporter par le tireur l'action du recul.

L'usage des cuirasses étant presque général, on songea d'abord à recourber le fût de manière à appliquer l'arme sur la poitrine ; de là, le nom de *pétrinal* on *poitrinal* donné à ces armes.

Pour rendre l'arme portative et maniable, et pour avoir un recul très supportable, on réduisit tellement le calibre que les effets en furent énormément diminués.

Les Espagnols revinrent à une arme plus lourde et de plus gros calibre ; cette arme, nommée *mousquet* (commencement du XVIe siècle), se tirait à l'épaule : cependant, en raison de son poids, on devait appuyer le bout du canon sur une béquille.

Le mousquet était une bonne arme de jet, mais ne pouvait servir d'arme de main ; dans les combats rapprochés, les *mousquetaires*, devenus inutiles, devaient se ranger derrière les *piquiers*, qui seuls pouvaient agir.

L'invention de la baïonnette permit d'employer le mousquet comme arme de main.

Vers la même époque, on imagina un mécanisme qui, par la percussion d'un silex contre une pièce d'acier, produisait le feu servant à enflammer la charge.

L'arme un peu allégée, munie de sa baïonnette et de la platine* à silex, prit le nom de fusil, du mot italien *focile* (pierre à feu).

La platine à silex a été employée en France jusqu'en 1840, époque à laquelle on a adopté le système à percussion.

Pendant cette longue période, toutes les qualités essentielles d'une arme de guerre ont été étudiées et développées ; les principaux perfectionnements ont été ou provoqués ou réalisés par de grands capitaines, et ont presque toujours donné le succès à celui qui les avait adoptés en premier lieu.

1° Vitesse de chargement. – Dans le principe, on introduisait séparément la poudre et la balle dans le canon. Chaque soldat avait une poire à poudre d'où il fallait tirer, en les mesurant, la charge proprement dite, et en second lieu, la poudre d'amorce.

Ces opérations étaient fort longues ; on trouvait rarement l'occasion de tirer deux coups dans une bataille.

Pour augmenter la vitesse de chargement, on prépara des charges de poudre toutes mesurées ; elles étaient contenues dans de petites boîtes que le soldat suspendait à son baudrier ; il avait dix charges de poudre de guerre, plus une onzième boîte renfermant de la poudre fine pour amorcer. Cet approvisionnement à dix coups indique combien le tir était encore lent, après ce premier perfectionnement.

En 1567, on inventa la cartouche ; l'usage de la giberne fut introduit en France en 1644. Gustave Adolphe l'avait donnée aux armées suédoises en 1630.

On a chargé pendant longtemps avec des baguettes de bois, qu'il fallait ménager pour ne pas les rompre. Seuls les chefs d'escouade avaient une baguette de fer pour les cas difficiles. En 1745, l'usage de cette baguette étant devenu général en France, la vitesse de chargement augmenta d'une manière sensible. Ce perfectionnement avait déjà été introduit dans les armées prussiennes par le grand Frédéric[6].

Avec les armes à percussion se chargeant par la bouche, on pouvait tirer environ trois coups en deux minutes.

2° Certitude que le coup partira à la volonté du tireur. – Les premières armes avaient au-dessus d'un canal de lumière un bassinet* rempli de poudre d'amorce à laquelle on mettait le feu avec une mèche enflammée qu'on tenait à la main ; cette manière de faire, toute primitive, n'a été employée qu'avec des armes de rempart à pointage fixe.

On imagina un peu plus tard, pour les armes vraiment portatives, le mécanisme de la platine à serpentin, qui permettait au tireur de mettre le feu à la poudre sans cesser de viser et de soutenir son arme.

---

[6] Frédéric II de Prusse, dit le Grand Frédéric.

Mais on n'était prêt à faire feu qu'autant que les mèches étaient ajustées et allumées. Il fallait, pendant le combat, en régler constamment la longueur. La pluie et le vent les éteignaient (fig. 82).

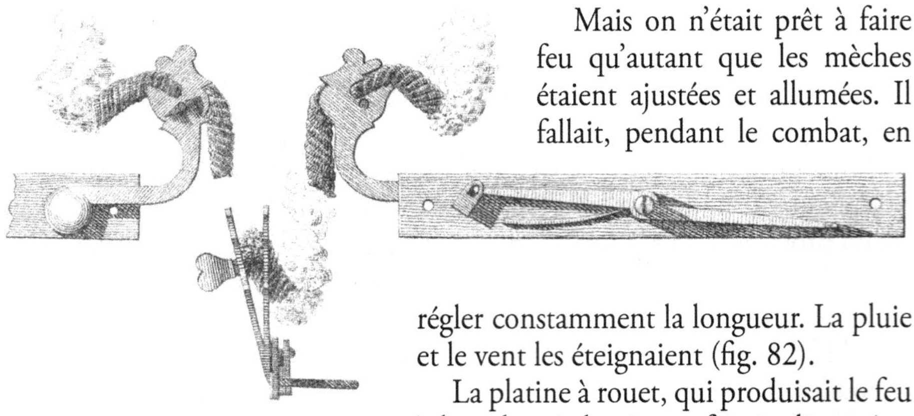

Fig. – 82 - Platine à serpentin

La platine à rouet, qui produisait le feu à la volonté du tireur, faisait disparaître ces inconvénients, mais le mécanisme étant fort compliqué et partant d'un prix élevé, elle n'a jamais été employée que par la cavalerie (fig. 83).

L'infanterie conserva la platine à serpentin jusqu'à l'invention de la platine à silex qui n'est, à vrai dire, qu'une simplification de la platine à rouet (fig. 84).

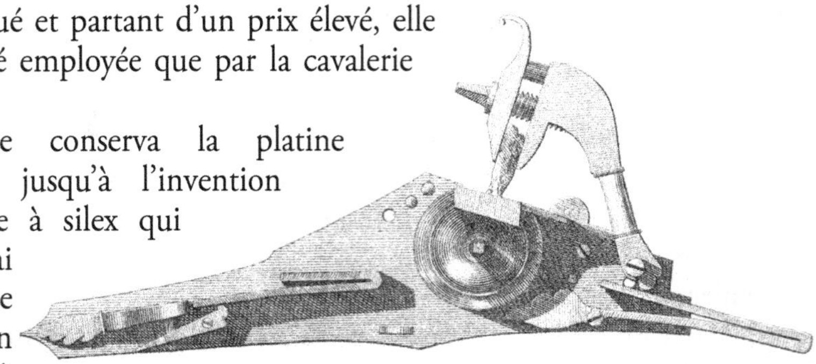

Fig. – 83 - Platine à rouet

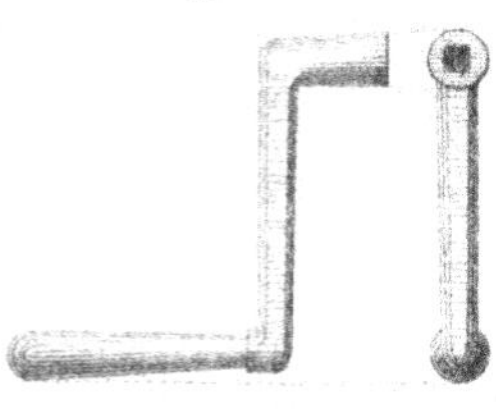

Clef pour remonter le rouet

La platine à silex constituait un grand perfectionnement, cependant elle donnait de 10 à 15 pour cent de ratés. Les étincelles n'enflammaient pas toujours la poudre d'amorce, la platine ne fonctionnait pas, ou du moins fonctionnait mais par les temps de pluie, le feu de l'amorce ne se communiquait pas toujours à la charge.

L'invention de la platine à percussion, où le feu est produit par la détonation d'une capsule chargée de poudre fulminante, fut un grand progrès. Elle permettait le tir par tous les temps et ne donnait plus que 2 ou 3 pour cent de ratés ; la certitude du départ n'était pas encore complète, et on peut dire qu'elle ne le sera jamais,

Vue intérieure du mécanisme.

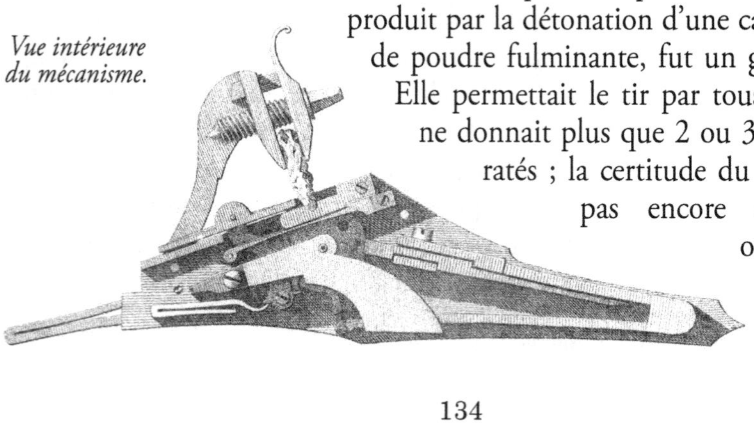

à prendre cette expression dans le sens absolu. Ainsi, la certitude de production du feu est une qualité dont il faut chercher à se rapprocher, tout en sachant qu'on ne l'atteindra jamais.

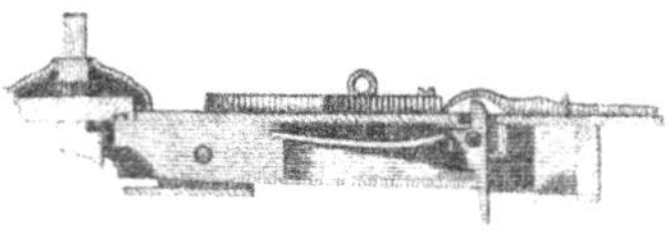

Jeu de la gâchette

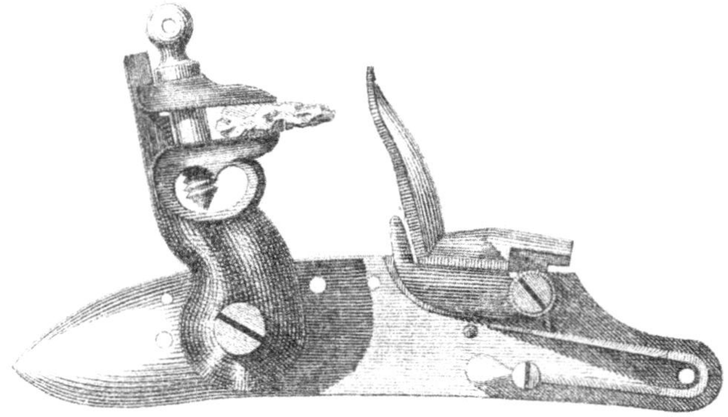

Fig. – 84 - Platine à silex

Fig. – 84 - Vue intérieure du mécanisme

3° Tension de la trajectoire. – C'est le côté le mieux réussi des anciennes armes : on avait reconnu l'importance de la tension, et on l'avait obtenue en employant la charge au ⅓ qui imprimait à la balle une vitesse de 450 mètres par seconde.

4° Justesse de tir. – En revanche, la justesse de tir a fait peu de progrès pendant cette longue période. Pour la facilité et la vitesse du chargement, on était obligé de donner à la balle un calibre plus petit que celui du canon : la différence qui existe entre le calibre de la balle et celui du canon est ce que l'on nomme le *vent.*

La balle ronde, en usage au moment de la transformation de notre armement, en 1857, avait un calibre de 16,7 mm ; elle était tirée dans un canon de 18 mm ; le vent était donc de 1,3 mm. Par suite de ce vent, le trajet de la balle dans l'intérieur du canon s'effectuait par une série de battements irréguliers, et la balle sortait, non pas suivant l'axe du tube, mais suivant la direction du dernier battement.

Par le fait seul de ces battements, la balle prenait, à chaque coup de fusil, une direction initiale différente, bien que l'arme fût chargée et disposée constamment de la même manière. Mais les battements, causés par le vent dans l'intérieur du canon, ne faisaient pas seulement varier la direction initiale de la balle, ils lui communiquaient, en outre, un mouvement de rotation irrégulier qui déterminait, dans l'air, des résistances tendant à changer à chaque instant la direction du trajet et la forme de la trajectoire.

On a déjà vu, dans la première partie, les effets de ces rotations irrégulières, et on a donné approximativement dans deux tableaux (pages 92 et 93), et dans la fig. 57, la valeur de la justesse de l'ancien fusil d'infanterie tirant la balle ronde.

5° Portée efficace. – On appelle *portée efficace* d'une arme la distance où la justesse se perd par suite des déviations inhérentes au système, ou bien la distance correspondant à la position la plus élevée du cran de mire.

Le surplus de portée, quoique d'importance secondaire, a cependant sa valeur à la guerre. Les coups partis sous de grands angles peuvent inquiéter et même atteindre les réserves à de grandes distances.

Pendant un siège, on peut faire beaucoup de mal en tirant sous de grands angles.

Malgré la réalité de ces avantages, il faut établir une différence entre les coups qui portent au hasard et ceux qu'on peut diriger sur un but déterminé.

La portée efficace est donc limitée à la distance où il devient impossible de régler le tir de l'arme, soit par défaut de justesse du projectile, soit par insuffisance de l'appareil de pointage.

La portée du fusil d'infanterie à canon lisse ainsi définie, était de 400 mètres au grand maximum, mais plus exactement de 300 mètres. À cette dernière distance, la justesse du fusil lisse était moindre que celle du fusil modèle 1866 à la distance de 1 000 mètres.

Pour le tracé des ouvrages de fortification, les ingénieurs estimaient que la défense par la mousqueterie n'était pas efficace au-delà de 200 mètres.

On voit, d'après ce qui précède, que la portée est liée à la justesse, et que sans rien changer aux conditions de projection d'une arme, on augmente sa portée efficace en augmentant sa justesse.

Une portée de 200 mètres est bien minime, relativement à ce que l'on obtient aujourd'hui avec les armes rayées et les projectiles allongés, mais énorme comparativement avec les armes de trait antérieurement en usage ; elle avait amené toute une révolution dans la tactique de l'époque. Les conquêtes de Fernand Cortez, de François Pizarre, nous permettent d'apprécier encore aujourd'hui quelle était la puissance des premières armes à feu, par rapport aux armes de trait.

6° Pénétration. – La pénétration de la balle ronde était très grande dans les limites de la portée efficace de l'arme ; c'est que la pénétration tient plus à la vitesse du projectile qu'à sa masse et à sa forme. On démontre en mécanique que le choc d'une balle sur un obstacle peut être représenté par l'expression $\frac{1}{2} mv^2$, dans laquelle la vitesse entre élevée au carré ; on comprend donc que la balle ronde, qui avait une vitesse initiale de 450 mètres, dût avoir aux petites distances une énorme puissance de pénétration.

Presque toutes les armures défensives qui protégeaient les chevaliers de leurs montures sont tombées dès que l'emploi des armes à feu est devenu général dans les armées.

Si la cuirasse a été maintenue pour des corps peu nombreux, devant agir dans des circonstances spéciales, il a fallu la renforcer en l'alourdissant. Elle ne garantit plus que le buste de l'homme et laisse le cheval sans défense.

Pour mesurer, ou plutôt, pour comparer les pénétrations de deux projectiles différents, on emploie, soit des panneaux de sapin, soit des blocs d'orme ou de chêne, soit des plaques de fer ou d'acier et même des cuirasses.

Une planche de sapin de 0,027 m représente, paraît-il, une résistance équivalente à celle du corps humain. On place une série de panneaux en colonne à 0,50 m les uns derrière les autres, et on estime la pénétration par le nombre de panneaux traversés. On cherche ordinairement la pénétration aux dernières limites de la portée de l'arme.

À la distance de 400 mètres, une balle ronde, arrivant de plein fouet sur le premier panneau, atteignait ordinairement le troisième après avoir traversé les deux premiers ; 20 sur 100 traversaient le troisième panneau et allaient frapper le quatrième.

On n'emploie les blocs pleins ou les plaques métalliques qu'aux petites distances. La pénétration dans le bois se mesure par la profondeur du trou ; on scie pour cela les blocs après le tir, de manière à retrouver les balles qui y sont logées, et à mesurer la longueur du trajet en plein bois.

Les plaques métalliques et les cuirasses résistent ou sont traversées ; c'est un moyen de juger de la puissance du choc. Les cuirasses actuellement en service doivent résister à une balle sphérique les frappant de plein fouet à 40 mètres.

7° Sécurité pour le tireur et pour les voisins. – Cette condition indispensable pour faire naître la confiance du soldat dans son arme était bien remplie, les accidents étaient rares avec les armes se chargeant par la bouche.

Les épaisseurs données aux parois du canon, les dimensions bien entendues de toutes les autres pièces, le choix des matières employées, les soins apportés à la fabrication, les nombreux contrôles auxquels chaque pièce d'arme était soumise, les épreuves que devait subir le canon avant d'être mis en service, les visites périodiques de l'armement qui amenaient la mise au rebut des armes en mauvais état : tout tendait à faire disparaître les risques d'accident, même en tenant compte de la maladresse du soldat.

Ainsi, les canons pouvaient résister au tir d'une cartouche logée dans l'âme d'une manière quelconque et à la déflagration de deux, de trois et même de quatre cartouches bourrées régulièrement.

Il est bon de dire, à ce propos, que tout corps étranger, placé sur le trajet de la balle dans le canon fait naître un danger sérieux.

Un bouchon de fusil, de la terre, du sable, de la neige même, placés à la bouche du canon, peuvent en déterminer la rupture, quelle que soit sa solidité. C'est un fait d'expérience qu'il faut apprendre au soldat pour éviter les risques d'accident.

C'est encore en vue de la sûreté du tireur que les platines avaient un cran de repos, un cran de sûreté ou un appareil spécial, pour empêcher la production accidentelle du feu.

La longueur du canon avait été choisie en vue de la sûreté des voisins, lorsqu'on tirait dans le rang ; il est nécessaire, en effet, que le bout du canon d'un homme du deuxième rang dépasse la main gauche de son chef de file, lorsque les deux sont en joue en même temps. Cette condition avait été exagérée dans le principe ; le canon était de 1,191 m dans les premiers fusils d'infanterie.

Avec une pareille longueur, les hommes de petite taille avaient de la difficulté à charger, et on a été amené à raccourcir le canon à mesure que la taille moyenne du fantassin a diminué par suite du mode de recrutement de l'infanterie. Cette longueur n'était plus que de 1,137 m en 1763, de 1,083 m en 1816 et a été réduite à 1,029 m en 1857, lors de la transformation des armes lisses en armes rayées.

Les principaux risques d'accident inhérents aux armes se chargeant par la bouche et ayant, par conséquent, existé jusqu'à l'adoption du fusil modèle 1866 étaient :

- Les risques de rupture, provenant de la possibilité d'introduire plusieurs charges dans le canon ;
- Le danger d'explosion de la cartouche au moment du chargement, lorsque le coup précédent laissait des débris enflammés dans le canon ;
- La possibilité de laisser la baguette dans le canon après le chargement ; cet oubli était surtout dangereux dans les feux simulés.

8° Simplicité et facilité de maniement de l'arme. – Ces deux conditions étaient fort bien entendues, sauf en ce qui concerne la couche, qui était trop courte, ce qui donnait au poignet droit une position forcée lorsque l'homme était en joue et se préparait à agir sur la détente,

9° Légèreté de l'arme et des munitions. – Il a fallu un grand nombre d'années, de nombreux tâtonnements pour régler convenablement le poids de l'arme et de la cartouche. On augmentait la puissance de l'arme en lui donnant un poids considérable et en lançant de gros projectiles ; mais alors le soldat était surchargé et l'arme devenant difficile à manier, il fallait la pointer dans le tir sur une béquille ou fourchette qui venait encore s'ajouter aux bagages du fantassin.

On sacrifia progressivement la puissance du tir pour alléger le tireur et on fut amené à poser en principe que le poids total du fusil d'infanterie devait rester au-dessous de 4,75 kg, y compris le poids de la baïonnette.

Les progrès réalisés dans ces dernières années permettent de descendre au-dessous de cette dernière limite, tout en conservant à l'arme une grande puissance de tir.

Calibre. — Le poids étant fixé, le choix du calibre dépendait de la force du recul que l'épaule du soldat pouvait supporter.

Une longue pratique avait fait reconnaître que la charge la plus avantageuse à employer avec les armes à canon lisse et les balles sphériques était celle dont le poids égalait le tiers du poids du projectile.

Après de nombreux essais, on avait été amené à conclure que le soldat pouvait supporter le recul produit dans un fusil pesant, 4,75 kg, par une charge de 9 grammes de poudre appliquée à une balle du poids de 27 grammes. Or une balle ronde de 27 grammes a un diamètre de 16,8 mm à peu près ; en ajoutant à cette quantité 1,2 mm nécessaire pour la facilité du chargement, on obtient le calibre de 18 mm qui était très convenablement choisi.

La découverte des projectiles allongés a mis de nouveau cette question à l'étude. On verra plus tard qu'en partant des mêmes considérations on arrive forcément à conclure que le calibre de 18 mm serait aujourd'hui beaucoup trop considérable.

On voit, d'après ce qui précède, et il ne faut jamais perdre de vue qu'il y a une relation intime entre la force de l'homme, d'une part, le poids et le calibre de l'arme, de l'autre.

10° Facilité d'approvisionnement. – Les éléments de la cartouche à balle ronde étaient au nombre de trois :

1° De la poudre d'une qualité quelconque ;

2° Une balle pouvant être introduite dans le canon (on n'était pas exigeant sur les dimensions, pourvu que la différence fût en moins) ;

3° Du papier de qualité et de couleur quelconques.

Les éléments de la cartouche pouvaient donc être trouvés n'importe où, soit dans l'intérieur du pays, soit en pays étranger.

Quant à la fabrication, elle était très primitive : elle n'exigeait que des ustensiles très simples, faciles à transporter et pouvant même être fabriqués suivant les besoins.

Il ne fallait ni des ouvriers spéciaux ni un long apprentissage pour confectionner des munitions de guerre. Il est vrai qu'elles étaient toujours mal faites, mais elles suffisaient telles quelles aux besoins de l'époque.

Ces conditions de simplicité de fabrication n'existent plus aujourd'hui. Avec des armes de justesse, il faut des cartouches régulièrement fabriquées et soigneusement conservées. Elles doivent être faites dans l'intérieur du pays. Mais les moyens de transport par terre et par eau ont été tellement perfectionnés et multipliés qu'ils permettent d'assurer les approvisionnements.

Deuxième série

Armes à canon lisse tirant des balles de formes diverses

Les études sérieuses entreprises sur les armes rayées dès 1833 firent naître l'idée d'améliorer le tir des armes à canon lisse, alors en service. On savait que le manque de justesse de ces armes tenait principalement aux mouvements de rotation irréguliers de la balle ronde. On chercha donc à empêcher ces rotations. M. Nessler, qui s'est beaucoup occupé de cette question alors qu'il était sous-lieutenant et lieutenant, prit pour point de départ la balle à clou employée depuis longtemps par quelques chasseurs. Le clou empêche la rotation dans le canon seulement ; on le remplaça par une queue en fer ou en zinc munie d'ailettes qui devaient de plus empêcher la rotation dans l'air ; ces projectiles assez compliqués n'ont jamais donné de résultats satisfaisants (fig. 86 et 87).

La balle Nessler, qui a été adoptée transitoirement pour le tir de l'infanterie, est une dérivation de la même idée, c'est-à-dire une transformation de la balle à clou. Le modèle adopté diffère tellement du type primitif, qu'on ne voit pas immédiatement leurs liens de parenté ; il est facile néanmoins de les établir à l'aide des figures 88, 89 et 90.

La balle Nessler, du calibre de 17,2, entourée de papier graissé, avait une certaine supériorité sur la balle ronde de 16,7 ; cette supériorité était due à la diminution du vent plutôt qu'au changement de forme.

Quoi qu'il en soit, cette balle a rendu de bons services pendant la guerre de Crimée et dans quelques régiments de l'armée d'Afrique.

Son usage a été abandonné dès que l'infanterie a eu des fusils rayés. Le plein succès de la carabine modèle 1840, tirant des projectiles allongés, donna

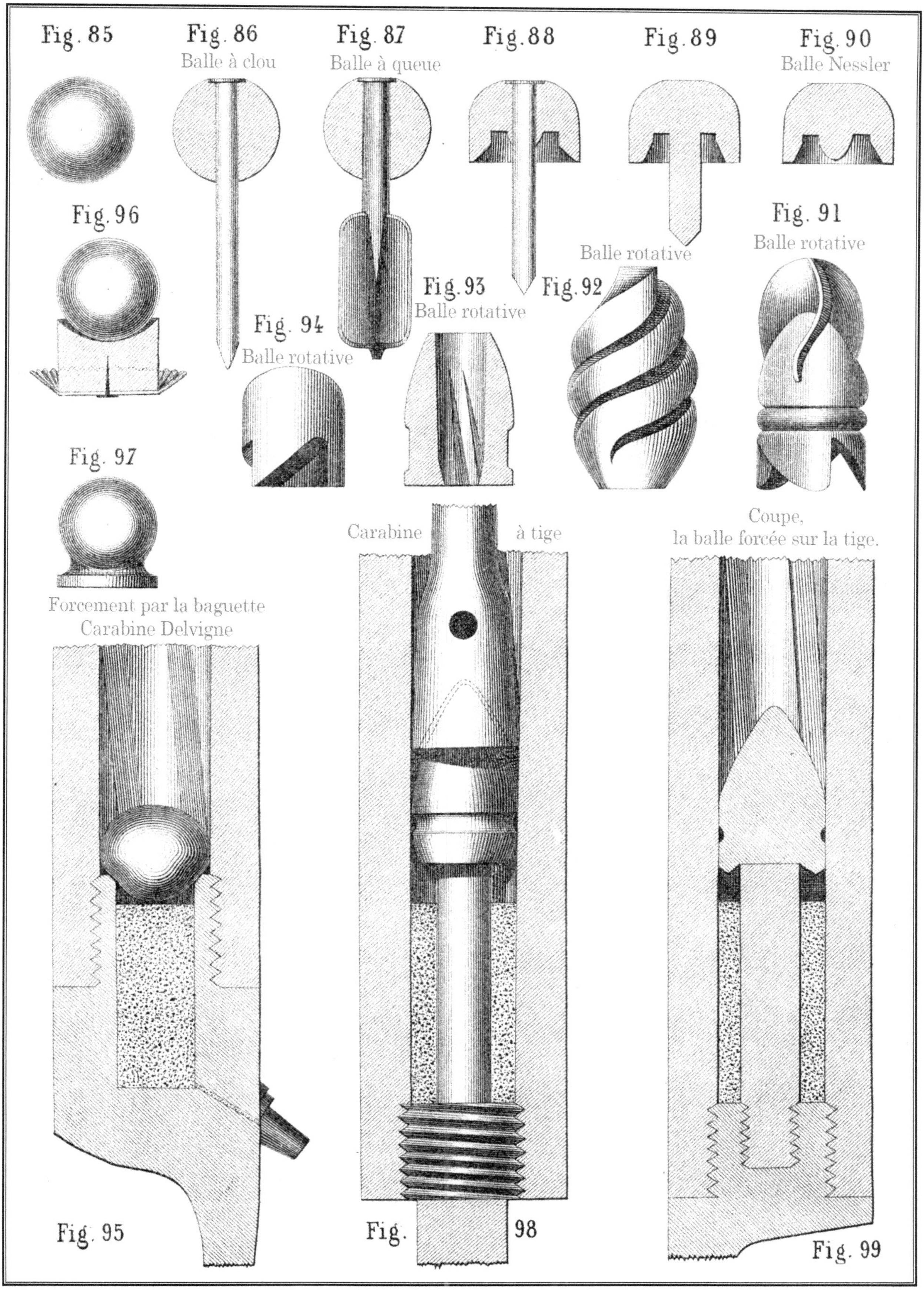
Fig. 85
Fig. 86
Balle à clou
Fig. 87
Balle à queue
Fig. 88
Fig. 89
Fig. 90
Balle Nessler
Fig. 96
Fig. 91
Balle rotative
Balle rotative
Fig. 93
Balle rotative
Fig. 92
Fig. 94
Balle rotative
Fig. 97
Carabine à tige
Coupe,
la balle forcée sur la tige.
Forcement par la baguette
Carabine Delvigne
Fig. 95
Fig. 98
Fig. 99

lieu à une nouvelle série d'études. Il eût été évidemment très avantageux de faire tourner des projectiles allongés dans des fusils lisses et, par conséquent, d'utiliser l'armement existant, en faisant bénéficier l'armée tout entière des avantages que présentait le tir des projectiles allongés.

M. Minié a beaucoup travaillé cette idée ; il réussissait très bien avec des balles de corne lancées au moyen d'une sarbacane ; mais il n'a jamais obtenu des résultats réellement pratiques en employant la poudre et le plomb.

On a donné le nom de balles rotatives aux projectiles de formes variées qui devaient prendre un mouvement de rotation autour de leur axe quoique tirés dans un canon lisse. Ce mouvement de rotation devait être produit par les gaz de la poudre ou par la résistance de l'air.

Le premier système paraissait offrir quelques chances de succès qui ne se sont pas réalisées ; le second n'est pas à essayer, parce qu'une balle qui ne possède pas, à sa sortie du canon, le mouvement de rotation qui doit assurer sa justesse, chavire immédiatement : les moyens de direction, en les supposant bons, arrivent trop tard.

Les combinaisons essayées pour arriver à ce résultat sont innombrables mais elles peuvent se classer en quatre groupes qui se distinguent par les caractères généraux suivants :

1°. Creuser sur le pourtour de la balle des canaux en hélice par lesquels une partie des gaz de la charge devront s'écouler en déterminant la rotation du projectile ;

2°. Mêmes dispositions renversées, c'est-à-dire que l'entrée des canaux est tournée vers l'avant (fig. 92) ;

3°. Former la base de la balle d'une série de surfaces inclinées, sur lesquelles la charge doit agir pour imprimer le mouvement de rotation (fig. 91 et 94) ;

4°. Percer la balle d'outre en outre et ménager sur le pourtour du trou des surfaces hélicoïdales. Si le grand orifice du trou est tourné du côté de la poudre, c'est la charge qui doit produire la rotation ; dans le cas contraire, c'est la résistance de l'air (fig. 94).

L'étude de cette question n'a plus d'intérêt pour nous, maintenant que toutes les armes de guerre sont rayées, mais elle n'est pas abandonnée pour cela ; les arquebusiers persistent à chercher, pour les fusils de chasse, des balles rotatives.

Il serait très avantageux, en effet, de tirer une balle avec justesse et d'obtenir une bonne portée avec le fusil qui sert ordinairement à tirer du plomb ; il ne faut donc pas s'étonner si la liste des inventions de balles rotatives s'augmente chaque jour de nouveaux prétendants ignorant les travaux et partageant les illusions de leurs devanciers.

Troisième série

Armes rayées tirant des balles sphériques

On a déjà indiqué le but des armes rayées. L'avantage de cette espèce d'armes, au point de vue de la justesse, était reconnu depuis fort longtemps, car on fabriquait des carabines rayées vers 1620. Si l'usage en a été aussi restreint dans les armées pendant plus de deux siècles, c'est que leur moyen de chargement les rendait impropres au service de guerre.

La balle, d'un calibre plus fort que celui du canon, était forcée dans les rayures à l'aide d'un maillet et d'une forte baguette à pommeau.

On n'a réellement pu songer à utiliser, d'une manière générale, la justesse de tir des armes rayées, que lorsque M. Delvigne eut donné le moyen de forcer, à l'aide de la baguette, une balle entrant librement dans le canon. Cette invention, qui date de 1827, devint le point de départ de tous les progrès accomplis depuis dans le tir des armes portatives et de l'artillerie.

Dans le principe, M. Delvigne faisait reposer sa balle sur le ressaut d'une culasse à chambre et s'élargissait à coups de baguette (fig. 95).

Le premier type proposé avait de la justesse mais peu de portée en raison de la réduction de la charge de poudre, du faible poids de la balle et de la résistance de l'air qui agissait suivant la plus large surface du projectile. D'ailleurs, le mode de forcement proposé présentait l'inconvénient de déformer l'arrière de la balle qui pénétrait dans la culasse à chambre (fig. 95).

L'idée de M. Delvigne fut sérieusement reprise en 1833 et 1834. On agrandit le calibre des armes pour augmenter la portée et on interposa un sabot en bois entre la balle et le ressaut de la culasse chambre, afin de rendre le forcement plus régulier.

Ce sabot en bois portait une rondelle en serge graissée, pour faciliter le chargement (fig. 96).

Quatre modèles d'armes rayées tirant des balles rondes se forçant par la baguette, ont été successivement adoptés en France ; les deux derniers sont :

- La carabine mod. 1842, du calibre de 17,5 et du poids de 5,35 kg avec baïonnette, tirant la balle de munition de 17 millimètres avec une charge de 6,25 g.
- Le fusil de rempart* mod. 1842, du calibre de 20,5 et du poids de 5,69 kg, tirant une balle ronde du calibre de 20 millimètres et du poids de 45,5 avec une charge de poudre de 6,25 g.

Ces deux modèles d'armes portaient des hausses à trous permettant de tirer jusqu'à 600 mètres. Ce système de hausse était mauvais, car il est très facile de se tromper de trou en visant.

Jusqu'en 1833, aucune étude sérieuse n'avait été faite sur les meilleures dispositions à donner aux rayures. Chaque arquebusier avait sa manière de faire peu ou point raisonnée ; il est juste d'ajouter qu'on arrivait à peu près aux mêmes résultats par des moyens très divers, ce qui explique les différentes manières de voir en cette matière. Il suffit, en effet, d'un très léger mouvement de rotation pour assurer la justesse d'une balle ronde ; aussi les rayures allongées donnaient-elles de bons résultats.

D'un autre côté, les résultats n'étaient pas moins bons avec un mouvement très rapide, pourvu que la balle n'échappait pas aux rayures. Or, le chargement au maillet la faisant pénétrer profondément dans les rayures, on pouvait, sans inconvénient, diminuer le pas d'hélice, raison pour laquelle les rayures très inclinées réussissaient aussi bien que les rayures à pas allongé.

La seule disposition essentielle et celle sur laquelle tous les fabricants paraissaient être d'accord, était relative au profil des rayures ; il fallait obtenir un forcement énergique tout en diminuant autant que possible les difficultés de chargement.

Pour cela, les rayures étaient nombreuses et profondes ; l'encrassement se logeait dans le fond que la balle n'atteignait jamais.

Les pleins étaient quelquefois arrondis, pour entamer la balle en diminuant les surfaces de contact.

Avec le forcement par la baguette, les conditions se trouvaient complètement changées et on dut étudier quelles étaient les meilleures dispositions à adopter ; l'expérience démontra que les rayures allongées donnaient les meilleurs résultats, ce qui s'explique très bien si l'on remarque que la balle ronde, forcée par aplatissement, était peu engagée dans les rayures et par suite, moins bien maintenue que par le forcement au maillet.

La carabine modèle 1842 était rayée au pas de 6,25 m et le fusil de rempart adopté en même temps au pas de 8,12 m.

Les résultats de cette 3e série d'étude ont été :

- Une grande amélioration dans la justesse ;
- Une augmentation de portée de 300 mètres par rapport au fusil lisse tirant la balle ronde (1re série) et de 200 mètres par rapport au fusil lisse tirant la balle Nessler (2e série).

Ces perfectionnements étaient obtenus au prix d'une diminution dans la vitesse de chargement et dans la tension de la trajectoire, d'une augmentation notable dans le poids de l'arme, et d'une complication dans la fabrication des munitions. Aussi l'usage des armes rayées fut-il restreint à dix bataillons de chasseurs à pied, créés dans le but d'utiliser les progrès accomplis.

La formation sur 2 rangs, adoptée dès le principe pour ces bataillons, permit de raccourcir le canon des armes rayées à la longueur de 0,86 m. Cette réduction avait l'avantage de rendre l'arme plus maniable et de renforcer le canon. L'expérience a confirmé depuis qu'elle ne compromettait pas la sécurité des voisins dans les feux d'ensemble.

Quatrième série

Armes rayées de gros calibre tirant des projectiles allongés

L'étude des balles allongées tirées dans des canons rayés a encore pour point de départ une balle proposée par M. Delvigne.

La première arme construite par cet inventeur manquait de portée, parce que la balle, aplatie dans le forcement, présentait une large surface à la résistance de l'air.

M. Delvigne avait reconnu, dès 1829, le moyen de parer à cet inconvénient, en diminuant la section du projectile, pour l'allonger dans le sens de l'axe du canon.

La balle qu'il présenta à cette époque avait un calibre de 15 millimètres ; 2 anneaux en saillie sur le cylindre devaient assurer le forcement (fig. 100).

La balle était évidée à l'arrière pour recevoir une capsule fulminante. (*Ne pas oublier que le système à percussion n'a été adopté que 11 ans plus tard.*)

Tout était trop nouveau dans cette arme pour que la proposition réussît immédiatement. L'étude des balles allongées fut momentanément abandonnée, on y revint 15 ans après, en cherchant à perfectionner le tir des balles rondes dans la carabine mod. 1842.

Le sabot en bois se brisait,; on chercha à le remplacer par une rondelle en fort cuir ou en zinc. Le cuir n'offrait pas une assez grande résistance, le zinc, trop lourd, était un véritable projectile qui pouvait devenir dangereux pour la défense des places. M. Minié eut l'idée de couler une balle portant son sabot : c'était par le fait, une véritable balle allongée à gorge et, par conséquent, le trait d'union entre la balle ronde et la balle allongée qui parut peu après (fig. 97).

En même temps, M. Thouvenin, colonel d'artillerie, proposait de forcer les balles sur une tige d'acier vissée dans le bouton de culasse (fig. 98 et 99).

Les propositions de MM. Thouvenin et Minié furent examinées par une commission chargée, en outre, d'étudier et d'améliorer tous les éléments de l'arme.

La carabine à tige modèle 1840 est le résultat de ces recherches. On fixa le calibre de l'arme à 17,8, pour qu'elle pût utiliser les cartouches à balle ronde, dans le cas où les munitions spéciales viendraient à manquer. Le pas des rayures fut réduit à 2 mètres, parce que l'expérience démontra que les pas allongés, favorables au tir de la balle ronde forcée par la baguette, donnaient aux balles allongées une rotation insuffisante pour assurer leur justesse.

Le projectile proposé par les inventeurs (fig. 98) fut modifié par la commission, qui fit adopter une balle oblongue du poids de 47,5 g (fig. 101).

La carabine à tige, exclusivement destinée aux bataillons de chasseurs à pied, avait une grande précision jusqu'à 500 mètres et était encore efficace à la distance de 1000.

On essaya naturellement de faire participer toute l'armée aux avantages que présentait, le tir des balles allongées.

Deux moyens s'offraient aux esprits : il fallait, ou bien trouver une balle allongée de forme particulière, qui pût prendre un mouvement de rotation dans le canon resté lisse, ou bien transformer les fusils lisses en armes rayées à tige pour tirer la balle allongée des chasseurs.

Ces deux systèmes furent étudiés simultanément. Nous connaissons déjà l'insuccès du premier ; le deuxième, au contraire, donna d'excellents résultats. Quelques milliers de fusils rayés à tige ont constitué pendant quelques années l'armement des zouaves et celui des compagnies d'élite des corps de l'armée d'Afrique.

Les fusils ainsi transformés présentaient de grands avantages, mais ils avaient aussi de sérieux inconvénients : le chargement était long et demandait une certaine précision ; les accessoires de l'arme étaient pesants, coûteux, d'un usage quelquefois difficile, les munitions étaient fort lourdes.

L'invention de la balle évidée et de la balle à culot simplifia un peu la question.

Balles se forçant par les gaz. — Cette nouvelle invention, un peu due au hasard, dérive encore de la balle allongée (1820) de M. Delvigne.

L'évidement ménagé à l'arrière (fig. 100) avait pour but, avons-nous dit, de placer l'amorce ; mais M. Delvigne ayant remarqué que l'action des gaz dans cet évidement faisait épanouir le plomb, reconnut qu'on en pouvait tirer un nouveau mode de forcement.

Bien longtemps après, M. Minié imagina de placer l'entrée d'un évidement tronconique ménagé dans la balle (fig. 102), un culot en tôle de fer qui devait forcer mécaniquement le projectile, en s'enfonçant dans l'évidement.

Avec des balles se forçant par les gaz, les accessoires spéciaux de l'arme à tige devenaient inutiles ; le forcement ne dépendait plus du degré de soin ou d'adresse du tireur ; mais il restait à alléger la cartouche, car la première balle à culot, du poids de 48 grammes, était inacceptable pour l'infanterie.

Afin d'alléger la cartouche, il fallait opter entre l'un des procédés suivants : tirer des balles plus petites que le calibre ou creuser encore et raccourcir les balles évidées jusqu'à la dernière limite possible.

Deux séries d'étude furent entreprises simultanément.

Pour tirer une balle pleine d'un calibre plus faible que celui de l'arme, M. Minié employait des culots en carton embouti ou en gutta-percha. Ces culots étaient cylindriques et présentaient deux évidements de formes différentes, creusés dans le sens de l'axe : l'évidement antérieur recevait la balle, l'évidement postérieur était placé sur la poudre (fig. 104).

Le culot, forcé par les gaz au moyen de l'évidement postérieur, suivait les rayures de l'arme et devait communiquer à la balle le mouvement de rotation

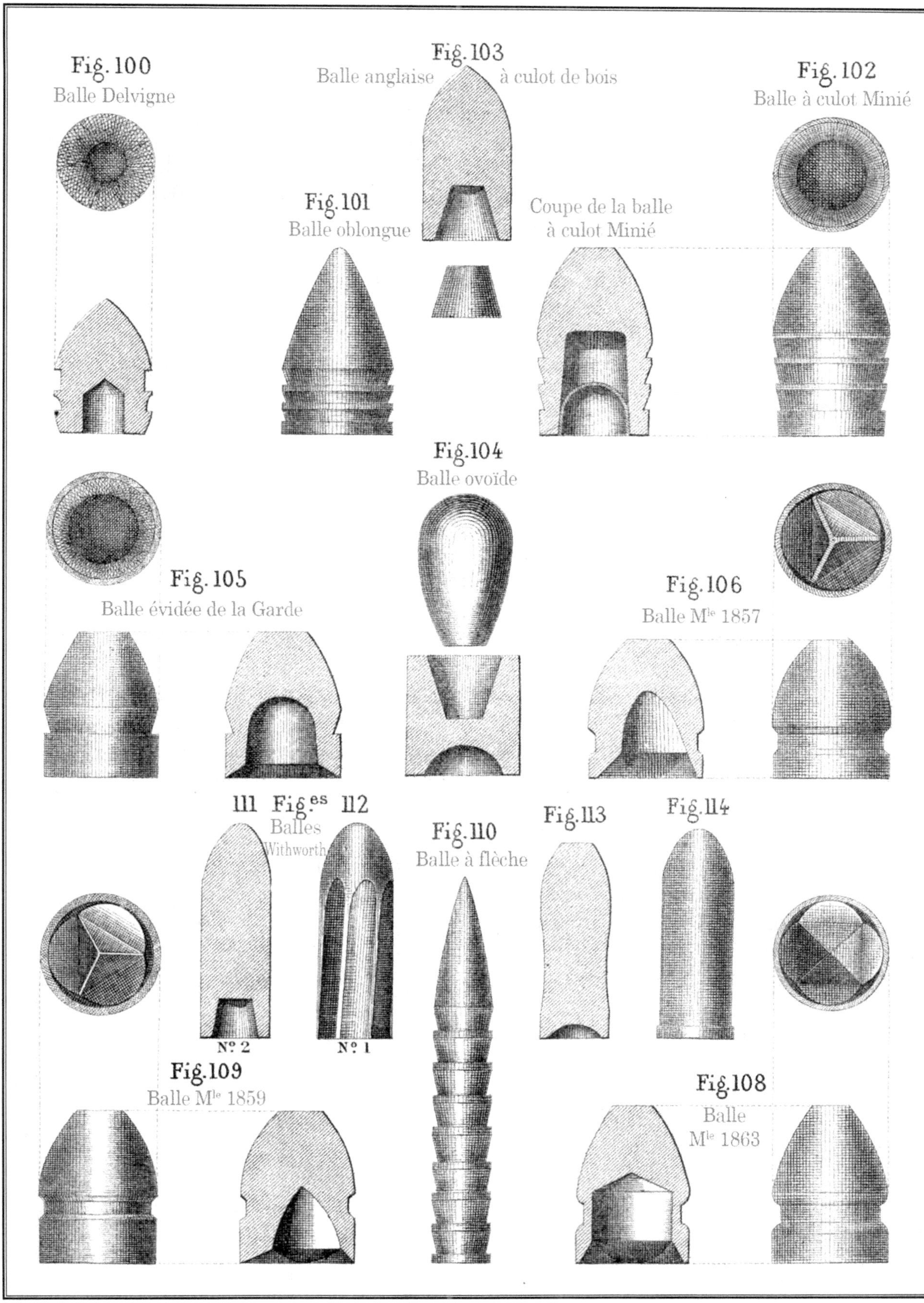
Fig. 100
Balle Delvigne
Fig. 103
Balle anglaise à culot de bois
Fig. 102
Balle à culot Minié
Fig. 101
Balle oblongue
Coupe de la balle à culot Minié
Fig. 104
Balle ovoïde
Fig. 105
Balle évidée de la Garde
Fig. 106
Balle Mle 1857
111 Fig.es 112
Balles Withworth
Fig. 110
Balle à flèche
Fig. 113
Fig. 114
N° 2
N° 1
Fig. 109
Balle Mle 1859
Fig. 108
Balle Mle 1863

dont il était lui-même animé. Ce système, qui n'a pas réussi en France, est employé encore aujourd'hui dans le fusil à aiguille prussien.

L'insuccès de la précédente tentative amenait à chercher la solution du problème dans l'allègement de la balle à culot ou de la balle évidée simple.

La balle à culot, qui avait été adoptée en Angleterre, en Prusse, en Bavière et à Naples, fut écartée en raison de la complication de la fabrication. On ne voulait pas un projectile composé de deux pièces.

Restait la balle évidée simple ; elle fut assez rapidement ramenée par M. Minié au poids de 36 grammes et adoptée pour l'armement de la garde impériale, en 1854 (fig. 105).

Cependant l'infanterie de ligne tirait toujours des balles rondes dans des fusils lisses ; il était urgent de rayer ces armes et de remplacer la balle ronde par une balle allongée.

La balle de la garde n'était pas assez expansive pour être adoptée. Construite pour un fusil de 17,8 mm, elle ne se forçait plus régulièrement dans les armes du modèle 1842, lesquelles avaient un calibre de 18 mm au minimum. D'un autre côté, on désirait que la balle destinée à l'infanterie fût réduite au poids de 32 grammes.

L'adoption de la balle modèle 1857, due à M. Nessler, décida la transformation de tout l'armement. Pourtant, la balle modèle 1857 (fig. 100) n'était pas née viable ; elle était trop courte et trop creuse. On n'eut pas de peine à reconnaître qu'elle était d'un mauvais emploi, et qu'il était impossible de descendre au-dessous du poids de la balle de la garde sans compromettre par trop la justesse de l'arme.

La balle de la garde, en effet, avait une grande supériorité de justesse sur la balle modèle 1857, il importait donc de la rendre un peu plus expansive afin de la mettre en service dans toute l'infanterie. L'adoption de la balle modèle 1863 (fig. 108), proposée par M. Nessler, est la réalisation de cette idée.

L'expérience a donc prouvé deux fois, en 1854 et en 1863, que 36 grammes constituent le minimum de poids auquel on puisse descendre pour une balle allongée destinée à une arme de 18 mm, lorsqu'on veut conserver un peu de justesse dans le tir.

Les balles modèles 1854, 1857 et 1863 se tiraient toutes avec 4,50 g de poudre.

Après avoir adopté la balle évidée pour le tir du fusil transformé, on songea à prendre une balle analogue pour le tir de la carabine.

Les défauts du système à tige ont été rappelés plus haut ; il était désirable aussi que l'on pût, sans trop d'inconvénients, tirer des balles du fusil dans la carabine, et réciproquement.

Cependant il fallait laisser à la balle de la carabine un poids assez considérable pour ne pas détruire la valeur de l'arme à tige qu'on se proposait de transformer.

La balle évidée modèle 1859 (fig. 109), présentée par M. Nessler, vint satisfaire aux conditions exigées.

Elle pesait 48 grammes et se tirait avec 5 grammes de poudre. Elle était moins juste en deçà de 500 mètres que la balle ogivale forcée sur la tige mais elle gagnait en portée et même en justesse à partir de la distance de 600 mètres.

Ainsi, le fusil d'infanterie et le fusil de dragons tirant la balle modèle 1863, avec la carabine transformée tirant la balle modèle 1859, constituaient encore, en 1866, la presque totalité et dans tous les cas, la meilleure partie de l'armement du pays. La vitesse de chargement et les risques de ratés étaient à peu près les mêmes qu'avec les fusils lisses tirant la balle ronde.

La tension de trajectoire des balles allongées successivement adoptées était notablement inférieure à celle de la balle ronde, aux petites distances.

En revanche, la justesse de tir et la portée de l'arme étaient considérablement augmentées.

Le tir de la carabine était efficace jusqu'à la distance de 1100 mètres. La portée du fusil dépassait 600 mètres ; malheureusement, cette dernière arme n'avait qu'une seule ligne de mire, et pour tirer au-delà de 250 mètres, il fallait employer le pouce comme hausse.

La carabine, au contraire, était munie d'une hausse fort bien entendue, ayant 3 lignes de mire fixes pour régler le tir jusqu'à 400 mètres, et un curseur mobile pour les distances supérieures.

La pénétration, aux petites distances, était encore inférieure à celle de la balle ronde, même pour la balle modèle 1859, du poids de 48 grammes, ce qui démontre bien que la puissance de pénétration tient plus à la vitesse qu'au poids du projectile.

Les conditions de solidité, de sécurité, de simplicité et de facilité de maniement, étaient les mêmes pour le fusil. Les carabines modèle 1846 et modèle 1839 étaient mieux entendues et plus faciles à manier que les armes rayées du modèle 1842.

Les fusils, raccourcis de 0,05 m furent un peu allégés mais les munitions furent notablement alourdies pour l'infanterie de ligne, par la mise en service de la balle modèle 1863, et pour les chasseurs à pied, par celle de la balle oblongue et de la balle modèle 1859.

La confection des munitions, surtout pour les balles évidées, demandait plus de soins que pour les cartouches à balle ronde.

Cependant les cartouches à balle oblongue étaient plus simples et d'un meilleur usage que les cartouches à sabot des armes rayées du modèle 1842 ce qui constitue le dernier progrès mis en lumière dans cette 4e série d'études.

Cinquième série

Armes dites de petit calibre

La transformation des fusils lisses, décidée en 1857, réalisait une très grande amélioration dans l'armement de l'infanterie, mais on savait alors qu'il restait encore bien des progrès à accomplir et que les armes transformées et les types neufs adoptés ne devaient être considérés que comme un armement de transition, qui permit d'attendre la solution de questions importantes déjà mises à l'étude.

En se reportant au résumé des travaux qui ont précédé et amené la transformation de 1857, on voit, en effet, que toutes les recherches ont été dominées par cette condition : que la balle allongée qu'on destinait à l'infanterie de ligne devait être aussi légère que possible.

La question ainsi posée ne pouvait être envisagée que par son petit côté ; il fallait se borner à chercher quel était le minimum du poids auquel on pouvait descendre pour une balle allongée de 18 millimètres de calibre, en conservant toutefois une justesse raisonnable. On renonça donc momentanément à entreprendre la solution de problèmes du plus haut intérêt qui s'imposaient d'eux-mêmes à l'esprit des expérimentateurs.

Voici l'énoncé des questions à résoudre :

1°. Quelle est la meilleure forme à donner à la balle allongée ?

2°. Quelle est la meilleure disposition à donner aux rayures ?

3°. Quel rapport doit-il exister entre la charge de poudre et le poids du projectile ?

4°. Quel serait le poids à adopter pour la balle d'infanterie, le calibre n'étant pas imposé ?

5°. Quel serait le calibre le plus favorable pour une arme de guerre ?

En face d'un si grand nombre de questions se présentant à la fois, il était difficile de prendre un parti. Tous ces éléments, bien distincts dans l'énoncé qui précède, se trouvaient forcément mêlés dans les travaux d'expérimentation, et il était malaisé de démêler, dans un résultat donné, ce qui revenait à chacun des éléments qu'on n'avait pu isoler. Les études commencèrent donc forcément par des tâtonnements.

Les résultats d'expérience permettent aujourd'hui de donner une solution approximative à chacune de ces questions.

I. Forme à donner à une balle allongée

Les détails de forme d'une balle allongée peuvent être modifiés à l'infini. Il y a lieu d'examiner seulement les dispositions principales qui ont une influence reconnue sur les résultats du tir. Elles sont au nombre de trois :

- Le rapport de la longueur de la balle à son calibre ;
- La forme générale extérieure du projectile ;
- Les dispositions destinées à produire le forcement.

Rapport entre la longueur et le calibre. — M. Tamisier avait entrepris cette étude en 1845 et 1846. Il avait tiré des balles de 121 millimètres de longueur dans des canons du calibre de 17,6 mm. Mais des projectiles de cette taille étant trop lourds pour des armes portatives, même tirées sur affût, les expériences furent faites principalement avec des armes de plus petit calibre.

M. Tamisier avait fait construire une carabine du calibre de 9,5 mm dans laquelle il tirait des balles dites à *flèche* (fig.110), ayant jusqu'à 61 millimètres de longueur. On a essayé depuis, tant en France qu'à l'étranger, une grande quantité de projectiles allongés dans lesquels le rapport entre la longueur et le calibre varie de 5/1 à 6/1. Toujours les meilleurs résultats de justesse ont été obtenus avec les rapports compris entre 2/1 et 3/1. Cette solution de l'expérience n'est évidemment qu'approximative et il ne peut en être autrement. On ne saurait la donner exacte qu'en taxant d'abord d'une manière invariable tous les autres éléments de l'arme, de la cartouche et de la balle elle-même.

Le rapport 2/1 n'a été appliqué qu'aux armes d'un calibre supérieur à 13 millimètres. Une plus grande longueur donnait une balle trop lourde et un forcement trop énergique.

Le rapport 3/1 convient, au contraire, aux calibres plus petits, mais avec cette condition que la compressibilité du projectile soit réglée en conséquence de son poids. Avec la balle de plomb coulée et une forte charge, ce rapport est encore trop fort : il y a excès de forcement. Or, si l'allongement de la balle procure l'avantage de diminuer les pertes de vitesse dues à la résistance de l'air, le forcement trop énergique s'oppose, en revanche, à ce qu'elle puisse acquérir une grande vitesse initiale (voir page 155).

Le rapport 5/2 est celui qui semble le mieux convenir aux balles de plomb coulées, pour les calibres inférieurs à 12 millimètres.

Forme générale extérieure. — Il a été produit une énorme quantité de modèles de balles, tant en France qu'à l'étranger. On peut dire que l'imagination plus ou moins riche des inventeurs a joué le plus grand rôle dans la fixation d'éléments dont les variations possibles n'ont point de limites. L'expérience a prouvé que les formes les plus simples sont les meilleures : ainsi, la balle Withworth se compose d'un cylindre lisse surmonté d'une partie ogivale assez obtuse.

On a cependant cherché par des études théoriques quelle serait la forme qu'il conviendrait d'adopter, pour que le trajet de la balle dans l'air s'opérât dans les meilleures conditions possible. En ne prenant que ce côté de la question, on serait amené à une forme ovoïde présentant à la résistance de l'air la partie la plus obtuse. La balle du fusil prussien est la réalisation de cette idée théorique.

Mais il est à remarquer que si la forme ovoïde est excellente quand on ne considère que le trajet dans l'air, elle est très médiocre quand on se reporte au trajet de la balle dans le canon (fig. 104).

La précision du tir exige que la balle soit bien centrée et qu'elle prenne parfaitement les rayures ; or, on atteint facilement ce double résultat avec un cylindre lisse, tandis que la balle ovoïde n'est pas centrée (c'est-à-dire que son axe ne coïncide pas avec celui du canon), et qu'elle n'est maintenue dans les rayures que par une section trop courte.

Dans le fusil prussien, on emploie un sabot de carton pour centrer la balle et pour lui imprimer un mouvement de rotation. Ce moyen est compliqué et insuffisant.

On peut donc conclure que les balles ovoïdes, malgré la valeur de leur forme, à ne les considérer que pendant leur trajet dans l'air, ne sont pas acceptables, parce qu'on n'a pas encore réussi à les centrer et à les forcer convenablement.

La partie antérieure d'un projectile allongé doit être plutôt obtuse qu'aiguë. Elle a ordinairement pour section soit une ogive, soit une ogive tronquée par un méplat, soit une ogive raccordée par un arc de cercle. Le rayon de l'ogive ne doit pas être plus grand que le calibre.

Dispositions destinées à produire le forcement. — Les balles pleines, forcées à l'aide de la baguette, ne présentent aucune disposition spéciale qui soit destinée à produire le forcement. Ces dispositions sont propres aux balles se forçant par l'action des gaz, soit que l'arme se charge par la bouche, soit qu'elle se charge par la culasse.

Il n'y a réellement que trois types à examiner :

- La balle à culot ;
- La balle évidée simple ;
- La balle pleine se chargeant par l'arrière.

Balle à culot. — La balle à culot était excellente pour les armes d'un calibre supérieur à 14 millimètres. Pour des calibres plus petits, la balle évidée simple est préférable. Il est donc inutile de s'arrêter à un système de projectile qui a fait son temps car le calibre de 14 millimètres est trop fort pour des armes de guerre. La balle à culot, adoptée en Angleterre (fig. 103), est le meilleur type de ce système.

Balle évidée. — Les balles évidées simples diffèrent de dispositions, suivant le rapport de la longueur au calibre, ou plus exactement suivant le rapport entre le poids et le calibre.

Avec une balle courte ne devant peser, par exemple, que 36 grammes, pour un calibre de 17,2 mm, il faut un évidement profond qui occupe toute la partie cylindrique du projectile. Cette partie cylindrique est alors forcée par une action latérale des gaz entrés dans le vide intérieur. L'évidement de la balle de la Garde est très bien entendu (voir fig. 105) et a servi de modèle pour toutes les balles du même genre. L'épaisseur de plomb formant les parois de l'évidement dépend de l'expansion que l'on veut obtenir, c'est-à-dire du vent laissé à la balle. C'est une affaire de tâtonnement pour chaque cas particulier.

Avec les balles longues, l'évidement peut être considérablement réduit. Il doit seulement empêcher les gaz de passer entre la balle et les parois de l'âme. Cette condition remplie, la balle poussée par l'arrière avec une grande violence s'élargit en se raccourcissant, comme si elle avait reçu un coup de marteau. Toute la partie antérieure se trouve ainsi forcée par affaissement.

On peut prendre pour type de ce genre d'évidement les dispositions adoptées par la commission permanente de tir, pour la balle du fusil de 11,5 mm se chargeant par la bouche (fig. 113).

Balles pour armes se chargeant par l'arrière. — Dans les armes se chargeant par la culasse, le forcement se produit d'une manière très simple et très énergique, si l'on donne à la balle, au moins dans une de ses parties, un calibre un peu supérieur à celui du canon (fig. 114).

Pour assurer la justesse, il faut que la balle soit centrée, et il est bon qu'elle tourne dès l'origine de son mouvement de translation.

Voici de bonnes dispositions à adopter dans ce but :

La partie antérieure de la balle étant un peu inférieure en calibre à l'âme, est placée dans la partie cylindrique du canon. La partie postérieure a un bourrelet ayant pour diamètre maximum le calibre du canon, plus deux fois la profondeur des rayures. Ce bourrelet doit être logé dans la chambre, à la naissance des rayures, de manière que le forcement, la rotation et la projection de la balle se produisent simultanément.

La balle et la chambre des armes Manceaux réalisent heureusement les indications précédentes.

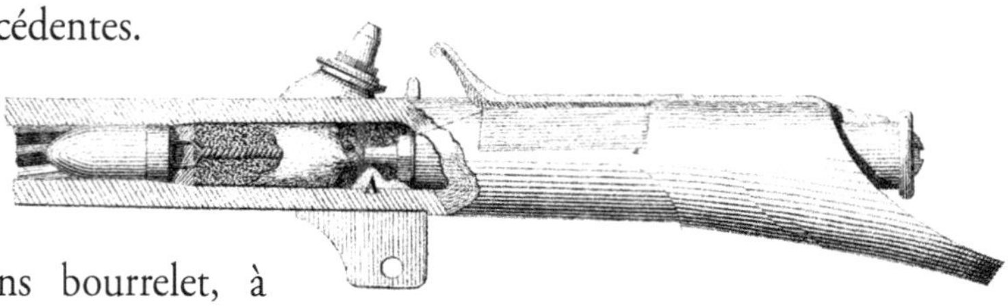

Fig. 124 - Fusil Manceaux

On obtient encore de la justesse avec un projectile cylindrique sans bourrelet, à la condition de raccorder l'âme et la chambre par un tronc de cône très allongé, dans lequel la balle se centre et se force avant d'arriver aux rayures.

Cette disposition augmente un peu la difficulté de fabrication de l'arme, mais elle facilite beaucoup la confection des cartouches à étui* métallique.

En résumé, on peut conclure de tout ce qui précède que, pour mettre une balle allongée dans les meilleures conditions connues, il faut, au préalable, que la longueur soit égale à 2,5 fois le calibre, et que la forme extérieure se compose :

- D'un cylindre lisse d'un calibre légèrement inférieur à celui de l'âme ;
- D'une partie antérieure ogivale tronquée ou ogivo-circulaire ;
- D'une partie inférieure munie d'un léger évidement ou d'un petit bourrelet, suivant que l'arme se charge par la bouche ou par la culasse.

Mode de fabrication. — Les résultats analysés jusqu'ici se rapportent principalement à des balles de plomb obtenues par le coulage. Elles renferment toujours des soufflures et se déforment très facilement ; elles ne peuvent fournir, par suite, des tirs de précision.

La trop grande facilité de déformation est de plus un obstacle à l'emploi de fortes charges et, par suite, à la tension de la trajectoire. Les inventeurs qui se sont adonnés principalement à la recherche de la justesse et de la tension ont été amenés à estamper les balles par compression et à substituer au plomb un alliage plus dur et, par conséquent, moins sujet à la déformation.

Des essais de ce genre ne peuvent être entrepris que par de grands industriels, car ils nécessitent des dépenses considérables, un outillage compliqué, des ouvriers de premier choix. Il ne suffit pas, en effet, d'estamper par compression un projectile de forme donnée, il faut recommencer à nouveau tous les tâtonnements.

Supposons, par exemple, qu'on fabrique par les procédés Withworth la balle modèle 1803 et la balle modèle 1800, il est probable que les projectiles ainsi obtenus se comporteront plus mal que les projectiles coulés, car toutes les conditions sont changées.

Pour la balle modèle 1863, par exemple, la faculté d'expansion aura diminué, et, comme les dimensions ont été réglées en vue de la faculté d'expansion du plomb coulé, la balle comprimée ne s'ouvrira pas suffisamment pour assurer le forcement.

Pour la balle modèle 1866, la résistance du bourrelet deviendra trop forte ; le forcement sera, au contraire, trop énergique.

Il faut donc qu'en changeant le mode de fabrication, on règle à nouveau les dimensions du projectile pour les mettre en harmonie avec la compressibilité du métal sortant de la matrice, et avec la charge de poudre employée.

Avec des projectiles ainsi fabriqués, on peut considérablement augmenter la justesse et la tension :

- La justesse, parce que la balle est homogène et qu'elle ne se déforme pas irrégulièrement sous l'action de la charge, comme cela arriverait avec les balles évidées obtenues par le coulage ;
- La tension, parce qu'on peut employer une charge plus forte, sans arriver à des frottements exagérés dans le canon.

C'est afin d'éviter ces frottements exagérés que la commission de Vincennes avait donné, en 1865, une forme déprimée au corps de la balle qu'elle proposait avec le fusil de 11,5 se chargeant par la bouche.

En ajoutant au plomb du zinc, de l'étain et de l'antimoine, on obtient des alliages dont on règle la dureté presque à volonté. On peut ainsi obtenir un métal dur pour supporter le choc des gaz sans déformation sensible. Cette matière ne se prête pas au forcement mais si l'on donne d'avance à la balle la forme de l'âme, la forme hexagonale, par exemple, pour la carabine Withworth, on obtient des projectiles qui supportent de très fortes charges et qui peuvent recevoir une très grande vitesse d'impulsion. C'est avec ce genre de balle qu'il est avantageux d'employer le rapport 3/1 de la longueur au calibre (fig. 112).

Graissage. – La balle doit toujours être graissée ou entourée d'un papier graissé ou, mieux encore, suivie d'un pain de graisse ayant pour but de faciliter le glissement dans le canon et de rendre onctueux ou d'enlever l'encrassement des coups précédents.

L'expérience prouve que la graisse est indispensable pour assurer la justesse du tir.

II. Dispositions à donner aux rayures

Les premières études sérieuses faites à ce sujet remontent à 1834. On cherchait alors un modèle de carabine devant tirer une balle sphérique, forcée par la baguette sur le ressaut d'une culasse à chambre d'après le système Delvigne.

Dans les expériences faites à cette époque, comme dans celles qui ont suivi, on considérait trois éléments principaux :

- Le pas d'hélice ;
- Le nombre des rayures ;
- Le profil d'une rayure.

Pas d'hélice. — Les balles rondes forcées par la baguette n'étaient engagées dans les rayures que sur une très faible hauteur ; on ne pouvait donner à la balle une grande vitesse de translation, et on devait éviter de la faire tourner trop vite dans le canon. Aussi, les carabines modèles 1842 ont-elles des rayures au pas de 6 mètres et plus.

Les balles allongées essayées plus tard (1845) demandaient un mouvement plus rapide pour se maintenir la pointe en avant. Ces balles, ayant une partie cylindrique, s'engageaient dans les rayures sur une plus large surface. On dut et on put réduire le pas des rayures de 6 mètres à 2 mètres lorsqu'on adopta la carabine modèle 1846.

Toutes les études de projectile poursuivies en France en vue de transformer les fusils lisses en armes rayées, ont été faites avec des rayures au pas de 2 mètres. Ce pas a toujours suffi, parce qu'on n'a pas réussi à imprimer aux projectiles essayés une grande vitesse : ou bien les balles étaient trop lourdes, et une augmentation de vitesse aurait rendu le recul intolérable, ou bien elles étaient trop creuses et crevaient sous l'action des gaz, quand on voulait forcer la charge. Dans les armes de petit calibre, tirant des projectiles très allongés avec une forte charge de poudre, le pas de 9 mètres ne convient plus. Il a fallu raccourcir le pas d'hélice pour assurer la justesse.

Pour les calibres de 10 à 12 millimètres, seuls acceptables pour armes de guerre, le meilleur pas d'hélice est compris, suivant le cas, entre 40 et 60 centimètres.

On a essayé depuis fort longtemps des rayures à pas variable du tonnerre à la bouche. Elles sont dites paraboliques, parce que leur développement est un arc de parabole. Ce système a toujours été inférieur à celui des rayures à pas constant, dites rayures hélicoïdales.

Nombre de rayures. – Le nombre de rayures est très variable : il est des armes remarquables qui n'en ont que 2 (système Lancaster), et d'autres, moins bien entendues, qui en ont reçu jusqu'à 48, comme le pistolet d'officier de cavalerie modèle 1822 (rayures dites à cheveux). Il existe même une carabine ancienne qui compte 133 rayures.

Le nombre des rayures n'a pas, par lui-même, une influence sur le tir ; on peut dire cependant que ce nombre est un peu indiqué par le profil choisi.

Profil. – Le profil d'une rayure dépend beaucoup du mode de forcement employé. Il résulte de la combinaison de 3 éléments à examiner séparément :

- La profondeur ;
- La largeur ;
- Le tracé.

Profondeur. — Avec le forcement au maillet, nous l'avons déjà dit (voir fig. 151), les rayures étaient très profondes (le fond servait à loger l'encrassement). Avec le forcement par la baguette (système Delvigne), cette profondeur fut diminuée considérablement. L'emploi du calepin* graissé faisait disparaître l'inconvénient de l'encrassement, et il paraissait avantageux d'empêcher les gaz de passer entre le projectile et les parois de l'âme. Cette idée amena même une disposition spéciale et toute nouvelle : les rayures reçurent une profondeur progressive, pour que l'usure du calepin contre le canon fût compensée par une réduction équivalente des dimensions de l'âme.

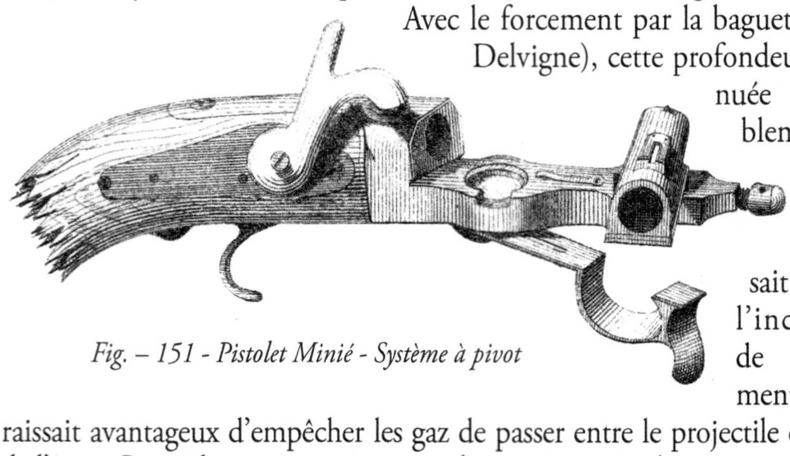

Fig. – 151 - Pistolet Minié - Système à pivot

La carabine à tige portait 4 rayures ayant 0,5 mm au tonnerre et 0,3 mm à la bouche.

Les fusils transformés à tige furent rayés d'après les mêmes idées mais la progression fut encore plus prononcée en raison de la faible épaisseur du canon vers la bouche. La profondeur des rayures était de 0,5 mm au tonnerre et de 0,1 mm seulement à la bouche.

L'adoption des balles expansives amena une nouvelle modification ; la progression devint inutile, puisque la cause de forcement persistait pendant toute la durée du trajet de la balle dans l'âme. On en revint donc aux rayures uniformes en profondeur.

D'un autre côté, il fallait que les gaz ne pussent pas passer autour de la balle. Cette condition, qui n'était qu'avantageuse avec le forcement par la baguette, devenait indispensable avec le forcement par les gaz. La profondeur des rayures était donc encore réduite, du moins au tonnerre.

Les rayures du fusil modèle 1857 ont une profondeur uniforme de 0,2 mm seulement. Celles de la carabine modèle 1859 ont 0,3 mm.

Cette dernière dimension a été maintenue pour les armes de petit calibre se chargeant par la bouche, proposées par la Commission permanente de tir, ainsi que pour le fusil modèle 1866. Cette dernière décision a été prise sans études préalables ; on aurait dû modifier le tracé en raison des nouvelles conditions du forcement.

Largeur. — La largeur dépend du mode de forcement, mais on peut cependant varier les dimensions dans de larges limites.

La seule condition à remplir, c'est de faire entrer la balle dans les rayures. Or, avec le forcement au maillet, qui s'opère par pénétration des côtes saillantes de la rayure dans un projectile de plus fort calibre que le canon (voir fig. 115), les rayures se prêtaient au forcement, quelle que fût leur largeur : aussi les armes anciennes présentent-elles des dimensions très variées.

Avec le chargement par la baguette, et surtout avec le forcement par les gaz, le moulage du plomb dans les rayures s'opérant par expansion, devenait d'autant plus facile que les rayures étaient plus larges. Dans tous les modèles adoptés en France depuis 1845, la largeur a été invariablement de ⅛ du pourtour de l'âme (fig. 116).

Cette proportion a été maintenue à tort pour la construction du fusil modèle 1866, quoique les conditions de forcement ne fussent plus les mêmes. Avec le chargement par la culasse, en effet, le forcement a lieu par pénétration des côtes saillantes, comme avec le forcement au maillet. Il n'est plus nécessaire de créer de larges rayures.

Tracé. — Ce qui a été dit de la largeur et de la profondeur explique la variété des tracés. Pour le chargement au maillet, le tracé est très accentué,

RAYURES

Ancien tracé à 2/1

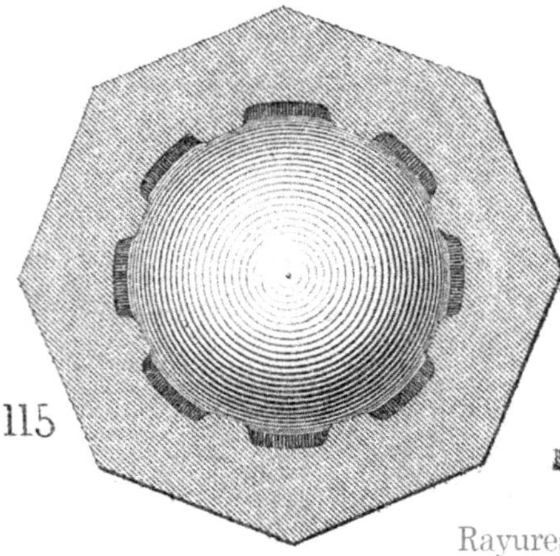

Fig. 115

Tracé en usage en France
depuis 1846 à 2/1

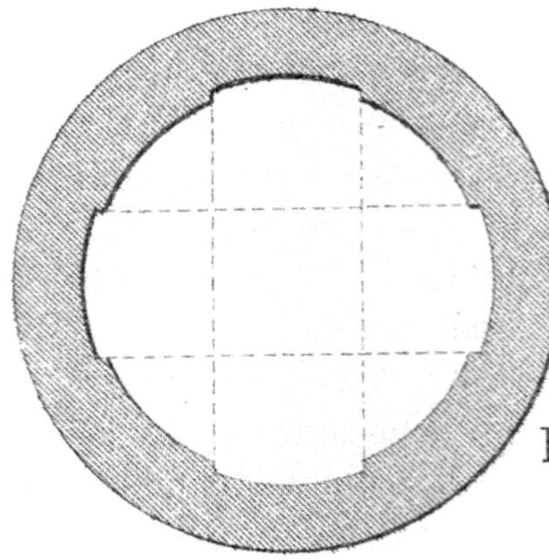

Fig. 116

Rayures Wythworth

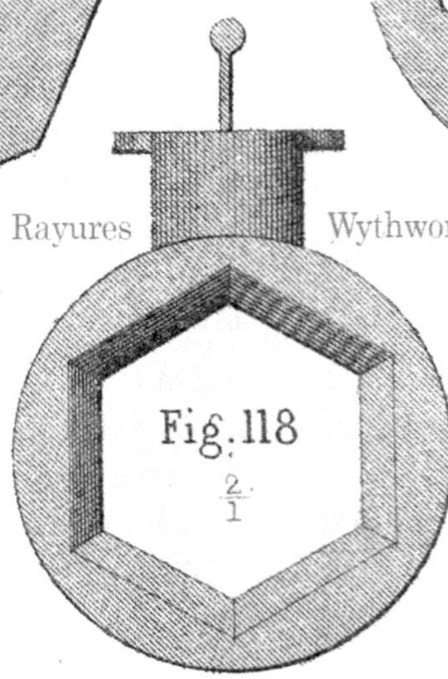

Rayures Lancasters

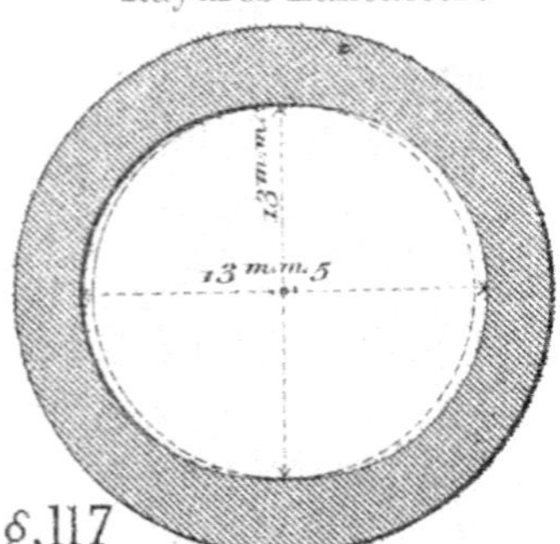

Fig. 117
à 2/1

Rayures Westley-Richards

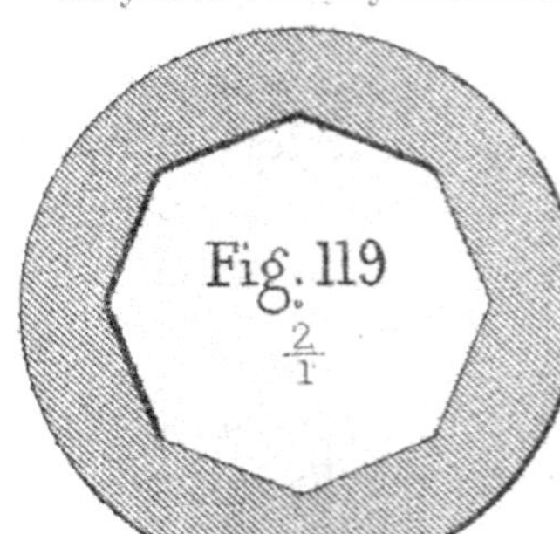

Rayures Henry à 10/1

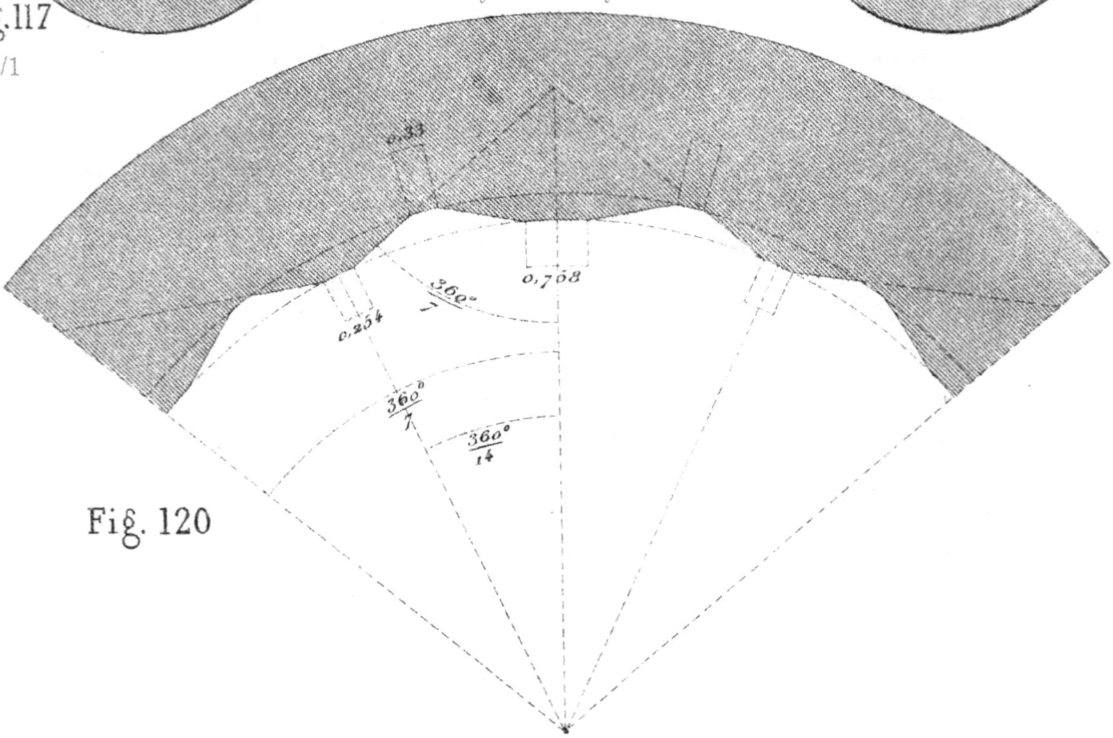

Fig. 120

pour loger l'encrassement d'une part et pour faciliter de l'autre la pénétration des côtes saillantes dans le plomb.

Avec le forcement par expansion, le fond des rayures est concentrique à l'âme pour que le plomb arrive à toucher également dans toutes les parties. Les flancs sont parallèles, mais ils sont raccordés aux pleins et aux creux par des arcs de cercle, de façon à faciliter le moulage (voir fig. 116).

L'importance de la forme des rayures a donné lieu de nombreuses recherches et a donné naissance à quelques tracés très remarquables. Nous citerons les quatre principaux.

M. Lancaster pensait avec raison que l'expansion serait d'autant plus régulière que les ressauts seraient moins accentués. Il en est arrivé à les supprimer complètement.

L'âme, qui a l'apparence d'un canon lisse, est à section elliptique ; elle peut être considérée comme dérivant d'un canon à 2 rayures, dont les creux viennent se raccorder sur le milieu des pleins. L'expérience a prouvé que la balle était suffisamment maintenue par la différence des deux axes (13 et 13,5). La carabine Lancaster était l'arme la plus remarquable connue vers 1854 (fig. 117).

M. Withworth est arrivé à des résultats encore supérieurs avec une arme à section hexagonale ; elle permet de centrer le projectile, parce qu'on peut charger avec un vent très minime, les surfaces de frottements étant réduites, au moment du chargement, à des lignes de contact (fig. 118).

La carabine Withworth a fourni des tirs merveilleux, surtout avec des balles moulées composées d'un alliage de plomb, de zinc et d'étain. Les 2 genres de rayures précédentes ont été créés surtout en vue du chargement par la bouche. Le système Withworth a été cependant adopté en Suède pour des armes se chargeant par la culasse. .

Rayures Westhley-Richard's. — Ce tracé est un dérivé du précédent ; la section de l'âme est octogonale (fig. 119) ; elle a été adoptée par le Portugal, conjointement avec un mécanisme du même inventeur.

Rayures Henry. — Conçu en vue du chargement par l'arrière, le tracé Henry a pour point de départ l'idée de multiplier les guides et de faciliter la pénétration des côtes saillantes dans le bourrelet du projectile (fig. 120).

Le canon Henry peut être considéré comme portant 14 rayures. Le tracé est assez compliqué mais il donne d'excellents résultats. Il a été adopté en Angleterre conjointement avec un mécanisme proposé par. M. Martini. De là le nom de fusil Martini-Henry récemment adopté par le gouvernement anglais.

Polissage des rayures. — Le rayage des canons s'opère au moyen de couteaux qui laissent toujours des bavures plus ou moins visibles. Ces défauts de travail seraient très préjudiciables à la justesse, si on les laissait subsister aussi a-t-on soin de polir le fond et les côtés des rayures avec des cylindres de plomb enduits d'un mélange d'huile et d'émeri.

III. Rapport entre la charge de poudre et le poids du projectile

Avec les fusils lisses tirant la balle sphérique, on employait généralement la charge au tiers, soit 9 grammes de poudre pour 27 grammes de plomb. La balle avait une grande vitesse initiale ; la trajectoire était très tendue jusqu'à 250 mètres environ mais la justesse était plus que médiocre de 200 à 300 mètres, et complètement nulle au-delà de cette dernière distance.

Lorsqu'on voulut appliquer aux armes de guerre le forcement par la baguette ou par les gaz, on dut modifier beaucoup le rapport précédent.

Ou crut pendant longtemps à l'impossibilité de donner à la balle forcée, la même vitesse initiale qu'à la balle libre. On pensait qu'il fallait renoncer à la tension de trajectoire de cette dernière balle pour se donner les bénéfices de la grande justesse des armes rayées. On avait adopté la charge au $^{1}/_{11}$ environ pour la carabine.

Plus tard, on adopta la charge au ⅛ pour le fusil (1854 et 1863) ; c'était un progrès mais il était peu sensible. L'étude des armes de petit calibre devait en faire réaliser de plus considérables. M. Treuille de Beaulieu réussit en effet, en 1852, à tirer une cartouche contenant 3 grammes de poudre pour 11 grammes de plomb. Il avait dépassé la charge au tiers.

En 1861, M. Manceaux tirait une balle de 32 grammes avec 7 grammes de poudre ; c'était presque la charge au ¼. L'arme avait une portée de 1800 mètres.

La charge à employer dépend d'ailleurs et de la forme de la balle et de son mode de fabrication, et de la matière employée (plomb ou alliage de plomb).

Jusqu'à une certaine limite, l'augmentation de la charge appliquée à une balle donnée augmente en même temps la vitesse de projection et l'énergie du forcement. Mais si l'on dépasse cette charge limite, l'augmentation de force développée est entièrement absorbée par les frottements qui se sont accrus d'une égale valeur.

La vitesse de projection qui correspond à cette charge limite est à peu près le maximum de vitesse initiale que l'on puisse obtenir avec l'arme et le projectile mis en essai. Pour obtenir une plus grande vitesse, il faut diminuer les frottements et, pour ce faire, diminuer la compressibilité du plomb et, par suite, l'énergie du forcement par affaissement.

Telle est la cause pour laquelle les balles estampées par compression et fabriquées avec des alliages plus durs que le plomb, sont susceptibles de recevoir une plus vigoureuse impulsion que les balles de plomb pur obtenues par le coulage.

Avec ces derniers projectiles, le rapport de la charge doit varier entre le ¼ et le $^1/_5$.

Avec des balles moins compressibles, on arrivera probablement à dépasser la charge au ¼.

Dans ces recherches, on doit avoir surtout pour but d'imprimer au projectile une vitesse initiale de 450 mètres par seconde. Avec les poudres de guerre actuelles, ce résultat est ordinairement obtenu avec la charge au ¼.

Le rapport qui doit exister entre la charge de poudre et le poids du projectile serait donc de 1 à 4. Il résulte d'ailleurs des développements précédents que ce rapport n'a rien d'absolu.

IV – Poids à adopter pour une balle d'infanterie, le calibre n'étant pas imposé

La solution de cette question dépend de la relation qui existe entre la quantité cherchée, le poids de l'arme, la charge de poudre et la force moyenne du tireur.

On sait que l'inflammation de la poudre développe dans l'intérieur du canon une force qui, simultanément, lance le projectile en avant et pousse le fusil contre l'épaule du tireur. Les quantités de mouvement dont l'arme et la balle sont animées sont les mêmes, ce que l'on résume dans l'expression $MV = mv$, ou $PV = pv$,

- P étant le poids du fusil ;
- V la vitesse du recul ;
- *p* le poids du projectile ;
- *v* vitesse initiale qui lui est imprimée.

Trois des quantités précédentes étant connues, la quatrième se déduirait facilement de la formule. Nous cherchons *p* ; nous commencerons donc par déterminer les valeurs des autres quantités.

Remarquons d'abord que PV est la quantité de mouvement que l'épaule du tireur doit détruire par suite du recul de l'arme. Cette quantité ne doit pas dépasser une certaine limite, sous peine de rendre le recul intolérable mais cette limite maxima varie avec le poids de l'arme. Ainsi, le recul produit par le tir de la cartouche modèle 1859, acceptable avec la carabine, devenait trop fort avec l'ancien mousqueton d'artillerie ; il eût été peu sensible, avec une arme de 6 kilogrammes. De là résulte que plus l'arme a de poids, plus on peut augmenter, sans risque pour le tireur, la force développée dans l'intérieur du canon.

La possibilité d'accroître la puissance de l'arme en même temps que sa masse doit conduire à accepter pour le fusil le poids le plus lourd possible.

Mais, d'autre part, le soldat doit pouvoir porter son arme sans fatigue dans les marches et dans les manœuvres, la manier avec facilité dans l'escrime à la baïonnette, et la soutenir à bras francs pendant le tir. Pour toutes ces éventualités, l'arme sera d'autant mieux entendue qu'elle sera plus légère.

Nos prédécesseurs, décidant entre ces exigences contraires après de nombreux tâtonnements, fixèrent le poids du fusil à 4,75 kg environ.

Les armées étaient alors moins nombreuses que de nos jours ; le mode de recrutement n'était pas le même ; la taille et la force moyenne du soldat étaient plus grandes.

Le poids de 4,75 kg qui n'était pas exagéré sous Louis XIV et sous Louis XV, est trop fort aujourd'hui. On cherchera désormais à ne pas dépasser 4 kilogrammes.

D'ailleurs, la nécessité de charger le soldat d'une assez grande quantité de munitions imposerait quand même cette réduction de poids.

Le poids du fusil étant fixé à 4 kg, quelle est, dans cette condition, la quantité de mouvement PV que l'épaule peut supporter ?

Elle est variable suivant la force et même suivant l'instruction des tireurs car l'habitude du tir peut, dans une certaine mesure, suppléer à la vigueur naturelle mais il faut surtout envisager les jeunes soldats les moins robustes, quand il s'agit de fixer la limite du recul d'une arme de guerre. Les résultats d'expérience connus en 1866 permettaient d'établir cette limite avec une approximation très satisfaisante.

On savait, par exemple, que le recul du fusil lisse, tirant la balle sphérique, était trop considérable et qu'il était moins fort avec le fusil transformé rayé, ce que l'on avait jadis accueilli comme un progrès.

La balle modèle 1863, tirée dans le fusil d'infanterie modèle 1857 sans baïonnette, peut être considérée comme donnant la limite du recul acceptable.

Or, le poids de la balle étant de 36 grammes et la vitesse initiale de 320 mètres environ,

$$\text{on a :}\quad PV = pv = 320 \text{ x } 0{,}036 \text{ kg} = 11{,}520$$

Le poids du fusil modèle 1857 sans baïonnette est de 4,33 kg. Si l'on réduit le poids du fusil à 4 kg, il faudra, pour ne pas augmenter l'effet du recul, diminuer la quantité de mouvement PV et son égale *pv*.

La réduction du poids du fusil est de 1/12. Supposons que la réduction du recul soit à peu près la même, nous aurons, en prenant des nombres ronds : $P'V' = p'v' = 10{,}500$.

Cette expression montre qu'on peut faire varier à volonté, le poids du projectile, à la condition de faire varier sa vitesse en raison inverse.

En voici quelques exemples :

Vitesses à imprimer. .	50^m	400^m	450^m	200^m	250^m	300^m	350^m	400^m	450^m	500^m
Poids correspondants des projectiles. . . .	0^k,240	0^k,405	0^k,070	0^k,052	0^k,042	0^k,035	0^k,030	0^k,027	0^k,0233	0^k,021

Reconnaissons maintenant qu'on peut déduire approximativement la valeur de v des considérations développées plus haut. Nous savons, en effet, que la charge au ¼ est celle qui permet d'allier de la manière la plus favorable la justesse de tir et la tension de trajectoire. Or, la charge au ¼ dans des armes bien entendues, donne une vitesse initiale de plus de 450 mètres.

Supposons qu'on n'arrive qu'à ce dernier chiffre. Le poids correspondant du projectile est alors : $p = 10{,}5/450 = 0{,}0233$. Ainsi, le poids de 23,3 g est celui qui parait le mieux convenir au projectile, si l'on tient à avoir en même temps une arme maniable, un recul supportable, une grande vitesse de projection et une bonne justesse de tir.

Ces quatre conditions s'obtiendraient plus aisément encore, principalement les trois premières, en employant une balle de poids inférieur, 15 ou 18 grammes par exemple.

Mais il ne faut pas perdre de vue que plus on diminuera le poids du projectile, moins on obtiendra de portée. Or la portée étant une des qualités essentielles de l'arme de guerre, il est préférable de prendre une balle de 23 ou 24 grammes, qui peut donner une portée de 1200 mètres.

V – Calibre à adopter pour une arme de guerre

La solution de cette question se réduit maintenant à déterminer quel serait le calibre d'une balle de plomb du poids de 24 g qui aurait une hauteur égale à 2,5 fois son calibre.

Le problème peut se résoudre par le calcul ou par de simples tâtonnements.

En supposant que le projectile soit un cylindre plein surmonté d'une ogive d'un rayon égal au calibre, on trouve que ce calibre serait de 10,6 mm environ.

Le tableau suivant indique les poids de projectiles établis dans les mêmes conditions pour des calibres variant de 8 à 18 millimètres.

Calibres (mm)	8	9	10	11	12	13	14	15	16	17	18
Poids (g) correspondants des projectiles	10	14	19,7	26,2	34	43,2	54	66,5	80,7	96,8	114,9

Le calibre du projectile étant de 10,6 : si l'arme à laquelle il est destiné se charge par la culasse, elle aura à peu près le calibre de 10,7 mm, et la balle présentera à l'arrière un petit bourrelet du calibre de 11,3 mm maximum.

Si l'arme, au contraire, se charge par la bouche, on trouvera son calibre en ajoutant à celui de la balle les 0,5 mm de vent nécessaires au chargement. Le calibre cherché sera de 11,1 mm et la balle présentera un petit évidement pour opérer le forcement.

Le tableau précédent fait voir qu'une arme du calibre de 18mm mise dans les meilleures conditions de tir devrait lancer un projectile de 115 grammes avec une charge de 29 grammes. Il ne faut pas réfléchir longtemps pour reconnaître que le canon ne résisterait pas à l'explosion, et que l'épaule du tireur ne supporterait pas le recul d'une pareille cartouche.

Cependant, en augmentant suffisamment le poids de l'arme et l'épaisseur du canon, on arriverait sans doute à établir un fusil dont le recul pourrait être modéré mais l'arme serait d'un tel poids que l'hercule le mieux taillé ne pourrait la mettre en joue.

Ces faits prouvent combien le poids et certaines dimensions des armes du système 1857 et des cartouches adoptées pour leur usage, sont loin des conditions qu'il faudrait réaliser pour donner à des canons du calibre de 8 mm toute la puissance de tir dont ils seraient susceptibles.

On insiste là-dessus avec intention, parce que bien des personnes croient encore aujourd'hui que les petits calibres sont supérieurs aux grands par le seul fait de leurs dimensions. Or, des armes de 18 mm mises dans les mêmes conditions de tir que le fusil de 10,7 mm dont on vient de déterminer les principaux éléments, auraient une portée de 4 kilomètres.

Principaux éléments d'une carabine ou d'un fusil de rempart tirant des balles allongées. — Les données principales du fusil d'infanterie se déduisent des limites qui sont imposées au poids de l'arme et à la quantité de mouvement produite par le recul. Ces deux quantités ont été déterminées en vue des hommes les moins robustes fournis par le recrutement. Mais si on sentait le besoin d'avoir, dans certains cas particuliers, des armes portatives tirant avec efficacité bien au-delà de la distance de 1 000 mètres, on pourrait réaliser cette idée en confiant des carabines spéciales à des hommes vigoureux, capables de supporter un surcroît de charge et une augmentation de recul.

Les faits connus qui permettraient de fixer les dimensions principales d'une pareille arme sont moins nombreux que pour le fusil d'infanterie ; néanmoins, on a eu en France des fusils de remparts qui fournissent quelques données précieuses. Ainsi, le fusil de rempart modèle 1831, pesait 8,620 kg, et lançait une balle forcée de 62,5 g avec une charge de poudre de 10 grammes. Le fusil de rempart modèle 1840 pesait 5,207 kg, et tirait une balle forcée de 45,5 g, avec une charge de poudre de 6,25 g.

On estime qu'un homme robuste et bien exercé peut manier une carabine de 6 kg et supporter le tir d'une cartouche contenant 40 grammes de plomb et 10 grammes de poudre.

En se reportant au tableau de la page 163, on voit que le calibre de la balle devrait être, dans ce cas, de 12,7 mm environ, et celui de l'arme de 13,2 mm ou 12,8 mm, suivant qu'elle se chargerait par la bouche ou par la culasse.

Une carabine de ce genre doit être courte, avoir un canon très étoffé et une hausse permettant le tir jusqu'à 1500 mètres environ. Au-delà de cette distance, il faudrait viser en plaçant la crosse sous le bras droit et régler le tir au moyen d'une hausse supplémentaire indépendante de l'arme. On pourrait loger cette pièce dans la crosse. Le logement serait fermé par un couvercle à charnière ajusté vers le milieu de la plaque de couche*.

30 bons tireurs armés de carabines de ce genre produiraient l'effet d'une mitrailleuse, offriraient moins de prise aux feux de l'ennemi et pourraient occuper des positions inaccessibles à une pièce d'artillerie.

Types adoptés. Les notions qui précèdent, peu répandues encore aujourd'hui, étaient à peine entrevues il y a dix ans par un petit nombre de spécialistes. Aussi, avons-nous vu toutes les puissances qui avaient renouvelé leur armement antérieurement à 1866, adopter des calibres très différents entre eux.

	mm	
La Prusse avait adopté pour le fusil à aiguille le calibre de	15,3	
L'Angleterre	14,8	(Fusil et carabine Enfield)
L'Autriche	13,9	(Fusil et carabine).
La Russie	15,4	(Fusil de tirailleurs de 1856)
Les États-Unis .	14,8	
La Suisse	10,5	(Fusil de chasseurs).
La Hollande	12,6	(Fusil).

En France, en 1863, on proposait encore sérieusement un fusil du calibre de 15 millimètres. Du reste, à cette époque, les armes même de 18 millimètres ne manquaient pas de chauds partisans.

Plusieurs ignoraient ce que le tir devait gagner en portée et en justesse avec des armes d'un calibre plus faible. D'autres pensaient que les petits projectiles ne pouvaient faire que des blessures sans gravité, et conséquemment, que leur adoption aurait pour effet d'ébranler la confiance de nos soldats et d'augmenter d'autant l'audace de nos ennemis.

Cette dernière objection même est tombée devant les faits. On n'a certainement pas cherché à augmenter la valeur meurtrière des projectiles, mais il arrive que l'énorme rotation qu'on leur imprime pour assurer leur justesse devienne accessoirement un agent puissant de destruction, lorsque le projectile a pénétré dans les chairs. On a vu des blessures dans lesquelles le trou de sortie était de sept à treize fois plus grand que le trou d'entrée. Les armes de petit calibre ne sont donc pas des armes inoffensives.

La cinquième série d'études est féconde en progrès :

La tension de trajectoire, la justesse de tir, la portée, la pénétration ont été considérablement augmentées ;

L'arme n'a rien perdu en solidité ni en simplicité, le poids du fusil a été allégé et tous les éléments de l'arme ont été équilibrés, de manière à obtenir une grande puissance de tir avec une arme légère, un petit projectile, sous la condition d'un recul supportable.

Sixième série

Armes se chargeant par la culasse

Les armes se chargeant par la culasse sont les plus anciennes des armes à feu. Le manque de solidité des mécanismes destinés à opérer la fermeture leur a fait préférer les armes se chargeant par la bouche mais, de tout temps, on leur a reconnu des avantages tels que leur étude a été reprise dès qu'un système nouveau paraissait donner l'espérance d'une solution acceptable.

Voici en quoi consiste la supériorité de ces armes : le chargement est prompt et facile, même pendant la nuit et quelle que soit l'attitude du tireur ; qu'il ait la baïonnette croisée, qu'il soit à genoux, assis, couché ou abrité derrière un parapet, ou dérobé à la vue de l'ennemi par un obstacle quelconque. On peut ne charger qu'au moment de faire feu, et décharger aussitôt qu'on n'est plus dans l'intention de tirer. La cartouche est stable dans le canon et ne tombe pas, même lorsqu'on porte l'arme la bouche en bas.

Le tir est susceptible d'une grande rapidité. Il peut se prolonger presque indéfiniment, sans qu'il soit nécessaire de laver le canon.

La charge de poudre est toujours entière et toujours placée de la même manière, ce qui est une garantie de régularité dans la portée.

Le forcement est certain et la balle peut être centrée, ce qui assure la justesse.

À côté de ces avantages, il existe un inconvénient qui a fait rejeter pendant longtemps l'idée de donner des armes se chargeant par la culasse à toute l'infanterie, c'est la grande consommation de munitions qui résulte de la vitesse du tir. La plupart des officiers qui discutaient la question ne voyaient dans cette vitesse qu'un danger et craignaient que les soldats, après avoir tiré inconsidérément leurs cartouches, ne se trouvassent hors d'état de répondre au feu de l'ennemi, au moment le plus critique.

Contrairement à cette opinion de la grande majorité, quelques militaires, autorisés par leur compétence ou leur position dans l'armée, soutenaient avec raison qu'il fallait accepter les inconvénients des armes se chargeant par la culasse, plutôt que de renoncer à l'effet irrésistible que l'on doit obtenir du tir rapide, en l'employant à propos.

Puisque la question est désormais tranchée, nous allons nous borner à enregistrer les faits et à voir rapidement par quelle série d'études on est arrivé au système adopté.

Tous les progrès réalisés dans ces dernières années datent de l'invention du fusil Lefaucheux et surtout de celle de la cartouche Gévelot qui sert à cette arme. La cartouche Gévelot produit une obturation parfaite et résout un problème vainement cherché jusqu'alors.

L'usage du fusil de chasse du système Lefaucheux est devenu général. Tous les chasseurs apprécient la supériorité de ce système sur les armes à baguette. Ce fait n'est certainement pas sans influence sur le revirement d'opinions qui s'est opéré en faveur du chargement par la culasse.

Cependant le système Lefaucheux lui-même est inacceptable pour l'usage de l'armée. Le fusil se brise dans le chargement, en avant de la poignée, disposition essentiellement vicieuse pour une arme munie d'une baïonnette. Il faut que, dans le fusil de guerre, le canon soit à demeure sur le bois.

M. Treuille de Beaulieu a construit, en 1852, pour l'armement des Cent-Gardes, une arme très remarquable à tous les points de vue, si l'on considère surtout l'époque à laquelle elle a été présentée. Le canon et la monture sont invariablement liés entre eux. Le mécanisme, très ingénieux, est d'une extrême simplicité. La charge de poudre, très forte relativement au poids du projectile, lui donne une tension de trajectoire inconnue jusque-là et même jugée irréalisable.

Le calibre est très réduit, ce qui a permis de diminuer beaucoup le poids de l'arme, tout en lui assurant une grande puissance de tir (la balle, de 11 grammes, perce une cuirasse). L'emploi d'une cartouche à culot métallique assure l'obturation ; la cartouche porte son amorce, et cette circonstance, jointe à la simplicité de la manœuvre du mécanisme, aurait assuré au tir une grande rapidité, si les cartouches eussent été bien confectionnées.

Cette arme était née avant son temps. L'industrie française n'était pas en mesure de fabriquer les cartouches qui lui convenaient. Il aurait fallu des enveloppes identiques, et on n'obtint que des à peu près. Certaines cartouches trop fortes de calibre ne pouvaient pas être introduites dans le canon ; d'autres, trop petites, se gonflaient ou crevaient et ne pouvaient en être retirées.

D'un autre côté, on n'admettait pas à cette époque que les munitions de guerre pussent être le produit d'une usine immobilisée dans l'intérieur du pays. On posait en principe qu'elles devaient être fabriquées par n'importe qui et dans n'importe quel lieu. Donc, on proscrivait des cartouches dont la confection exigeait l'emploi de machines-outils et dont les éléments ne pouvaient être facilement trouvés en tous pays.

La cartouche Treuille avait encore pour son temps, le défaut de se prêter au tir rapide.

Afin de limiter la grande consommation des munitions, considérée, nous l'avons dit, comme le vice capital des armes se chargeant par la culasse, on voulait que l'amorce demeurât séparée de la cartouche et que, par ce moyen, la charge conservât une durée assez prolongée.

Le problème ainsi posé offrait de sérieuses difficultés.

La cartouche devait être assez solide pour résister aux transports et à l'action du mécanisme dans le chargement mais, comme elle ne portait pas son amorce, le feu ne pouvait être communiqué à la poudre qu'à travers l'étui. L'étui lui-même devait être brûlé à chaque coup ou rejeté en dehors du canon, afin de permettre l'introduction de la cartouche suivante. L'emploi d'une capsule séparée de la cartouche rendait de plus indispensable un système de sûreté qui enrayait le mouvement de la platine pendant toute la durée de la charge. Enfin, l'arme devait être munie d'un obturateur.

M. Chassepot présentait, en 1858, un mousqueton de cavalerie qui satisfaisait d'une manière fort ingénieuse à deux des conditions du problème : l'obturation du tonnerre et l'enrayement de la platine.

La fermeture du tonnerre était produite par un cylindre ou verrou pouvant se déplacer dans le sens de l'axe en arrière du canon (fig. 121).

Le recul était supporté par deux tenons (TT') prenant appui sur deux crampons ménagés à l'arrière de la boîte de culasse.

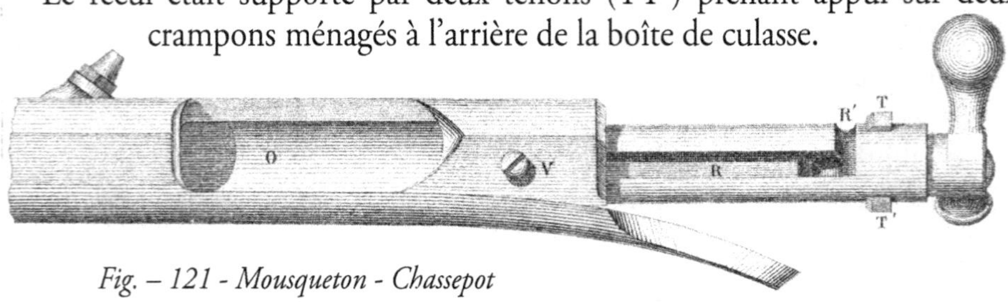

Fig. – 121 - Mousqueton - Chassepot

En tournant le cylindre de ¼ de tour, on dégageait les tenons des crampons, et on pouvait le ramener en arrière pour découvrir l'entrée de la chambre.

La cartouche était introduite par une large ouverture (O) ménagée sur la partie gauche du dessus de la boîte de culasse.

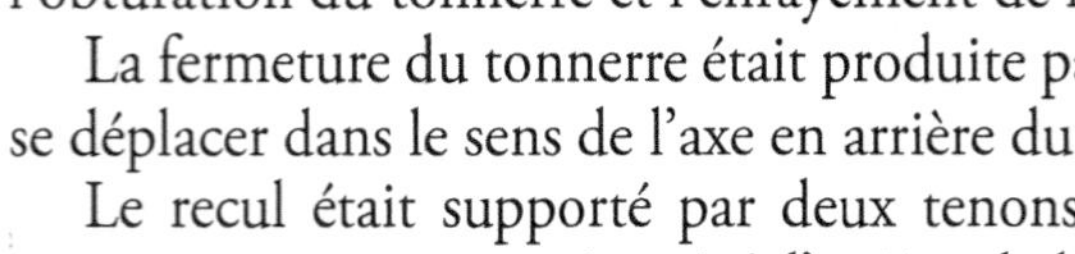

Fig. – 122 - Culasse mobile

Les mouvements du cylindre étaient guidés et limités par une vis-arrêtoir (V) dont le bout non fileté s'engageait dans une rainure coudée (RR').

L'obturation (fig. 123) était produite par une rondelle de caoutchouc vulcanisé (A), fixée sur la tranche antérieure de la culasse mobile (B), par une rondelle métallique (C) surmontée en son centre d'une tige (D). Cette tige traversait la rondelle de caoutchouc, pénétrait dans l'intérieur du cylindre, et était maintenue par une vis (F), dont la tête était noyée dans le corps du cylindre et dont l'autre extrémité, s'engageant dans un collet (G) pratiqué sur le pourtour de la tige, lui servait d'arrêtoir, tout en lui donnant un certain jeu dans l'intérieur de son logement.

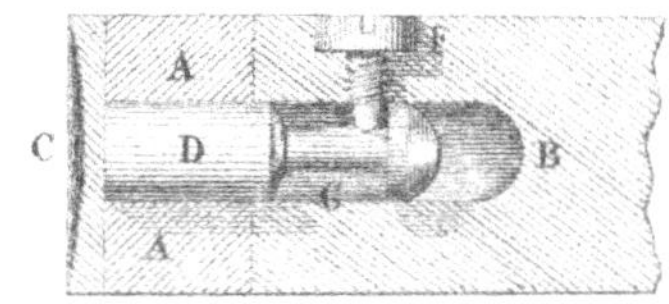

Fig. – 123 - Coupe de l'obturateur

La face postérieure de la rondelle métallique qui reposait sur la rondelle de caoutchouc était plane ; la face antérieure, sur laquelle devait s'exercer l'action des gaz, présentait une forme légèrement concave.

La rondelle métallique, poussée par les gaz, comprimait le caoutchouc contre la tranche antérieure du cylindre et le forçait à s'élargir suffisamment pour boucher toute issue aux gaz. Ce système d'obturation est la seule chose qui reste de l'arme primitive.

L'enrayement de la platine était produit par une disposition particulière de la lame de la détente*.

En dehors de ces deux questions heureusement résolues, tous les autres éléments de l'arme étaient restés à l'état rudimentaire. Les dimensions avaient été prises au hasard : le calibre était trop grand, la balle était trop courte et d'un diamètre tel que le forcement était trop énergique, la chambre était trop longue, la balle n'était pas centrée, elle entrait dans le canon plus ou moins de travers, elle était déjà animée d'une vitesse acquise considérable, lorsqu'elle rencontrait les rayures, elle les franchissait souvent sans prendre de mouvement de rotation. Il résultait de tout cela que la justesse était à peu près nulle.

La cartouche n'était pas étudiée : l'enveloppe de papier n'était brûlée qu'en partie, les débris successifs, collés contre les parois de la chambre, s'y superposaient et l'obstruaient très rapidement, une nouvelle cartouche introduite dans ces conditions crevait sous la pression du mécanisme ; la poudre se répandait dans la chambre, il fallait prendre la baguette pour décharger l'arme et nettoyer la chambre à fond.

Outre l'inconvénient d'arrêter le tir, la présence dans la chambre de ces débris de papier souvent enflammés, pouvait occasionner des accidents graves.

L'année suivante, la commission de Vincennes eut à examiner une arme de même espèce, présentée par MM. Manceaux et Vieillard (fig. 124 p. 153).

La fermeture était produite par un verrou (fig. 125).

Le recul était supporté par un tenon (I) et un renfort (R).

La boîte de culasse et le renfort présentaient des dispositions qui ont été adoptées plus tard pour le fusil modèle 1866. Le levier de manœuvre était mobile, il se rabattait sur le verrou pour fermer la fente supérieure de la boîte et la portion de l'échancrure non occupée par le renfort.

Fig. – 125 - Culasse mobile du fusil Manceaux

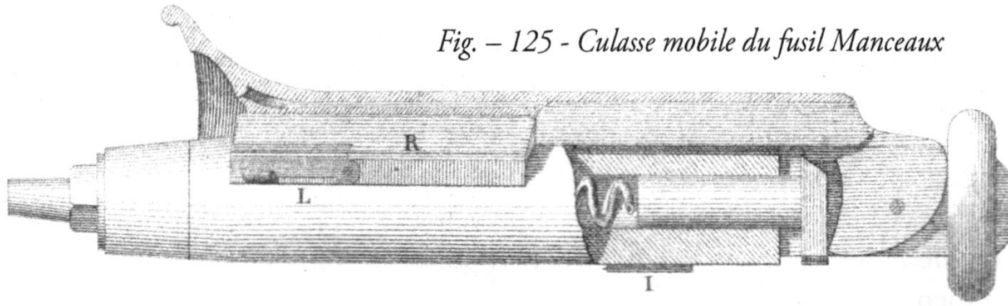

L'arrêtoir qui limitait le mouvement de retraite de la culasse était porté par une languette mobile (L) qu'il suffisait de soulever pour retirer empiétement le cylindre de la boîte.

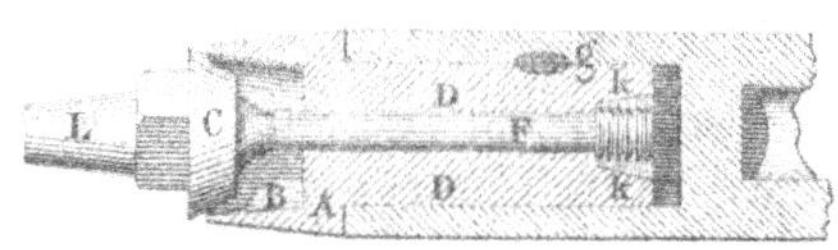

Fig. – 126 - Coupe de l'obturateur

L'appareil obturateur (fig. 126) se composait d'une pièce d'acier fondu (A) dont la surface antérieure, de forme tronconique, portait exactement contre la paroi de raccordement de la chambre et de l'âme, et présentait intérieurement un évidement (B) de forme également tronconique. Un tronc de cône plein (C) en acier fondu était engagé et pouvait pénétrer dans cet évidement sous le choc des gaz de la poudre.

Pour assurer l'élasticité des parois du tronc de cône évidé, cette pièce était trempée et recuite au bleu. Le cône plein était trempé et recuit seulement à la couleur jaune afin de lui conserver une grande dureté.

Au moment de l'explosion de la charge, le mouvement de retraite que prenait cette dernière pièce dilatait, dans le sens de son diamètre, le cône évidé qui s'appliquait contre les parois du canon, en bouchant toute issue aux gaz.

Le tronc de cône évidé se terminait à sa partie intérieure par un arbre cylindrique (D) qui s'engageait dans l'intérieur du cylindre et y était fixé à l'aide d'une goupille excentrique (g). Le tronc de cône plein se terminait à l'arrière par une tige (F) qui traversait, dans toute sa longueur et suivant l'axe, l'arbre du tronc de cône creux, et venait se visser dans un petit écrou (k) engagé dans une entaille pratiquée à l'extrémité de cet arbre.

Les deux pièces principales de l'appareil obturateur se trouvaient parfaitement reliées entre elles.

Le cône plein conservait toute liberté de mouvement en arrière et pouvait pénétrer dans le cône creux au moment de l'explosion de la charge. Le cône plein se terminait, à sa partie, antérieure par un appendice (L) ayant la forme d'une cheminée d'arme de guerre.

Il avait pour but de laisser en arrière de la chambre un espace libre (fig. 124), dans lequel les gaz enflammés de la charge pouvaient se répandre pour produire la combustion complète de l'enveloppe ou en rejeter les débris hors du canon.

On a donné à cette disposition le nom de chambre ardente (voir fig. 124) (A).

Au moyen d'une clef de cheminée on pouvait, soit assembler le cône plein sur le cône évidé, soit séparer les deux pièces.

Le système d'obturation de l'arme Manceaux était ingénieux et fonctionnait bien. Quant à l'arme elle-même, elle était soigneusement étudiée dans tous ses détails et très remarquable pour son temps.

Le calibre était réduit à 12 millimètres, la balle avait une hauteur égale à 2 fois son calibre, elle pesait 25 grammes et était lancée avec 5 grammes de poudre c'était la charge au ⅕. Le forcement, produit par un bourrelet ménagé à la partie inférieure, était suffisant et ne créait pas de frottements inutiles pour le maintien de la balle et nuisibles pour la justesse du tir et la tension de la trajectoire. La chambre, proportionnée à la dimension de la cartouche, était disposée de manière que la partie antérieure de la balle fût logée dans l'âme, tandis que le bourrelet s'appuyait sur le raccordement de la chambre et du canon. Grâce à ces dispositions, la balle était centrée et tournait dès son premier mouvement en avant.

Fig. – 127 - Cartouche

La cartouche était maintenue dans le sens de la longueur par un tortillon en laiton (fig. 128) qui recevait directement la pression du mécanisme pendant le chargement, ce qui ménageait l'enveloppe. Ce fil de laiton était porté par une rondelle de carton (O) imbibée de suif et placée entre la balle et la poudre. Elle avait pour but de régulariser l'action des gaz de la poudre sur la balle et surtout de nettoyer à chaque coup les rayures du canon (voir fig. 124 et 128).

Fig. – 128 - Balle - Rondelle et tortillon

Les armes Manceaux, présentées en 1859, n'avaient pas de système de sûreté.

Les deux armes dont on vient de donner les dispositions essentielles ne satisfaisaient pas à toutes les conditions du problème à résoudre. Mais chacune de ces conditions se trouvait remplie au moins dans l'un des types proposés. On pouvait donc espérer, dès 1859, que de nouvelles études amèneraient une bonne et complète solution.

Les deux systèmes Manceaux et Chassepot, perfectionnés séparément, furent soumis à des expériences qui ont été prolongées jusqu'en 1864.

À cette époque, ni l'un ni l'autre ne répondaient aux besoins du moment. Ils n'étaient plus la dernière expression des progrès accomplis.

Depuis 1859, les idées avaient marché. Les partisans des armes se chargeant par la culasse avaient fait des prosélytes. Les opinions s'affirmaient d'une manière plus nette. Tandis que les uns persistaient à vouloir le maintien du chargement par la bouche, les autres demandaient, non seulement le chargement par la culasse, mais encore une cartouche portant son amorce.

En présence de ces deux opinions radicales et énergiquement défendues, les systèmes précédents n'étaient plus qu'un moyen terme qui ne satisfaisait personne.

Cependant, le besoin d'une solution se faisait vivement sentir. Il était à désirer que la question en litige fût résolue en principe afin de limiter les recherches ayant pour but la création du type à adopter.

En 1864, on jugea nécessaire de fixer les conditions du problème.

Voici les dispositions essentielles qui furent arrêtées :

Le fusil d'infanterie, raccourci à la longueur de la carabine et notablement allégé, devait se charger par la culasse avec une cartouche portant son amorce. L'étui devait disparaître entièrement dans le tir, ou bien, s'il restait dans la chambre, il fallait l'enlever sûrement, à chaque coup, au moyen d'un tire-cartouche adapté à l'arme.

Les recherches nécessaires à la réalisation de ce programme furent poussées avec une grande activité. On travailla en même temps des armes employant des cartouches à culot métallique et des armes à aiguille, à l'imitation du fusil prussien.

L'étude de ce dernier fusil offrait alors un intérêt de circonstance.

Quels étaient ses défauts ?

Quelles étaient ses qualités ?

Il fallait tâcher d'éviter les uns et de conserver les autres.

Ce qui distinguait surtout le fusil prussien des deux systèmes précédents, c'est qu'il tirait une cartouche portant son amorce, tandis que les autres employaient des capsules séparées.

Le fusil Chassepot et le fusil Manceaux avaient des platines comme les armes se chargeant par la bouche.

Dans le fusil prussien, au contraire, le mécanisme destiné à enflammer l'amorce était contenu dans le verrou produisant la fermeture.

Au premier abord, le fusil prussien n'offre que des dispositions défectueuses. L'arme est lourde, mal en main, le mécanisme est d'un poids et d'un volume exagérés.

L'aiguille, qui doit traverser toute la charge de poudre pour arriver à l'amorce, est très longue et très effilée, partant peu solide. L'arme n'a pas d'obturation ; la chambre n'est pas raccordée avec la boîte de culasse, ce qui rend difficile l'introduction de la cartouche ; le calibre de l'arme est trop fort pour une balle allongée.

Ce dernier défaut, reconnu postérieurement à l'adoption du modèle, a conduit à employer un projectile d'un calibre inférieur à celui du canon ; il est enchâssé dans un culot de carton qui prend l'empreinte des rayures. Ce culot n'offre pas assez de résistance et ne favorise pas le développement de la force élastique des gaz de la poudre, la trajectoire est donc peu tendue. La cartouche n'est pas solide. L'enveloppe se compose d'une seule révolution de papier dans l'intérieur de laquelle la poudre ne peut pas être tassée, parce qu'il faut que l'aiguille puisse la traverser pour arriver à l'amorce.

À côté de ces imperfections, on trouve des dispositions ingénieuses tout à fait supérieures, si l'on se reporte aux idées des contemporains : l'arme est munie d'une chambre ardente, le mécanisme, malgré son apparence grossière, ne contient pas une seule vis, on peut tout démonter et remonter sans l'aide d'accessoires d'aucune espèce.

Si l'aiguille est fragile, on peut la remplacer sans toucher à aucune autre pièce du mécanisme, et chaque soldat possède deux aiguilles de rechange.

On ne connaissait pas de moyen d'obturation lors de l'adoption du modèle mais on voit que l'on a passé outre avec connaissance de cause, car on a cherché à atténuer l'inconvénient des crachements en les dirigeant du côté opposé à la figure du tireur (fig. 303 et 304).

Le démontage, le remontage et l'entretien de l'arme sont simples et faciles.

Le fusil prussien était en service depuis vingt ans. Il avait la consécration de deux campagnes dans lesquelles il avait joué un rôle important, il était naturel de le prendre pour point de départ des recherches et pour terme de comparaison dans l'appréciation des types présentés.

Le nombre des modèles d'armes se chargeant par l'arrière proposés au ministère de la guerre est trop considérable pour qu'on puisse les analyser tous. On se bornera, pour le moment, à la description de trois types qui ont été soumis à l'examen d'une commission supérieure formée au camp de Châlons en 1866 :

1°. Le fusil *Chassepot* qui, après modification, est devenu le fusil modèle 1866 ;
2°. Le fusil *Chassepot-Plumerel*
3°. Le fusil *Favé.*

Fusil Chassepot. — Contrairement à la disposition adoptée en Prusse, l'amorce était placée à la partie postérieure de la cartouche, le parcours de l'aiguille était ainsi notablement raccourci, le cylindre pouvait donc être moins long que dans le fusil prussien. De plus, l'aiguille n'ayant pas à se frayer un passage à travers la poudre, pouvait être renforcée et raccourcie.

Le mécanisme proposé par M. Chassepot avait des dimensions raisonnables, tout en ne contenant que des organes solides et assez bien entendus. Il était complété par l'appareil obturateur essayé antérieurement. Le mécanisme était simple, solide et d'un entretien facile. Le maniement en était aisé et n'exigeait qu'une instruction très courte pour devenir familier aux soldats.

Le chargement se faisait sans difficulté et avec grande rapidité.

L'arme ne pouvait faire feu que lorsqu'elle était complètement fermée, ce qui mettait le tireur à l'abri de tout risque d'accident.

L'idée de placer l'amorce à l'arrière de l'étui avait pour but de simplifier le mécanisme, mais elle créait de grandes difficultés de fabrication pour la cartouche. Il fallait que la poudre fulminante fût préservée de tout contact, de tout frottement, non seulement avec les pièces du mécanisme, mais encore avec les éléments de la cartouche elle-même.

L'amorce devait être attachée solidement et cependant, les attaches devaient être expulsées du canon à chaque coup. Cette condition ne permettait pas d'employer un culot comme dans la cartouche prussienne, à moins qu'il ne fût en poudre comprimée ; or, les essais faits dans ce sens n'ont pas donné des résultats satisfaisants. L'enveloppe de la cartouche, bien que solide, devait être entièrement brûlée pendant le tir ou rejetée par débris en dehors du canon.

Il fallait éviter que le mécanisme ne s'encrassât par suite de l'introduction des gaz par le trou de la tête mobile de l'appareil obturateur (*voir la description de l'arme*).

La poudre fulminante fut placée dans le fond d'une capsule de cuivre qui la préservait de tout contact extérieur. L'amorce fut collée à l'enveloppe. La poudre tassée dans l'étui assura la fixité de la capsule. Cet étui était composé d'un tube en papier recouvert avec de la gaze de soie. Il était ainsi résistant sous une épaisseur très minime, et la poudre ne pouvait pas se tamiser à travers le papier.

La chambre ardente, ménagée à l'arrière de la cartouche, devait assurer la combustion du papier et de la gaze, ainsi que l'expulsion de la capsule et des rondelles qui servaient à la rattacher à l'étui.

Dans le but d'obturer le trou de l'aiguille au moment de l'inflammation de la charge, on avait placé dans la capsule une rondelle de drap qui ne produisait pas l'effet espéré. L'encrassement qui se déposait sur l'aiguille pendant le tir durcissait et arrêtait complètement le jeu de l'aiguille, laquelle restait clouée dans la tête mobile[7].

Fusil Chassepot-Plumerel. - La lenteur de fabrication de la cartouche Chassepot tient uniquement à la condition qu'on s'est imposée, de faire disparaître entièrement la cartouche par la combustion ou par l'expulsion de tous ses éléments. Frappé des difficultés qu'on éprouve à y parvenir, M. le capitaine Plumerel[8], rapporteur de la commission permanente de tir, proposa de renoncer à ce moyen de débarrasser la chambre.

---

[7] Postérieurement à l'adoption du modèle, la rondelle de drap a été remplacée par une rondelle de caoutchouc, qui a fait disparaître cet inconvénient.

[8] Le capitaine Plumerel a appartenu à l'École Normale de Tir de 1860 à 1863.

Il présenta une cartouche dont l'étui résistant ne devait plus être expulsé ni brûlé par les gaz, mais retiré du canon à l'aide d'un mécanisme spécial. La cartouche Plumerel était d'une confection plus rapide que la cartouche Chassepot et pouvait, suivant les circonstances, être fabriquée mécaniquement ou de main d'homme (fig. 129).

Fig. – 129 - Cartouche Plumerel

Elle nécessitait quelques modifications dans l'arme Chassepot : la chambre devait être disposée en raison de la nouvelle forme de la cartouche, la chambre ardente devenait inutile et même nuisible, par contre, un tire-cartouche était nécessaire. M. Plumerel changea la tête mobile du mécanisme Chassepot, afin de satisfaire à ces nouvelles conditions. La plaque de recouvrement devint plane du côté de la chambre et porta, par sa demi-circonférence, un tire-cartouche en forme de cuillère (fig. 130).

Fig. – 129-2 - Balle Plumerel

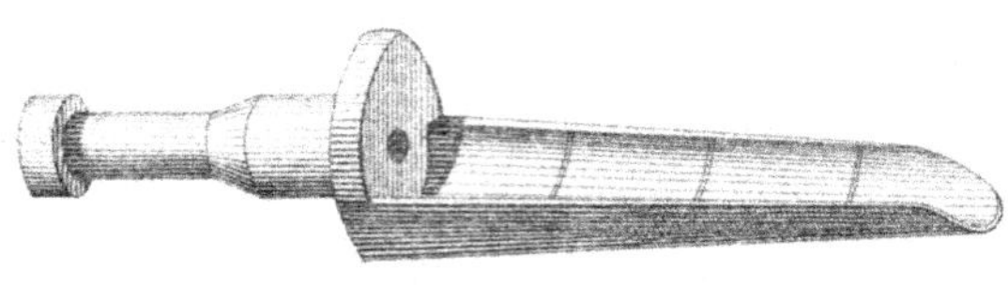

Fig. – 130 - Cuillère Plumerel

L'arme Chassepot-Plumerel ne réussit pas d'une façon satisfaisante, soit que la fabrication des modèles mis en essai fût défectueuse, soit que les défauts signalés dans les expériences fussent inhérents au système lui-même. Le tire-cartouche était souvent inefficace, et la boîte de culasse s'encrassait rapidement, au point de gêner le jeu de la culasse mobile.

Fusil Favé. – Le mécanisme de l'arme présentée par M. le général Favé avait beaucoup d'analogie avec celui du fusil prussien. Mais l'arme employait des cartouches à culot métallique (fig. 134 et 135) et était munie d'un tire-cartouche fort ingénieux.

La fermeture du tonnerre s'opérait au moyen d'une vis à filets interrompus (fig. 131).

L'aiguille était remplacée par un percuteur* du diamètre de 3,5 mm (fig. 132). Le culot métallique de la cartouche se logeait dans

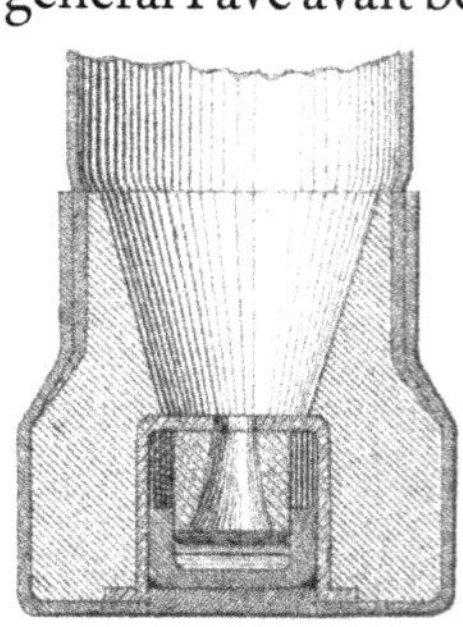

Fig. – 135 - Coupe de la cartouche Favé

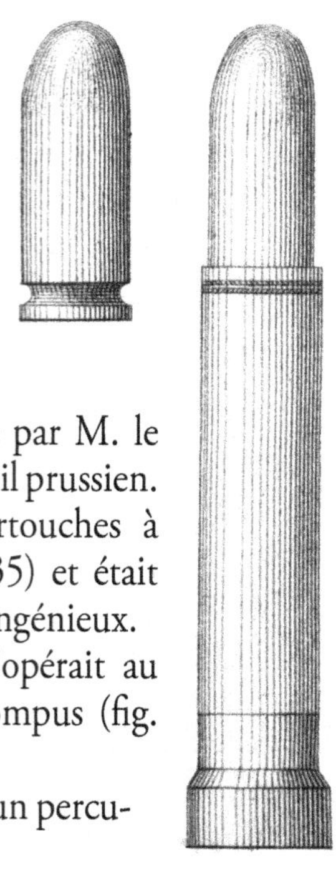

Fig. – 134 - Balle et cartouche favé

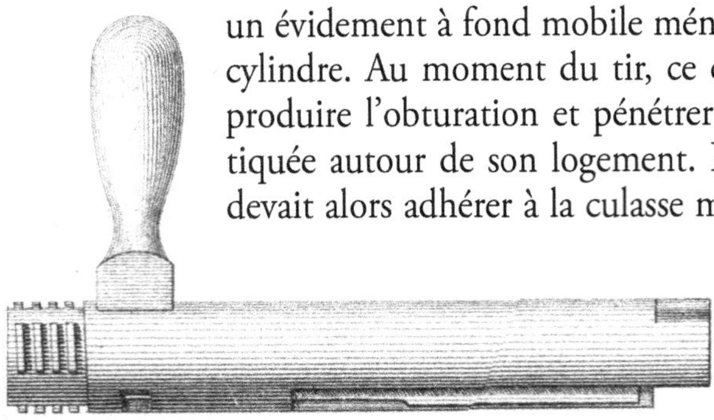

un évidement à fond mobile ménagé à la partie antérieure du cylindre. Au moment du tir, ce culot devait se gonfler pour produire l'obturation et pénétrer dans une petite gorge pratiquée autour de son logement. L'enveloppe de la cartouche devait alors adhérer à la culasse mobile et accompagner celle-ci dans le mouvement en arrière, lorsqu'on ouvrait le tonnerre pour le chargement. Le choc produit par la culasse mobile arrivée à l'extrémité de sa course en arrière, mettait en action le pousse-cartouche, qui faisait sauter l'étui dans la boîte, d'où le soldat pouvait l'expulser facilement, soit avec un doigt, soit simplement en penchant l'arme de gauche à droite (fig. 133).

Fig. – 131 - Culasse mobile du fusil Favé

Fig. – 132 - Broche

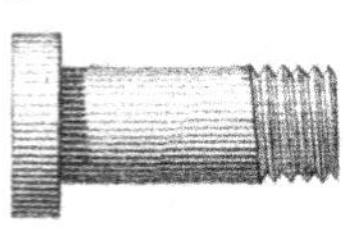

Un accident, survenu au début des expériences, interrompit les essais et, sur la demande même de M. le général Favé, l'arme fut retirée.

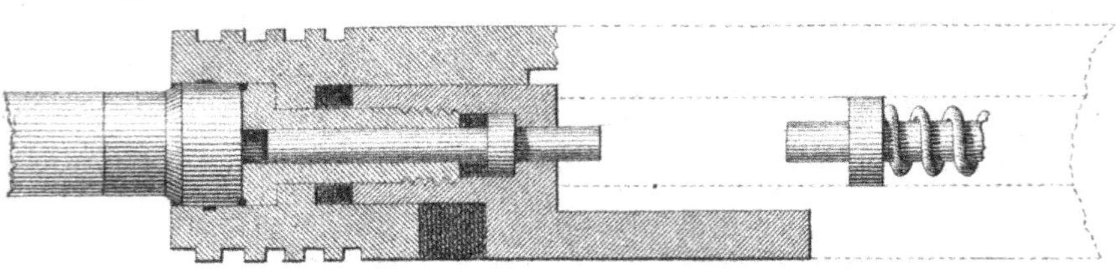

Fig. – 133 - Extracteur et pousse-cartouche

Progrès accomplis. — Sur les trois types soumis à l'examen de la commission supérieure des armes portatives établie au camp de Châlons en1866, deux nécessitaient des recherches ultérieures, un seul fonctionnait convenablement dans son état actuel. Comme on avait hâte d'avoir une solution pour préparer la fabrication, le fusil Chassepot fut préféré et plus tard adopté, après modification, sous le nom de fusil modèle 1866.

Ce type réalise la plus grande partie des progrès accomplis dans cette sixième série de recherches. On peut dire que c'est surtout la vitesse de chargement qui a été développée. Cependant les autres qualités de l'arme ont été aussi plus ou moins modifiées. Nous pouvons clore ici l'historique des recherches pour examiner avec plus de détails les diverses solutions adoptées et les améliorations proposées tant en France qu'à l'étranger.

CHAPITRE II

CARACTÈRES GÉNÉRAUX DES ARMES MODERNES

Les armes se chargeant par la bouche qui existent encore dans les arsenaux n'offrent qu'un médiocre intérêt. On se bornera donc à étudier comparativement les divers types d'armes se chargeant par l'arrière, en usage en France et à l'étranger.

Axant d'entrer dans les détails de chaque modèle en particulier, il est avantageux d'examiner les caractères généraux des armes se chargeant par la culasse.

Pour plus de clarté, on étudiera séparément :

1° Les cartouches

2° Les mécanismes

I. Les cartouches

Dans une arme se chargeant par l'arrière, la cartouche n'est pas seulement une partie constitutive du système, elle en est la partie la plus importante.

Les avis sont partagés entre deux solutions différentes, la cartouche combustible disparaissant par le tir et la cartouche à étui rigide, retirée de la chambre au moyen d'un extracteur* ou tire-cartouche.

Chacune de ces solutions présente des avantages et des inconvénients ; elles entraînent toutes deux des complications de nature différente.

1° Cartouches combustibles. – En France (voir p. 167) la principale préoccupation a été d'éviter les machines outils, les fabrications mécaniques.

Un examen rétrospectif de la fabrication des cartouches montrera encore mieux que ce n'est qu'à regret qu'on a sacrifié, les uns après les autres, les principes de simplicité posés par nos devanciers, pour faciliter l'approvisionnement des armées en munitions de guerre.

Avec le fusil à silex, pendant les guerres de l'Empire, la cartouche se composait d'une balle ronde et de 11 grammes de poudre à canon, enveloppés dans un trapèze de papier ; c'était le comble de la simplicité. L'outillage consistait en moules à balles et mandrins de bois.

La poudre à canon donnant lieu à beaucoup de ratés, on adopta, en 1828, pour les cartouches d'infanterie, une poudre spéciale, dite poudre à mousquet. C'est le premier sacrifice des conditions de simplicité.

La capsule ne fut adoptée, en 1840, qu'après une opposition très vive. Cette adoption nécessita la création d'une capsulerie de guerre.

Les cartouches pour armes rayées entraînèrent de nouvelles complications ; on accepta l'étui à poudre et l'emploi de la graisse, mais on rejeta la balle à culot, parce qu'elle était composée de deux pièces.

Les cartouches pour armes se chargeant par la culasse ont changé de physionomie d'une manière plus sensible et dans un laps de temps moins considérable.

Il y a dix ans à peine, la cartouche à culot métallique était regardée comme inacceptable ; on n'admettait que le papier ordinaire, la poudre et le plomb, comme éléments d'une cartouche de guerre.

Peu de temps après, on accepta les rondelles de carton ou de feutre, découpées à l'emporte-pièce. Puis, comme on ne réussit pas avec ces moyens, on se rejeta sur l'emploi d'un papier spécial, mais on échoua encore, et force fut d'adopter la gaze de soie.

Si de la matière employée, on passe au nombre des éléments, on voit que depuis 1840, il s'est élevé de 3 à 11, sans compter la graisse qui recouvre la balle et son cône et la cire qui enduit le fond de la cartouche.

La meilleure cartouche à enveloppe combustible que l'on connaisse, celle du fusil modèle 1866, est compliquée et n'est pas sans défauts. Mais elle constitue telle qu'elle est une bonne solution du chargement par la culasse. Sous un poids de 32,5 grammes, la cartouche contient les éléments d'un tir puissant.

Quatre nations ont, comme nous, adopté la cartouche combustible : la Russie, la Prusse, l'Italie et le Portugal.

2° Cartouches à étui rigide. – Contrairement aux idées reçues en France, les inventeurs et les artilleurs américains ont toujours eu pour objectif une fabrication mécanique. Aussi, tandis que nous cherchions à éviter les machines-outils pour la fabrication des cartouches, eux posaient pour première condition à toute invention que chacun des éléments du système pût se fabriquer mécaniquement.

Fig. 136

Cartouche Karl
(Russie)

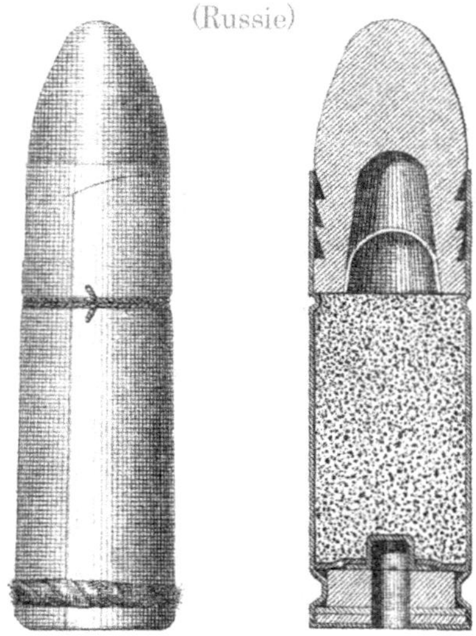

Fig. 137

Balle à culot
(Russie)

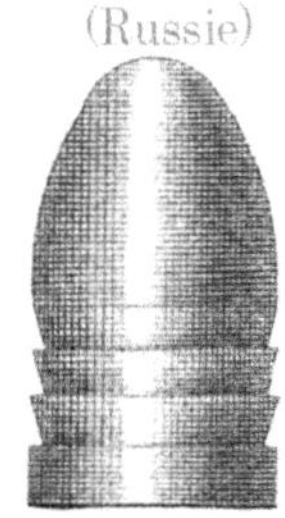

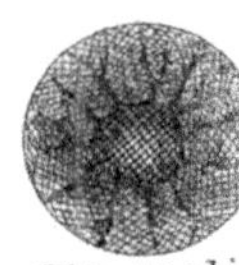

Fig. 136 bis
Amorce

Fig. 138

Cartouche Carcano
(Italie)

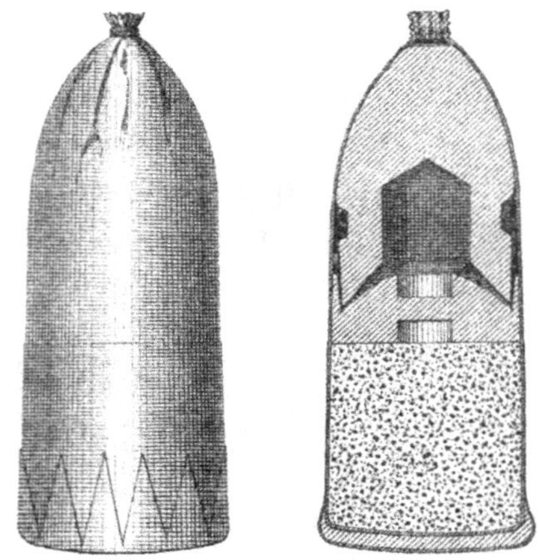

Fig. 139

Cartouche à broche

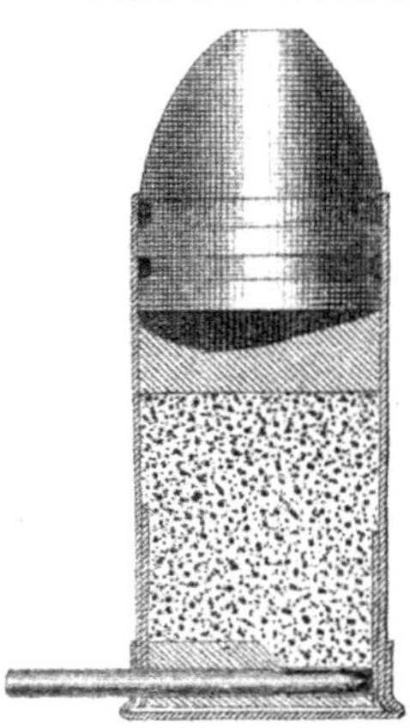

Fig. 140

Cartouche à percussion périphérique

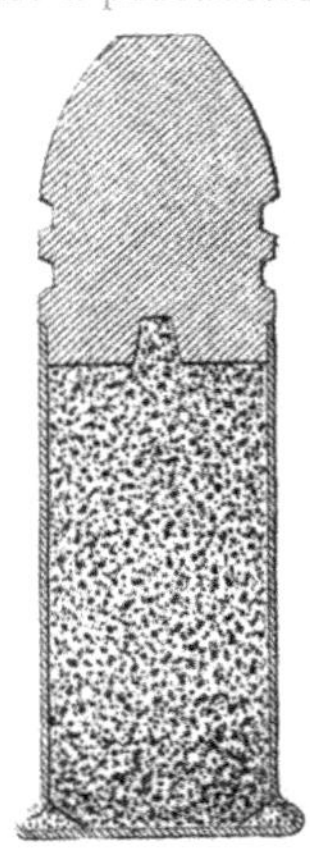

Fig. 141

Cartouche Boxer
pour fusil Martini Henry
(Angleterre)

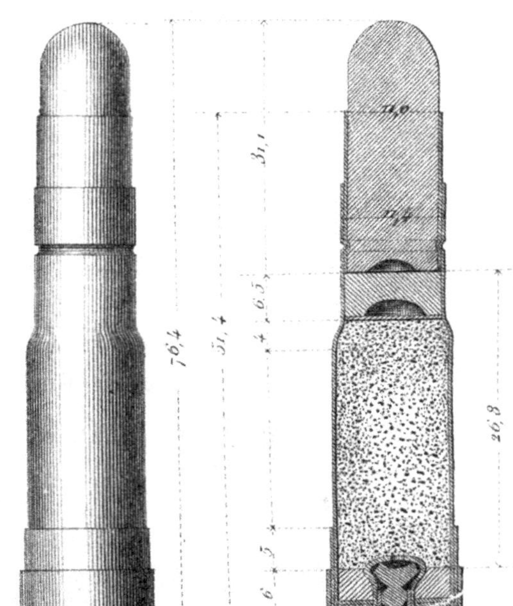

Fig. 142

Cartouche à percussion
centrale et à étui métallique
(Hollande)

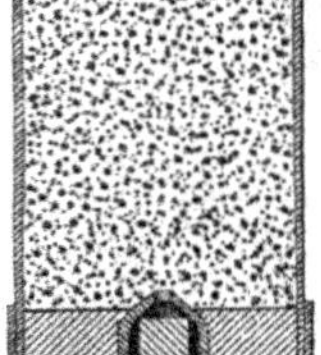

Fig. 143

États pontificaux

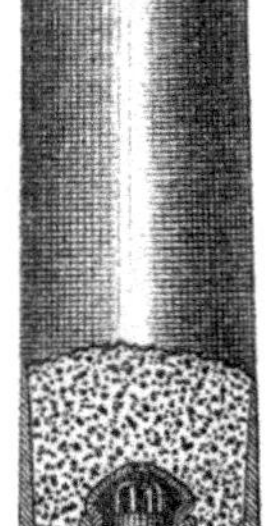

De là, un autre ordre de recherches et une solution toute différente.

Cartouches à broche. — On faisait depuis longtemps usage de cartouches à étui rigide pour les armes de chasse. Elles étaient presque toutes à broche. On ne pouvait songer à les employer à la guerre en raison du danger des transports (fig. 139).

Percussion périphérique. — Les Américains ont tout d'abord supprimé cette broche saillante, qui rend les transports dangereux, et fabriqué des étuis métalliques d'une seule pièce.

La cartouche confectionnée fut réduite à 3 éléments, comme au bon vieux temps : un étui métallique d'une seule pièce, de la poudre, une balle (voir fig. 140).

Dans les cartouches dites à percussion périphérique, la poudre fulminante est logée dans un bourrelet ménagé au pourtour du culot de l'étui.

Le feu est produit par un percuteur qui frappe la cartouche sur le bourrelet.

Pour la sûreté de l'explosion, la poudre fulminante contient du verre pilé.

Voici sa composition :

- 3 parties de fulminate de mercure.
- 2 – de chlorate de potasse.
- 4 – de verre pulvérisé,
- 1 – de gomme arabique.

Un raté n'entraîne pas la perte de la cartouche : on fait tourner l'étui de manière à amener un nouveau point du bourrelet amorcé en face du percuteur. Mais à côté de cet avantage, le système présente des inconvénients très sérieux.

L'explosion de l'amorce produit une force notable employée à la projection de la balle. Or, la poudre fulminante n'est pas dosée avec la même facilité et ne brûle pas avec la même régularité que la poudre ordinaire. Il arrive même quelquefois qu'une partie de la poudre d'amorce ne prenne pas feu. De là résultent des irrégularités dans les forces produites, et par suite dans les portées.

Pour que le choc du percuteur produise sûrement son effet, le bourrelet doit être mince, il est alors peu solide. La cartouche à percussion périphérique ne peut donc pas supporter un effort considérable ; les cartouches fortement chargées donnent lieu à des crachements toujours gênants, quelquefois dangereux.

Ce genre de cartouche ne convient en réalité qu'aux revolvers et plus exactement aux armes à petite charge.

Percussion centrale. – En présence de ce premier inconvénient, on a été amené à renforcer le bourrelet pour augmenter la charge. Il a fallu en conséquence reporter l'amorce sur un autre point. De là, les étuis rigides à percussion centrale (fig. 141 et 142). Dans ce nouveau genre de cartouche, le culot, très résistant, pouvait supporter l'effet d'une forte charge ; il restait à régler la force de l'étui, il fallait en effet obtenir une résistance suffisante sous le poids le plus petit possible.

L'explosion de la charge dilate l'étui et le canon ; les limites d'élasticité ne sont pas dépassées, l'étui reste entier et l'extraction n'offre pas de difficulté. Mais si, au contraire, ces limites sont dépassées, ou bien l'étui crève, ou bien il reste gonflé lorsque le canon, un instant dilaté, revient à ses dimensions premières, il adhère alors aux parois de la chambre, et le tire-cartouche est quelquefois impuissant pour vaincre cette résistance.

Cette adhérence est-elle indépendante du calibre ? En d'autres termes, une même charge de poudre appliquée à un même poids de plomb produit-elle toujours le même effet sur l'étui, quel que soit le calibre de l'arme ? Telle est la question à examiner.

Prenons des formes simples : supposons qu'une balle cylindrique du poids de 26 grammes soit placée d'abord dans un canon du calibre de 18 mm et puis dans un canon de diamètre moitié moindre, c'est-à-dire de 9 millimètres.

Dans le premier cas, la hauteur de la balle sera de 9 mm environ (soit la moitié de son calibre). La poudre occupera un volume double, c'est-à-dire une hauteur de 18 millimètres (1 calibre).

Dans le deuxième cas, la hauteur de la balle sera de 36 mm (4 fois son calibre). La poudre occupera toujours un volume double, c'est-à-dire une hauteur de 72 millimètres.

L'expérience prouve que dans les deux cas, la vitesse imprimée est sensiblement la même. Cherchons si les pressions latérales sont restées identiques.

Premier cas — (fig. 144). — La tension des gaz contenus dans l'étui (A) est la même dans tous les sens, c'est-à-dire que la pression exercée sur chaque millimètre carré de surface est la même, quelle que soit la position de la portion de surface considérée. Ces pressions produisent trois genres d'effets :

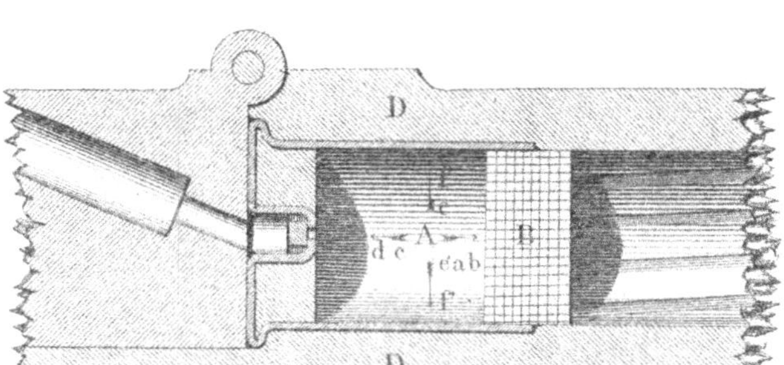

Fig. – 144

- Les pressions dans le sens *ab* déterminent le mouvement du projectile ;
- Les pressions dans le sens *cd* produisent le recul ;
- Les pressions dans le sens *ef*, *e'f* exercées sur les parois se font équilibre deux à deux, mais elles tendent à dilater l'étui et le canon.

La tension des gaz étant la même dans tous les sens, les sommes des pressions sont proportionnelles aux surfaces auxquelles elles sont appliquées. Ces surfaces sont les suivantes :

- 1° Base de la balle. .... 254 mm car.
- 2° Culot de la cartouche .... 254 mm car.
- 3° Pourtour de la portion d'étui occupée par la poudre.. .... 1016 mm car.

1° La somme des pressions qui déterminent le mouvement de la balle est égale à la somme des pressions qui produisent le recul ;

2° La somme des pressions appliquées aux parois de l'étui est quadruple de celle qui détermine le mouvement de la balle.

Ainsi, l'effort exercé sur la balle étant 1, par exemple, on aurait pour les trois pressions, les valeurs suivantes :

- Effort exercé sur la balle 1
- Effort appliqué au recul................................ 1
- Somme des pressions latérales........................ 4
- Somme de toutes les pressions........................ 6

Deuxième cas (fig. 145).— Les poids de poudre et de plomb sont les mêmes par hypothèse, mais les surfaces ne sont pas restées dans le même rapport.

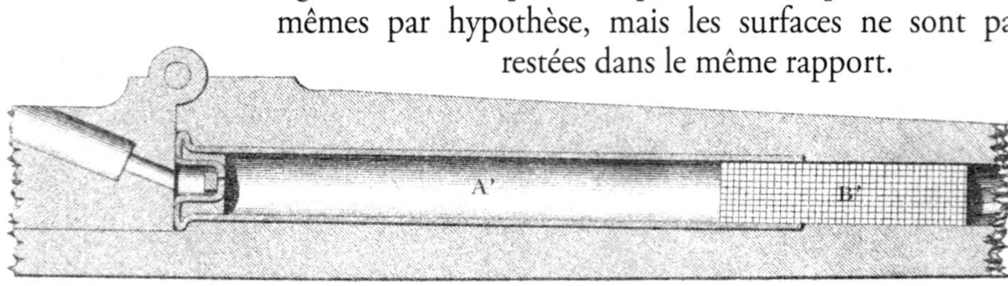

Fig. 145

On a maintenant :

- Base de la balle. .... 254/4 = 63,5 mm car
- Culot de la cartouche . ... 254/4 = 63,5 mm car
- Pourtour de la portion d'étui occupée par la poudre .... 1016 x 2 = 2032 mm car

Si, dans ces nouvelles conditions, les gaz avaient la même tension que dans le premier cas, les efforts prendraient les valeurs suivantes :

- Effort exercé sur la balle .... = ¼
- Effort appliqué au recul. .... = ¼
- Somme des pressions latérales. .... 4 x 2 = 8
- Somme de toutes les pressions. .... 8 et ½

En supposant qu'il y ait égalité de tension dans les deux cas, l'effort exercé sur la balle serait quatre fois moindre dans le deuxième cas que dans le premier. La vitesse imprimée serait donc quatre fois plus petite.

Or, l'expérience démontre que les vitesses sont les mêmes dans les deux cas ; l'effort exercé sur la balle est donc de 1 dans le deuxième cas, comme dans le premier. Il faut pour cela que la tension des gaz devienne quatre fois plus grande, et les pressions doivent être alors :

- Effort exercé sur la balle.. 1
- Effort appliqué au recul 1
- Somme des pressions latérales..................................32

Total : 34

On se rendrait compte de l'augmentation de tension des gaz par d'autres considérations : on sait, en effet, que la force développée par l'explosion de la poudre dépend de la résistance qui s'oppose à l'expansion des gaz produits. On comprend immédiatement que cette résistance doit être bien plus grande dans le deuxième cas que dans le premier ; il est donc naturel qu'à égalité de charge, la tension soit bien plus forte dans une arme de petit calibre que dans un canon de plus grand diamètre.

Les balles B et B' se composent toutes deux de 2286 ^{mm3} de plomb, et on peut les supposer décomposées :

La première en 254 files de 9 cubes

La deuxième en 63 files de 36 cubes (voir page 56).

Pour donner à une file du projectile B' la même vitesse qu'a une file du projectile B, il faudra appliquer à la première une force quadruple de celle qui est appliquée à la seconde ; ainsi, la tension des gaz produisant cette force doit être quatre fois plus grande dans le deuxième cas que dans le premier. Mais comme le nombre des files à mettre en mouvement est quatre fois moindre dans le deuxième cas que dans le premier, il y a compensation, c'est-à-dire que la somme des pressions est la même dans les deux cas.

En résumé, lorsqu'on réduit le calibre de moitié, en conservant la même charge de poudre et de plomb :

1°. Les vitesses imprimées aux balles sont sensiblement égales (fait d'expérience) ;

2°. La tension des gaz devient quatre fois plus grande, c'est-à-dire qu'elle varie en raison inverse du carré des calibres ;

3°. Les pressions latérales deviennent huit fois plus grandes, c'est-à-dire qu'elles varient en raison inverse du cube des calibres.

Le tableau suivant donne la valeur des tensions que prennent les gaz dans divers calibres pour imprimer une même vitesse à un même poids de plomb :

Calibres	18	17	16	15	14	13	12	11	10	9
Tensions	1	1,121	1,266	1,440	1,653	1,902	2,250	2,677	3,240	4

On voit, d'après cela, combien les difficultés ont augmenté lorsqu'on a voulu appliquer à des calibres très réduits les étuis rigides qui avaient bien fonctionné dans des canons de diamètres plus considérables.

Lorsque M. Treuille a voulu employer des étuis de 65 mm de longueur dans une arme de 9 millimètres, il n'a pas réussi à extraire l'étui vide ; il a dû réduire la charge pour ramener le tube à la longueur de 45 mm, et encore n'a-t-il pu, dans ces dimensions, trouver une cartouche convenable (voir page 167).

L'augmentation des pressions latérales dans la cartouche de petit calibre tient à deux causes :

1°. L'augmentation de la tension des gaz ;

2°. L'augmentation de surface des parois latérales de l'étui.

Il ne faut pas songer à diminuer la tension des gaz, ce serait au détriment de la vitesse à imprimer[9]. Il faut donc accepter l'inconvénient, mais il est possible de diminuer les surfaces.

Troisième cas (fig. 146). — Supposons qu'on ait un étui en forme de poivrière, la tension étant la même que dans le deuxième cas, et l'espace occupé par la poudre, de même forme que dans le premier, on aurait :

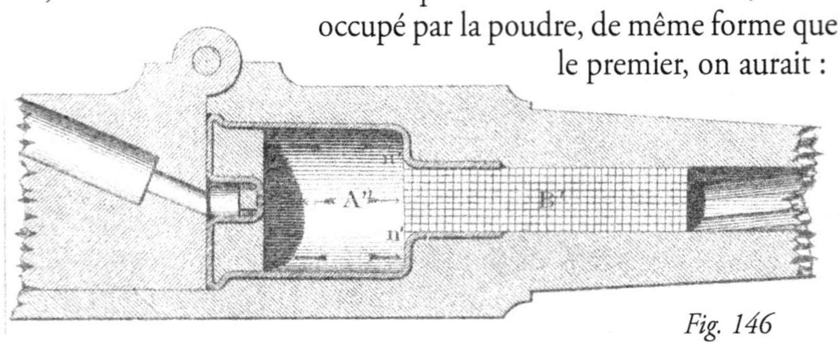

Fig. 146

- Effort exercé sur la balle. 1
- Effort exercé sur le culot 4
- Effort exercé sur l'espace annulaire *m n, m'n'* autour de la balle (4-1). 3
- Somme des pressions latérales 16
- Somme de toutes les pressions. 24

La somme des pressions est moindre que dans le deuxième cas, et de plus ces pressions sont déplacées.

L'étui est soulagé, tandis que le culot et le mécanisme ont à supporter un effort plus considérable mais il est facile d'obtenir là une résistance suffisante.

De ce que l'effort exercé sur le culot est quatre fois plus grand dans le troisième cas que dans les deux premiers, il ne faudrait pas conclure que le recul doit être quatre fois plus considérable. C'est qu'une partie de l'effort

[9] On diminue la tension au premier moment et, conséquemment, on soulage l'étui en employant une poudre lente.

appliqué au culot est équilibrée par l'effort en sens inverse exercé sur l'espace annulaire *mn, m'n'*.

N'est appliquée au recul que la différence entre ces deux pressions opposées, 4 - 3 = 1, c'est-à-dire une force exactement égale à celle qui pousse la balle. Le recul est donc le même dans les trois cas, de même que la quantité de mouvement du projectile.

Ainsi donc, en conservant le calibre de 9 millimètres pour la balle, et en doublant le diamètre de l'étui, on n'augmente pas le recul et on diminue de moitié les pressions latérales.

La forme de cartouche qui procure cet avantage est évidemment inadmissible en raison des difficultés d'exécution. Mais on peut fabriquer des étuis métalliques réalisant en partie cette amélioration.

QUATRIÈME CAS (fig. 147). — Ainsi, avec la cartouche de la figure 147, on aurait les pressions suivantes :

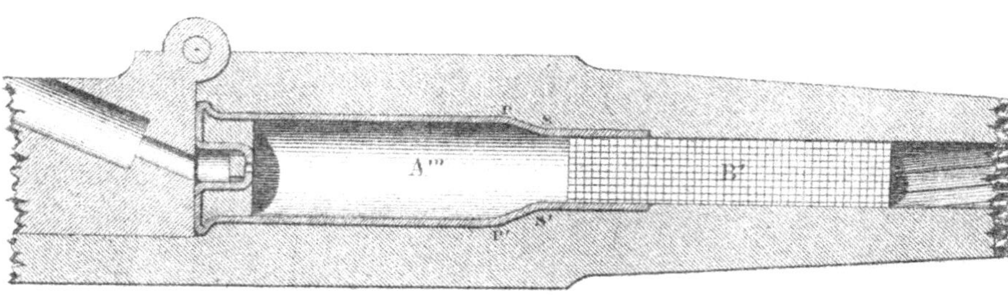

Fig. 147

- Effort exercé sur la balle 1
- Effort exercé sur le culot .... 1 + 7/9
- Somme des pressions latérales .... 24 + 2/9
- Somme de toutes les pressions........................ 27

Les pressions latérales sont réduites de ¼ par rapport au deuxième cas. Quant à la force employée au recul, elle est toujours égale à 1. Une partie des pressions exercées sur le culot est balancée par les efforts appliqués sur le raccordement oblique *rs, r's'*.

Il est de plus avantageux de donner aux deux cylindres de l'étui une forme légèrement tronconique ; l'extraction est plus facile, et dès que l'adhérence est détruite, il n'y a plus de frottements à vaincre.

Ces considérations théoriques permettent de déterminer la meilleure forme à donner à l'étui. Revenons aux solutions pratiques, c'est-à-dire aux moyens à employer pour obtenir des étuis d'un bon service.

L'Autriche, le Danemark, la Suède et la Suisse, qui ont pris une décision peu après Sadowa, ont adopté l'étui de cuivre à percussion périphérique qui avait été employé dans la guerre de la Sécession. C'était la seule bien connue à ce moment.

L'expérience a prouvé qu'il était à peu près impossible d'obtenir avec les cuivres d'Europe les étuis métalliques que fabriquent les Américains.

Cartouches à percussion centrale. – Les puissances qui n'ont pas voulu être tributaires des États-Unis pour leurs munitions de guerre ont rejeté la cartouche percussion à périphérique qui avait séduit un instant tous les esprits par sa simplicité. Elles ont cherché une cartouche à percussion centrale et à culot renforcé.

Étuis de clinquant.[10] — Il ne fallait pas songer au carton pour la confection de l'étui, c'est une matière trop hygrométrique. Le carton se gonfle par les temps humides et se resserre par les temps secs ; il est fort difficile d'obtenir avec cette matière l'identité de munitions indispensable au fonctionnement de l'arme. Ces inconvénients sont tellement reconnus que pas un gouvernement n'a admis des étuis de carton pour cartouches de guerre.

L'impossibilité d'employer le carton, la difficulté de se procurer du cuivre assez conductible et assez résistant pour fabriquer des étuis emboutis d'une seule pièce, ont conduit à essayer des étuis de clinquant fortement rattachés à un culot de laiton. L'étui se compose de plusieurs révolutions de clinquant recouvertes d'une enveloppe de papier qui maintient l'enroulement.

La cartouche Boxer, adoptée en Angleterre et employée par plusieurs inventeurs, est le type de cette série de recherches (fig. 141).

La partie inférieure est renforcée de deux ou trois culots métalliques s'emboîtant les uns dans les autres. La base est formée d'une plaque métallique dont les rebords font saillie autour de la cartouche. La plaque, l'étui et les renforts sont reliés entre eux par la cuvette de l'amorce qui est elle-même engagée et fortement serrée dans une rondelle de carton.

La cartouche adoptée en France pour les armes transformées appartient à la même catégorie ; elle est un peu plus simple, mais elle a été fabriquée avec moins de soin.

Les étuis de clinquant sont bien supérieurs aux étuis de carton, mais bien inférieurs aux étuis métalliques d'une seule pièce, notamment à celui qui a été présenté par le colonel Berdan.

Cet étui a la forme indiquée dans les considérations théoriques précédentes. La base est repoussée dans deux sens différents pour fournir la cuvette et l'enclume*. La capsule peut être placée et retirée aisément. On peut amorcer et recharger, dans les ateliers des corps, les étuis ayant déjà servi (voir fig. 331 p. 251).

Un étui Berdan, de fabrication américaine, a été tiré et rechargé 31 fois de suite avec un plein succès.

---

[10] Étuis en feuilles métalliques minces.

La cartouche Berdan est d'invention récente. Elle a été adoptée par les deux gouvernements qui n'étaient point encore pourvus au moment de son apparition en Europe ; ce sont la Bavière et l'Italie.

Les cartouches métalliques, en général, les cartouches Berdan, en particulier, ont été soumises à de nombreux essais qui ont donné des résultats fort curieux.

1° Conservation. — Les autorités fédérales suisses ont emmagasiné pendant six mois, dans une cave, 14 espèces de cartouches. La poudre s'est conservée sans altération dans les étuis métalliques, tandis qu'elle a été plus ou moins avariée dans tous les étuis dont la fermeture ne pouvait pas être hermétique.

Vingt cartouches du système Berdan, noyées pendant dix-huit heures, n'ont pas donné lieu à un seul raté.

2° Graissage. – L'emploi de la graisse est indispensable dans les armes rayées, qu'elles se chargent par la bouche ou par la culasse. Cette question de détail acquiert une grande importance en raison de la facilité avec laquelle le graissage extérieur s'altère et disparaît.

La graisse placée dans un étui métallique à l'abri du contact de l'air se trouve dans de bonnes conditions de conservation. Si l'on a soin d'isoler cette graisse de la poudre au moyen d'un papier imperméable, la fusion momentanée de la graisse est sans inconvénient.

Un pain de cire et graisse, interposé entre la balle et la poudre, empêche l'encrassement de l'arme et garantit par suite la régularité du tir.

3° Dangers d'explosion. — On a tiré sur des caissons remplis de cartouches métalliques ; les cartouches atteintes seules ont pris feu. On a laissé tomber du haut du donjon de Vincennes une boîte pleine de cartouches à percussion périphérique, il n'y a pas eu d'explosion ; les munitions soumises à cette rude épreuve ont pu être tirées.

Appréciations. — Il existe donc deux sortes de cartouches :

- Les cartouches combustibles ;
- Les cartouches à étui rigide.

Les deux meilleures sont : dans la première catégorie, la cartouche modèle 1866 ; dans la deuxième, la cartouche Berdan.

À laquelle des deux doit-on assigner le premier rang ?

Pour des armes de tir ou des armes de chasse, le choix ne serait pas embarrassant ; tout le monde donnerait la préférence à l'étui métallique.

Pour une arme de guerre, la question est discutable, car chacun des systèmes a des avantages d'ordre différent, et la décision dépend de la qualité à laquelle on accorde la prédominance. On peut cependant dire que la cartouche combustible est l'idéal le plus parfait et sera, peut-être, dans l'avenir, le dernier mot du progrès ; mais pour le moment, la cartouche à étui rigide est bien supérieure à la cartouche combustible.

AVANTAGES

CARTOUCHES COMBUSTIBLES

- L'étui n'a qu'un poids relativement, minime, ainsi la cartouche modèle 1866 est la plus légère des cartouches actuellement en service en Europe, et cependant c'est celle qui, le fusil Henry excepté, fournit la plus grande tension de trajectoire et la plus grande portée.
- La fabrication est possible dans tout pays où l'on trouvera du papier, du plomb et de la poudre.
- Il est inutile, en effet, de fabriquer avec un soin minutieux des cartouches à employer sur les lieux. Un corps ayant ses communications coupées pourrait fabriquer ses munitions avec des étuis de papier.
- Les régiments pourraient à la rigueur faire au moins une partie de leurs cartouches d'exercice.

CARTOUCHES À ÉTUI MÉTALLIQUE

- La cartouche métallique est de fabrication facile et rapide avec des machines-outils.
- Les frais d'instruction sont diminués, car on peut faire servir plusieurs fois un même étui, le rechargement pouvant se faire dans les corps.
- La conservation de la cartouche est mieux assurée.
- Les ratés disparaissent presque entièrement.
- Le graissage des cartouches est plus stable.
- La suppression de la chambre ardente augmente la vitesse d'impulsion.

INCONVÉNIENTS

CARTOUCHES COMBUSTIBLES

- La fabrication est lente et coûteuse, elle exige une surveillance incessante comme toutes les productions de mains d'hommes, qui doivent avoir une certaine précision de dimensions.
- Le graissage extérieur peut s'altérer et même disparaître.
- L'arrêt de la cartouche dans la chambre n'est pas assez bien assuré, lorsque l'arme est propre ; il y a des ratés de premier coup.
- Le vide laissé derrière la cartouche (chambre ardente) augmente considérablement l'espace occupé par les premiers gaz produits. Cette facilité d'expansion est au préjudice de la force d'impulsion.

CARTOUCHES À ÉTUI MÉTALLIQUE

- La fabrication exige des machines-outils et, par suite, la création d'une usine spéciale ; il en résulte qu'un corps ayant ses communications coupées ne peut renouveler ses munitions.
- La cartouche a un poids mort relativement considérable, environ une fois et demie le poids de la poudre.

II. Mécanismes

Classification

Quelque dissemblables que paraissent et que soient en réalité les mécanismes adoptés par les gouvernements, il est facile de découvrir des caractères communs plus ou moins nombreux, et de grouper à la suite d'un modèle remarquable, tous les dérivés auxquels ce prototype a donné naissance.

La classification facilite l'étude, aide la mémoire et évite les répétitions d'appréciation.

Le chargement par la culasse exige tout d'abord que l'arrière du canon soit mis à découvert pour l'introduction de la cartouche. Cette opération s'obtient par le déplacement d'une pièce. Nous prendrons pour base de classification la pièce déplacée d'abord son mode de déplacement ensuite.

On peut, ou bien déplacer le canon, et avoir une culasse fixe, ou bien immobiliser le canon et déplacer la culasse. De là, deux catégories d'armes.

- Les armes à *canon mobile* ;
- Les armes à *culasse mobile.*

Dans chaque catégorie, le déplacement peut s'opérer par glissement ou par rotation autour d'une charnière.

Le sens du mouvement de translation par glissement, la position de la charnière par rapport à l'entrée de la chambre permettent de former des groupes dans lesquels on rencontre un grand nombre de dispositions similaires. On peut ensuite compléter la classification en formant, s'il y a lieu, dans chaque groupe, des variétés basées sur l'espèce de cartouche employée.

Les armes de la première catégorie ont toutes une culasse fixe contre laquelle vient s'appliquer la tranche du tonnerre du canon mobile.

Le mouvement peut s'opérer par glissement comme dans le fusil Ghaye (fig. 148). Nous donnerons à ce genre d'armes le nom de *système à glissière.*

Le déplacement du canon par rotation autour d'une charnière caractérise une deuxième série qui forme trois groupes. Dans le premier, la charnière est longitudinale, elle est transversale dans les deux derniers.

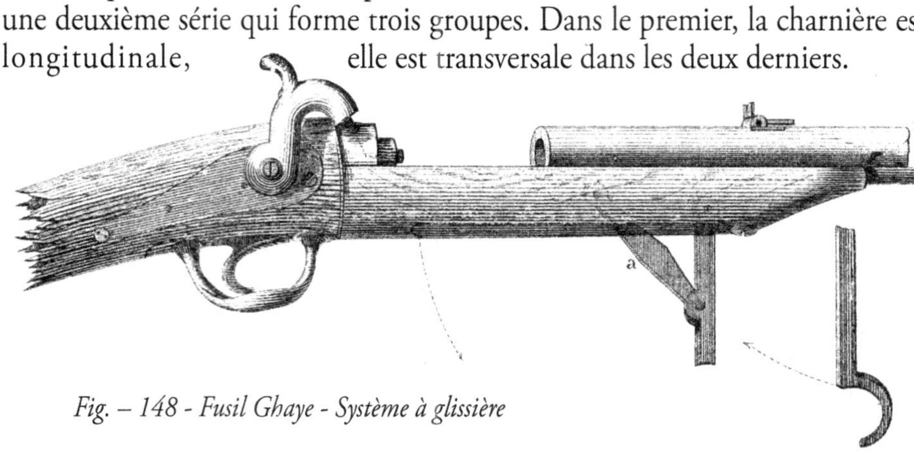

Fig. – 148 - Fusil Ghaye - Système à glissière

Le premier groupe comprend les *armes à crampon*, dans lesquelles le canon et le fût tournent autour d'une forte broche parallèle à l'axe du canon et plantée dans la partie inférieure de la culasse fixe. Le canon et la culasse sont reliés pendant le tir par un ou plusieurs crampons qui supportent l'effet du recul (fig. 149).

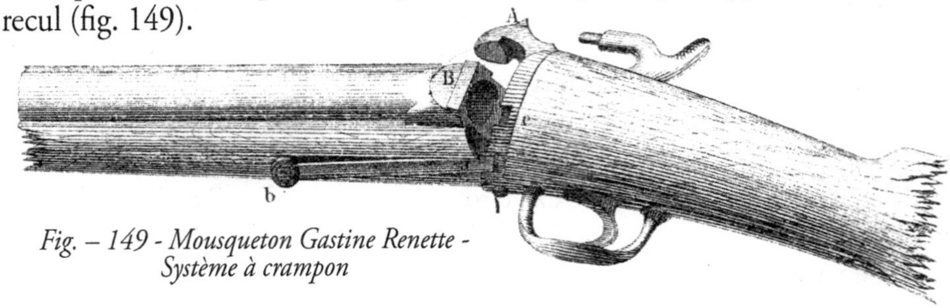

Fig. – 149 - Mousqueton Gastine Renette - Système à crampon

Le deuxième groupe comprend les armes à bascule, dans lesquelles le canon tourne autour d'une charnière transversale placée sous le canon, comme dans le fusil Lefaucheux (voir fig. 150).

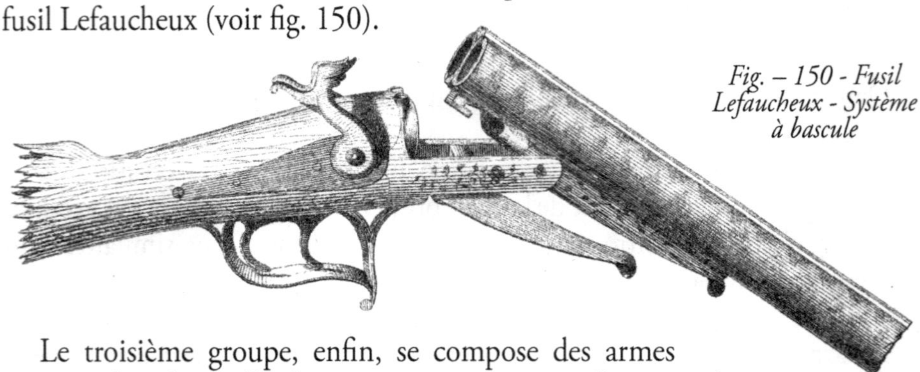

Fig. – 150 - Fusil Lefaucheux - Système à bascule

Le troisième groupe, enfin, se compose des armes à pivot, dans lesquelles le canon tourne autour d'un axe placé dans le plan de tir, perpendiculairement à l'axe du canon (voir fig. 151).

En suivant le même ordre pour la deuxième catégorie, les armes à culasse mobile, nous trouverons d'abord deux séries les armes à *culasse glissante* et les armes à *culasse tournante*. La première série forme deux groupes :

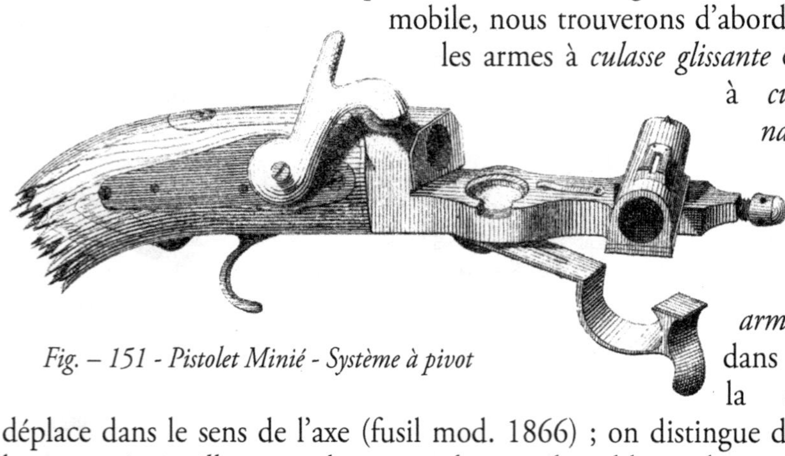

Fig. – 151 - Pistolet Minié - Système à pivot

1° Les *armes à verrou*, dans lesquelles la culasse se déplace dans le sens de l'axe (fusil mod. 1866) ; on distingue deux variétés les armes *à aiguille,* tirant des cartouches combustibles, et les armes *à broche*, tirant des cartouches à étui rigide ; 2° Les *armes à tiroir*, dans lesquelles la pièce de culasse joue perpendiculairement à cet axe (mousqueton Treuille, fig. 293).

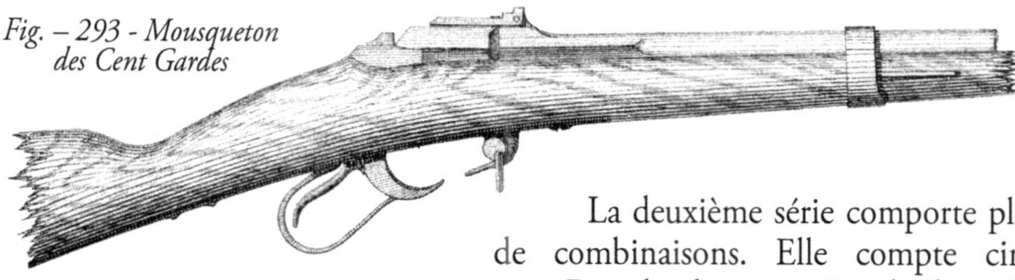

Fig. – 293 - Mousqueton des Cent Gardes

La deuxième série comporte plus de combinaisons. Elle compte cinq groupes. Dans les deux premiers, la charnière est longitudinale, elle est transversale pour les trois derniers.

Les systèmes à charnière longitudinale sont :

- Les *armes à tabatière**, dans lesquelles la charnière est placée sur le côté droit de la boîte de culasse (transformation 1867, fig. 245) ;

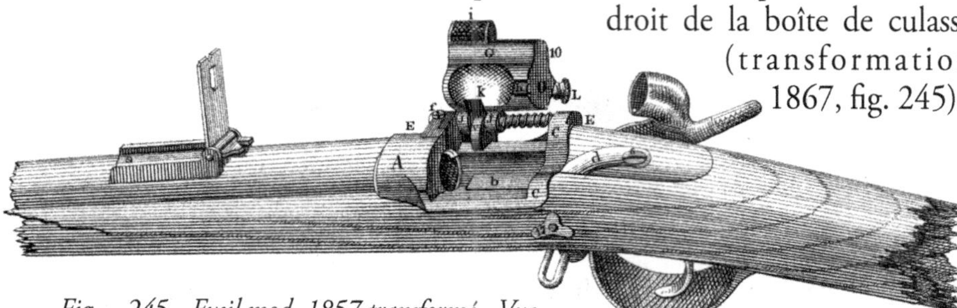

Fig. – 245 - Fusil mod. 1857 transformé - Vue perspective, le mécanisme est ouvert, le chien armé et la hausse levée

- Les *armes à barillet*. — L'axe de rotation est placé en dessous du canon comme dans le système Werndl, (fig. 388), et dans les revolvers.

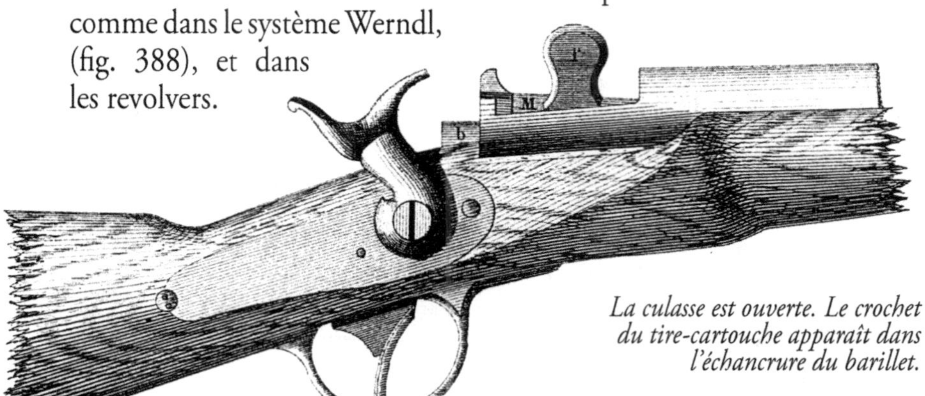

La culasse est ouverte. Le crochet du tire-cartouche apparaît dans l'échancrure du barillet.

Fig. – 388 - Fusil d'infanterie (système Werndl)

Les systèmes à axe transversal sont :

- Les *armes à pêne*. — L'axe de rotation est placé au-dessus de l'entrée de la chambre.

Cette pièce rabat d'arrière en avant pour se renverser sur le canon ; elle est maintenue au moment du tir par un pêne ou loquet comme dans le système Waentzel (fig. 407) ;

- Les *armes à culasse tombante.* — L'axe est placé à l'arrière et au-dessus de la culasse mobile ; cette pièce, maintenue contre la tranche du tonnerre par un appui inférieur, tombe dans la boîte de culasse pour découvrir l'ouverture de la chambre (système Peabody, fig. 444) ;

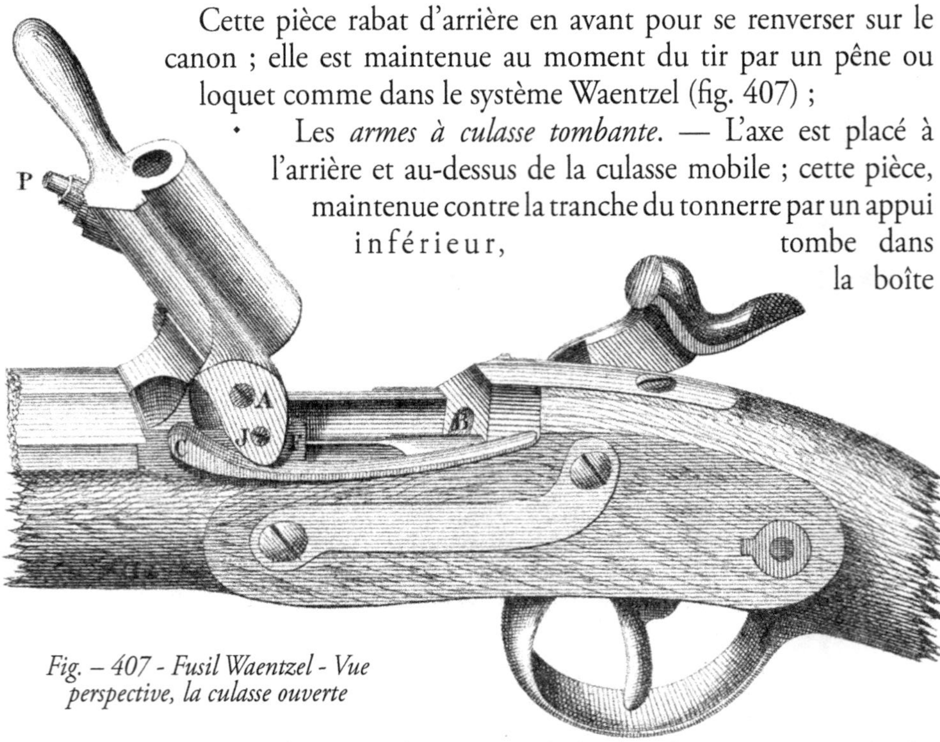

Fig. – 407 - Fusil Waentzel - Vue perspective, la culasse ouverte

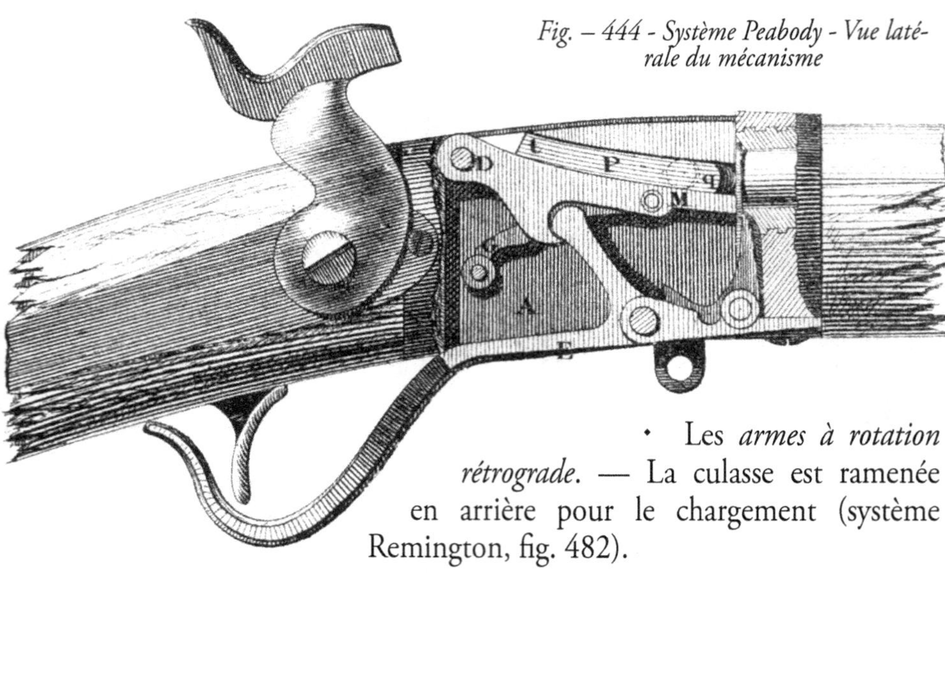

Fig. – 444 - Système Peabody - Vue latérale du mécanisme

- Les *armes à rotation rétrograde.* — La culasse est ramenée en arrière pour le chargement (système Remington, fig. 482).

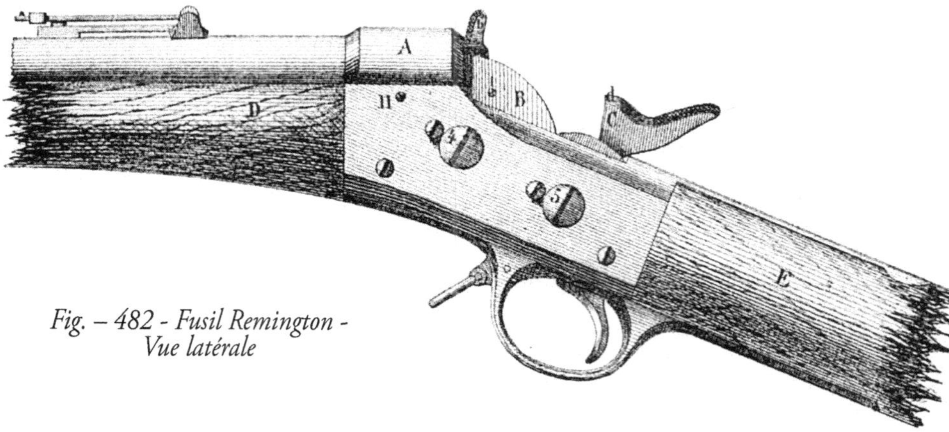

Fig. – 482 - Fusil Remington - Vue latérale

La classification précédente est résumée dans le tableau suivant :

			Dénomination des systèmes	Arme type	Fig.
Armes à canon mobile	par glissement longitudinal		Système à glissière	Fusil Ghaye	148
	par rotation autour d'un axe	longitudinal	Système à crampon	Mousqueton Gastine	149
		transversal	Système à bascule Système à pivot	Fusil Lefaucheux Pistolet Minié	150 151

			Dénomination des systèmes	Arme type	Fig.
Armes à culasse mobile	par glissement	longitudinal (Armes à verrou)	Système à aiguille Système à broche	Fusil à aiguille prussien Fusil Berdan	297 323
		transversal	Système à tiroir	Mousqueton Treuille	293
	par rotation autour d'un axe	longitudinal	Système à tabatière Système à barillet	Fusil Enfield-Snider Fusil Werndl	361 388
		transversal	Système à pêne Système à culasse tombante Système à rotation rétrograde	Fusil Waentzel Fusil Peabody Fusil Remington	407 444 482

ARMES A CANON MOBILE

Les armes de cette catégorie, nous l'avons dit (page 166), sont impropres au service de guerre. Nous ne donnons les quatre types suivants que pour faire comprendre la classification générale.

ARMES A CANON MOBILE PAR GLISSEMENT

Système à glissière

Fusil Ghaye (fig. 148, p. 173). — Le canon glisse dans son logement dans le sens de l'axe ; le déplacement s'opère au moyen d'un levier qui est appliqué sous le fût lorsque l'arme est prête à faire feu, et qu'on abaisse pour ouvrir le tonnerre. Ce levier tourne alors d'arrière en avant autour d'une broche transversale ; il est relié au canon par une bielle (*a*) qui transmet et transforme le mouvement.

ARMES À CANON MOBILE PAR ROTATION

1° Système à crampon

Mousqueton Gastine-Renette (fig. 149, p. 174). – Le canon mobile autour d'une forte broche implantée dans la culasse fixe, tourne de droite à gauche pour présenter la tranche postérieure du tonnerre à gauche de la poignée.

La cartouche introduite, on fait tourner le canon en sens inverse. Un taquet en saillie sur la droite de la culasse limite ce mouvement. Un arrêtoir* à ressort (*a*) placé sur la gauche du fût tombe alors, pour enrayer le mouvement, dans un creux (*c*) ménagé sur le côté de la culasse fixe.

L'effet du recul est supporté par les boulons de la broche-pivot, et surtout par le crampon (A) de la culasse fixe et le tenon (B) ménagé au-dessus du tonnerre.

Pour ouvrir, il faut, au préalable, presser avec la paume de la main gauche, sur le bouton (*b*) de l'arrêtoir à ressort.

2° Système à bascule

Fusil Lefaucheux (fig. 150, p. 174). — Tout le monde connaît le fusil Lefaucheux, qui est le type du système à bascule, système exceptionnellement avantageux pour les armes à deux coups, une même culasse fermant deux canons accolés. La pièce de culasse (en fonte), solidement reliée à la monture par une longue queue, présente vers l'avant :

- Une tranche droite contre laquelle vient s'appliquer la tranche du tonnerre des deux canons ;

- Un support de charnière portant, en outre, la clef à pivot qui sert à fixer les canons sur la pièce de culasse. Cette clef s'engage entre deux crampons placés sous le canon ; le levier de la clef s'applique sous la charnière, et contribue, dans une certaine mesure, à la fermeture.
  Pour ouvrir, on tourne la clef de 90° au moyen du levier. La clef se dégage des crampons, le devant du canon tombe en raison de la prépondérance de son poids.

3° Système à pivot

Pistolet Minié (fig. 151, p. 174). – La pièce de culasse a des dispositions analogues à celle des armes à bascule.

Le canon pivote autour d'un axe situé dans le plan de tir. La clef est remplacée par un croissant qui vient fermer l'entrée (*a*) par laquelle entre un tenon à section lenticulaire ménagé sous le canon ; ce croissant serre de plus le tenon pour amener le canon contre le heurtoir qui limite le mouvement, dans le sens opposé.

Les dimensions du tenon et du croissant sont déterminées de telle sorte que le canon arrive exactement à sa position de tir, au moment où le levier formant sous-garde* est ramené sous la poignée.

ARMES À CULASSE MOBILE

ARMES A VERROU

La fermeture est produite par un cylindre ou verrou qui peut se déplacer dans le sens de l'axe, en arrière du canon.

Le recul est supporté par un renfort prenant appui sur un rempart, par des tenons logés dans des rainures ou par des filets de vis interrompus engagés dans des portions d'écrou.

En tournant le cylindre de ¼ ou ⅙ de tour, on le dégage de ses appuis, et on peut le ramener en arrière.

Le mouvement de retraite est limité au moment où l'introduction de la cartouche devient facile.

Le mécanisme qui doit produire le feu est contenu dans le cylindre ; il se compose essentiellement d'un ressort qui prend appui sur une pièce immobilisée pour pousser en avant un certain nombre de pièces invariablement reliées entre elles.

En avant de ces pièces, se trouve une aiguille ou une broche percutante, suivant qu'on emploie des cartouches combustibles ou des cartouches à étui rigide.

Ordinairement, l'ensemble des pièces est arrêté dans une position déterminée (l'armé*), par une tête de gâchette* faisant saillie sur le fond de la boîte de culasse.

Cette saillie est maintenue par l'effet d'un ressort disposé sous la boîte ou sur l'écusson. Dans tous les cas, on peut faire rentrer la gâchette en pressant sur la détente. L'ensemble des pièces mobiles peut alors obéir à l'action du ressort pour produire la percussion sur l'amorce.

La cartouche est poussée dans la chambre par la culasse mobile. Pendant ce mouvement, le percuteur ou l'aiguille se trouvent en face de l'amorce ; il est donc de première nécessité :

- De mettre l'amorce en retraite sur le fond de la cartouche, pour préserver la poudre fulminante de tout choc accidentel ;
- De faire rentrer l'aiguille ou le percuteur avant d'ouvrir.

Tous les systèmes sont établis de manière à satisfaire à cette double condition ; il peut cependant arriver (dans des cas extrêmement rares heureusement) que le percuteur reste en saillie, par suite de la rupture d'une pièce du mécanisme ; si le tireur ne s'aperçoit pas de l'accident, il peut déterminer, en chargeant, le départ prématuré de la cartouche. C'est un défaut commun à toutes les armes à verrou. Aussi, la commission anglaise chargée de proposer un modèle, a-t-elle commencé par éliminer purement et simplement toutes les armes à verrou, comme nous avons éliminé nous-mêmes tous les systèmes à canon mobile.

Cette opinion est au moins discutable car, à côté de ce défaut auquel on a attaché une importance exagérée, les armes à verrou présentent des qualités sérieuses qui ont été appréciées par le gouvernement italien, lequel vient de prendre une décision entièrement opposée aux idées de la commission anglaise.

La charge se fait en cinq, quatre ou trois temps suivant l'agencement plus ou moins ingénieux des pièces ; il y a, en effet, cinq opérations à faire :

1° Faire rentrer l'aiguille ou le percuteur ;
2° Ouvrir le tonnerre ;
3° Mettre la cartouche ;
4° Fermer le tonnerre ;
5° Armer.

Dans le fusil prussien, les cinq opérations sont distinctes. En réunissant deux ou trois opérations en un seul mouvement, les temps de la charge peuvent être réduits à quatre ou à trois. Ainsi, dans le fusil français, le premier et le cinquième temps sont réunis ; la charge est donc réduite à quatre temps. Dans le fusil Burton, le premier et le deuxième sont réunis, ainsi que le quatrième et le cinquième ; la charge s'opère ainsi en trois temps. Il serait facile de modifier le fusil français de manière à réunir en un seul, le premier, le deuxième et le cinquième temps (voir le fusil de Beaumont).

Système à aiguille

Les armes à aiguille brûlent des cartouches combustibles ; les mieux entendues ont un obturateur tenant à l'arme. On peut également obtenir l'obturation par la cartouche, comme dans le système Carcano (Italie). On a déjà dit que le fusil prussien en était complètement dépourvu ; on se contente de diriger les crachements vers l'avant.

Système à broche

L'obturation s'opérant par l'étui solide de la cartouche, l'obturateur tenant l'armé devient inutile ; mais, en revanche la culasse mobile doit être munie d'un extracteur ou tire-cartouche*. C'est un crochet qui doit saisir le bourrelet de l'étui.

Le système à verrou se prête mieux que tout autre au fonctionnement d'un extracteur ; on peut donner à cet organe une grande puissance. Si le crochet vient à lâcher prise, il est facile de ressaisir le bourrelet et de faire un nouvel essai. Avec le tire-cartouche Berdan, il est extrêmement rare qu'on soit obligé de recourir à la baguette pour le déchargement et, le cas échéant, l'opération n'est nullement gênée par le mécanisme.

L'extracteur ramène l'étui vide dans la chambre avec une vitesse que le tireur peut régler à volonté, soit pour ramener l'étui vide ou la cartouche non tirée dans la boîte, soit pour rejeter l'étui vide sans le secours de la main ; il suffit, pour cela, de placer au fond de la boîte un heurtoir qui arrête le bas du bourrelet alors que le haut est entraîné par le crochet de l'extracteur ; cette disposition fait basculer l'étui ; lorsque le mouvement d'ouvrir la culasse s'opère vivement, l'étui est expulsé avec une grande vigueur.

On ajoute quelquefois un guide-cartouche ; c'est un bouton mobile qui soulève l'avant de la cartouche au moment du chargement pour lui faire franchir sans à-coup l'entrée de la chambre (voir fig. 431).

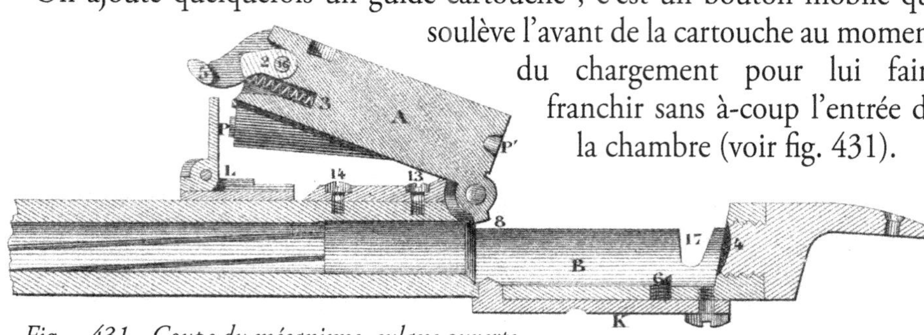

Fig. – 431 - Coupe du mécanisme, culasse ouverte

Système à tiroir

La culasse mobile joue dans une coulisse* rectangulaire percée de bas en haut dans la boîte de culasse. On abaisse le bloc pour découvrir le tonnerre et mettre la cartouche ; on le fait remonter pour fermer le tonnerre.

Treuille de Beaulieu a eu l'idée d'utiliser le mouvement de remonte de la culasse pour remplacer le chien ; l'arme reste donc ouverte jusqu'au moment du tir. Cette disposition ingénieuse permettrait de réduire à deux les temps de la charge ; il suffirait d'avoir un extracteur fonctionnant automatiquement pour expulser l'étui vide au moment où l'on ouvre le tonnerre.

La charge ne comporterait alors que les deux temps suivants :

- Ouvrir le tonnerre ;
- Mettre la cartouche.

Système à tabatière

Le mécanisme se compose essentiellement d'un bloc mobile autour d'une broche parallèle à l'axe du canon.

On ouvre la culasse comme une tabatière. La face antérieure du bloc s'applique contre la tranche du canon, tandis que la tranche postérieure prend appui sur l'arrière de la boîte de culasse, pour résister au recul.

La fermeture est maintenue par un bouton ou une barrette qui, sous l'action d'un ressort, pénètre dans un logement disposé à cet effet.

Un tire-cartouche, enfilé sur la broche de charnière, sert a ramener l'étui dans la boîte. Pour cela, il faut tirer la culasse mobile en arrière après avoir ouvert le tonnerre.

Le système à tabatière, adopté exclusivement pour des transformations, a été appliqué à des armes munies de platine à percussion. Le choc du chien est transmis à l'amorce par un percuteur logé obliquement dans le bloc de culasse.

Ce percuteur rentre lorsqu'on ouvre le tonnerre, soit par la pression d'un ressort à boudin, soit mieux, par une disposition particulière des pièces du mécanisme.

Le groupe des armes à tabatière est celui qui présente le moins d'intérêt. Le tire-cartouche fonctionne médiocrement lorsqu'il a lâché prise en franchissant le bourrelet, il est très difficile d'extraire l'étui vide avec la baguette, la languette passée en arrière du culot s'opposant au passage de la douille*. De plus, le tire-cartouche ne fait que ramener cette douille dans la boîte de culasse, laquelle est terminée en arrière par une tranche droite ; il faut tourner l'arme d'une manière particulière pour se débarrasser de l'étui ou le retirer à la main.

La transformation française est plus avantageuse que les autres à ce dernier point de vue : la chambre est raccordée avec la poignée par un guide-cartouche et une courbure spéciale de la queue de culasse, l'étui vide, vivement ramené, peut être expulsé sans le secours de la main.

La charge se fait en cinq temps :

- Armer ;
- Ouvrir le tonnerre ;
- Enlever l'étui vide ;

- Mettre la cartouche ;
- Fermer le tonnerre.

Le troisième temps est fort long, il comporte deux mouvements bien distincts :
- Ramener l'étui dans la boîte à l'aide du tire-cartouche
- Expulser l'étui vide de la boîte.

Système à barillet

Le tonnerre est fermé ou formé par un barillet tournant autour d'un axe inférieur et parallèle à l'axe du canon.

Dans le premier cas, le barillet est plein et s'applique contre la tranche du tonnerre comme dans le fusil Werndl adopté en Autriche.

Dans le second, il est percé de trous destinés à recevoir des cartouches ; chaque trou vient se placer successivement sur le prolongement du canon, il forme alors le tonnerre mobile (Revolvers).

Système à pêne

Les pièces caractéristiques des systèmes à pêne sont :
- Un bloc qui se rabat d'arrière en avant autour d'une broche transversale située au-dessus de l'entrée de la chambre ;
- Un pêne ou un loquet, qui relie le bloc à l'arrière de la boîte pour empêcher le relèvement de la culasse mobile au moment du tir ;
- Un percuteur logé dans le bloc de culasse pour transmettre à l'amorce le choc du chien ;
- Un tire-cartouche destiné à extraire l'étui vide de la chambre ; il est mis en mouvement par la culasse mobile lorsque l'ouverture de la chambre est suffisamment dégagée.

L'extracteur a pour effet de vaincre l'adhérence de l'étui et de ramener le culot dans la boîte de culasse, d'où il est rejeté à la main.

Dans les meilleurs modèles, cet extracteur est accompagné d'un ressort de chasse qui complète le jeu du tire-cartouche. Le ressort est trop faible pour vaincre l'adhérence mais, dès que cette résistance est détruite par l'extracteur, le ressort se détend pour chasser l'étui de la boîte de culasse. A cet effet, le fond de la boîte est taillé en rampe ascendante ou bien on dispose vers l'arrière un heurtoir taillé de manière à diriger le culot au-dessus de la poignée de l'arme. Les systèmes à pêne sont bien supérieurs aux systèmes à tabatière.

La charge compte quatre temps au minimum :
- Armer ;
- Ouvrir le tonnerre ;

- Mettre la cartouche ;
- Fermer le tonnerre.

On peut compter un cinquième temps pour les armes non munies d'un ressort de chasse : celui d'expulser l'étui vide de la cartouche.

Système à culasse tombante

Le bloc de culasse*, mobile autour d'un axe placé en arrière et vers le dessus de la pièce, peut descendre dans la boîte et être arrêté au moment où l'ouverture de la chambre est à découvert.

Une rigole à fond concave est creusée dans le dessus du bloc pour donner passage et pour servir de guide à l'étui vide chassé par l'extracteur, ou à la cartouche que l'on veut introduire dans la chambre.

La cartouche placée, on fait remonter la culasse à l'aide d'un levier coudé dont la grande branche est rabattue sous la poignée lorsque l'arme est prête à faire feu.

L'extracteur tourne autour d'une broche transversale placée au-dessous de l'entrée de la chambre ; la griffe est engagée en avant du bourrelet de la cartouche ; le pied reçoit le choc du bloc de culasse lorsqu'on ouvre le tonnerre ; ce choc détermine la rotation brusque de tout le système et, par suite, l'expulsion complète de l'étui vide de la cartouche.

L'arme peut être munie d'une platine ordinaire et, dans ce cas, le chien frappe sur un percuteur logé dans le bloc de culasse. La charge s'opère alors en 4 temps :

- Armer ;
- Ouvrir le tonnerre ;
- Mettre la cartouche ;
- Fermer le tonnerre.

Le mécanisme de platine peut être logé dans le bloc de culasse (Martini). Dans ce cas, le mouvement d'armer peut être supprimé, ce qui réduit la charge à trois temps.

Le mécanisme peut encore être agencé extérieurement au bloc de culasse, de façon à réduire la charge à trois temps (Werder).

Système à rotation rétrograde

La culasse mobile est ramenée en arrière par une simple rotation, comme dans le fusil Remington, ou par un double mouvement, comme dans le fusil Norvégien. Dans ce dernier modèle, la culasse mobile est d'abord ramenée en arrière, par glissement, et puis renversée par rotation. Le fusil Remington est le seul modèle de ce groupe qui mérite une attention sérieuse.

CHAPITRE III

ARMEMENT DE LA FRANCE

Nous ne comprenons pas sous ce titre tous les modèles qui ont été utilisés par le gouvernement français pendant la dernière guerre. L'armement d'occasion, aujourd'hui rentré dans nos arsenaux, peut être divisé en deux lots :

- Divers modèles de fusils ou de carabines lisses ou rayés se chargeant par la bouche ;
- Des armes se chargeant par l'arrière achetées à l'étranger, notamment en Angleterre et aux États-Unis.

Les armes du premier lot ne présentent plus d'intérêt, elles ne paraîtront plus sur un champ de bataille.

Les modèles du deuxième lot seront examinés titre d'armes étrangères,

Nous ne comprenons sous le titre d'armement de la France que les armes se chargeant par l'arrière de fabrication nationale.

Au début de la guerre de 1870, il existait en France des armes neuves tirant des cartouches combustibles, et des armes transformées tirant des cartouches à culot de laiton et étui de clinquant*. On comptait en tout trois espèces de cartouches et cinq modèles d'armes, savoir :

- Une cartouche unique et deux modèles d'armes réellement en service ;
- Deux espèces de cartouches et trois modèles d'armes constituant un armement de réserve, plus spécialement destiné aux gardes nationales :

Armement en service en juillet 1870.

§ I. — Cartouche pour fusils à aiguille.
§ II. — Fusil d'infanterie modèle 1866.
§ III. — Fusil de cavalerie et mousqueton d'artillerie.

I. Cartouche pour fusils à aiguille modèle 1866

La cartouche se compose d'un étui amorcé et rempli de poudre, et d'une balle pleine réunie à l'étui par un cône de papier et une ligature.

L'ÉTUI-ENVELOPPE (A) fig. 223 est formé d'une révolution de papier recouvert d'une révolution de *gaze de soie*.

La poudre ne peut se tamiser à travers le papier ; la gaze de soie donne à l'étui de la solidité sous une épaisseur minime. L'enveloppe doit être entièrement brûlée ou expulsée par le tir.

L'étui est fermé d'un bout par l'*amorce* B (fig. 226 et 232) composée de plusieurs pièces reliées entre elles et collées sur l'étui par l'intermédiaire d'une étoile en papier (1).

La capsule *à rebords* (2), qui contient la poudre fulminante, est engagée dans une collerette en carton (3), que l'on colle au centre de l'étoile. Une rondelle en caoutchouc (4) est interposée entre l'entrée de la capsule et l'étoile en papier. Elle a pour objet d'obturer le trou antérieur de la tête mobile (fig. 227, 228, 229 et 230).

La capsule, la rondelle de caoutchouc, l'étoile en papier et la collerette constituent l'amorce de la cartouche et le fond de l'étui à poudre. La poudre est tassée dans l'étui pour donner de la rigidité et de la consistance à la cartouche. Au-dessus de la poudre, on place une rondelle de carton (5) percée d'un trou central (fig. 225). Le papier de l'enveloppe est tortillé en avant du carton pour fermer l'étui à poudre. Le tortillon est coupé court avec des ciseaux ; la partie conservée est introduite dans le trou central de la rondelle ; les plis sont aplatis par frottement, de manière à former à l'avant de l'étui une tranche plane sur laquelle doit poser la base de la balle.

La balle, du poids de 24,50 g (fig. 224), est engagée dans un cône tronqué en papier qui laisse paraître la pointe par la petite base. On coiffe l'étui à poudre avec le cône de papier (6) muni de sa balle (7).

Lorsque la base du projectile pose bien sur la tranche de l'étui, on fixe l'assemblage par une ligature (8) faite au-dessous de la rondelle (fig. 222).

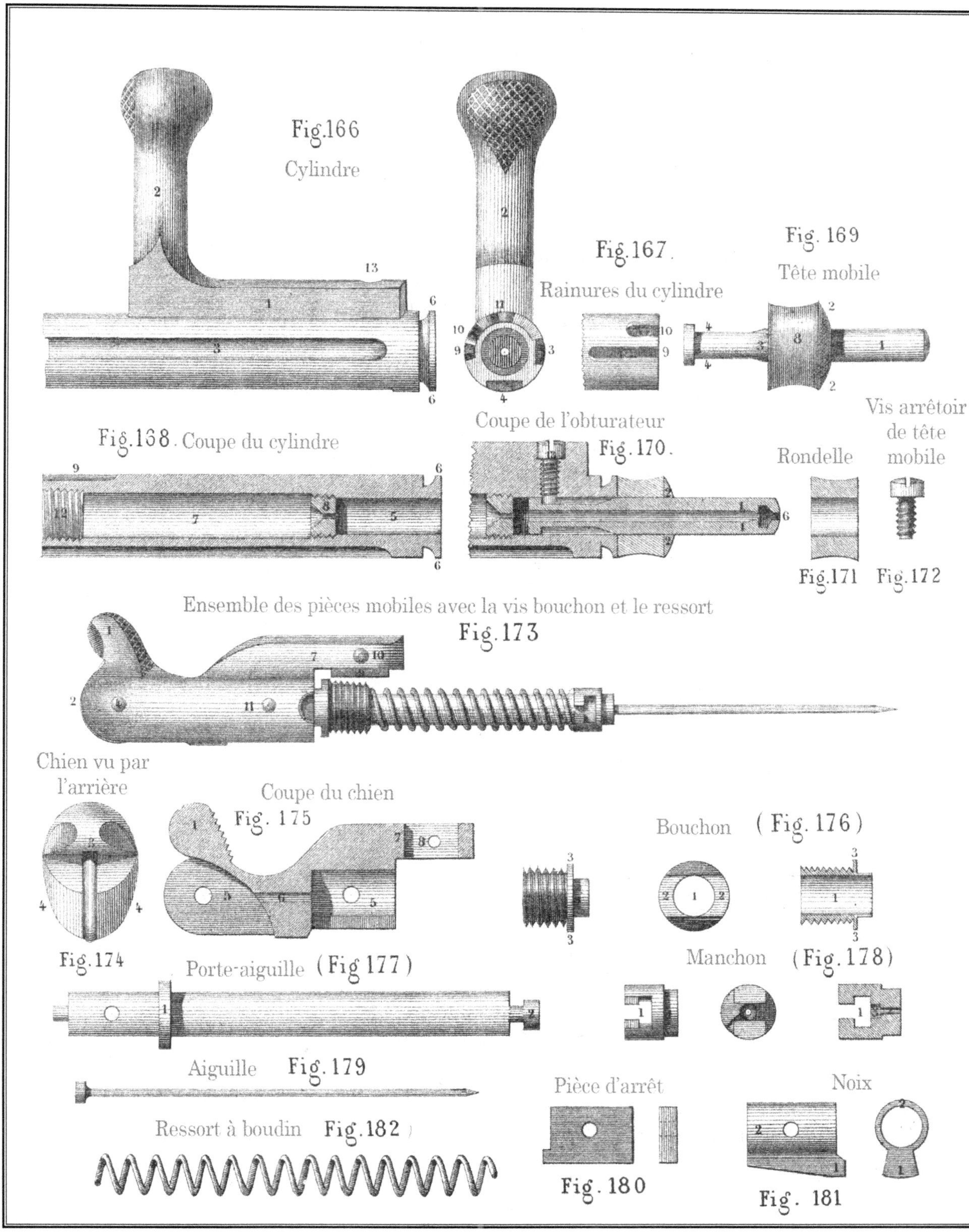
Fig.166
Cylindre
Fig.167.
Rainures du cylindre
Fig. 169
Tête mobile
Fig.168. Coupe du cylindre
Coupe de l'obturateur
Fig.170.
Rondelle
Vis arrêtoir de tête mobile
Fig.171
Fig.172
Ensemble des pièces mobiles avec la vis bouchon et le ressort
Fig.173
Chien vu par l'arrière
Coupe du chien
Fig. 175
Bouchon
(Fig.176)
Fig.174
Porte-aiguille (Fig 177)
Manchon
(Fig.178)
Aiguille
Fig.179
Pièce d'arrêt
Noix
Ressort à boudin
Fig.182
Fig.180
Fig. 181

Le cône est graissé à l'extérieur. La tranche postérieure de la cartouche est cirée pour lubrifier l'encrassement qui se dépose autour de l'aiguille.

La cartouche prend appui sur le ressaut de la chambre par les bords de la rondelle de carton (5) qui font saillie sur le pourtour de la balle ; il est très important que l'étui à poudre ait une longueur invariable, pour que la capsule soit toujours à la même distance de l'aiguille. La cartouche terminée doit avoir 68 millimètres de longueur ; on tolère 0,5 mm en plus ou en moins. Toute cartouche délivrée doit donc avoir une longueur comprise entre 67,5 mm et 68,5 mm. La cartouche doit contenir 5,50 g de poudre B et peser 32,5 g.

Les cartouches sont soigneusement empaquetées dans des boîtes de carton contenant 9 cartouches. Un paquet de 9 cartouches pèse 300 grammes environ.

II. Fusil d'infanterie modèle 1866

Le fusil modèle 1866 (fig. 152), de même que toute arme à feu se chargeant par la culasse, se divise en cinq parties principales, à savoir :

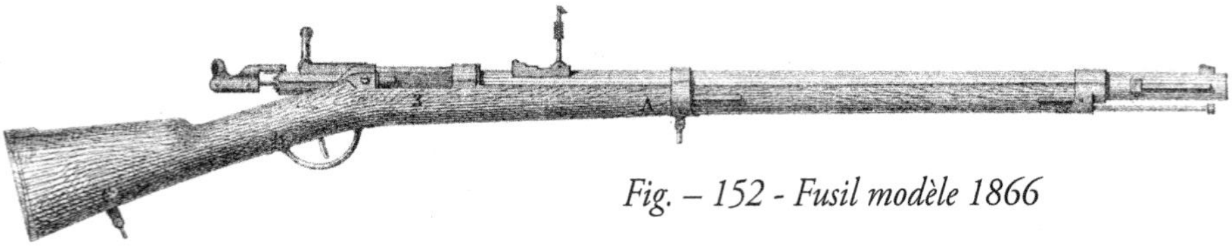

Fig. – 152 - Fusil modèle 1866

- Le canon ;
- La culasse mobile et le mécanisme servant à produire le feu ;
- La monture ;
- Les garnitures ;
- La baïonnette.

1° CANON

Le canon présente des dispositions variées, en raison des conditions multiples auxquelles il faut satisfaire.

Le canon doit être d'abord d'une solidité éprouvée, surtout au tonnerre (partie renforcée correspondant à la charge) ; c'est une condition commune à toutes les armes. Le canon du fusil modèle 1866, qui est en *acier puddlé fondu*[11], est éprouvé avec une cartouche spéciale contenant une balle de 40 grammes et 10 grammes de poudre de chasse.

Le mécanisme est éprouvé avec la même balle et 6,25 g de poudre fine.

En dehors de cette question de solidité, il faut :

[11] Le puddlage consiste à abaisser par brasage le taux de carbone de la fonte pour en faire de l'acier.

1°. Loger la cartouche ;
2°. Assurer la percussion, en donnant à la cartouche un appui invariable ;
3°. Se débarrasser sûrement de l'enveloppe par le tir ou après le tir ;
4°. Centrer le projectile ;
5°. Assurer la rotation et la direction initiale du projectile ;
6°. Disposer sur le canon des moyens de pointage en rapport avec la justesse et la portée ;
7°. Rattacher le canon aux autres pièces de l'arme.

1° Dans le fusil modèle 1866, la cartouche se place dans une chambre dont les formes et les dimensions sont indiquées dans la figure 153. Le premier cylindre (*a b*) est occupé par l'obturateur. Le dard de la tête mobile vient occuper le centre du tronc de cône (*b c*) jusqu'à hauteur du raccordement ; il pousse l'étui à poudre dans le cylindre (*c d*),

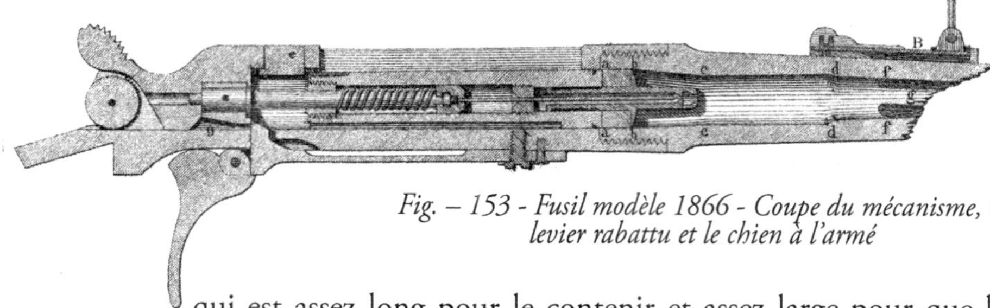

Fig. – 153 - Fusil modèle 1866 - Coupe du mécanisme, le levier rabattu et le chien à l'armé

qui est assez long pour le contenir et assez large pour que le chargement soit facile, même après encrassement de la chambre .

2° Pour résister à la poussée de l'aiguille et, par suite, pour assurer la production du feu, l'étui à poudre vient buter contre un ressaut (*d*) ménagé à cet effet dans la chambre.

3° Avec le fusil modèle 1866, on se débarrasse de l'enveloppe de la cartouche par le tir. Les gaz de la poudre doivent ou brûler ou expulser tous les éléments : c'est dans ce but que l'on a ménagé en arrière de la cartouche, autour du dard, une *chambre ardente* qui occupe le pourtour de la partie tronconique (*b c*).

4° La balle occupe le tronc de cône (*d f*) qui raccorde la chambre avec l'*âme* (*f g*). Les dimensions de cette partie tronconique ont été déterminées en vue de centrer le projectile et de le placer à la naissance des rayures.

5° La direction initiale et la rotation de la balle sont déterminées par l'âme cylindrique rayée. Elle est du calibre de 11 mm et porte quatre rayures au pas de 0,55 m ; les rayures ont une profondeur de 0,3 mm et une largeur de 4,6 mm environ.

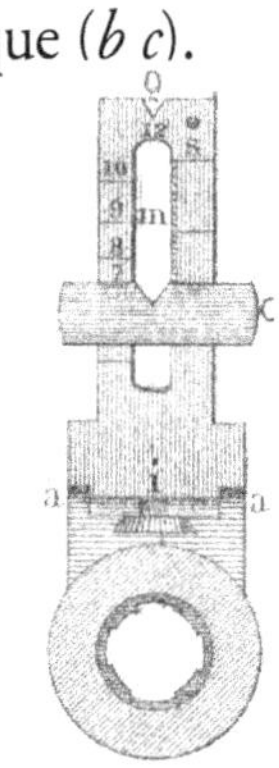

Fig. – 155 - Hausse

6° La hausse mobile (fig. 154 et 155) du fusil modèle 1866 se compose de quatre pièces principales : le pied de hausse (A), le ressort (B), la planche mobile (C), le curseur (D) et, de pièces

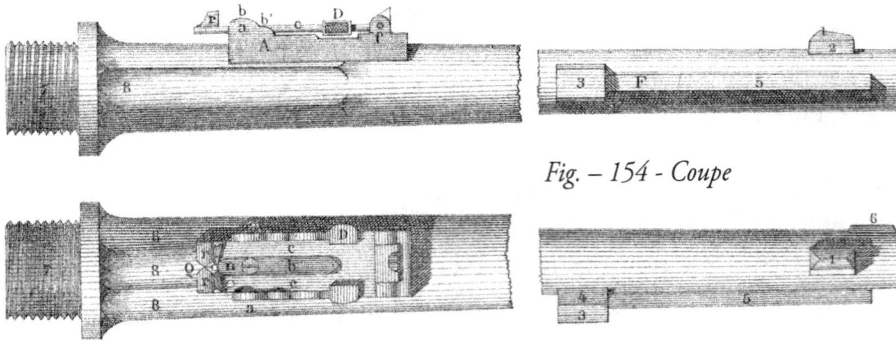

Fig. – 154 - Coupe

accessoires servant à relier les pièces principales ou à limiter leur mouvement. Le pied de hausse est fixé sur le canon par une brasure à l'étain ; il porte deux oreilles ou côtés (*a*) qui garantissent la planche lorsqu'elle est couchée sur son pied. Les gradins (*bb'*) ménagés sur ces oreilles offrent des appuis sur lesquels on fait reposer le curseur pour obtenir les lignes de mire fixes qui servent à régler le tir jusqu'à 450 mètres. Du côté opposé aux gradins, se trouvent deux œils qui servent à assembler la planche et le pied de hausse.

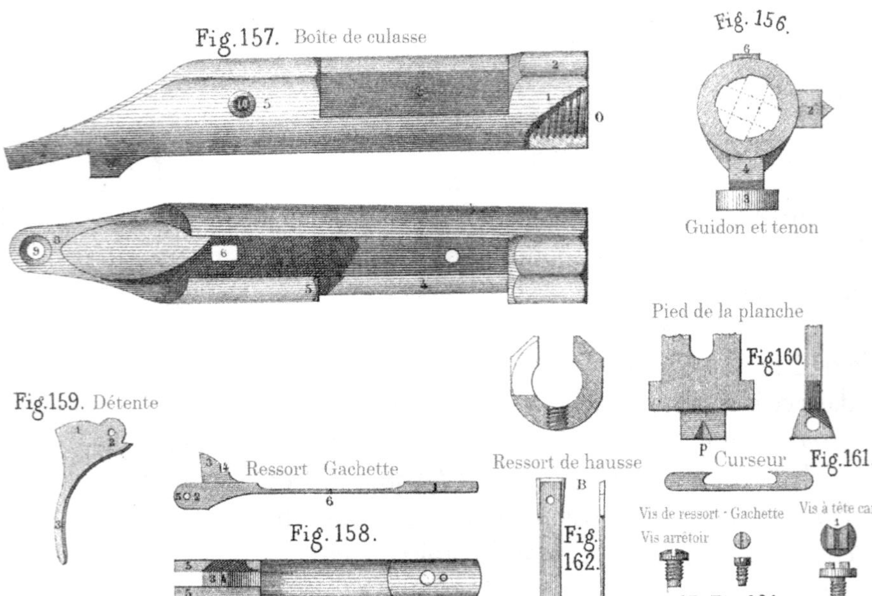

Le ressort (fig. 162) est fixé au pied par une vis qui a son écrou dans le pied de hausse. Le ressort est destiné à maintenir la planche dressée, couchée sur son pied ou rabattue en avant sur le canon.

La planche mobile est reliée au pied au moyen d'une goupille qui traverse les deux œils du pied de hausse et l'*œil de la planche*. La planche se rabattant indifféremment en avant ou en arrière peut céder à un choc dans les deux sens, ce qui prévient les dégradations de la charnière. Une large fente (*m*) (fig. 155), percée dans le milieu de la planche, donne un champ de vision suffisant pour laisser voir le but et tout ce qui l'environne. La partie supérieure porte un rebord (*r*) en saillie dans lequel est entaillé le *cran de mire* (*n*) qui sert à viser lorsque la planche est couchée sur son pied ou sur les gradins (projection horizontale de la figure 154).

Un deuxième cran de mire (*p*) est entaillé dans le pied de la planche (fig. 160), ce qui donne une ligne de mire éventuelle, lorsque la hausse est rabattue en avant ; un troisième cran (Q) (fig. 155) entaillé au sommet de la pièce correspond à peu près à la distance de 1170 mètres, lorsque la hausse est dressée.

Le curseur (fig. 161) porte le cran de mire mobile qui sert à régler le tir de 500 à 1050 mètres environ ; il glisse sur la planche et s'y maintient par son propre ressort. Son mouvement est limité du côté du pied par un ressaut de la planche, et du côté opposé par l'arrêtoir (S), petite vis sans tête ni fente, qui a son écrou sur le côté droit de la planche mobile.

Le guidon (1) (fig. 154 et 156) est monté sur une *embase* (2), de manière que les lignes supérieures ne soient pas masquées par le bout du canon, ni même par la virole du sabre-baïonnette, lorsque ce dernier est au bout du canon. L'embase du guidon est fixée sur le canon par une *brasure au cuivre*.

La distance entre la hausse et le guidon est de 0,68 m lorsque la hausse est dressée ou rabattue en avant ; de 0,73 m environ, lorsque la planche est couchée sur les gradins.

Le pointage gagnerait en précision, si le curseur et le guidon étaient noircis d'une manière quelconque ; les surfaces brillantes rendent le pointage difficile.

7° Le canon porte du côté de la bouche deux tenons, brasés sur le canon, pour attacher le sabre-baïonnette (fig. 154 et 156). Le grand tenon (F) se compose du bouton (3), de son embase (4) et de la directrice (5) servant à faciliter le placement du sabre-baïonnette. Le petit tenon (6) assure la fixité de l'assemblage.

Du côté du tonnerre, le canon se termine par un bouton fileté (7) qui sert à le réunir à la boîte de culasse*.

Le canon et la boîte de culasse ne doivent être séparés que dans les cas d'absolue nécessité. Cette opération ne peut, d'ailleurs, être faite qu'en manufacture, à l'aide d'une clef spéciale s'ajustant sur les pans (8) du canon.

La boîte de culasse (fig. 157), que l'on peut, à la rigueur, considérer comme faisant partie du canon sert, en réalité, à rattacher le canon proprement dit à la culasse mobile ; elle porte en avant un écrou (0) dans lequel se visse le bouton fileté du canon, et des pans (1-2) qui servent à saisir la pièce dans les mâchoires de l'étau quand on veut déculasser ou reculasser le canon. La boîte de culasse contient la culasse mobile.

La fente supérieure (3) sert de directrice à la culasse mobile dans son mouvement en avant et en arrière. L'échancrure (4), ménagée à droite, donne passage à la cartouche pour le chargement. Le rempart (5) fournit un arrêt invariable sur lequel la culasse mobile s'appuie pour résister à l'action de la charge. Le trou rectangulaire (6) donne passage à la tête de gâchette. La boîte de culasse se rattache à la monture par le tenon ou talon de recul (7) dont le nom indique suffisamment la fonction, et par la vis de culasse, qui a son écrou dans la pièce de détente.

La *vis-arrêtoir* (fig. 163) fait saillie dans l'intérieur de la boîte, pour limiter en arrière le mouvement de la culasse mobile.

Le *ressort-gâchette* (fig. 158) a pour fonction (voir de plus la figure 153) d'enrayer le mouvement du chien lorsque le fusil est à l'armé.

Par son *talon* (1), il se rattache à la boîte de culasse au moyen de deux vis : la vis à tête carrée (fig. 165) qui est la seule indispensable et qui doit toujours être serrée à fond ; la petite vis (fig. 164), pièce de précaution qui empêche la première de se dévisser ou plutôt qui force le soldat à visser la première à fond, car la deuxième ne peut être mise en place que lorsque l'échancrure (1) de la vis à tête carrée est en face de l'emplacement de la petite vis.

La *tête du ressort* (2) porte : la *tête de gâchette* (3), pièce carrée qui fait saillie dans l'intérieur de la boîte pour maintenir le chien à l'armé ; l'*épaulement* (4), qui limite la saillie, et les *ailettes* (5), qui servent à réunir la pièce à la détente.

La *branche du ressort* (6), qui sépare le talon de la tête, maintient la tête de gâchette en saillie dans la boîte de culasse (fig. 153).

La *détente* (fig. 159) sert à faire rentrer la tête de gâchette pour faire partir le coup. Le corps de la détente (1), de forme arrondie, prend appui sur le dessous de la boîte de culasse ; lorsqu'on agit sur la queue (3) pour faire partir le coup, le trou de goupille (2) baisse et entraîne avec lui la tête du ressort gâchette, auquel il est réuni par une goupille.

2° CULASSE MOBILE

La culasse mobile du fusil modèle 1866 ferme le canon du côté du tonnerre et contient le mécanisme qui sert à enflammer l'amorce.

Ces deux fonctions, qui pourraient être distinctes, seront examinées successivement.

Fermeture du tonnerre. – La fermeture est opérée à l'aide de trois pièces principales :

- Le *cylindre* ;
- La *tête mobile* ;
- La *rondelle de caoutchouc.*

L'ensemble des deux dernières pièces constitue l'appareil obturateur.

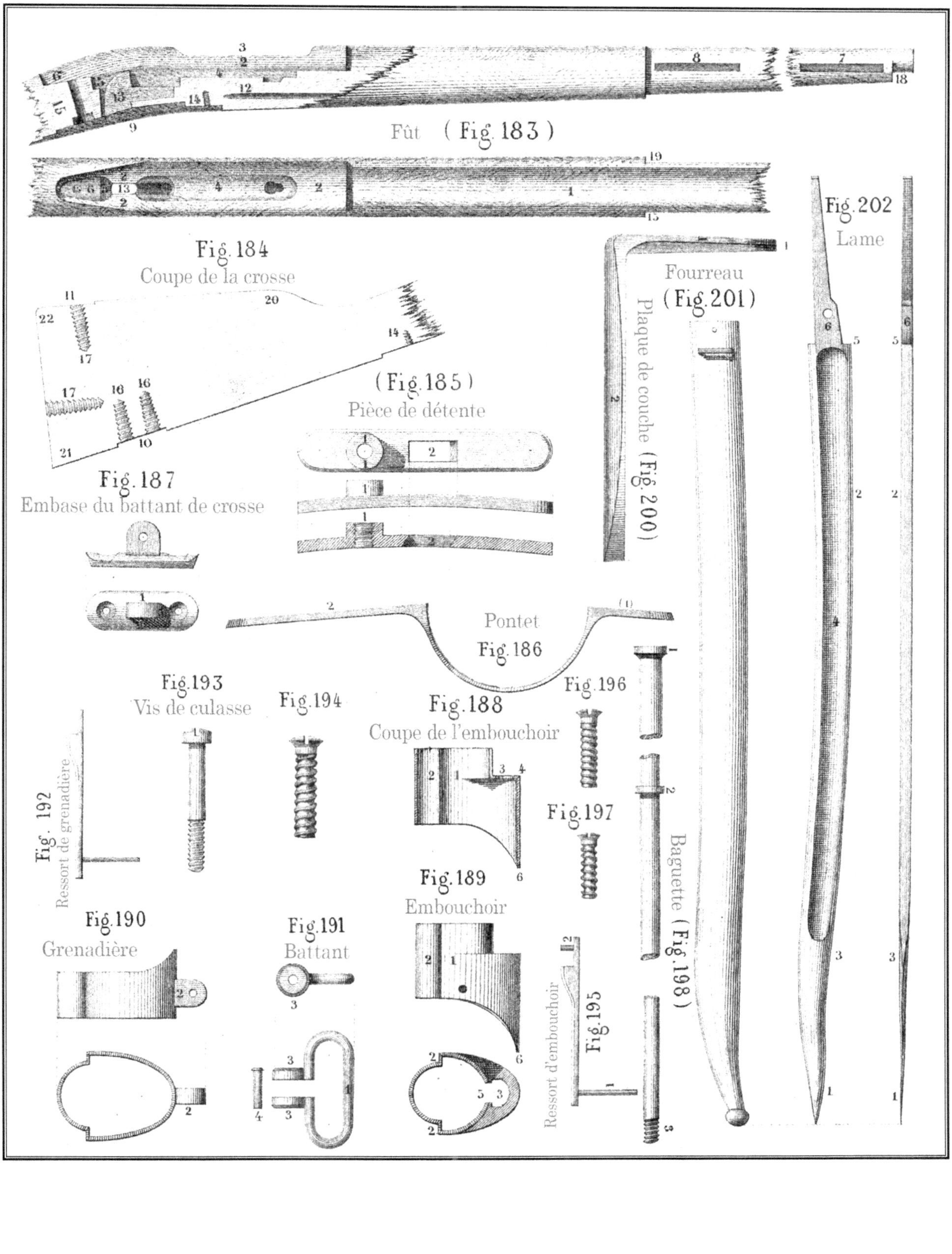
Fût (Fig. 183)
Fig. 184
Coupe de la crosse
(Fig. 185)
Pièce de détente
Fig. 187
Embase du battant de crosse
Pontet
Fig. 186
Fig. 193
Vis de culasse
Fig. 194
Fig. 188
Coupe de l'embouchoir
Fig. 196
Fig. 197
Fig. 192
Ressort de grenadière
Fig. 190
Grenadière
Fig. 191
Battant
Fig. 189
Embouchoir
Fig. 195
Ressort d'embouchoir
Baguette (Fig. 198)
Plaque de couche (Fig. 200)
Fourreau
(Fig. 201)
Fig. 202
Lame

1° *Le cylindre* (fig. 166), considéré comme pièce de fermeture, présente un renfort (1) qui se loge dans l'échancrure de la boîte de culasse et prend appui sur le rempart, pour résister à l'action de la charge ; le renfort porte un levier (2) servant à la manœuvre du mécanisme. En faisant tourner le cylindre d'un quart de tour à l'aide du levier, on amène le renfort en face de la fente supérieure. Le cylindre présente, d'ailleurs, deux fentes creusées dans l'épaisseur du métal ; lorsque le renfort est en face de la fente supérieure de la culasse mobile, la fente latérale (3) est en face de la vis-arrêtoir, et la fente inférieure (4), en face de la tête de gâchette.

Moyennant ces dispositions, le cylindre peut être ramené en arrière jusqu'à ce que la vis-arrêtoir vienne buter contre le fond de la fente latérale. À ce moment, l'échancrure est complètement dégagée et on peut introduire la cartouche.

La fermeture du tonnerre s'opère par le mouvement inverse.

Le *logement de la tête mobile* (fig. 170) est percé en avant et suivant l'axe du cylindre.

2° *La tête mobile* (fig. 169) ferme le tonnerre. Le dard (1), ménagé à l'avant, a pour but de créer une chambre ardente en arrière de la cartouche. La *plaque de recouvrement* (2) reçoit directement l'action des gaz qu'elle transmet à la rondelle de caoutchouc, sur laquelle elle est posée. La *tige* (3) sert à relier la tête mobile au cylindre ; elle traverse la rondelle de caoutchouc et pénètre dans le logement de la tête mobile, où elle est retenue par une vis-arrêtoir engagée dans le *collet* (4) pratiqué autour de la tige.

La tête mobile est percée suivant son axe pour le passage de l'aiguille. Dans ce canal, on a ménagé *deux cloisons* comprenant entre elles une chambre dite *chambre à crasse* (5) parce qu'elle reçoit les débris de caoutchouc et de papier provenant de la cartouche, ainsi que l'encrassement dû à la combustion incomplète de la poudre. Le *trou antérieur* (6) est plus large que le *trou intérieur* (7) dans lequel est ajustée l'aiguille ; pour que ce trou ne se dégrade pas, l'extrémité du dard n'est recuite qu'au jaune paille.

La vis-arrêtoir de tête mobile (fig. 170 et 172), par son bout non fileté retient la tête mobile tout en lui laissant un certain jeu dans l'intérieur de son logement.

3° La *rondelle de caoutchouc* (fig. 169, 170 et 171) est la pièce essentielle de l'appareil obturateur ; elle est prise entre la *tranche antérieure* du cylindre (6) et la *face postérieure* de la plaque de recouvrement de la tête mobile. Elle est ainsi comprimée au moment de l'explosion de la charge, et elle s'élargit de manière à produire l'obturation.

Mécanisme servant a la production du feu.— Le mécanisme se compose : 1° de pièces fixes sur lesquelles prend appui le ressort d'action ; 2° de pièces mobiles lancées d'un mouvement commun pour produire la percussion sur l'amorce ; 3° d'un ressort à boudin produisant le mouvement.

Pièces fixes

Les pièces fixes sont : le *cylindre*, dont il a été déjà question à propos de la fermeture et sa *vis-bouchon.*

Le cylindre, considéré comme pièce de mécanisme, est creusé à l'arrière, suivant son axe, pour fournir le *logement du ressort* (7). Ce logement est séparé de celui de la tête mobile par un grain* (8) vissé dans le cylindre. Le grain, percé d'un trou pour le passage de l'aiguille, sert d'arrêt aux pièces mobiles lancées par le ressort.

La *vis-bouchon* (fig. 176) ferme le logement du ressort du côté de l'arrière ; elle est percée d'un trou cylindrique (1) pour le passage de la tige porte-aiguille, et présente un carré (2) qui sert à visser et à dévisser le bouchon à l'aide d'une clef spéciale. Le mouvement de visser est limité par une embase (3) qui vient porter sur la tranche du cylindre.

Pièces mobiles

Les pièces mobiles lancées d'un mouvement commun sont :

- Le chien et son galet ;
- La noix* ;
- Le porte-aiguille ;
- Le manchon ;
- L'aiguille.

Le chien, la noix et la tige porte-aiguille sont réunis à l'aide d'une goupille (11) (fig.173). Le manchon sert à fixer l'aiguille à l'extrémité de la tige ; il en résulte que tout mouvement du chien détermine le même mouvement de l'aiguille.

1° *Le chien** (fig. 174 et 475) a une *tête quadrillée* (1), sur laquelle agit le pouce de la main droite pour armer ; il porte à l'arrière un galet (2) logé dans une fente (3) et tournant autour d'une goupille (4) ; le galet empêche le frottement du chien sur la boîte de culasse. En avant, se trouve le logement de la noix (5). Dans la cloison qui ferme le fond du *logement de la noix*, est percé le trou central (6) où est logée l'extrémité du porte-aiguille. De la partie supérieure se détache le coude (7), percé d'une mortaise (8) servant à rattacher au chien la *pièce d'arrêt* (9) ; les deux pièces sont reliées par une goupille (10).

Le *cran de l'armé* (11) (fig. 166) a pour but de fixer la *pièce d'arrêt* de manière que, l'aiguille étant complètement rentrée, le coude du chien soit exactement dans le prolongement du renfort du cylindre ; c'est la position à donner aux deux pièces pour que le chargement soit possible. La *rainure de sûreté* (10) permet de débander un peu le ressort, sans faire saillir l'aiguille en avant du dard. La rainure du départ (9) donne un libre passage à la pièce d'arrêt et permet le mouvement du chien. Cette rainure est exactement en face de la pièce d'arrêt, lorsque l'arme est complètement fermée.

La *pièce d'arrêt* (fig. 180), lorsqu'elle porte sur la tranche du cylindre, maintient le ressort au bandé et, par suite, la pointe de l'aiguille dans l'intérieur de la tête mobile. Le chien et le cylindre ne peuvent se rapprocher que lorsque la pièce d'arrêt est en face d'une fente ou d'une rainure qui lui donne un libre passage.

2° *La noix* (fig. 181), sorte de virole qui entoure le porte-aiguille, porte le cran (1), qui prend appui sur la tête de gâchette pour maintenir le ressort au bandé. Le cran doit toujours être en bon état ; il a été taillé dans une pièce rapportée, qui peut être changée en peu de temps et à peu de frais.

3° *Le porte-aiguille* (fig. 177) est une tige divisée en deux portions par un renfort en saillie ou *embase* (1). La partie la moins longue s'engage dans la noix et dans le chien ; les trois pièces sont reliées par une même goupille (11). La partie la plus longue est terminée par un T (2) qui sert à relier l'aiguille et le porte-aiguille à l'aide du manchon. Le porte-aiguille traverse le bouchon du cylindre.

4° *Le manchon* (fig. 178) relie l'aiguille et le porte-aiguille et fait saillie autour de la tige ; il reçoit directement l'action du ressort et le transmet à toutes les autres pièces mobiles ; le fond du logement du T (1) est percé d'un trou (2) pour le passage de l'aiguille ; une *fraisure* (3) sert à loger la tête de l'aiguille.

5° *L'aiguille* (fig. 179) produit le feu en frappant par sa pointe le fulminate de la capsule.

Ressort

6° *Le ressort à boudin* (fig. 182) est le moteur du mécanisme ; il prend un appui fixe sur le bouchon du cylindre et agit sur l'ensemble des pièces mobiles, en poussant le manchon qui fait saillie autour de la tige porte-aiguille.

Jeu du mécanisme. — Un coup vient de partir. La gâchette est dans le creux (9) formé par le plan incliné de la noix, en arrière du cran ; l'aiguille fait saillie en avant du dard ; la pièce d'arrêt est logée dans la rainure du départ ; le coude du chien est engagé dans la fente supérieure de la boîte de culasse.

Dans cette position ménagée à dessein, le cylindre ne peut pas tourner, ou, en d'autres termes, on ne peut pas ouvrir le tonnerre ; il faut au préalable, dégager la pièce d'arrêt de la rainure de départ. On ramène, à cet effet, le chien en arrière, jusqu'à ce que le cran de la noix ait dépassé la gâchette (fig. 153). Par

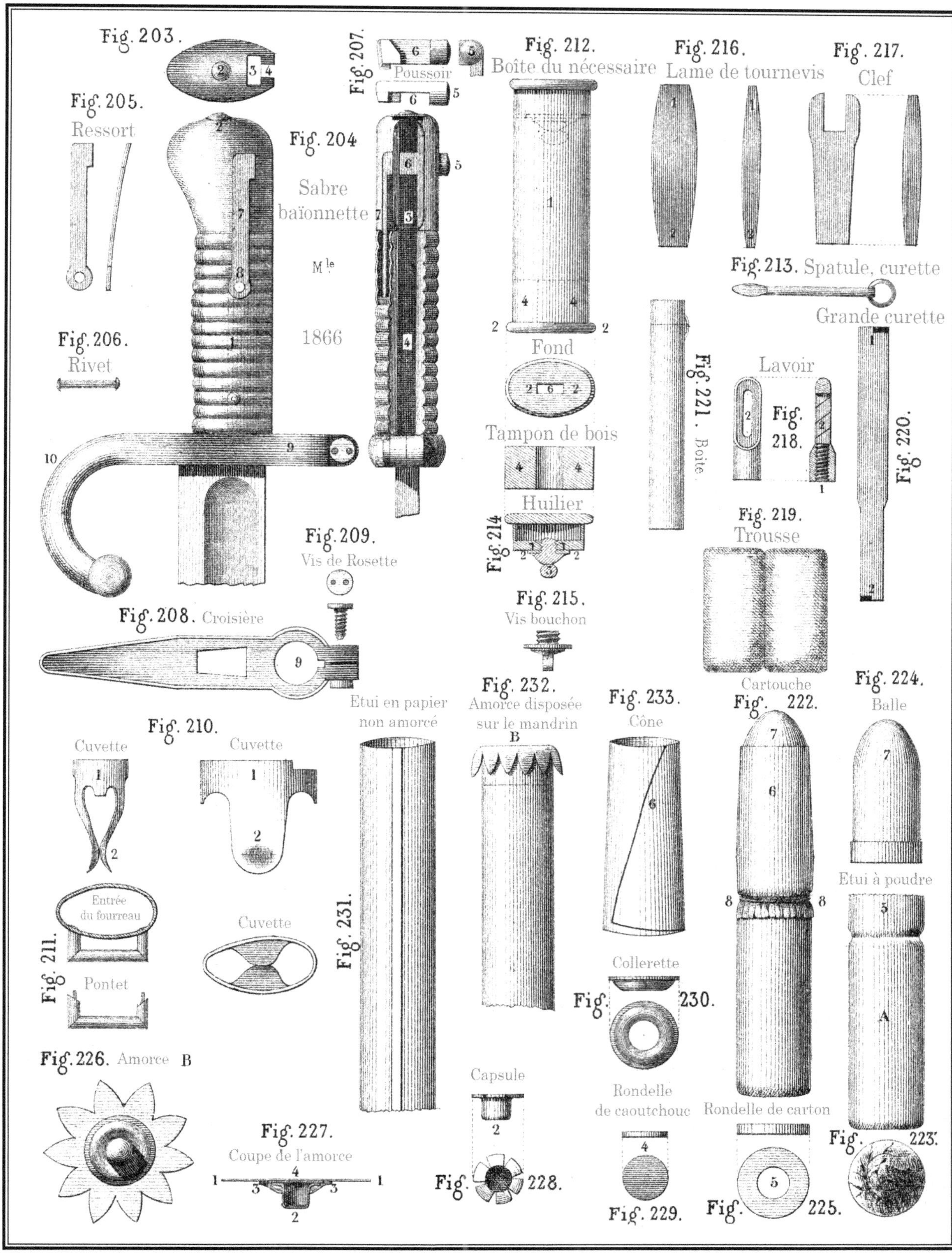
Fig. 203.
Fig. 205.
Ressort
Fig. 204
Sabre baïonnette
Mle 1866
Fig. 207.
Poussoir
Fig. 212.
Boîte du nécessaire
Fond
Tampon de bois
Huilier
Fig. 214
Fig. 216.
Lame de tournevis
Fig. 217.
Clef
Fig. 213. Spatule, curette
Grande curette
Fig. 221. Boite
Lavoir
Fig. 218.
Fig. 220.
Fig. 206.
Rivet
Fig. 209.
Vis de Rosette
Fig. 208. Croisière
Fig. 215.
Vis bouchon
Fig. 219.
Trousse
Fig. 210.
Cuvette
Cuvette
Entrée du fourreau
Fig. 211.
Pontet
Cuvette
Etui en papier non amorcé
Fig. 231.
Fig. 232.
Amorce disposée sur le mandrin
Fig. 233.
Cône
Cartouche
Fig. 222.
Fig. 224.
Balle
Etui à poudre
Collerette
Fig. 230.
Fig. 226. Amorce B
Fig. 227.
Coupe de l'amorce
Capsule
Fig. 228.
Rondelle de caoutchouc
Fig. 229.
Rondelle de carton
Fig. 225.
Fig. 223.

ce mouvement, l'aiguille rentre dans la tête mobile ; le chien étant maintenu dans cette position par la tête de gâchette, on peut faire tourner le cylindre en agissant sur le levier et amener le renfort en face de la fente supérieure de la boîte. La pièce d'arrêt s'engage alors dans le cran de l'armé, maintient le ressort bandé et l'aiguille rentrée. Ramenant ensuite la culasse mobile en arrière, on ouvre le tonnerre et on dégage l'échancrure par laquelle on doit introduire la cartouche.

La fermeture s'opère par le mouvement inverse et avec la même sécurité. On ne peut, en effet, pousser la culasse mobile en avant qu'autant que le coude du chien est dans le prolongement du renfort du cylindre et, dans cette position, la pièce d'arrêt est au cran de l'armé, le ressort au bandé et l'aiguille rentrée.

Lorsqu'on rabat le levier à droite pour assurer la fermeture, la pièce d'arrêt vient se placer en face de la rainure de départ ; le ressort est maintenu au bandé par la tête de gâchette.

Si, dans cette position, on agit sur la queue de détente, la goupille qui réunit le corps de la détente à la tête du ressort-gâchette fait baisser cette pièce ; la tête de gâchette qui arrêtait la noix rentre dans l'épaisseur de la boîte de culasse ; le chien, libéré, cède à l'action du ressort, et l'aiguille, entraînée dans ce mouvement, est lancée en avant jusqu'à ce que le manchon vienne buter contre le grain du cylindre.

3° MONTURE

La monture sert à relier les pièces de l'arme. Elle peut se diviser en trois parties :

- Le fût ;
- La poignée ;
- La crosse.

Le *fût* (À) (fig. 152) contient le logement du canon et de la boîte de culasse.

La *poignée* (B) sert à saisir l'arme, soit pour le tir, soit pour l'escrime à la baïonnette.

La *crosse* (C) s'élargit pour répartir l'action du recul sur toute la surface de l'épaule et pour servir de contrepoids au canon.

Les pièces de l'arme sont logées ou encastrées dans la monture. Les logements ou encastrements ont la forme des pièces logées ou encastrées et portent les noms de ces pièces. On a ainsi :

- *Le logement du canon* (1) (fig. 183);
- Le *logement de la boîte de culasse* (2), *son échancrure* (3) ;
- Le *logement de la gâchette* et de *son ressort* (4) ;
- Le *logement du tenon de recul* (5) ;
- Le *logement de la queue de culasse* (6) ;
- Les *logements des ressorts d'embouchoir* et de grenadière** (7 et 8) ;

- *L'encastrement de la sous-garde* (9) ;
- *L'encastrement de l'embase du battant de crosse* (10) (fig. 184) ;
- *L'encastrement du devant de la plaque de couche* (11) ;
- *Le canal de la baguette* (12) (fig. 183).

Plusieurs pièces traversent le bois ; les trous ménagés à cet effet portent le nom de la pièce qui les remplit. On a ainsi :

- *Le trou pour le passage de la détente* (13) (fig. 183) ;
- *Les trous des vis de pontet** (14), *de boîte de culasse* (15), *de battant de crosse* (16) et de *plaque de couche* (17) (fig. 184).

Enfin, les ressauts extérieurs et les angles en saillie portent les noms suivants :

- *L'épaulement de l'embouchoir* (18) (fig. 183) ;
- *L'embase de la grenadière* (19) ;
- *Le busc** (20), qui raccorde la crosse à la poignée (fig. 184) ;
- *Le bec* de la crosse, du côté de la sous-garde (21) ;
- *Le talon*, du côté opposé (22).

4° GARNITURES

La *baguette* (fig. 198) sert à laver le canon et à décharger l'arme ; elle porte une tête plate (1), un épaulement (2) qui s'engage sous le rebord de l'embouchoir, pour empêcher la baguette de sortir de son canal, et un bout fileté (3) sur lequel se visse le lavoir*.

L'embouchoir (fig. 189) fixe le canon sur le bois près de la bouche et maintient la baguette dans son canal. Le corps (1) contourne exactement le canon et le bois ; les coulisses (2) portent sur les bords du fût ; l'entonnoir (3) forme l'entrée du canal de baguette ; il a, à l'intérieur, un rebord (4) qui arrête l'épaulement de la baguette ; l'échancrure (5) donne passage au tenon et au guidon ; le corps se termine en bec (6) du côté opposé.

Le *ressort* d'embouchoir (fig. 195) maintient l'embouchoir sur le fût. Il porte, d'un côté, une goupille (1) pour le fixer au bois et, du côté opposé, un pivot (2) qui s'engage dans l'embouchoir.

La *grenadière* (fig. 190) maintient le canon en son milieu et porte l'un des battants auxquels s'attache la bretelle. Elle est maintenue en place par le ressort de grenadière (fig. 192) fixé au bois en sens inverse du ressort d'embouchoir, mais par le même moyen, c'est-à-dire par une goupille faisant corps avec le ressort.

Le *battant** (1) (fig. 191) est fixé sur le pivot (2) ménagé en avant de la grenadière au moyen de *deux rosettes* (3) et d'un rivet (4) qui sert d'axe de rotation au battant.

La *sous-garde* est la réunion du pontet et de la pièce de détente.

La *pièce de détente* (fig.185) porte la bouterolle* (1), dans laquelle se visse la vis de culasse. Elle est percée d'un trou rectangulaire (2) qui limite les mouvements de la détente et empêche la dégradation du bois.

Le *pontet* (fig. 186) couvre la détente. Il s'applique contre le bois par deux pattes que l'on nomme la feuille antérieure (1) et la feuille postérieure (2). Chacune d'elles est serrée dans son encastrement par une vis à bois.

Le *battant de crosse** (fig. 187), semblable au battant de grenadière, est fixé à son pivot de la même manière. L'embase (1) qui porte le pivot est encastrée dans la crosse et maintenue par deux vis à bois.

La *plaque de couche* (fig. 200) préserve l'extrémité de la crosse. Elle est recourbée à angle droit pour entourer le talon de la crosse qui pose à terre lorsqu'on met l'arme au pied. Le devant de la plaque de couche (1) est encastré dans la crosse et fixé par une vis à bois. Le dessous (2), simplement appliqué contre la monture, est serré par une deuxième vis à bois.

Les *vis à bois* (fig. 194) ont une tête arrondie en goutte de suif. On doit les dévisser le moins possible, pour éviter de dégrader l'écrou.

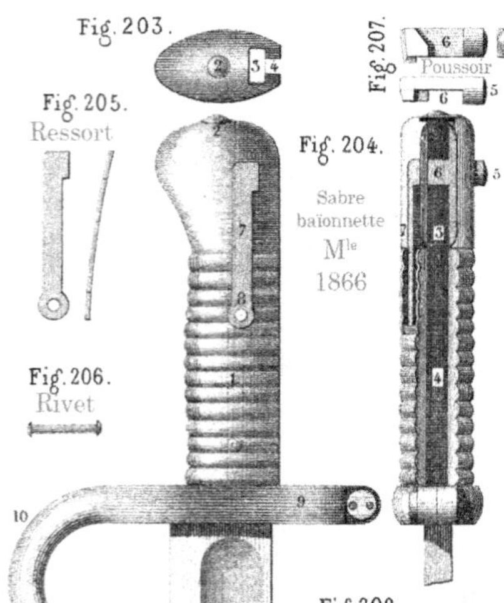

5° SABRE-BAÏONNETTE

Le *sabre-baïonnette*, qui permet de transformer le fusil en arme de main, a une forte lame à double courbure, en forme de yatagan (fig. 202) ; la pointe (1) est à double tranchant ; la lame est évidée, et par conséquent allégée par des pans creux (4) ; elle porte sur la monture par un talon (5) et y est fixée par une soie (6) et un rivet.

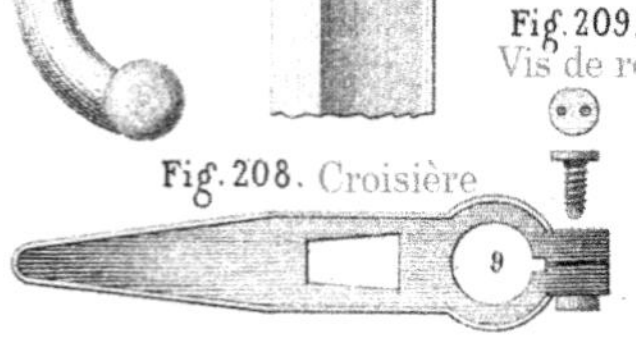

La *monture* se compose de deux pièces principales : la *poignée* et la *croisière**.

La *poignée à cordons* (1) (fig. 204) est reliée à la laine par la soie qui traverse la monture dans toute sa longueur et est rivée sur le pommeau (2). La soie est, en outre, maintenue par un rivet transversal (fig. 206).

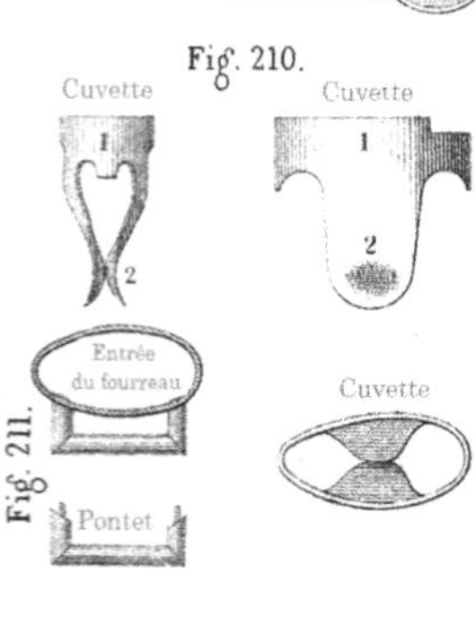

La poignée s'applique contre le canon au moyen de deux rainures (3 et 4) dans lesquelles se logent le tenon et la directrice du canon. Elle est fixée par une sorte de clavette logée transversalement dans la poignée, et s'engageant sous le grand tenon du canon ; on la nomme *poussoir* (5 et 6), parce qu'elle se termine par un bouton (5) qui fait saillie extérieurement, et qu'il faut pousser pour dégager le sabre-baïonnette.

Le *poussoir* (fig. 207) a une entaille (6) pour le passage du tenon ; il est maintenu sous le tenon par un ressort (7) logé dans la poignée et fixé par un rivet (8).

La *croisière* (fig. 208) complète la monture ; elle porte, d'un côté, une douille (9) composée de deux branches réunies par une vis, et du côté opposé, un guillon (10) servant à former les faisceaux.

Le *fourreau du sabre-baïonnette* (fig. 201) est en tôle d'acier. On y remarque extérieurement un pontet (1) rivé sur le corps et servant à attacher le fourreau au porte-sabre (fig. 211). À l'entrée du fourreau se trouve une cuvette (fig. 210) dont les deux *battes** (2) serrent la lame pour l'empêcher de se dégager du fourreau.

III. Fusil de cavalerie et mousqueton d'artillerie

FUSIL DE CAVALERIE

Fig. – 234 - Fusil de cavalerie modèle 1866

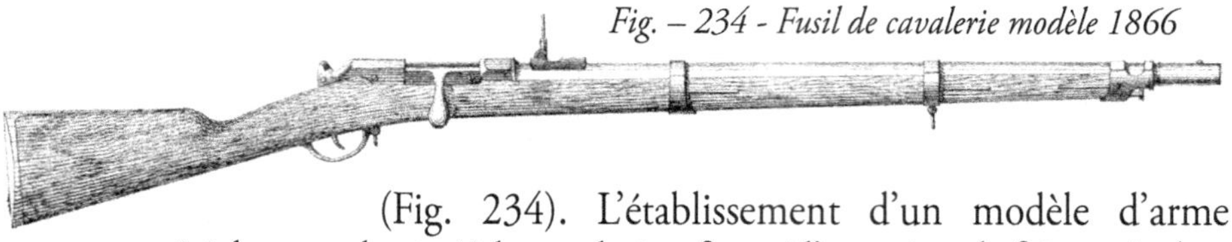

(Fig. 234). L'établissement d'un modèle d'arme spécialement destiné à la cavalerie a fourni l'occasion de faire prévaloir ce principe que l'unité de munitions est une des premières conditions que l'on doit avoir en vue lorsqu'on adopte une arme nouvelle.

Il a donc été décidé que le fusil de cavalerie tirerait la cartouche d'infanterie.

Quoique le modèle adopté pour la cavalerie soit sensiblement plus léger que celui de l'infanterie (3,6 kg au lieu de 4,034), le recul n'est pas trop gênant, du moins pour les cavaliers qui tiennent bien leur arme.

Le tir des deux fusils est à peu près le même, relativement à la justesse et à la tension de la trajectoire.

Les différences qui caractérisent le fusil de cavalerie sont motivées par les deux manières de porter l'arme à cheval ; c'est-à-dire :

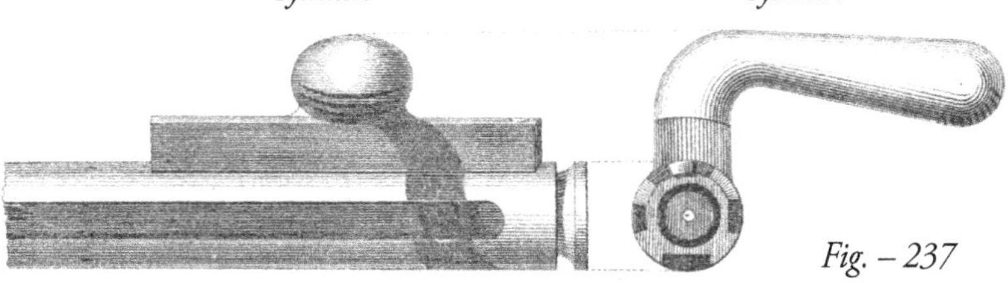

Fig. – 237

1° Le port à la botte ;

2° Le port à la grenadière.

Le port à la botte a déterminé la modification du levier et de la hausse mobile.

Le levier droit du fusil d'infanterie serait gênant et même dangereux lorsque les chevaux se serrent dans le rang ; on a adopté un levier coudé (fig. 237) qui s'applique contre la monture lorsque le tonnerre est fermé.

Les angles saillants de la hausse coupent les pantalons ; on a diminué les saillies, arrondi les pièces et enchâssé la planche entre deux rebords ménagés sur le pied (fig. 235).

Fig. – 235 - Modèle 1866 - Canon vu de droite

Le port à la grenadière a nécessité le déplacement des attaches de la bretelle. Si le pontet était entre les deux battants, comme dans le fusil d'infanterie, il serait très gênant, le cheval marchant au trot ou au galop ; le battant de crosse (fig. 23) a été, en conséquence, porté en avant du pontet, et est devenu *battant de sous-garde.*

Par suite de cette première modification, on a dû fixer la sous-garde plus solidement que dans le fusil modèle 1866. Le pontet et la pièce de détente sont d'une seule pièce (fig. 238) ; la vis à bois qui fixait le nœud antérieur est remplacée par une vis qui a son écrou dans une rosette encastrée dans le bois sous le canon.

Rosette écrou ses vis

Fig. 239

La *rosette-écrou* est elle-même fixée au bois par deux petites vis (fig. 239). Le battant supérieur a dû être remonté pour occuper un emplacement intermédiaire à ceux qu'occupent les deux boucles du fusil d'infanterie. De là, la nécessité de trois attaches au lieu de deux :

L'embouchoir (fig. 240) ;

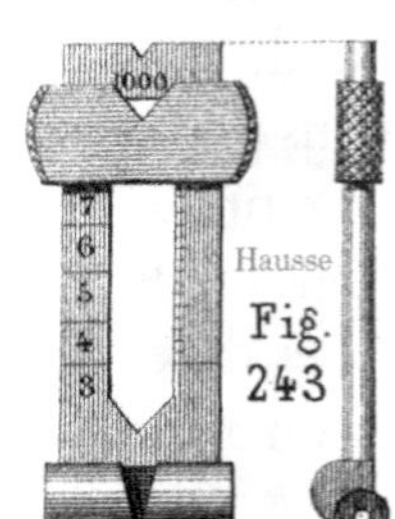

Fig. 243 Hausse

Fig. 240 Embouchoir

Fig. 238. Sous-garde

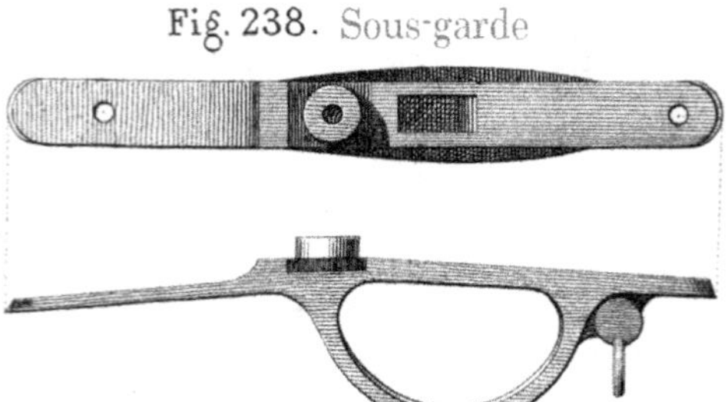

Fig. 241 Grenadière

Fig. 242 Capucine

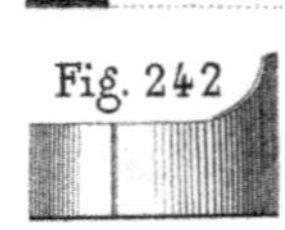

Fig. 244. Baguette

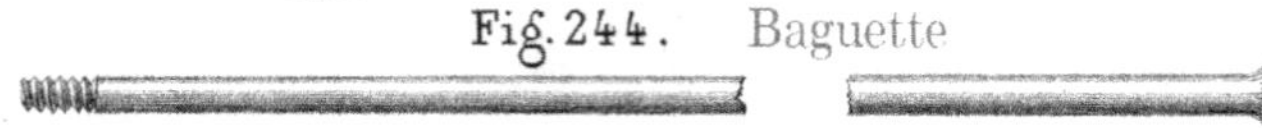

La *grenadière* portant le battant (fig. 241) ;

La *capucine** (fig. 242).

Le *rebord* de l'embouchoir formant arrêt de la baguette est extérieur.

La baguette, dont la tête est retenue par le rebord supérieur de l'embouchoir, n'a plus d'épaulement (fig. 244).

Conformément à un usage dès longtemps établi, la plaque de couche, la sous-garde, l'embouchoir, la grenadière et la capucine sont en laiton.

La bouterolle (fig. 238) qui sert d'écrou à la vis de culasse est en acier ; elle est encastrée sur le dessus de la sous-garde.

Le fusil de cavalerie muni d'une baïonnette à douille et à lame quadrangulaire (fig. 582), a été donné à la gendarmerie à cheval. L'embase du guidon sert de tenon de baïonnette.

MOUSQUETON D'ARTILLERIE

Il est question d'adopter pour l'artillerie un mousqueton d'un modèle spécial.

Le canon notablement raccourci porterait la hausse du fusil de cavalerie et les tenons de baïonnette du fusil d'infanterie ; il serait relié au fût par une grenadière et un embouchoir en laiton.

Comparaison des trois modèles

MODÈLES	POIDS				LONGUEUR		
	de l'arme sans baïonnette.	de la baïonnette sans le fourreau.	de l'arme avec baïonnette non compris le fourreau.	du fourreau de baïonnette.	de l'arme sans baïonnette.	de la lame de baïonnette.	de l'arme avec baïonnette.
	kilog.	kilog.	kilog.	kilog.	mètr.	mètr.	mètr.
Fusil d'infanterie. . .	4,034	0,655	4,685	0,355	1,305	0,573	1,878
Fusil de cavalerie. .	3,600	0,355	3,935	»	1,175	0,513	1,688
Mousqueton d'artillerie.	3,000	0,655	3,655	0,355	0,982	0,573	1,555

IV. Accessoires et pièces de rechange

1° Accessoires. — Chaque soldat est muni d'un nécessaire d'armes. C'est une boîte en tôle de fer (fig. 212) qui sert de manche de tournevis et qui contient les ustensiles nécessaires à l'entretien de l'arme. Le fond (2) brasé sur le corps (1) est percé d'un trou rectangulaire dans lequel on engage la lame du tournevis ; ce trou (6) se prolonge dans un tampon en bois de cornouiller (4) appliqué sur le fond.

La boîte est fermée par un huilier (fg. 214) qui est lui-même bouché par une vis (3). Une rondelle en cuir (1) serrée par l'embase (2) de la vis-bouchon complète la fermeture (voir également fig. 215).

Dans la boîte on renferme :

- Une lame de tournevis (fig. 210) dont les bouts ont des dimensions différentes : le bout le plus large (1) sert pour les grandes vis, le plus étroit (2) pour les petites vis ;
- Une clef (fig. 217) pour dévisser et revisser la vis bouchon du cylindre ;
- Une spatule-curette (fig. 213) servant à nettoyer l'intérieur de la tête mobile ;
- Un lavoir (fig. 218) percé d'un trou taraudé (1) qui sert à le fixer au bout de la baguette, et d'une fente (2) dans laquelle on engage un chiffon pour laver l'arme, et pour essuyer ou graisser l'intérieur du canon.

Les quatre objets précédents sont réunis dans une trousse en drap (fig. 219). De plus, chaque chef d'escouade a une grande curette (fg, 220) ; c'est une lame terminée à chacune de ses extrémités par deux arêtes taillées à biseaux contraires ; le *grand bout* (1) sert à nettoyer le logement du ressort, et le *petit bout* (2) le logement de la tête mobile.

2° Pièces de rechange. — Chaque soldat est muni de cinq pièces de rechange, savoir :

- Une tête mobile ;
- Une rondelle de caoutchouc ;
- Un ressort à boudin ;
- Deux aiguilles.

Ces trois dernières pièces sont logées dans une petite boîte en fer-blanc (fig. 221).

V. Renseignements et observations

Dégradations pouvant gêner ou arrêter la marche du mécanisme. — Moyens de remettre l'arme en bon état. — Les fusils modèle 1866, surtout dans les premiers temps de leur mise en service, sont sujets à quelques dégradations qui gênent momentanément la marche du mécanisme.

Elles sont faciles à réparer ; il suffit de les connaître pour maintenir l'arme en bon état de service.

- Une vis-arrêtoir trop longue peut gêner le mouvement du cylindre, en frottant sur le fond de la fente latérale. Dévisser momentanément la vis pour rendre le jeu aisé et plus tard, faire raccourcir le bout non fileté par le chef armurier.
- Une trop grande saillie de la tête de gâchette amène le même inconvénient et se répare de la même manière.
- Les chocs répétés de la vis-arrêtoir sur le fond de la fente latérale du cylindre peuvent soulever le métal de manière à gêner le jeu du mécanisme. — Un coup de lime enlève la bavure et remet la pièce en état.
- Une vis-arrêtoir de tête mobile trop longue peut enrayer le jeu de l'obturateur. En effet, lorsque la vis porte sur la tige de la tête mobile, la dilatation du caoutchouc s'opère, mais la rondelle reste dilatée sous la pression de la plaque de recouvrement, la tête mobile étant retenue par la vis arrêtoir. — Dévisser momentanément la tête mobile pour rétablir le jeu et faire ensuite raccourcir la vis par le chef armurier.
- La tige de la tête mobile doit être recuite à point. Lorsque le cylindre, ramené en avant, est arrêté brusquement en arrivant au fond de son logement, la tête mobile, qui est indépendante, continue son mouvement pour être arrêtée à son tour par la vis-arrêtoir de tête mobile. Si la pièce n'est pas suffisamment recuite, elle casse ; si le recuit est trop avancé, le métal est assez mou pour que le choc soulève des bavures capables d'enrayer le jeu de l'obturateur.
- Un soldat inexpérimenté peut détériorer avec la clef la partie mince du carré du bouchon du cylindre, ce qui gêne le jeu de la tige porte-aiguille.
- Les frottements continuels de la pièce d'arrêt contre la cloison qui sépare les rainures du cylindre et contre la saillie ménagée entre le cran de l'armé et la rainure de sûreté, peuvent refouler le métal, de manière à gêner la marche de la pièce dans la rainure de départ. Un coup de lime fait disparaître les bavures. La réparation au carré du bouchon est également prompte et facile.
- Une saillie insuffisante de la tête de gâchette peut donner lieu à des départs accidentels. Lorsqu'après avoir ramené la culasse mobile en avant on rabat le levier pour fermer le tonnerre, la noix vient buter contre la tête de gâchette qui doit arrêter le chien à l'armé. Si le cran de la noix est en mauvais état, si le ressort de gâchette n'a pas assez de force, ou si la tête de gâchette n'a pas une saillie suffisante, le choc peut faire descendre la tête de gâchette et déterminer le départ du coup. Ce départ accidentel est sans danger pour le tireur, puisqu'il ne peut se produire

que lorsque le tonnerre est fermé ; mais, quoique cet accident soit très rare, il est prudent de ne faire charger les armes que dans la direction des cibles, et lorsqu'il n'y a plus personne en avant des tireurs.

- L'intervention du chef armurier est ordinairement nécessaire pour faire disparaître la cause de l'accident. Cependant, il faut s'assurer d'abord, que le trou rectangulaire dans lequel est logée la tête de gâchette, et le trou dans lequel passe la détente, sont bien nettoyés. L'encrassement des pièces, la présence d'un corps étranger, peuvent paralyser l'action du ressort-gâchette et donner lieu à l'accident signalé.
- Lorsque le trou intérieur de la tête mobile ou le trou du grain sont trop larges, l'aiguille et le mécanisme s'encrassent souvent au point d'enrayer la manœuvre. Il faut charger la tête mobile ou remplacer le grain.

Principales causes de ratés. — Précautions à prendre pour les éviter.

1° La capsule*, mal collée à l'enveloppe, peut se détacher ; ce cas est extrêmement rare et n'est signalé que pour la fidélité de l'exposé des faits.

2° L'aiguille peut être émoussée, faussée ou trop courte ; c'est aux officiers de compagnie qu'il appartient de faire disparaître cette cause de ratés, en visitant soigneusement les armes avant le tir.

3° Un ressort trop faible amène des ratés, surtout lorsque l'arme est encrassée ; il est si facile de remplacer un ressort que le fusil doit être remis en état sans l'intervention de l'armurier (chaque homme doit avoir un ressort de rechange). L'arme étant démontée, le ressort doit dépasser la tige porte-aiguille de trois spires environ.

4° L'engorgement de la chambre à crasse de la tête mobile est la principale cause des ratés, parce qu'elle accompagne ordinairement, en les aggravant, les causes précédentes (voir la description de l'arme). Si les armes sont bien entretenues, on réduira singulièrement les ratés de cette provenance.

5° Si la vis-bouchon n'est pas serrée à fond, l'aiguille n'a pas la saillie réglementaire ; de là viennent des ratés. On doit s'assurer, avant le tir, que la vis bouchon est serrée à fond.

6° Les dégradations signalées précédemment sous les nos 6 et 7 peuvent encore amener des ratés.

7° Enfin, lorsque la chambre est trop longue ou que la cartouche est trop courte, celle-ci fuit devant l'aiguille au moment de la percussion ; le choc est alors insuffisant pour faire partir le coup. Ce cas se présente principalement au premier coup, quand l'arme est propre et que la cartouche a plus de facilité à glisser en avant.

Les ratés de premier coup sont de beaucoup les plus nombreux. Ils se produisent avec des chambres et des cartouches ayant les longueurs réglementaires.

C'est le défaut sérieux du système.

On peut attribuer la presque totalité de ces ratés à l'insuffisance de l'arrêt fourni par la rondelle de carton de l'étui à poudre. On pourrait peut-être y remédier en changeant la nature du carton et en assurant l'invariabilité du calibre de l'étui à hauteur de la rondelle.

En attendant une solution, on évitera bon nombre de ratés de premier coup, en essuyant à fond la chambre avant le tir : il vaudrait mieux, pour la certitude du départ, qu'elle fût rouillée que graissée. Lorsqu'une arme donne des ratés de premier coup, le soldat doit avoir soin d'entourer de papier la partie antérieure de sa première cartouche. Ce moyen est à peu près infaillible.

L'énumération de toutes ces éventualités indique une imperfection de système ; on a cependant constaté expérimentalement, au camp de Châlons, que, le premier coup parti, les ratés étaient extrêmement rares ; ils restent bien au-dessous de 1%. Cette proportion dénoterait un bon système si les ratés de premier coup n'étaient pas si nombreux. Faute de prendre les précautions indiquées ci-dessus, on s'expose à avoir 10 % de ratés de premier coup.

Accidents pouvant se produire pendant le tir, le chargement et le déchargement. — Le chargement par la culasse a fait disparaître les risques d'accidents énoncés dans la première série mais il a donné lieu à des causes nouvelles qu'il y a lieu d'examiner pour en prévenir les effets et pour en apprécier la gravité.

Les risques d'accidents inhérents a tout système d'arme se chargeant par la culasse sont :

- Les crachements ;
- La rupture du mécanisme fermant le tonnerre ;
- La déflagration accidentelle de la cartouche pendant le chargement ou le déchargement.

L'appareil obturateur du fusil modèle 1866 fonctionne bien ; il y a cependant des crachements : 1° lorsque la chambre est ovalisée à l'emplacement de la rondelle de caoutchouc : ce cas est fort rare ; 2° lorsque la rondelle est mal confectionnée ; les crachements qui en résultent ne sont pas plus gênants pour le tireur que ceux que donnaient les cheminées des armes à percussion ; il y a donc progrès.

On a dit que les grands froids pouvaient enlever au caoutchouc l'élasticité sur laquelle est basé le principe d'obturation. Je ne nie pas le fait, mais je ne l'ai jamais observé, et je le tiens comme de peu de gravité. Je crois que la critique est née de faits mal observés. On a constaté des crachements par le froid : c'était une coïncidence, le froid n'était pas la cause, la rondelle était mauvaise, elle n'aurait pas mieux fonctionné par un temps chaud.

Rupture du mécanisme fermant le tonnerre. — Le fusil modèle 1866, bien construit, est à l'abri de ce genre d'accident ; il faut reconnaître cependant que les armes de fabrication étrangère ont donné lieu, dans le principe, à quelques cas de rupture, notamment à la boîte de culasse. Les armes de ces provenances ont été soumises depuis à des épreuves supplémentaires qui font disparaître toute appréhension à ce sujet.

Déflagration accidentelle de la cartouche pendant le chargement et le déchargement. — D'après la construction de l'arme, le premier risque d'accident paraît d'abord impossible, car on ne peut ouvrir le tonnerre qu'après avoir, au préalable, fait rentrer l'aiguille, et on ne peut le fermer que lorsque le chien est au cran de l'armé, c'est-à-dire lorsque l'aiguille est rentrée dans le mécanisme.

Malgré ces précautions tenant à l'établissement de l'arme, quelques départs accidentels se produisent ; ils proviennent le plus souvent de ce que l'aiguille fait saillie en avant du dard, lorsque l'on place la cartouche dans la boîte de culasse ; si le soldat a le soin de regarder la tête mobile en chargeant, il s'en aperçoit forcément.

Pour quelles causes l'aiguille fait-elle saillie en avant du dard, alors que le chien est au cran de l'armé ?

1°. On a pu oublier de mettre la rondelle de caoutchouc avant le tir, ce qui diminue la longueur de la tête mobile et permet à l'aiguille de sortir ;
2°. L'aiguille a pu se casser au coup précédent, un peu en avant du trou intérieur ; la pointe n'a pas été ramenée par le chien; elle a pu prendre appui sur la cloison que forme le fond de la chambre à crasse et déborder pendant la durée du chargement ;
3°. L'aiguille a pu se casser au coup précédent, un peu en avant du grain, et la partie engagée dans la tête mobile, prendre appui sur le grain ;
4°. La goupille qui réunit le chien, la noix et la tige porte-aiguille a pu se casser ; dans ce cas, le porte-aiguille peut s'être dégagé de son logement, ce qui augmente d'autant la saillie de l'aiguille. Les dimensions qu'on donne actuellement à la goupille qui réunit ces trois pièces, écartent tout risque d'accident pour les armes réparées et les armes neuves.

On peut encore déterminer la déflagration prématurée de l'amorce, en bourrant à coups redoublés une cartouche qui ne peut pas entrer dans la chambre. S'il se présente une difficulté de chargement sérieuse, il est prudent de décharger l'arme à l'aide de la baguette et de débarrasser la chambre avant de remettre la cartouche. Les accidents de ce dernier genre ne se produisent, d'ailleurs qu'avec les cartouches irrégulièrement fabriquées pendant la guerre.

Ces divers cas de départ accidentel sont fort rares d'une manière absolue ; ils ont été observés sur des millions de coups. Le rapport du nombre d'accidents observés au nombre de coups tirés a été de 1/500 000 environ dans les premières années. Il doit diminuer encore par la modification des pièces, par la régularisation de la fabrication des cartouches et par l'attention des hommes lorsqu'ils seront bien prévenus par leurs officiers.

Le déchargement de l'arme par la baguette a encore donné lieu à quelques départs accidentels. Ils sont impossibles lorsque l'opération se fait régulièrement mais il est arrivé que des hommes aient mis la baguette dans le canon sans ouvrir le tonnerre et sans faire rentrer l'aiguille. Ils ont déterminé quelquefois l'explosion de la cartouche.

Le même accident se présente lorsque le tireur ayant ouvert la culasse a commencé par examiner l'aiguille en tournant le chien de 90°, et négligé de le remettre au cran de l'armé avant de projeter la cartouche dans la boîte.

Ce risque d'accident disparaîtra si l'on trouve un bon tire-cartouche permettant de décharger l'arme sans le secours de la baguette.

APPRÉCIATION MOTIVÉE DU FUSIL MODÈLE 1866

I - *Vitesse de chargement* – C'est la qualité qui a été principalement développée par les travaux de la sixième série. Avec le fusil modèle 1866, on peut tirer dix coups à la minute ; on tire aisément de cinq à six coups en prenant tout le temps nécessaire pour bien ajuster ; un tireur très exercé arrive à tirer quinze coups à la minute.

Le mécanisme s'encrasse ; il est cependant possible de prolonger le tir au-delà de tous les besoins, même en laissant plusieurs jours d'intervalle entre les tirs sans nettoyer l'arme.

II - *Certitude que le coup partira à la volonté du tireur.* — Nous savons que cette condition est irréalisable. Avec le système à percussion, les ratés dépassaient toujours 2 % ; avec le système à aiguille, ils n'atteignent pas 1 % sur l'ensemble du tir, mais ils se produisent presque tous au premier coup tiré. C'est le défaut le plus sérieux du système.

III. IV. V. VI. – La tension de trajectoire, la justesse du tir, la portée et la pénétration sont à peu près les mêmes que celles des armes de petit calibre, qui résument les progrès de la sixième série. La balle du poids du 24,50 g est lancée avec une charge de 5,50 g de poudre ; elle a une hauteur de 25 mm pour un calibre de 11 mm ; son forcement est produit par un bourrelet de 11,8 mm ; la vitesse initiale de translation est de 410 mètres, et celle de rotation de 745 tours par seconde.

On voit, d'après ces nombres, qu'on s'est beaucoup rapproché, dans l'établissement du fusil modèle 1866, des conditions jugées les meilleures. Cependant les dispositions relatives au profil des rayures sont défectueuses ; on a conservé, à tort, un tracé qui convenait seulement aux projectiles se forçant par expansion.

La balle n'est pas exactement centrée, en raison du grand diamètre de la chambre.

Le forcement est trop énergique : on pourrait utiliser, pour augmenter la vitesse initiale de la balle, une partie des forces actuellement dépensées en frottements inutiles. Le fusil est muni d'une hausse mobile qui donne :

- Quatre lignes de mire fixes correspondant aux distances de 200, 300, 350 et 400 mètres ;
- Une ligne de mire éventuelle, correspondant à la distance de 160 mètres environ ;
- Un curseur mobile, permettant de tirer jusqu'à 1100 mètres.

VII. *Sécurité pour les tireurs et pour les voisins.* — La réduction de la longueur du canon a la consécration de trente ans d'usage dans les bataillons de chasseurs à pied.

Si les rangs étaient par trop espacés, il pourrait arriver qu'un homme du deuxième rang atteignît la main gauche de son chef de file. Tout accident disparaîtrait, si l'on plaçait la baïonnette à gauche et si l'on mettait toujours la baïonnette au canon pour les feux d'ensemble (voir IIe partie, chap. VI, *Baïonnettes*).

L'obturateur fonctionne très bien lorsque les rondelles sont de bonne qualité et bien fabriquées. Les crachements qui peuvent se produire avec de mauvaises rondelles, et même pour absence de rondelle, sont sans danger sérieux pour le tireur.

Les accidents ont été extrêmement rares, quoique la fabrication ait été très précipitée. On n'a rien négligé depuis pour en prévenir le retour.

VIII. *Facilité de maniement.* — Le fusil modèle 1866 est simple, solide, d'une forme élégante ; il est bien en main ; le maniement en est aisé et n'exige qu'une instruction très courte pour devenir familier aux soldats.

Le démontage du mécanisme et l'entretien de l'arme sont faciles ; mais les accessoires nécessaires à ces opérations sont un peu trop nombreux.

La distance de la plaque de couche à la détente a été augmentée à la demande de tireurs expérimentés ; elle est maintenant dans de bonnes conditions.

IX. *Légèreté de l'arme et des munitions.* — Le fusil modèle 1866 pèse 4,034 kg sans baïonnette, c'est un progrès ; mais la baïonnette et son fourreau pèsent 1 kg, c'est beaucoup trop, on perd par là les bénéfices de l'allègement du fusil. Un approvisionnement de 90 cartouches pèse 3 kg.

X. *Facilité d'approvisionnement.* — On peut organiser des ateliers n'importe où, même en campagne ; les opérations de fabrication sont faciles mais nombreuses et ne peuvent être faites que de main d'hommes ; la fabrication est donc lente et assez coûteuse.

La fabrication précipitée occasionnée par la guerre, donne des cartouches de médiocre qualité ; l'arme perd une partie de sa valeur ; la sécurité des tireurs est diminuée.

Transformation des armes rayées de gros calibre en armes se chargeant par la culasse. — Les armes se chargeant par la bouche sont devenues sans valeur en présence des fusils à tir rapide. L'activité déployée dans la fabrication du modèle 1866 assurait à bref délai l'armement complet de l'Infanterie. On dut cependant chercher à tirer parti de la grande quantité d'armes se chargeant par la bouche qui existaient dans les arsenaux en 1867 ou qui allaient y rentrer. On ne pouvait guère songer à les perfectionner au point de vue de la justesse et de la tension de trajectoire mais on pouvait leur donner la rapidité du tir, réputée désormais la qualité essentielle d'une arme de guerre.

La commission permanente de tir proposa et fit adopter un mode de transformation dont l'exécution a été confiée à l'industrie privée.

Le système a pour base l'adoption de la cartouche à culot métallique. Malheureusement elle s'applique à des armes qui sont dans de mauvaises conditions de tir.

La difficulté qu'on avait rencontrée en 1857 se reproduisit en 1867, mais avec plus de gravité. En 1857, en effet, on avait la ressource de creuser les balles pour les alléger. En 1867, il fallait des balles qui fussent à la fois pleines et légères ; de là, la nécessité de recourir à des expédients.

On a dû adopter deux sortes de cartouches : une pour les fusils, une deuxième pour la carabine*.

La balle pour fusil ne se compose, à proprement parler, que d'une forte enveloppe de plomb bourrée de papier. Elle pèse 36 grammes comme les balles modèle 1854 et modèle 1863.

La balle de la carabine pèse 44 grammes. Elle est moins creuse et, par conséquent, dans de meilleures conditions de tir que la précédente.

Si les projectiles nouveaux ne sont pas plus pesants que les anciens, il n'en est pas de même des cartouches, qui sont alourdies de presque tout le poids de l'enveloppe métallique. Cet inconvénient, qu'il était bien difficile d'éviter, est d'autant plus grave que la vitesse du tir entraîne la nécessité d'augmenter l'approvisionnement en munitions de chaque soldat. Le fusil lui-même est un peu plus lourd qu'autrefois.

VI. Cartouches à étui rigide pour armes transformées

L'*étui* amorcé (fig. 202 et 263) qui contient la poudre est le même dans les deux modèles. Le culot (en cuivre) (1) forme obturateur et porte un bourrelet qui sert d'arrêt à la cartouche pour assurer la percussion ; il est percé à son centre pour le passage de l'amorce.

L'*amorce* (fig. 263) se compose de trois pièces : la *cuvette* (2), *l'enclume* (3) et la *capsule* (4).

La *cuvette* (en cuivre), en forme de chapeau, est engagée dans le trou central du culot ; ses bords sont arrêtés contre la tranche postérieure (fig. 262). La partie cylindrique, logée à l'intérieur (fige 263), est fortement serrée dans du carton embouti (5) qui remplit le culot. La cuvette est percée à son sommet, pour la communication du feu de l'amorce à la charge de poudre.

L'*enclume* (en laiton) (fig. 264), logée dans le fond du chapeau, est une tige cannelée dont la section a la forme d'une croix. Les cannelures donnent passage aux gaz de l'amorce.

La *capsule* (en cuivre), sans rebords, est placée à l'entrée de la cuvette, le fulminate tourné du côté de l'enclume.

L'*étui à poudre* est formé de deux révolutions de clinquant maintenues par une révolution de papier collé sur le pourtour extérieur.

L'*étui* est engagé dans le culot et serré contre ses bords par le carton embouti dont il vient d'être parlé à propos de l'amorce.

Les cartouches pour armes transformées sont chargées avec l'ancienne poudre à mousquet. La charge est de 4,50 g pour le fusil et de 5 grammes pour la carabine.

La balle du fusil est du calibre de 18,6 mm et pèse 36 grammes.

La balle de la carabine (fig. 265) n'a que 18,2 mm et pèse 44 grammes.

Les différences de calibre et de forme des deux balles ont été amenées par la différence des rayures.

Une balle à bandes, du calibre de 18,6 et du poids de 44 grammes, eût donné lieu à un forcement trop énergique dans des rayures progressives en profondeur.

VII – Carabine modèle 1859 transformée

On suivra, pour l'examen de cette arme, le même ordre que pour le fusil modèle 1866.

1° Canon

Le canon de la carabine modèle 1859 transformée est en fer forgé et d'une solidité éprouvée ; il est disposé pour tirer une cartouche à culot métallique et à percussion centrale.

1° *Loger la cartouche.* — La cartouche se loge dans une chambre légèrement tronconique, ayant 20,3 mm à l'entrée et 19,5 à l'autre extrémité. La longueur de la chambre est de 37 mm à partir de la tranche du tonnerre.

2° *Assurer la percussion.* — Le point d'appui est à l'arrière de la chambre (fig. 247) ; c'est une feuillure dans laquelle se loge le bourrelet de la cartouche (1). Le diamètre de la feuillure est de 23,5 mm, sa profondeur de 1,5 mm. Ces dimensions doivent être rigoureusement observées pour que la cartouche puisse entrer aisément et ne ballotte pas après que le tonnerre est fermé.

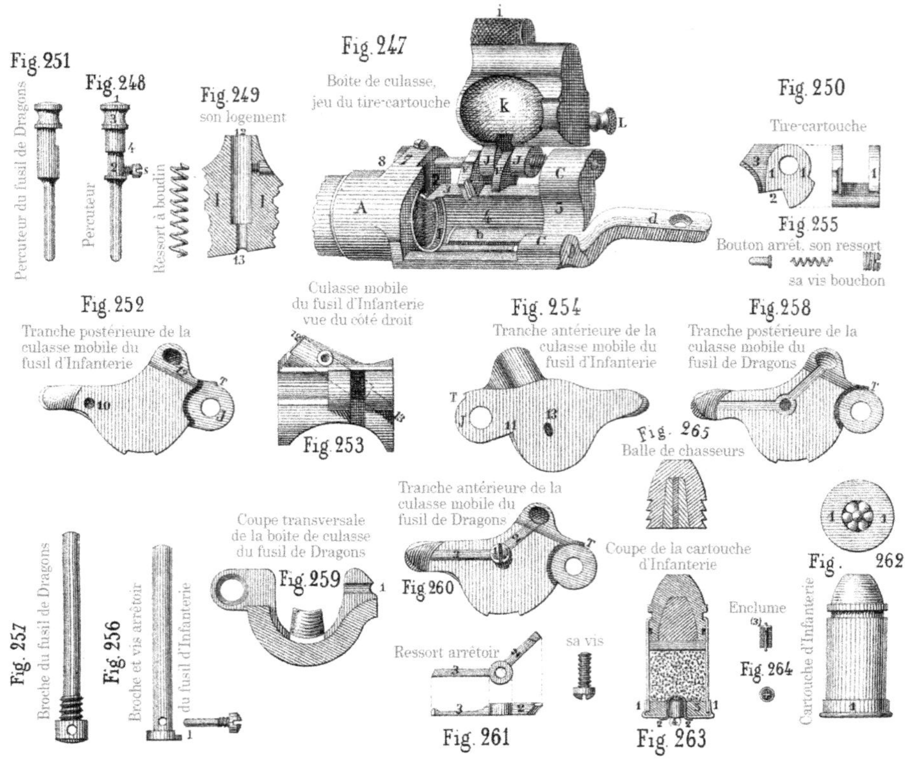

3° *Se débarrasser sûrement de l'enveloppe.* — La douille de la cartouche restée dans la chambre est retirée au moyen d'un tire-cartouche (V), relié à la culasse mobile et logé dans une entaille du canon (Z).

4° *Centrer le projectile.* — Le projectile est amené par la cartouche à l'entrée des rayures ; il a un calibre de 18,2 mm qui assure son forcement mais il n'est qu'imparfaitement centré.

5° *Assurer la rotation et la direction.* — L'arme a un calibre de 17,8 mm et porte quatre rayures au pas de deux mètres ; ces rayures, progressives en profondeur, ont 0,5 mm au tonnerre et 0,3 mm à la bouche.

6° *La hausse mobile* ne se rabat pas en arrière ; le pied n'a pas d'oreilles pour protéger la planche. Les lignes de mire fixes sont déterminées par trois crans différents (fig. 283) :

Le premier est entaillé dans le talon de la planche, le deuxième, au fond de la fente, Le troisième est fourni par le curseur mobile abaissé autant que possible. Ces trois crans portent les graduations 130, 250 et 350 mètres. Le cran supérieur de la hausse est marqué 1100 mètres. Le guidon, en grain d'orge, offre à l'œil des surfaces arrondies inégalement éclairées ; il est moins bien entendu que le guidon du fusil modèle 1866, qui présente à l'œil une surface plane également éclairée dans toutes ses parties.

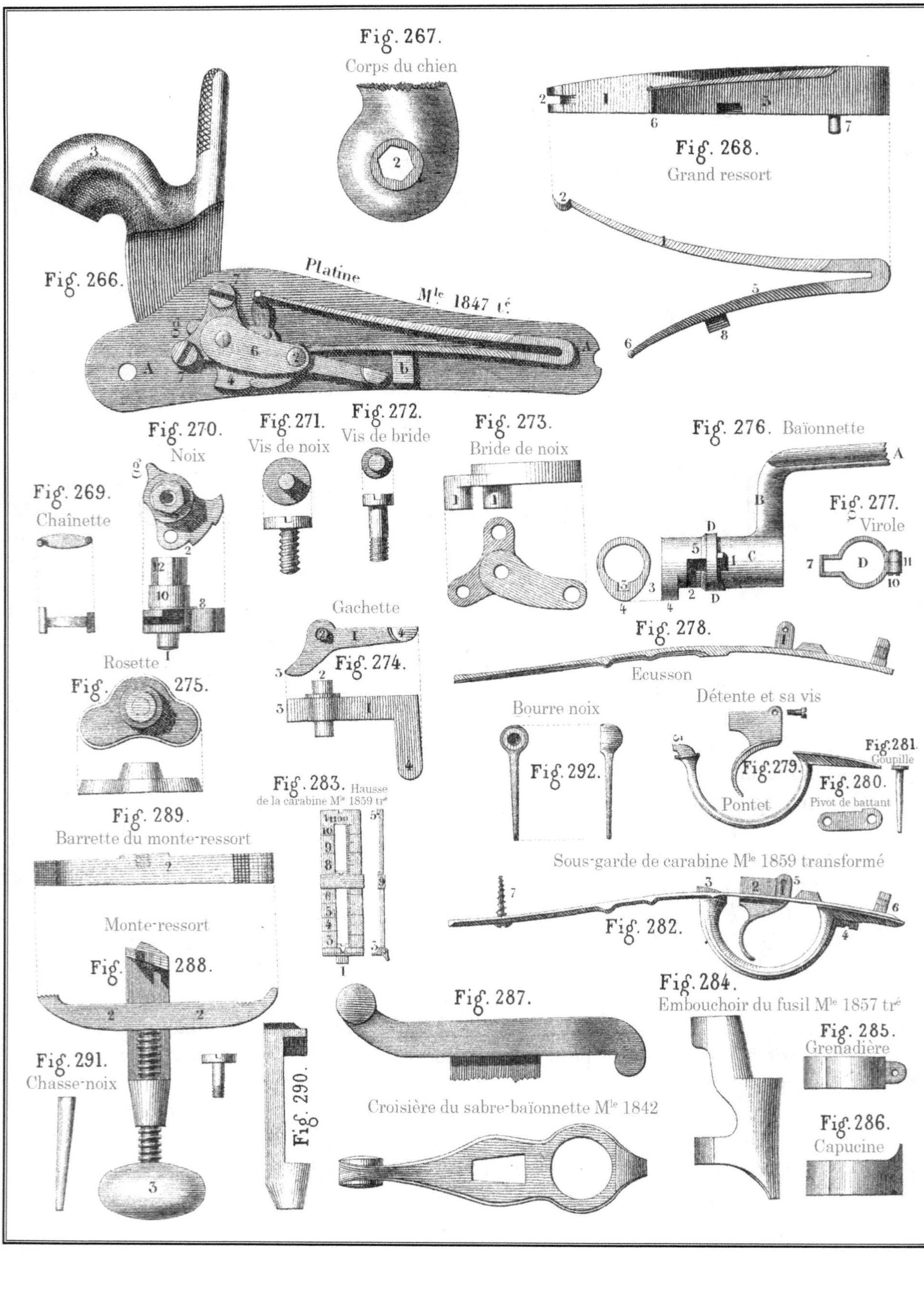
Fig. 266.
Platine
Mle 1847 tré
Fig. 267.
Corps du chien
Fig. 268.
Grand ressort
Fig. 269.
Chaînette
Fig. 270.
Noix
Fig. 271.
Vis de noix
Fig. 272.
Vis de bride
Fig. 273.
Bride de noix
Fig. 274.
Gachette
Fig. 275.
Rosette
Fig. 276. Baïonnette
Fig. 277.
Virole
Fig. 278.
Ecusson
Fig. 279.
Détente et sa vis
Pontet
Fig. 280.
Pivot de battant
Fig. 281.
Goupille
Fig. 282.
Sous-garde de carabine Mle 1859 transformé
Fig. 283. Hausse
de la carabine Mle 1859 tre
Fig. 284.
Embouchoir du fusil Mle 1857 tré
Fig. 285.
Grenadière
Fig. 286.
Capucine
Fig. 287.
Croisière du sabre-baïonnette Mle 1842
Fig. 288.
Monte-ressort
Fig. 289.
Barrette du monte-ressort
Fig. 290.
Fig. 291.
Chasse-noix
Fig. 292.
Bourre noix

7° *Rattacher le canon aux autres pièces de l'arme.* — Le canon de la carabine porte un tenon avec directrice pour l'attache du sabre-baïonnette.

Du côté opposé, il se termine par un bouton fileté qui se visse dans la boîte de culasse.

Boîte de culasse. — La boîte de culasse (fig. 247) se rattache au canon par un écrou dans lequel se visse le bouton fileté du canon. En arrière de la tranche du tonnerre, un logement demi-cylindrique (4) reçoit la culasse mobile. Deux remparts (CC), reliés entre eux par une bande demi-circulaire (5) en saillie sur le fond du logement, forment à la culasse mobile un appui invariable.

Dans le rempart gauche est logé le bouton-arrêt et un ressort servant à maintenir la culasse fermée (fig. 247, 255 p. 229).

Du côté opposé au canon, la boîte se prolonge par la *queue de culasse* (*d*), qui se relève pour que la monture ait une épaisseur suffisante à hauteur de la vis (6). La cartouche introduite dans la boîte glisse sur le *guide-cartouche* (*b*) placé au pied de la boîte. Cette pièce, rapportée et fixée par deux rivets, est interrompue avant de rejoindre le canon, pour que la tranche antérieure de la culasse mobile puisse descendre au-dessous de la feuillure et recouvrir complètement la tranche du tonnerre. Sur le côté droit de la boîte de culasse on a ménagé deux oreilles (7 C), supportant la broche autour de laquelle tourne la culasse mobile.

La broche (8) s'engage par l'avant de l'*oreille antérieure* (7) et pénètre par son bout dans l'*oreille postérieure* (C). La *tête de la broche* (fig. 250) est échancrée (1) dans le double but de donner prise à la lame de tournevis pour la dégager de son logement et de repérer la position de la broche, précaution nécessaire pour placer le trou transversal de la broche en face des trous correspondants de l'oreille antérieure ; ces trous sont traversés par la vis-arrêtoir de broche.

Fermeture

Culasse mobile

La *culasse mobile* est un bloc massif dont la face antérieure (fig. 254) s'applique contre la tranche du tonnerre pour fermer le canon, et dont la tranche postérieure s'appuie sur les remparts de la boîte de culasse pour résister au recul. La culasse mobile s'ouvre et se ferme en tournant autour de la broche sur laquelle elle est engagée par *deux œils de charnière* (JJ).

Un talon (T) ménagé au-dessus des œils limite l'ouverture de la culasse.

Sur le côté gauche de la tranche postérieure (fig. 252), est creusé le logement du bouton-arrêt (10). Pour ouvrir, il faut faire effort sur la *crête quadrillée* (*i*) de la pièce de culasse, afin de faire rentrer le bouton dans le rempart.

Le dessous de la culasse est évidé dans le double but d'alléger la pièce et de donner prise au pouce pour faire jouer le tire-cartouche.

L'arête vive qui limite la tranche antérieure (fig. 254) est abattue, à droite, par un chanfrein (11) qui doit prendre en biais le bourrelet de la cartouche pour achever de la faire rentrer dans son logement.

Le percuteur (fig. 248), logé obliquement dans la culasse mobile, vient déboucher au centre de la tranche antérieure sur l'axe du canon (13). Le bout arrondi, qui doit frapper sur la capsule, est maintenu en dedans de son logement (fig. 248) par un ressort à boudin qui prend appui sur le ressaut du logement du percuteur (fig. 249) .

Le mouvement de retraite est limité par la vis-arrêtoir de percuteur (S), dont le bout fileté vient s'engager dans le collet (2) pratiqué sur tout le pourtour du cylindre du percuteur. La crête quadrillée (3) fait saillie à l'extérieur ; elle reçoit du chien le choc que l'extrémité de la tige transmet à l'amorce.

Le mouvement en avant est limité par l'*épaulement* (4) qui vient s'arrêter sur le *plan incliné* de la culasse (12).

Le tire-cartouche (V) se relie à la culasse mobile et s'engage sur la broche par un œil qui se loge entre les deux œils de la culasse (fig. 250).

Une coulisse (2) embrassant exactement le bord de la boîte de culasse empêche la rotation du tire-cartouche, qui ne peut que glisser sur la broche, le long de la boîte. Une languette (3), logée dans une entaille pratiquée partie dans la boîte de culasse, partie dans le canon, se raccorde avec la chambre et porte une partie de la feuillure (3), dans laquelle s'engage le bourrelet de la cartouche.

On ramène le tire-cartouche en arrière en tirant à soi la culasse mobile. Lorsqu'on a ainsi retiré la cartouche et qu'on a lâché la culasse mobile, les pièces reviennent en avant, sous l'action d'un ressort à boudin enroulé autour de la broche (fig. 245 et 240). Ce ressort à boudin prend un appui fixe sur un ressaut ménagé dans le trou de l'oreille postérieure.

Mécanisme servant à produire le feu. — Le mécanisme qui sert à produire le feu est complètement indépendant de la culasse mobile ; on a utilisé l'ancienne platine à percussion (fig. 266).

Les pièces fixes du mécanisme sont le corps de platine (A) et la bride de noix (6).

La bride porte sur le corps par deux cylindres et y est fixée par deux vis de bride traversant les deux cylindres (7).

Entre le corps de platine et la bride jouent la noix et la gâchette.

La noix tourne autour d'un arbre (10) et d'un pivot (1) ayant même axe. L'arbre est engagé dans le corps de platine, le pivot dans la bride de noix.

Le corps de la noix porte le cran de sûreté et le *cran du bandé* (2), qui servent à enrayer le mouvement de la noix dans deux positions déterminées. Du côté opposé aux crans, un *talon* (*g*), placé entre les deux cylindres de bride, limite le mouvement du chien en venant s'appuyer alternativement sur l'un des deux cylindres. Le frottement du corps de la noix sur le corps de platine est limité par une embase (8) ménagée autour de l'arbre. Extérieurement au corps de platine, l'arbre de la noix est prolongé par un six-pans (12), qui s'engage dans un trou de même forme taillé dans le corps du chien.

Le *chien* (fig. 266, 267, p. 230) est relié à la noix par le six-pans (2) et maintenu par la vis de noix (14) (fig. 246). C'est un marteau à *tête évidée* (3) qui vient frapper la tête du percuteur.

Fig. 246 - Modèle 1857 transforme. La culasse mobile est fermée, le chien abattu

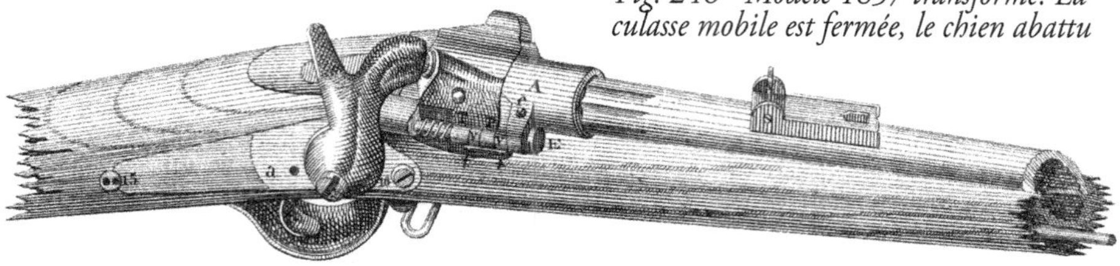

La *gâchette* (fig. 274, p. 230) tourne autour d'un double pivot (2) engagé d'une part dans le corps de platine, et de l'autre dans la bride de noix. Le *bec de la gâchette* (3) s'engage dans le cran de la noix pour enrayer le mouvement de cette pièce. Le *corps* (1) reçoit l'action du ressort qui tend à maintenir le bec sur la circonférence de la noix. La *queue* (4) sert à dégager le bec de la gâchette, lorsqu'on agit sur la détente pour faire partir le coup.

Le *ressort* (fig. 268, p. 230) est le moteur du mécanisme. Il prend appui sur le corps de platine par un *pivot* (7) et une *patte* (8) ; le pivot est logé dans un trou du corps de platine (*a*), la patte repose sur un *épaulement* (*b*) ménagé sur la face intérieure du corps. La *grande branche* (1) est terminée par une *griffe fendue* (2) qui saisit le double pivot de la *chaînette*.

La *petite branche* (5) porte à son extrémité un *rouleau* (6) qui agit sur le corps de la gâchette pour faire engager le bec dans le cran de la noix. (Voir l'épaulement dans la fig. 266 et le trou *a* dans la fig. 246.)

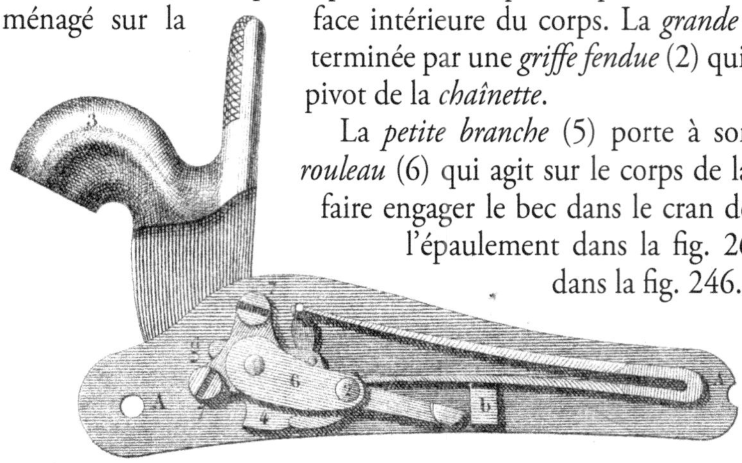

Fig. 266 - Modèle 1847 transformé - Platine

La chaînette (fig. 269, p. 230) sert, à relier la noix au grand ressort ; elle est contournée en S et terminée à chaque extrémité par un double picot ; l'un est saisi par la griffe du ressort, l'autre s'engage dans la noix.

3° Monture

La monture de la carabine transformée n'offre aucune particularité à signaler ; les logements et les encastrements ont le même but, sinon les mêmes formes et les mêmes dimensions que dans la monture du fusil modèle 1866.

4° Garnitures

La sous-garde de la carabine (fig. 282, p. 230) diffère notablement de celle du fusil modèle 1866. L'écusson ou pièce de détente porte deux ailettes (1) entre lesquelles joue la détente (2) ; le pontet est fixé sur l'écusson à l'aide d'un *crochet à bascule* (3) et de la vis de pontet (4). La détente a une lame destinée à agir sur la queue de gâchette ; elle tourne autour de la vis de détente (5), qui a son écrou dans une des ailettes de l'écusson. En avant de l'écusson se trouve le taquet (6), qui a un *trou taraudé* dans lequel se visse le petit bout de la baguette.

L'ensemble de la sous-garde est rattaché à la monture par la vis de culasse et par la vis de sous-garde. La baguette n'a pas d'épaulement ; elle est maintenue dans son canal par son bout fileté, qui se visse dans le trou taraudé du taquet.

L'arme a, en outre, un ressort de baguette devenu sans objet.

La platine est fixée au bois par la vis-crochet de platine (15) (fig. 245) vissée à demeure dans le bois, et par la vis de platine (16), qui a son écrou dans la rosette (47), pièce encastrée dans le bois, du côté opposé à la platine. (Voir la figure 275, p. 230 pour les détails de la rosette, et la figure 245, p. 191 pour son emplacement.)

Sabre-baïonnette

Le sabre-baïonnette modèle 1842, adapté à la carabine, est beaucoup plus lourd que le sabre-baïonnette du fusil modèle 1866 ; il présente d'ailleurs les mêmes dispositions, sauf dans la croisière ; la douille (fig. 287) est d'une seule pièce et n'est pas fendue ; le guillon est moins long et recourbé en sens inverse.

On forme les faisceaux à l'aide de la baguette.

VIII. Fusils transformés

Fusil d'infanterie

Le mécanisme est exactement semblable à celui de la carabine ; il n'y a donc de différence à signaler que dans les dispositions antérieures à la transformation.

1° Canon

Le canon est plus long et moins étoffé que celui de la carabine ; les rayures, au pas de 2 mètres, ont une profondeur uniforme de 0,2 mm sans tolérance au-dessous. La hausse, à planche pleine, sans curseur (fig. 245, p. 191), ne donne que trois lignes de mire qui doivent correspondre aux distances de 300, 400 et 600 mètres.

La planche est reliée au pied par une vis.

Le tenon de baïonnette est placé sous le canon, il n'a ni embase ni directrice.

2° Monture

Le fût est plus long, la crosse ne porte pas de battant pour la bretelle.

3° Garnitures

Le pontet (fig. 279, p. 230) est relié à l'écusson par le pivot du battant de sous-garde (fig. 280, p. 230), qui traverse le nœud antérieur du pontet et l'écusson, se loge dans le bois et est maintenu sur la monture par la *goupille du battant de sous-garde* (fig. 231 p. 213), tige tronconique dont la tête est cachée par la rosette.

Le canon est maintenu sur le fût par trois boucles : l'*embouchoir*, la *grenadière* et la *capucine* (fig. 284, 285, 286, p. 230).

Les deux battants servant à attacher la bretelle sont portés par la grenadière et par le pivot du battant de sous-garde.

4° Baïonnette

La baïonnette du fusil transformé (Fig. 276, p. 230) est à *lame triangulaire* (A) ; elle est fixée sur le canon an moyen d'une douille (C) portant trois fentes en équerre (1, 2, 3). Les bords de la fente inférieure (3) sont réunis par un pontet (4) qui donne passage au tenon.

Une virole (D) (fig. 277, p. 230) roulant sur la douille, entre *l'embase* et *l'étouteau** (6), sert à fixer la baïonnette ; elle porte un pontet (7) que l'on place en face de la fente supérieure (1) pour donner passage au tenon. Lorsque ce tenon est engagé dans la partie supérieure de la fente, on fait tourner la virole pour former arrêt sous le tenon. Le mouvement de la virole est limité par l'étouteau, contre lequel viennent buter : 1° l'arrêtoir (8), lorsque le pontet est en face de la fente supérieure ; 2° le taquet (9) dans le mouvement inverse.

La virole est fermée par la vis de virole (10), qui réunit les *deux rosettes* de la pièce (11).

La lame est réunie à la douille par un coude (B) soudé à la lame et sert à former les faisceaux.

Fusil de dragons transformé

Le fusil de dragons est un peu plus court que le fusil d'infanterie et ne porte pas de baïonnette. L'embouchoir, la grenadière, la capucine, le pontet et la plaque de couche sont en laiton.

Le mécanisme a reçu quelques améliorations.

La broche (fig. 257, p. 229) se visse dans l'oreille antérieure, ce qui supprime la vis-arrêtoir de broche.

La vis-arrêtoir du percuteur, le bouton-arrêt, son ressort et sa vis-bouchon sont remplacés par une seule pièce : le ressort-arrêtoir (fig. 261, p. 229), fixé par une vis (1) à l'arrière de la culasse mobile ; la *branche fixe* (2) pénètre dans le logement du percuteur et sert d'arrêtoir à cette pièce.

Le ressort (13) fait saillie sur la tranche postérieure de la culasse mobile, rentre dans son logement quand il rencontre le rempart, et ressort, pour former arrêt, lorsque la culasse est fermée ; à ce moment, il est en face d'une entaille (1) (fig. 259, p. 229) pratiquée transversalement dans le rempart.

Dans le percuteur (fig. 251, p. 229), le collet est remplacé par une entaille.

IX. Accessoires

La boîte du nécessaire d'armes est la même que celle qui a été décrite à propos du modèle 1866. Cette boîte contient :

- Une lame de tournevis ;
- Un chasse-noix (fig. 291, p. 230), tige tronconique qui sert à séparer le chien de la noix ;
- Un bourre-noix (fig. 292, p. 230), qui sert réunir les deux pièces ; la tige sert de chasse-goupille.

Ces trois pièces sont réunies dans une trousse en drap

Un monte-ressort (fig. 288, p. 230), pour le démontage et le remontage de la platine, est donné, en outre, à chaque chef d'escouade.

Le ressort de la platine est serré entre une griffe et une barrette mobile (2), au moyen d'une vis de pression (3) qui rapproche à volonté les branches du ressort.

X. Appréciation de l'armement de réserve

L'appréciation de l'armement de réserve dépend évidemment du terme de comparaison.

Comparées aux fusils à baguette, les armes à tabatière sont très bonnes ; elles eussent fait merveille eu Europe il y a quelques années.

Elles valent le fusil à aiguille prussien, ce principal instrument de la victoire de Sadowa. Mais, en présence du fusil modèle 1866, le fusil transformé perd tout prestige. Il n'est donc pas étonnant que tous les corps à qui l'on a donné des armes transformées aient réclamé avec instance des fusils à aiguille. Par comparaison avec les modèles récents d'armes se chargeant par la culasse, notre fusil à tabatière est lourd, manque d'élégance ; il donne lieu à de nombreux ratés (10 %). Les munitions sont d'un poids exagéré, les conditions de tir sont médiocres, la trajectoire est peu tendue, la hausse du fusil est insuffisante, celle de la carabine n'est pas réglée. La justesse du fusil est passable, celle de la carabine est assez bonne. La portée du fusil n'est que de 600 mètres, comme celle du fusil prussien ; celle de la carabine atteint 1000 mètres.

En somme, les imperfections sont pour la plupart les conséquences forcées de la grandeur du calibre et d'une fabrication précipitée confiée à l'industrie.

XI. Mousqueton Treuille de Beaulieu

Les armes de ce système ont été construites en trop petit nombre pour être comptées d'une manière sérieuse dans l'armement de la France. Ce modèle mérite pourtant une courte description, en raison des dispositions ingénieuses de son mécanisme.

Fig. 294 - Mécanisme à l'abattu

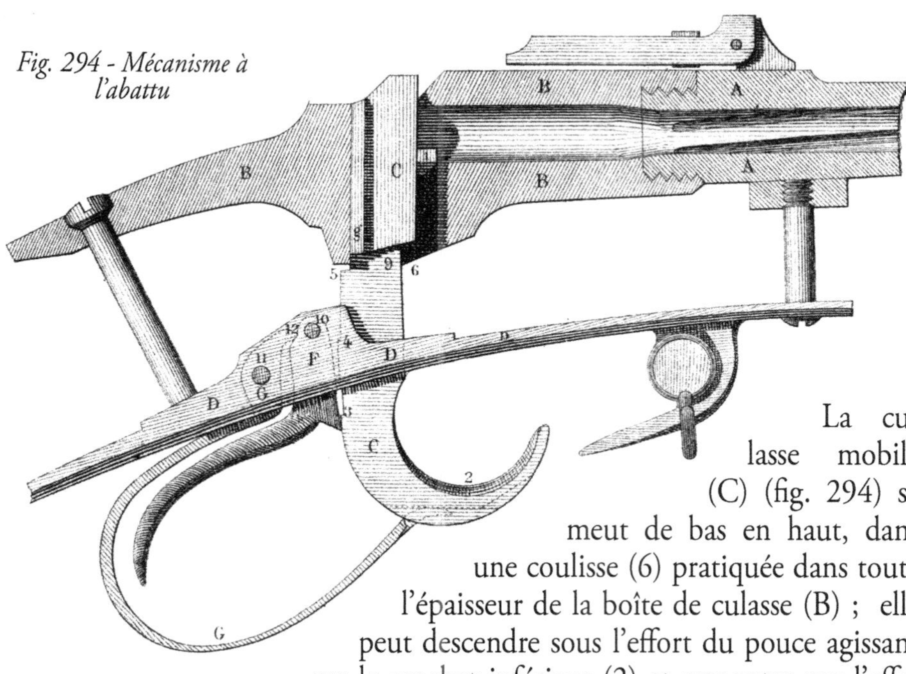

La culasse mobile (C) (fig. 294) se meut de bas en haut, dans une coulisse (6) pratiquée dans toute l'épaisseur de la boîte de culasse (B) ; elle peut descendre sous l'effort du pouce agissant sur le crochet inférieur (2) et remonter par l'effet du ressort-pontet (G). Le mouvement de descente est limité par un ressaut (*g*) qui rencontre l'écusson (D).

Le mouvement ascensionnel est arrêté par un talon (5) qui vient buter sous la boîte de culasse. La culasse mobile, par son taquet (1), fait office de chien ; elle est maintenue à l'armé ou au cran de sûreté par la gâchette-détente (F), mobile autour d'une goupille (10).

Le ressort-pontet, relié à l'écusson par une autre goupille (11), autour de laquelle il peut tourner, est encore utilisé comme ressort de gâchette ; le talon du ressort (12) presse, en effet, sur l'arrière de la détente pour faire engager le bec de la gâchette dans les crans de la noix.

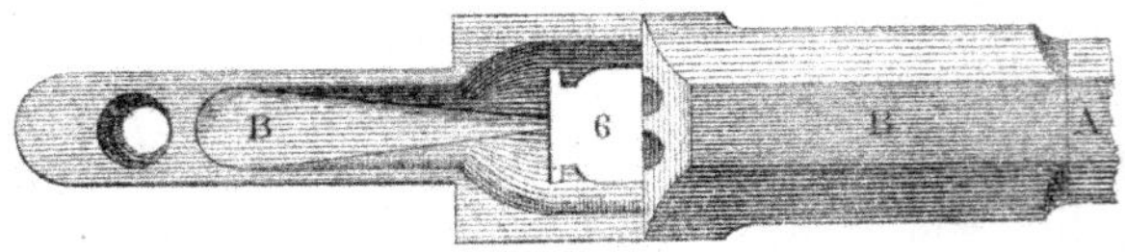

Fig. 295 - Boîte de culasse

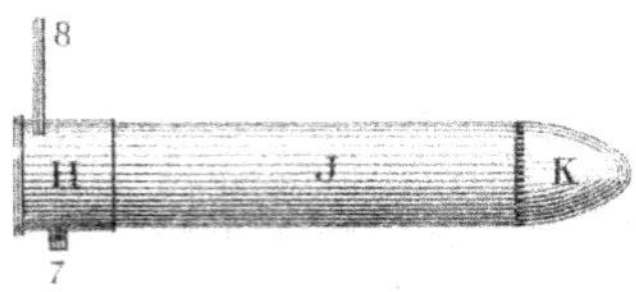

Fig. 296 - Cartouche

La cartouche (fig. 296) se compose : d'un culot en cuivre amorcé (H), d'un étui en carton (J) chargé de deux grammes de poudre, et d'une balle de onze grammes (K) engagée dans l'étui.

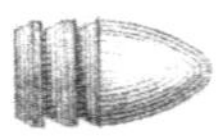

Fig. 297 - Balle

Au-dessus du culot métallique se trouve une boucle en fil de laiton, destinée à placer la cartouche et à retirer l'étui de la chambre.

Du côté opposé à la boucle est située la broche percutante (7) qui reçoit le choc du taquet et fait détoner la capsule placée au milieu du culot. L'arme se charge en trois temps :

1°. Ouvrir le tonnerre, en pressant avec le pouce sur le crochet inférieur ;

2°. Retirer l'étui vide, en le prenant par la boucle ;

3°. Mettre une nouvelle cartouche. La culasse reste ouverte jusqu'au moment où l'on agit sur la détente pour faire partir le coup.

CHAPITRE IV

ARMEMENT DES PUISSANCES ÉTRANGÈRES

Les modèles d'armes de guerre en service ou en étude dans les armées étrangères seront présentés d'après l'ordre de classification indiqué au chapitre II (voir page 193).

Le groupe sera pris comme terme de subdivision du présent chapitre.

Dans le groupe, chaque modèle à examiner fera l'objet d'un paragraphe. Les modèles français déjà décrits ont été reportés sur le tableau ci-après, pour indiquer la place qu'ils occupent dans la classification générale des armes de guerre modernes,

En ne tenant pas compte des modèles français, on trouvera dans le tableau ci-après les divisions et subdivisions du chapitre IV :

Il comprend huit groupes ou divisions, et vingt-trois paragraphes.

NOTA. La dénomination d'arme neuve (colonne 5), s'applique à tout modèle construit pour être chargé par l'arrière ; ainsi le fusil à aiguille prussien est qualifié de neuf, quoiqu'il ne soit pas de date récente.

On ne compte pas comme *un temps de la charge* (colonne 6), le mouvement de prendre la position de *chargez.*

Les développements suivants sont principalement consacrés à la description des cartouches et des mécanismes.

L'appréciation de la valeur comparative des divers modèles français et étrangers au point de vue du tir, sera reportée au chapitre VI, après la description des armes à répétition.

Tableau des principales armes de guerre françaises et étrangères

NUMÉROS des groupes.	DÉSIGNATION des GROUPES.	NUMÉROS des paragraphes.	DÉSIGNATION des MODÈLES.	L'ARME est-elle neuve ou transformée?	NOMBRE de temps de la charge.	VITESSE moyenne du tir. Nombre de coups *par minute.*	NATIONALITÉ.
1	Systèmes à aiguille.	1	Fusil Dreysse	Arme neuve.	5	5	Prusse.
		»	Fusil modèle 1866	Id.	4	10	France.
		2	Fusil Karl	Transformée.	5	7	Ru·sie.
		3	Fusil Carcano	Id.	4	8	Italie.
2	Systèmes à broche	4	Fusil Berdan	Arme neuve.	3	12	Ru·sie
		5	Fusil Burton	Id.	3	11	»
		6	Fusil de Beaumont	Id.	3	12	Hollande.
3	Systèmes à tiroir	»	Mousqueton Treuille	Arme neuve.	3	9	France.
		7	Mousqueton Scharps	Transformée.	4	10	Etats-Unis.
4	Systèmes à tabatière.	8	Fusil Enfield-Snider	Id.	5	7	Angleterre.
		9	Carabine transformée	Id.	5	7	Danemarck.
		»	Fusil transformé	Id.	5	7	France.
		»	Carabine transformée	Id.	5	7	France.
		10	Fusil transformé	Id.	5	7	Hollande.
5	Systèmes à barillet	11	Fusil Verndt	Arme neuve.	4	9	Autriche.
6	Systèmes à pêne	12	Fusil Westley-Richards	Id.	5	4	Portugal.
		13	Fusil Waentzel	Transformée.	5	7	Autriche.
		14	Fusil Albini	Id.	5	7	Belgique.
		15	Carabine Tersen	Id.	5	7	Belgique.
		16	Fusil Springfield	Id.	4	10	Etats-Unis.
		17	Fusil Amsler Milbank	Id.	4	9	Suisse.
		18	Fusil transformé (Berdan)	Id.	4	9	Espagne.
7	Systèmes à culasse tombante	19	Fusil Peabody	Arme neuve.	4	9	Egypte, Roumanie.
		20	Fusil Martini Henry	Id.	3	12	Angleterre.
		21	Fusil Werder	Id.	3	11	Bavière.
8	Systèmes à rotation rétrograde	22	Fusil Remington	Id.	5	8	Danemarck, Suède, Norwége, Egypte, Etats-Pontificaux.
		23	Fusil norwégien	Transformée.	5	6	Norwége.

PREMIER GROUPE

Systèmes à aiguille

I. Fusil à aiguille prussien

1° Cartouche. – La cartouche prussienne est combustible et fort simple. Elle se compose d'un sabot* de carton amorcé, séparant la poudre de la balle, et d'un étui en papier collé, enveloppant le tout.

On a déjà signalé (page 172) les défectuosités de la cartouche prussienne tant au point de vue de la solidité que du mode d'inflammation.

2° Mécanisme. – Le recul est supporté par un renfort (8) (fig. 300) prenant appui sur le rempart (2) de la boîte de culasse (fig. 298, 299).

Le mouvement de retraite de la culasse mobile est limité par la tête de gâchette (C) (fig. 304), qui a une grande saillie dans la boîte.

Le porte-aiguille (F) est enfermé dans deux cylindres s'emboîtant l'un dans l'autre. La tête de gâchette n'arrive à l'épaulement du porte-aiguille qu'après avoir pénétré dans les deux cylindres-enveloppes, par des fentes dans lesquelles elle reste toujours engagée.

La fente du cylindre intérieur est longitudinale (17, fig. 302) ; cette pièce ne peut donc prendre qu'un mouvement d'arrière en avant ou réciproquement. Le tonnerre mobile porte deux fentes : la fente transversale (19) permet de faire tourner le cylindre de ⅙ de tour pour dégager le renfort ou l'engager dans l'échancrure contre le rempart ; la fente longitudinale permet le déplacement dans le sens de l'axe, pour ouvrir ou fermer le tonnerre.

Le ressort à boudin prend appui sur un rebord ménagé à l'arrière de son logement dans le cylindre intérieur. Le mouvement du porte-aiguille est limité en avant par le talon du ressort d'arrêt (*b*) (fig. 306 et 307) qui fait saillie en dedans du logement.

Le coup parti, on ne peut ouvrir le tonnerre sans avoir, au préalable, fait rentrer l'aiguille dans son conducteur. En effet, le poussoir du cylindre intérieur est engagé tout à la fois dans la fente supérieure de la boîte de culasse et dans une échancrure du tonnerre mobile : il fait office de verrou pour empêcher tout mouvement de la pièce de culasse.

Pour ouvrir il faut, au préalable, dégager le poussoir en le ramenant en arrière de la boîte de culasse. Ce mouvement fait rentrer l'aiguille dans son conducteur ; il s'opère en pressant à l'aide du pouce sur la tête du ressort d'arrêt (15) ; on abaisse le cran d'arrêt (14) retenu par le rebord (*a*) du tonnerre mobile, et on peut ainsi tirer en arrière le cylindre intérieur.

Le tonnerre mobile peut alors tourner entre la boîte de culasse et le cylindre intérieur. On ouvre la chambre en retirant la culasse mobile en arrière et on

FUSIL À AIGUILLE.

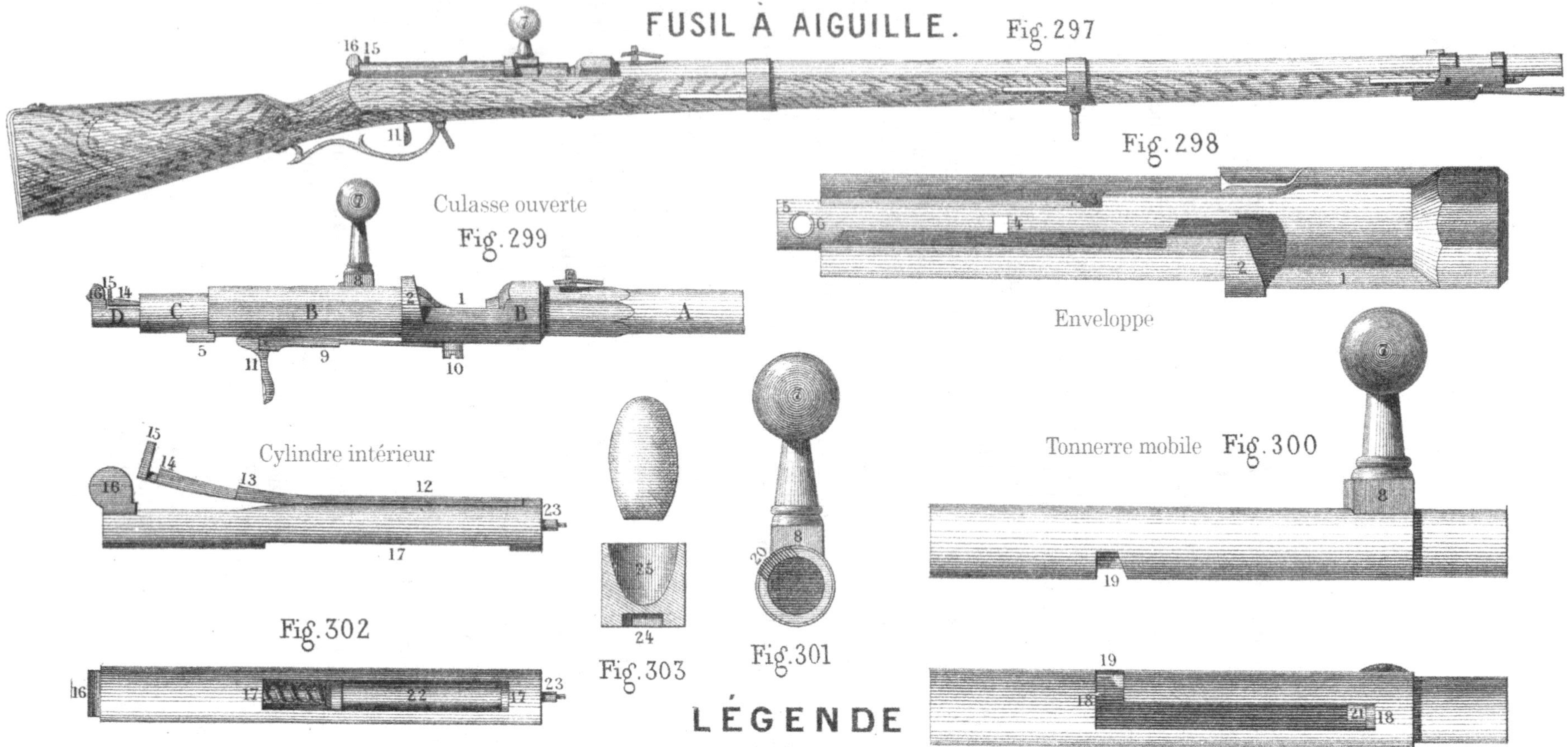

LÉGENDE

1 - Echancrure
2 - Rempart
3 - Arrêtoir
4 - Mortaise pour la tête de gâchette
5 - Queue de culasse
6 - Trou fraisé de la vis de culasse
7 - Pommeau du levier
8 - Renfort
9 - Ressort de gâchette
10 - Vis du ressort de gâchette
11 - Détente
12 - Ressort d'arrêt
13 - Cran de sûreté
14 - Cran du bandé
15 - Tête du ressort
16 - Poussoir
17 - Fente longitudinale du cylindre
18 - Fente longitudinale du tonnerre mobile
19 - Fente transversale
20 - Logement du poussoir
21 - Conducteur de l'aiguille
22 - Porte aiguille
23 - Aiguille
24 - Amoce fulminante
25 - Logement de la balle

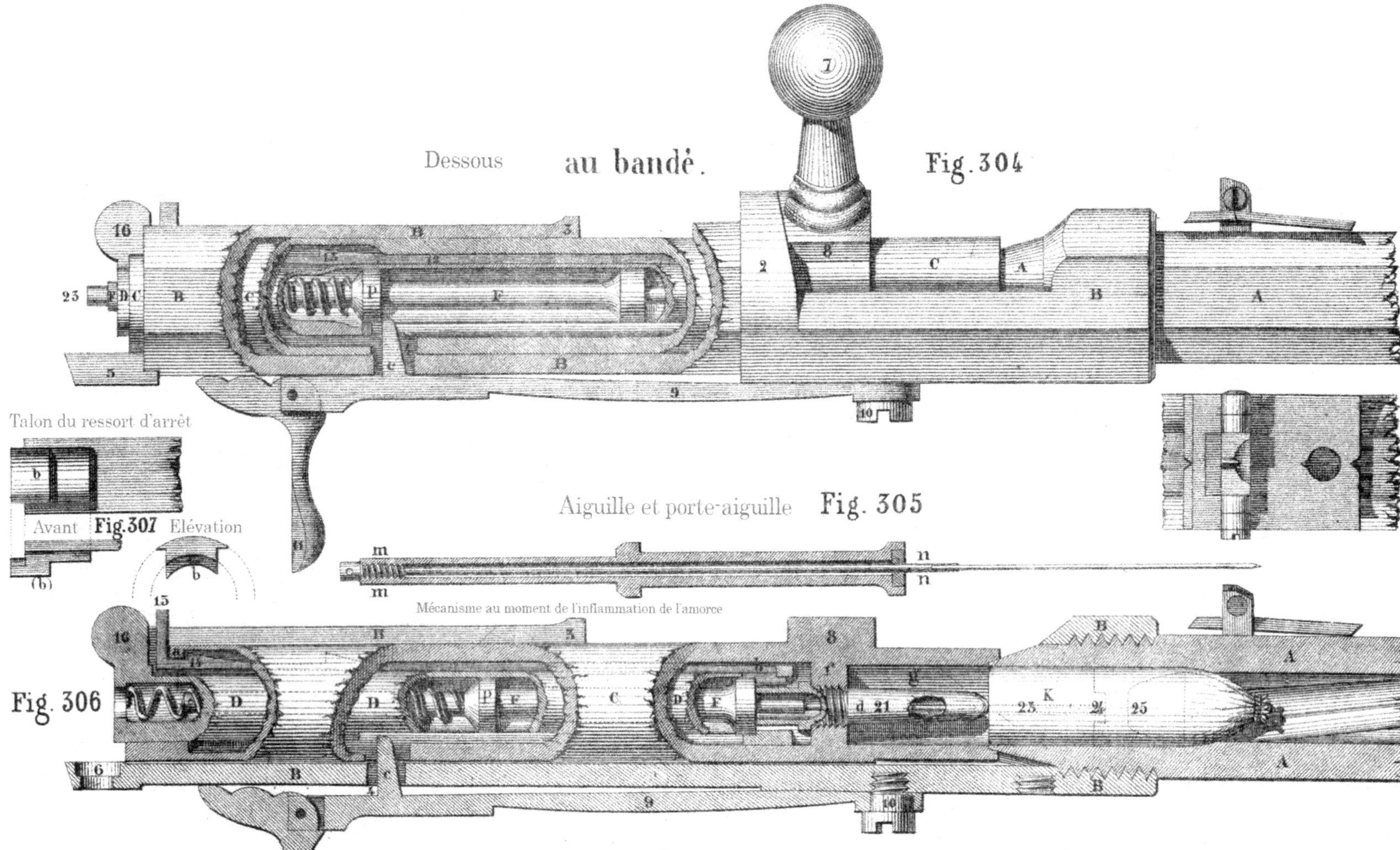

au bandé. Fig. 304

Fig. 305

Fig. 306

Fig. 307

LÉGENDE

Suite:

AA - Canon
BB - Boîte de culasse
CC - Tonnerre mobile
DD - Cylindre intérieur
a - Rebord intérieur du tonnerre mobile

b - Talon du ressort d'arrêt
c - Tête de gâchette
d 21 - Conducteur de l'aiguille
f - Cloison du tonnerre mobile
g - Chambre ardente

K - Cartouche
m - Ecrou de l'aiguille
n - Rondelle du porte-aiguille
FF - Porte-aiguille

referme par le mouvement inverse, c'est-à-dire en poussant le levier en avant et en le rabattant à droite. Le tonnerre est fermé, mais le ressort n'est pas bandé. Le porte-aiguille, dont l'épaulement (*p*) a franchi la tête de gâchette grâce à l'inclinaison de son profil postérieur, revient en avant avec la culasse mobile mais l'épaulement est arrêté lorsqu'il arrive contre la tête de gâchette. Le cylindre intérieur rattaché au tonnerre mobile par le cran de sûreté (13) reste en arrière, c'est-à-dire dans la même position qu'après le premier temps de la charge. On agit alors sur le poussoir jusqu'à ce que le cran de l'armé (14) soit engagé en avant du rebord (*a*).

Le porte-aiguille, arrêté par la tête de gâchette, ne participe pas à ce mouvement en avant, de sorte que le ressort est comprimé entre l'épaulement (*p*) qui n'a pas bougé et le fond du cylindre, qui a marché en avant de tout l'intervalle qui sépare le cran de sûreté du cran du bandé.

La charge s'exécute en cinq temps, ainsi qu'il vient d'être expliqué.

Le troisième temps est fort long en raison de la disposition défectueuse de l'entrée de la chambre qui n'est pas raccordée avec le fond de la boîte de culasse. Le canon est taillé tronconiquement pour pénétrer dans la culasse mobile. Cette disposition a pour but de diriger en avant les crachements qui se produisent pendant le tir.

Les appréciations et renseignements donnés (p. 172 et suiv.), et les figures des planches (pages précédentes) sont plus que suffisants pour compléter cette étude sommaire.

II. - Fusil Karl (Russie).

Fig. 308 - Système Karl - Vue latérale (culasse fermée)

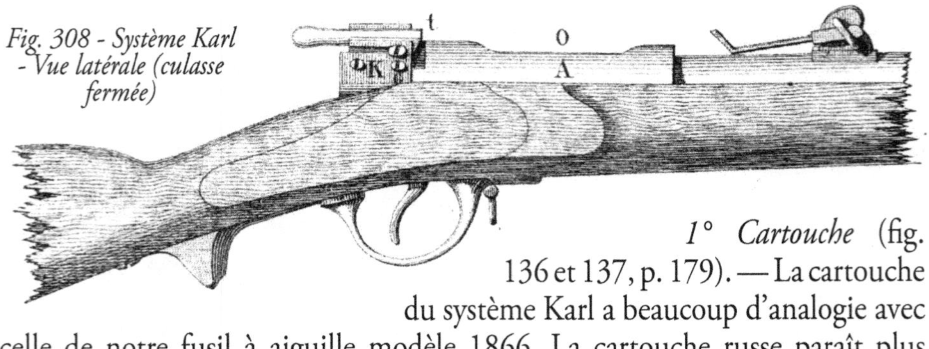

1° Cartouche (fig. 136 et 137, p. 179). — La cartouche du système Karl a beaucoup d'analogie avec celle de notre fusil à aiguille modèle 1866. La cartouche russe paraît plus simple que la nôtre mais elle n'offre pas les mêmes garanties au point de vue de la régularité du tir, de la conservation dans les magasins, de la résistance pendant les transports.

Le culot qui sert à réunir la capsule d'amorce à l'arrière de la cartouche, reste dans la chambre et n'est expulsé que par le coup suivant. Ce culot est formé de trois rondelles de carton et d'une rondelle de feutre collées les unes sur les autres. Il a approximativement la forme d'une poulie. Le trou central, placé dans l'axe de l'étui à poudre, donne passage à l'aiguille. La capsule est disposée au dessus ; elle est engagée dans la rondelle supérieure, formant collerette ; ses rebords sont pris entre cette collerette et la rondelle médiane. L'étui à poudre est tronconique ; il se compose de trois révolutions de papier ordinaire, collé suivant une génératrice.

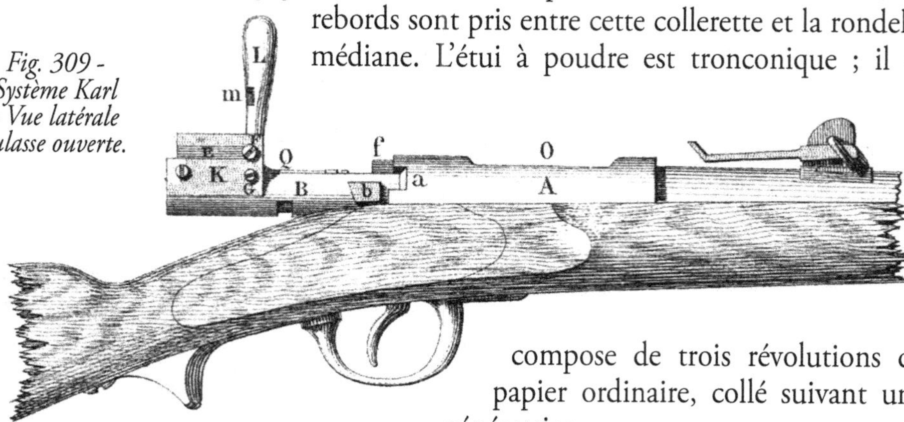

Fig. 309 - Système Karl - Vue latérale culasse ouverte.

La balle (à culot de fer) est introduite par la grande base et vient se loger dans la partie antérieure, qu'elle ne peut franchir en raison de ses dimensions ; l'étui se trouve ainsi fermé d'un côté. On verse la poudre par le grand orifice resté libre, et on place le culot amorcé par-dessus la poudre. On fixe ce dernier au moyen d'un fil de laine-graissé enroulé extérieurement et faisant pénétrer l'étui-enveloppe dans la gorge du culot amorcé. Une deuxième ligature est pratiquée immédiatement au-dessous de la balle ; elle a pour but d'empêcher l'introduction de la poudre entre la balle et l'étui.

2° Mécanisme. — La culasse mobile porte l'obturateur Chassepot (RT) (fig. 312).

On introduit la cartouche par un trou longitudinal (O) pratiqué sur le dessus de la boîte de culasse (fig. . 310).

Le recul est supporté (fig. 312) par deux tenons diamétralement opposés (*bb*) qui s'engagent dans une rainure circulaire (*g*) creusée dans l'épaisseur de la boîte (fig. 311).

Deux coulisses longitudinales raccordées avec le fond de la rainure circulaire permettent le déplacement de la culasse dans le sens de l'axe.

Tous les mouvements sont limités par la tête de gâchette, comme dans le fusil prussien.

Le ressort à boudin est renfermé dans un cylindre intérieur. C'est ce cylindre qui porte l'aiguille (P) et l'épaulement (*y*), faisant office de noix. Le ressort se bande au moyen d'un levier à bec, mobile autour d'une broche transversale (F), laquelle est portée par deux fortes oreilles (K) en saillie sur le cylindre (fig. 311 et 312).

Lorsqu'on relève le levier pour le chargement, le bec (S) ne soutenant plus le bouton mobile (X), le ressort chasse en arrière le cylindre porte-aiguille.

Ce mouvement est limité par un heurtoir (*n*) (fig. 312) qui vient se loger dans l'entaille (*h*) (fig. 311 et 313). Lorsqu'on a fermé le tonnerre en tournant le levier à droite, il reste encore à bander le ressort, ce qui s'opère en rabattant le levier en arrière pour le faire entrer dans les oreilles du cylindre ; il est maintenu dans cette position par un tenon (*e*) qui s'engage dans la mortaise (*m*) du levier (fig. 312). La charge se fait en cinq temps comme dans le fusil prussien ; mais la manœuvre

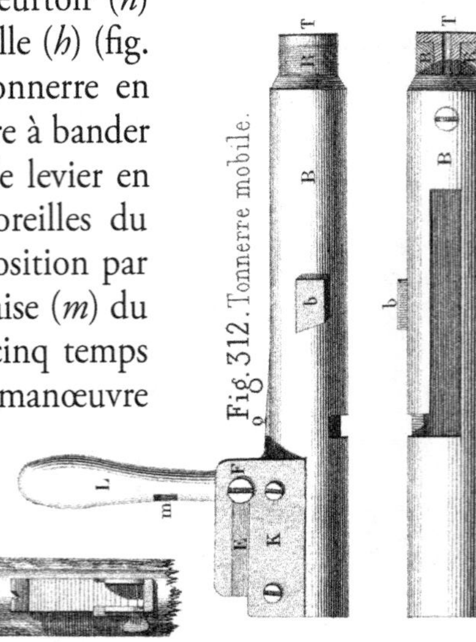

Fig. 312. Tonnerre mobile.

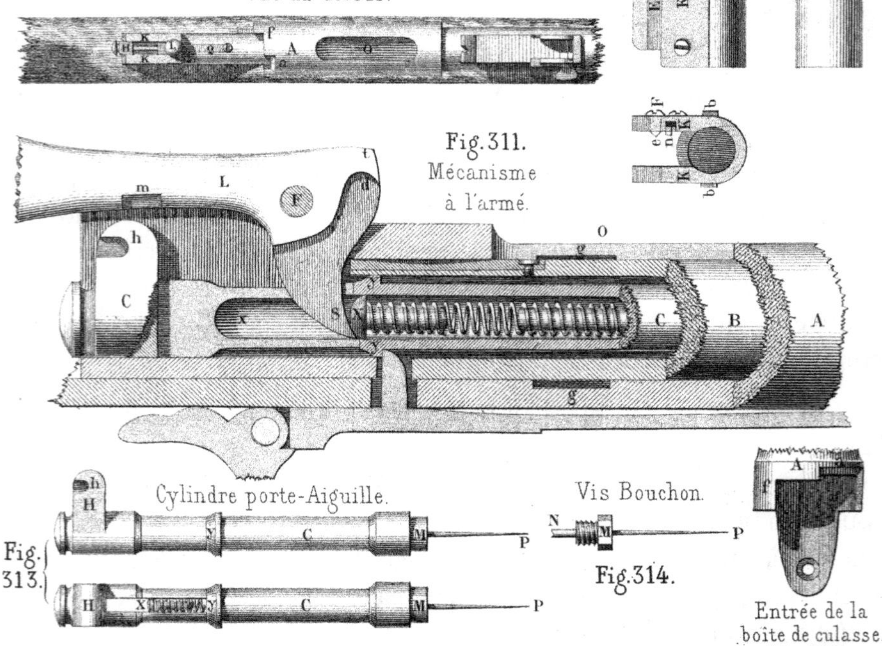

Fig. 310. Vue du dessus.

Fig. 311. Mécanisme à l'armé.

Cylindre porte-Aiguille. Fig. 313.

Vis Bouchon. Fig. 314.

Entrée de la boîte de culasse. Fig. 315.

et l'introduction de la cartouche dans la chambre sont plus faciles. En somme, l'arme est assez élégante ; elle est munie d'un obturateur mais n'a pas de cran de sûreté. Les petites pièces métalliques, les petites vis sont trop nombreuses, la cartouche ne contient pas assez de matières lubrifiantes, il y a des enclouages. Les débris de la cartouche ne sont pas expulsés par le tir, parce que l'arme n'a pas de chambre ardente.

Ces inconvénients ont été reconnus par le gouvernement russe qui a arrêté la fabrication du fusil Karl et adopté une cartouche métallique avec un système à tabatière.

La Russie possède, en outre, quelques milliers de fusils transformés au système Albini-Baranoff et un assez grand nombre d'armes neuves du système Berdan.

III. Fusil Carcano (Italie)

1° Cartouche (fig. 163). L'amorce est dans un sabot de carton interposé entre la poudre et la balle.

L'aiguille doit percer la cloison qui est derrière la poudre d'amorce. Les gaz pénètrent par ce trou pour entrer dans l'évidement de la balle et opérer le forcement.

À l'arrière de la cartouche se trouve un culot de caoutchouc ou de drap, destiné à obturer le tonnerre.

Cet obturateur, qui reste dans la chambre, peut être enlevé à la main quand on tire lentement. Il est chassé en avant par la cartouche suivante, lorsqu'on exécute des tirs rapides.

Mécanisme à l'abattu

Fig. 316

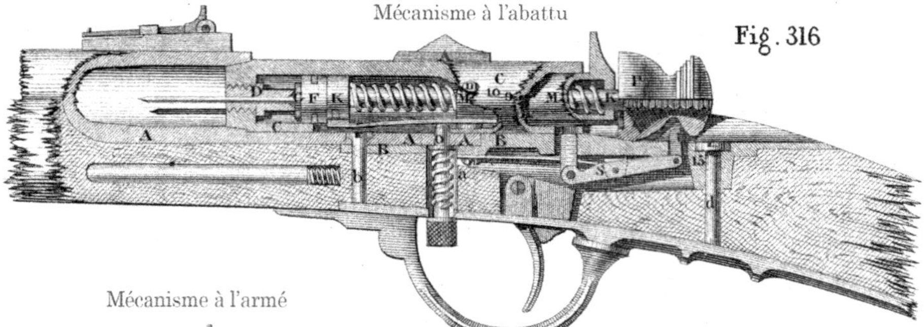

Mécanisme à l'armé

Fig. 317

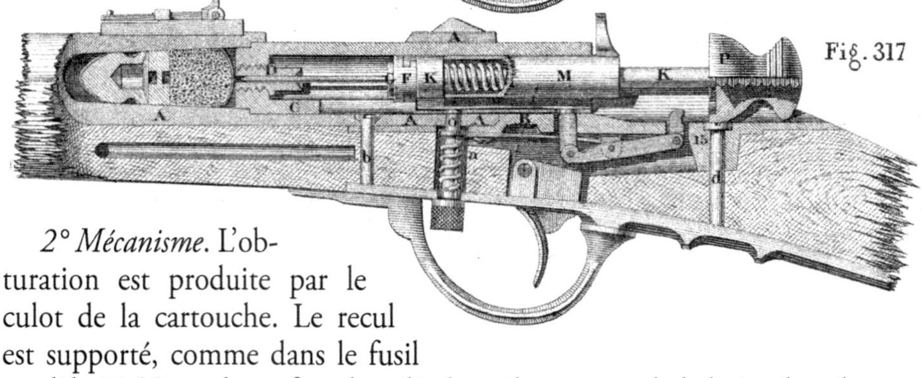

2° Mécanisme. L'obturation est produite par le culot de la cartouche. Le recul est supporté, comme dans le fusil modèle 1866, par le renfort du cylindre et le rempart de la boîte de culasse.

Le mouvement de retraite de la culasse mobile est limité par un arrêtoir à ressort (O) (fig. 316), contre lequel vient buter l'extrémité de la fente (11) (fig. 318). Le ressort d'action entoure le porte-aiguille et prend appui, d'autre part, sur le fond d'un tube qui joue le même rôle que la vis-bouchon dans le mécanisme Chassepot.

Le tube-bouchon est relié au cylindre par un tenon (*m*) (fig. 319), qui glisse dans une rainure du cylindre (9) (fig. 318), pour venir se loger dans un retour à crochet (10)(fig. 316).

Le coup parti, on ne peut ouvrir le tonnerre, sans avoir, au préalable, fait rentrer l'aiguille. En effet, l'arrêtoir à ressort (O) engagé dans la fente du cylindre empêche la rotation de cette pièce. En retirant le porte-aiguille en arrière pour armer, on amène le talon du ressort d'arrêt au-dessus de l'arrêtoir (O). Ce dernier s'abaisse et n'est plus engagé dans la fente que par sa partie arrondie. Si, dans cette disposition, on agit sur le levier, la pression du cylindre sur la tête arrondie de l'arrêtoir finit d'abaisser cette dernière pièce qui frotte sur la partie extérieure du cylindre et vient se placer en face de la fente (11), lorsque le levier est complètement relevé.

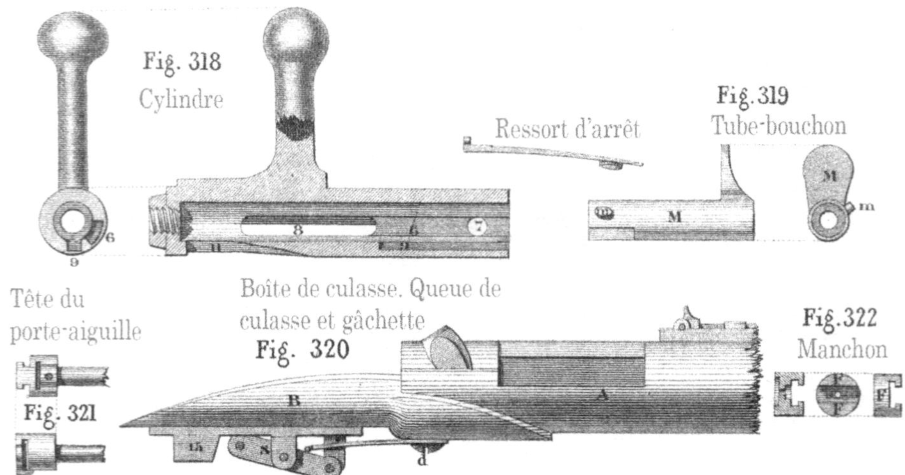

A - Canon et boîte de culasse
B - Queue de culasse - a sa vis
C - Cylindre
D - Grain
F - Manchon
G - Rondelle obturatrice
K - Porte-aiguille
L - Ressort d'arrêt
M - Tube-bouchon
9 - Rainure iférieurre
m - Tenon du tube-bouchon
O - Arrêtoir à ressort
P - Bouton de culasse
S - Gâchette
6 - Rainure latérale
7 - Trou pour le bouchon du ressort d'arrêt

Lorsqu'on retire la culasse mobile en arrière, l'arrêtoir remonte à mesure que le plan incliné le lui permet, et vient se loger définitivement au fond de cette fente pour arrêter le mouvement rétrograde du cylindre.

Le démontage du mécanisme est fort simple : on pousse le tube-bouchon en avant en le faisant tourner pour lui faire remonter le retour à crochet (10), et on amène le tenon (*m*) en face de la rainure (9). Le ressort repousse le tube en arrière, et la séparation est opérée.

On fait rentrer l'aiguille et on bande le ressort en tirant en arrière le bouton de culasse (P) jusqu'à ce que la tête du ressort-arrêt (L) vienne tomber dans le trou (7) du cylindre. Ce trou est percé dans le fond d'une rainure que parcourt la tête du ressort-arrêt, quand le porte-aiguille est chassé en avant par le ressort, ou qu'il est ramené en arrière par le tireur. La gâchette est assez compliquée (fig. 320) ; elle a la forme d'une balance qu'un ressort fait abaisser par l'avant et remonter par l'arrière.

Lorsque la culasse est fermée, le bras antérieur est exactement au-dessous de la tête du ressort d'arrêt. En agissant sur la détente, on fait remonter la tête du ressort, ce qui détermine le départ du coup. Le bras postérieur est à hauteur de la gorge du bouton de culasse lorsque le coup est parti ; il se place en avant du bouton pendant le chargement et tant que le fusil est armé. C'est une pièce de sûreté destinée à prévenir les départs accidentels ; elle descend sous l'action de la détente, lorsqu'on veut faire partir le coup.

La charge se fait en quatre temps, comme dans le fusil modèle 1866.

La manœuvre est facile, le tir peut être rapide.

L'invention du tube-bouchon rend le démontage et l'entretien très faciles ; il n'est plus besoin d'accessoires d'aucune sorte pour démonter le mécanisme.

En somme, le système est ingénieux, mais il est appliqué à des armes de gros calibre qui ne peuvent avoir une grande valeur.

DEUXIÈME GROUPE

Systèmes à broche

IV. Fusil Berdan

1° Cartouche. — (Voir page 187 et fig. 331).

2° Mécanisme. — L'arme Berdan a beaucoup d'analogie avec le fusil modèle 1866.

Le ressort d'action est bien plus long, ce qui donne beaucoup de liant à tout le mécanisme (fig. . 327).

Le chien (C), relié au porte-aiguille (E) par une vis transversale (14), emboîte complètement le cylindre de culasse (B). Il est muni de deux renforts. Le renfort inférieur fait office de noix, il porte deux crans : le cran de sûreté (8) et le cran du bandé (9). Le renfort supérieur joue le rôle du coude du chien dans le fusil modèle 1866 ; il porte la pièce d'arrêt (D), qui est en saillie dans l'intérieur.

La pièce d'arrêt est constamment engagée dans une coulisse quadrangulaire (*c f d e*) creusée dans l'épaisseur du cylindre (fig. 328).

Lorsqu'on relève le levier pour ouvrir le tonnerre, le cylindre tourne de droite gauche ; le renfort supérieur, engagé dans la fente supérieure de la boîte de culasse, empêche le chien de tourner avec le cylindre ; la pièce d'arrêt, logée

Vue du fusil, culasse ouverte Fig. 323.

Au cran du bandé Fig. 324.

Au cran de sûreté Fig. 325.

à l'abattu Fig. 326.

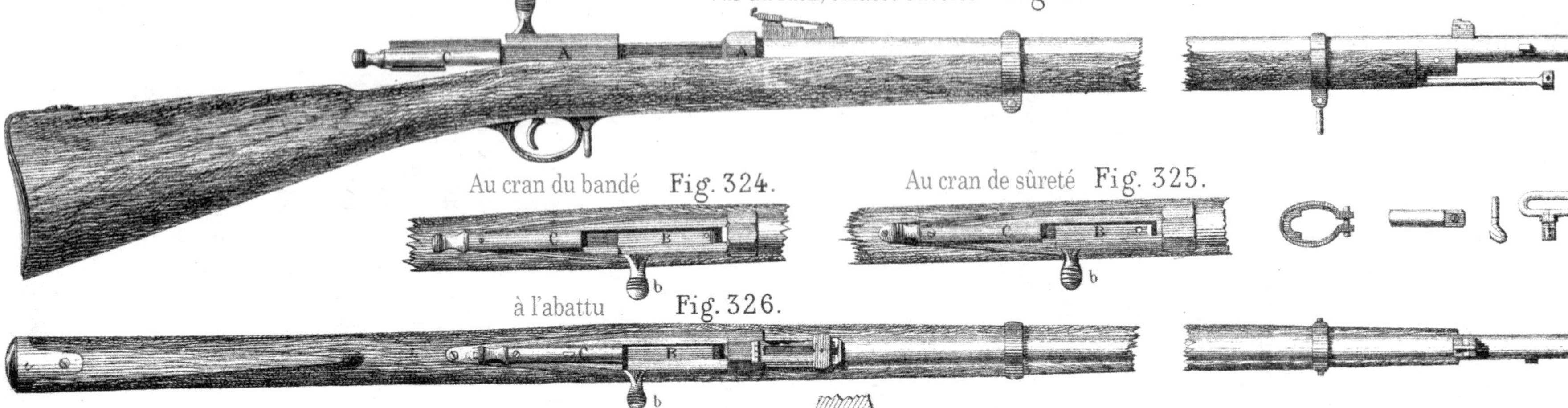

Coupe du mécanisme Fig. 327.

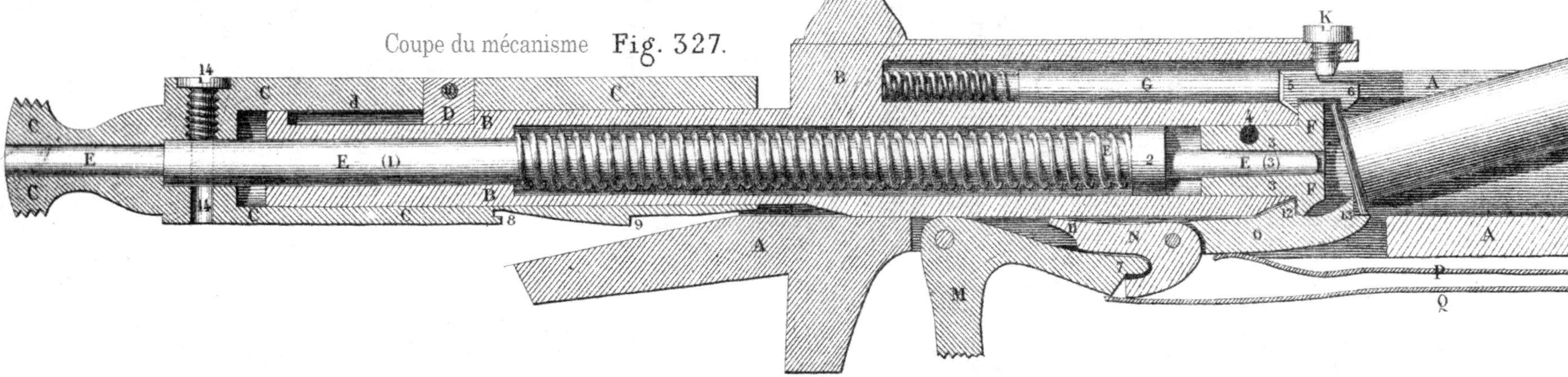

A - Boîte de culasse
B - Cylindre - F - Bouchon du cylindre, son arbre (3), sa goupille (4)
C - Chien, cran de sûreté (8), cran du bandé (9), vis du chien (14)
D - Pièce d'arrêt, sa goupille (10)
E - Percuteur, sa tige (1), son embase (2), sa pointe (3)
G - Tire-cartouche, sa tête (5), son crochet (6)

K - Vis de tire-cartouche
M - Détente, son bec (7)
N - Gâchette, son bec (11)
O - Arrêtoir, arrêt du cylindre (12), arrêt de la cartouche (13)
P - Ressort d'arrêtoir
Q - Ressort de gâchette

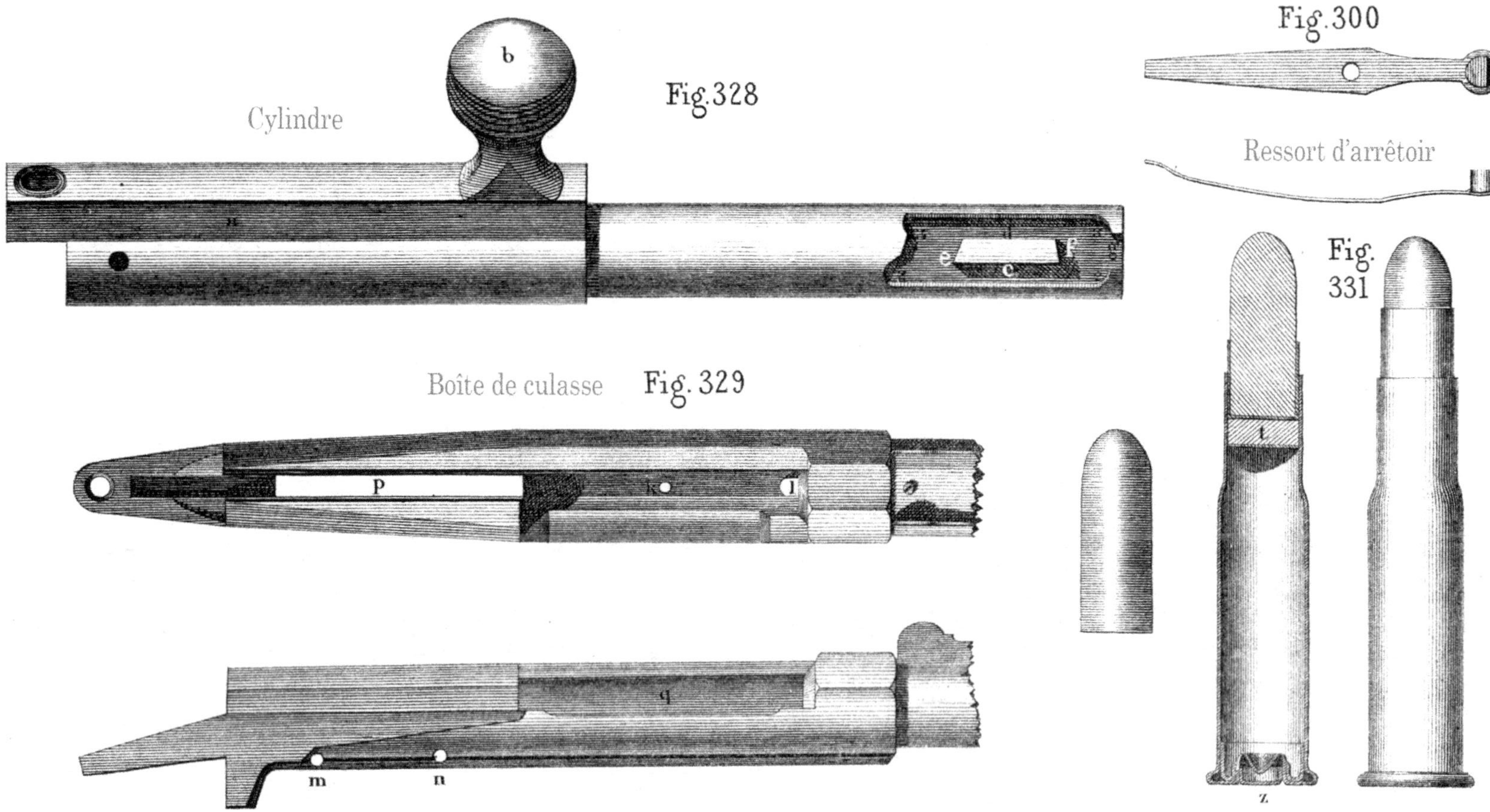

a - Renfort, trou de la vis de tire-cartouche (1)
b - Levier
c - Rainure du départ, son cran (2)
d - Rainure du retour, son cran (3)
e - Rainure transversale, antérieure

f - Rainure transversale postérieure
g - Entrée de la rainure
k - Trou de la vis des ressorts de gâchette et d'arrêtoir
l - Logement du guide-cartouche
m - Trou de la goupille de détente
n - Trou de la goupille de gâchette et d'arrêtoir

P - Fente de la détente de la gâchette et de l'arrêtoir
q - Echancrure
s - Guide-cartouche et son ressort
t - Rondelle de graisse
z - Capsule

d'abord dans le cran de départ (2), parcourt la rainure transversale antérieure (*e*) pour venir se loger dans le cran du retour (3).

Par suite de l'obliquité de la rainure (*e*), la pièce d'arrêt recule dans ce mouvement et fait rentrer la pointe du percuteur dans le bouchon (F) (fig. 327).

Lorsque la culasse mobile est ramenée en avant, le bec de gâchette (11) se loge dans le cran (9) et arrête le mouvement du chien. Si l'on continue l'effort sur le levier, en achevant de pousser le cylindre, on bande le ressort ; la pièce d'arrêt parcourt pendant ce temps la rainure du retour (*d*) ; puis, quand on rabat le levier pour fermer le tonnerre, elle suit la rainure transversale postérieure (*f*), et vient se placer en face de la rainure de départ, qu'elle parcourt dans toute sa longueur, lorsqu'on appuie sur la détente pour faire partir le coup.

On met le chien au cran de sûreté (8), en retenant le bouton avec le pouce, tout en appuyant sur la détente, avec l'index ; c'est la manœuvre que l'on exécutait avec le fusil à percussion.

On arme en tirant le bouton en arrière jusqu'à ce que le bec de la gâchette tombe dans le cran de l'armé.

Le tire-cartouche est aussi simple qu'ingénieux.

Il est logé dans le renfort du cylindre, et se compose d'un ressort à boudin, d'une tige (G) et d'une vis-arrêtoir (K) qui joue un rôle important dans le fonctionnement (fig. 327).

À l'état de repos, le ressort à boudin fait appuyer le plan incliné de la tige contre la vis-arrêtoir, ce qui maintient le crochet du tire-cartouche aussi baissé que possible. Lorsque, dans le chargement, l'extracteur rencontre le bourrelet de la cartouche, la tige rentre dans son logement, en comprimant le ressort : le plan incliné ne porte plus contre la tige de la vis-arrêtoir, le crochet peut s'élever et passer par-dessus le bourrelet. Dès que le crochet a franchi l'obstacle, le ressort à boudin ramène le plan incliné en contact avec la vis-arrêtoir qui fait engager le crochet en avant du bourrelet et le maintient dans cette position.

Lorsqu'on retire la culasse mobile en arrière, le crochet ramène la cartouche, et plus la résistance est considérable, plus le crochet presse sur la cartouche par l'action du plan incliné. Ainsi, l'énergie croît avec la résistance à l'extraction.

Un arrêtoir (*o*) est disposé dans le fond de la boîte de culasse. Le cran (12) arrête le cylindre dans son mouvement rétrograde ; le cran (13) fait office de heurtoir pour faire basculer et sauter l'étui vide de la cartouche.

La charge se fait en trois temps, ce qui permet à un tireur très exercé de tirer jusqu'à dix-huit coups par minute.

Le système Berdan présente deux dispositions ingénieuses : la rainure quadrangulaire du cylindre et le tire-cartouche.

Ce dernier surtout est remarquable, et sans égal jusqu'à ce jour pour la sûreté de son fonctionnement.

Le démontage et le remontage ne sont pas suffisamment simples.

La détente, la gâchette, l'arrêtoir, les goupilles qui relient ces pièces au canon, et les ressorts qui les font agir forment un ensemble qui paraît un peu délicat pour une arme de guerre.

V. Fusil Burton

1° Cartouche. — Ce fusil emploie la cartouche Berdan.

2° Mécanisme. — On introduit la cartouche par un trou longitudinal percé sur le dessus de la boîte de culasse, comme dans le fusil Karl (fig. 312, p. 229).

La fermeture s'opère par une vis à filets interrompus. Les mouvements de la culasse mobile sont guidés et limités par la gâchette (G) qui est toujours engagée dans une des fentes du cylindre (fig. 332 et suivantes).

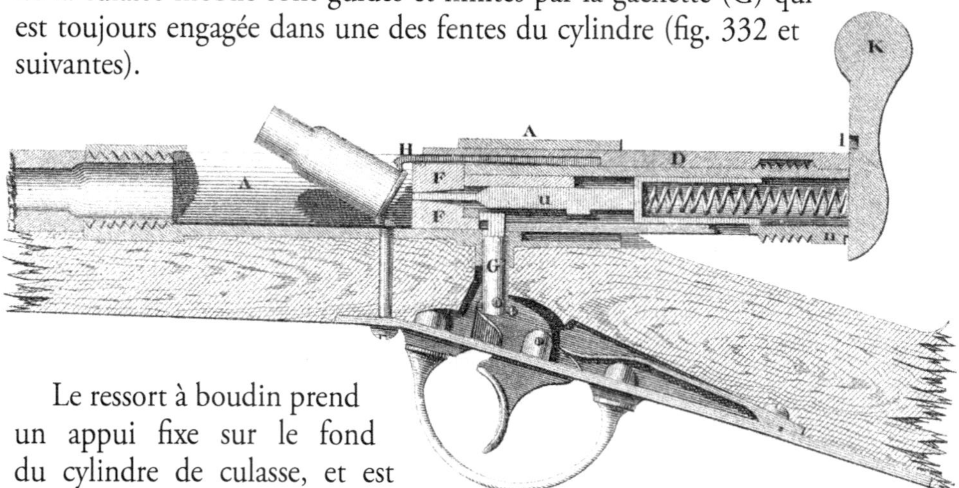

Fig. 332 - Fusil Burton - Coupe du mécanisme, la culasse ouverte

Le ressort à boudin prend un appui fixe sur le fond du cylindre de culasse, et est appliqué, d'autre part, sur le fond de l'étui du percuteur (V). Cet étui porte un tenon (*r*) faisant office de noix. Le tenon est engagé dans la fente longitudinale de la culasse. Le percuteur est, par suite, obligé de tourner avec le cylindre lorsqu'on ferme le tonnerre. Le parcours du percuteur est limité par le bouton (*s*) qui vient buter contre le bouchon du cylindre (E) (fig. 337).

Ce bouchon, percé suivant son axe pour le passage du percuteur, fait corps avec un chapeau (F) et une longue plaque cintrée (D), laquelle s'applique exactement sur le dessus du cylindre.

Une large rainure (*y*) est ménagée vers l'arrière, à hauteur des filets de la culasse mobile. On fixe le bouchon sur le cylindre en engageant les filets de la culasse sous la rainure de la plaque cintrée ; on sépare les deux pièces après avoir dégagé les filets de la rainure.

La plaque cintrée peut tourner autour du cylindre de culasse en pivotant sur le bouchon (E). Cependant, cette rotation est limitée à un quart (¼) de tour par deux taquets (J et *n*) placés sur le cylindre en arrière des filets. La plaque cintrée glisse dans une coulisse ménagée à cet effet, sous la voûte de la boîte de culasse ; elle ne participe pas à la rotation du cylindre ; elle n'est liée qu'aux mouvements longitudinaux.

Pour faire rentrer la pointe du percuteur dans le chapeau, au premier temps de la charge, le devant du bouton (*s*) et le côté

Gâchette à la position de l'armé

Fig. 333

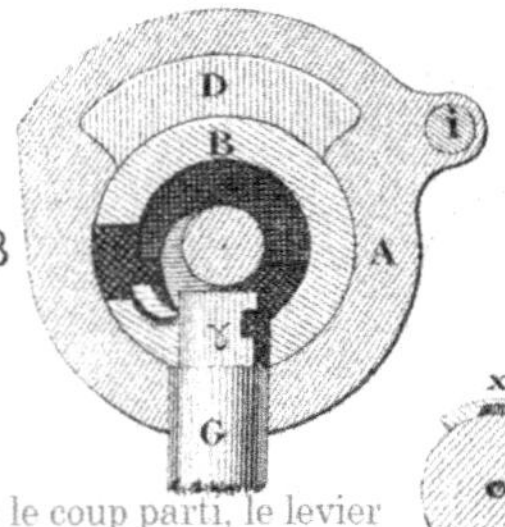

Gâchette le coup parti, le levier redressé, la culasse à demi retirée

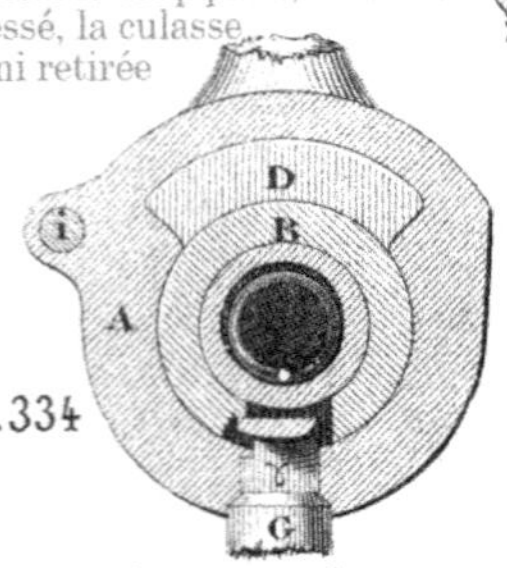

Fig. 334

Gâchette, culasse poussée en avant, on va rabattre le levier

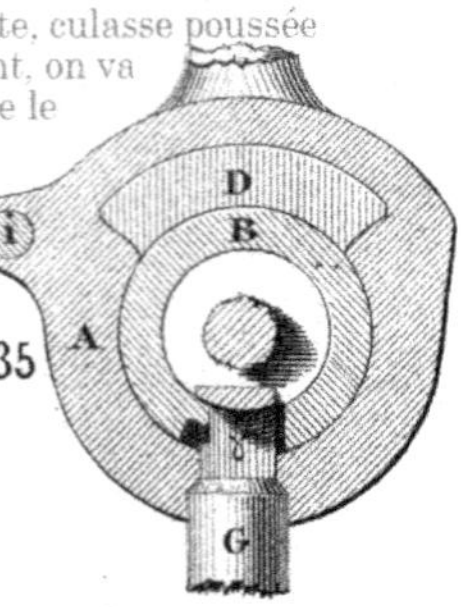

Fig. 335

Fig. 336

Culasse mobile à l'armé, le cylindre supprimé sur l'avant par cassure pour montrer le percuteur et le chapeau

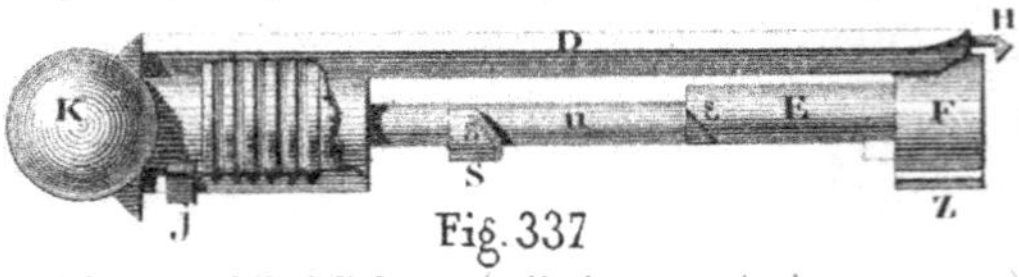

Fig. 337

Culasse mobile à l'abattu (cylindre supprimé par cassure)

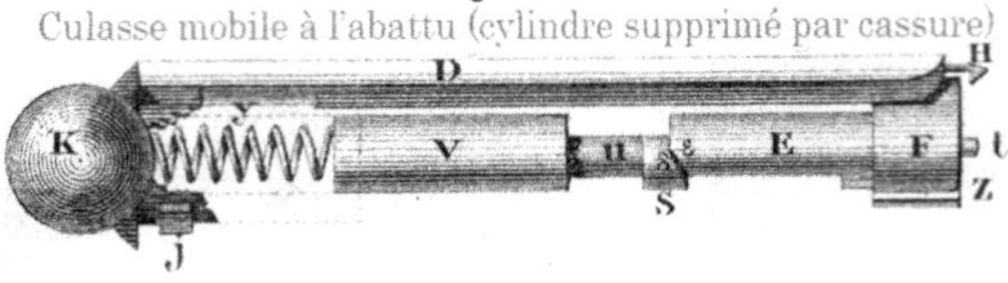

Fig. 338

Chapeau et tire-cartouche, vus en dessous

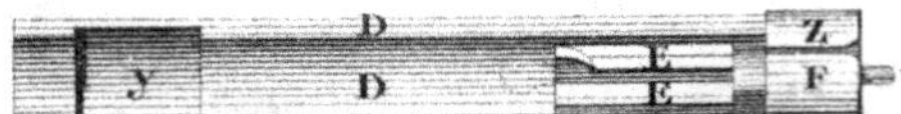

Fig. 339

Chapeau et tire-cartouche, vus en dessous

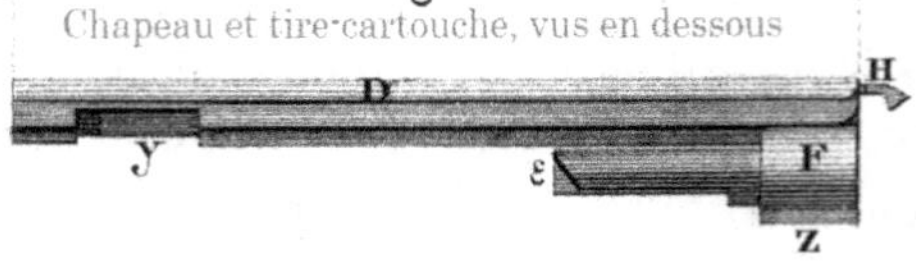

droit du bouchon (E) portent des rampes qui sont en contact après le départ du coup. Lorsqu'on redresse le levier de manœuvre, le bouton (*s*) est obligé de tourner avec le cylindre ; le bouchon (E), au contraire, est immobilisé par la plaque cintrée. Le bouton (*s*) glisse sur la rampe (*e*) (fig. 337) en ramenant le percuteur en arrière ; il vient s'appuyer sur la tranche droite du bouchon où il doit rester pendant toute la durée du chargement.

On bande le ressort en poussant le cylindre pour fermer le tonnerre, alors que le percuteur est arrêté par la tête de gâchette.

La résistance qui résulte de la compression du ressort a l'avantage d'adoucir le choc du chapeau sur le culot de la cartouche et, par suite, de prévenir les départs accidentels. Mais ce qu'il y a de plus ingénieux dans le système, c'est le mouvement de la tête de gâchette.

Fig. 340

Coupe montrant le mécanisme au cran de sûreté

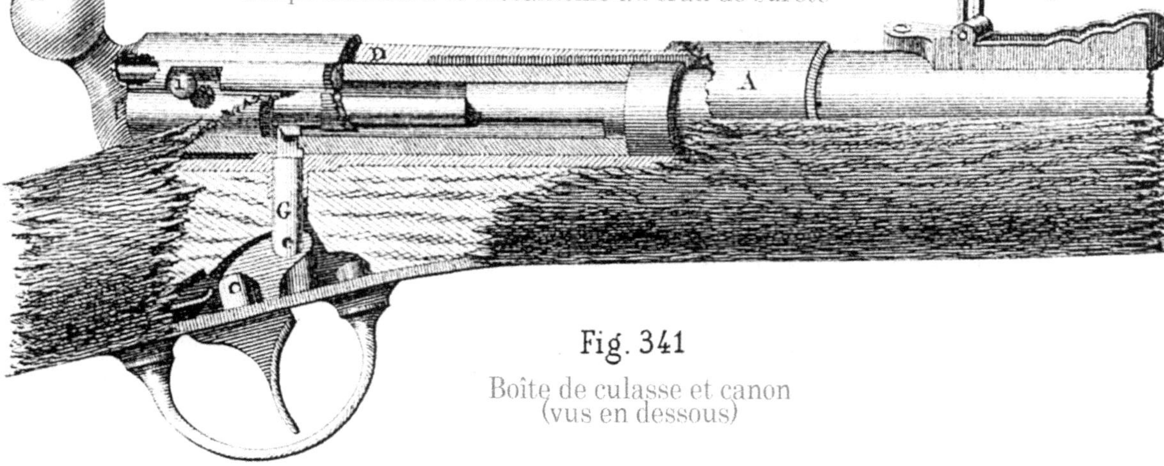

Fig. 341

Boîte de culasse et canon
(vus en dessous)

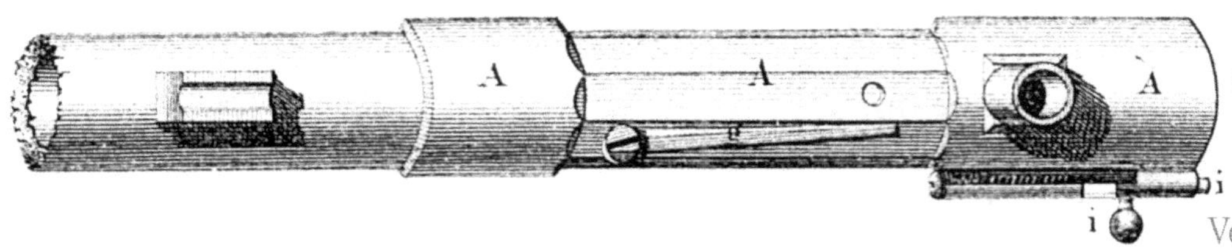

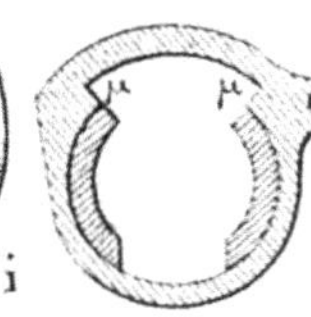

Verrou de sûreté

Fig. 346

Fig. 342 Boîte de culasse vue en dessus

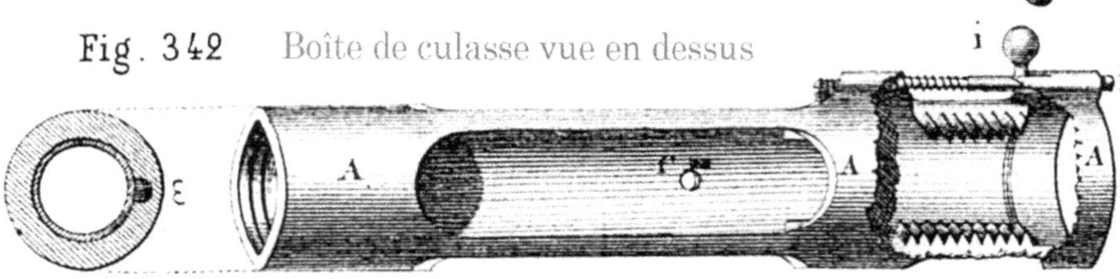

Fig. 343 Vue perspective du cylindre - Vue de droite à l'armé

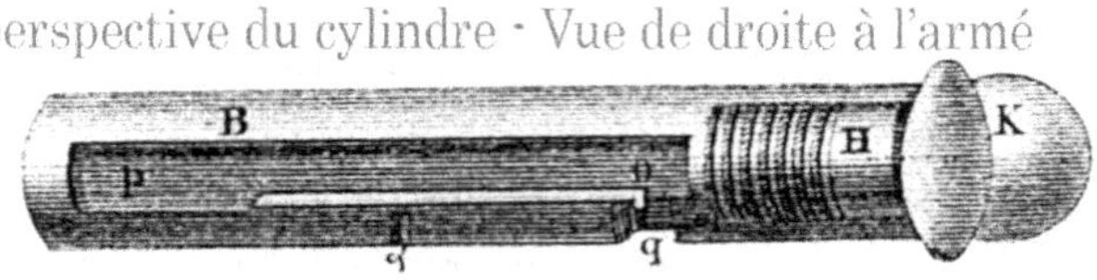

Vue du dessous à l'armé

Fig. 347

Percuteur

Guide-cartouche

Fig. 348

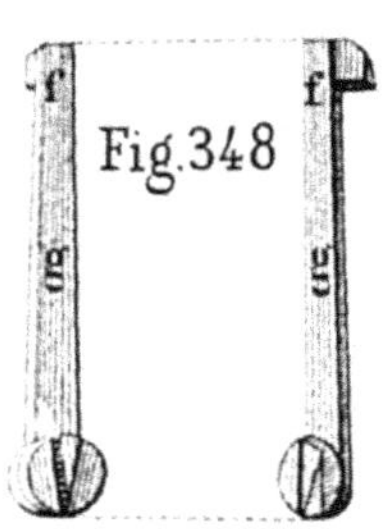

Fig. 345 Vue du cylindre muni de son chapeau et de son tire-cartouche

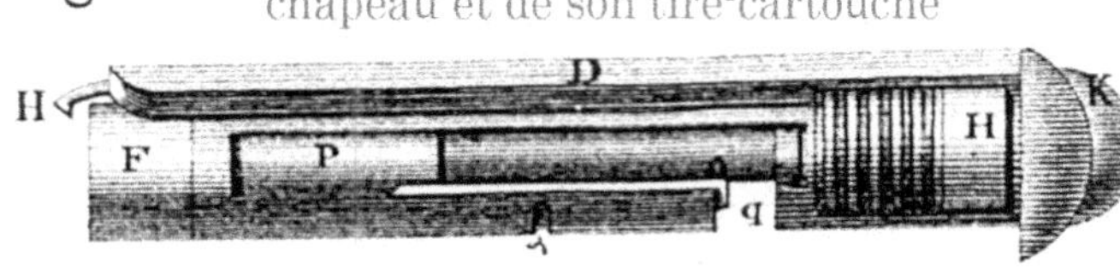

Le même, muni du percuteur à la position de l'armé

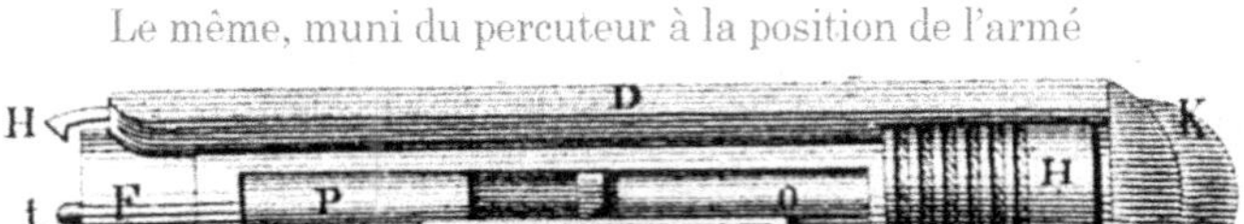

Fig. 349

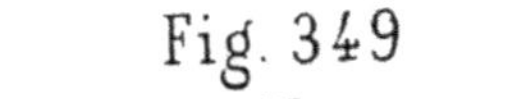

Tire-cartouche

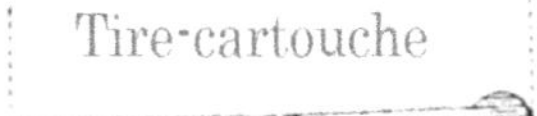

La gâchette se compose d'une broche cylindrique, articulée par le bas avec la lame de la détente et passant à frottement doux dans un trou (*e*) de la boîte de culasse.

La tête, taillée en carré, porte deux coulisses : l'une est sur la face antérieure, l'autre sur la face droite. Ces deux coulisses sont destinées à donner passage à une nervure ménagée sur le devant de la fente transversale et sur la droite de la fente longitudinale du cylindre.

La nervure engagée dans une des coulisses de la tête de gâchette (fig. 335), immobilise cette dernière pièce qui ne peut s'abaisser qu'à la condition d'être logée en dessous, en avant ou à côté de la nervure.

Voici le jeu de la gâchette :

Le coup vient de partir, l'étui du percuteur maintient la gâchette baissée. En redressant le levier, la nervure transversale, grâce à un plan incliné convenablement disposé, fait baisser encore la tête de la gâchette qui vient se loger sous la nervure (fig. 334). Ainsi placée, elle laisse passer librement le tonnerre (B), lorsqu'on ramène la culasse mobile en arrière. Sur la fin du premier temps de la charge, la tête de la gâchette, arrivée au point où s'arrête la nervure longitudinale, remonte par l'effet du ressort de détente, et vient buter contre la tige du percuteur et le dessous du bouchon, lequel est, à cet effet, taillé tangentiellement au percuteur sur toute la longueur correspondant à la fente longitudinale.

Dans cette position, on peut abaisser la détente pour enlever la culasse mobile.

Lorsqu'on repousse le cylindre en avant, le bouchon (E) et la tige du percuteur glissent sur la tête de gâchette ; la nervure longitudinale se présente en face de la coulisse droite de la tête de gâchette et vient s'y engager ; la gâchette est alors condamnée, les départs accidentels deviennent impossibles. L'étui du percuteur ne peut franchir la gâchette que lorsque celle-ci peut s'abaisser, c'est-à-dire lorsqu'elle est rendue au fond de la fente transversale où la nervure n'existe pas. À ce moment la culasse est complètement fermée.

Verrou de sûreté. — Pour condamner le mouvement de la gâchette, il suffit de soulever à demi le levier de manœuvre pour faire pénétrer la nervure transversale dans la coulisse antérieure et de maintenir le cylindre dans cette position.

À cet effet, on a placé sur la droite de la boîte, un petit verrou de sûreté (fig. 346) que l'on peut introduire dans un trou du levier de manœuvre pour le fixer dans cette position particulière. Le verrou est maintenu dans le trou par un ressort à boudin.

L'extracteur est fort simple mais moins puissant que celui du système Berdan ; c'est une simple lame d'acier terminée d'un côté par une spatule qui sert à la fixer dans la plaque cintrée et de l'autre, par un crochet qui s'engage en avant du bourrelet, par suite de l'élasticité de la lame. Un heurtoir à ressort (*g*) (fig. 341 et 342) est disposé au fond de la boîte de culasse pour faire sauter la cartouche.

Le démontage et le remontage de l'arme sont très faciles, et n'exigent l'emploi d'aucun accessoire. L'ensemble du système est fort ingénieux. L'arme est légère et élégante.

VI. Fusil de Beaumont (Hollande)

1° Cartouche. — Elle est à étui de cuivre et à percussion centrale.

2° Mécanisme. — Extérieurement, le fusil de Beaumont est presque identique au fusil chassepot. Le calibre des deux armes est également le même. Les mécanismes seuls sont différents.

Voici les modifications qui caractérisent le système de Beaumont.

Le ressort à boudin du chassepot est remplacé par un ressort à deux branches logé dans le levier de manœuvre. Le logement du ressort est fermé par une applique fixée du bas par un vis transversale (*e*) (fig. 352). raccorde avec la partie fixe tenon, et serrée du haut par une Extérieurement, l'applique se du levier.

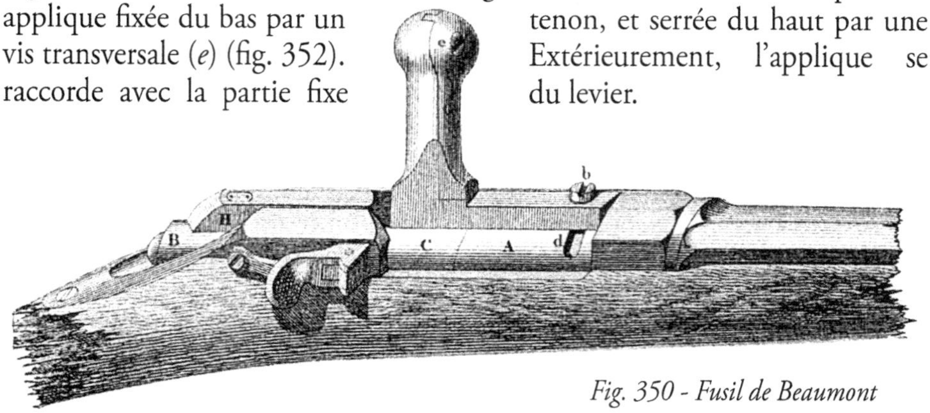

Fig. 350 - Fusil de Beaumont

La suppression du ressort à boudin a permis de supprimer la vis-bouchon qui lui servait de point d'appui.

Le percuteur et la tige-porte-broche sont vissés l'un dans l'autre et reliés au chien par une vis (*m*) (fig. 352).

Le ressort agit sur l'embase (*l*) de la tige-porte-broche.

Le mouvement d'armer est supprimé.

À cet effet, la pièce d'arrêt est remplacée par un coin (*k*) qui fait suite au corps du chien et qui s'appuie sur la tige-porte-broche (fig. 351 et 353). Conséquemment, la rainure du départ est remplacée par une entaille triangulaire dont la face droite est contournée en rampe hélicoïdale (*f*) (fig. 353). Cette rampe rejoint le fond de l'entaille au bord du cran de l'armé, en faisant disparaître la rainure de sûreté (fig. 353). Le coup parti, le coin est logé dans l'entaille.

Lorsqu'on relève le levier de manœuvre, la rampe de l'entaille presse sur la face oblique du coin (*k*) qui est obligé de reculer (le coude H empêchant le chien de tourner avec le cylindre). Le cran est ainsi ramené au cran de l'armé (fig. 353). Le ressort n'est cependant pas au bandé ; il n'y est amené que quand on achève de fermer le tonnerre, en poussant le levier en avant. Cette disposition était déjà appliquée au fusil Burton et au fusil Berdan déjà décrits.

Fig. 351.
Chien et percuteur

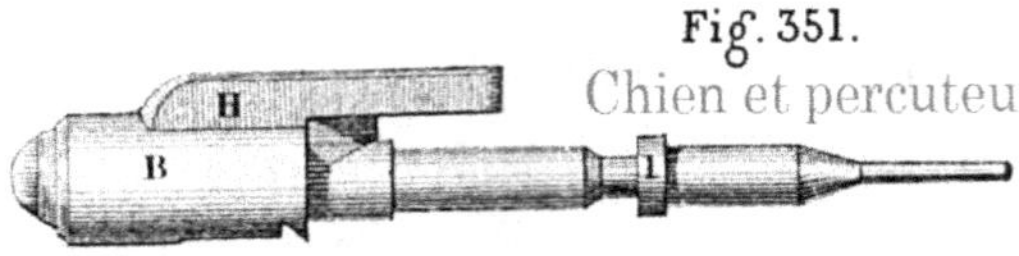

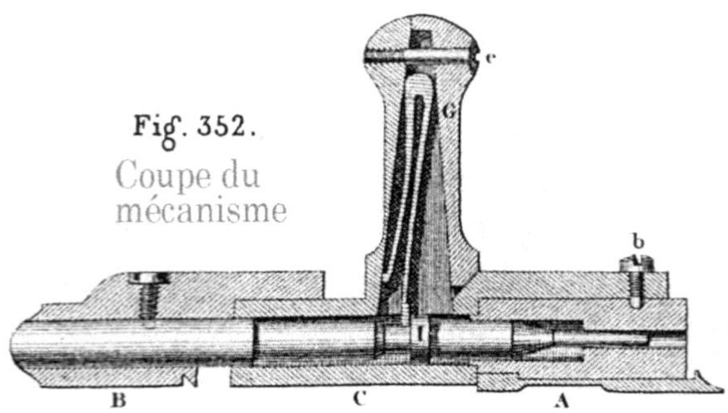

Fig. 352.
Coupe du mécanisme

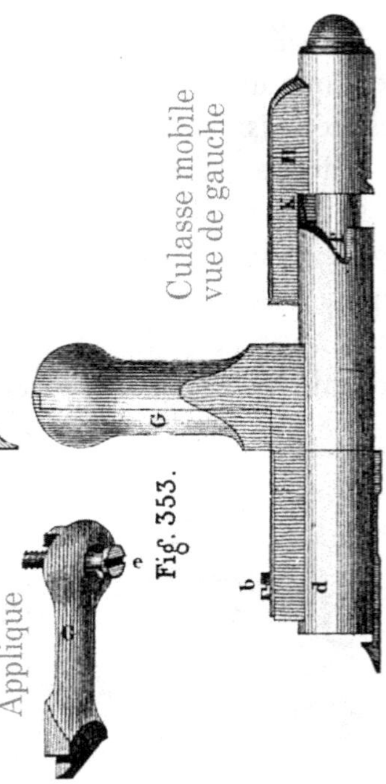

Culasse mobile vue de gauche

Fig. 353.

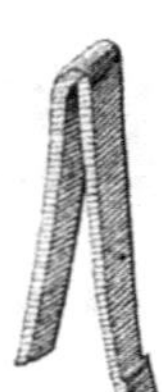

Ressort

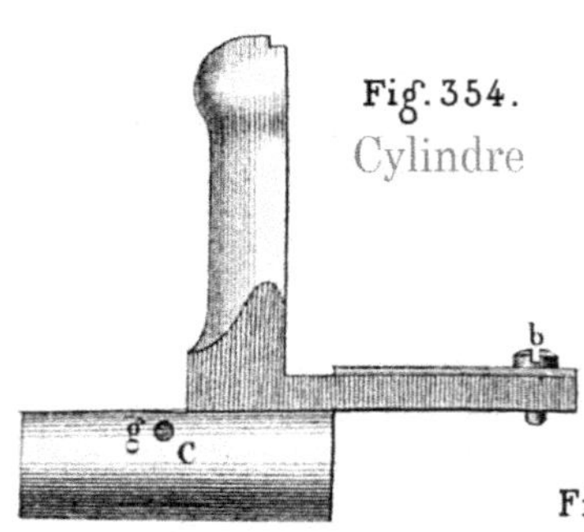

Fig. 354.
Cylindre

Applique

Fig. 355.
Tête mobile

Tout départ accidentel ferme le tonnerre avant que le percuteur puisse atteindre la cartouche. Le coin ne peut avancer, en effet, qu'en glissant le long de la rampe de l'entaille et, par suite, en fermant le tonnerre.

La tête mobile est enfilée sur le percuteur qui lui sert d'axe de rotation, elle est d'ailleurs engagée dans le cylindre, par l'anneau (*a*) et maintenue contre cette pièce par la vis-arrêtoir de tête mobile (fig. 352).

La rainure (*d*) (fig. 355) permet au cylindre de faire un quart de tour, sans entraîner la tête mobile. Cette dernière pièce ne peut d'ailleurs prendre qu'un mouvement de va-et-vient dans le sens de l'axe, mouvement qui est guidé et limité par le tire-cartouche.

L'extracteur, fixé sous la tête mobile, est logé dans une rainure longitudinale creusée dans le fond de la boîte de culasse. Cette pièce sert ainsi d'arrêtoir pour la manœuvre de la culasse.

Un mécanisme, placé extérieurement sur le rempart de la boîte de culasse, est spécialement destiné à fixer le cylindre dans la position intermédiaire que détermine la rainure de sûreté du fusil chassepot. C'est un fermoir à ressort et à charnière, qui sert à manœuvrer un poinçon traversant le rempart. Lorsque le fermoir est poussé en avant, le poinçon fait saillie dans la boîte de culasse et peut s'engager dans le trou (*g*) du cylindre. L'arme est alors à la position de sûreté.

Le fermoir étant ramené en arrière, le poinçon est retenu dans l'épaisseur du rempart.

Démontage. — On dévisse la vis arrêtoir de tête mobile (*b*), ce qui permet de retirer le cylindre et relever ensuite la tête mobile. On sépare les pièces du mécanisme en dévissant la vis de levier (*e*), après avoir, au préalable, mis le chien à l'abattu.

Les conditions de tir du fusil de Beaumont sont à peu près les mêmes que celles du fusil modèle de 1866, sauf en ce qui concerne la vitesse. À ce point de vue, le fusil de Beaumont a un avantage marqué, par suite de la suppression du mouvement d'armer. En somme, le mécanisme est très simple et paraît devoir être d'un très bon usage.

TROISIÈME GROUPE

Systèmes à tiroir

VII. Mousqueton Scharps

1° Cartouche. — (Voir fig. 432, 433, 434, et p. 274, *la cartouche métallique à percussion centrale*, pour fusil Springfield) ;

2° Mécanisme. — (Fig. 356, 357). La culasse mobile (B) joue dans une coulisse rectangulaire percée de bas en haut, dans la boîte de culasse (A).

On peut faire descendre et monter le bloc (B) à l'aide d'un levier (F), formant pontet. Les pièces (B et F) sont reliées par une chaînette.

Le levier peut tourner autour d'une broche (1) ; il est maintenu dans ses positions extrêmes par un fort ressort (R) fixé sous le canon.

L'arme est munie d'une platine dont le chien vient frapper la partie droite du percuteur (P). Le choc est transmis par la pointe (13), qui débouche au milieu de la tranche antérieure de la culasse en face de l'amorce de la cartouche (fig. 358). La pointe du percuteur (13) est rentrée pendant tout le temps du chargement et ne peut sortir que lorsque la culasse est complètement fermée ; il faut, en effet, pour que le percuteur puisse avancer, que le bec (9) soit en face d'un trou de même forme pratiqué dans la face antérieure de la culasse. L'extracteur se compose d'une lame (G) enfilée par la broche de charnière (D, 1) ; il est muni d'un crochet (4) saisissant le bourrelet de la cartouche, et d'un talon (3) sur lequel vient butter le taquet (6) de la culasse mobile ; ce choc détermine la rotation brusque de l'extracteur qui expulse l'étui vide sans le secours de la main (fig. 360).

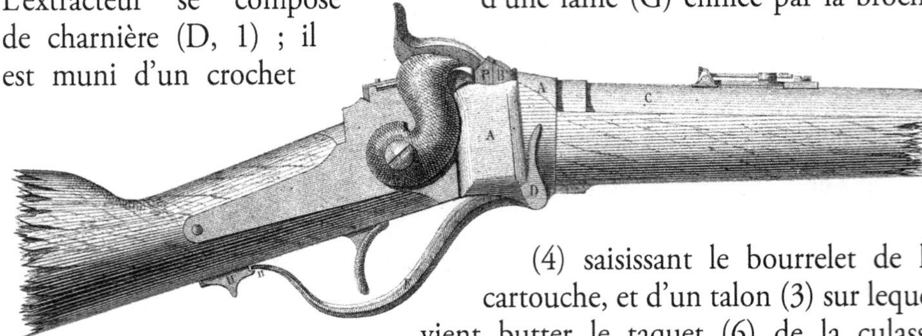

Fig. 356 - Mousqueton Scharps - Vue latérale

La charge se fait en quatre temps : armer le chien, ouvrir le tonnerre, en abaissant la sous-garde, l'étui vide est expulsé, le percuteur rentre dans la culasse, mettre la cartouche, fermer le tonnerre, en ramenant la sous-garde contre la poignée.

Fig. 357 - Mousqueton Scharps - Coupe du mécanisme

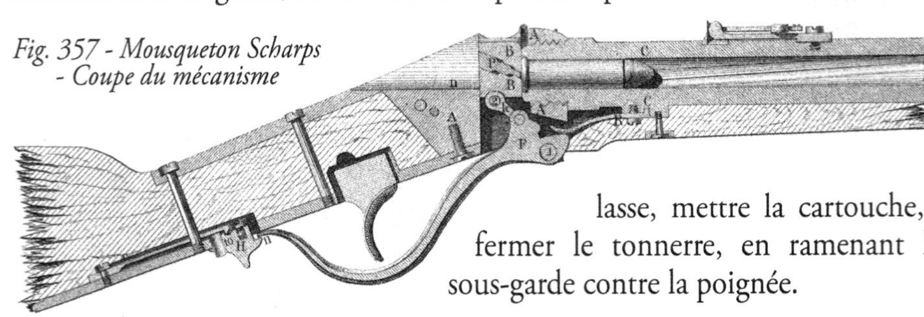

Le mousqueton Scharps était primitivement destiné à tirer des cartouches combustibles non amorcées. On l'a utilisé en le transformant en vue de l'emploi de cartouches à étui métallique ; il ne faut donc pas s'étonner qu'il soit inférieur aux types récents.

Fig. 358
Percuteur

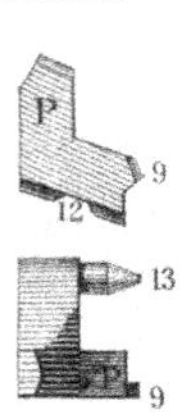

Fig. 359
Culasse mobile

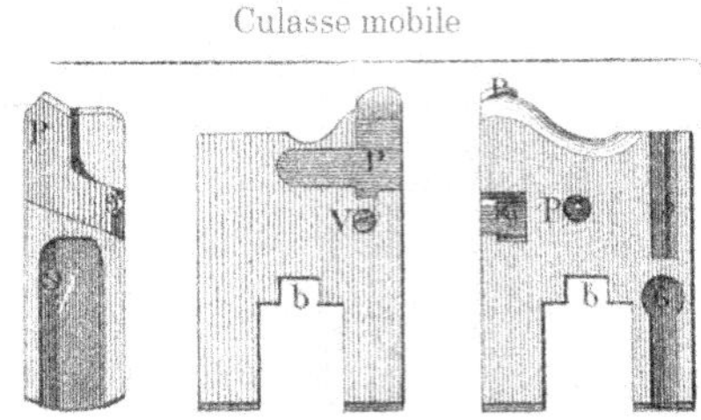

Fig. 360
Tire-cartouche

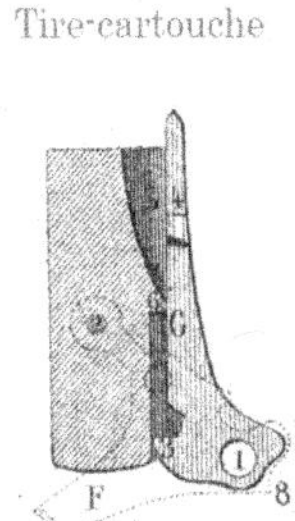

QUATRIÈME GROUPE

Systèmes à tabatière

VIII. Enfield-Snider (Angleterre)

1° Cartouche.— (Voir fig. 365, 366, 367, et p. 180, la *description de la cartouche Boxer*) ;

2° Mécanisme. — Le système Snider est presque identique à celui qui a été adopté en France pour les armes de gros calibre. Une nouvelle description est presque inutile, on se bornera à indiquer les principales différences.

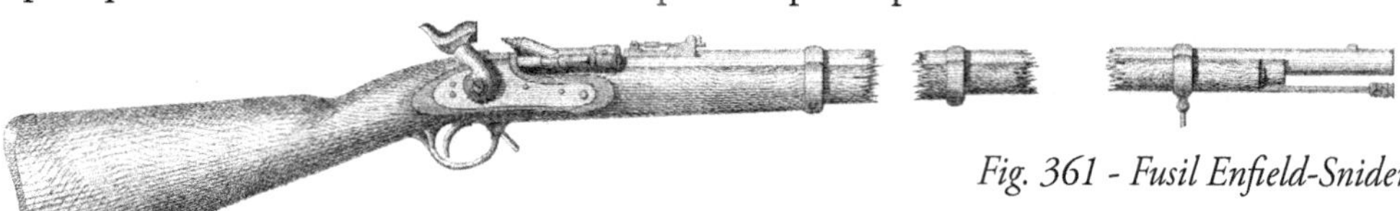

Fig. 361 - Fusil Enfield-Snider

La boîte de culasse est plus longue et moins large ; elle est fermée à l'arrière par une tranche droite ; la queue de culasse a conservé ses formes et ses dimensions ; le bouton-arrêt (E) est logé vers le bas du bouton de culasse (fig. 309).

Le talon (C) s'appuie sur la boîte et ne gêne pas le jeu du tir-cartouche (fig. 364). Le ressort de broche est enfermé dans une gaine en acier, composée de deux cylindres A et B qui entrent l'un dans l'autre ; chacun a un rebord sur lequel le ressort prend appui (fig. 369, 372).

Le percuteur P est plus long, moins incliné sur le plan de percussion et maintenu dans son logement par une vis creuse (D), ayant les formes et les dimensions extérieures de l'ancienne cheminée (fig. 362 et 373).

Le tire-cartouche (T) (fig. 363) est monté sur un long cylindre (F) qui l'assujettit solidement sur la broche de charnière.

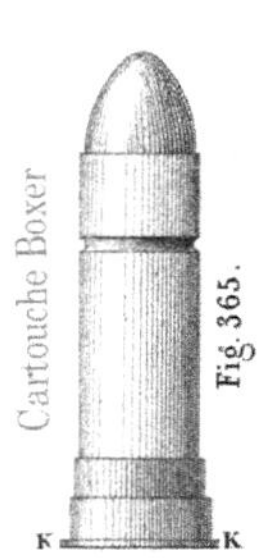

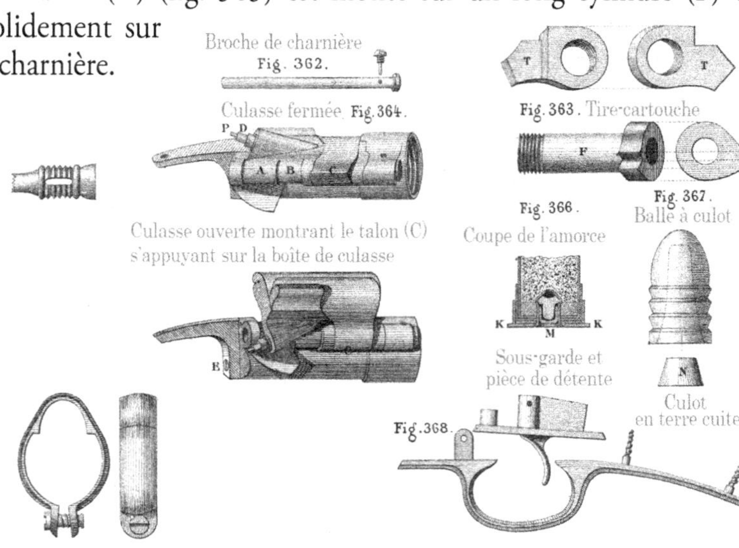

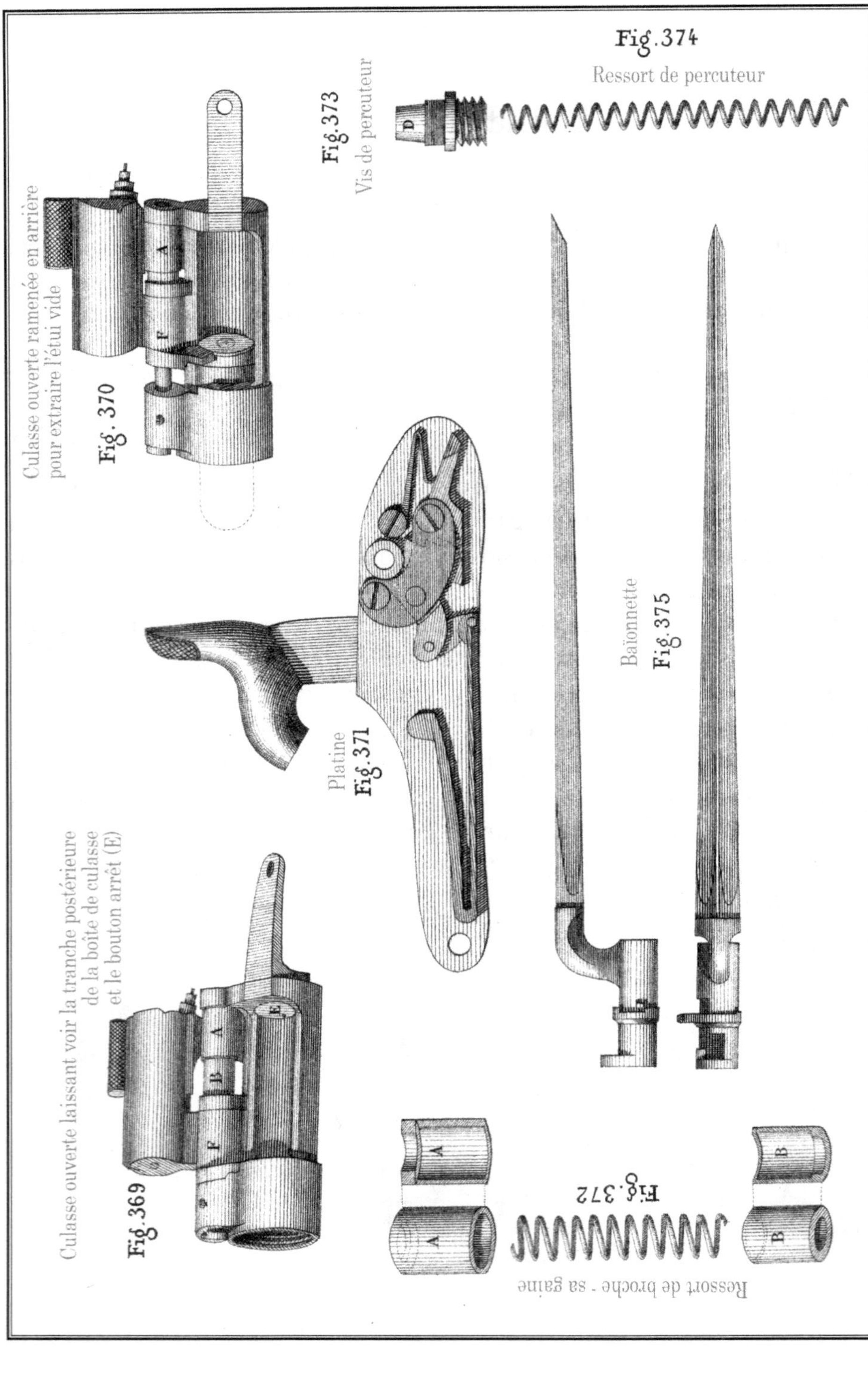
Fig. 369
Culasse ouverte laissant voir la tranche postérieure de la boîte de culasse et le bouton arrêt (E)
Fig. 370
Culasse ouverte ramenée en arrière pour extraire l'étui vide
Fig. 371
Platine
Fig. 372
Ressort de broche - sa gaine
Fig. 373
Vis de percuteur
Fig. 374
Ressort de percuteur
Fig. 375
Baïonnette

La platine, dite en avant, est à deux ressorts (fig. 371).

La charge se fait en cinq temps, comme avec nos armes transformées.

L'arme est restée élégante, la crosse est trop droite. Le fusil porte une baïonnette à lame triangulaire (fig. 375).

IX. Carabine danoise transformée

1° Cartouche. — La cartouche est à percussion périphérique (fig. 380). La balle est creuse et à évidement quadrangulaire (fig. 381).

2° Mécanisme. — L'ancienne carabine à tige, presque identique à notre carabine modèle 1846, a été transformée au chargement par la culasse.

Le mécanisme adopté dérive du Snider ; il est plus simple, plus élégant, mais surtout moins riche en ressorts à boudin.

La boîte de culasse (B) est taillée dans le canon, la broche de charnière (C) est fixée d'une part par une patte (2) et engagée de l'autre dans un œil (D) encastre à queue-d'aronde dans le canon.

Le ressort de broche est supprimé, la culasse mobile est ramenée à la main (fig. 376).

Un fermoir (*a*) est logé transversalement dans la culasse mobile ; un ressort à boudin pousse le crochet du fermoir (3) dans une mortaise de la boîte de culasse (fig. 378).

La broche du fermoir taillée à mi-fer du côté opposé au bouton (fig. 379) porte un ressaut oblique (6,7) qui s'agence avec un ressaut semblable du percuteur.

Par cette disposition, on ramène le percuteur en arrière en repoussant la broche du fermoir pour ouvrir le tonnerre.

Cette disposition fort ingénieuse remplace avec avantage le ressort du percuteur ; il est impossible d'ouvrir ou de fermer le tonnerre sans faire rentrer la pointe dans le bloc. La hausse est à mouvement circulaire, elle se compose d'une lame courbe (H) glissant sur un pied (G), et entre deux mâchoires à coulisses (E). Une vis (10) permet de fixer la lame H. La vitesse du tir est sensiblement la même que celle du Snider.

X. Fusil hollandais transformé

1° Cartouche (fig. 142, 386, 387). — Elle est à percussion centrale, entièrement métallique mais composée de plusieurs pièces. L'enclume, à section cruciale, présente du côté du fulminate une partie conique ayant pour but de diminuer la surface de percussion.

2° Mécanisme. — Le fusil d'infanterie rayé du calibre de 17,8 mm a été transformé au système Snider.

Fig. 376 Mécanisme adopté au Danemark pour la transformation de la carabine

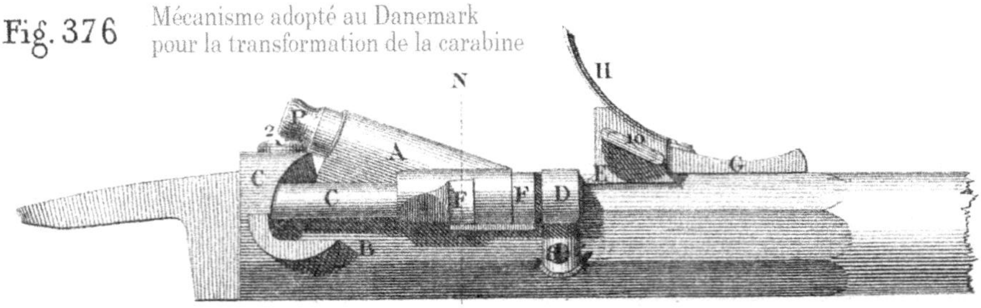

Fig. 378 Coupe sur MN

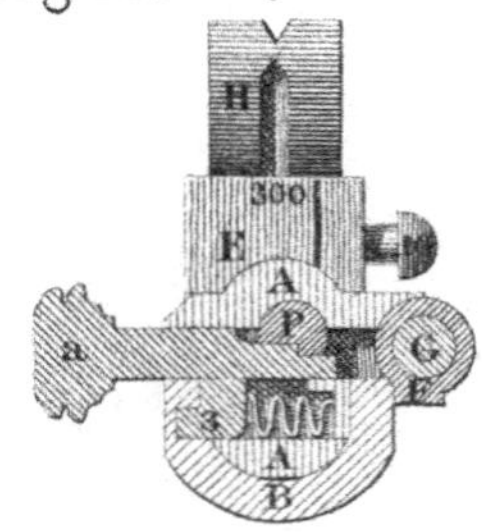

Fermoir Fig. 379

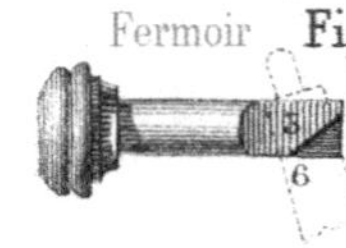

Fig. 377 Mécanisme vu en dessus

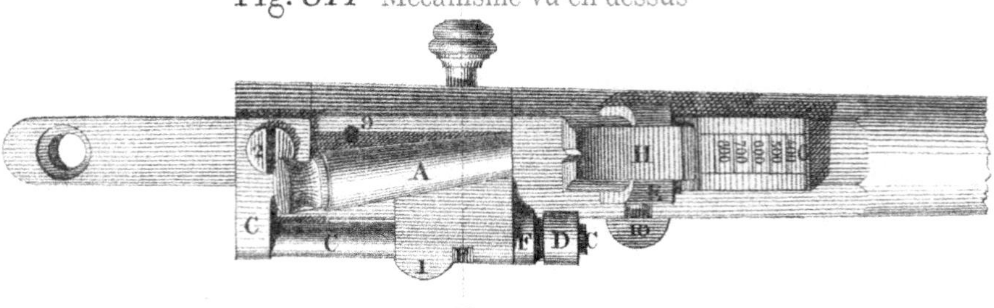

Balle

Fig. 381

Fig. 380 Cartouche

Fig. 382 Mécanisme du fusil Hollandais de 17.8 transformé

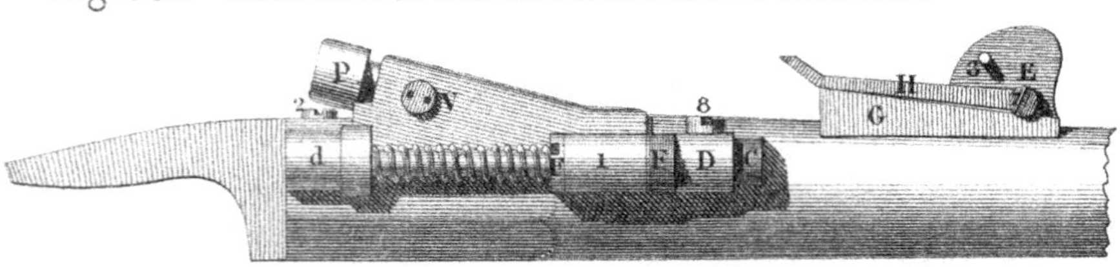

Fig. 386 Balle

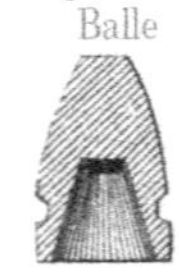

Fig. 387 Cartouche

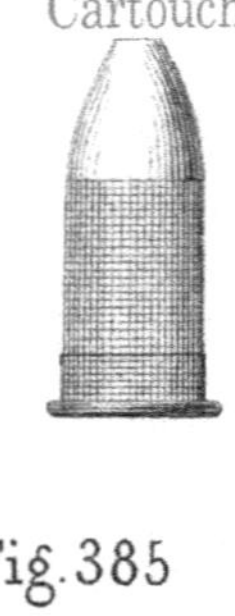

Fig. 383 Mécanisme vu en dessus

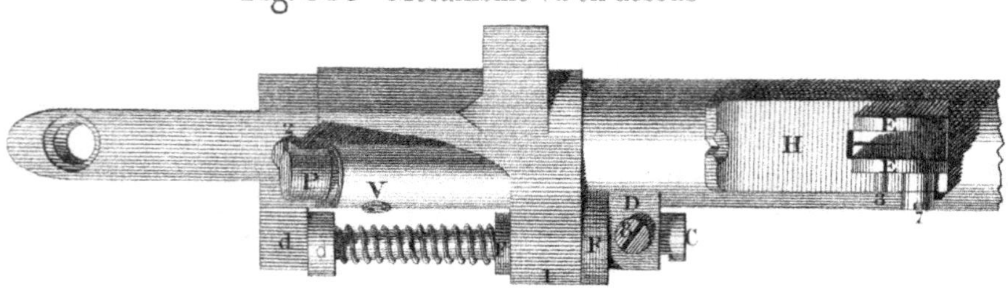

Fig. 384 Vue latérale

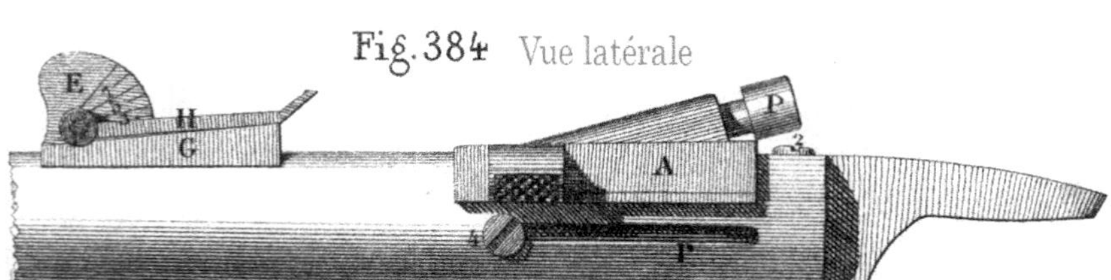

Fig. 385 Culasse mobile

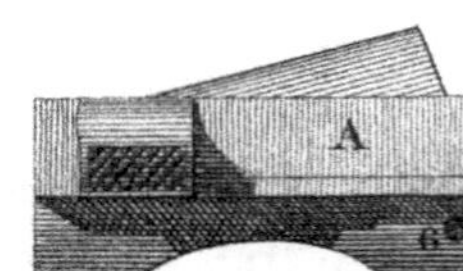

Les seules modifications à signaler entre la transformation hollandaise et la transformation anglaise sont :

- La suppression des gaines qui entourent et protègent le ressort de broche (fig. 382, 383) ;
- Le remplacement du bouton-arrêt par un ressort (*r*) logé dans la partie gauche de la boîte de culasse (fig. 384). Un bouton, placé à l'extrémité libre du ressort, fait saillie dans la boîte et pénètre dans le trou (6) de la culasse mobile, pour maintenir la fermeture du tonnerre (fig. 385).

La hausse est à mouvement circulaire ; c'est une lame d'acier (H) tournant à frottement autour de la tige d'une vis (7) et entre deux oreilles (E), faisant corps avec le pied de hausse (*b*).

Les graduations sont marquées sur l'oreille gauche.

Un étouteau (3), fixé sur l'oreille droite, limite la course de la planche mobile.

CINQUIÈME GROUPE

Système à barillet

XI. Fusil Werndl (Autriche)

1° Cartouche. — La cartouche est à percussion périphérique.

2° Mécanisme (fig. 388 et suivantes). — Le tonnerre est fermé par la tranche droite d'un barillet plein, logé dans une boîte de culasse demi-cylindrique, et tournant autour d'un axe inférieur et parallèle à l'axe du canon. Ce barillet porte un tenon de manœuvre (*f*) et une large rigole (N) que l'on ramène en face de l'entrée de la chambre pour le chargement.

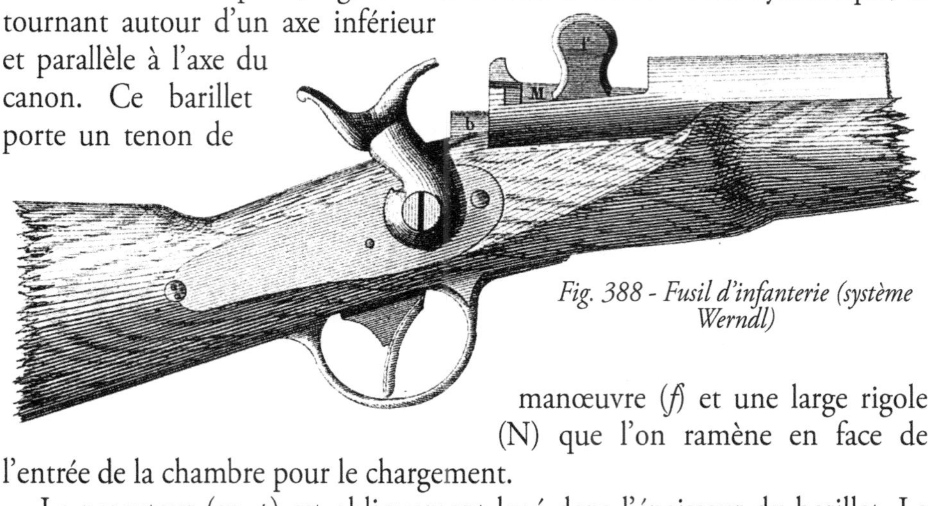

Fig. 388 - Fusil d'infanterie (système Werndl)

Le percuteur (*m, p*) est obliquement logé dans l'épaisseur du barillet. La pointe (*p*) aboutit au bourrelet de la cartouche lorsque la culasse est fermée. Le barillet est maintenu dans les deux positions de chargement et de tir par un ressort (K) fixé sur la poignée, et agissant alternativement sur les deux faces planes d'un excentrique triangulaire (*b*), terminant en arrière l'axe du barillet.

La face postérieure du bloc (M) (fig. 391) et la face antérieure de l'excentrique (*b*) (fig. 390), sont taillées en surfaces hélicoïdales ; les parties correspondantes sont parallèles. L'espace compris entre elles est occupé par un coin fixe dont les deux faces sont taillées également en hélice pour s'adapter exactement entre le bloc et l'excentrique (fig. 393, 394, 395).

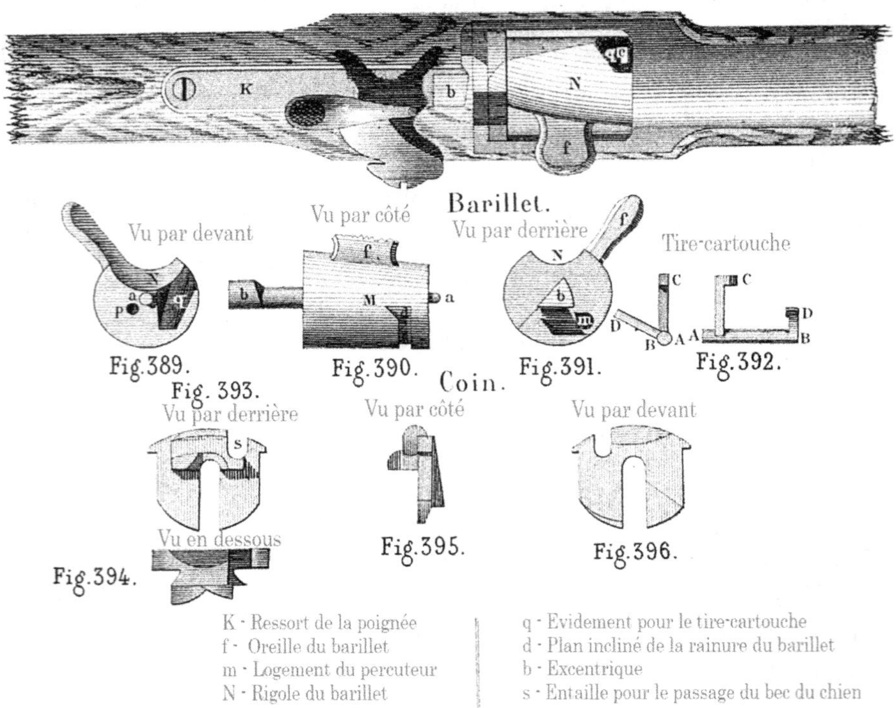

Le coin fixe peut être considéré comme un écrou et l'arrière de la culasse comme une vis engagée dans cet écrou.

Dans ces conditions, le barillet doit reculer ou avancer en même temps qu'il tourne sur son axe, comme une vis que l'on serre ou que l'on desserre. Ce double mouvement a pour but de serrer le barillet contre la tranche du tonnerre lorsque l'arme est chargée, et de le ramener un peu en arrière pendant la manœuvre.

La fermeture est assurée au moment du tir par le bec du chien qui pénètre dans le logement du percuteur.

Le tire-cartouche est logé sous le tonnerre, dans la boîte de culasse ; il se compose d'un levier à deux bras, tournant autour d'une branche (AB) (fig. 392). Les plans des deux bras font un angle de 60°. L'un d'eux est terminé par un crochet (C) qui doit saisir la cartouche ; l'autre, par un tenon (D) logé dans une rainure circulaire creusée dans le barillet (fig. 390). Cette rainure se termine par un plan incliné qui rencontre le tenon (D) un peu avant d'arriver à la position du chargement. Le tenon (D), en baissant, imprime à tout le système un mouvement de bascule qui dégage l'étui de la cartouche précédente. Une entaille (*q*) est ménagée sur l'avant du barillet pour le jeu de la branche (C) du tire-cartouche (fig. 388 et 389).

La charge se fait en quatre temps :

1°. Armer ;

2°. Ouvrir le tonnerre en tournant le barillet de gauche à droite (la cartouche est expulsée sans le secours de la main) ;

3°. Mettre la cartouche ;

4°. Fermer le tonnerre en tournant le barillet de droite à gauche.

L'arme manque d'élégance, elle se ressent un peu de la précipitation des décisions prises.

SIXIÈME GROUPE

Systèmes à pêne

XII. Fusil Westley-Richard's (Portugal)

Le système Westley Richard's, adopté par le gouvernement portugais, est le contemporain du système Manceaux et du mousqueton Chassepot à capsule séparée. Il constituait à cette époque une des meilleures solutions du problème.

Fig. 397 - Système Westley-Richard's

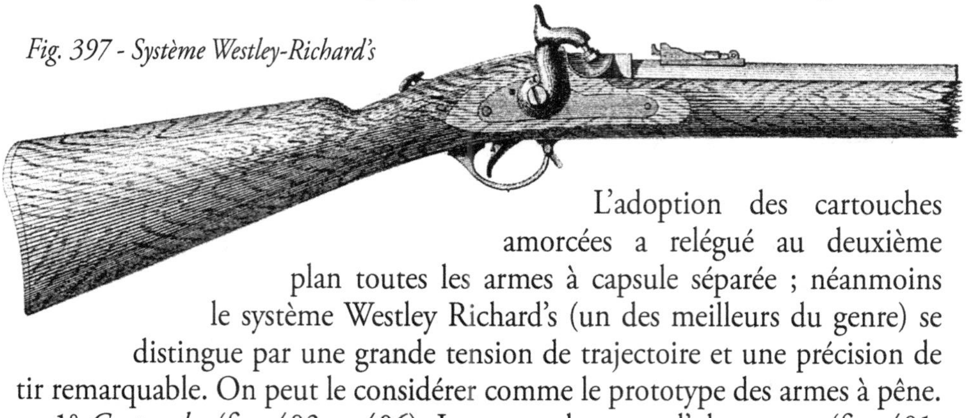

L'adoption des cartouches amorcées a relégué au deuxième plan toutes les armes à capsule séparée ; néanmoins le système Westley Richard's (un des meilleurs du genre) se distingue par une grande tension de trajectoire et une précision de tir remarquable. On peut le considérer comme le prototype des armes à pêne.

1° *Cartouche* (fig. 403 et 406). La cartouche porte l'obturateur (fig. 401, 405, 406) ; c'est une rondelle de feutre graissée (*f*) qui se dilate sous l'action des gaz, en s'appliquant contre le bouton (*b*) ; elle reste à l'entrée de la chambre, est poussée en avant par la cartouche suivante et expulsée par la balle au moment du tir. Cette disposition, qui n'a pas une influence marquée sur la justesse, présente l'avantage de nettoyer le canon à chaque coup.

L'étui de la cartouche est en papier mince, fortement graissé ; une ligature pratiquée en arrière du projectile sépare la balle de la poudre, et permet de donner à la cartouche la courbure nécessaire au chargement (fig. 400). Le peu de consistance de l'étui rend la cartouche peu transportable. De plus, la cartouche graissée salit tout ce qu'elle touche. Pour atténuer ce double inconvénient, chaque cartouche est enveloppée d'un papier-carton que l'on déchire et que l'on rejette avant le chargement.

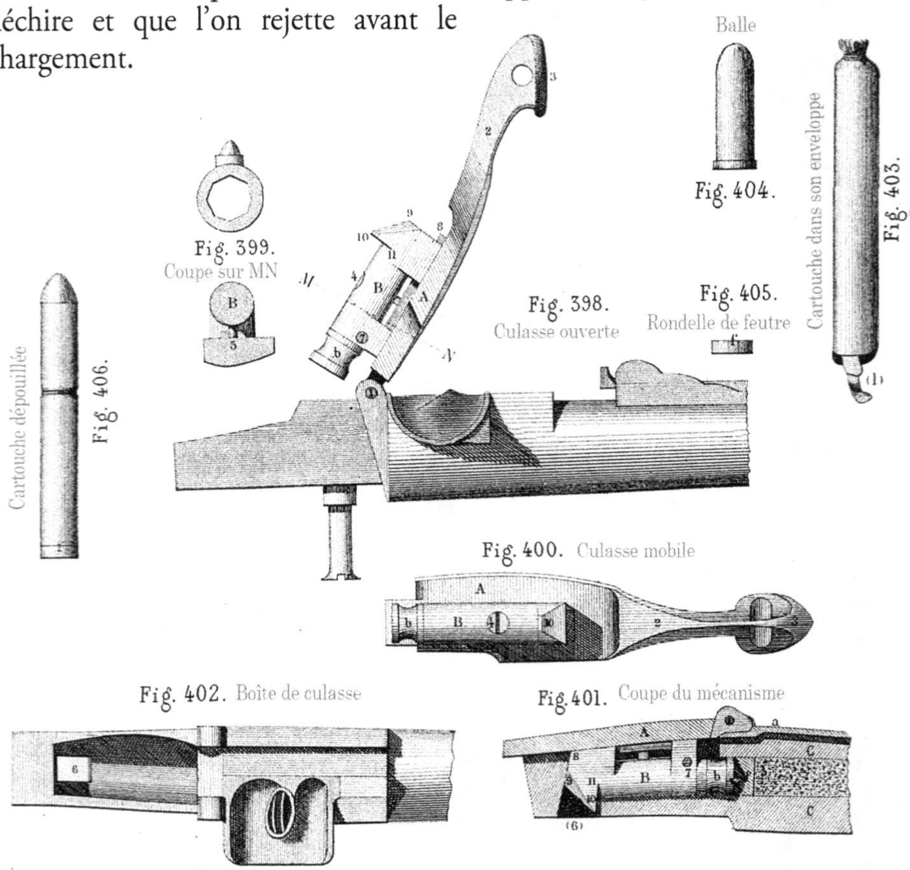

Fig. 404. Balle

Fig. 403. Cartouche dans son enveloppe

Fig. 399. Coupe sur MN

Fig. 398. Culasse ouverte

Fig. 405. Rondelle de feutre

Fig. 406. Cartouche dépouillée

Fig. 400. Culasse mobile

Fig. 402. Boîte de culasse

Fig. 401. Coupe du mécanisme

2° *Mécanisme.* — La culasse mobile s'ouvre d'arrière en avant en tournant autour d'une broche transversale (1).

Elle se compose d'une plaque de recouvrement (A), terminée par une queue (2) et un bouton de manœuvre (3) (fig. 398, 400) .

La plaque de recouvrement est maintenue dans ses deux positions extrêmes c'est-à-dire, l'arme étant fermée pour le tir ou ouverte pour le chargement, par un ressort (*a*) fixé sur le canon (C) (fig. 401).

Le cylindre (B), en acier, est fixé sous la plaque de recouvrement ; il a dans le sens longitudinal un certain jeu limité par la vis-arrêtoir (4), engagée par sa tige dans une rainure de la coulisse (5) (fig. 399). Le cylindre porte, en dessous, un bec (10) dont le plan antérieur est parallèle au plan terminal du cylindre, lequel est lui-même oblique à l'axe de ce cylindre ; le bec est logé dans un trou (6) percé dans le fond de la boîte de culasse (fig. 401 et 402).

La cloison postérieure de cette boîte est taillée en surplomb sur le fond. La face antérieure du logement du tenon (6) est parallèle à cette cloison (fig. 401).

Par suite de ces dispositions, le recul tend à faire pénétrer le cylindre dans la boîte et, par suite, à assurer la fermeture de l'arme au moment du tir.

Le cylindre porte en avant un bouton en laiton (*b*) auquel il est relié articulairement par la goupille (7). Ce bouton pénètre dans la chambre et sert d'appui à l'arrière de la cartouche (fig. 401).

La charge se fait en cinq temps, à savoir :

1°. Ouvrir le tonnerre ; pour cela, saisir le bouton de manœuvre (3) et rabattre la plaque de recouvrement en avant ; dans le premier mouvement, le plan (8, 9) glisse sur la cloison de la boîte de culasse en faisant avancer le cylindre et engager davantage le bouton de culasse dans la chambre. C'est en raison de ce mouvement que le bouton et le cylindre sont réunis par articulation ;

2°. Prendre une cartouche dans la giberne, la dépouiller de son enveloppe en tirant la languette avec les dents, introduire la cartouche dénudée dans la boîte de culasse, la pousser dans la chambre avec le pouce de la main droite ;

3°. Fermer le tonnerre, en rabattant la plaque de recouvrement sur la poignée ; le plan (9, 10) viendra buter sur le dessus de la boîte de culasse ; en appuyant, on fera avancer le cylindre mobile sur la coulisse, jusqu'à ce que l'angle (9) ait pénétré dans la boîte ; à ce moment, le bec (10) entrera dans son logement (6), ce qui déterminera un mouvement rétrograde du cylindre ;

4°. Armer ;

5°. Amorcer.

XIII. Fusil Waentzel (Autriche)

1° Cartouche. — La cartouche, entièrement métallique, est à percussion périphérique.

2° Mécanisme. — La culasse mobile se rabat d'arrière en avant, en tournant autour d'une broche transversale perpendiculaire au plan de tir.

Les deux œils de charnière de la culasse mobile sont latéralement en saillie sur la boîte de culasse. Le pourtour extérieur de l'œil gauche (A) frotte contre un ressort (C).

Le profil de l'œil est déterminé de manière que l'action du ressort maintienne la culasse dans ses deux positions extrêmes, c'est-à-dire lorsque l'arme est fermée pour le tir ou ouverte pour le chargement (fig. 407, p. 192).

L'action de ce ressort serait insuffisante au moment du tir ; la fermeture du mécanisme est alors assurée par un pêne (B) lié à la noix (fige 408) ; il traverse le fond de la boîte et pénètre dans la culasse mobile, avant que le chien frappe sur le percuteur (P), lequel est obliquement logé dans la culasse mobile.

Fig. 408 - Coupe du mécanisme

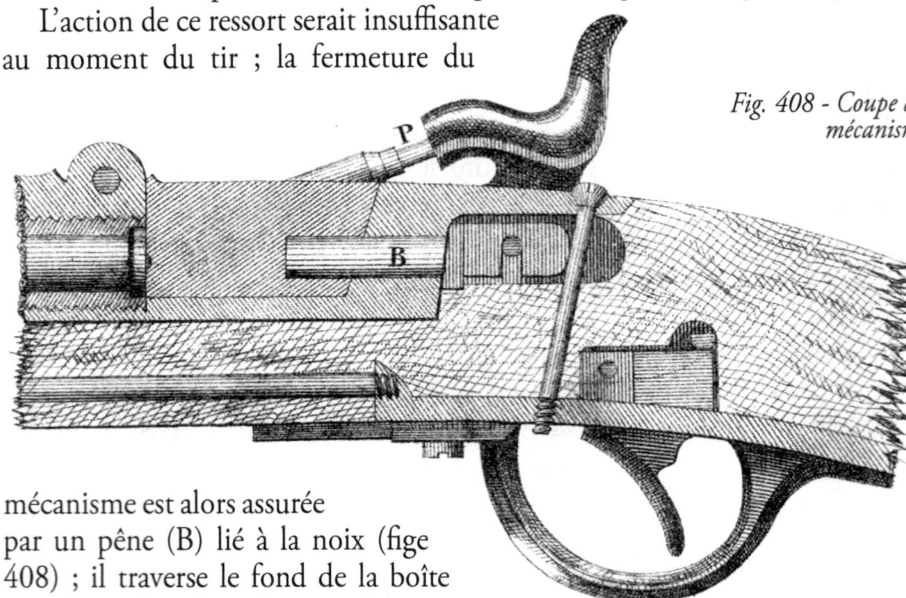

Fig. 409. Boîte de culasse

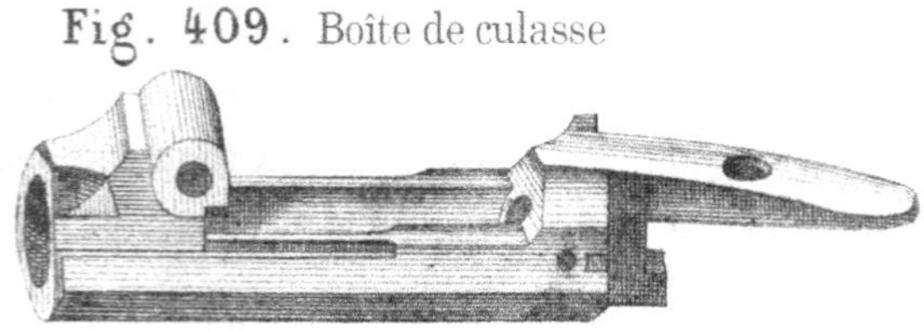

Culasse mobile Fig. 410.

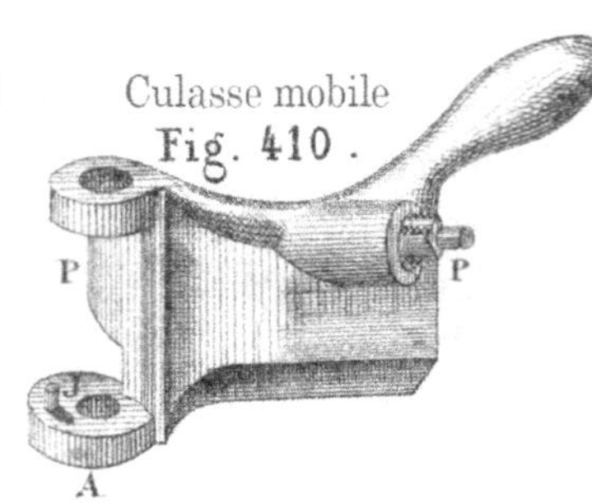

Fig. 411. Extracteur

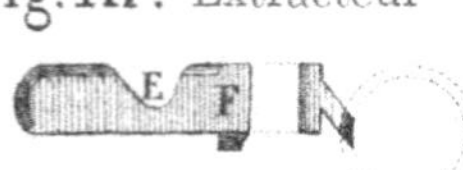

Pène Fig. 412.

Le tire-cartouche (F) glisse sur le bord gauche de la boîte de culasse ; il est mis en mouvement par la vis pivot (J) de l'œil de charnière, qui agit alternativement sur chacun des bords de l'entaille (E) (fig. 407 et 411).

La charge compte les cinq temps suivants :

1 - Armer le chien, pour faire rentrer le pêne ;

2 - Ouvrir le tonnerre ; dans ce mouvement, le tire cartouche est mis en jeu et dégage l'étui de la cartouche restée dans le canon ;

3 - Retirer la cartouche de la boîte ;
4 - Mettre la cartouche ;
5 - Fermer le tonnerre.

XIV. Fusil Albini (Belgique)

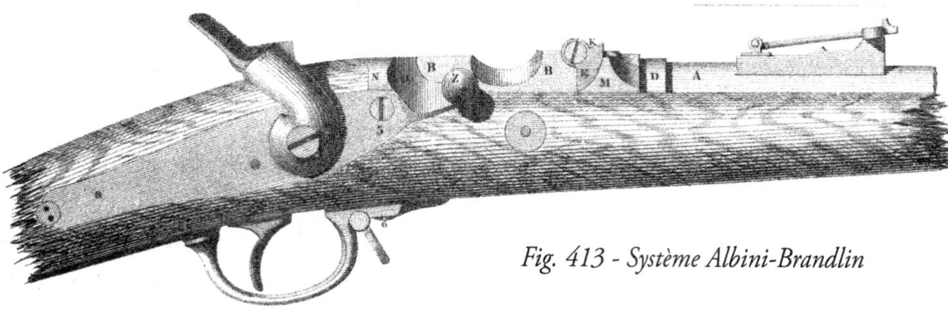

Fig. 413 - Système Albini-Brandlin

1° Cartouche. — (Fig. 416, 418 et 419.) La cartouche est à étui de clinquant et à culot de laiton.

Fig. 414
Tire-cartouche

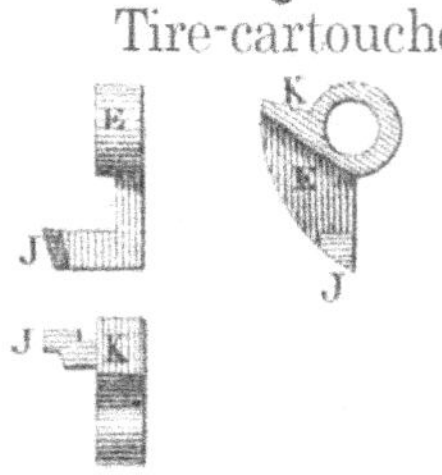

Fig. 415
Bague de charnière

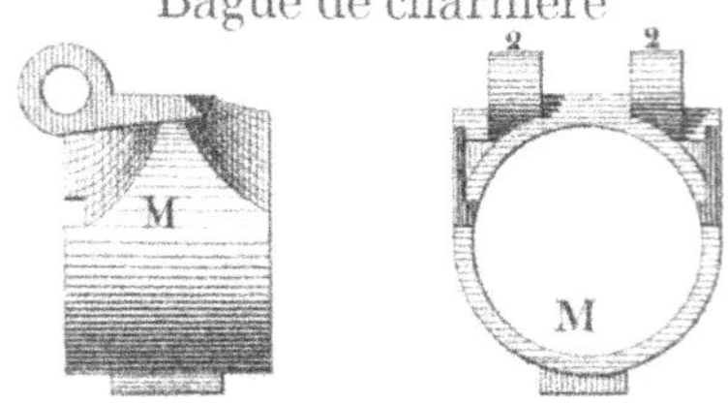

Balle
(grandeur naturelle)

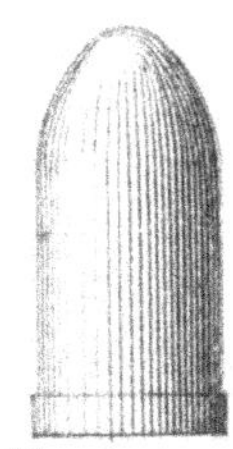

Fig. 416

Fig. 419
Coupe de l'étui
de la cartouche

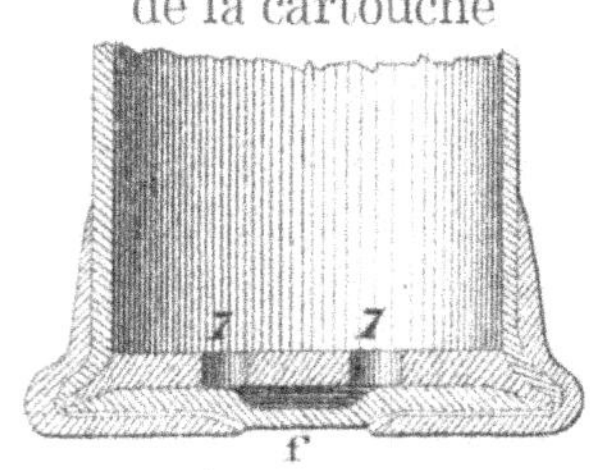

La poudre fulminante est renfermée entre deux plaques de cuivre prises par des biseaux dans le bourrelet du culot. La plaque supérieure est percée de deux trous (7) servant à la communication du feu.

2° *Mécanisme.* — Le mécanisme adopté en Belgique a une grande analogie avec le système Waentzel, déjà décrit ; il suffira de signaler les différences de détail qui distinguent ces deux mécanismes.

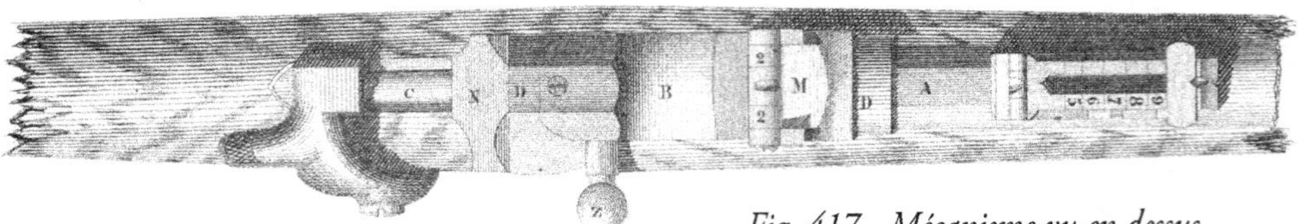

Fig. 417 - Mécanisme vu en dessus

Un bouton latéral (Z) sert à la manœuvre de la culasse mobile (B). Cette pièce est maintenue ordinairement dans la boîte de culasse par un bouton-arrêt logé dans l'intérieur de la pièce, et pénétrant dans un trou ménagé dans la cloison postérieure de la boîte de culasse (fil. 418). La fermeture est assurée au moment du tir par un pêne lié aux mouvements du chien et remplissant, en outre, l'office de broche percutante.

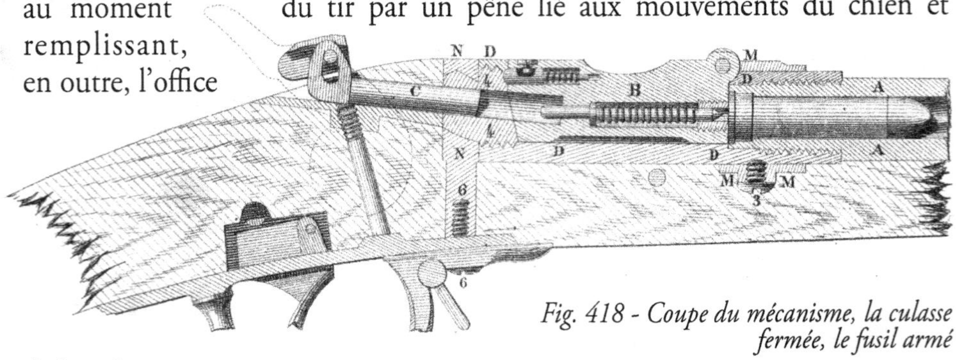

Fig. 418 - Coupe du mécanisme, la culasse fermée, le fusil armé

Le tire-cartouche (E) est différent de celui de l'arme autrichienne ; il est enfilé sur la broche-pivot de charnière, et mis en mouvement par la culasse mobile agissant sur le talon (K). Il dégage l'étui en saisissant le bourrelet par le crochet (J) (fig. 414).

On ne s'est pas contenté de transformer les armes au chargement par la culasse ; on a encore changé le canon pour adopter le calibre de 11 millimètres.

On n'a conservé de l'ancien canon que la partie (D) qui forme actuellement la boîte de culasse.

Le nouveau tube (A) est vissé dans ce qui reste de l'ancien.

La charnière de la culasse mobile (2) est portée par une bague (M) (fig. 413), fixée à la boîte par une vis (3) (fig. 418).

Le fusil belge présente encore une disposition avantageuse, qui existait dans l'arme primitive : le canon, la platine, la sous-garde sont reliés invariablement entre eux par l'intermédiaire d'une fausse culasse (N)(fig. 418).

Le canon est fixé à cette pièce par un crochet à bascule (4), la platine par une vis (5) et la sous-garde par une deuxième vis (6).

La charge se fait en cinq temps.

Le mécanisme Albini présente une disposition défectueuse : le pêne peut être repoussé par l'action des gaz, si la cartouche vient à crever sous l'effort de la charge ; le tonnerre peut alors s'ouvrir et occasionner des accidents.

XV. Carabine Tersen (Belgique)

Le système Tersen fait disparaître l'inconvénient précité ; il a été appliqué à la transformation de la carabine.

Le pêne (P), logé dans la culasse mobile, entre, sous la pression d'un ressort à boudin, dans une gâche (*g*) percée au milieu du bouton de culasse (fig. 420).

SYSTÈME TERSEN

Fig. 420 Coupe du mécanisme

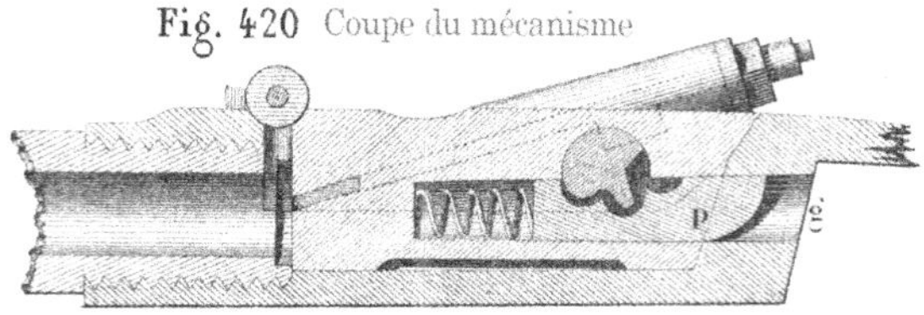

Fig. 421
Percuteur : clef et pène vus de gauche (Tersen)

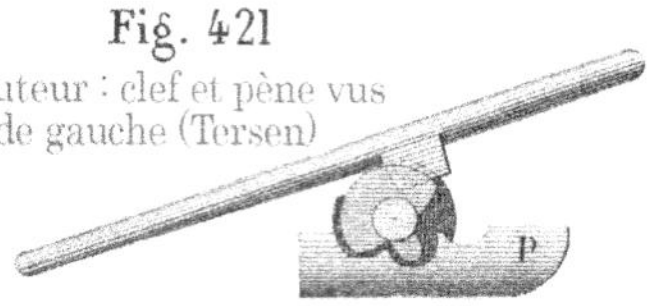

Fig. 426
Jeu de l'extracteur et dub ressort de chasse à l'armé (Berdan)

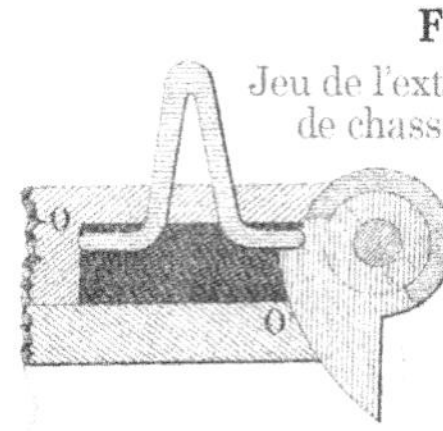

Fig. 422
Percuteur : clef et pène vus de droite (Tersen)

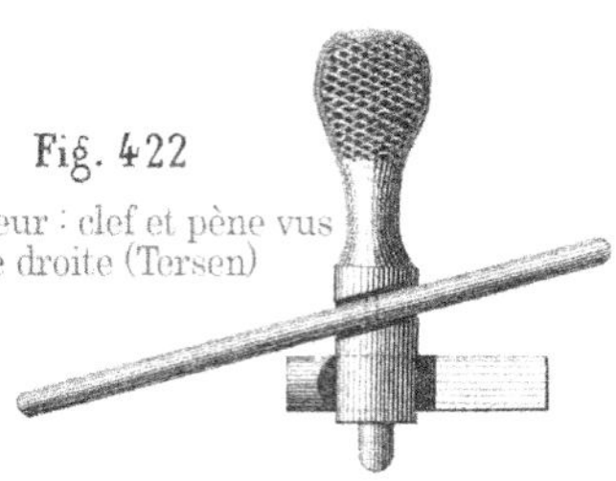

Fig. 427
à l'abattu

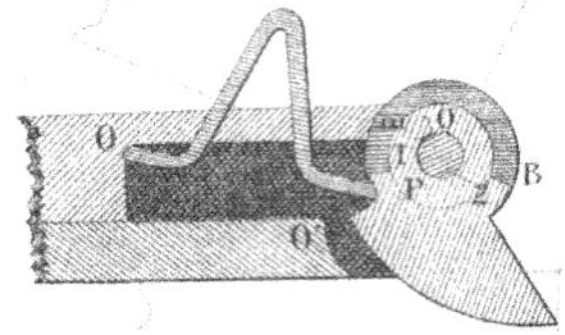

Fig. 423
Transformation espagnole
Système Berdan
Coupe du mécanisme

Fig. 424

Fig. 425
Oeil de charnière de la culase mobile

Le percuteur, placé obliquement, reçoit le choc du chien.

Une clef, fonctionnant au moyen d'un bouton placé sur la droite du bloc de culasse, passe transversalement entre le pêne et le percuteur (fig. 421).

Quand on tourne le bouton d'arrière en avant, on fait rentrer en même temps le pêne et le percuteur dans le bloc de culasse. On peut alors ouvrir le tonnerre.

Lorsque, après avoir introduit la cartouche, on a rabattu la culasse mobile, le pêne rentre dans la gâche sous la pression du ressort ; mais ce qu'il y a d'ingénieux, c'est que le percuteur ne peut pas marcher en avant sans que le pêne soit revenu en arrière pour fermer le mécanisme. Dans le cas où le pêne n'aurait pas joué, le percuteur ne pourrait avancer qu'en faisant tourner la clef, qui, à son tour, ferait jouer le pêne.

Ce mécanisme est fort simple et fort ingénieux, mais il n'a pas de ressort de chasse ; il faut donc se débarrasser de la cartouche par un mouvement particulier, après l'avoir ramenée dans la boîte de culasse.

XVI. Fusil Springfield (États-Unis)

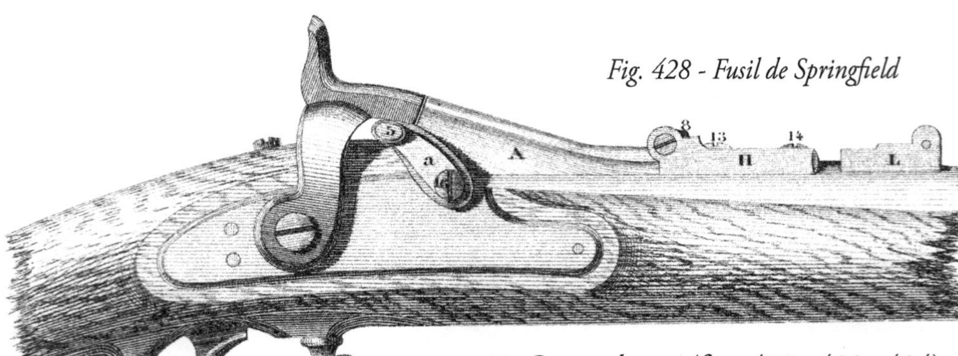

Fig. 428 - Fusil de Springfield

1° Cartouche. – (fig. 432, 433, 434). La poudre fulminante est placée sous un double fond métallique (10), percé de deux trous (11) pour la communication du feu. Ce culot a pour but principal de renforcer le fond de la cartouche, il est maintenu par un étranglement pratiqué sur l'étui.

2° Mécanisme. – La fermeture est produite par un loquet (4) lié à une oreille (*a*) en saillie sur la droite (fig. 428, 431).

Le loquet est poussé par un ressort à boudin (3) dans une rainure (4) pratiquée dans le bouton de culasse.

En soulevant l'oreille (*a*), on fait rentrer le loquet (2) dans l'intérieur de la culasse mobile, ce qui permet d'ouvrir le tonnerre. L'oreille est munie d'une barrette transversale (5) qui est logée sous la gorge du chien à l'abattu (fig. 428). Il faut donc que le chien soit à l'armé pour que le loquet puisse se soulever ; c'est ce qui constitue la sûreté de la fermeture.

Fig. 429 Vue latérale du mécanisme
(la culasse fermée, les ressorts F et K bandés)

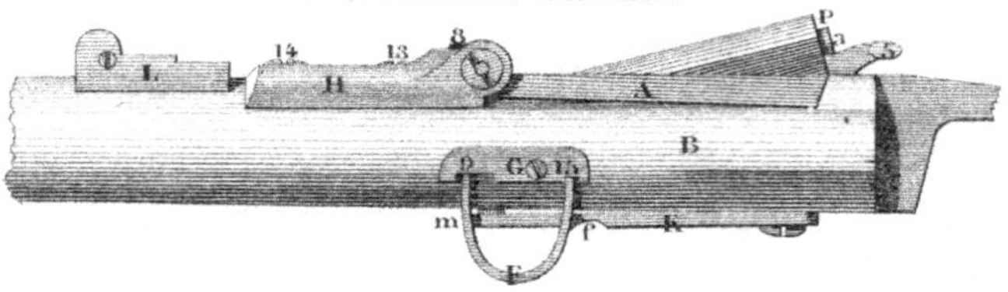

Fig. 433
Cartouche

Coupe de l'étui et de l'amorce

Fig. 432

Fig. 430 Mécanisme vu en dessus

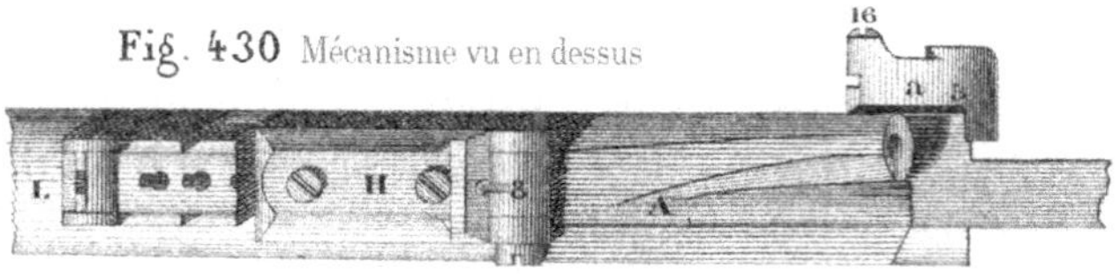

Fig. 434
Balle

Les œils de charnière font partie d'une patte (H) brasée sur le canon et fixée en outre par deux vis (13 et 14).

Au fond de la boîte de culasse (B), se trouvent un heurtoir (6) et un guide-cartouche à ressort (K) ; cette pièce a, en outre, pour effet de soulever vigoureusement la culasse mobile lorsque le loquet est dégagé. Le tonnerre s'ouvre ainsi automatiquement (fig. 431, p. 197).

L'arme est munie d'un ressort de chasse (F) (fig. 429). La branche fixe (*f*) est maintenue contre le canon par la bride (G). La branche mobile (*m*) est terminée par une languette qui traverse la boîte de culasse et peut parcourir une fente longitudinale correspondant à l'entaille (9) de la bride ; l'extrémité de la languette (en saillie dans l'intérieur de la boîte) se place en avant du bourrelet de la cartouche.

Le ressort (F) est bandé par la culasse mobile lorsqu'elle pousse la cartouche dans son logement.

Dès que la culasse se soulève, et que l'étui vide est dégagé par le crochet (8) de la culasse mobile, la languette, revenant en arrière par l'effet du ressort, expulse l'étui sans le secours de la main.

L'arme, munie d'une hausse à trous (L), a quatre lignes de mire.

La charge s'effectue en quatre temps.

La vitesse du tir est sensiblement la même que celle du modèle 1866.

XVII. Fusil Amsler-Milbank (Suisse).

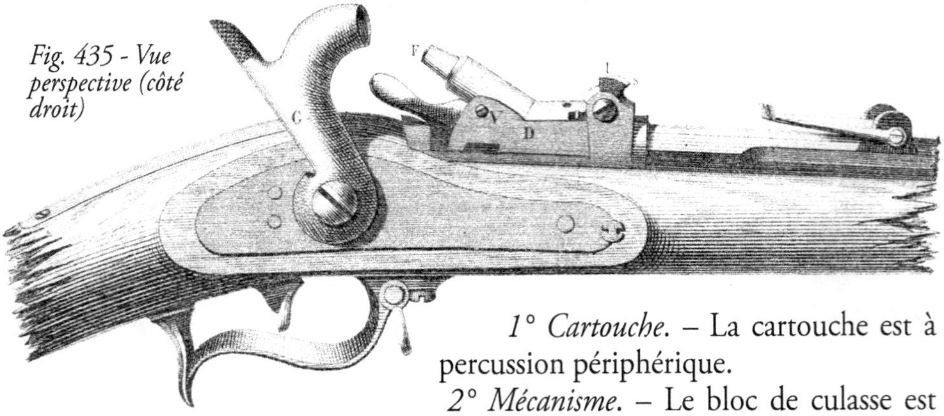

Fig. 435 - Vue perspective (côté droit)

1° Cartouche. – La cartouche est à percussion périphérique.

2° Mécanisme. – Le bloc de culasse est maintenu dans les diverses positions qu'on peut lui donner par un ressort de pression (J). Ce ressort, enfilé sur la broche de charnière, est maintenu par deux vis sur la culasse mobile ; il exerce son action sur la paroi gauche de la boîte de culasse (fig. 437, 442, 443).

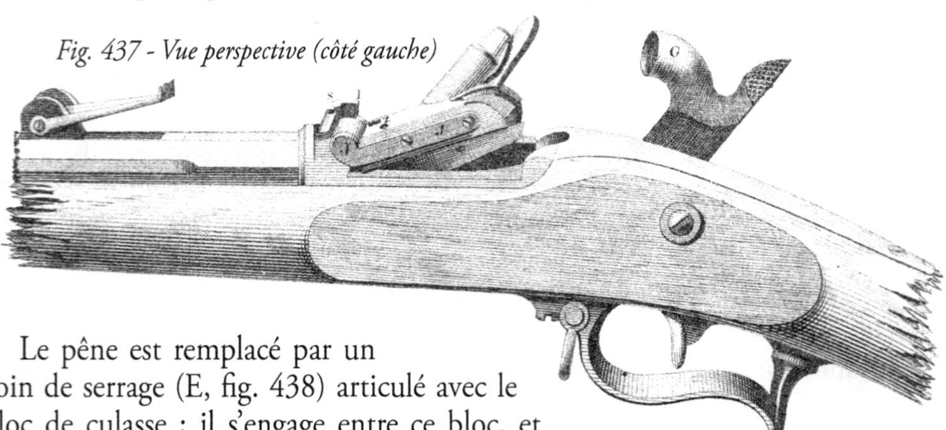

Fig. 437 - Vue perspective (côté gauche)

Le pêne est remplacé par un coin de serrage (E, fig. 438) articulé avec le bloc de culasse ; il s'engage entre ce bloc, et deux remparts (*k g*) taillés circulairement en surplomb sur les bords de la boîte (fig. 436, 440) ; l'arrière de la culasse mobile est taillé circulairement et concentriquement aux remparts ; le centre commun est en (*d*) sur le pivot du coin de serrage. Par ces dispositions, le recul tend à appliquer le bloc de culasse dans le fond de la boîte ; la fermeture est d'autant mieux assurée que la pression sur la culasse mobile est plus énergique.

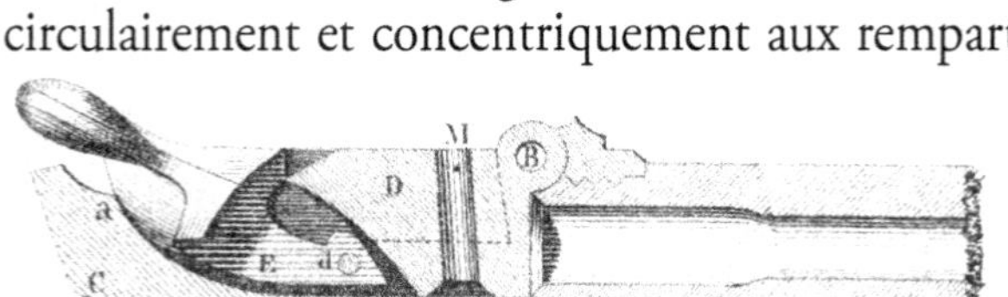

Fig. 436 - Coupe du mécanisme

On ne peut ouvrir le tonnerre qu'après avoir, au préalable, soulevé le coin de serrage à l'aide de la crête (*e*) ; cette pièce, au moment de l'explosion de la charge, est logée sous la gorge du chien ; cette disposition complète la sûreté de la fermeture. La lame de l'extracteur est semblable à celle des trois fusils pêne précédemment décrits.

Le ressort de chasse (K) est fixé intérieurement dans la partie droite de la culasse mobile (440 et 442) ; son extrémité libre affleure le dessus du bloc, elle débouche par un trou percé en face du talon de l'extracteur (fig. 443). Ce talon a deux gradins (fig. 441) ; le premier (1) pénètre dans le trou de la culasse et bande le ressort de chasse dès que le renversement de la culasse mobile a mis ces deux pièces en contact ; en continuant à presser sur le bloc de culasse, on amène le dessus de cette pièce contre le deuxième gradin (S) de l'extracteur (fig. 440).

Fig. 438. Coin de serrage — Fig. 439. Percuteur

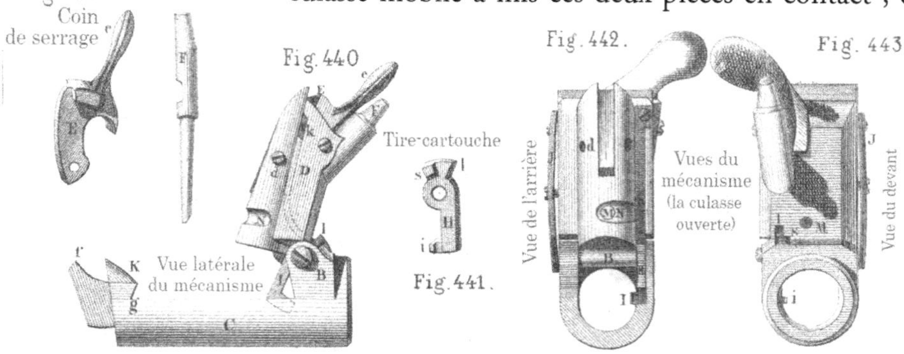

La culasse mobile devient alors un véritable levier, à l'aide duquel on force l'extracteur à tourner pour dégager l'étui vide de la cartouche. Dès que l'adhérence est vaincue, le ressort de chasse, qui a pris de la bande, se détend brusquement en entraînant la lame de l'extracteur qui expulse la cartouche tirée. Le fond de la boîte est à cet effet taillé en rampe ascendante (fig. 436).

Pour prévenir les effets, au moins désagréables, des crachements qui se produisent souvent avec les cartouches à percussion périphérique (voir page 177), on a percé dans le bloc de culasse une cheminée de sûreté (M) destinée à l'échappement des gaz (fig. 436).

Le jeu du percuteur est limité (fig. 439) par une entaille dans laquelle est engagée la tige d'une vis transversale (V) (fig. 435).

La charge se fait en quatre temps comme dans le précédent.

XVIII. Transformation Berdan (Espagne)

1° Cartouche. — Cartouche métallique à percussion centrale, déjà décrite. (Voir fig. 331 et page 211).

2° Mécanisme. — Ce dernier mécanisme a une grande analogie avec le précédent. Un ressort droit placé entre le bloc de culasse et le coin de serrage fait abaisser cette dernière pièce dès que le bloc est en place (fig. 423, p. 273). Un heurtoir est planté au fond de la boîte pour faire sauter la cartouche.

La lame de l'extracteur, enfilée sur la broche de charnière, est exactement emboîtée dans un encastrement taillé mi-partie dans l'œil du bloc de culasse et mi-partie dans l'œil gauche du support de charnière (fig. 424, 425, 426, 427, p. 273).

La face de l'œil de l'extracteur, tournée vers le bloc de culasse, ne porte sur le fond de son encastrement que par la partie (1-P-2, fig. 424, p. 273) ; le reste de l'anneau est entaillé, pour donner passage à un bouton (ni) en saillie sur le fond du logement (fig. 425, p. 273).

Lorsqu'on renverse la culasse pour ouvrir le tonnerre, le bouton (*n*), qui parcourt l'arc (2-Q-1), vient agir contre le ressaut supérieur (1) de l'extracteur pour dégager l'étui vide resté dans la chambre.

Lorsque l'adhérence est vaincue, le ressort de chasse appliqué au tire-cartouche lance l'étui contre le heurtoir, lequel le fait sauter hors de la boîte de culasse.

Le ressort de chasse, en forme de V, prend un appui fixe sur la face antérieure de son logement, tandis que le pivot de la branche libre entre dans un godet ménagé sur le pourtour de l'extracteur.

L'arme fermée, la pression du ressort est dirigée un peu au-dessus de l'axe de rotation (fig. 426), et tend à maintenir la lame dans son logement.

Lorsque le bouton (*m*), agissant sur le ressaut 1 a déterminé la rotation de l'extracteur, le pivot du ressort est entraîné par le godet. Dans ce mouvement, la pression change de direction par rapport à l'axe ; elle passe bientôt au-dessous de cette ligne (fig. 427), et comme, à ce moment, l'adhérence de la cartouche est vaincue, la rotation de l'extracteur est précipitée. C'est ce mouvement brusque qui expulse la cartouche.

La rotation de l'extracteur est limitée par le talon (B) qui rencontre un ressaut ménagé sur l'œil fixe du support de charnière.

Dans le dernier temps de la charge, l'extracteur est poussé dans son logement par le bourrelet de la cartouche ; le ressort se trouve bandé.

Le ressort de chasse, placé verticalement, comme on l'a indiqué dans les fig. 426, 427, p. 273, empêcherait le jeu de la culasse mobile ; aussi est-il, en réalité, placé horizontalement dans la cavité (OO') ménagée entre le canon et le support de charnière (fig. 423).

Pour se rendre compte de sa position réelle, on n'a qu'à supposer que l'on a fait tourner le ressort de 90° autour de ses deux pivots pour le rabattre sur le canon.

SEPTIÈME GROUPE

Armes à culasse tombante

XIX. Fusil Peabody (États-Unis)

1° Cartouche. — La cartouche est à étui métallique.

2° Mécanisme. — L'avant et l'arrière de l'arme sont séparés par une forte pièce de culasse contenant le mécanisme.

Fig. 444 - Système Peabody - Vue latérale du mécanisme, l'arme étant prête à faire feu.

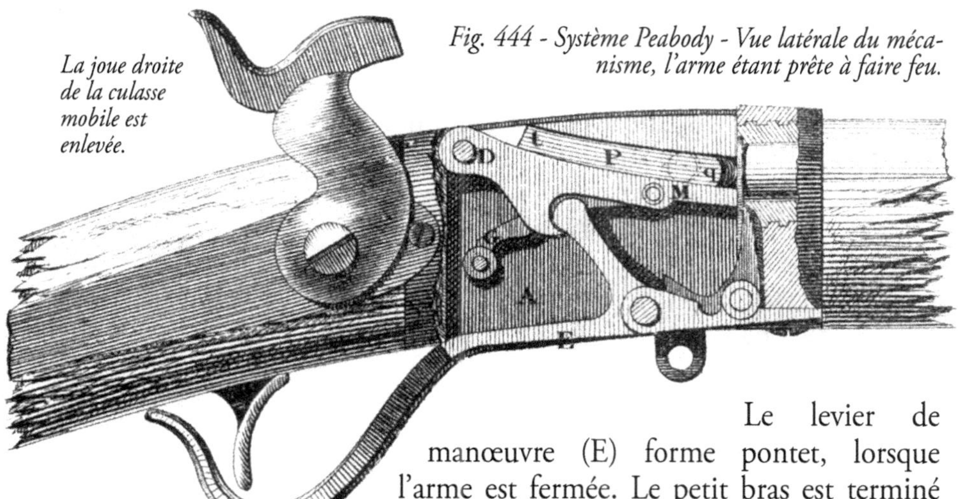

La joue droite de la culasse mobile est enlevée.

Le levier de manœuvre (E) forme pontet, lorsque l'arme est fermée. Le petit bras est terminé par un rouleau engagé dans deux crochets du bloc de culasse ; c'est la pression de ce rouleau qui détermine le mouvement d'ascension ou de descente.

Fig. 445 - Coupe verticale du mécanisme.

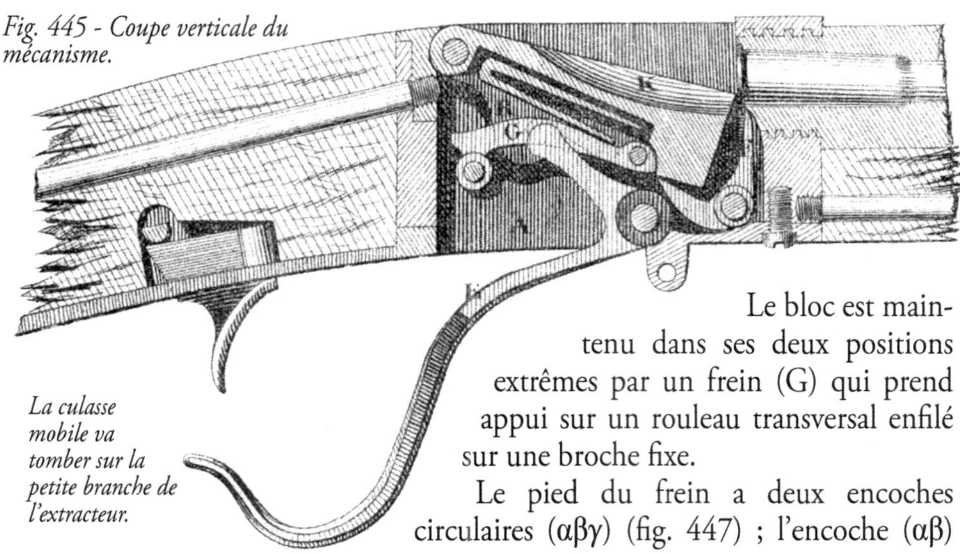

La culasse mobile va tomber sur la petite branche de l'extracteur.

Le bloc est maintenu dans ses deux positions extrêmes par un frein (G) qui prend appui sur un rouleau transversal enfilé sur une broche fixe.

Le pied du frein a deux encoches circulaires (αβγ) (fig. 447) ; l'encoche (αβ) s'appuie sur le rouleau lorsque le tonnerre est fermé (fig. 444) ; c'est l'encoche (βγ) qui l'emboîte à son tour lorsque la culasse est ouverte (fig. 445).

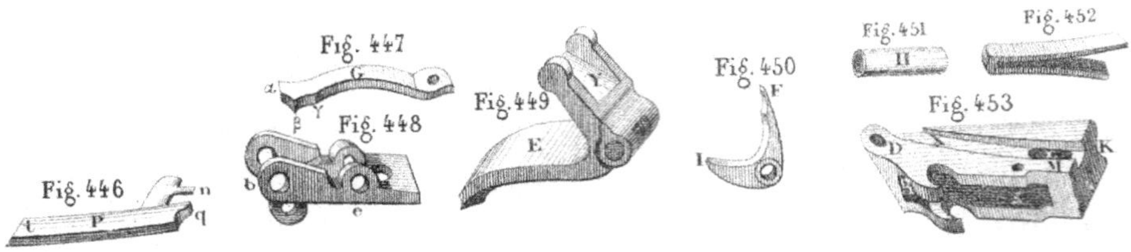

Le modèle primitif employait des cartouches à percussion périphérique ; le percuteur (P) agissait par son bec M. On a utilisé, depuis, le mécanisme Peabody pour tirer des cartouches à percussion centrale. On a ajouté au percuteur un bras portant une broche (*p*), qui débouche en face de l'amorce centrale de la cartouche (fig. 446).

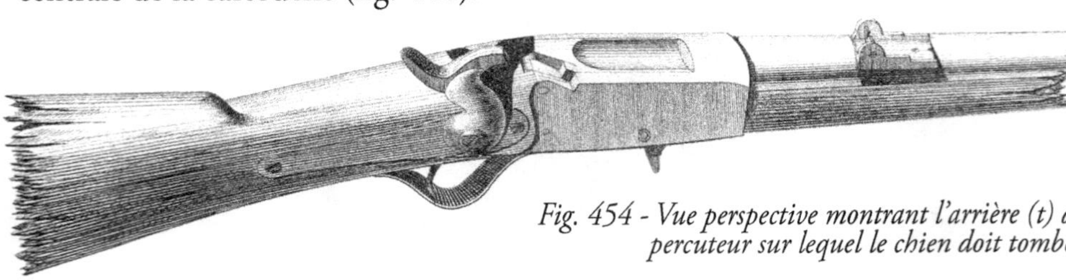

Fig. 454 - Vue perspective montrant l'arrière (t) du percuteur sur lequel le chien doit tomber.

Le gouvernement roumain et le vice-roi d'Égypte ont acheté quelques milliers de fusils Peabody.

C'est un modèle très remarquable qui a donné naissance à plusieurs dérivés parmi lesquels se distinguent le fusil Martini adopté en Angleterre et le fusil Werder adopté en Bavière.

XX. Fusil Martini-Henry (Angleterre)

1° Cartouche. — C'est la cartouche Boxer décrite à la page 186 et représentée dans la figure 141 p. 179.

2° Mécanisme. — Le levier de manœuvre (B) se rabat contre la poignée ; le pivot (*b*) est en arrière du pontet. La partie supérieure du levier est fendue en fourchette (fig. 469). Les branches (*y*) servent de support à la culasse mobile, lorsque l'arme est fermée (fig. 457) ; elles permettent et déterminent la chute du bloc lorsqu'elles sont en face du fond de l'entraille (*x*) (fig. 455) et qu'elles appuient sur le pied de la culasse mobile (*w*).

Le levier de manœuvre est maintenu contre la poignée par un ressort (2) logé dans la crosse (fig. 459). Le mécanisme produisant la percussion est

Fig. 455. Vue du mécanisme, la culasse ouverte.

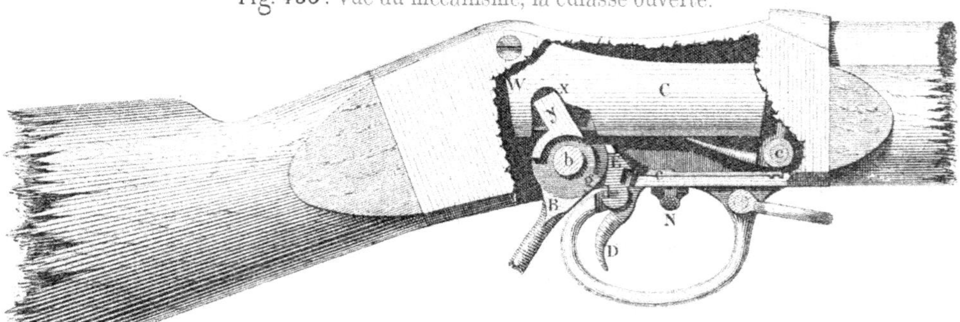

Coupe du mécanisme au moment où la culasse mobile va tomber sur le tire-cartouche et où la gachette va s'engager dans le cran de l'armé.

Fig. 456.

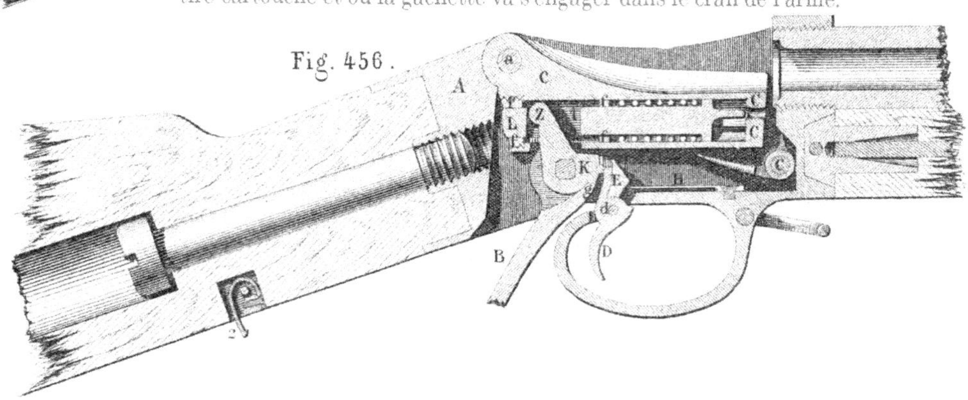

Vue du mécanisme, la culasse fermée, le coup parti.

Fig. 457.

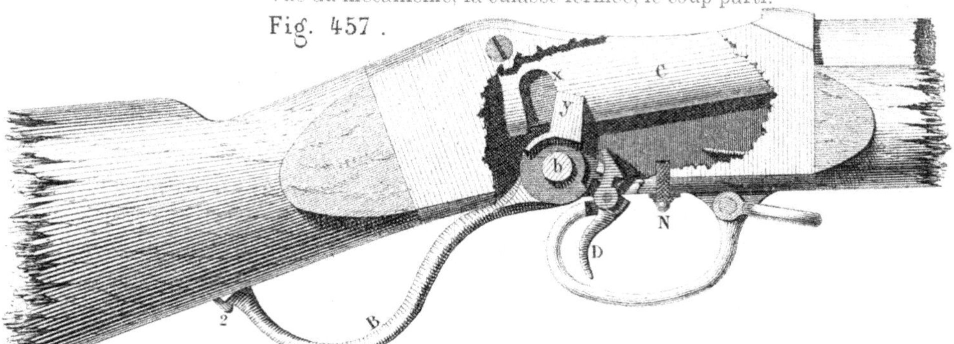

Fig. 458.

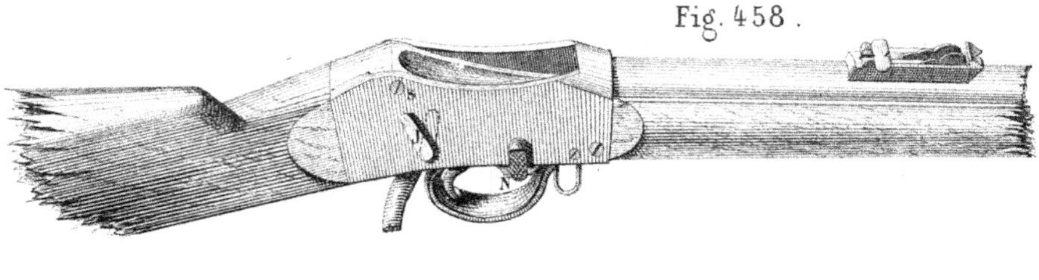

contenu dans le bloc de culasse. Le ressort à boudin qui produit le mouvement prend un appui fixe sur une vis-bouchon (fig. 463) qui passe entre les cieux branches (*y*) du support de culasse ; il s'applique d'autre part sur l'épaulement du percuteur (L).

Fig. 459 - Coupe du mécanisme (à l'abattu)

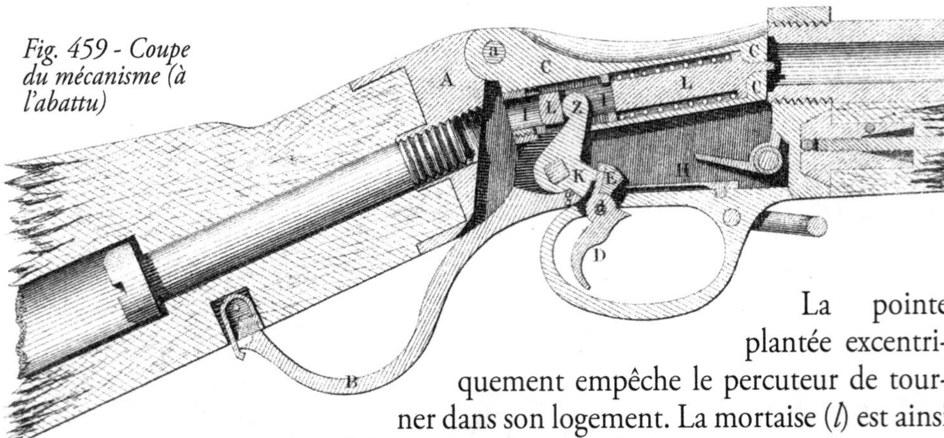

La pointe plantée excentriquement empêche le percuteur de tourner dans son logement. La mortaise (*l*) est ainsi constamment parallèle aux faces latérales de la boîte.

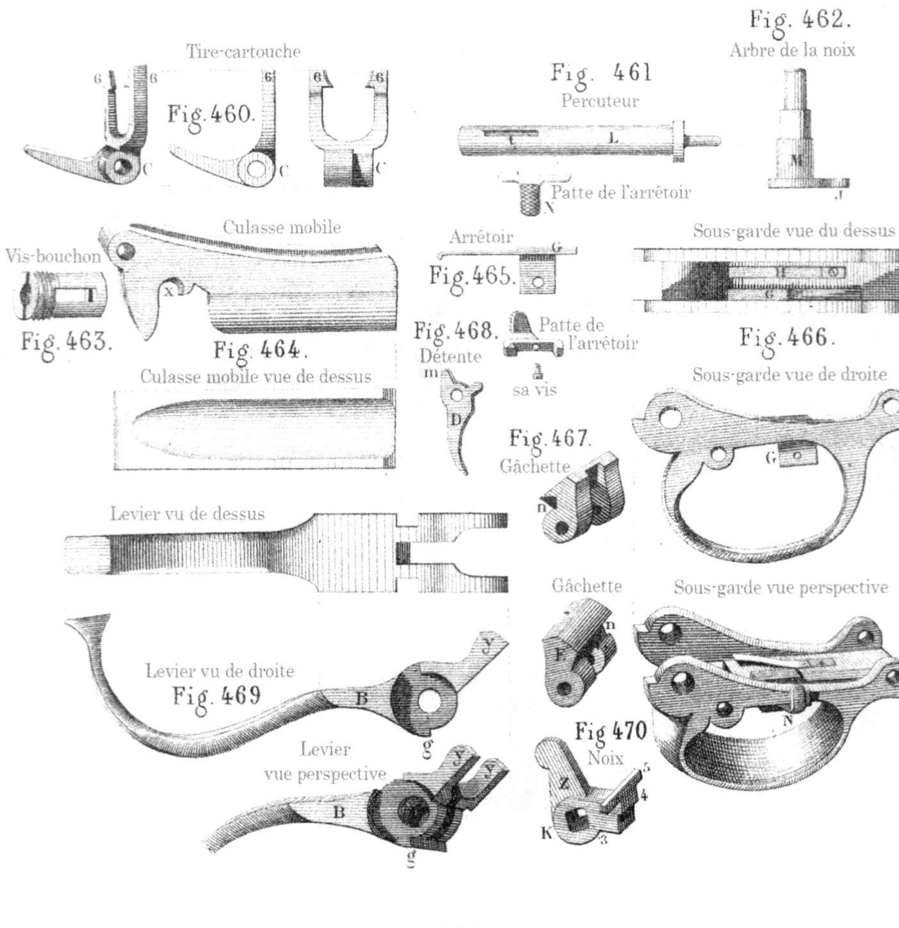

La noix (K) (fig. 470) est engagée dans la mortaise du percuteur ; elle est placée entre les branches de la fourchette du levier de manœuvre et liée au pivot de charnière par un carré à pans coupés. Elle porte en avant un pied (3) que pousse le talon (*g*) du levier de manœuvre pour taire tourner la noix d'avant en arrière, et par suite, pour bander le ressort (voir fig. 456 et 459). Un peu en dessus est entaillé le cran du bandé (4), sous lequel se place la tête de la détente et, plus haut encore se trouve la barrette (5) qui prend appui sur le dessus de la gâchette (E) (fig. 467).

Ainsi, lorsqu'après avoir agi sur la détente pour faire partir le coup, on abaisse le levier de manœuvre, on produit simultanément les effets suivants :

1 - On retire le support de la culasse ;
2 - On détermine la chute du bloc de culasse ;
3 - Le talon (*g*) appliqué au talon de la noix (K) fait tourner cette pièce d'avant en arrière ;
4 - La lame (Z) engagée dans la mortaise du percuteur (L) ramène cette pièce en arrière en bandant le ressort à boudin.

À la fin du mouvement, la barrette (5) a dépassé la tête de la détente. Le ressort (H) détermine alors la rotation de la gâchette, qui vient se loger sous la barrette de la noix ; la gâchette entraîne la tête de la détente (*m*), laquelle vient se placer sous le cran de la noix (fig. 456).

Ainsi, lorsqu'on lâche le levier, le mouvement de la noix est enrayé par deux pièces :

- La gâchette placée sous la barrette ;
- La détente logée dans le cran de la noix.

Lorsqu'on ramène le levier sous la poignée, cette pièce tourne autour du pivot de charnière immobilisé par la gâchette et la détente ; il soulève le bloc de culasse, le ressort reste bandé.

La gâchette et la détente sont enfilées sur la même broche. La tête de la détente est d'ailleurs logée au milieu de la gâchette. Si donc on agit sur la queue de la détente (D), la tête s'incline en avant en entraînant la gâchette. La noix n'étant plus enrayée, le percuteur est lancé en avant par le ressort à boudin. Une lame (J) (fig. 458) faisant corps avec l'arbre de la noix (M) indique à l'extérieur la position de la pièce. Si l'arme est au bandé, l'index est incliné vers l'arrière ; si le mécanisme est à l'abattu, l'index est incliné vers l'avant.

Cran de sûreté. — L'arme étant chargée et armée, on peut condamner le mouvement de la gâchette et de la détente en introduisant l'arrêtoir (*c*) dans l'entaille (*n*) pratiquée sur le devant et sur la droite de la gâchette (fig. 455).

La lame de l'arrêtoir est liée par une vis à une patte inférieure, dont la tête quadrillée (N) revient en saillie sur la face droite de la boîte de culasse (fig. 458). On tire en arrière pour condamner la détente, on pousse en avant lorsqu'on veut faire feu.

La lame (G) est d'ailleurs maintenue dans ses deux positions de sûreté et de tir par un rouleau qui vient successivement se loger dans deux rigoles transversales creusées, à cet effet, sur la pièce de détente. La lame (G) fait ressort sur les trois quarts de sa longueur.

La branche verticale du tire-cartouche, fendue en fourchette (fig. 460), est munie de deux crochets (6) qui saisissent le bourrelet par les deux extrémités du diamètre horizontal de la cartouche.

Le système Martini est certainement très remarquable ; il est moins simple que le fusil de Beaumont.

Si le démontage, le remontage et l'entretien sont un peu compliqués, en revanche la vitesse du tir est considérable.

L'arme se charge en trois temps.

XXI. – Fusil Werder (Bavière)

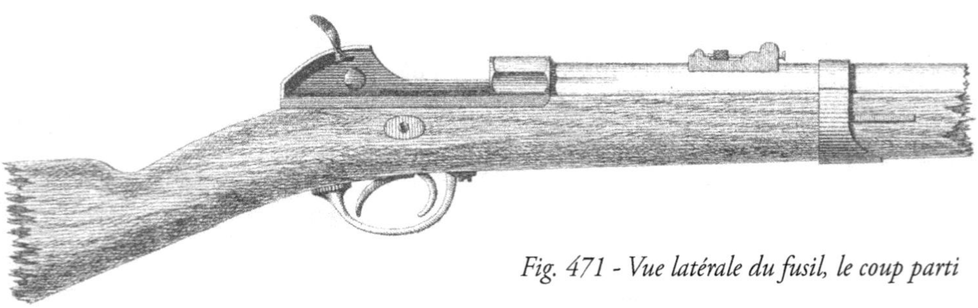

Fig. 471 - Vue latérale du fusil, le coup parti

1° Cartouche.— Les Bavarois ont adopté la cartouche Berdan pour leur nouveau modèle de fusil.

2° Mécanisme. — Le bloc de culasse est soutenu au moment du tir par une fausse détente (C, fig. 472). Cet appui retiré, la chute est déterminée par un ressort en V agissant sous la queue (J) de la culasse mobile (fig. 473 - 478).

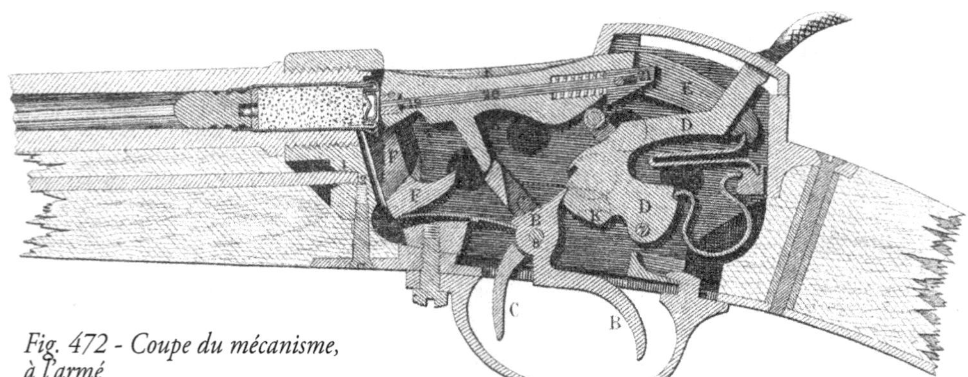

Fig. 472 - Coupe du mécanisme, à l'armé

En armant le chien (D), on produit simultanément quatre effets différents :

1 - On bande le ressort en Ω qui agit sur le chien ;
2 - On soulève la culasse mobile par le galet (*h*), et par suite, on ferme le tonnerre ;
3 - On bande le ressort de culasse en forçant la queue (J) à s'abaisser ;
4 - On fait tourner la fausse détente (C) d'arrière en avant, et on la force à se placer sous le pied (*d*) de la culasse mobile. Ce quatrième mouvement est obtenu par le tenon (*k*) du chien, qui soulève le bec (*f*) de la fausse détente.

Pendant ces mouvements, un ressort droit placé entre la détente et l'extracteur, et prenant appui par son milieu sur la traverse antérieure (9) du corps de platine, fait rentrer, d'une part, le tire-cartouche dans son logement et, de l'autre, fait engager la détente dans les crans du chien. La pression du doigt sur la détente détermine la chute du chien (D) sur le percuteur (20). Le col du chien est engagé dans la fente de la queue de culasse mobile, au fond de laquelle débouche le percuteur.

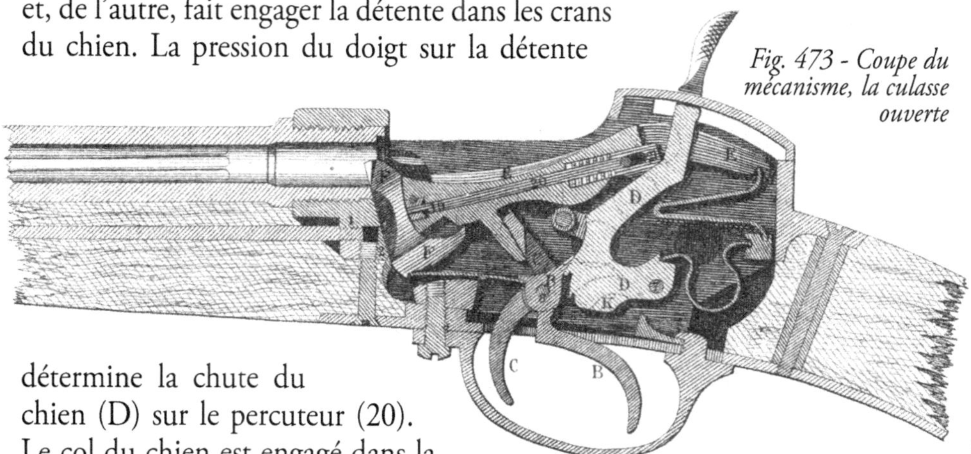

Fig. 473 - Coupe du mécanisme, la culasse ouverte

La tête du chien forme deux retours en équerre (fig. 480).

La traverse (*m n*) limite le mouvement de descente de la culasse mobile (fig. 478). La crête fait saillie sur la face droite de la platine.

Le coup parti, on ouvre le tonnerre en poussant en avant la fausse détente (C). La culasse mobile n'ayant plus d'appui tombe sur la petite branche du

Fig. 474.
Fausse détente

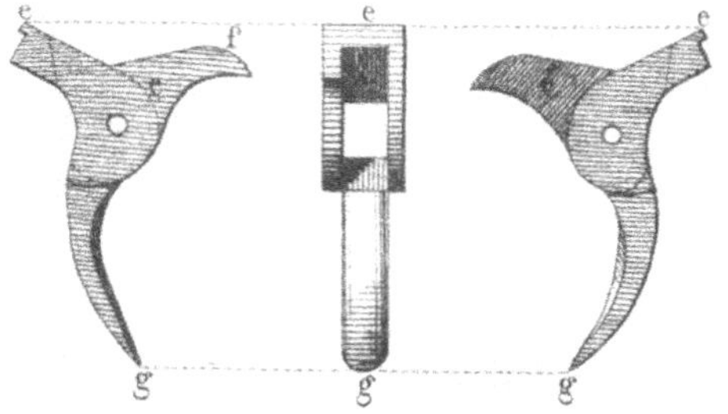

Détente

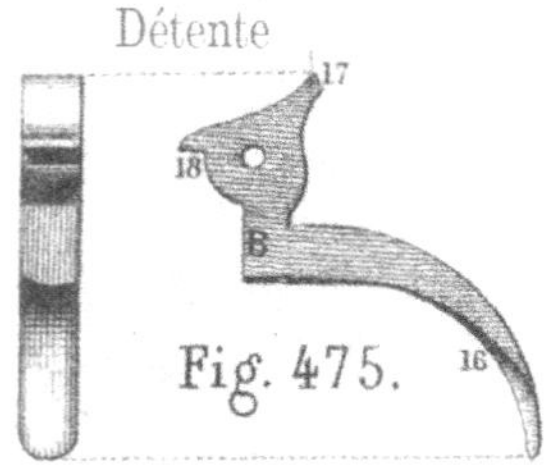

Fig. 475.

tire-cartouche (F) et détermine la rotation brusque de cette pièce. L'étui vide, arraché de la chambre par ce choc, remonte la rigole de la culasse en vertu de la vitesse acquise, et tombe en arrière du tireur.

Toutes les pièces mobiles du mécanisme jouent entre deux fortes plaques dont l'écartement et le parallélisme sont assurés par trois traverses (9, 10, 11), faisant corps avec la plaque droite (fig. 476), et par un recouvrement cintré faisant corps avec la plaque gauche (fig. 477).

Les traverses ont des pivots ou des tenons que l'on introduit dans des trous correspondants de la plaque opposée.

La plaque droite porte, en outre, deux pivots avec embase : l'un (7) sert d'axe de rotation au chien, l'autre (8) porte la détente et la fausse détente ; ces pivots pénètrent également dans la plaque gauche.

Indépendamment des trous ménagés pour les pivots et les tenons des pièces fixes, et pour les tourillons du bloc de culasse et de l'extracteur (5 et 6), les deux plaques sont percées de cinq larges trous qui n'ont d'autre but que d'alléger ces pièces.

Pour monter le mécanisme, on dispose toutes les pièces sur la plaque droite en engageant les tourillons dans leurs trous et en plaçant les pièces percées sur leurs pivots ; on recouvre avec la plaque gauche, et on introduit le tout entre les deux faces de la boîte de culasse (A, fig. 481). Le mécanisme est ainsi fixé dans le sens latéral, il faut obtenir la même fixité dans les autres sens.

À cet effet :

- Chaque plaque porte extérieurement un rebord saillant qui limite la descente en s'appliquant sur les faces de la boîte de culasse ;
- Deux tenons (4), ménagés sur la boîte, pénètrent dans des mortaises correspondantes des plaques, pour empêcher tout jeu d'avant en arrière.
- Enfin le mécanisme est fixé sur la plaque de sous-garde par le crochet à bascule du pontet et par une vis qui traverse le nœud antérieur du pontet, la plaque de sous-garde, et vient se visser dans la traverse antérieure du mécanisme.

La plaque de sous-garde, qui ferme en dessous la boîte de culasse, est d'ailleurs rattachée à cette pièce :

- Par la vis de culasse placée à l'arrière ;
- Par la vis d'écusson, qui a son écrou sur le devant de la boîte.

Le démontage est des plus simples : on enlève la vis du pontet et le pontet, on soulève les deux plaques, on les sépare, ce qui permet d'enlever les unes après les autres toutes les pièces mobiles.

La charge se fait en trois temps :

1 - Ouvrir, en poussant la fausse détente en avant ;

2 - Mettre la cartouche ;

3 - Fermer le tonnerre, en armant le chien.

Le système Werder est original, il choque d'abord l'œil par la singularité des formes ; les pièces sont bizarrement découpées mais la complication est plus apparente que réelle. C'est un modèle susceptible d'une grande vitesse de tir.

HUITIÈME GROUPE

Systèmes à rotation rétrograde

XXII. Fusil Remington (Danemark, Suède, Norvège, Égypte, Espagne)

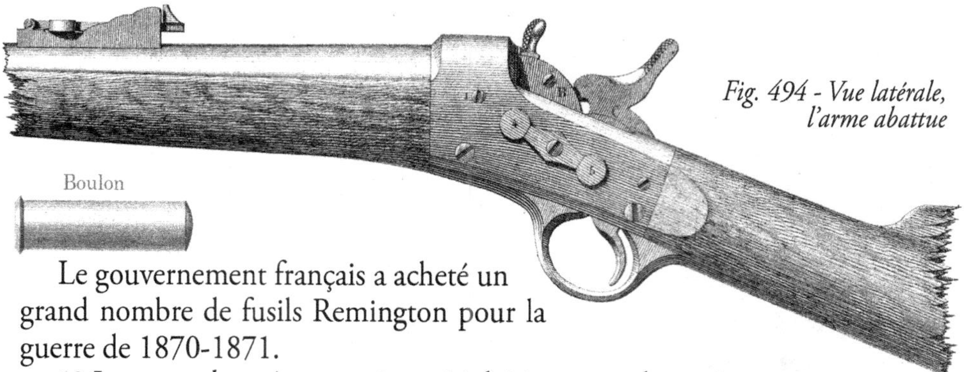

Fig. 494 - Vue latérale, l'arme abattue

Boulon

Le gouvernement français a acheté un grand nombre de fusils Remington pour la guerre de 1870-1871.

1° *La cartouche* est à percussion périphérique pour les trois premiers modèles, à percussion centrale pour les deux derniers.

2° *Mécanisme.* — Le bloc de culasse (B), mobile autour d'une forte broche (4), s'applique contre la tranche du tonnerre et est maintenu dans cette position par l'arrêtoir (K) (fig. 495).

Fig. 495 - Coupe du mécanisme

La culasse mobile ne peut, en effet, rétrograder qu'en abaissant l'arrêtoir, engagé par sa tête dans le fond de la rainure (J) ; le ressort (*f*), qui agit sur l'arrêtoir, a donc pour fonction de maintenir le bloc de culasse contre la tranche du tonnerre.

Le recul est supporté par la broche (5) ; au moment où le percuteur est frappé par le chien, le corps de cette dernière pièce est engagé derrière le bloc de culasse qu'il empêche de tourner. L'effort du recul est donc reporté sur la broche (5) par l'intermédiaire du chien.

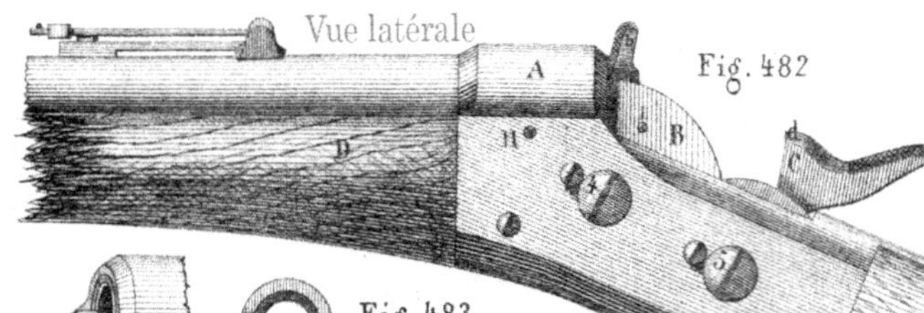

Le jeu du percuteur est limité par une vis transversale (1) engagée dans une entaille de la broche (2).

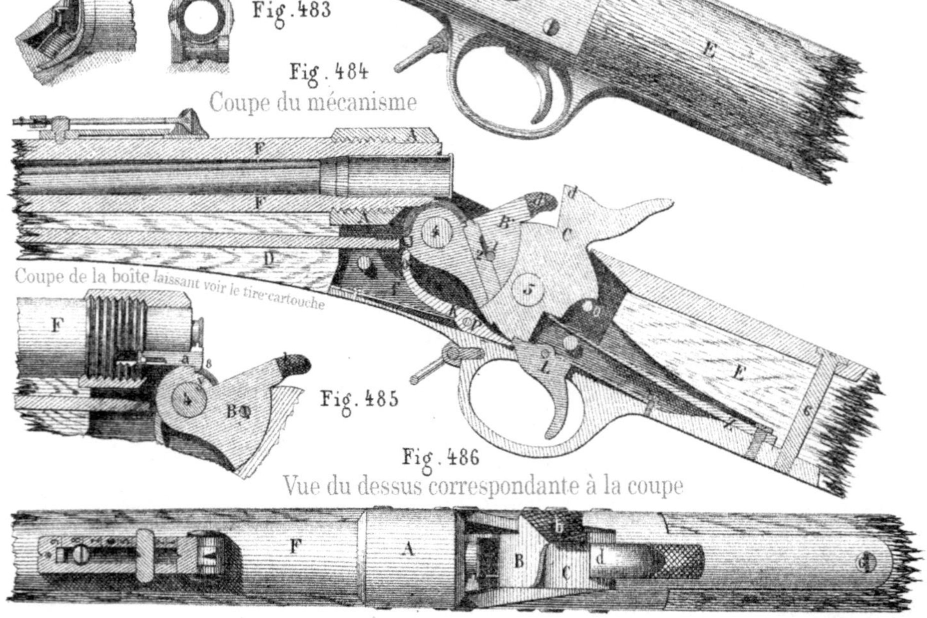

Le mécanisme a pour moteur un ressort droit (Z) fixé sur l'écusson et appliqué sous le talon du chien. Une gâchette, faisant en même temps office de dé tente, fixe le chien (G) à l'armé ou au cran de sûreté.

Lorsque la culasse est ouverte (fig. 483), la gâchette (L) engagée dans le cran de l'armé est immobilisée par la queue de l'arrêtoir (P), qui ne permet le jeu de la détente que lorsque la tête (O) est engagée dans la rainure (J) de la culasse mobile, c'est-à-dire lorsque l'arme est entièrement fermée.

L'extracteur (*a*), logé dans une entaille entre le canon et la boîte de culasse, est mis en mouvement par la culasse mobile ; son parcours est limité par une vis transversale (11) aboutissant à une encoche de la lame (fig. 485). Le crochet (8) du tire-cartouche est pris dans une rainure (*y*) pratiquée circulairement sur la partie gauche de la circonférence du bloc de culasse.

L'arme fermée, le crochet (8) est placé contre la tranche antérieure du bloc. Lorsque l'entrée de la chambre est découverte par la rotation rétrograde de la culasse mobile, le crochet (8) est saisi et entraîné par le rebord antérieur de la rainure (*y*), l'étui est dégagé, on peut le saisir avec les doigts et achever de le retirer de la chambre.

Les profils du chien et du bloc de culasse sont si ingénieusement déterminés, leur emplacement, par rapport au canon et à la queue de culasse, si bien choisi, que la boîte contenant le mécanisme est complètement fermée par les pièces mobiles, à un moment quelconque de leur jeu.

La charge s'exécute en cinq temps :

1 - Armer le chien ;
2 - Ouvrir le tonnerre, en agissant sur la crête (*b*) de la culasse mobile, l'étui vide est ramené de quelques millimètres par l'extracteur ;
3 - Rejeter l'étui vide de la chambre ;
4 - Mettre la cartouche ;
5 - Fermer le tonnerre, en poussant la crête (*b*).

Le fusil Remington est remarquable par l'élégance du mécanisme ; le tire-cartouche n'a qu'un faible parcours, de là la nécessité d'augmenter la charge d'un temps. Les premiers modèles avaient un calibre relativement considérable en raison des difficultés qu'on avait rencontrées à extraire de la chambre des cartouches longues et fortement chargées ; on y a déjà remédié dans une certaine mesure par l'adoption de la cartouche Berdan.

Les modèles adoptés par l'Espagne et le gouvernement égyptien ont un calibre de 11 mm et se tirent avec cinq grammes de poudre.

XXIII. Fusil Norvégien transformé

Il existe depuis fort longtemps, en service dans la marine suédoise et dans l'infanterie norvégienne, une arme se chargeant par l'arrière à rotation rétrograde.

L'arme primitive n'offre plus d'intérêt aujourd'hui parce qu'elle employait une cartouche non amorcée.

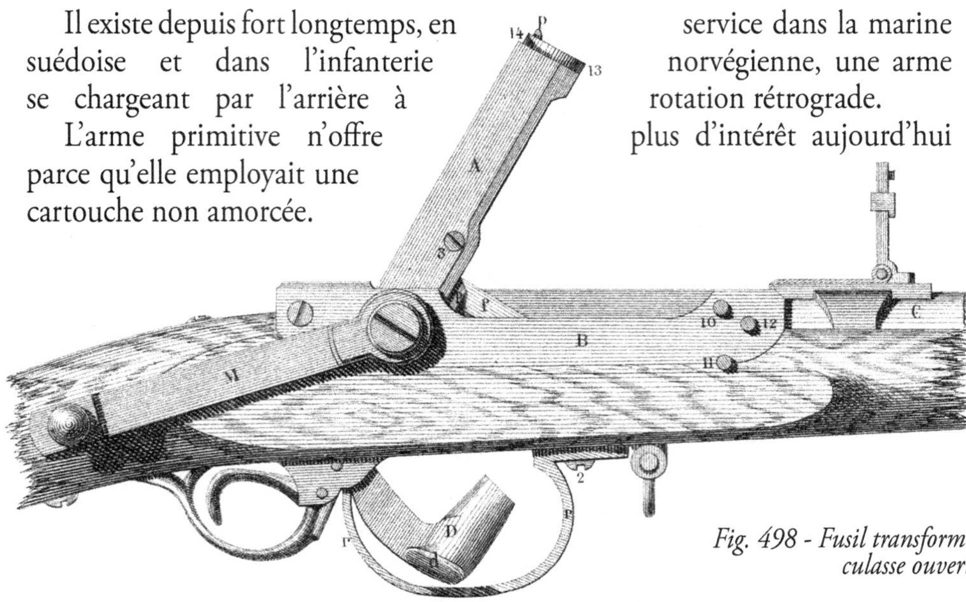

Fig. 498 - Fusil transformé, culasse ouverte

Le fusil norvégien a été transformé ; il emploie maintenant des cartouches métalliques à percussion périphérique (fig. 500).

Fig. 500.

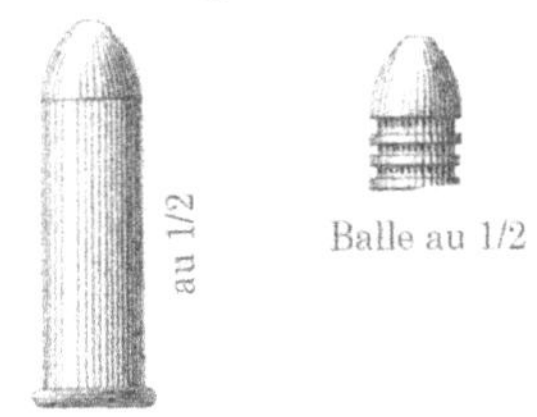

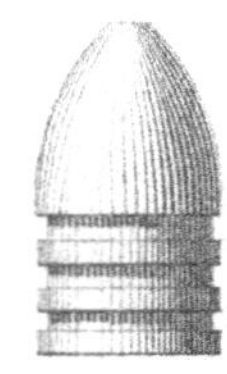

Fig. 501.

Le bloc de culasse (A) est logé dans une boîte rectangulaire (B) et manœuvré au moyen d'un levier extérieur (M).

Le levier de manœuvre est lié à un excentrique (E), qui traverse un trou ovale percé à l'arrière

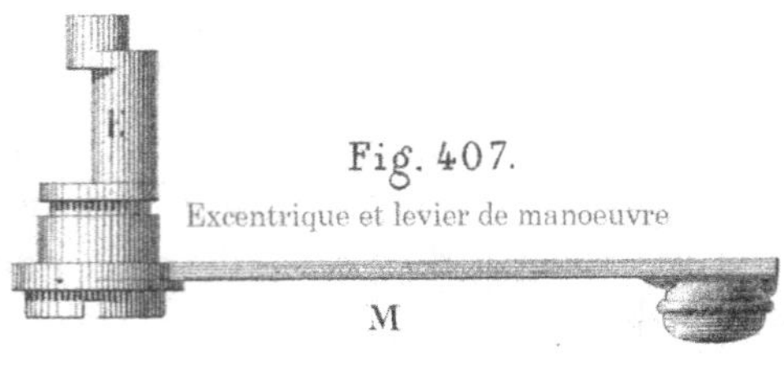

Fig. 407.
Excentrique et levier de manoeuvre

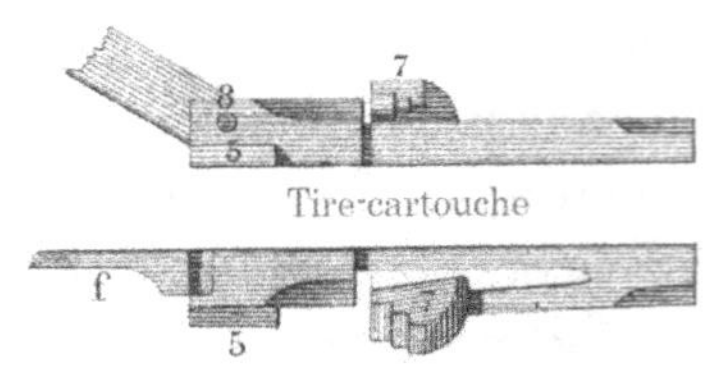

Fig. 502.

du bloc de culasse (fig. 497 et 499). Lorsque l'arme est fermée, la tête du levier est engagée entre les tenons (10 et 11) et repose sur le support (12). L'avant du bloc de culasse (13 et 14) est engagé dans la première feuillure du canon (C).

Lorsqu'on renverse en arrière le levier de manœuvre, la culasse mobile se dégage d'abord de la feuillure et se redresse ensuite pour découvrir l'entrée de la chambre.

Le percuteur (P), logé dans la culasse mobile, est maintenu par une vis transversale (3) passant dans un trou oblong du percuteur (4). Par suite des dimensions de ce trou et de la forme courbe du fond du logement, le percuteur, frappé de bas en haut par le chien (D), prend un mouvement d'arrière en avant pour déterminer l'explosion de la cartouche.

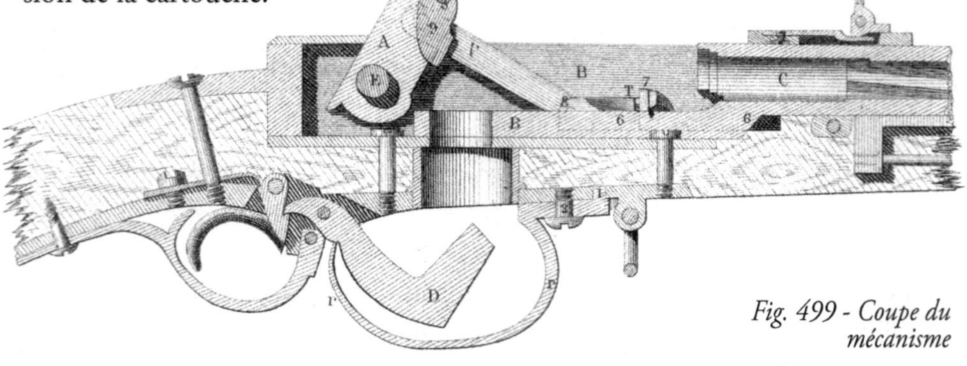

Fig. 499 - Coupe du mécanisme

Le chien reçoit directement l'action d'un ressort (*r*) formant pontet.

La détente faisant office de gâchette est munie d'un ressort de gâchette, fixé par une vis sur le dessus de l'écusson.

Le tire-cartouche (T) (fig. 502) est assez compliqué ; le crochet (7) est porté par un ressort à deux branches logé dans une coulisse de la boîte de culasse (6).

Maintenu dans la coulisse par le tenon (5), l'extracteur ne peut se mouvoir que parallèlement à l'axe du canon, il est relié à la pièce de culasse par la bielle (*f*), la goupille (8) et le pivot (9).

La charge s'exécute en cinq temps, ce qui donne une vitesse de cinq ou six coups à la minute.

Ces temps sont :

1 - Renverser le levier de manœuvre en arrière pour ouvrir le tonnerre ; l'étui vide est dégagé en partie ;
2 - Retirer l'étui vide ;
3 - Mettre la cartouche ;
4 - Fermer le tonnerre en ramenant le levier de manœuvre en avant ;
5 - Armer.

CHAPITRE V

ARMES A RÉPÉTITION

Les armes à répétition se divisent en deux groupes bien distincts :

Les fusils dits à magasin ;

Les pistolets-revolvers (système à barillet).

Chaque type à examiner fera l'objet d'un paragraphe.

Le chapitre V contiendra ainsi deux groupes et huit paragraphes, conformément au tableau ci-dessous :

Nos des groupes.	DÉSIGNATION des groupes.	Nos des paragraphes.	DÉSIGNATION des modèles.	NOMBRE de cartouches que contient le magasin ou le barillet.	NOMBRE des temps de la charge.	VITESSE du tir.	NATIONALITÉS.
1	Fusils à magasin.	1	Mousqueton Spencer	7	3 ou 5	7 coups en 20″	États-Unis.
		2	Fusil Henry - Winchester	15	2 ou 3	15 id. 30″	Id.
		3	Fusil Wetterlin . . .	13	2 ou 3	13 id. 25″	Suisse.
2	Revolvers.	4	Pistolet Smith à mouvement simple. . .	6	»	6 id. 10″	États-Unis.
		5	Pistolet Perrin à tir continu	6	»	6 id. 5″	France.
		6	Pistolet Perrin à double mouvement. . .	6	»	6 id. 5″	Id.
		7	Pistolet Delvigne à double mouvement.	6	»	6 id. 5″	Id.
		8	Pistolet de guerre Delvigne.	6	»	6 id. 5″	Id.

PREMIER GROUPE

Fusils à magasin

Pendant la guerre de la Sécession, des corps de cavalerie ont employé avec un certain succès des armes à répétition, dites à magasin. Est-ce un exemple à imiter ? Deux questions se présentent naturellement :

L'arme à magasin peut-elle être donnée à l'infanterie ?

Dans le cas de la négative, peut-on avoir la même cartouche pour une arme à un coup, donnée à l'infanterie, et un fusil à magasin donné à des armes spéciales ? On conçoit, en effet, que les armes à répétition puissent convenir à certains corps qui ne doivent faire usage de cette arme que dans des circonstances très rares, presque à bout portant (artillerie, génie, train, gendarmerie). Mais il serait avantageux que l'arme adoptée employât la même cartouche que l'infanterie.

La seule supériorité des armes à magasin consiste dans une augmentation de la vitesse de chargement.

Or, l'avantage essentiel de cette vitesse est de donner une énorme confiance au soldat qui doit toujours se sentir prêt à faire feu. Dès que la vitesse de tir est assez grande pour que cette confiance soit affermie, le surplus à gagner est d'une bien moindre importance, et c'est pour cela qu'il ne faut pas l'acheter trop cher. Or, les armes à répétition présentent d'une manière générale les inconvénients suivants :

Le soldat sera plein de confiance tant que le magasin sera garni, mais s'il vient à s'épuiser, bien que l'arme puisse continuer le feu en se chargeant coup par coup, l'homme éprouvera, au moment de l'action, un mécompte d'où résultera un malaise moral.

La confiance sera intermittente pour ainsi dire. On ne trouve pas là toutes les garanties désirables.

D'un autre côté, le mécanisme de l'arme se complique par suite de nouvelles conditions de fonctionnement. Il y a augmentation du prix de revient. L'entretien est plus difficile, tandis que la solidité du fusil et la sûreté du tireur diminuent dans une certaine mesure. Les armes à répétition ne conviennent donc pas à l'armement de l'infanterie. Le peu de succès qu'elles ont eu près des puissances européennes vient à l'appui de cette opinion.

Les armes à magasin ne sont vraiment avantageuses qu'à la condition d'employer des cartouches courtes et légères, ce que l'on obtient en augmentant le calibre pour raccourcir la balle et en diminuant la charge de poudre.

La portée, la pénétration, la tension de la trajectoire s'obtiennent au contraire en diminuant le calibre pour allonger la balle, et en employant de fortes charges, ce qui donne en définitive une cartouche longue et lourde.

On ne peut donc accepter une arme à magasin qu'en faisant, à ces trois derniers points de vue, des sacrifices qui sont loin d'être compensés par une augmentation intermittente de la vitesse ou en diminuant la valeur de l'arme par l'emploi d'une cartouche longue et d'un poids considérable. Mieux vaut, à notre avis, ne donner l'arme à répétition qu'aux troupes qui ont des moyens de transport spéciaux (train, génie, artillerie), et adopter pour eux une cartouche spéciale. La gendarmerie qui, en campagne, est à proximité du train, pourrait aussi recevoir l'arme à répétition.

Quelle que soit la valeur présente et avenir de ces armes, les types produits jusqu'à ce jour présentent des dispositions si ingénieuses, que nous croyons devoir en donner une description sommaire,

I. Mousqueton Spencer

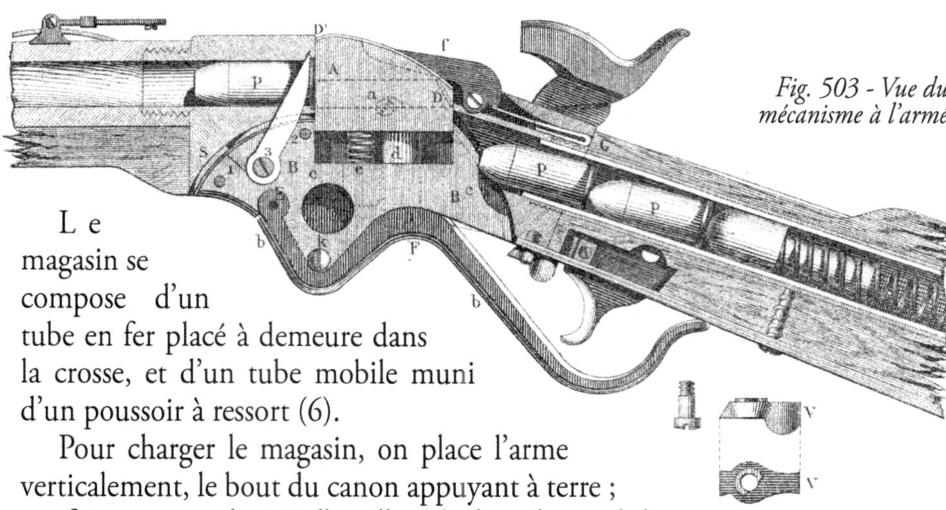

Fig. 503 - Vue du mécanisme à l'armé

Le magasin se compose d'un tube en fer placé à demeure dans la crosse, et d'un tube mobile muni d'un poussoir à ressort (6).

Pour charger le magasin, on place l'arme verticalement, le bout du canon appuyant à terre ; on fait tourner de 90° l'oreille (9) du tube mobile pour le dégager de l'arrêt (4) qui le maintient en place ; on peut alors retirer complètement le tube et introduire sept cartouches dans la crosse.

On ferme le magasin en replaçant le tube mobile, en le poussant à fond et en faisant tourner l'oreille de 90° pour l'appliquer contre la plaque de couche.

Le tube mobile passe entre le tube fixe et les cartouches introduites ; le ressort à boudin est comprimé au fond du tube mobile ; il pousse les cartouches vers la pièce de culasse.

Le mécanisme joue entre les deux faces parallèles d'une large fente pratiquée, de dessus en dessous, dans une forte pièce de culasse.

Sur le haut, cette fente forme une coulisse rectangulaire dont la paroi antérieure et la paroi postérieure sont parallèles entre elles et normales à l'axe du canon ; c'est le logement de la culasse mobile (À) dont la tranche antérieure s'applique contre la cartouche, tandis que la tranche postérieure s'appuie contre la paroi opposée, pour résister au recul.

Sur le bas, la fente s'élargit ; le contour en est déterminé par deux arcs de cercle d'inégal rayon, mais avant un centre commun occupé par l'axe d'une vis (*k*).

Ce logement est exactement rempli par un secteur (B) relié à la pièce de culasse par la vis (*k*), autour de laquelle il peut tourner librement. Une large entaille, pratiquée sur le dessus du secteur, prolonge la coulisse qui sert de logement à la culasse mobile (A) (fig. 503).

Lorsque l'arme est fermée, la culasse mobile est engagée dans le secteur par sa partie inférieure ; elle est soulevée et maintenue dans la coulisse rectangulaire supérieure par un ressort à boudin ; elle ferme le tonnerre et empêche la rotation du secteur.

Pour ouvrir, il faut faire descendre la culasse mobile en comprimant le ressort à boudin, jusqu'à ce que la circonférence supérieure BD' vienne se raccorder avec le secteur. Dans cette position, l'arc BD' a son centre sur l'axe de la vis (*k*) ; tout le mécanisme peut alors tourner autour de la tige.

On fait descendre la culasse mobile en faisant tourner la sous-garde (*b*) autour de la goupille (E) ; la broche (*d*), qui relie le levier à la culasse mobile à travers le secteur, entraîne le bloc de culasse en comprimant le ressort.

On ferme le tonnerre par le mouvement inverse ; en relevant le pontet, on ramène le secteur dans son logement, et dès que la culasse mobile est en face de la coulisse, elle se remet en place par l'effet du ressort à boudin.

Reste à voir comment on se débarrasse des étuis vides et comment les cartouches arrivent successivement dans le canon.

L'extracteur (*h*) est logé dans une entaille du secteur ; il peut tourner autour d'une vis (3) et venir buter alternativement sur le rebord (1) et sur le rebord (2) de son logement.

Lorsqu'on ouvre la culasse, il est mis en mouvement par le rebord (1) qui le pousse en dehors. L'étui vide, dégagé de la chambre, est expulsé de la boîte par un ressort de chasse appliqué au tire-cartouche. L'étui remonte pour cela le plan incliné que présente le guide cartouche (*f*).

Le guide-cartouche est à pivot fixe et s'appuie constamment sur le mécanisme mobile par l'action d'un ressort à deux branches (G).

Quant aux cartouches chargées, elles arrivent dans le canon de la manière suivante :

Lorsqu'on ouvre le tonnerre, la culasse mobile (A) (fig. 504) descend au-dessous du tube-magasin ; les cartouches avancent sous la pression du ressort à boudin, jusqu'à ce que la première soit arrêtée par le guide-cartouche. La culasse mobile, en se relevant, sépare la première cartouche de la deuxième, pousse l'une dans

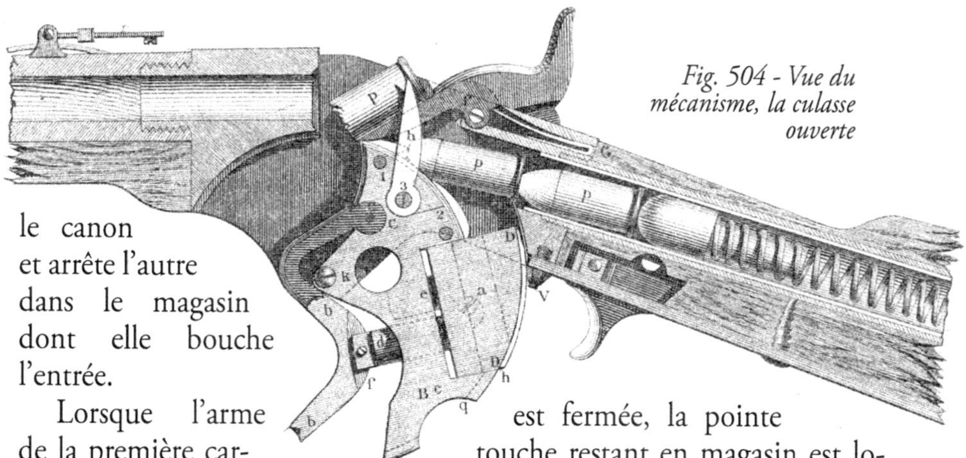

Fig. 504 - Vue du mécanisme, la culasse ouverte

le canon et arrête l'autre dans le magasin dont elle bouche l'entrée.

Lorsque l'arme est fermée, la pointe de la première cartouche restant en magasin est logée dans une entaille (*g*) pratiquée dans le secteur (fig. 503).

Les cartouches du système Spencer sont à percussion périphérique ; le percuteur (*a*) logé dans la culasse mobile est mis en mouvement par le choc d'une platine ordinaire placée sur le côté droit de la poignée.

La charge se fait en trois temps :

1 - Armer ;

2 - Ouvrir le tonnerre ;

3 - Fermer le tonnerre.

On peut tirer les sept coups en vingt secondes, ce qui équivaut à une vitesse de vingt et un coups par minute mais au bout de sept coups les conditions de tir sont changées.

Fig.505 Culasse mobile et percuteur

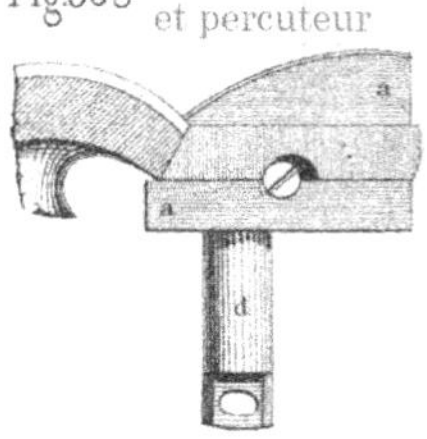

Que le magasin soit vide ou garni, on peut charger l'arme coup par coup ; il suffit de limiter la course de la culasse mobile en tournant de 90° l'arrêtoir mobile (V) placé entre la détente et le mécanisme. La barrette de l'arrêtoir étant placée dans le sens de l'axe, laisse passer

Fig.506 Vue de dessus

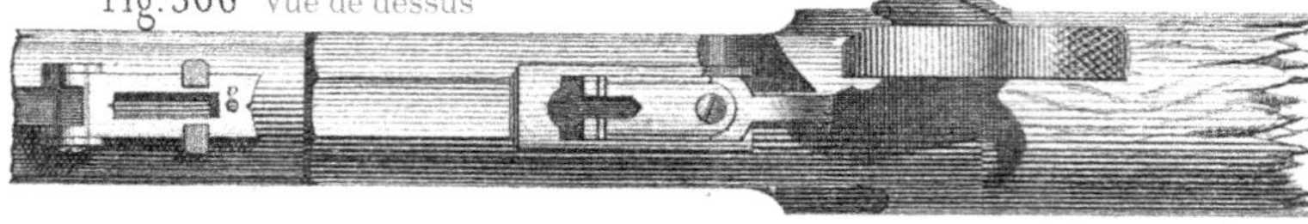

Entrée du magasin

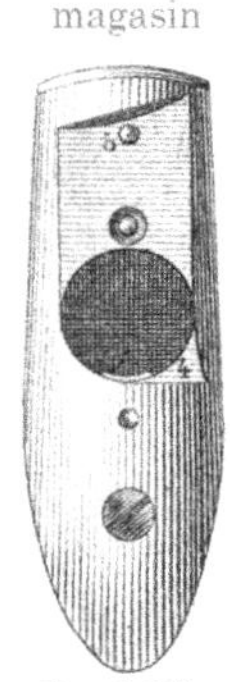

Fig.508

Fig.507 Tube mobile du magasin

le secteur (B) entaillé à cet effet mais elle arrête la culasse (A). À ce moment, le magasin est encore fermé, tandis que la culasse est ouverte et l'étui vide dégagé ; on peut donc retirer l'étui vide à la main et introduire une nouvelle cartouche dans la chambre.

La charge se fait alors en cinq temps :

1 - Armer ;
2 - Ouvrir ;
3 - Retirer l'étui vide ;
4 - Mettre la cartouche ;
5 - Fermer.

II. Fusil Henry Winchester

Le tube magasin, placé sous le canon, a une longueur double de celui de l'arme Spencer ; il contient quinze cartouches. C'est un avantage sérieux pour les partisans de ce genre d'armes. Mais la principale supériorité du système Winchester sur le précédent consiste dans la manière de charger le magasin. Les cartouches sont introduites une à une par une ouverture (*o*) ménagée sur le côté droit de la culasse. On peut ainsi continuer le tir comme avec une arme ordinaire, lorsque le magasin est épuisé ; et on peut, sans démonter l'arme, compléter le magasin quand on a un moment de répit (fig. 518).

Fig. 518 - Vue perspective

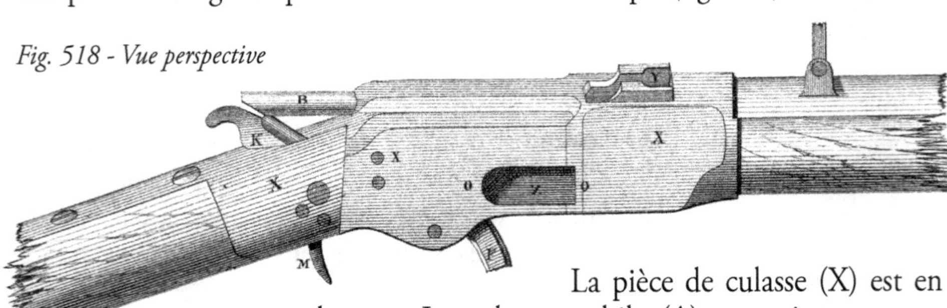

La pièce de culasse (X) est en bronze. La culasse mobile (A), en acier, se meut suivant l'axe du canon, au moyen de leviers articulés que l'on met en jeu à l'aide du pontet.

Les leviers (C et D), reliés entre eux par la goupille (2), sont attachés : le premier à la culasse mobile par la goupille (1), et le second à la culasse fixe par la goupille (3).

Le pontet (F) peut tourner autour d'une vis (5) et agir sur le levier (D), par l'intermédiaire d'une broche (4) engagée dans une rainure (6).

Lorsque le tonnerre est fermé, les goupilles 1, 2 et 3 sont en ligne droite, de sorte que le recul est reporté sur la culasse fixe par la goupille (3, fig. 515). Pour ouvrir le tonnerre, on abaisse le pontet ; le levier (D) tourne autour

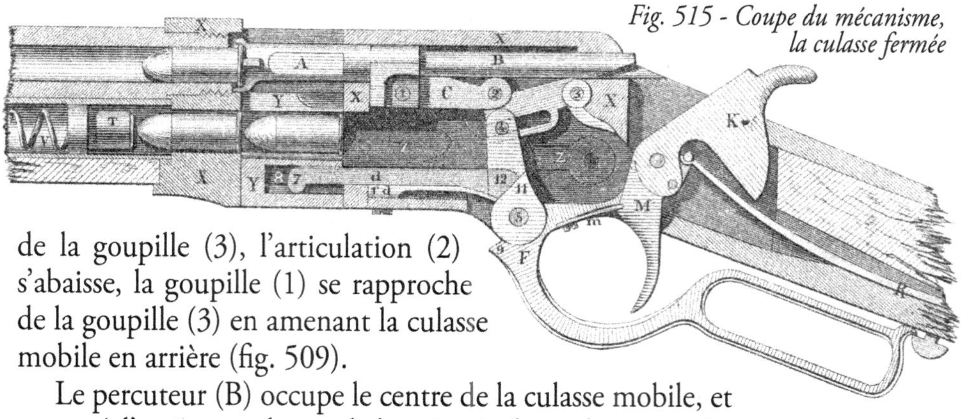

Fig. 515 - Coupe du mécanisme, la culasse fermée

de la goupille (3), l'articulation (2) s'abaisse, la goupille (1) se rapproche de la goupille (3) en amenant la culasse mobile en arrière (fig. 509).

Le percuteur (B) occupe le centre de la culasse mobile, et ressort à l'arrière au-dessus de la poignée, lorsqu'on ouvre le tonnerre. Le percuteur (B) fait reculer le chien et l'amène à l'armé (fig. 509, 511).

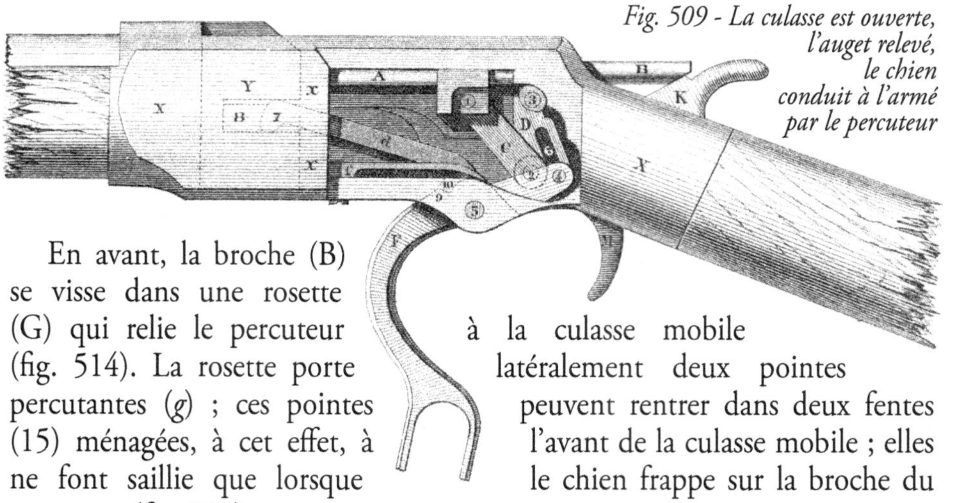

Fig. 509 - La culasse est ouverte, l'auget relevé, le chien conduit à l'armé par le percuteur

En avant, la broche (B) se visse dans une rosette (G) qui relie le percuteur à la culasse mobile (fig. 514). La rosette porte latéralement deux pointes percutantes (*g*) ; ces pointes peuvent rentrer dans deux fentes (15) ménagées, à cet effet, à l'avant de la culasse mobile ; elles ne font saillie que lorsque le chien frappe sur la broche du percuteur (fig. 513).

Le tire-cartouche, fort simple, se compose d'un ressort à crochet (E), logé et fixé sur le dessus de la culasse mobile, et d'un tenon de soutien (*a*) ménagé à la partie inférieure de cette dernière pièce (fig. 511, 512, 515). Lorsque la cartouche est poussée dans la chambre par la culasse mobile, le crochet (*e*) vient saisir le bourrelet. Lorsqu'on ouvre le tonnerre, l'étui vide revient avec la culasse mobile, ramené par le crochet supérieur et soutenu par l'appui inférieur (*a*) ; lorsque la culasse est complètement dégagée, il est soulevé par l'auget (V) et rejeté sans le secours de la main.

L'auget (Y) dont il vient d'être question est une pièce de bronze qui glisse dans une coulisse rectangulaire pratiquée de dessus en dessous entre la tranche du tonnerre et le logement du mécanisme. L'auget a pour fonctions de recevoir les cartouches du magasin, de les amener en face de la chambre, et de compléter le jeu de l'extracteur (fig. 517).

Un levier (*d*), enfilé par une rosette sur la tige (5), est engagé par sa tête (7) dans la partie inférieure de l'auget (8).

L'arme fermée, l'auget occupe le bas de la coulisse et repose sur le levier (*d*) qui limite son mouvement de descente (fig. 515). Dans cette position, le cylindre de l'auget est sur le prolongement du tube magasin ; les cartouches reculent sous l'action d'un ressort à boudin (V), et la dernière vient se loger dans l'auget dont elle a exactement la longueur.

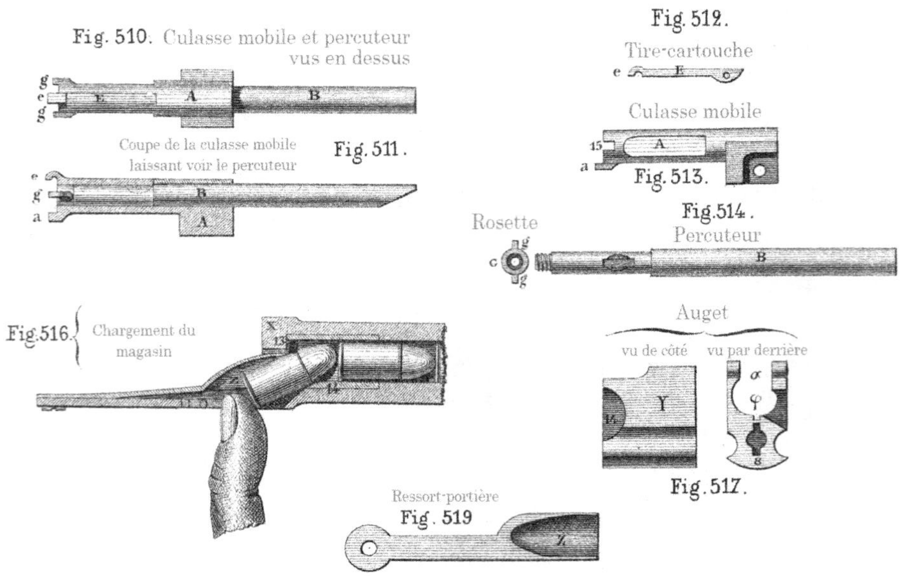

Sur la fin du mouvement d'ouvrir le tonnerre, le talon (9) du pontet bute contre le pied (10) du levier (*d*l), et détermine la rotation de cette pièce autour de la tige (5). L'auget remonte, soulève et expulse l'étui vide qui a été ramené par l'extracteur, et s'arrête en face de l'entrée du canon (fig. 509).

Dans le mouvement de fermer le tonnerre, la culasse mobile pousse la cartouche de l'auget dans la chambre.

Vers la fin du mouvement, le ressaut (11) du pontet pousse le gradin (12), ce qui fait rabattre le levier (*d*), et par suite redescendre l'auget.

Le chien (K) fait office de noix ; il est logé dans l'axe de la poignée, ainsi que le ressort (B) qui le met en mouvement.

La détente (M), faisant office de gâchette, fonctionne sous l'action d'un petit ressort droit (*m*), fixé sous le pontet par une petite vis (fig. 515).

Reste à voir comment on charge le magasin.

Les cartouches sont introduites par un trou oblong (*o*) pratiqué dans la face droite de la culasse fixe, et fermé par un ressort (Z) fixé contre la paroi interne de la boîte de culasse (fig. 518 et 519). Ce ressort porte, vis-à-vis du trou, une sorte de demi-coquille servant de conducteur pour amener les cartouches dans l'auget. La cloison (X) qui sépare la coulisse de l'auget du logement du mécanisme est percée excentriquement.

La cartouche qui est dans l'auget n'est arrêtée que sur un côté par un rebord (13). Une échancrure (14), pratiquée dans la paroi droite de l'auget, complète le passage (fig. 516).

Pour charger : introduire une cartouche dans la fente latérale de la boîte de culasse, en faisant rentrer le ressort ; pousser cette cartouche dans l'auget, jusqu'à ce que le bourrelet ait dépassé la cloison ; lorsque le pouce se retire, le ressort à boudin du magasin ramène l'arrière de la cartouche contre le rebord (13) de la cloison. L'ouverture de la culasse est refermée par le ressort. Cette manœuvre quatorze fois répétée remplit le tube.

Si on se trouve dans la nécessité de tirer avant d'avoir pu recharger le magasin, on peut tirer les cartouches au fur et à mesure qu'on les a placées, comme cela se pratique avec une arme ordinaire se chargeant par la culasse.

Lorsque le magasin est garni, la charge se fait en deux temps :

1 - Ouvrir le tonnerre ;

2 - Fermer le tonnerre.

Un tireur très exercé peut arriver à tirer 15 coups en trente secondes, ce qui donne une vitesse de 30 coups la minute.

Le magasin vide, la charge s'exécute en trois temps :

1 - Mettre la cartouche ;

2 - Ouvrir le tonnerre ;

3 - Fermer le tonnerre.

La vitesse du tir est alors réduite à celle du fusil Berdan et celle du fusil Martini-Henry.

III. Fusil Wetterlin

L'arme à répétition du système Wetterlin a été adoptée, en Suisse.

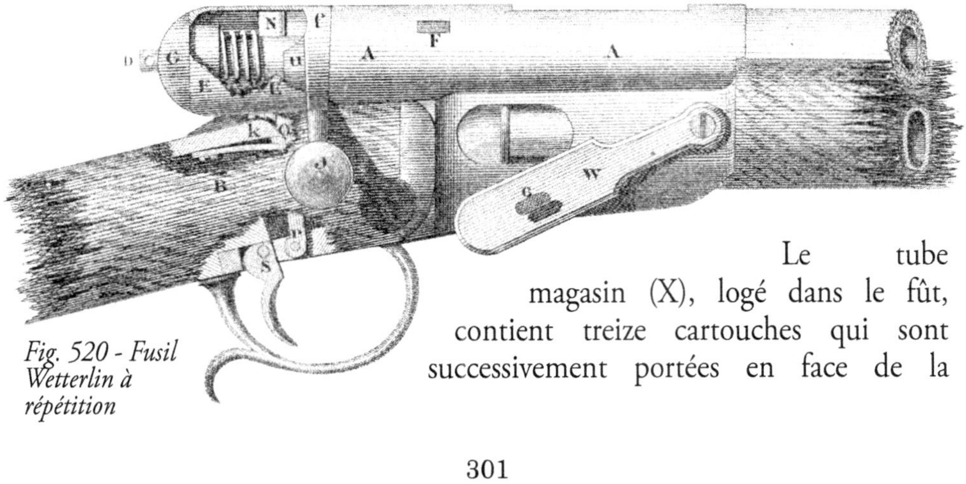

Fig. 520 - Fusil Wetterlin à répétition

Le tube magasin (X), logé dans le fût, contient treize cartouches qui sont successivement portées en face de la

Fig. 521 - Mécanisme à l'armé

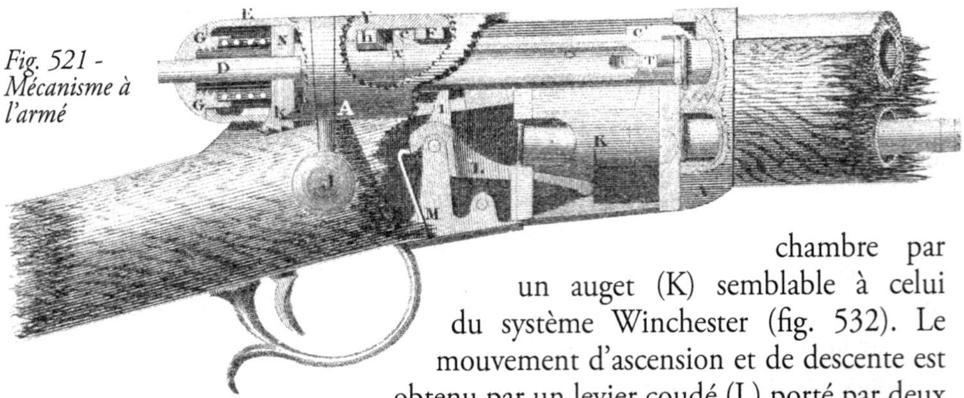

chambre par un auget (K) semblable à celui du système Winchester (fig. 532). Le mouvement d'ascension et de descente est obtenu par un levier coudé (L) porté par deux ailettes de l'écusson ; le petit bras (1) est engagé par son sommet dans une rainure longitudinale du cylindre de culasse (fig. 521 et 522) dont le rebord antérieur (2) fait reculer le levier (1) et, par suite, remonter l'auget, lorsqu'on ouvre le tonnerre.

Fig. 522 - Mécanisme, culasse ouverte

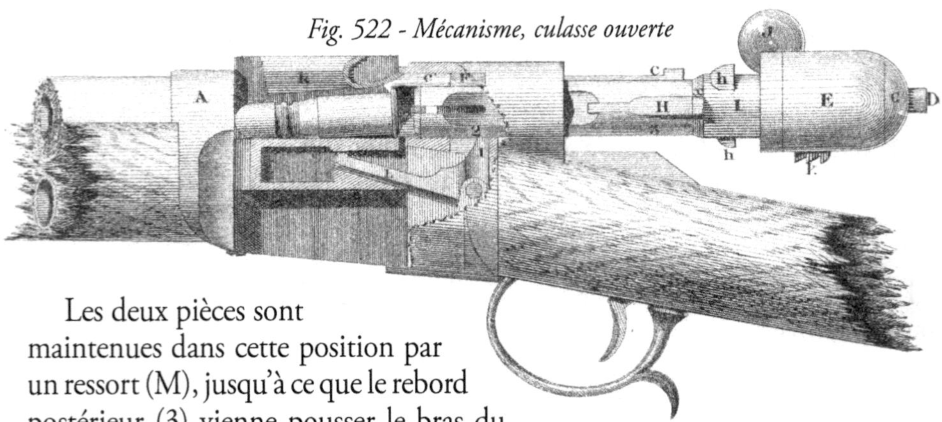

Les deux pièces sont maintenues dans cette position par un ressort (M), jusqu'à ce que le rebord postérieur (3) vienne pousser le bras du levier (1) en sens inverse et faire descendre l'auget ; c'est ce qui arrive lorsqu'on achève de fermer le tonnerre, et que la cartouche est totalement engagée dans la chambre.

On introduit les cartouches dans le magasin par un trou latéral comme dans le système Winchester. Cette ouverture est fermée par une plaque extérieure (W) que l'on fait tourner autour d'une vis transversale à l'aide d'un bouton (6) (fig. 520).

Le cylindre de la culasse mobile ne peut pas tourner autour de son axe ; il est déplacé et arrêté par l'intermédiaire d'une forte virole en acier (*f*) qui porte deux renforts (*h*) et un levier de manœuvre (J) (fig. 527) ; cette virole tourne entre une embase (*x*), ménagée sur le pourtour du cylindre (fig. 523), et un manchon (E) qui entoure le ressort à boudin (fig. 520) ; ce manchon est lui-même maintenu par un bouton (G) qui se visse sur la partie postérieure du cylindre de culasse.

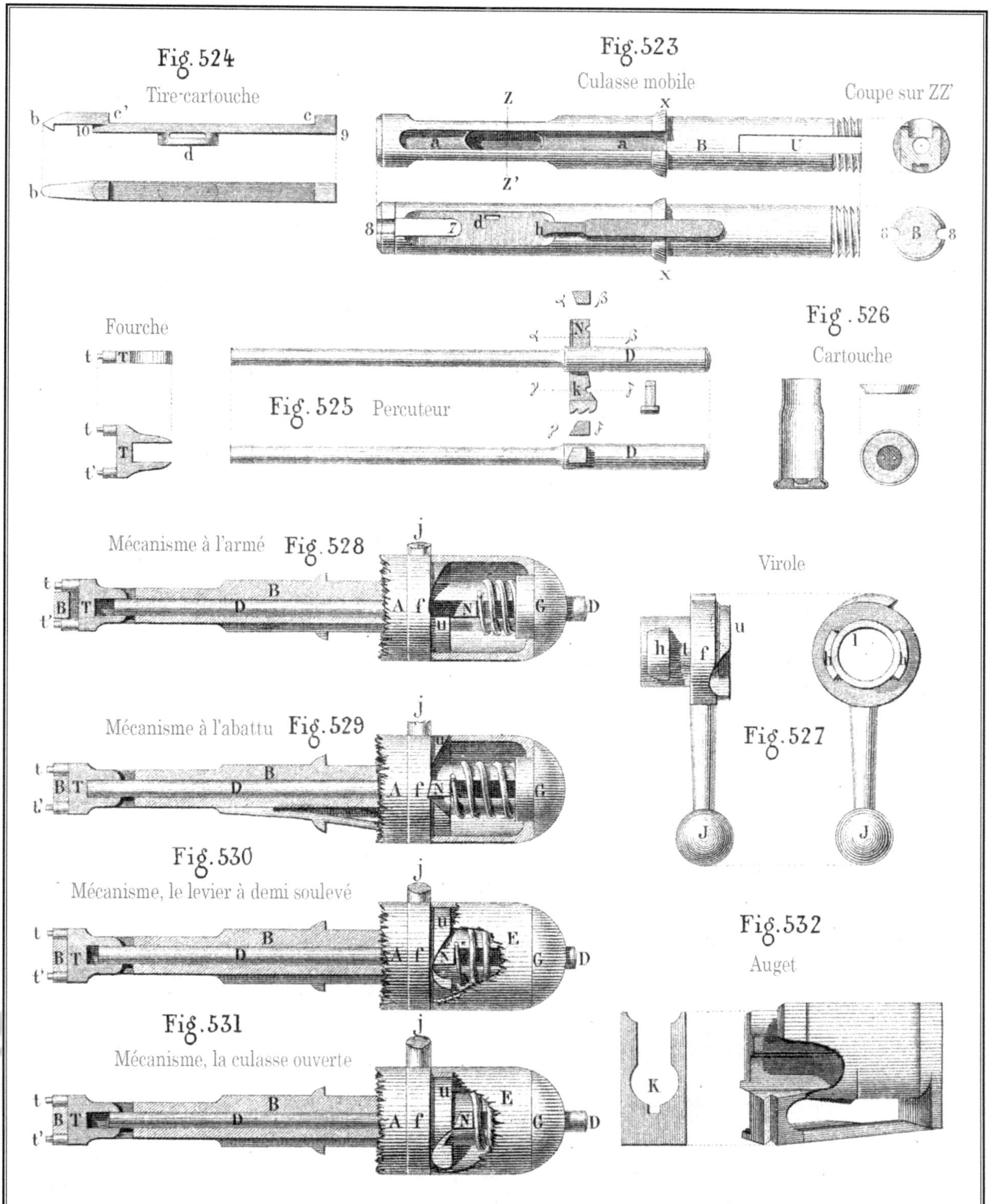
Fig. 524
Tire-cartouche
Fig. 523
Culasse mobile
Coupe sur ZZ'
Fourche
Fig. 525 Percuteur
Fig. 526
Cartouche
Mécanisme à l'armé Fig. 528
Virole
Mécanisme à l'abattu Fig. 529
Fig. 527
Fig. 530
Mécanisme, le levier à demi soulevé
Fig. 532
Auget
Fig. 531
Mécanisme, la culasse ouverte

La virole tourne librement autour du cylindre. Ces deux pièces peuvent cependant être rendues solidaires l'une de l'autre par un ressort (H) logé sur le côté gauche du cylindre (fig. 522 et 529).

Lorsque la culasse mobile est à fond, le ressort (H) rentre totalement dans son logement (*h*) (fig. 523), par suite de la pression de la boîte de culasse ; on peut alors faire tourner la virole autour du cylindre fixe, soit pour engager les renforts dans les crampons (Y) de la boîte de culasse, ce qui constitue la fermeture du tonnerre (fig. 521), soit pour dégager les renforts des crampons, ce qui permet d'ouvrir le canon.

Dès que la culasse mobile a commencé son mouvement rétrograde, le ressort (H), libéré de la pression de la boîte, se soulève pour entrer dans une entaille pratiquée, à cet effet, dans l'épaisseur de la virole. Dès lors, la virole liée à la culasse ne peut plus tourner jusqu'au moment où la culasse mobile est de nouveau poussée à fond dans son logement.

N'était la forme cylindrique de la broche, le percuteur aurait la forme d'une épée droite dont la croisière (N) ferait corps avec la lame et la poignée (fig. 525).

La croisière (N), faisant office de noix (*k*), reçoit directement l'action du ressort à boudin ; elle est engagée par le bas (*k*) dans une rainure de la boîte de culasse et, par le corps, dans la fente longitudinale (U) du cylindre mobile (fig. 23). Par cette disposition, le cylindre ne peut qu'avancer ou reculer dans le sens de l'axe du canon. La face antérieure de chacune des deux branches de la croisière est taillée obliquement à l'axe du percuteur ; les deux inclinaisons sont de sens contraire.

Lorsque le mécanisme est à l'abattu, les branches de la croisière, engagées dans l'entaille (*f*) de la virole, sont en contact avec deux rampes circulaires (*f u*)(fig. 529).

Si, dans cette position, on relève le levier de manœuvre, les rampes portant contre la croisière font reculer le percuteur (fig. 530) jusqu'à ce qu'il vienne reposer sur les paliers (*u*) (fig. 531). Par ce mouvement, le cran de l'armé (*k*) passe en arrière de la tête de gâchette (Q) ; le ressort est bandé (fig. 520).

En fermant le tonnerre par la rotation inverse de la virole, on place en face de la croisière la partie la plus profonde de l'entaille (*f*) (fig. 528). Le percuteur n'est alors maintenu que par la gâchette. Lorsqu'on agit sur la détente, la croisière n'ayant plus de point d'appui est poussée par le ressort à boudin jusqu'au fond de l'entaille. Ce parcours suffit pour déterminer l'explosion de l'amorce.

Le choc du percuteur ne peut se produire que lorsque la croisière est en face d'un point déterminé de la virole, c'est-à-dire lorsque l'arme est fermée.

Si l'on agissait sur la détente avant d'avoir rabattu le levier, l'action du ressort à boudin serait employée à fermer l'arme, ne faisant tourner la virole par le frottement de la croisière sur les rampes. La broche percutante se meut sur l'axe de la boîte de culasse et du canon ; elle ne peut directement atteindre l'amorce de la cartouche qui est à percussion périphérique ; le choc est transmis par l'intermédiaire d'une fourche (T) engagée dans une fente du verrou (7) (fig. 523).

Les dents de la fourche (*t*) peuvent rentrer et se loger dans deux rainures latérales (8) (fig. 523, 528 et suivantes).

Le tire-cartouche (C) occupe la partie supérieure du cylindre auquel il est relié par une goupille ovale (*d'*) engagée dans une chinoise* (*d*) (fig. 523 et 524).

Par suite des dimensions de la chinoise et de la longueur du logement du tire-cartouche (*a*), l'extracteur peut prendre, dans le sens longitudinal, un certain mouvement qui est limité par les talons (9 et 10) venant alternativement buter sur les extrémités du logement (*a*).

En dessus, le tire-cartouche présente une bande plane limitée par deux épaulements (*c c'*). Lorsque l'arme est fermée, une clavette (F), fixée transversalement et excentriquement sur la boîte de culasse, est engagée entre les deux épaulements, qui servent ainsi d'arrêtoir pour limiter, dans les deux sens, la course de la culasse mobile (fig. 520, 521, 522).

Le mouvement longitudinal du tire-cartouche a pour but et pour résultat :

- D'augmenter la force d'extraction, le tire-cartouche n'agissant que lorsque la culasse mobile a déjà une vitesse acquise ;
- De placer préalablement le crochet (*b*) en avant du bourrelet de la cartouche amenée par l'auget ; la cartouche est ainsi poussée dans la chambre par sa partie centrale, tandis que dans le Winchester, elle est d'abord poussée par le crochet de l'extracteur qui s'appuie sur le bourrelet : ce dernier étant plein de poudre fulminante, il est prudent de le préserver de tout choc pendant le chargement[12].

La gâchette (Q) et la détente (S) sont réunies par articulation en (*r*). Un ressort (R), fixé sous la queue de la boîte de culasse (fig. 520), fait remonter la tête de gâchette pour la faire engager dans les crans de la noix (*k*).

Le ressort à boudin, en gros fil d'acier, est enroulé extérieurement autour du cylindre ; le grand diamètre des spires et la dimension du fil ont permis de donner à ce ressort une grande énergie pour un petit parcours.

Le ressort prend un appui sur le bouchon (G) pour agir sur la croisière du percuteur ; il est recouvert par un manchon (E) placé entre la virole et le bouchon.

Manœuvre.

1°. Relever le levier ; la virole, en tournant, agit par ses rampes sur la croisière du percuteur qui recule et bande le ressort à boudin ; en même temps,

[12] Tous les fusils à magasin tirent des cartouches à percussion périphérique ; il serait dangereux d'employer des cartouches à percussion centrale car, dans ce cas, l'amorce serait en contact avec la pointe de la balle suivante.

les renforts de la virole se dégagent des deux crampons de la boîte de culasse.

2°. Retirer la culasse mobile en arrière ; le tire-cartouche ramène l'étui vide engagé dans la chambre : l'auget se soulève, expulse l'étui et amène une cartouche chargée en face de la chambre.

3°. Ramener la culasse mobile en avant ; le cylindre pousse la cartouche de l'auget dans la chambre, puis l'auget redescend à hauteur du magasin pour prendre la cartouche suivante.

4°. Rabattre le levier à droite ; les crochets s'engagent dans les crampons pour opérer la fermeture ; les paliers de la virole abandonnent la croisière, qui n'est plus arrêtée que par la tête de gâchette engagée dans le cran de l'armé.

5°. Agir sur la détente ; la tête de gâchette s'abaisse : le percuteur, libéré, vient frapper le milieu de la fourche dont les pointes sont en contact avec le bourrelet de la cartouche ; le choc détermine l'explosion de la poudre fulminante et le départ du coup.

La charge, comme dans le fusil Winchester, se fait en deux temps lorsque le magasin contient des cartouches, et en trois temps lorsque le magasin est vide. La vitesse de tir est sensiblement la même que dans le fusil Winchester pour les treize premiers coups[13].

DEUXIÈME GROUPE

Revolvers

Le revolver n'est pas d'invention récente ; il existe au musée d'artillerie une carabine-revolver contemporaine de la platine à rouet et de la platine à serpentin.

Mais ces armes ne sont devenues réellement pratiques que depuis l'invention des cartouches à étui métallique. L'usage du pistolet-revolver, très fréquent en Amérique, commence à se répandre en Europe. C'est l'arme de la cavalerie, de la gendarmerie, de la marine. C'est aussi l'arme de l'officier d'infanterie, et c'est à ce titre, que nous donnons les renseignements suivants :

Un revolver se compose essentiellement d'un barillet percé de plusieurs trous (6 ordinairement) disposés parallèlement et à égale distance de l'axe. Chaque trou peut recevoir une cartouche.

[13] L'Italie a adopté le fusil Wetterlin à un coup, ainsi qu'une cartouche métallique à percussion centrale pesant 35 g ; le poids de la balle est de 20,5 g, le calibre de l'arme de 10,5 mm. Le mécanisme est très simplifié : la monture est d'une seule pièce ; le percuteur agit directement sur l'amorce, la cartouche étant à inflammation centrale.

En faisant tourner le barillet autour de son axe, on peut amener successivement chacun des trous en face du canon, et tirer ainsi plusieurs coups de suite, sans être obligé de recharger.

Le tir de tout revolver comporte les six opérations suivantes :

1 - Armer ;
2 - Faire tourner le barillet pour amener une cartouche en face du canon ;
3 - Arrêter le barillet au moment exact où le trou de la nouvelle cartouche est en face du tube ;
4 - Faire partir le coup ;
5 - Retirer les étuis vides ;
6 - Mettre des cartouches nouvelles.

La rotation du barillet, son arrêt à un point donné, constituent des effets distincts, mais non des temps successifs dans la manœuvre. Ces effets s'obtiennent soit en armant le chien, soit en agissant sur la détente.

Dans le premier cas, le revolver est dit à *mouvement simple* ; dans le second, il est à *tir continu.*

Le premier système comporte plus de justesse dans le tir ; le pistolet étant préalablement armé, on vise aussi sûrement qu'avec un pistolet ordinaire.

Le deuxième système, au contraire, comporte une plus grande vitesse de tir ; c'est une arme à employer à bout portant ; il faut, en effet, faire un effort considérable sur la détente pour déterminer le jeu du mécanisme et le coup part sans qu'on soit pour ainsi dire prévenu. Ces conditions sont exclusives de la justesse. On comprend que chacun des deux systèmes convienne plus particulièrement à telle circonstance donnée.

De là, l'idée des revolvers dits à *double mouvement*, avec lesquels on peut, à volonté, armer le chien pour viser, ou bien obtenir un tir continu en agissant simplement sur la détente.

Revolvers à mouvement simple

IV. Pistolet Smith et Wesson

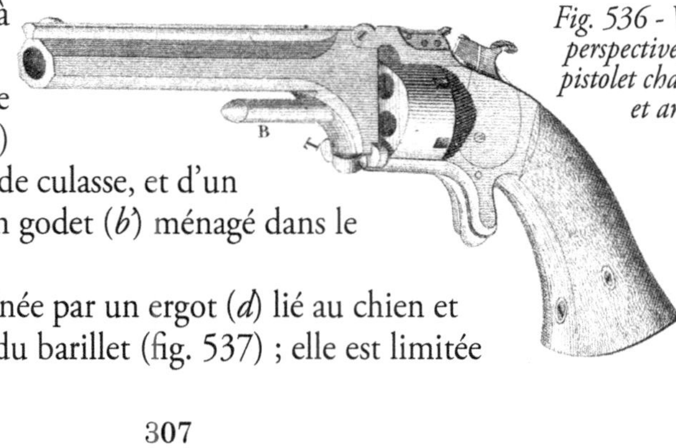

Fig. 536 - Vue perspective, le pistolet chargé et armé

La cartouche est à percussion périphérique.

Le barillet tourne autour d'un pivot fixe (*a*) faisant corps avec la pièce de culasse, et d'un bouton (*b*) engagé dans un godet (*b'*) ménagé dans le pied du canon (fig. 533).

La rotation est déterminée par un ergot (*d*) lié au chien et agissant sur le rochet (C) du barillet (fig. 537) ; elle est limitée par le tenon (*f*) de l'arrêtoir (*g*) qui, sous la pression du ressort (*m*), vient s'engager successivement dans les mortaises (*n*) du barillet.

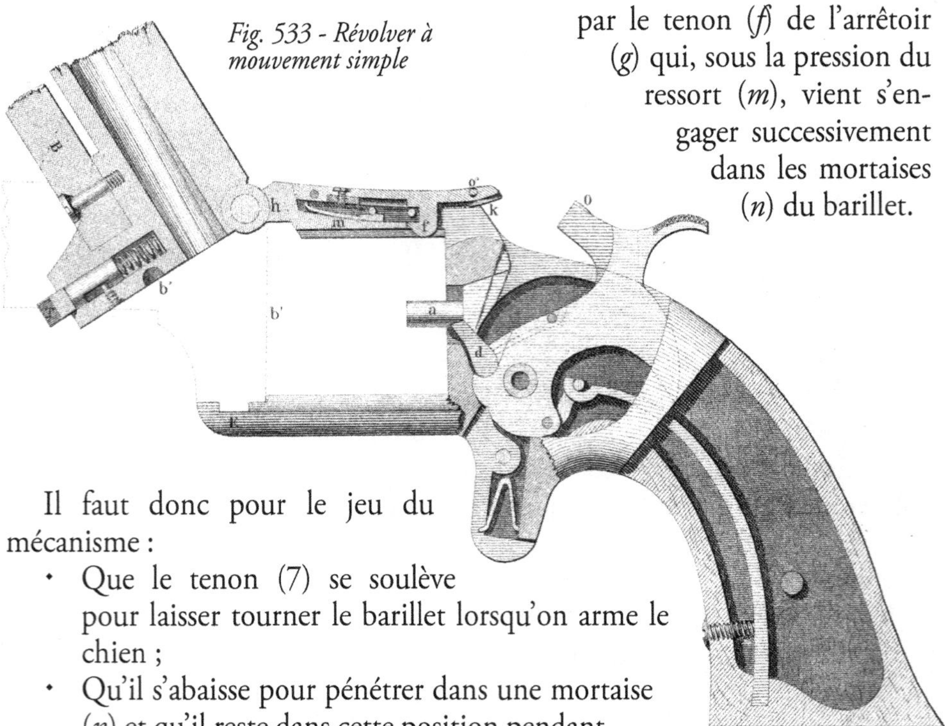

Fig. 533 - Révolver à mouvement simple

Il faut donc pour le jeu du mécanisme :

- Que le tenon (7) se soulève pour laisser tourner le barillet lorsqu'on arme le chien ;
- Qu'il s'abaisse pour pénétrer dans une mortaise (*n*) et qu'il reste dans cette position pendant le tir. Ces effets sont obtenus au moyen du nez du chien (*o*). Quand le chien tombe sur la cartouche, le bout du nez passe entre les branches (PS) du ressort (*k*), en les écartant, sans soulever l'arrêtoir (fig. 534) ; le tenon (*f*) reste engagé dans la mortaise du barillet.

En armant le chien par le mouvement inverse, la base du nez remonte les plans inclinés des branches (PS) en les soulevant.

Le tenon (*f*) est obligé de remonter ; il redescend dès que le nez du chien a dépassé le ressort (*k*).

Arrêtoir

Ressort d'arrêtoir

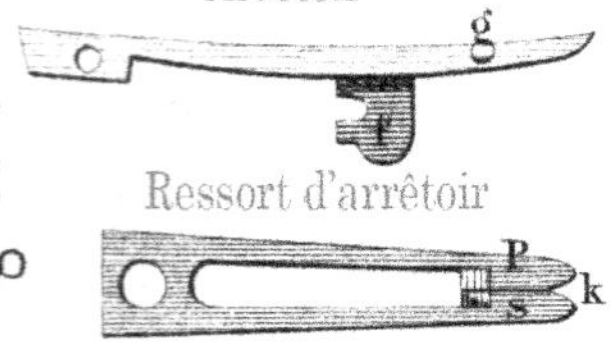

Fig. 534.

Fig. 535.

Chien

T : vu d'arrière

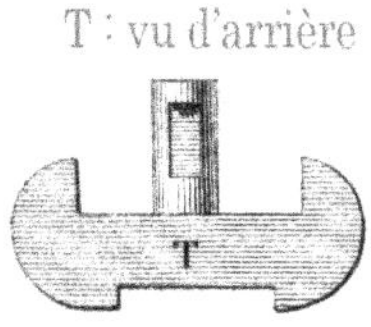

Fig. 538.

Barillet

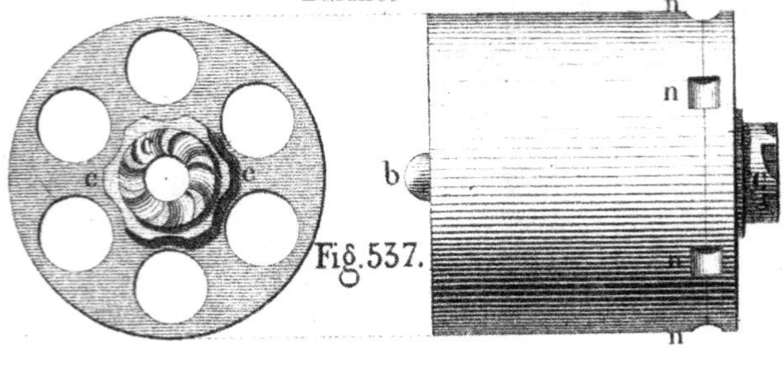

Fig. 537.

Pour charger :
1 - Soulever le (T) engagé dans l'entaille (E) (fig. 533) ;
2 - Faire tourner le canon autour de la charnière (*h*) ;
3 - Retirer le barillet ;
4 - Présenter successivement les trous sur la broche (B), pour chasser les étuis vides (fig. 536) ;
5 - Mettre des cartouches nouvelles dans le barillet ;
6 - Engager le trou central du barillet sur le pivot (*a*) de la culasse fixe (fig. 533) ;
7 - Rabattre le canon contre le barillet. Le T s'engage dans la mortaise ; l'arme est chargée.

Revolvers à tir continu

V. Pistolet Perrin

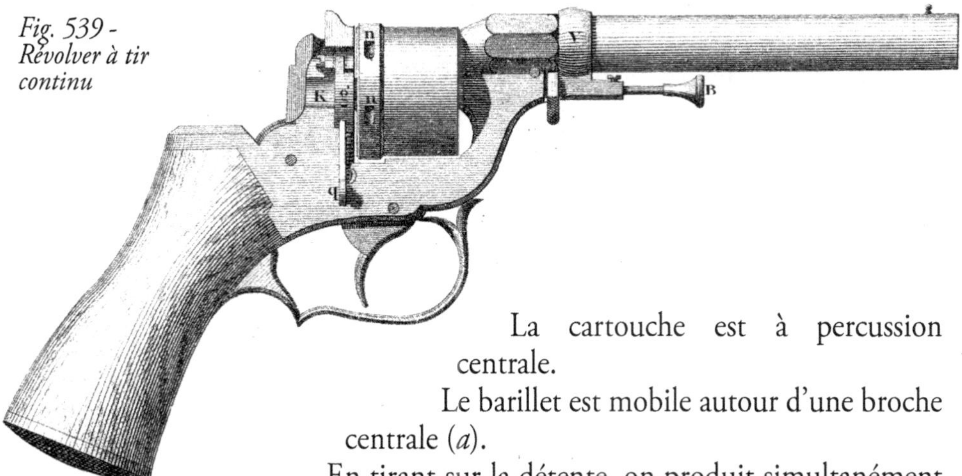

Fig. 539 - Revolver à tir continu

La cartouche est à percussion centrale.

Le barillet est mobile autour d'une broche centrale (*a*).

En tirant sur la détente, on produit simultanément les effets suivants :
1 - La chaînette (*b*) est entraînée en avant ;
2 - Le chien recule ;
3 - Le ressort se bande ;
4 - La barrette (*d*) s'élève, elle agit sur le rochet du barillet et détermine la rotation de cette pièce ;
5 - Le tenon (*f*) remonte.

À la fin du mouvement, le tenon (*f*) se trouve en saillie dans l'entaille (EE') ; il arrête le mouvement du barillet en se plaçant dans une des mortaises (*n*) (fig. 542).

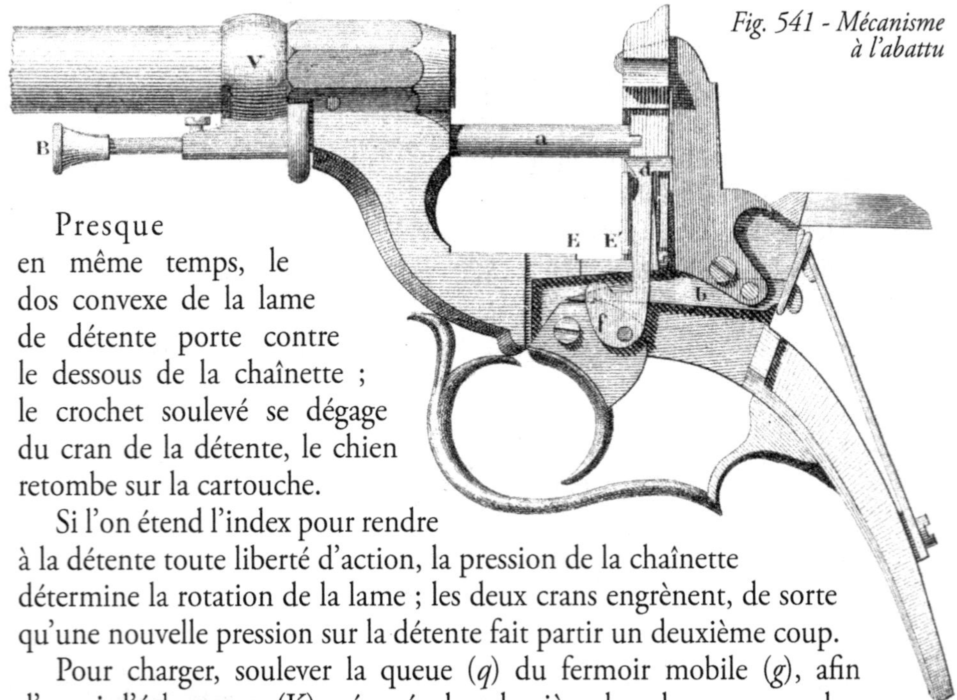

Fig. 541 - Mécanisme à l'abattu

Presque en même temps, le dos convexe de la lame de détente porte contre le dessous de la chaînette ; le crochet soulevé se dégage du cran de la détente, le chien retombe sur la cartouche.

Si l'on étend l'index pour rendre à la détente toute liberté d'action, la pression de la chaînette détermine la rotation de la lame ; les deux crans engrènent, de sorte qu'une nouvelle pression sur la détente fait partir un deuxième coup.

Pour charger, soulever la queue (*q*) du fermoir mobile (*g*), afin d'ouvrir l'échancrure (K) ménagée dans la pièce de culasse, en vue du chargement et du déchargement (fig. 540), tirer la baguette (B) en avant, faire tourner la virole porte-baguette (V), pour ramener la baguette en face du trou qui correspond au fermoir, pousser la baguette dans le trou pour chasser l'étui vide, mettre une nouvelle cartouche.

Barillet

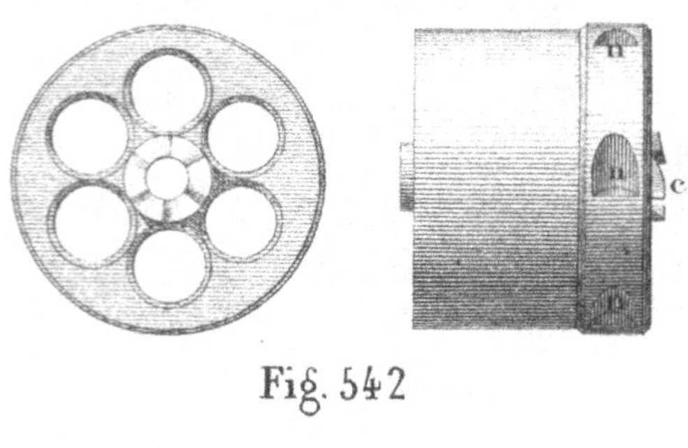

Fig. 542

Pistolet vu de derrière

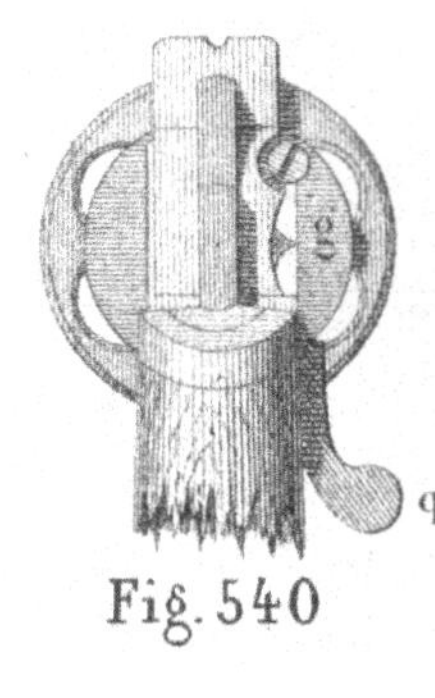

Fig. 540

Amener successivement les six trous du barillet en face de l'échancrure (K) de la pièce de culasse ; enlever l'étui vide, et mettre une nouvelle cartouche.

L'opération terminée, rabattre l'arrêtoir mobile pour maintenir les cartouches introduites dans le barillet. La baguette se loge dans la broche centrale (*a*) ; la virole (B) sert d'arrêtoir à cette dernière pièce (fig. 541).

Les comités consultatifs de la cavalerie et de la gendarmerie ont unanimement adopté, en principe, l'usage du pistolet-revolver comme arme de guerre.

Les conditions d'adoption sont les suivantes :

1 - Le revolver doit être à double mouvement et employer des cartouches à percussion centrale ;
2 - Les organes du mécanisme doivent être assez solides pour résister au transport dans les fontes ;
3 - Le démontage, le remontage et l'entretien doivent être faciles.

VI. Pistolet Perrin

Le pistolet Perrin, mis à double mouvement, était en essai dans quelques régiments de cavalerie au mois de juillet 1870.

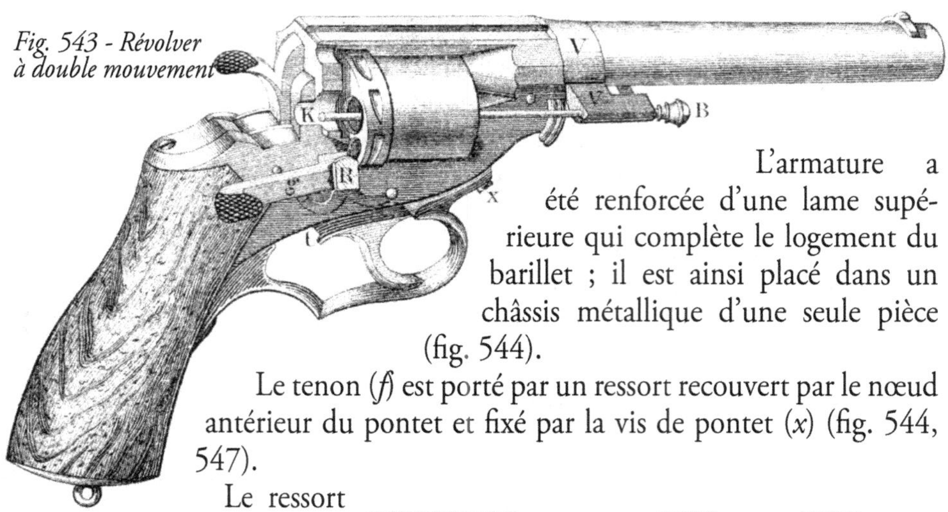

Fig. 543 - Révolver à double mouvement

L'armature a été renforcée d'une lame supérieure qui complète le logement du barillet ; il est ainsi placé dans un châssis métallique d'une seule pièce (fig. 544).

Le tenon (*f*) est porté par un ressort recouvert par le nœud antérieur du pontet et fixé par la vis de pontet (*x*) (fig. 544, 547).

Le ressort qui porte le tenon fait en même temps office de ressort de détente. Le ressort de gâchette (*r*) est fixé sur l'armature par une vis.

Tir ordinaire. — Lorsqu'on arme au moyen de la crête du chien, le pied du chien (*s*) soulève le crochet de la détente (M). La barrette (*d*), entraînée dans le mouvement, fait tourner le barillet, jusqu'au moment où la

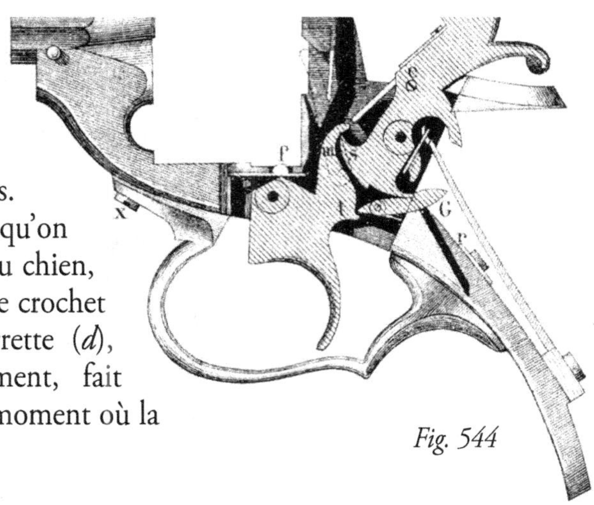

Fig. 544

gâchette (G) engrène avec la queue du chien (fig. 544). À ce moment, le tenon (*f*), soulevé par la détente, a arrêté le mouvement du barillet ; la dent (*t*) de la détente touche presque à la gâchette (G).

Fig. 545.
Fermoir (g)
et son ressort (R)

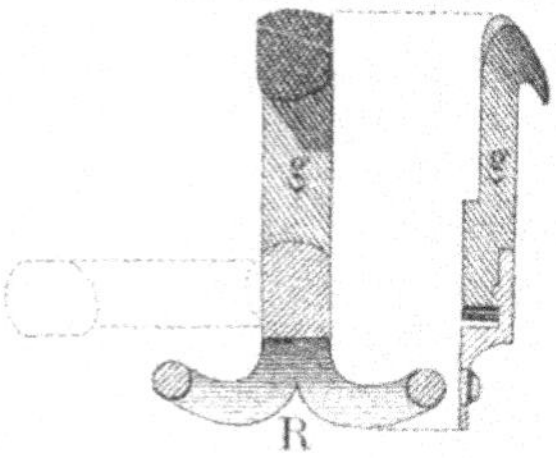

Broche centrale

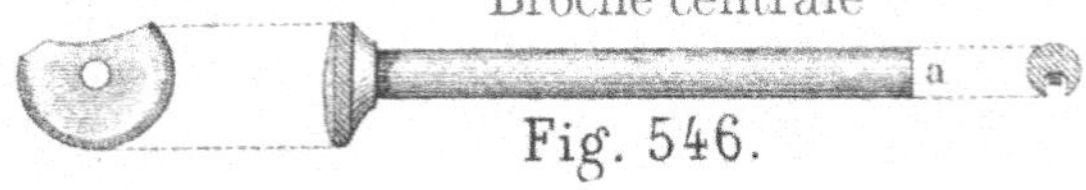

Fig. 546.

Barillet

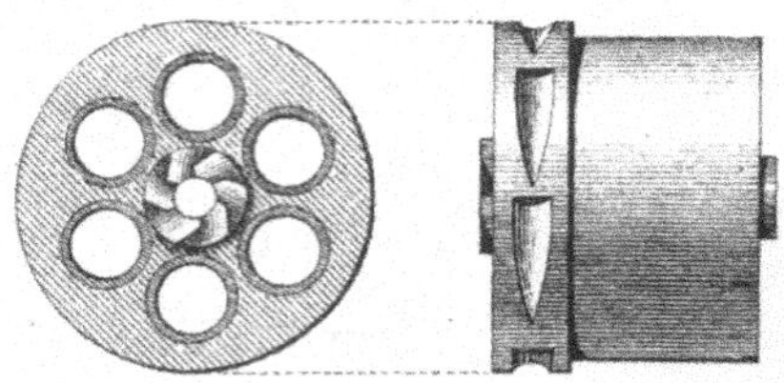

Fig. 548.

Si l'on agit sur la détente, on dégage la gâchette au moyen de la dent (*t*), et on détermine le départ du coup.

Tir continu. — Lorsqu'on veut avoir un tir continu, il suffit d'agir sur la détente, en fermant et en ouvrant alternativement les articulations de l'index.

En pressant sur la détente, la barrette (*d*) fait tourner le barillet. En même temps, le crochet (*m*) pousse l'ergot (*e*), ce qui détermine la rotation du chien autour de son axe. Au moment où le chien arrive à l'armé, la gâchette est soulevée par la dent de la détente ; l'ergot (*e*) glisse en dedans du crochet (*m*), et le chien retombe à l'abattu sans avoir été arrêté.

Si l'on ouvre le doigt, la détente est ramenée à sa position première par le ressort (*f*). Le crochet de la détente fait jouer l'articulation de l'ergot mobile (*e*), et vient de nouveau se placer au-dessous de cette pièce.

On décharge en rabattant en arrière le fermoir (*g*) et en chassant les étuis à l'aide de la baguette (B).

VII. Pistolet Delvigne

(Cartouches à broche)

Le canon est relié à la pièce de culasse par l'arbre (*a*) sur lequel il est vissé. L'assemblage est maintenu par le bouton (*b*) qui fixe le pied du canon sur le support de détente (P) (fig. 549).

Tir ordinaire. — Lorsqu'on arme au moyen de la crête du chien, le bec (*s*) soulève le crochet (*k*), lequel entraîne la détente et l'ergot (*d*). Un peu avant que le chien arrive au cran de l'armé, les talons (1 et 2) de la détente et du crochet se sont rapprochés ; le crochet tourne alors avec la détente en éloignant l'un de l'autre les crans (*m, s*) ; la détente reste suspendue par l'effet du crochet, mais le cran (*m*) n'arrêtera pas le chien lorsqu'il retombera.

Le chien étant à l'armé, la dent (T) de la détente est très rapprochée de la queue de la gâchette (fig. 549).

Fig. 549 - Révolver à double mouvement. Vue du mécanisme à l'abbatu, l'arme non chargée

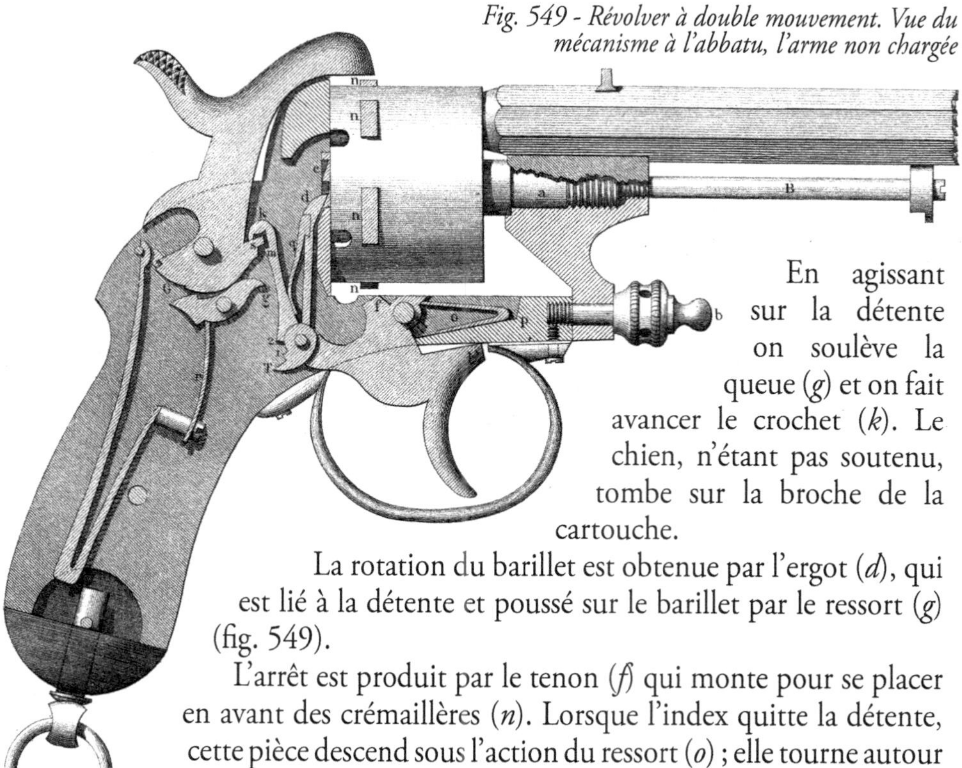

En agissant sur la détente on soulève la queue (*g*) et on fait avancer le crochet (*k*). Le chien, n'étant pas soutenu, tombe sur la broche de la cartouche.

La rotation du barillet est obtenue par l'ergot (*d*), qui est lié à la détente et poussé sur le barillet par le ressort (*g*) (fig. 549).

L'arrêt est produit par le tenon (*f*) qui monte pour se placer en avant des crémaillères (*n*). Lorsque l'index quitte la détente, cette pièce descend sous l'action du ressort (*o*) ; elle tourne autour de sa vis en entraînant le crochet et l'ergot. Le mouvement est limité par le talon (*l*) qui bute sous le support de détente. On peut continuer ainsi le tir, en armant après chaque coup.

Lorsqu'on veut avoir un tir continu, il suffit d'agir sur la détente en fermant et en ouvrant alternativement les articulations de l'index.

En pressant la détente, on fait remonter l'ergot et le crochet ; l'ergot détermine la rotation du barillet, le crochet devient poussoir, il soulève le chien par suite de l'accrochement des crans (*m* et *s*). Le chien n'arrive pas à l'armé parce que la rencontre des talons (1 et 2) et l'action de la dent (T) sur la queue (*g*) se produisent presque simultanément, ce qui enlève au chien tous ses appuis à la fois. Il retombe donc sans avoir été arrêté. Si l'on ouvre le doigt, la détente est ramenée à sa position

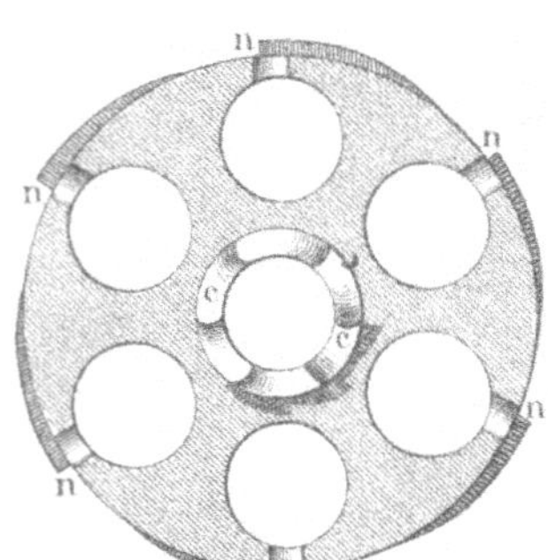

Fig. 550 - Barillet

Fig. 551 - Vue perspective du pistolet chargé et armé

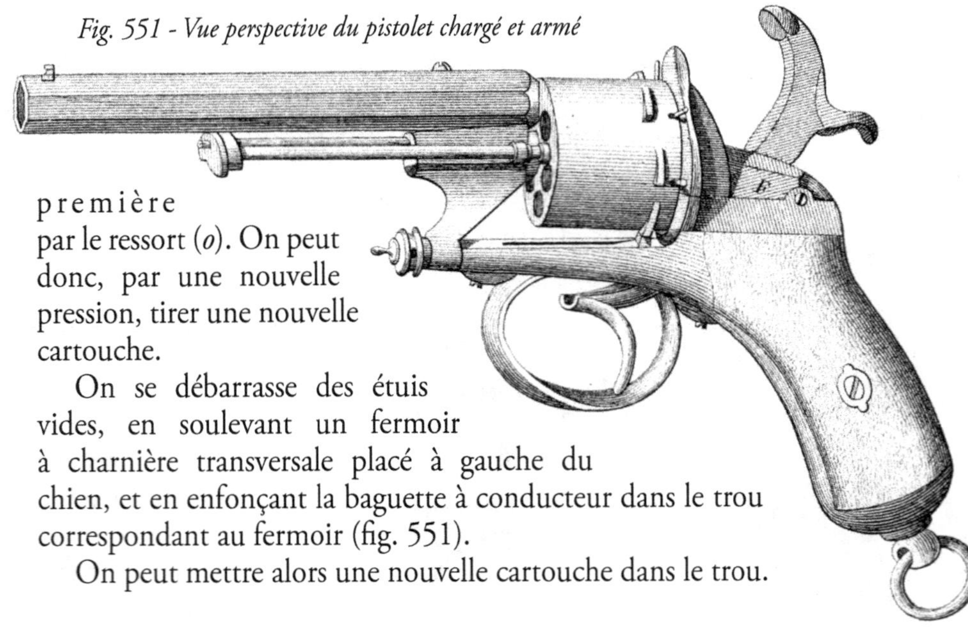

première par le ressort (*o*). On peut donc, par une nouvelle pression, tirer une nouvelle cartouche.

On se débarrasse des étuis vides, en soulevant un fermoir à charnière transversale placé à gauche du chien, et en enfonçant la baguette à conducteur dans le trou correspondant au fermoir (fig. 551).

On peut mettre alors une nouvelle cartouche dans le trou.

VIII. Pistolet de guerre Delvigne

Fig. 552 - Révolver de guerre à double mouvement et à percussion centrale

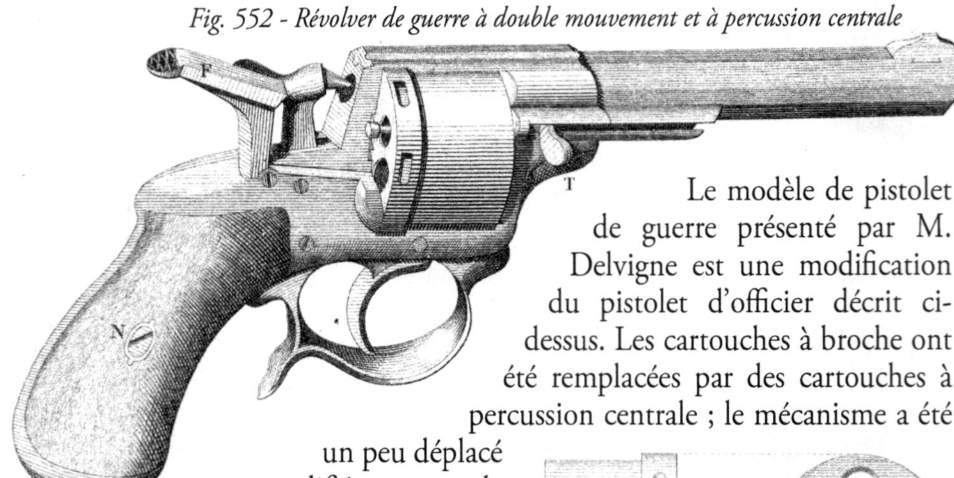

Le modèle de pistolet de guerre présenté par M. Delvigne est une modification du pistolet d'officier décrit ci-dessus. Les cartouches à broche ont été remplacées par des cartouches à percussion centrale ; le mécanisme a été un peu déplacé et modifié, en vue de faciliter le démontage et l'entretien.

Le barillet est placé dans un châssis métallique d'une seule pièce (fig. 555).

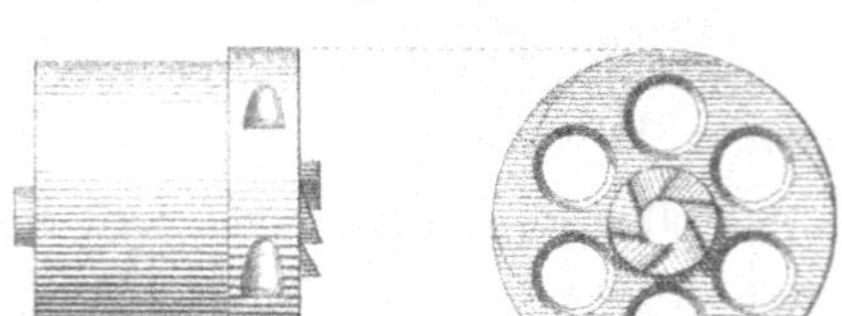

Fig. 553 - Barillet

La rotation s'opère autour d'une broche mobile maintenue sur le châssis par une vis-arrêtoir (fig. 554,555).

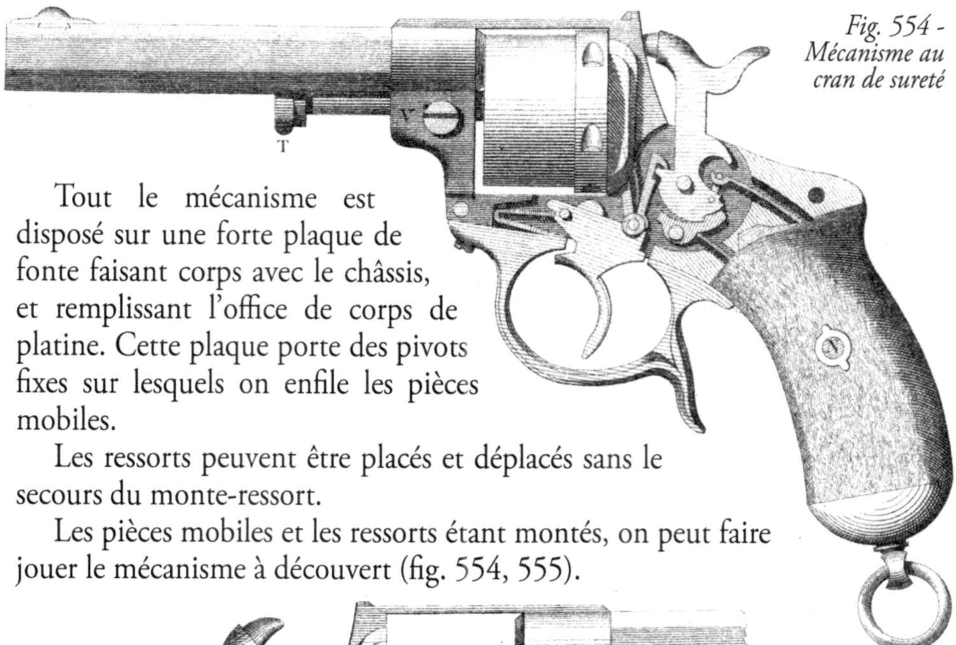

Fig. 554 - Mécanisme au cran de sureté

Tout le mécanisme est disposé sur une forte plaque de fonte faisant corps avec le châssis, et remplissant l'office de corps de platine. Cette plaque porte des pivots fixes sur lesquels on enfile les pièces mobiles.

Les ressorts peuvent être placés et déplacés sans le secours du monte-ressort.

Les pièces mobiles et les ressorts étant montés, on peut faire jouer le mécanisme à découvert (fig. 554, 555).

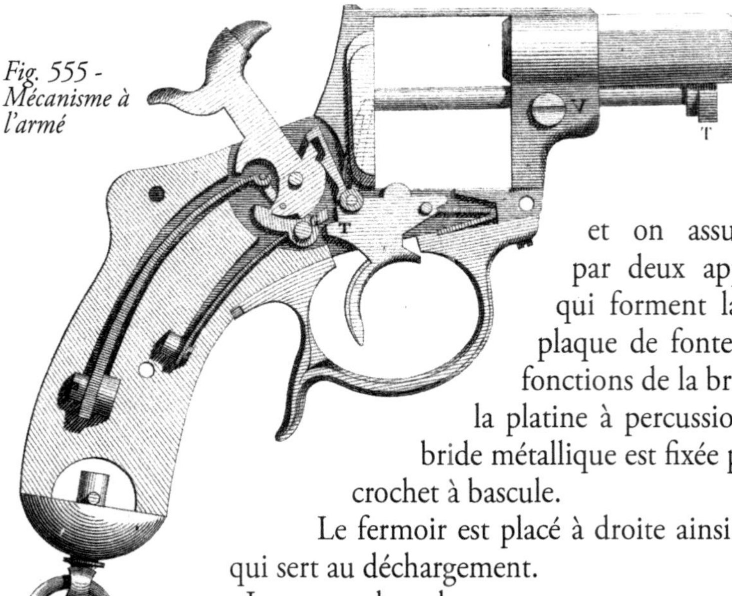

Fig. 555 - Mécanisme à l'armé

On recouvre le tout, et on assure l'assemblage par deux appliques de bois qui forment la crosse, et une plaque de fonte qui remplit les fonctions de la bride de noix dans la platine à percussion (fig. 556). La bride métallique est fixée par une vis et un crochet à bascule.

Le fermoir est placé à droite ainsi que la baguette qui sert au déchargement.

Le canal de la baguette fendu longitudinalement sert de conducteur (fig. 552). Lorsque l'arme est chargée, on ramène la tête de baguette (T) en avant de la broche, pivot du barillet (fig. 554).

Fig. 556 - Bride

CHAPITRE VI

COMPARAISON DES DIVERS MODÈLES FRANÇAIS ET ÉTRANGERS

Les trois chapitres précédents ne contiennent, à proprement parler, que la description des divers modèles.

Reste à examiner comparativement les résultats de tir qu'ils sont susceptibles de donner.

Les diverses appréciations qui feront l'objet des développements suivants seront divisées en cinq paragraphes, savoir :

1 - Conditions de tir ;
2 - Appréciation de l'ensemble ;
3 - Progrès réalisables ;
4 - Limites approximatives des progrès ;
5 - Baïonnettes.

I. Conditions de tir

Les résultats à obtenir sont :

- La tension de la trajectoire ;
- La justesse ;
- La portée.

Les inconvénients à éviter sont :

- Le poids de l'arme et des munitions ;
- Le recul.

Les moyens à employer pour arriver aux résultats multiples énoncés ci-dessus ont été développés (page 143 et suivantes).

Voici les principales conclusions :

1°. Le poids du fusil doit être de 4 kg environ ;

2°. Le calibre de l'arme doit être de 10,7 mm ;

3°. La vitesse initiale doit être de 450 mètres environ, ce qui s'obtient ordinairement avec une charge de poudre égale au quart du poids du projectile, soit 6 grammes de poudre et 24 grammes de plomb.

Connaissant le calibre d'une arme, le poids de la cartouche et la vitesse initiale de la balle, on peut préjuger de la valeur de son tir. Dans le tableau suivant, on a mis à côté du poids de la cartouche adoptée le poids de la cartouche la plus convenable pour le calibre.

La comparaison de ces valeurs permettra de constater, pour chaque arme, de combien on s'est écarté des conditions jugées les meilleures.

Le poids de cette cartouche théorique a été déterminé approximativement, de la manière suivante :

1 - Le poids de la balle a été calculé conformément au tableau de la page 163 ;
2 - Le poids de la charge est supposé égal au quart du poids du projectile ;
3 - Le poids de l'étui est supposé égal à la moitié du poids de la charge pour les cartouches combustibles, et à une fois et demie ce poids pour les cartouches à étui rigide.

Le calibre le plus favorable pour une arme de guerre étant de 10,7 mm, la cartouche la plus convenable théoriquement doit peser : 33 grammes si elle est combustible, et 39 grammes si elle est à étui rigide.

	CARTOUCHE combustible.	CARTOUCHE à étui rigide.
Poids du projectile.	24	24
— de la poudre	6	6
Enveloppe et accessoires	3	9
TOTAUX.	33	39

CALIBRES.		DÉSIGNATION des MODÈLES.	NATIONALITÉ	POIDS DE LA CARTOUCHE THÉORIQUE combustible.	POIDS DE LA CARTOUCHE THÉORIQUE à étui rigide.	POIDS DE LA CARTOUCHE ADOPTÉE combustible.	POIDS DE LA CARTOUCHE ADOPTÉE à étui rigide.	POIDS de l'arme sans baïonnette.	POIDS de l'arme et de cent cartouches.	VITESSE initiale.
				grammes.	grammes.	grammes.	grammes.	kilogr.	kilogr.	
GROS CALIBRES.	18,0	Fusil à tabatière modèle 1867	France.	»	486	»	47,8	4,560	9,340	»
	17,8	Carabine à tabatière modèle 1867	Id.	»	480	»	57,3	4,770	10,500	323
	17,5	Fusil transformé.	Hollande.	»	470	»	52,5	4,570	9,820	»
	17,5	Fusil transformé Carcano	Italie	144	»	41,5	»	4,628	8,778	295
	17,0	Carabine transformée	Danemark	»	456	»	50.0	4,404	9,404	344,4
CALIBRES MOYENS.	15,4	Fusil à aiguille.	Prusse.	99	»	40,5	»	5,020	9,070	299,4
	15,3	Fusil transformé Karl	Russie.	96	»	43,3	»	4,777	9,107	»
	14,8	Fusil Enfield-Snider	Angleterre	»	404	»	44,6	»	»	»
	14,4	Carabine transformée Berdan.	Espagne	»	96	»	45,0	»	»	300
	13,9	Fusil et carabine transformés Wantzel	Autriche.	»	85	»	»	4.373	»	»
PETITS CALIBRES.	12,9	Fusil Springfield.	Etats-Unis	»	67	»	44,0	4,352	8,752	375
	12,7	Fusil Peabody.	Egypte.	»	65	»	»	»	»	»
	12,7	Fusil Remington.	Etats pontificaux.	»	65	»	44,5	4,220	8.670	380
	12,5	Id.	Norwége	»	62	»	»	4,345	»	»
	12 4	Id.	Suède	»	55	»	35,0	4,263	7,763	»
	11 6	Id.	Danemark	»	49	»	34,5	4,038	7.488	383,6
	11,3	Fusil Westley-Richard's	Portugal.	39	»	37,7	»	4,224	7,994	»
	11,3	Fusil Martini-Henry	Angleterre.	»	46	»	46,5	4,225	8,875	415
	11 0	Fusil Albini	Belgique.	»	42	»	39,8	4,703	8,683	400,6
	11,0	Fusil Werder	Bavière.	»	42	»	35,2	4,400	7,920	450
	11,0	Fusil Remington.	Egypte, Espagne.	»	42	»	40,0	4,200	8,200	430
	11,0	Fusil de Beaumont.	Hollande.	»	42	»	34,0	4,350	7,750	404
	11,0	Fusil modèle 1866	France.	36	»	32,5	»	4,034	7,334	410
	10,9	Fusil Werndt	Autriche.	»	44	»	32,4	4,48	7,720	436
	10,7	Fusil Berdan.	Russie.	»	39	»	44,46	4,255	8,401	442
	10,5	Fusil Amsler-Milbanck.	Suisse.	»	37	»	30,40	4,845	7,855	435
	10,5	Fusil Burton	En étude.	»	37	»	»	»	»	»
	10,45	Fusil Wetterlin à 4 coup.	Italie	»	37	»	35,0	4,200	7,700	425

On peut classer ces armes en trois groupes :

- Les armes de gros calibre ;
- Les armes de moyen calibre ;
- Les armes de petit calibre.

Les conditions de tir des armes du premier groupe sont au moins médiocres ; dans la deuxième, elles flottent entre le passable et l'assez bon ; la valeur des armes du dernier groupe varie du bon au très bon.

Armes de gros calibre

Ce sont les vieux modèles établis en vue du tir de la balle ronde, ou tout au moins de la balle oblongue et de la balle à culot. Les plus anciens ont subi deux transformations : la première leur a donné des rayures, la deuxième, la vitesse du tir par l'adoption du chargement par l'arrière.

On a déjà fait ressortir les mauvaises conditions de tir de ces armes : les cartouches sont fort lourdes, et cependant leur poids est bien au-dessous du nécessaire ; la trajectoire est très courbe ; la portée et la justesse ne peuvent s'obtenir qu'en exagérant le poids des munitions.

Armes de moyen calibre

Ce sont les modèles de transition adoptés à une époque où l'on voyait vaguement qu'il fallait réduire le diamètre sans se rendre compte des dimensions qu'il fallait adopter.

À part le fusil prussien, toutes ces armes avaient été établies en vue du chargement par la bouche et du tir d'une balle évidée ou d'une balle à culot.

Armes de petit calibre

Ce groupe, presque entièrement composé de modèles tout récents, contient cependant trois armes transformées : le fusil des États-Unis, le fusil Albini et le fusil suisse. Les deux premiers ont été réduits de calibre au moment de la transformation : le premier, par l'addition d'un tube intérieur, le deuxième, par le changement de la volée (voir page 286).

Tension — Justesse — Portée

Le choix du calibre est la base fondamentale de la détermination d'une arme de guerre et, par suite, le premier élément d'appréciation ; mais, à égalité de calibre, toutes les armes n'ont pas la même valeur ; il y a donc lieu d'examiner, en second lieu, les dispositions de détail adoptées en vue d'obtenir la tension, la justesse, la portée.

La supériorité de telle disposition sur telle autre peut être quelquefois préjugée mais le plus souvent elle ne ressort clairement que par les résultats de tir. Il est donc essentiel d'avoir, sur chaque arme, quelques résultats comparables.

Tension. — Nous prendrons pour expression de la tension, la grandeur de la flèche de la trajectoire de 0 à 400 mètres.

Justesse. — Pour la justesse, nous prendrons l'écart absolu moyen par rapport au point moyen, aux distances de 200, 400, 600, 800 et 1 000 mètres.

Portée. — La portée sera évaluée en mètres, d'après la plus grande hauteur que la hausse permette de donner au cran de mire. Pour les derniers renseignements donnés ci-après, les armes sont classées par nationalité, les puissances étant placées par ordre alphabétique.

II. Appréciation de l'ensemble

Lorsqu'on prend séparément chacune des qualités de plusieurs modèles d'armes, il est facile de faire un classement par ordre de mérite, à ce point de vue particulier ; mais il est moins aisé de se prononcer entre quelques types se valant à peu près, en raison d'avantages d'ordre différent.

Il ne faut donc pas s'étonner qu'une arme soit contradictoirement appréciée dans deux pays plus ou moins éloignés. La préférence est presque toujours motivée par la qualité à laquelle on accorde la prédominance, et cette prédominance résulte elle-même de certaines conditions qu'il est facile de mettre en lumière ; ce sont l'état de l'industrie de la nation, la nature du pays qui sera le théâtre probable de la guerre ; le caractère, les qualités guerrières des populations, le genre de guerre à faire, la composition de l'armée à combattre, etc.

Les peuples chez lesquels l'industrie est à l'état rudimentaire s'en tiennent à la platine à silex, au canon lisse et à la balle ronde, parce qu'ils ne savent pas fabriquer des amorces fulminantes et qu'ils ne peuvent compter sur la précision de fabrication qu'exige le tir des armes nouvelles. Pour eux, la qualité dominante, c'est la facilité d'approvisionnement en munitions de guerre : il faut que chacun puisse fondre ses balles.

En Amérique, au contraire, où l'emploi des machines est poussé jusqu'à l'abus, la précision des dimensions n'est pas une difficulté, tandis que la fabrication manuelle est une monstruosité. De là leur préférence pour la cartouche métallique, malgré son poids mort.

Une nation qui n'a que l'intention de se défendre chez elle, sur un terrain boisé, coupé d'obstacles de toute nature, derrière lesquels elle peut embusquer ses tireurs, ne tient qu'accessoirement à une grande portée dont elle ne voit pas l'application ; elle tient, au contraire, à la précision du tir. Une armée, appelée à faire ordinairement la guerre d'offensive, qui doit s'attendre à des marches

NOMS des puissances.	DÉSIGNATION du modèles.	CALIBRE.	POIDS de la cartouche.	TENSION — Flèche de 0 à 400m	JUSTESSE. Écart absolu moyen par rapport au point moyen.					PORTÉE.
					à 200m	à 400m	à 600m	à 800m	à 1000m	
			grammes.							mètres.
Angleterre.	Enfield-Snider	14,8	44,6	2,58	0,20	0,49	0,91	2,00	»	800
	Martini-Henry	11,3	46,5	1,78	0,13	0,27	0,58	0,82	1,30	1200
Autriche.	Waentzel	13,9	»	»	»	»	»	»	»	600
	Werndt	10,9	32,4	»	»	»	»	»	»	»
Bavière	Werder	11,0	35,2	1,86	»	0,65	»	»	»	900
Belgique.	Albini	11,0	39,8	2,32	0,39	»	»	»	»	1000
Danemark	Transformé	17,0	50,0	3,28	0,44	0,84	»	»	»	700
	Remington	11,6	34,5	2,25	0,25	0,53	»	»	»	1000
Égypte.	Remington	11,0	41,00	»	»	»	»	»	»	»
	Peabody	12,7	»	»	»	»	»	»	»	»
Espagne	Remington	11,0	40,9	1,87	»	»	»	»	»	1000
États-Unis.	Transformé Berdan	14,4	45,0	»	»	»	»	»	»	»
	Fusil Springfield	12,9	44,0	2,37	0,14	0,34	0,69	1,20	1,90	1000
France.	Fusil transformé 1867	18,0	47,8	»	0,41	0,95	2,00	»	»	600
	Carabine transformée 1867	17,8	57,3	3,90	0,32	0,71	1,15	1,92	2,65	1000
	Fusil modèle 1866	11,0	32,5	1,88	0,20	0,42	0,70	1,30	2,03	1200
Hollande.	Transformé	17,5	52,5	»	»	»	»	»	»	600
	Fusil de Beaumont	11,0	34,00	»	«	»	»	»	»	1200
Italie.	Fusil Carcano	17,5	44,6	»	»	»	»	»	»	600
	Fusil Wetterlin	10,5	35,0	»	»	»	»	»	»	»
Norwége.	Remington	12,5	»	»	»	»	»	»	»	»
Portugal	Fusil Westley-Richard's	11,3	37,7	2,38	0,22	0,58	»	»	»	»
Prusse.	Fusil à aiguille	15,4	40,5	2,95	0,27	0,49	0,92	»	»	600
Russie.	Fusil Karl	15,3	43,3	»	»	»	»	»	»	900
Suède	Remington	12,1	35,0	»	»	»	»	»	»	1000

longues et rapides, doit tenir en première ligne à la légèreté des munitions, et elle doit y tenir d'autant plus que la force musculaire du soldat d'infanterie sera plus petite.

La trempe morale du soldat fait supporter les fatigues de la marche, les privations de toute nature, mais elle ne remplace pas la vigueur musculaire pour soulever et porter des fardeaux ; il faut donc tenir compte de la constitution moyenne des soldats d'infanterie.

Une armée qui doit s'éloigner beaucoup de sa base d'opération, porter la guerre dans des pays lointains, qui peut momentanément se trouver sans communication avec la mère patrie ou sa base d'opération, tiendra à pouvoir fabriquer en tout lieu ses munitions de guerre.

Dans ce cas, la fabrication manuelle des cartouches devient une qualité.

Suivant le tempérament de la nation, on sacrifiera dans une certaine mesure la précision du tir à la tension de la trajectoire ou réciproquement. Les portées considérables deviennent importantes dans les grandes guerres, sur un champ de bataille où les lignes de l'ennemi occupent une grande profondeur. Les projectiles de l'infanterie, lancés même au hasard, peuvent inquiéter les réserves à de grandes distances ou forcer l'ennemi à laisser de grands intervalles entre ses lignes.

Ces indications sommaires sont suffisantes pour expliquer la différence des points de vue des divers gouvernements en matière d'armement ; la contradiction des solutions acceptées est souvent plus apparente que réelle.

Un classement par ordre de valeur des divers modèles étudiés ne donnerait donc qu'une opinion personnelle au moins contestable.

Pour ces motifs, nous nous bornons à diviser ces armes en quatre groupes :

Le premier contient les modèles que nous qualifions très bons.

Les armes du deuxième groupe sont seulement bonnes ; celles du troisième, assez bonnes, et celles du quatrième, médiocres ou, au plus, passables.

Dans chaque groupe, les modèles sont rangés par ordre alphabétique :

<table>
<tr><td rowspan="9">Premier groupe
(très bons)</td><td>Fusil</td><td>Amsler Milbanck</td></tr>
<tr><td>–</td><td>de Beaumont.</td></tr>
<tr><td>–</td><td>Berdan.</td></tr>
<tr><td>–</td><td>Burton.</td></tr>
<tr><td>–</td><td>Chassepot.</td></tr>
<tr><td>–</td><td>Martini-Henry.</td></tr>
<tr><td>–</td><td>Remington.</td></tr>
<tr><td>–</td><td>Werder.</td></tr>
<tr><td>–</td><td>Wetterlin.</td></tr>
<tr><td rowspan="4">Deuxième groupe
(bons)</td><td>–</td><td>Albini</td></tr>
<tr><td>–</td><td>Peabody.</td></tr>
<tr><td>–</td><td>Springfield.</td></tr>
<tr><td>–</td><td>Werndl.</td></tr>
</table>

Troisième groupe *(Assez bons)*	– Berdan (transformation). – Karl. – Snider. – Waentzel.
Quatrième groupe *(Passables ou médiocres)*	– Carcano. – Danois (transformation). – Français id. – Hollandais id. – Prussien à aiguille. – Fusil Westley Richard's.

III. Progrés réalisables

Cartouches

La commission supérieure qui proposa, en 1866, l'adoption immédiate du fusil Chassepot, avait jugé la question à un point de vue plutôt politique que technique. Toutes ses décisions furent déterminées par cette idée qu'il n'y avait pas un moment à perdre pour commencer la fabrication d'un nouveau modèle d'armes. Le fusil Chassepot était le meilleur des types présentés, et il fut accepté ainsi que la cartouche en papier et gaze de soie. Les cartouches à étui rigide présentées en 1866 étaient inférieures à la cartouche combustible mais, depuis cette époque, on a réalisé de grands progrès dans la fabrication des cartouches métalliques qui, à notre avis, constituent aujourd'hui la meilleure solution connue du chargement par l'arrière.

La supériorité de la cartouche à étui rigide n'est certainement pas une de ces vérités incontestables pour le présent et immuables pour l'avenir ; mais, la question de principe réservée, on peut dire qu'en fait, pour le moment, l'adoption de la cartouche métallique serait une amélioration.

Les deux inconvénients que l'on impute aux cartouches métalliques sont :

- Leur mode de fabrication
- Leur poids mort.

Mode de fabrication — La fabrication mécanique, malgré ses inconvénients, est une nécessité qui s'impose. Les armes modernes n'acquièrent toute la puissance, toute la précision dont elles sont susceptibles qu'autant qu'on emploie des cartouches parfaitement confectionnées et en très bon état de conservation. La fabrication mécanique offre, à cet égard, des garanties que ne présentera jamais une confection manuelle.

L'industrie a fait des progrès considérables : les moyens de transport ont été énormément développés et multipliés ; il faut savoir utiliser ces ressources nouvelles pour approvisionner les armées en munitions de guerre. Il faut être de son temps ; les principes posés par nos devanciers ont eu jadis leur raison d'être, mais ils ne tiennent aujourd'hui debout que par la force de la routine. Si la cartouche combustible reprend la supériorité sur la cartouche métallique, c'est lorsqu'elle sera rigide et fabriquée mécaniquement.

Poids mort. — La surcharge résultant du poids relativement considérable de l'étui est une objection qui n'aura sa valeur entière que lorsqu'on fabriquera des cartouches combustibles se conservant bien dans les gibernes et ne donnant pas de ratés. Dans l'état actuel des choses, il y a compensation, au moins en partie ; les éléments nous manquent pour établir la comparaison d'une manière exacte, mais il est facile de déterminer des conditions dans lesquelles la compensation serait complète

90 cartouches modèle 1866 pèsent 3 kilogrammes ; admettons que 14 de ces cartouches soient mises hors de service pour une cause quelconque (humidité, rupture de l'étui dans la giberne, ratés, etc.), 3 kilogrammes de cartouches fourniraient 76 coups de feu.

Une cartouche à étui métallique donnant la même puissance de tir que la cartouche modèle 1866 pèserait environ 39 grammes, soit 77 cartouches pour 3 kilogrammes. Si ces 77 cartouches fournissaient 76 coups de feu, la compensation serait complète.

Quoi qu'il en soit, la cartouche à étui métallique est, à notre avis, la meilleure solution du moment.

Nous avons indiqué, pages 186 et suivantes, quelles étaient les meilleures dispositions à donner à l'étui ; nous avons examiné, pages 153 et suivantes, comment on doit déterminer les formes et les dimensions des projectiles et comment on doit les fabriquer. Pour compléter cette étude, il nous reste à voir s'il n'y aurait pas des progrès à réaliser dans le troisième élément des cartouches : les poudres.

Poudres

Poudre en grains. – Antérieurement à l'adoption du fusil modèle 1866, la poudre à mousquet employée en France consistait en un mélange intime de salpêtre, de soufre et de charbon, dans les proportions suivantes :

- Salpêtre................ 75 parties.
- Soufre.................. 12,5
- Charbon. 12,5
- Total....................100,0

Cette poudre, grossièrement grenée, insuffisamment lissée, était très encrassante.

La fabrication, organisée en vue du tir de la balle ronde, ne reçut aucune amélioration notable dans la période de transition pendant laquelle on tira des projectiles allongés dans des armes rayées de gros calibre. Cette poudre se prêtait assez bien au forcement par expansion, et les inconvénients de l'encrassement étaient en partie neutralisés par l'emploi de la graisse.

Lorsqu'on entreprit d'une manière sérieuse l'étude des armes de petit calibre se chargeant par la bouche, on reconnut que l'ancienne poudre à mousquet ne se prêtait pas aux conditions nouvelles du forcement et du tir. Les spécialistes furent invités à produire une poudre en rapport avec les exigences qui venaient de se révéler.

Parmi les nombreux échantillons mis en essai, on choisit le type étiqueté (B), d'où le nom de poudre B donné à la poudre actuellement employée pour la fabrication de la cartouche modèle 1866 ; en voici le dosage :

- Salpêtre...................... 74 parties.
- Soufre......................... 10,5
- Charbon..................... 15,5
- Total...........................100,0

La nouvelle poudre, triturée par des meules est plus lissée que l'ancienne ; le grain est plus dur, il est anguleux mais net, et a une apparence demi-brillante.

La poudre B a été choisie en vue du tir des armes de petit calibre se chargeant par la bouche, or les conditions du forcement sont changées de nouveau, depuis l'adoption du chargement par l'arrière, il y aurait donc avantage à reprendre l'étude de cette importante question.

Les propriétés balistiques de la poudre changent avec le dosage, le mode de trituration, le grenage et même avec la durée de la trituration, pour un même dosage et les mêmes procédés de fabrication.

Indépendamment des conditions de conservation qui ont toujours une grande importance, la poudre, au point de vue du tir, doit réunir les propriétés suivantes :

1 - Elle doit produire le moins d'encrassement possible ;
2 - Elle doit brûler avec régularité, c'est-à-dire toujours de la même manière ;
3 - La durée de la combustion doit être en rapport avec le mode de forcement employé ;
4 - La poudre doit imprimer une grande vitesse au projectile, tout en ménageant le canon et les organes de fermeture.

Les effets produits par les gaz, tant sur l'arme que sur la balle, sont très différents, suivant que la poudre brûle plus ou moins vite.

Si la combustion est instantanée, par exemple, les gaz prennent, dès le premier moment, une tension très considérable ; le canon doit supporter un effort énorme, le projectile est très brusquement déplacé, ce déplacement agrandissant progressivement l'espace dans lequel les gaz sont contenus, la tension diminue très rapidement et devient relativement minime lorsque le projectile arrive à la bouche. Si, au contraire, la combustion demande un certain temps, les premiers gaz produits déplacent la balle sans brusquerie, la force continue à se développer après la mise en mouvement du projectile, les gaz n'acquièrent leur tension maxima que lorsque la balle a déjà parcouru une partie de l'âme.

Lorsque le projectile a franchi le point correspondant à cet effort maximum, la tension des gaz diminue, mais moins rapidement que dans le premier cas, de sorte qu'elle reste encore considérable lorsque la balle quitte le canon.

Dans les deux cas, la vitesse acquise par le projectile arrivé à la bouche peut être considérée comme le résultat de deux actions distinctes :

- L'impulsion du premier moment ;
- Les accélérations dues à la continuité de l'action des gaz de la poudre, pendant que le projectile va du tonnerre à la bouche.

Dans le premier cas, l'impulsion première est très énergique, mais les accélérations sont relativement minimes.

Dans le deuxième cas, au contraire, la première impulsion est petite, mais les accélérations sont très considérables.

On conçoit donc que la vitesse acquise à la bouche puisse être plus grande dans le deuxième cas que dans le premier, quoique le canon ait eu un moindre effort à supporter et c'est en effet ce que démontre l'expérience.

Les poudres à combustion quasi instantanée sont dites *brisantes* ; elles sont d'un emploi dangereux, dégradent les armes et sont peu avantageuses au point de vue des effets balistiques.

Les poudres dont la combustion demande un temps relativement considérable, sont dites *poudres lentes.*

Entre ces deux manières d'agir, il y a un terme moyen que l'on conçoit aisément, quoique les limites soient assez difficiles à définir ; les poudres jouissant de ces propriétés intermédiaires sont appelées *poudres vives.*

Les *poudres vives* convenaient spécialement aux armes de petit calibre se chargeant par la bouche car le forcement se produisant par affaissement (voir page 153), il était indispensable d'obtenir, dès le premier moment, une tension des gaz d'autant plus grande que le vent nécessaire au chargement était plus considérable.

Les poudres lentes convenaient, au contraire, aux armes de gros calibre tirant des balles creuses, car il fallait obtenir le forcement par expansion, avant la mise en mouvement du projectile.

Avec le chargement par l'arrière, le forcement est assuré quelle que soit la qualité de la poudre employée, mais il y a avantage à employer des poudres lentes.

Remarquons, en effet, que pour obtenir le centrage, il faut donner à la partie antérieure du projectile presque exactement le calibre de l'arme ; si cette portion de la balle se force par affaissement avec autant de vigueur qu'une balle introduite par la bouche, l'adhérence aux parois sera énorme puisque la balle ne peut pas s'élargir. On dépensera donc en frottements inutiles une partie notable de la force produite, et il faudra une plus forte charge, pour obtenir la même vitesse que dans une arme se chargeant par la bouche.

L'usage d'une poudre lente devient doublement avantageux si l'on emploie des étuis métalliques car la tension des gaz au premier moment et l'effort maximum à supporter par l'étui sont moindres avec une poudre lente qu'avec une poudre vive.

La chambre ardente du fusil actuel corrige dans une certaine mesure la vivacité de la poudre B. Cette compensation n'existe plus avec un étui métallique.

Poudre comprimée. Les cartouches combustibles pour armes se chargeant par l'arrière, sont d'une confection très délicate par ce seul fait qu'on emploie de la poudre en grains. L'enveloppe est alors fort compliquée, perméable, peu solide, l'amorce se rattache difficilement à l'étui à poudre ; quoi qu'on fasse, tous les éléments de la cartouche ne sont pas complètement brûlés ou expulsés ; les matières solides qui restent dans la chambre (la capsule de cuivre notamment), peuvent gêner ou empêcher l'introduction de la cartouche suivante et donner lieu à des difficultés ou à des impossibilités de chargement.

La question serait bien simplifiée si la charge formait un lingot dur qu'il serait facile de rattacher à la balle et à l'amorce. La fabrication deviendrait simple ; le poids mort serait entièrement supprimé, l'arrêt de la cartouche s'obtiendrait par les mêmes moyens qu'avec les cartouches à étui métallique : les ratés de premier coup seraient supprimés, la chambre ardente deviendrait inutile, etc.

Une cartouche en poudre comprimée réaliserait ces avantages, mais les essais faits dans ce sens ont échoué. On s'est peut-être rebuté trop tôt. Le dernier mot n'est pas dit sur cette importante question. On arrivera à améliorer la fabrication et le mode d'inflammation de la poudre comprimée de façon à obtenir un tir aussi régulier qu'avec la poudre en grain. Il faudra probablement, pour cela, enflammer le bloc de poudre par sa partie antérieure.

On a encore essayé des culots en poudre comprimée fournissant l'arrêt de la cartouche par un bourrelet postérieur, et portant la poudre d'amorce dans un creux ménagé au milieu de la base. Les ratés disparaissaient en grande partie mais la régularité du tir était compromise.

Les culots essayés avaient été fabriqués, il est vrai, par des procédés un peu primitifs ; ce seul fait peut expliquer le peu de régularité de la combustion. Mais, depuis cette époque, on a fait de grands progrès dans la fabrication des poudres comprimées. On fabrique aujourd'hui, pour le tir des bouches à feu de gros calibre, de la poudre en gros grains obtenus par compression. La combustion est, paraît-il, fort régulière. L'emploi d'une poudre comprimée quelconque faciliterait singulièrement la fabrication et augmenterait la valeur de la cartouche combustible. Le problème à résoudre est difficile sans doute, mais le résultat à atteindre est assez important pour que les spécialistes se livrent à des recherches sérieuses.

Poudre fulminante. La poudre fulminante, actuellement employée à la fabrication des capsules de guerre pour cartouches modèle 1866, se compose de :

- 2 parties de fulminate de mercure ;
- 1 partie de salpêtre ;
- 1 partie de sulfure d'antimoine.

La poudre est préservée de l'humidité par un vernis composé avec de l'alcool à 90° et de la gomme-laque dans les proportions de 500 grammes de gomme pour un litre d'alcool.

La poudre fulminante réglementaire est suffisamment sensible, et cependant elle n'a jamais donné lieu à des départs prématurés provenant du simple choc du dard contre la capsule. Les poudres fulminantes fabriquées pendant la guerre et pendant le second siège de Paris n'ont pas toutes la même composition et les mêmes propriétés ; elles ont donné lieu à quelques départs prématurés. Ces dernières poudres sont donc d'un emploi dangereux.

Mécanisme

Un gouvernement qui serait dans la nécessité de refaire entièrement son armement en fusils, comparerait les meilleurs types connus et chercherait à établir la supériorité de l'un d'eux sur tous les autres ; c'est ce qu'a fait naguère le gouvernement anglais, qui a assigné le premier rang au mécanisme Martini. La décision de la commission anglaise n'implique pas que le modèle adopté par elle ait une supériorité incontestable sur toutes les armes modernes, les opinions à cet égard sont au moins discutables, il est donc plus exact de dire qu'il est assez difficile de se prononcer sur la valeur de cinq ou six types adoptés par diverses puissances européennes.

En nous plaçant plus spécialement au point de vue français, cette question est d'ailleurs de peu d'intérêt car nous n'avons plus l'embarras du choix.

Nous avons une très bonne arme, nos manufactures sont outillées pour fabriquer le modèle adopté, il serait déraisonnable de tout changer pour obtenir de petites améliorations qu'on peut réaliser plus économiquement et plus promptement par une simple modification du modèle actuel.

En supposant qu'on adopte la cartouche métallique, il faudra conserver le calibre de 11 mm car il faut pouvoir transformer plus tard les fusils existants pour leur faire tirer la cartouche métallique adoptée pour le modèle nouveau.

D'après quelques inventeurs, on pourrait éviter cette transformation, en adoptant une cartouche métallique d'une forme inusitée jusqu'ici, mais pouvant être tirée dans le fusil actuel, sans modifier la forme de la chambre. Une pareille solution serait probablement médiocre car faire une cartouche métallique à la demande d'une chambre destinée à recevoir des cartouches en papier, au lieu de fraiser la chambre à la demande de la cartouche adoptée, c'est opérer à contresens et introduire des conditions nouvelles dans un problème dont les données sont déjà trop nombreuses. On doit encore se demander si les chambres de tous les fusils modèle 1866 ont bien cette identité de dimensions, indispensable au fonctionnement régulier d'une arme tirant des cartouches métalliques.

Cependant, si notre armement en fusils était au complet, on pourrait expérimenter sérieusement une pareille idée, sauf à transformer l'armement plus tard si les essais n'étaient pas satisfaisants.

Ce mode spécial de transformation serait économique, il est vrai, s'il devenait acceptable ; son insuccès, d'ailleurs, n'entraînerait pas de dépenses sérieuses, il n'y aurait que du temps perdu. Or, notre armement actuel est assez bon, tel qu'il est, pour qu'on puisse ajourner la transformation.

Mais la question se pose d'une tout autre façon : nous avons un grand nombre de fusils à fabriquer : faut-il baser la fabrication future sur la réussite plus ou moins problématique d'une cartouche non encore expérimentée, sauf à transformer plus tard ? Il paraît plus prudent de choisir immédiatement un type de cartouche bien connu, de modifier la chambre à la demande de cette cartouche, et de saisir cette occasion pour y faire disparaître les défauts reconnus du mécanisme actuel.

En suivant cette voie, l'outillage des manufactures sera utilisé, sauf quelques retouches et quelques additions et le type nouveau deviendra au moins l'égal des meilleurs modèles connus.

Les pièces défectueuses du mécanisme actuel sont :

- Le cylindre, en ce qui concerne les rainures ;
- La pièce d'arrêt ;
- La vis-bouchon ;
- Le ressort à boudin ;
- La détente.

(Il est inutile de parler de l'aiguille et de l'appareil obturateur, destinés à disparaître.)

1°. Cylindre. — Les rainures du cylindre laissent entre elles une cloison trop fragile ; le soldat la casse quelquefois en frappant le levier pour le rabattre à droite, sans avoir, au préalable, ramené à l'armé la pièce d'arrêt engagée dans la rainure de sûreté ; de plus, cette disposition augmente la charge d'un temps. Ces inconvénients sont supprimés dans le système de Beaumont.

2°. *Pièce d'arrêt.* — La pièce d'arrêt est trop étroite ; elle porte, par choc, contre les ressauts qui séparent les rainures. La disposition adoptée par M. de Beaumont est préférable à tous égards ;

3°. *Vis-bouchon.* — La vis-bouchon se dégrade facilement ; le démontage et le remontage en sont longs et exigent l'emploi d'une clef particulière. Ces inconvénients sont évités dans les systèmes Carcano, Berdan, Burton et de Beaumont.

4°. *Ressort à boudin.* — Le ressort à boudin perd souvent de son élasticité, et casse quelquefois ; c'est qu'il est trop court par rapport à l'étendue de son jeu c'est-à-dire du refoulement qu'il doit subir. La suppression de la tête mobile permettrait d'allonger le logement du ressort et de diminuer le parcours du chien. On peut, dans ces nouvelles conditions, employer avec succés un ressort à boudin, comme l'a fait le général Berdan.

Si l'on ne voulait plus de ressort à boudin, on pourrait, comme M. de Beaumont, le remplacer par un ressort à deux branches.

5° *Détente.*— La détente des anciens fusils à percussion était trop dure ; celle de notre fusil actuel est trop lente, c'est-à-dire que pour faire partir le coup, il faut faire parcourir à la queue de la détente un arc trop considérable. On peut remédier à cet inconvénient en allongeant le bras de levier de la résistance, c'est-à-dire la distance entre la goupille de la tête du ressort gâchette et le point du corps de la détente qui s'appuie contre la boîte de culasse. La disposition adoptée par M. Berdan est encore plus avantageuse au point de vue du tir, mais elle demanderait à être un peu, modifiée pour être acceptée.

Tire-cartouche. — L'emploi de la cartouche métallique exige l'adoption d'un tire-cartouche. Nous savons déjà que les armes à verrou se prêtent mieux que toute autre au fonctionnement de cette pièce, et que le tire-cartouche Berdan est certainement le meilleur modèle du genre.

Pièce ou cran de sûreté. — Enfin, il faudrait ajouter à l'arme une pièce de sûreté, comme dans le Beaumont ou le Burton, ou bien ménager sur le chien un cran de sûreté, comme dans le système Berdan.

Rayures. — Les modifications indiquées ci-dessus ont pour objet de permettre le tir de la cartouche métallique, d'améliorer le fonctionnement du mécanisme et de diminuer la charge d'un temps, de manière à donner à l'arme nouvelle une vitesse de chargement au moins égale à celle des fusils Martini et Werder. On peut encore améliorer la justesse en adoptant la rayure Henry, par exemple, ou tout autre tracé analogue. Cette dernière amélioration ne change rien à l'outillage, puisqu'il suffirait de modifier la forme du couteau qui produit le travail,

Le fusil Chassepot transformé d'après ce programme deviendrait au moins l'égal des meilleurs modèles connus ; de plus, il serait bien rapproché du maximum de puissance que l'on puisse donner à une arme à feu portative destinée au service de l'infanterie. C'est ce que nous allons essayer de démontrer en cherchant les limites extrêmes auxquelles on pourra pousser dans l'avenir les diverses qualités d'un fusil.

IV. Limites approximatives des progrès réalisables

Pour voir quels sont les progrès réalisables, il ne faut pas se contenter de considérer isolément chacune des qualités de l'arme, il faut surtout tenir compte des relations qui existent entre elles. On voit alors que la limite à assigner à un progrès quelconque est déterminée par les préjudices plus importants qu'un plus grand développement occasionnerait dans un autre sens. En d'autres termes, une amélioration n'est acceptable qu'autant que les bénéfices qu'elle doit procurer sont supérieurs aux inconvénients que son adoption entraînerait d'un autre côté.

C'est à ce point de vue que nous allons chercher à poser les limites que les progrès futurs ne pourront pas dépasser. Il est bon de rappeler ici que souvent la fixation de la qualité à laquelle on accorde la prédominance détermine la valeur absolue et les valeurs relatives des autres quantités. On n'aura jamais une arme dans laquelle toutes les qualités soient poussées à leur maximum de développement.

1° Vitesse de chargement

Avec une arme à chargement rapide, un soldat inexpérimenté peut consommer en pure perte dans un temps très court, des munitions dont le nombre est forcément limité, à cause de leur volume et surtout de leur poids. C'est cet inconvénient qui a fait rejeter pendant longtemps les armes à chargement rapide, et on est en droit de se demander s'il n'y a pas lieu de fixer la limite de la vitesse de chargement, en vue de restreindre la consommation des munitions.

À notre avis, la vitesse de chargement offre plus d'avantages que la consommation de munitions ne présente d'inconvénients : elle n'a d'autres limites que celles qui résultent des moyens de réalisation.

Or, les armes à répétition écartées, la charge ne peut guère se faire en moins de trois temps :

- Ouvrir le tonnerre ;
- Mettre la cartouche ;
- Fermer le tonnerre.

Un tireur exercé tirera alors 42 coups au lieu de 10.

On comprend cependant qu'on puisse charger en deux temps :

- Ouvrir le tonnerre ;
- Mettre la cartouche.

Le troisième temps s'obtenant par l'action de tirer, comme dans le mousqueton Treuille, c'est la dernière limite possible de la vitesse de chargement. On pourrait alors tirer 13 coups à la minute au lieu de 12.

Ainsi, on pourrait augmenter la vitesse de chargement de 1⁄12 au maximum. En examinant la question de plus près on verra que l'effet utile du tir de l'infanterie ne s'accroîtra même pas dans cette proportion.

Les nombres précédents ne s'appliquent qu'à un tireur très exercé, pouvant tirer 10 coups à la minute avec le fusil actuel, soit 1 coup en 6 secondes ; ce temps se décompose ainsi :

1 -	Armer	¾	seconde
2 -	Ouvrir le tonnerre, ...	½	–
3 -	Mettre la cartouche	1,5	–
4 -	Fermer le tonnerre.	¾	–
5 -	Tirer et reprendre la position de charger	2,5	–
	Total :	6	secondes.

Avec le fusil de Beaumont, le premier temps est supprimé et le quatrième est abrégé, car la chambre ne s'encrassant pas, on n'a jamais de difficulté à fermer le tonnerre. Les durées deviennent alors :

1 -	Ouvrir le tonnerre	½	seconde
2 -	Mettre la cartouche	1,5	–
3 -	Fermer le tonnerre	½	–
4 -	Tirer et reprendre la position de charger	2,5	–
	Total	5	secondes.

C'est-à-dire qu'on tirera 12 coups à la minute.

On conçoit qu'on puisse gagner encore une ½ seconde par coup en supprimant le temps de fermer le tonnerre. Un tireur très exercé pourrait donc gagner la valeur de 1 coup par minute. Si nous comparons ce qui nous sépare de la dernière limite possible au chemin déjà parcouru, on voit que cette augmentation est sans importance : voici la comparaison :

Temps nécessaire à la charge et au tir, avec le :	fusil à percussion........	40 "
	fusil modèle 1866........	6 "
	fusil de Beaumont........	5 "
	fusil de l'avenir	4,5 "

Examinons maintenant le fusil entre les mains de la troupe et prenons le cas des feux à commandement.

La durée de la charge doit être comptée, d'après le temps employé par les soldats les plus lents à charger soit, 4 secondes environ, même pour le fusil de

Beaumont. Les durées des diverses opérations sont, en moyenne :

Charge .... 4 secondes
Commandements préparatoires,
temps perdu, disposition de la hausse .... 5 secondes
Temps nécessaire pour viser .... 3 secondes.
Total .... 12 secondes.

Soit : 5 salves à la minute.

Que devient la diminution d'une ½ seconde dans ces conditions ? Fort peu de chose évidemment.

2° Certitude que le coup partira à la volonté du tireur.

Avec les cartouches à percussion centrale présentées par le général Berdan, on a tiré plus de cinq cents coups sans un seul raté ; il ne faut pas s'attendre à voir disparaître les ratés d'une manière absolue mais s'ils sont réduits à $^1/_{1000}$ ou $^1/_{10000}$, par exemple, la probabilité de départ équivaudra à la certitude dans l'esprit du soldat et cette qualité de l'arme sera poussée à sa dernière limite.

3° Tension de la trajectoire.

La limite de la tension de la trajectoire aux petites distances a été posée dans la première partie ; on ne pourra pas la dépasser, même en supposant que l'on fabrique une poudre nouvelle plus puissante que celle que nous employons.

En effet, pour augmenter la vitesse actuelle, il faudrait diminuer le poids de la balle (2e partie, 5e série). Or la résistance de l'air détruira, pendant les premiers mètres de parcours, l'augmentation de vitesse que l'on aurait obtenue. La portée serait d'ailleurs diminuée par le fait de cette modification. Enfin, la justesse serait compromise si la balle recevait au départ une impulsion trop vive, tant à cause des vibrations de l'arme que de la déformation du projectile.

4° Justesse du tir.

C'est la qualité qui est susceptible des plus grands progrès.

À notre avis, la justesse tient surtout à la régularité du projectile, à l'harmonie qui doit exister entre la compressibilité[14] du plomb et les résistances résultant du forcement de la balle et de son frottement dans le canon. Lorsqu'on estampera les balles et que l'on aura bien réglé la compressibilité du métal ainsi façonné, qu'on aura mis les dimensions du cylindre et du bourrelet en rapport avec cette compressibilité, qu'on aura fixé la position de la balle dans la chambre, de manière à assurer le centrage, qu'on aura mis les propriétés balistiques de la poudre en rapport avec l'effet à produire : alors, dis-je, on aura un tir qui se rapprochera de plus en plus de la perfection. Les progrès possibles

[14] On a employé ce mot dans le sens de : faculté de *changer de forme* par compression, et non dans celui de *changer de volume*, qui est sa véritable signification scientifique.

n'ont pas de limites, du moins en théorie mais ce que l'on peut gagner encore en précision, sur ce que donne aujourd'hui le fusil Henry, n'est pas d'une grande importance pour la masse de l'infanterie. L'instruction des soldats ne sera jamais à la hauteur de la perfection d'un pareil outil. Il faut des tireurs de premier choix pour faire ressortir et pour utiliser les différences de précision de deux armes, toutes deux supérieures au fusil Henry.

5° Portée.

La portée totale du fusil modèle 1866 est d'environ 2770 mètres, pour une vitesse initiale de 410 mètres. Si l'on obtient avec l'arme nouvelle une vitesse de 450 mètres, la portée totale sera probablement comprise entre 2800 et 2900 mètres. Mais c'est la portée efficace qu'il faut surtout avoir en vue, dans la recherche des progrès.

160 sous-officiers de l'école de tir, se servant de moyens de pointage tout particuliers, ont exécuté des feux de peloton sous des inclinaisons variant entre 4° et 36° (voir pages 101 et 102 et la fig. 68). Le tir a conservé une certaine régularité jusqu'à la distance de 2500 mètres, sous un angle de 17° environ. Or les moyens de pointage acceptables pour les troupes de ligne, l'instruction que l'on peut donner à la masse des hommes, permettent d'utiliser à peine la moitié de cette portée ; les progrès que l'on pourra faire dans l'avenir ne changeront donc pas beaucoup les conditions actuelles.

Examinons cependant les moyens que l'on peut employer pour augmenter la portée.

Il ne faut pas songer à dépasser la limite de 450 mètres pour la vitesse initiale ; cela a été établi plusieurs fois dans le cours de l'ouvrage.

On pourrait allonger le projectile en réduisant encore le calibre. Mais, dans ce cas, pourrait-on donner à la balle une rotation suffisante pour la maintenir la pointe en avant pendant un si long parcours ? Les expériences faites jusqu'à ce jour semblent prouver le contraire. On tomberait d'ailleurs dans d'autres inconvénients : les cartouches deviendraient trop longues, la tension des gaz dans le canon augmenterait énormément, etc. (Voir page 183).

Le moyen le plus sûr d'accroître la portée serait d'augmenter la densité du projectile ; des balles d'or ou de platine, sous des formes semblables, auraient une portée et une régularité de tir bien plus grande que les balles de plomb. Le moyen serait un peu coûteux, surtout employé en grand.

On peut enfin augmenter le poids du projectile, mais c'est à la condition d'augmenter en même temps le poids de l'arme (voir page 164), et on n'est plus alors dans les conditions d'un fusil d'infanterie.

En résumé, les progrès à réaliser sur la portée et sur la tension sont limités par trois conditions immuables : la force moyenne du fantassin, la pesanteur et la résistance de l'air. La découverte d'agents de projection plus puissants que la poudre actuelle, ne changerait rien à la question ; l'avenir ne peut donc pas nous ménager de grandes surprises dans cet ordre d'idées.

6° Pénétration.

On peut augmenter la pénétration aux petites distances et arriver à percer sûrement une cuirasse à 40 mètres, il suffit d'augmenter la vitesse initiale ; on a déjà dit à propos de la tension de trajectoire quels inconvénients balanceraient cette amélioration.

7° Sécurité pour le tireur et pour ses voisins.

Les accidents sont fort rares. Il ne faut cependant pas se faire illusion à ce sujet ; il est aussi impossible d'employer des armes à feu sur une grande échelle avec une sécurité absolue que de dresser des chevaux et de former des cavaliers sans qu'on ait des accidents à déplorer (voir ci-après, page 339).

8° Simplicité de l'arme.

Les pièces essentielles de tout mécanisme sont :

1 - Une boîte de culasse pour contenir la culasse mobile ;
2 - Une culasse mobile ou pièce de fermeture ;
3 - Un percuteur ;
4 - Un ressort pour mettre le percuteur en mouvement ;
5 - Une gâchette, pour enrayer le mouvement du percuteur ;
6 - Un ressort de gâchette ;
7 - Une détente pour dégager la gâchette.

Toutes les autres pièces du mécanisme ont pour fonction de relier entre elles les pièces principales, de guider ou de limiter leur mouvement. Plus on diminuera le nombre des pièces accessoires et plus on approchera de la perfection dont un des caractères est la simplicité.

Dans le mécanisme du fusil modèle 1866, on compte 24 pièces, y compris les vis et les goupilles. Dans le mousqueton de M. Treuille de Beaulieu, on n'en compte que sept (dont 2 goupilles) en y comprenant l'écusson et le pontet. Cette simplicité de construction a été obtenue par un agencement très ingénieux des pièces principales et par la disposition particulière de ces pièces qui jouent toutes des rôles multiples. La pièce de fermeture sert de percuteur, la détente fait office de gâchette, le ressort d'action sert aussi de pontet et de ressort de gâchette, enfin, tout le mécanisme est monté sur l'écusson ou pièce de détente.

Il ne faut pas s'exagérer cependant l'importance de la diminution du nombre des organes ; une pièce unique est quelquefois plus coûteuse que deux pièces distinctes remplissant le même office.

Au point de vue de l'entretien, il est avantageux de réduire autant que possible le nombre des pièces, et surtout d'éviter l'emploi d'accessoires variés mais lorsqu'on a une arme que le soldat peut démonter et remonter facilement, le but est atteint, le surplus est pour ainsi dire du luxe.

9° Légèreté de l'arme et des munitions.

Le poids du fusil d'infanterie sans baïonnette paraît définitivement fixé à 4 kilog, environ. Si l'on cherchait à descendre au-dessous de ce poids, toutes les conditions de tir de l'arme actuelle seraient changées. Il faudrait opter entre un recul gênant ou une diminution dans la portée et dans la tension de la trajectoire.

On peut gagner sur le poids de la baïonnette et réduire le poids total de l'arme à 4,5 kg y compris la baïonnette et son fourreau.

La cartouche actuelle pèse 32,50 g, mais on acceptera probablement une surcharge de 6,50 g environ pour se procurer les avantages de l'étui métallique, ce qui donnera une cartouche de 39 grammes.

Ces conditions pourront se modifier dans l'avenir d'une manière très notable si l'on trouve une poudre qui puisse être façonnée en bloc dur et être facilement rattachée à l'amorce sans le secours d'un étui. Une pareille solution serait très avantageuse si la poudre ainsi obtenue donnait lieu à un tir régulier, si elle ne se détériorait pas par l'humidité, soit qu'elle ne soit pas hygrométrique, soit qu'elle fût préservée par un vernis spécial, si elle n'encrassait pas la chambre et si, enfin, elle produisait le même effet que la poudre actuelle sous un poids moindre.

Admettons par exemple, que la charge de poudre soit réduite à 2 grammes et que l'étui soit supprimé, le poids du projectile étant de 24 grammes, la cartouche pèserait 26 grammes au lieu de 39. Ce serait donc une réduction de ⅓ sur le poids et probablement de ½ sur le volume des cartouches métalliques.

10° Facilité d'approvisionnement.

La solution indiquée ci-dessus constituerait un grand progrès à ce dernier point de vue.

Dans l'état actuel, cette facilité doit résulter de la fabrication mécanique des munitions de guerre, combinée avec la facilité des transports, ou bien de la possibilité d'établir en tout lieu, des ateliers pour la fabrication des cartouches.

V. Baïonnettes.

Toutes les armes de guerre portent une baïonnette ou un sabre-baïonnette.

La diversité des dispositions adoptées à ce sujet met en évidence le manque de principes arrêtés, ou du moins la différence de manière de voir des militaires des diverses nations. Nous ne donnerons que nos idées personnelles sur cette question, aujourd'hui secondaire.

Le fusil armé de sa baïonnette devient une arme de main. La longueur totale du premier modèle de fusil français (1717), était de 1,95 m ; elle est descendue à 1,925 m depuis 1777. La consécration du temps avait donné à cette dernière dimension un caractère d'immuabilité tel, que pour la conserver, on a augmenté la longueur de la baïonnette toutes les fois qu'on a diminué celle du fusil. C'est ce qu'on ne manqua pas de décider en principe, lorsqu'on résolut, en 1857, de raccourcir le fusil d'infanterie de cinq centimètres, mais les deux parties de cette décision, quoique considérées comme indissolubles, furent séparées dans l'exécution. Tous les fusils devaient passer en manufacture pour y être rayés ; on profita de cette occasion pour raccourcir le canon. Quant à la baïonnette, comme on ne pouvait pas fabriquer le modèle nouveau avec autant de rapidité qu'on coupait les canons, la longueur totale du fusil resta momentanément de 1,875 m. On ne s'en trouva pas plus mal, peu de personnes même s'aperçurent en Italie, en 1859, que le principe posé pour la longueur totale du fusil d'infanterie avait reçu une grave atteinte.

Le fusil modèle 1866 a la longueur totale du fusil raccourci en 1857 (1,875 m). Cette dimension n'est pas déterminée par des conditions essentielles. Elle peut et doit être discutée.

Nous écarterons, sans nous croire trop hardi, l'hypothèse d'une troupe immobile en bataille ou en carré, recevant à l'arme blanche une charge de cavalerie, et puisant une partie de sa force dans la plus ou moins grande saillie des baïonnettes en avant du premier rang. La baïonnette est une arme de mêlée : si une telle arme est courte, facile à manier, elle vaudra mieux qu'une longue et lourde pique qui demande de l'adresse, de la force, de l'espace pour être sûrement dirigée.

L'usage du sabre-baïonnette paraît se généraliser. Certaines carabines sont armées de lames d'une telle puissance, qu'on se demande si on a cherché à créer un épouvantail. Cette intention ne paraît pas heureuse à une époque où l'on est nécessairement conduit à combattre de fort loin.

Pour nous, il y a dans l'adoption du sabre-baïonnette deux idées : l'une que nous approuvons sans réserve, l'autre qui nous paraît moins bonne. Tout ce qui peut augmenter l'attrait du soldat pour son uniforme est une excellente chose, et il est hors de doute que le fantassin est plus satisfait de porter au ceinturon une arme de main élégante, qu'une baïonnette qui n'avait rien de coquet, quand elle était détachée du fusil. Mais est-il bien judicieux d'attribuer en même temps à cette arme le rôle d'un outil de campement ?

Pour nous, les outils à deux fins sont toujours mauvais, ils ne remplissent aucune des fonctions auxquelles ils sont destinés. Une baïonnette ne peut avoir de points communs avec une hache.

En résumé, si l'on envisageait la baïonnette uniquement comme une arme et essentiellement comme une arme de mêlée, on pourrait lui donner une poignée légère, en corne, en caoutchouc durci ou même en bois. On pourrait avoir une lame légère, qui aurait toujours assez de solidité pour l'usage auquel elle est destinée. Cette solidité serait plutôt demandée à la qualité des pièces qu'à l'exagération de leurs dimensions. Enfin, on pourrait raccourcir la lame et la réduire à la longueur de 0,440 m, afin que le bout du fourreau n'arrivât pas à terre, lorsque l'homme tire dans la position à genou.

Notre avis, même, serait qu'en acceptant cette dimension réduite, on renonçât au sabre dont on ne conserverait que la poignée, pour reprendre soit la lame de baïonnette triangulaire, modèle 1842, soit la lame quadrangulaire modèle 1857. On pourrait ainsi, sans rien sacrifier de l'apparence de l'arme portée au ceinturon, diminuer la charge du soldat, lui donner une arme de main bien équilibrée, et lui permettre de faire feu avec la baïonnette au bout du canon, sans que les conditions de tir du fusil fussent trop altérées.

Cette dernière question, qui n'a plus, comme jadis, une importance capitale, est cependant encore à prendre en considération.

On pourrait désirer de plus que la baïonnette fût fixée sur le côté gauche du canon. Elle a toujours été fixée à droite, parce qu'avec le chargement par la bouche, il fallait laisser le côté gauche libre pour charger.

Avec le chargement par la culasse, peu importe au premier abord que la baïonnette soit à gauche ou à droite. On l'a laissée du côté où on avait l'habitude de la placer.

En examinant la question de plus près, on voit qu'il y aurait avantage à la fixer à gauche, à cause des feux d'ensemble, n'arrive que trop souvent que l'homme du deuxième rang envoie sa balle sur le fusil de son chef de file, brise la baïonnette, si elle est au bout du fusil, et enlève le tenon lorsqu'on tire sans baïonnette.

Indépendamment de l'aggravation de la dégradation qui résulte du placement de la baïonnette à droite, il y a lieu de se préoccuper des risques d'accident pour les voisins. Il est malheureusement prouvé qu'en pareil cas, des parcelles de plomb reviennent en arrière et peuvent blesser le tireur ou ses voisins.

Une considération d'un autre ordre milite encore en faveur des modifications proposées ci-dessus en plaçant la baïonnette à gauche et en exécutant les feux d'ensemble, la baïonnette au canon, la main gauche des hommes du deuxième rang ne peut être atteinte par le tir des hommes du deuxième, quelle que soit la maladresse de ces derniers.

Fourreau. Le fourreau en tôle d'acier est trop bruyant et trop lourd, il y aurait avantage à revenir au fourreau de cuir.

Troisième partie

PRATIQUE DU TIR

De la part à faire à l'instruction du tir dans la préparation de la guerre. But et division de cette instruction.

Le fusil est un outil qui n'a de valeur que par l'habileté de celui qui en fait usage. Ainsi, la précision de l'arme ne ressort que par l'adresse du tireur.

La grande portée de la balle n'est réellement efficace que lorsque l'on sait apprécier les distances et régler les hausses à employer.

La rapidité du chargement exige une grande habitude de la manœuvre, et devient un défaut des plus dangereux lorsqu'elle est mise en jeu mal à propos.

Enfin, toutes les qualités du tireur et de son fusil restent de nul effet si les troupes ne sont placées par leurs chefs dans des positions favorables pour faire usage de leurs armes.

- L'adresse personnelle dans le tir ;
- L'habitude d'apprécier les distances et de régler les hausses ;
- La promptitude dans la manœuvre du fusil ;
- L'esprit d'à-propos, de mesure, de sage économie qui doit dicter toutes les décisions relatives à l'emploi de munitions ;
- L'art de choisir les positions ;

Sont des qualités militaires qui ne peuvent s'acquérir que par une instruction spéciale, et cette instruction doit être d'autant plus développée que l'arme est plus perfectionnée.

Dans un temps plus ou moins court, l'équilibre s'établira forcément dans l'armement de toutes les puissances, c'est-à-dire que toutes auront des engins d'une valeur à peu près égale. L'instruction deviendra alors un élément de supériorité de la plus grande importance. Toutes choses égales d'ailleurs, l'avantage doit rester, sur le champ de bataille, à la troupe qui saura le mieux utiliser la puissance de ses armes.

L'art militaire a pour but final de se donner, autant que possible, sur le champ de bataille, la supériorité du nombre, de la position, de la valeur et de la rapidité de destruction.

Le nombre. — Si la puissance du nombre était à démontrer, la guerre que nous venons de subir fournirait de sérieux arguments.

Dans l'état actuel de l'Europe, la possibilité de réunir promptement des forces considérables est donc une condition fatale imposée à toute nation qui veut conserver son rang ou son indépendance.

Or, une cruelle expérience vient de prouver qu'une grande armée ne s'improvise pas en quelques jours ; c'est qu'elle comporte un organisme fort compliqué, dont tous les éléments constitutifs doivent être préparés et réglés d'avance, si on veut pouvoir les assembler promptement, et les mettre utilement en œuvre au moment du besoin.

En cas d'absolue nécessité, tous les hommes capables de porter les armes devraient pouvoir concourir efficacement à la défense du territoire. De là, la nécessité de donner à chacun une instruction proportionnée au rôle qu'il doit jouer dans la défense. Tous les hommes appelés à prendre place dans les rangs, à la mobilisation de l'armée, doivent au moins connaître le maniement de l'arme et avoir été exercés au tir à la cible.

Quelle que soit donc l'organisation militaire de la France, elle devra comprendre des moyens propres à vulgariser et à entretenir l'instruction du tir dans l'armée active et dans la réserve.

La position. — Les positions occupées par les combattants ont une très grande influence sur les résultats de la lutte.

Or, l'importance d'une position est essentiellement relative ; elle doit être appréciée en tenant compte d'abord des distances qui les séparent des positions voisines qu'occupe ou que peut occuper l'ennemi et, en second lieu, de la puissance des moyens de destruction en usage dans les deux armées en présence.

La comparaison des armes en service dans les divers pays, la recherche des moyens à employer pour apprécier ou pour mesurer rapidement les distances en présence de l'ennemi, constituent donc une partie très importante de l'étude de la tactique.

La valeur. — La valeur tient à des conditions multiples dont l'analyse nous entraînerait trop loin de notre sujet. Il nous suffira de remarquer que cette valeur, quelle qu'elle soit, augmente toujours lorsqu'on a développé par l'instruction la confiance du soldat en son arme et, par suite, la confiance de l'homme en lui-même et en ses camarades de combat.

Dans la préparation de la guerre, il ne faut pas se reposer entièrement sur l'esprit militaire de la nation. Pour que cet esprit s'affirme d'une manière utile en présence de l'ennemi, il doit être développé, dirigé et entretenu, faute de quoi, on risque d'avoir une troupe médiocre composée d'individualités ayant de la valeur.

La rapidité de destruction. — Le but final de toutes les combinaisons de la stratégie et de la tactique est d'amener une troupe en présence de l'ennemi, pour qu'elle fasse agir les moyens de destruction dont elle dispose. Plus les effets en seront rapides, plus le succès sera assuré.

Le choix et la mise en œuvre de ces moyens sont donc de la plus haute importance pour le résultat définitif de toute opération de guerre.

Les moyens de destruction sont de trois sortes :

- L'artillerie ;
- La mousqueterie ;
- L'arme blanche.

Chacun a un champ d'action d'une étendue limitée, mais la combinaison des diverses armes permet de produire des effets meurtriers à toute distance comprise dans un rayon de 4 000 mètres.

Les limites d'efficacité de la mousqueterie et des divers engins de l'artillerie sont essentiellement variables suivant les modèles employés. Il est de la plus haute importance de connaître dès le début d'une campagne la puissance comparative des armes de tous les belligérants, car c'est d'après ces données qu'il faut adopter son mode de combat.

De la division des engins de destruction en trois groupes, dérive la division des troupes en trois armes :

L'Artillerie chargée du service des pièces ;

L'Infanterie agissant principalement par la mousqueterie ;

La Cavalerie faisant plus spécialement usage de l'arme blanche.

L'Artillerie joue un rôle des plus importants dans une bataille ; il est peu de terrains où elle ne puisse se frayer un passage. Son rayon d'action est d'ailleurs si considérable qu'elle peut toujours trouver une position favorable pour prendre part à la lutte.

Dans les combats rapprochés, l'*Artillerie* perd une grande partie de ses avantages ; elle peut être attaquée avec succès par l'infanterie et quelquefois par la cavalerie. Conséquemment, elle doit toujours avoir un soutien.

Le rôle de la *Cavalerie* est tout à fait secondaire sur le champ de bataille, mais il est de la plus haute importance pour éclairer l'armée, compléter la victoire, ou protéger la retraite.

La cavalerie est munie tout à la fois d'une arme de main (sabre ou lance) et d'une arme à feu (fusil ou revolver).

L'arme blanche n'est efficacement employée que contre la cavalerie ennemie ou l'infanterie en déroute.

Parfois, le fusil peut rendre de grands services pour défendre pendant quelque temps une position importante. Dans ce cas, une partie des cavaliers doit mettre pied à terre pour faire le coup de feu.

Nous n'avons ni l'intention ni la prétention de poser des règles de tactique. Nous nous bornons à faire remarquer que les cavaliers peuvent éventuellement être appelés à faire usage de leur fusil et qu'il serait rationnel de les exercer au tir.

L'Infanterie, munie d'une arme à double fin, peut aborder l'ennemi à l'arme blanche, ou lancer des feux dans un rayon de plus de 1200 mètres.

Invincible par la cavalerie seule, elle peut attaquer l'artillerie, la réduire au silence, ou tout au moins la déloger ; elle opère sur les terrains les plus accidentés, se glisse dans les passes les plus difficiles, se dissimule à la vue de l'ennemi, tout en conservant la faculté de faire usage de ses armes. Enfin *l'Infanterie* peut agir seule, c'est pour cela qu'elle est l'arme par excellence, la reine des batailles.

Cependant, en raison de la lenteur de tous ses mouvements, des obstacles qui peuvent arrêter sa marche, l'infanterie ne peut obtenir seule de grands résultats. Toute opération importante nécessite le concours de la rapidité de la cavalerie, et de la puissance de destruction de l'artillerie. La seule voix du canon produit d'ailleurs un effet moral dont il faut toujours tenir compte.

L'habileté du tacticien consiste à employer à propos chacune des trois armes et surtout à combiner leur action de manière qu'elles se prêtent un mutuel appui.

Abstraction faite du nombre des combattants, et de leur position (éléments dont nous avons déjà fait la part), la rapidité de destruction par la mousqueterie dépend de la précision du tir et de sa vitesse. Or, ces deux conditions tiennent, tout à la fois, aux qualités de l'arme et à celles du soldat.

Par ces dernières, nous entendons l'adresse dans le tir acquise par l'instruction, et la valeur individuelle qui conserve en face du danger les bénéfices de cette habileté. L'instruction et la valeur s'appuient donc l'une sur l'autre ; il ne faut jamais négliger la première, quelque confiance que l'on puisse avoir dans la seconde.

OBSERVATIONS

SUR LES FEUX DE L'INFANTERIE PENDANT LA GUERRE DE 1870

Il est bien rare que l'on trouve réunis dans la même armée tous les genres de supériorité analysés dans le chapitre précédent.

Les premiers engagements font ordinairement ressortir les éléments de force et les causes d'infériorité de chaque belligérant. Il faut savoir utiliser les uns et dissimuler les autres, ou du moins en neutraliser les effets dans la mesure du possible.

Au début de la guerre, les Prussiens connaissaient fort bien la supériorité de l'armement de notre infanterie, mais ils ignoraient les progrès que nous avions réalisés dans l'instruction du tir.

Nos adversaires pensaient que la supériorité de leur instruction compenserait, et au-delà, l'infériorité de leur armement, et c'est avec cette illusion, qu'ils nous abordèrent le 14 août en avant de Borny.

L'attaque commença au moment où l'extrême arrière-garde de l'armée française commençait son mouvement de retraite sur Metz. Les premières troupes engagées furent obligées d'accepter le combat dans une position désavantageuse. Il fut cependant tout à notre avantage, les Prussiens éprouvèrent des pertes relativement considérables.

Il était évident, d'après ce premier résultat, que l'infanterie française était supérieure à l'infanterie allemande par la valeur et la rapidité de destruction.

La leçon profita aux Prussiens qui eurent l'habileté, le 16 et le 18, de mettre leur infanterie à l'arrière-plan et de nous faire accepter des combats d'artillerie où ils avaient l'avantage du nombre et la supériorité de la portée.

C'est surtout par l'armement de notre infanterie que nous étions supérieurs aux Allemands. Notre avantage sous ce rapport était tel, que nous eussions pu compenser et au-delà l'infériorité de notre artillerie. Il eût fallu pour cela adopter un mode de combat basé sur l'emploi prépondérant du tir de l'infanterie.

Les observations critiques publiées en Allemagne sur notre manière de tirer sont exagérées, du moins en ce qui concerne l'infanterie de l'armée du Rhin. Elles doivent néanmoins nous donner à réfléchir.

Ce qui est vrai c'est que le soldat français, lorsqu'il est livré à lui-même, tire hors de propos, hors de portée et hors de mesure, et qu'il brûle, souvent en pure perte, une grande quantité de munitions. Mais il faut ajouter, pour être juste, que nos fantassins tirent un bon parti de leur fusil lorsqu'ils sont convenablement maintenus et dirigés par leurs officiers. Il suffirait donc d'assurer la direction pour réaliser de grands progrès dans l'exécution des feux de guerre.

État de l'instruction au mois de juillet 1870. — L'instruction individuelle des hommes présents sous les drapeaux le 20 juillet 1870 était satisfaisante mais l'instruction de MM. les officiers laissait beaucoup à désirer ; aussi, les feux d'ensemble, principalement les feux à commandement, s'exécutaient-ils généralement fort mal.

Cette situation était une conséquence naturelle de la façon dont on avait utilisé les instructeurs spéciaux formés à l'école de tir. Le corps d'officiers placé au-dessus de ces instructeurs n'avait pas subi leur influence, n'avait rien appris d'eux ; de là, le manque d'instruction dans les grades élevés.

Tout le monde cependant reconnaissait, proclamait même l'importance et la nécessité de l'instruction du tir, mais les effets pratiques de ces bonnes dispositions d'esprit se réduisaient à donner aux officiers de tir le temps et les moyens strictement indispensables pour ébaucher l'instruction individuelle des hommes de troupe. Cette instruction était dirigée d'une manière convenable dans presque tous les corps. On avait réalisé, dans tous, de rapides progrès depuis 1866.

Mais, pour obtenir des résultats à la guerre, il ne suffit pas que chaque soldat sache tirer convenablement sur un but placé à une distance bien connue ; il faut encore, pour utiliser cette instruction, que l'officier qui commande sache choisir le moment opportun pour ouvrir le feu, qu'il indique alors quelle est la hausse à employer, qu'il décide quel est le genre de feu qui convient le mieux à la circonstance et qu'il sache enfin faire réussir ce feu s'il a opté pour le tir à commandement.

Tous les officiers qui ont su agir de la sorte ont obtenu des résultats remarquables, c'est-à-dire qu'ils ont infligé des pertes considérables à l'ennemi, tout en ménageant les munitions de leur troupe. Les exemples à citer sont assez nombreux pour démontrer ce que l'on pourrait obtenir de nos soldats lorsqu'ils sont convenablement instruits et qu'ils sont commandés par des officiers à la hauteur de leur mission.

Malheureusement la totalité des officiers n'avait point acquis les connaissances pratiques que nous venons d'énumérer. Plusieurs n'étaient pas en état de prendre opportunément toutes les décisions que comporte la direction des feux. Aussi, malgré leur bravoure et leur intelligence incontestables, ils éprouvaient au moment de l'action l'hésitation, l'embarras de l'acteur qui entre en scène sans avoir suffisamment appris son rôle.

Ajoutons à la décharge des officiers qu'on ne leur avait pas fourni les moyens d'étudier leur rôle, car ils n'avaient pas d'ouvrages à consulter, et les exercices journaliers auxquels ils étaient soumis étaient loin de suffire à leur instruction pratique.

Quels que soient d'ailleurs les responsables, les résultats sont les mêmes : les soldats ne se sentant pas dirigés prennent l'initiative du feu, et *on laisse faire*.

De là, ces tirailleries commencées hors de portée, souvent sans but, et continuées sans autre résultat qu'un énorme gaspillage de munitions.

Les troupes, ayant ainsi brûlé mal à propos la totalité de leurs cartouches, sont hors d'état de reprendre la lutte, même lorsqu'elles ont peu souffert au feu de l'ennemi.

La prodigalité dans l'emploi des munitions de guerre a toujours les conséquences les plus fâcheuses ; elle pourrait même conduire à des désastres, si elle se produisait loin d'un grand parc d'approvisionnement.

Le lendemain de Gravelotte (18 août), l'armée française victorieuse a rétrogradé sur Metz pour renouveler ses munitions (c'est du moins la raison donnée), au lieu de reprendre la lutte pour profiter du succès de la veille.

Munitions de réserve. — Une troupe pouvant brûler toutes ses cartouches dans un temps assez court, il faut être en mesure de renouveler les munitions sur le champ de bataille ; c'est dans ce but qu'on a créé les caissons d'infanterie mais, pour des causes diverses qu'il est inutile de détailler ici, les caissons ne sont pas à leur poste au moment du besoin, et on ne sait souvent où aller les chercher. Cette réserve de munitions est d'ailleurs trop faible dans la plupart des cas.

But à atteindre. — En résumé, pendant la campagne de 1870, l'infanterie a abusé des feux à volonté et, par suite, a brûlé trop de munitions ; les réserves de cartouches ont été insuffisantes et médiocrement conduites. Il est donc de toute nécessité de remédier à cet état de choses et d'arriver par l'instruction, la discipline et une organisation plus pratique :

1 - À régler les feux à volonté ;
2 - À faire exécuter convenablement les feux à commandement ;
3 - À augmenter les réserves de cartouches sur le champ de bataille, et à les mettre d'une manière plus directe à la disposition de l'infanterie.

Effets d'une mauvaise direction. — Avant d'aborder les développements que comporte ce sujet, nous croyons devoir réfuter l'objection suivante, que l'on oppose invariablement à tout essai d'amélioration :

> « Quelle que soit l'instruction qu'ils aient acquise pendant la paix, les hommes, en présence du danger, sont exclusivement dominés par l'instinct de la conservation qui paralyse toutes leurs facultés ; ils tirent sans viser, ils tirent en l'air, ils sont, en un mot, hors d'état d'obéir à une direction, à des commandements.»

Les exemples à l'appui de pareilles assertions ne seraient malheureusement que trop faciles à trouver mais les faits de ce genre sont la conséquence d'une direction au moins défectueuse, et non un résultat fatal qui doit inévitablement se reproduire en dépit de toute mesure prise.

Effet d'une bonne direction.—Pour notre compte, nous avons remarqué, au contraire, qu'en présence de l'ennemi les hommes sont tout disposés à obéir, pourvu que le chef ait su inspirer de la confiance et qu'il prenne réellement la direction de sa troupe au moment du danger.

Nous pourrions aussi établir par des exemples qu'une compagnie d'infanterie qui n'a pas été recrutée d'une manière spéciale est en état d'exécuter avec succès des feux à commandement à des distances variables pendant qu'elle est elle-même en bute aux feux de l'infanterie et de l'artillerie ennemies. Il suffit pour cela que la compagnie ait confiance dans la décision que prendra le capitaine au moment de l'action, dans les indications qu'il donnera pour l'emploi de la hausse, et enfin dans l'habitude qu'on lui reconnaît de faire réussir les feux à commandement. En d'autres termes, il faut que les hommes soient persuadés qu'il y a plus de chance de succès à se livrer entièrement à leur chef, à exécuter aveuglément ses ordres qu'à se laisser aller à leurs propres inspirations.

Mesures à prendre. — Pour inspirer cette confiance, les officiers doivent d'abord posséder une instruction de tir supérieure à celle de la troupe. Ceci est tellement évident qu'il est inutile d'insister. Mais cette supériorité d'instruction n'est pas la seule garantie à chercher pour arriver au but que nous avons indiqué ; il faut savoir mettre en jeu des responsabilités diverses pour empêcher que le feu ne commence sans ordre et pour obtenir qu'il cesse au commandement du chef.

Les mesures à prendre dans ce double but sont fort simples.

Il faut d'abord :

1°. Prescrire d'une manière absolue de ne charger les armes qu'au moment de commencer le feu, et de décharger les fusils immédiatement après le combat ;

2°. Rendre chaque commandant de compagnie responsable de l'exécution de l'ordre précédent ;

3°. Édicter une peine des plus sévères contre quiconque chargerait son arme sans un ordre formel.

La charge est tellement rapide aujourd'hui qu'il est inutile de l'exécuter avant le combat.

D'un autre côté, le déchargement n'entraîne pas la perte de la cartouche, il y a donc avantage à décharger son fusil après la bataille.

Moyennant ces précautions, le feu ne commencera pas inopinément comme chacun l'a vu maintes fois, lorsqu'on marche ou que l'on a pris position, ayant les armes chargées ; de plus, on n'aura pas à regretter ces méprises déplorables dont tout le monde a été témoin, principalement au début de la campagne.

On évitera encore les accidents trop nombreux arrivés pendant les marches, dans les campements, par suite de la maladresse de soldats qui oublient que leur fusil est chargé et qui tuent leurs voisins à bout portant, en faisant jouer le mécanisme de leur arme.

Les mesures précédentes ont surtout pour objet d'empêcher que le tir ne commence sans ordre.

Quant à obtenir qu'un feu à volonté cesse au commandement du chef, c'est certainement plus difficile, mais on peut y arriver en utilisant les serre-files, auxquels les règlements actuels n'assignent pas un rôle assez précis.

Dans les exercices journaliers, on fait cesser un feu simulé par un roulement de tambour, une sonnerie ou un simple commandement. L'expérience a depuis longtemps prouvé que ces moyens étaient souvent impuissants dans la chaleur de l'action. Il faut donc en chercher de nouveaux et les appliquer dans tous les exercices car on n'obtiendra jamais rien si l'on a deux manières de faire, l'une pour les feux simulés et l'autre pour les feux de guerre.

Nous voudrions que le commandement de : *Cessez le feu* fût répété impérativement par tous les serre-files, et que chacun fût responsable de l'exécution dans le groupe qui est placé devant lui. En tirailleurs, les caporaux répéteraient également le commandement et seraient responsables de l'exécution dans leur escouade. Les moyens que nous recommandons ont été presque tous pratiqués avec succès pendant la dernière guerre.

Division de l'instruction du tir

Il résulte de tout ce qui précède que la force de l'infanterie réside dans ses feux, et que l'efficacité du tir dépend entièrement de la discipline et de l'instruction des troupes. La nécessité de l'instruction n'est d'ailleurs douteuse pour personne ; les meilleurs moyens à employer pour la rendre productive sont seuls discutables. On doit se proposer d'arriver successivement aux résultats suivants :

- Apprendre au soldat à se servir de son arme, en supprimant d'abord toutes les difficultés qui ne tiennent pas exclusivement à l'action de tirer ;
- Exercer les soldats et surtout les officiers à apprécier les distances pour les amener à faire un usage intelligent de leur arme en face de l'ennemi ;
- Grouper les individualités pour former des unités collectives plus puissantes, obéissant à la volonté d'un seul.

Les développements relatifs à l'instruction du tir seront divisés en six chapitres :

Chapitre I — *Instruction individuelle de tir ;*
Chapitre II — *Appréciation des distances ;*
Chapitre III — *Feux en tirailleurs ;*
Chapitre IV — *Feux d'ensemble à volonté et à commandement ;*
Chapitre V — *Moyens de contrôle ;*
Chapitre VI — *Influence de l'amélioration de l'armement et des progrès du tir au point de vue français.*

CHAPITRE I

INSTRUCTION INDIVIDUELLE

Pour faire des tireurs, il faut :

1 - Des instructeurs ;

2 - Une méthode d'instruction ;

3 - Un matériel ;

4 - Des moyens d'émulation.

I. Des instructeurs

Le tir est l'instruction capitale de l'"infanterie, il n'est donc pas logique que la masse des officiers s'en désintéresse et que l'on confie cette partie si essentielle de l'instruction militaire à un petit nombre d'agents spéciaux. Ces agents n'ont de raison d'être que lorsque chaque officier n'est pas en mesure de diriger l'instruction de tir de la troupe dont il a le commandement.

En principe, donc, tout officier doit être instructeur de tir. Conséquemment, le personnel des instructeurs spéciaux doit être considéré comme formant un mécanisme provisoire fonctionnant transitoirement, en attendant que le corps d'officiers ait été mis à la hauteur des devoirs qui lui incombent.

C'est aux instructeurs spéciaux que l'on doit toutes les améliorations réalisées jusqu'ici dans l'instruction du tir. C'est par eux qu'on arrivera le plus rapidement à de nouveaux progrès.

Il a déjà été dit qu'au début de la campagne, l'instruction individuelle de la troupe était satisfaisante, mais que l'instruction des cadres laissait fort à désirer.

La guerre a fait ressortir tous les inconvénients de cette situation, mais elle ne l'a pas améliorée. Au contraire, les résultats précédemment acquis ont été un peu compromis. Un grand nombre d'officiers instructeurs ont disparu. Les uns ont été tués, d'autres ont obtenu des grades supérieurs et ne peuvent plus être utilisés comme officiers de tir, à moins de modifier les règles actuellement en vigueur. D'un autre côté, le recrutement des instructeurs est suspendu au moment où ce personnel vient de subir des pertes exceptionnelles. Pendant ce temps, de nombreuses recrues sont entrées dans l'armée. Elles ont fait la guerre sans avoir reçu une instruction de tir régulière. Quelques-uns de ces jeunes gens sont aujourd'hui caporaux ou sous-officiers. Ils sont complètement incapables de donner à de nouveaux contingents une instruction de tir qu'ils n'ont jamais reçue eux-mêmes.

En résumé, il y a pénurie d'officiers de tir alors que l'instruction des sous-officiers et des caporaux est entièrement à reprendre, et que les officiers de compagnie ne peuvent être chargés de ce travail. On pourrait améliorer progressivement cette situation en prenant trois sortes de mesures :

- Les premières auraient pour but d'assurer à bref délai l'instruction de la troupe, en reconstituant le plus tôt possible un personnel d'instructeurs spéciaux.
- Les secondes devraient avoir pour objectif l'instruction théorique et pratique de tout le corps d'officiers ; il existe aujourd'hui assez d'officiers supérieurs sortant de l'école de tir pour mener à bien cette instruction dans les divers corps d'infanterie.
- Enfin les dernières mesures auraient principalement en vue le recrutement du corps d'officiers.

Si, depuis trente ans qu'on s'occupe un peu de tir en France, on eût exigé de tout candidat à l'épaulette une instruction théorique et pratique en rapport avec les besoins prévus de l'infanterie, il n'y aurait plus rien à faire aujourd'hui. Tous les officiers nommés depuis l'origine de la mesure connaîtraient aussi bien le tir que le maniement d'armes et les manœuvres.

Ce qu'on aurait dû faire, il y a vingt ou trente ans, rien n'empêcherait de l'entreprendre aujourd'hui. On arrive à l'épaulette par deux voies différentes, il faut donc adopter deux moyens concourant au même but.

À l'école de Saint-Cyr, il faudrait faire une part plus large à l'instruction théorique et pratique du tir, et affecter un coefficient important aux résultats obtenus dans cette double instruction.

Dans les corps, tout sous-officier proposé pour le grade de sous-lieutenant devrait être plus sérieusement examiné au point de vue de l'instruction du tir.

On pourrait encore envoyer à l'école de tir un grand nombre de sous-officiers proposés pour l'avancement, avantager ceux qui auraient mérité les meilleures notes et rayer du tableau ceux qui n'auraient pas satisfait aux examens de sortie. Ce dernier moyen serait d'autant plus avantageux pour l'armée que les examens permettent de juger les candidats, non seulement au point de vue de l'instruction spéciale du tir, mais encore au point de vue plus général du savoir et de l'intelligence.

Lorsque, grâce à l'ensemble de ces mesures, tous les officiers d'infanterie seront devenus instructeurs de tir, le régime exceptionnel, indispensable aujourd'hui pourra être supprimé sans inconvénient ; les résultats acquis se transmettront naturellement et sans qu'il soit nécessaire de se préoccuper du tir plus que de toute autre partie de l'instruction.

Formation des instructeurs. — L'école de tir forme des instructeurs de premier degré, c'est-à-dire des officiers qui doivent former à leur tour, dans leurs corps respectifs, des instructeurs de second ordre (sous-officiers et caporaux), lesquels doivent agir directement sur la troupe. C'est de la formation de ces instructeurs régimentaires que dépend l'instruction de la troupe. On ne saurait y apporter trop de soins. Pour faciliter cette instruction fondamentale nous donnons ci-après des détails circonstanciés sur la méthode d'enseignement.

Qualités requises. — En règle générale, un instructeur de tir doit être en même temps bon tireur, il faut savoir soi-même ce que l'on veut enseigner aux autres ; aussi l'étude de la théorie est-elle insuffisante pour former des instructeurs. La théorie est excellente, elle éclaire la pratique mais cette pratique est indispensable.

Beaucoup d'activité, un coup d'œil exercé permettant de voir immédiatement la faute commise, une grande promptitude dans la rectification : voilà les principales qualités de l'instructeur car la rectification est infructueuse, si elle n'est pas faite avant que la fatigue se produise chez les soldats.

Manière d'agir. — Durant la première période des exercices, le bon instructeur parle peu et agit beaucoup. Celui qui se borne à expliquer la théorie perd son temps, fatigue inutilement l'attention de ceux à qui il s'adresse et n'en obtient aucun résultat. On ne doit pas compter d'ailleurs sur l'éloquence des caporaux et des sergents, aussi toute l'instruction doit être réduite en actes.

L'instructeur exécute d'abord, fait exécuter immédiatement après et rectifie promptement. C'est ainsi que l'on doit procéder pendant la première période des exercices. Plus tard, lorsque les divers mouvements que le tir comporte sont exécutés avec aisance et régularité, l'instructeur donne les explications reconnues nécessaires ; elles sont alors mieux saisies que si elles avaient précédé la pratique.

II. Méthode d'instruction

Le tir est un exercice de gymnastique, dans lequel les hommes médiocrement doués par leur constitution physique parviennent cependant à réussir à force d'habitude. Tirer un coup de fusil, c'est réunir dans une opération instantanée trois opérations distinctes, à savoir :

1 - Diriger l'arme ;
2 - La maintenir en direction ;
3 - Agir sur la détente pour faire partir le coup.

Ces trois opérations doivent être enseignées successivement de manière à apprendre à chaque homme tout ce qu'il doit faire pour bien tirer, avant de lui faire brûler une seule cartouche.

Le but de la méthode d'instruction individuelle est donc d'amener les hommes, par la décomposition successive des difficultés, à les vaincre en fin de compte, toutes réunies. L'expérience indique que c'est là le moyen le plus sûr comme le plus prompt de rompre les organes à la pratique d'un exercice gymnastique quelconque.

Marche à suivre dans l'instruction. — On enseigne aux hommes à pointer, en faisant reposer l'arme sur un chevalet et en supprimant, par conséquent, toute difficulté provenant de la position à prendre, soit debout, soit à genoux.

On enseigne la position, en la décomposant en plusieurs mouvements, et en supprimant tout ce qui est relatif à la direction de l'arme.

On enseigne à agir sur la détente, en supprimant, à la fois, ce qui est relatif à la direction et au maintien de l'arme.

On fait prendre, à un soldat sachant viser, la position debout ou à genou, et on l'exerce à conserver ces positions tout en visant.

Lorsqu'il sait viser en gardant la position, et agir sur la détente, on lui apprend à saisir l'instant favorable pour faire partir le coup, c'est-à-dire à réunir les trois opérations en une seule.

Un homme instruit par ces procédés peut être mené devant la cible, il sait ce qu'il faut faire pour bien tirer, il ne lui reste plus qu'à appliquer et il le fera d'autant plus vite et facilement que son instruction préparatoire sera plus complète.

Les principes de division et de réunion posés, examinons les détails en suivant la progression des exercices donnée ci-après :

PROGRESSION DES EXERCICES PRÉPARATOIRES DE TIR

Pointage sur chevalet

1 - Prendre la ligne de mire (ligne de mire de 200 mètres) ;
2 - Viser un point marqué (ligne de mire de 200 mètres) ;
3 - Règles de tir et pointage avec les lignes de mire fixes (lignes de mire de 200, 300, 400 et 500 mètres) ;
4 - Lecture des graduations de la planche et pointage avec le cran de mire du curseur (lignes de mire de 500 à 1200 mètres et usage de la graduation en millimètres) ;

5 - Viser un point désigné et non marqué, ou corrections de pointage (ligne de mire de 200 mètres) ;
6 - Démonstration du rôle de la hausse.

Position du tireur debout et mouvement de joue

1 - Position du tireur debout (position du corps) ;
2 - Placement de l'arme à l'épaule ;
3 - Mouvement de joue, l'instructeur soutenant l'épaule ;
4 - Mouvement de joue, le tireur prenant la ligne de mire de 200 mètres et l'instructeur ne soutenant plus l'épaule ;
5 - Mouvement de joue, le tireur prenant successivement les lignes de mire fixées ;
6 - Mouvement de joue, le tireur prenant les lignes de mire de 500 à 1200 mètres.

Viser dans la position debout

1 - Viser avec la ligne de mire de 200 mètres : a) un point désigné ; b) l'œil de l'instructeur ;
2 - Même exercice avec les lignes de mire fixes en appliquant les règles de tir ;
3 - Viser un point et, s'il est possible, le noir d'une cible placée à grande distance, avec les lignes de mire de 500 à 1200 mètres.

Position à genou et mouvement de joue

1 - Position du tireur à genou (position du corps) ;
2 - Mouvement de joue, l'instructeur soutenant l'épaule ;
3 - 4, 5 et 6 : Répétition de ce qui est prescrit pour la position debout.

Viser dans la position à genou

Répétition de ce qui est prescrit pour la position debout.

Position du tireur couché

1 - Position du tireur couché et mouvement de joue ;
2 - Viser dans cette position avec toutes les lignes de mire.

Tir à volonté

1 - Action du doigt sur la détente dans la position du 5e temps de la charge ;
2 - Tir à volonté dans la position debout, avec la ligne de mire de 200 mètres, en visant : a) un point, b) l'œil de l'instructeur ;

3 - Même exercice avec les lignes de mire fixes ;
4 - Tir à volonté sur un point, ou mieux, sur une cible placée à grande distance, avec les lignes de mire de 500 à 1200 mètres ;
5 - Mêmes exercices dans la position à genou et couché (sauf le premier).

Tir à commandement

Répétition des exercices précédents (sauf le premier).

Feux d'ensemble

1 - Réunion de six à huit hommes pour l'exécution des feux à volonté et à commandement, chaque tireur visant l'œil d'un homme placé devant lui (l'instructeur insiste particulièrement sur les feux exécutés avec la ligne de mire de 200 mètres pour les feux à volonté, et de 600 mètres pour les feux à commandement).
2 - Feux d'ensemble par peloton, avec désignation du point à viser, si ce point est assez éloigné pour que les armes restent sensiblement parallèles, ou des points à viser pour chaque file, si ces points sont trop rapprochés.

Exercices préparatoires

Pointage sur chevalet

L'arme est placée sur un chevalet ou sur un sac à terre. L'instructeur dirige la ligne de mire de 200 mètres sur un rond noir dont le diamètre est à peu près égal au $^{1}/_{1000}$ de la distance comprise entre le but à viser et le chevalet de pointage, soit, un centimètre de diamètre pour une distance de 10 mètres.

La première leçon du pointage consiste à faire connaître aux hommes les signes auxquels on reconnaît qu'une arme est correctement pointée. L'instructeur explique qu'on doit d'abord s'assurer que la hausse et le guidon ne penchent ni à droite, ni à gauche.

L'instructeur montre ensuite la position qu'il faut prendre pour observer, établir ou vérifier le pointage : *la joue à hauteur du busc, sans toucher la monture ; l'œil droit sur le prolongement de la ligne de mire, à la même distance de la hausse que dans la position de joue.*

Pour que les hommes fassent des observations profitables, l'instructeur doit leur expliquer préalablement comment ils doivent voir le guidon et le point visé, par rapport au cran de la hausse : le sommet du guidon doit apparaître, en même temps, dans le milieu du cran de mire et sous le cercle noir, comme l'indique la figure 39.

L'instructeur explique ensuite que, pour trouver cette apparence, il faut procéder par ordre et qu'il faut tout d'abord placer son œil sur le prolongement de la ligne de mire, en arrière de la hausse ; c'est ce qu'on appelle *prendre la ligne de mire.*

Pour faciliter cette première opération, l'instructeur place une lame de couteau ou de canif sur l'encoche de la hausse (fig. 563), et prescrit au n° 1 de regarder le guidon par le trou triangulaire ainsi déterminé ; il lui explique que l'œil est bien placé pour le pointage, lorsque le sommet du guidon apparaît au milieu du trou.

L'œil du pointeur étant ainsi correctement placé et restant lié à la ligne de mire, l'instructeur soulève la lame du canif et fait remarquer l'apparence qu'offre le guidon lorsque le cran de mire n'est plus recouvert, et ajoute que pour pointer, il faut tout d'abord chercher à retrouver cette même apparence du guidon dans le cran de mire.

L'instructeur, ayant ainsi arrêté l'attention de l'homme sur la hausse et sur le guidon, lui enseigne à prolonger la ligne de mire, c'est-à-dire à préciser le point de la cible en face duquel on aperçoit le sommet du guidon ; l'arme étant bien pointée, *le sommet du guidon doit affleurer le bas du noir.*

L'instructeur ayant terminé avec le n° 1, prescrit aux hommes de se placer l'un après l'autre dans la même position, en ayant soin de ne pas déranger l'arme, de prendre la ligne de mire, d'en suivre le prolongement et de bien remarquer que le sommet du guidon touche le bas du noir sans mordre dans le cercle.

Cela fait, l'instructeur dérange l'arme et fait pointer successivement tous les hommes de la classe. Il vérifie le pointage de chacun et rectifie, s'il y a lieu, les erreurs commises de la manière suivante : toute erreur provenant de ce que la ligne de mire est mal prise, l'instructeur force le soldat à la prendre régulièrement, en replaçant l'écran au-dessus de l'encoche. Cela fait, l'instructeur ayant averti le pointeur de rester en position, retire l'écran et fait remarquer le point où aboutit la ligne de mire ainsi prise. Le soldat ayant constaté que son premier pointage était mauvais, recommence l'opération jusqu'à ce qu'il soit parvenu à pointer correctement.

Observations : Il n'est pas rare de rencontrer, même parmi les hommes qui ont l'habitude des armes à feu, des tireurs qui ne savent pas prendre la ligne de mire. L'instructeur insiste d'autant plus sur cette difficulté que tous les tireurs croient pointer régulièrement. Quelques-uns, cependant, sont dupes d'une apparence, ils ne se servent en réalité que du guidon pour diriger l'arme et se figurent qu'ils visent par le cran de mire, parce qu'ils voient en même temps la hausse et le guidon. On dirige la ligne de mire de manière que le sommet du guidon affleure le bas du noir, afin que, dans le tir à bras francs, le bout du canon ne vienne masquer le noir, par suite des mouvements inévitables de

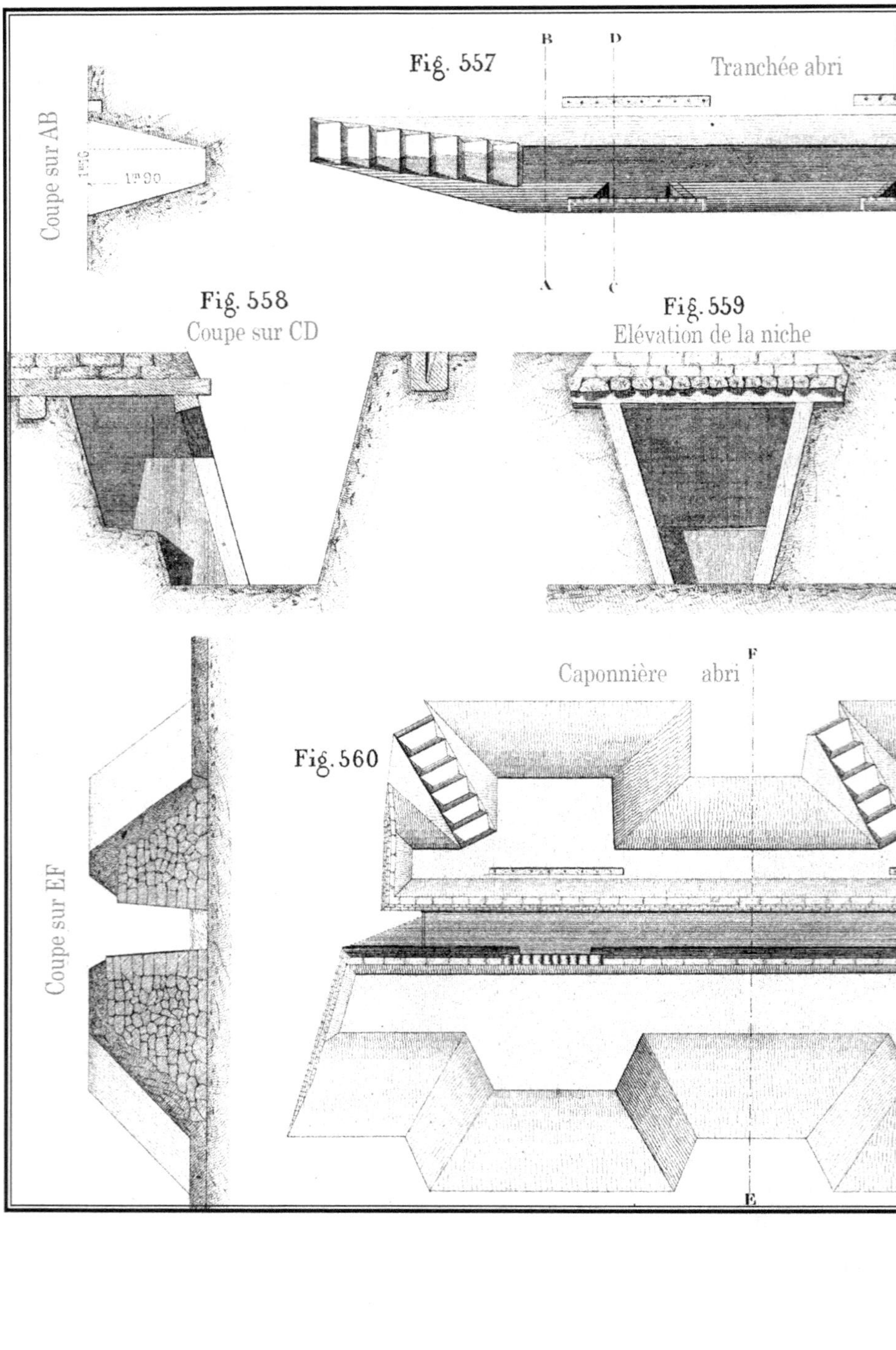
Fig. 557
Tranchée abri
Coupe sur AB
1m90
B
D
A
C
Fig. 558
Coupe sur CD
Fig. 559
Elévation de la niche
Caponnière abri
Fig. 560
Coupe sur EF
F
E

Fig. 561
Profil d'une caponnière abri gabionnée

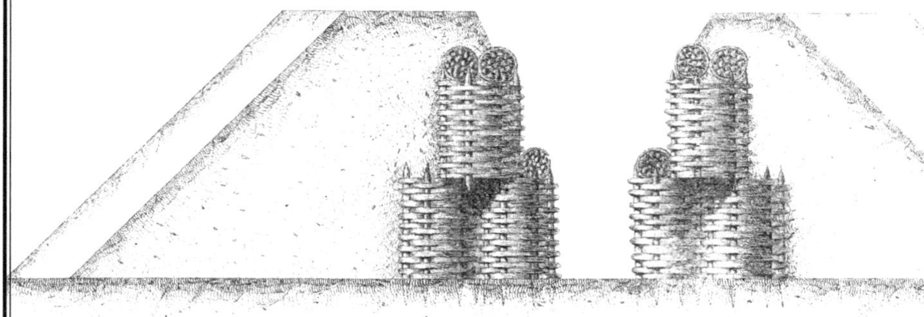

Fig. 562
Tranchée abri à bords surélevés

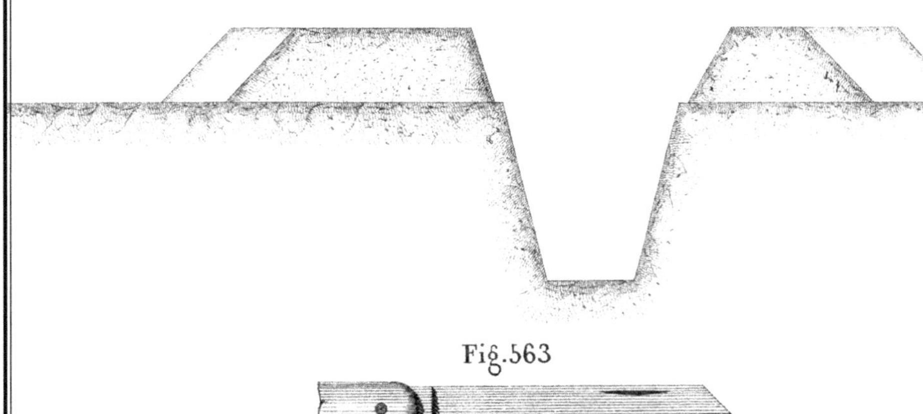

Fig. 563

l'arme pendant le pointage. La difficulté du pointage augmente beaucoup avec la distance. Cela vient de ce que l'attention du tireur est partagée entre la ligne de mire et l'objet sur lequel il faut la diriger.

Lorsque cet objet est très éloigné, l'œil fait effort pour le discerner, et généralement, il quitte le fond du cran, faute d'être assez exercé pour faire les deux choses à la fois ; aussi est-il essentiel de faire des séances de pointage avec des cibles placées à de grandes distances.

Corrections de pointage

L'étude des causes de déviation des projectiles a démontré qu'il est fort rare qu'on puisse viser directement le point que l'on veut atteindre, de sorte que la correction de pointage est la règle et non pas l'exception, comme on se le figure trop souvent. La précision de l'arme accroît l'importance de cette correction. Si, à 500 mètres, par exemple, les coups s'éparpillaient indifféremment dans tous les sens, il serait inutile et d'ailleurs impossible de déterminer le point à viser pour mieux faire ; mais si le tir se groupe avec régularité autour d'un écart central, la détermination du point à viser devient du plus haut intérêt.

Il faut donc faire comprendre au soldat qu'il ne suffit pas de savoir diriger la ligne de mire sur le noir de la cible, mais qu'on doit s'exercer en outre à corriger le tir.

À cet effet, on place sur une cible une mouche qui représente le point où une balle vient de toucher et on exerce les tireurs à pointer l'arme de manière à ramener le coup suivant sur le noir de la cible, en supposant que le deuxième coup porte de la même manière que le premier. Ainsi, si la mouche est placée en A, l'arme bien pointée devra être dirigée sur le point B ; DB étant égal à AF et sur son prolongement (fig. 565).

Les soldats ont trop peu de balles à tirer à chaque exercice de tir, pour qu'on laisse à chacun le soin de corriger le pointage suivant les circonstances atmosphériques du moment. Les corrections sont déterminées, avant chaque séance, par l'officier instructeur qui indique aux compagnies la hausse à employer et la direction à donner à la ligne de mire. Ces indications ne seront jamais exprimées en longueurs métriques ; on les formulera de la manière suivante :

- *Visez le coin supérieur gauche de la cible ;*
- *Visez entre le noir et le bord gauche de la cible ;*
- *Visez le bord droit de la cible à hauteur du noir ;*
- *Visez en dehors, à gauche, de la valeur d'une demi-cible, etc.*

Pour que les soldats puissent profiter de ces indications, il faut leur enseigner à faire des corrections de ce genre, en les faisant pointer sur chevalet. Les indications générales données pour corriger le tir ne sont rigoureusement exactes que pour les armes qui portent juste, c'est-à-dire comme l'arme choisie dont s'est servi l'officier instructeur. Chaque tireur doit les appliquer en tenant compte, en même temps, des déviations particulières à son arme (déviations que, pour ce motif, il est très important de connaître).

Ainsi, un homme qui sait que son fusil porte ordinairement de 0,50 m à gauche à la distance de 200 mètres, lorsque le temps est calme, visera le noir lorsqu'on conseillera aux autres de viser le bord gauche de la cible, pour corriger une déviation de 0,50 m provenant d'un vent de gauche, par exemple.

En campagne, les corrections de pointage doivent être indiquées et appliquées en prenant des points de repère sur le terrain, dans le voisinage du but à atteindre.

Nota. — Augmenter la hausse en prenant trop de guidon, la diminuer en n'en prenant pas assez, faire porter le coup à droite en penchant l'arme à droite, à gauche en la penchant à gauche : ce sont là des procédés qui sont théoriquement vrais, mais qui n'ont de valeur pratique que pour des tireurs hors ligne. On ne doit jamais les conseiller aux soldats.

Les armes de précision sont munies d'appareils de pointage permettant de régler le tir, à toute distance et en toutes circonstances, de façon à viser directement le but à atteindre. À cet effet, le cran de mire ou le guidon peuvent être déplacés dans le sens latéral au moyen d'une vis de rappel.

Cette manière de faire comporte une plus grande précision que la correction au jugé. On n'a pu songer encore à l'adopter pour les armes de guerre, parce que les appareils de pointage présentés jusqu'à ce jour sont coûteux, compliqués et un peu délicats.

Démonstration du rôle de la hausse

Avec une arme ouverte par la culasse, on peut démontrer aux hommes que la hausse sert à mesurer l'inclinaison qu'il faut donner à la ligne de tir suivant l'éloignement du but, et que la ligne de mire doit être située dans le même plan que la ligne de tir.

L'instructeur enlève la culasse mobile. Pour déterminer la ligne de tir, il place à la bouche du canon un petit cylindre creux en fer-blanc ou en carton, portant à l'une de ses extrémités deux fils en croix ; puis, démontant la tête mobile, il l'engage à l'entrée de la boîte de culasse, la rondelle sur la tête de gâchette, le dard tourné vers la crosse, l'observateur plaçant son œil le plus près possible du trou antérieur.

Le fusil est placé sur le chevalet de pointage à dix mètres du noir.

L'instructeur dirige la ligne de mire de 500 mètres sur un pain à cacheter ; puis, sans déranger l'arme, il vise par la tête mobile, et l'intersection des fils du cylindre ; il détermine ainsi la ligne de tir et fait marquer le point où elle aboutit sur le mur. Il fait vérifier à chaque pointeur que la ligne de tir aboutit au-dessus de la ligne de mire.

Cette opération, répétée avec différentes lignes de mire prises indistinctement, fait voir que l'écart entre les deux lignes augmente avec la hauteur de la hausse.

On a déjà expliqué (page 60) comment, par un moyen analogue, on rend sensibles les erreurs de pointage résultant de ce que la hausse et le guidon penchent à droite ou à gauche.

Position debout

Le tir a été longtemps négligé dans l'armée. Lorsqu'on a commencé à s'en occuper sérieusement on a dû tout d'abord s'écarter des positions de joue usitées dans les manœuvres, parce que ces positions étaient mauvaises pour le tir.

Les nouvelles prescriptions une fois passées dans les habitudes, il a fallu faire disparaître toute divergence fâcheuse entre l'instruction sur le tir et le règlement sur les manœuvres. C'est ce qui a été fait en 1867. Le maniement de l'arme, judicieusement entendu, a été réglé de façon que l'on pût charger et tirer sans passer par une position intermédiaire entre la charge et le mouvement de joue. C'est pour cela que la position des pieds, du corps, de l'arme, est la même dans la charge que dans le temps d'*apprêtez vos armes*.

Tous les détails de la position du tireur debout ont leur raison d'être.

L'homme se fend en arrière et sur la droite, afin de résister au recul et d'avancer l'épaule qui sert d'appui à la crosse.

La main droite embrasse fortement la poignée parce que, en serrant l'arme à la poignée, on assure l'indépendance de l'index. Faute de cette précaution, le mouvement du doigt se transmet à la main et à l'épaule quand on fait partir le coup.

Le coude droit est élevé, pour faciliter le mouvement de l'épaule qui amène la ligne de mire à hauteur de l'œil.

La main gauche soutient l'arme par son centre de gravité, parce que cette position est à la fois la plus commode pour le tir et pour la charge.

Les deux mains exercent une traction continue vers épaule, parce que l'on diminue ainsi l'incommodité du recul, en même temps qu'on maintient l'arme plus solidement.

Pour viser il faut, ou bien baisser la tête pour aller chercher la ligne de mire ou bien amener la ligne de mire à hauteur de l'œil par un mouvement d'épaule, en tenant la tête droite.

Le premier moyen était prescrit par l'instruction sur le tir du 15 juillet 1845. Mais on ne tarda pas à s'apercevoir qu'il était mauvais ; dans ce mouvement, le nez se plaçait sur la poignée et contre le pouce de la main droite ; le recul, dans cette position, était très incommode. La principale préoccupation du tireur consistait alors à se garer de ses effets ; il détournait la tête avant d'agir sur la détente, et l'arme n'était plus pointée au moment du tir.

Tel est le motif qui a fait adopter une position de nature à prévenir ces inconvénients. Les instructions postérieures ont prescrit de lever l'épaule pour amener la ligne de mire à hauteur de l'œil. C'est ce qui se fait encore aujourd'hui.

L'épaule a deux mouvements à faire : 1°) un léger mouvement en avant pour arrêter la crosse et l'empêcher de glisser jusqu'au bras ; 2°) un mouvement de bas en haut pour amener la ligne de mire à hauteur de l'œil ; ces deux mouvements simultanés ne sont pas aisés à obtenir dans le principe, parce que les muscles n'en ont pas l'habitude. On doit éviter avec le plus grand soin toute exagération, et obtenir que ces mouvements deviennent imperceptibles, dès que le tireur a acquis de la souplesse.

Le mouvement de l'épaule ne doit jamais entraîner celui du corps ; quand l'homme est en joue, il faut que la ligne des épaules soit parallèle à celle des talons. En d'autres termes, on ne doit pas tordre les reins pour faire face au but.

Placement de l'arme à l'épaule par l'Instructeur

Le troisième exercice préparatoire doit être fait avec précision. L'instructeur doit se placer de façon à ne pas gêner les mouvements des hommes, et poser l'arme à l'épaule en se conformant strictement aux prescriptions de la théorie.

L'instructeur doit se placer en avant du soldat et sur sa droite, la pointe du pied gauche touchant presque la pointe du pied droit de l'homme qu'il instruit.

Quand on se sert de la ligne de mire de 200 mètres, le talon de la crosse peut sans inconvénient déborder un peu la partie la plus élevée de l'épaule, mais il ne doit jamais rester au-dessous.

On doit observer en outre que la couture de la manche, qui a été prise pour repère, n'est pas une ligne fixe ; dès que le soldat lève le bras pour saisir l'arme à la poignée, le haut de la couture se déplace pour se rapprocher du collet de l'habit et peut venir se placer derrière le talon de la crosse.

Ce n'est donc pas lorsque le soldat est en joue, mais bien lorsque le bras droit pend naturellement que la couture de la manche doit être à deux centimètres du tranchant extérieur de la crosse.

Pointage à bras francs

Cette opération est la réunion des deux actions précédentes enseignées séparément.

L'instructeur enseigne au soldat à maintenir toujours la ligne de mire au-dessous du but, afin de ne pas s'exposer à perdre le point visé pendant qu'il cherche à saisir l'instant favorable pour faire partir le coup ; l'instructeur vérifie souvent le pointage en faisant viser son œil droit.

Si la tête du tireur reste droite pendant qu'il pointe, la hauteur de la hausse variant avec la distance, il faut que la crosse soit élevée ou abaissée suivant l'éloignement du but ; ainsi, aux premières distances, l'homme élèvera l'épaule pour amener la ligne de mire à hauteur de l'œil mais il l'élèvera de moins en moins à mesure que la hausse augmentera.

Il est une hauteur de hausse (600 mètres environ) pour laquelle l'épaule revient à sa position naturelle. Quand on vise avec les hausses supérieures, on est obligé de baisser la crosse afin de ne pas avoir à lever la tête en tendant le cou.

Position à genou

Pour que tous les hommes pussent prendre la position à genou de la même manière et par les mêmes moyens, il devrait exister chez tous le même rapport entre la longueur du buste et celles du bras et de la jambe gauche qui servent de support à l'arme. Il n'y a qu'à examiner dix hommes pris au hasard, pour reconnaître que cette condition est loin d'être remplie.

L'instructeur tout en tenant compte de la conformation, exige :

- Que le corps repose sur la jambe droite, la jambe gauche ne devant soutenir que le poids de l'arme ;
- Que la crosse soit placée à l'épaule comme dans la position debout ; il a soin, pour y arriver plus facilement, de faire porter légèrement le genou droit en avant, ce qui fait avancer l'épaule du même côté ;
- Que la tête soit peu inclinée, surtout en avant, le nez ne devant jamais approcher le pouce de la main droite, placé en travers sur la poignée ;
- Que l'arme soit maintenue horizontalement.

Avec les hommes qui ont le buste long, il faut autant que possible faire affaisser le corps sur la jambe droite et faire placer la jambe et l'avant-bras gauches aussi verticalement que possible, de manière à utiliser toute leur longueur.

Quand le bras est très court, on fait soutenir l'arme par le pontet.

Sur le terrain, il faut profiter des différences de niveau pour remédier aux défauts de conformation. Quand on trouve une dépression, on y met le genou droit, de manière à avoir le pied gauche plus élevé ; quand on aperçoit une bosse, on y place le pied gauche, pour le même motif.

Position du tireur couché

Cette position a acquis une grande importance depuis que l'on charge le fusil par l'arrière. Elle a été beaucoup employée pendant la dernière guerre, il faut donc la rendre familière à nos soldats. Les détails d'exécution n'ont pas besoin d'être réglementés ; que chacun arrive à viser commodément en s'appuyant sur ses deux coudes pour soutenir l'arme. C'est le seul résultat à poursuivre.

Feu simulé par le départ du chien

Cet exercice est de la plus grande importance, car *bien faire partir le coup* constitue la plus grande difficulté du tir.

Il est à peu près impossible d'obtenir l'immobilité absolue de l'arme et du corps pendant le pointage. La ligne de mire ne fait que passer par le point visé, elle sen éloigne bientôt pour y revenir encore. Bien tirer consiste à diminuer l'amplitude des oscillations et à saisir le moment favorable pour faire partir le coup.

On doit s'appliquer à deux choses :

1°. Exercer le corps, le bras, la main à conserver autant que possible l'immobilité pendant que le premier doigt agit sur la détente ;

2°. Exercer l'index à obéir instantanément à la volonté pour faire partir le coup dès que l'arme est bien en pointage.

Immobilité. – Pour conserver l'immobilité de l'arme et du corps, il faut retenir la respiration pendant le pointage et s'habituer à tirer promptement. Quand on reste trop longtemps en joue, la respiration manque, les bras sont pris de tremblements, les lacets de la ligne de mire s'agrandissent. Si l'on tire dans ces conditions, le coup est généralement mauvais. Lorsqu'on n'a pas saisi le moment favorable pour faire partir le coup et que l'on commence à éprouver le besoin de respirer, il faut quitter la position, se reposer quelques secondes et reprendre l'opération.

Action du doigt. — Le mouvement du premier doigt de la main droite doit être complètement indépendant du bras et, à cet effet, prendre appui sur la main, qui doit être fortement serrée sur la poignée de l'arme.

Il est essentiel que le tireur connaisse sa détente, c'est-à-dire qu'il se rende bien compte de l'effort à exercer pour faire partir le coup. Dès qu'il est en joue, il exerce une pression qui doit amener la gâchette sur le bord du cran de la noix. Il n'y a plus alors, qu'un léger effort à faire pour faire partir le coup lorsque l'œil juge le moment opportun.

Le bon tir dépend donc de l'accord du doigt, de l'œil et de la volonté ; il ne s'établit qu'après de nombreux exercices. Dans le principe, tout le corps participe plus ou moins au mouvement du premier doigt.

Ce mouvement du corps précède même souvent l'action du doigt sur la détente, il est indépendant de la volonté et ordinairement provoqué par l'attente de la détonation, du recul ou par l'impatience qu'occasionnent les oscillations de la ligne de mire, qu'on ne peut parvenir à maîtriser. Dans tous les cas, le tireur doit pouvoir accuser son coup, c'est-à-dire préciser le point sur lequel était dirigée la ligne de mire au moment où le chien a été dégagé. L'instructeur fermant l'œil gauche fait viser son œil droit ; il interroge toujours le tireur après le coup parti.

Il juge d'après les réponses qui lui sont faites et ses propres observations si les principes précédents ont été bien compris et bien appliqués.

Tir dans les chambres

L'adresse dans le tir ne s'acquiert et ne se maintient que par une pratique constante.

Or, les exercices préparatoires trop longuement répétés deviennent monotones et dès lors improductifs.

D'un autre côté, les exercices du tir à la cible occasionnent des dépenses tellement considérables qu'ils sont forcément limités.

Ces observations ont suggéré à M. Delvigne l'idée de donner aux exercices préparatoires l'attrait d'un résultat obtenu et il a réalisé cette idée d'une manière fort ingénieuse en introduisant dans le fusil un tube qui réduit le calibre à 5,6 mm pour tirer un projectile d'un gramme environ.

Avec un appareil de ce genre on peut exécuter dans les chambres ou dans les cours des casernes de vrais tirs à la cible.

Le but étant à cinq ou six pas du tireur se trouve au-delà de la première intersection de la trajectoire et de la ligne de mire sur la branche ascendante de la trajectoire. Il faut donc viser au-dessous du noir pour l'atteindre. Cette particularité n'est pas un inconvénient. Elle force le soldat à faire des corrections de pointage et le familiarise avec cette idée qu'il faut viser le plus souvent un point différent de celui qu'on veut toucher.

Le tir de chambre est une innovation des plus heureuses. Les officiers de compagnie qui sauront tirer parti de cette ressource nouvelle réaliseront de grands progrès dans l'instruction du tir ; ils devront, pour cela, faire prendre note des résultats obtenus, sur des situations analogues à celles que l'on établit pour les tirs à la cible.

TIR A LA CIBLE

Dans les exercices du tir à la cible, le soldat doit se former d'abord comme tireur, il apprend en second lieu à connaître son arme.

L'instruction du tireur doit se faire à petite distance, autant que possible à celle du premier but en blanc. À cette distance, l'homme n'a pas à se préoccuper de corriger le pointage en hauteur, et il est assez près pour observer ses coups et pour rectifier son tir. De plus l'arme ayant une grande justesse à petite distance, toutes les fautes commises sont imputables au tireur.

Lorsque le soldat sait tirer de but en blanc, il faut lui apprendre l'usage des lignes de mires fixes en deçà et au-delà du but en blanc ; on l'exerce pour cela à des distances ne correspondant à aucune ligne de mire (150 et 250 mètres).

Le soldat, sachant rectifier son tir d'après les indications données ou des observations faites par lui-même, doit apprendre à connaître son fusil, c'est-à-dire, savoir sur quels résultats il peut compter, suivant l'éloignement du but et quelle est la distance au-delà de laquelle le tir devient sans effet : tel est le but principal des séances de tir aux grandes distances.

Pour former les tireurs, il faut les intéresser à corriger leur pointage et pour cela, il est indispensable de modifier la manière de relever les coups.

Jusqu'ici, dans les tirs de régiment, on s'est borné à constater qu'une balle atteignait ou manquait la cible. Avec le fusil lisse et la balle sphérique, le noir n'était qu'un point de mire. Le tir était tellement incertain que la chance de toucher le centre était due au hasard plutôt qu'à l'adresse. Il n'aurait pas été juste d'attribuer une valeur exceptionnelle à la balle qui aurait frappé le noir.

Les conditions sont changées aujourd'hui. Le relevé par points, usité dans tous les tirs publics et dans toutes les armées étrangères, est le seul admissible, c'est le corollaire du perfectionnement des armes de guerres

Nous indiquerons dans le paragraphe suivant des moyens d'exécution d'une application simple, facile et beaucoup plus rapide qu'on ne le suppose généralement.

III. Matériel d'instruction

Une grave question se présente tout d'abord, celle des champs de tir ; ils sont insuffisants presque partout, et font complètement défaut dans quelques lieux de garnison.

Les polygones de petite étendue qui suffisaient à tous les besoins, lorsque la dernière distance de tir était de 300 mètres, sont devenus trop courts et de dangereux voisinage.

Les agrandir assez pour que les balles n'en franchissent pas les limites entraînerait des dépenses telles, qu'il ne faut pas songer à cette solution. Le problème à résoudre consiste à exécuter des tirs dans de courtes limites, sans compromettre en aucune façon la sécurité des voisins.

On a déjà essayé quelques palliatifs, mais on sera obligé d'avoir recours à des remèdes plus radicaux. La solution, d'ailleurs, est plus facile et moins coûteuse qu'on ne le suppose généralement.

Rappelons d'abord que l'instruction du tireur se fait à courte portée, et que le tir à grande distance a plutôt pour but de faire connaître la puissance de l'arme que d'enseigner à tirer. Un champ de tir de 200 mètres, de 100 mètres même, suffit donc pour la 1re partie de l'instruction.

Les tirs à grande distance s'exécuteront au moins dans les camps. On pourra même avec un peu de bonne volonté, en garnison, faire exécuter annuellement des tirs à grande distance, si l'on sait utiliser les ressources que présentent les environs.

Il y a bien peu de garnisons, en effet, qui ne présentent, dans le rayon d'une journée de marche (soit 30 kilomètres), un espace où, moyennant quelques précautions, on ne puisse tirer, à certaines époques de l'année, sans danger et sans préjudice pour personne.

Ne pourrait-on pas envoyer successivement les diverses fractions du régiment camper sur ces terrains, pendant 24 heures ? Elles reviendraient à leur station le surlendemain de leur départ.

Ces dispositions sont pratiques parce que les tirs à grande distance, de même que les feux d'ensemble, pourraient être exécutés dans une seule séance ; il n'en est pas de même des tirs à courte portée ; ces exercices, qui devraient être presque journaliers, exigent un champ de tir à proximité de la caserne.

L'achat de l'aménagement d'un terrain ne serait pas extrêmement dispendieux car les frais seraient supportés, en totalité ou en partie, par les municipalités.

Avec une bande de terrain de 20 mètres de largeur, sur 120 mètres de longueur, et une dépense peu importante, on peut établir, aux portes d'une ville, un tir suffisant à l'instruction d'un régiment.

Nous ne croyons pas utile de donner ici les détails d'aménagement relatifs à la sécurité publique, ils ont pour but et pour résultat d'arrêter toute balle partie accidentellement dans une direction quelconque

Nous pensons au contraire qu'il est bon de faire connaître les dispositions qu'on devrait adopter dès à présent partout, pour exécuter le tir au plus haut point. Elles ont la consécration de six années d'expérience au camp de Châlons.

Les marqueurs sont placés dans une tranchée-abri creusée au pied de l'emplacement des cibles.

La tranchée doit avoir une profondeur de 1,90 m au minimum, la largeur au fond ayant 0,50 m (fig. 557).

Les talus doivent être aussi raides que possible ; si le terrain ne permet pas de les tailler à $^4/_1$, il faut les maintenir avec des fascines ou de toute autre façon.

La largeur de la tranchée au niveau du sol doit avoir 1,60 m au maximum.

Pour abriter les marqueurs pendant le mauvais temps, on creuse en face de chaque emplacement de cible, une niche recouverte par un blindage, lequel est soutenu, en avant par une ferme dont les pieds sont enfoncés en terre (fig. 558, 559).

Les cibles doivent être placées verticalement, le plus près possible du bord du talus ; on les plante dans une semelle en bois enterrée à 30 centimètres du bord de la tranchée, cette semelle est percée de trous pour recevoir les pieds des cibles.

On évite les ricochets, si l'on a soin d'enterrer complètement la semelle et de gazonner l'espace compris entre sa face antérieure et le bord de la tranchée.

Dans le même but, le bord de la tranchée, du côté de la butte, doit être au niveau du sol (fig. 557).

Le toit de la niche peut être composé d'un lit de rondins, par-dessus lequel on a soin de mettre de la paille ou tout autre corps empêchant la terre de se tamiser. On gazonne par-dessus (fig. 558, 559).

Les indications précédentes supposent qu'on puisse s'enfoncer d'environ deux mètres au-dessous du sol naturel ; c'est le cas le plus favorable à tous égards, mais il y a d'autres moyens d'établir le marqueur et la cible dans la même position relative

1 - Si l'on est sur le roc, on élève deux murs en pierre sèche, couronnés de terre, de fascines ou de sacs à terre, pour éviter les éclats de pierre (fig. 560).
2 - Si l'on doit rencontrer l'eau à faible profondeur, on élève deux épaulements en terre, laissant entre eux un couloir ayant 0,50 m au fond et 1,70 m environ à hauteur du couronnement. Les talus intérieurs sont formés par des gabions, ou de toute autre manière, suivant les ressources de la localité (fig. 561).
3 - S'il est possible de creuser une tranchée, mais qu'elle soit d'une profondeur insuffisante, on complète en remblai ce qu'il n'a pas été possible de gagner en déblai, et on a alors le profil de la figure 562.

Les cibles doivent tenir par de longs pieds engagés dans les trous de la semelle.

La seule précaution à indiquer pour la sécurité complète des marqueurs est de les forcer à porter des lunettes de cantonnier, en treillis métallique.

Les petits éclats de plomb, de terre ou de pierre qui peuvent revenir en arrière n'offrent aucun danger, si les yeux sont garantis.

Palettes. — Quelles que soient les dispositions adoptées, l'essentiel est de placer le marqueur au-dessous de la cible pour qu'il puisse indiquer les coups avec une palette.

On évite toute erreur en bouchant les trous au fur et à mesure du tir ; on y arrive simplement en employant la palette à tampon représentée par la figure 568. Le marqueur a dans une boîte des ronds de papier découpés à l'emporte-pièce. Ces ronds préalablement enduits de colle sont appliqués sur les trous à l'aide du tampon.

On répare ainsi les cibles en même temps qu'on signale les coups. Cette opération se fait très lestement lorsque les marqueurs ont été exercés. L'exécution du tir est plus rapide qu'on ne pourrait le supposer.

Fig. 564

Cible circulaire de 0,50 m
de rayon en usage à
l'école de tir

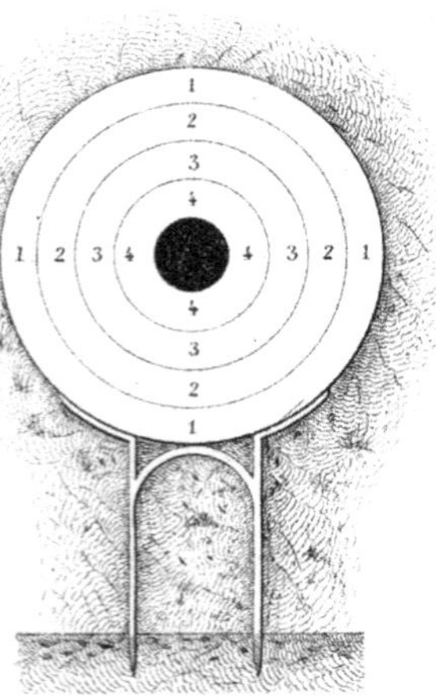

Fig. 565.

Cible circulaire de 0,50 m
de rayon tracée sur une cible
rectangulaire de 2m sur 1m

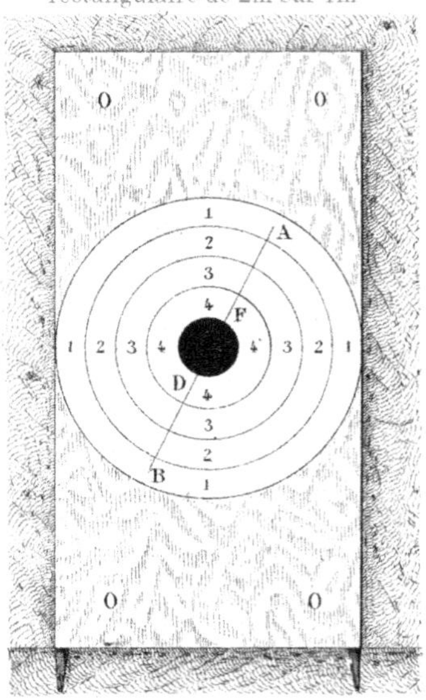

Fig. 566

Signes conventionnels
pour marquer les points

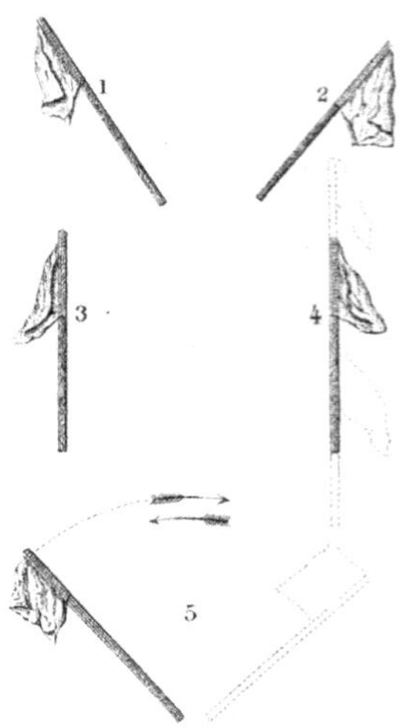

Palette noire pour signaler les coups
avec tampon pour boucher les trous

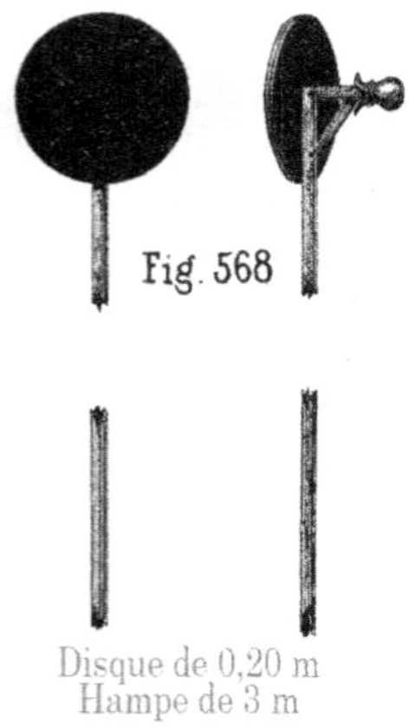

Fig. 568

Disque de 0,20 m
Hampe de 3 m

Fig. 567

Cible de 2 m sur 4 m
pour les tirs au-delà de 800 mètres

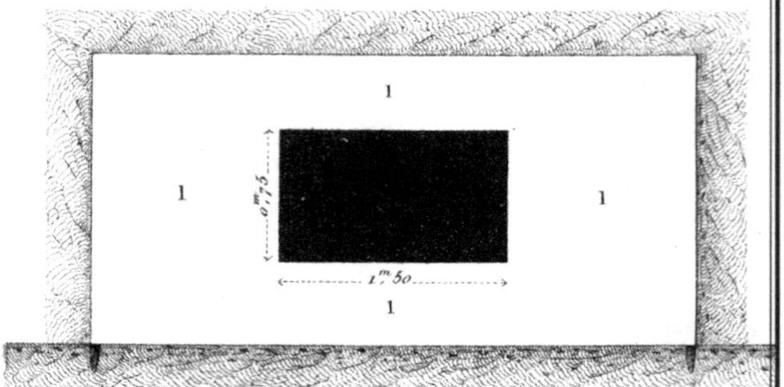

Légende.

- Balle ayant frappé de plein fouet
- Balle arivée par ricochet

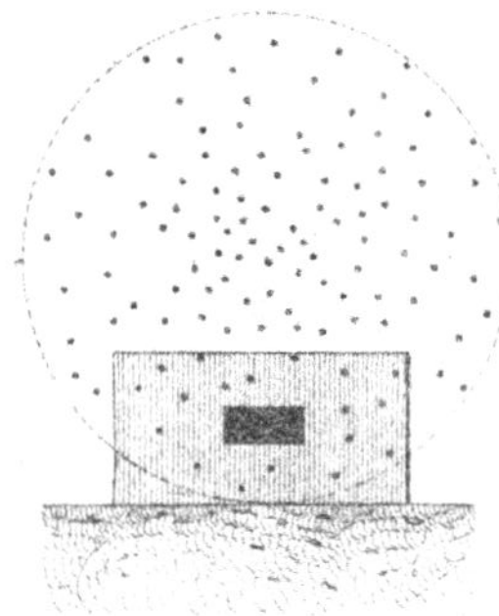

Fig. 570.

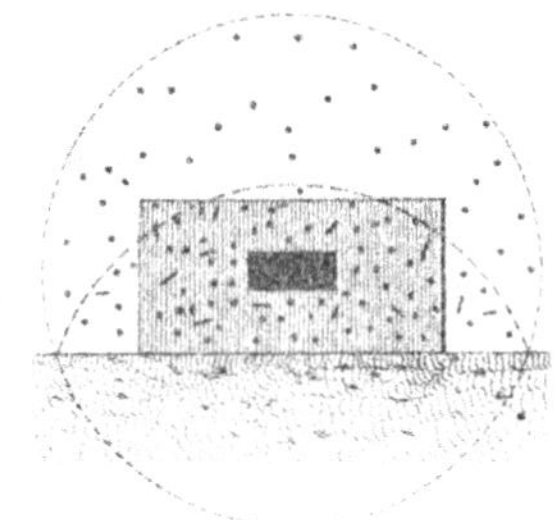

Fig. 571.

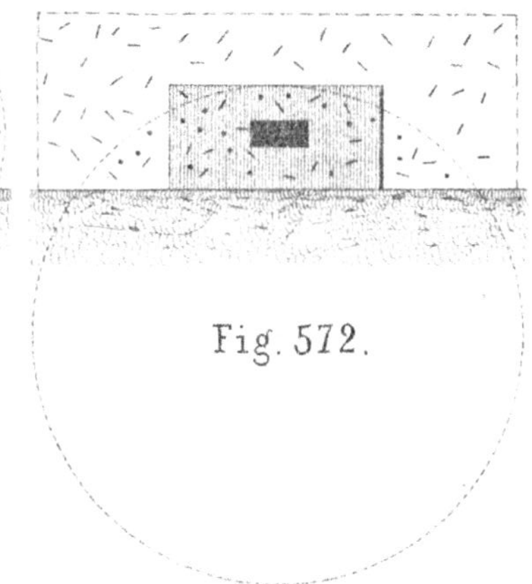

Fig. 572.

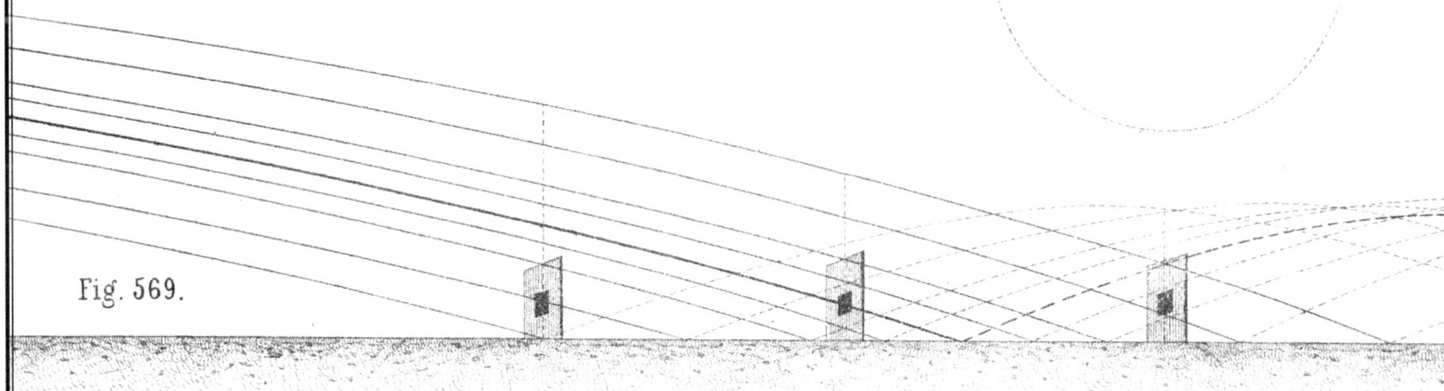

Fig. 569.

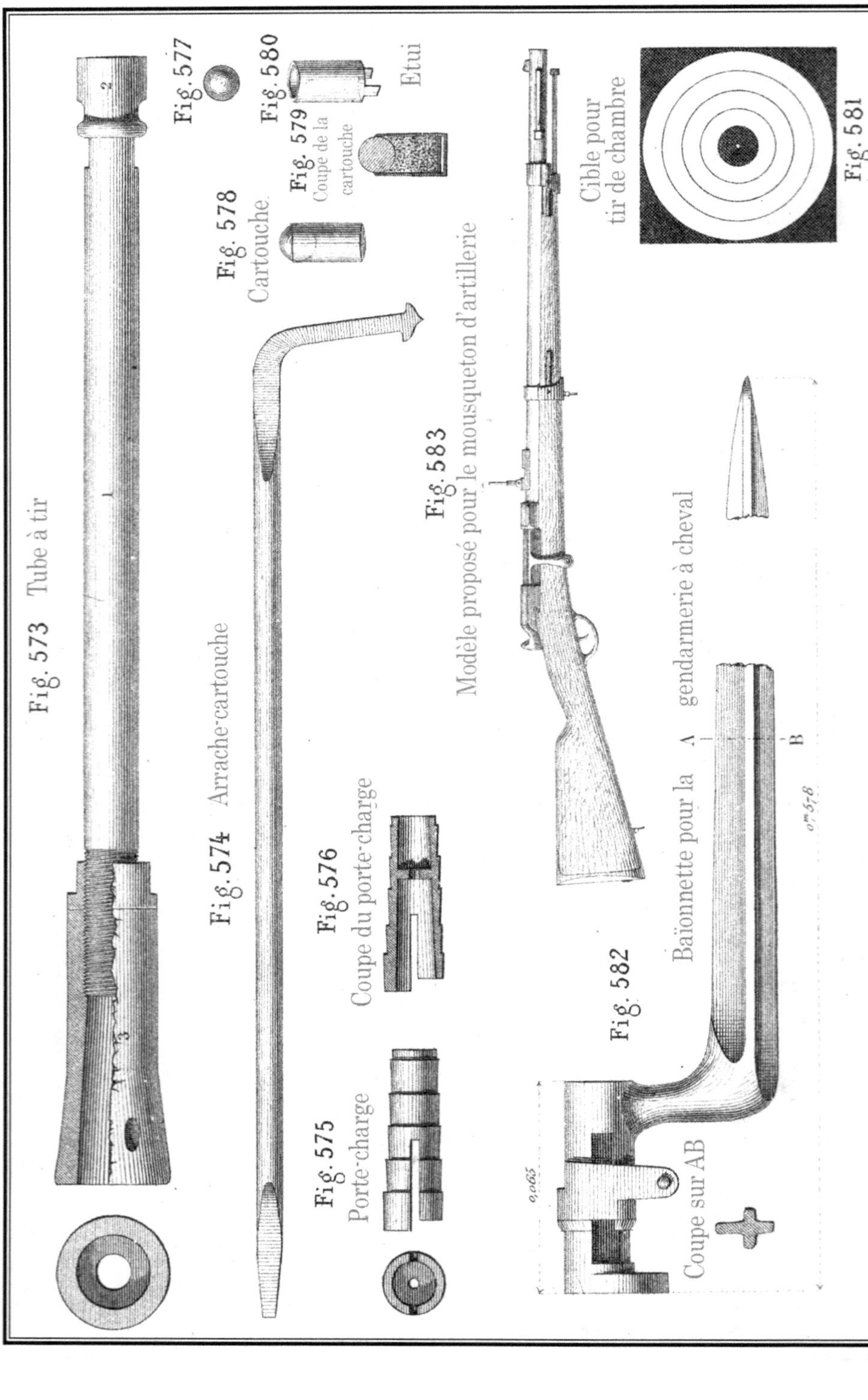

Fig. 573 Tube à tir
Fig. 574 Arrache-cartouche
Fig. 575 Porte-charge
Fig. 576 Coupe du porte-charge
Fig. 577
Fig. 578 Cartouche.
Fig. 579 Coupe de la cartouche
Fig. 580 Etui
Fig. 581 Cible pour tir de chambre
Fig. 582 Baïonnette pour la gendarmerie à cheval
A
B
Coupe sur AB
0,065
Fig. 583 Modèle proposé pour le mousqueton d'artillerie

On gagne d'ailleurs le temps qu'on est obligé de consacrer aujourd'hui au relevé des tirs et à la réparation des cibles.

Il serait avantageux d'avoir des cibles rondes pour les tirs individuels à courte portée, des panneaux carrés de deux mètres pour les tirs à grande distance et les feux d'ensemble, et des cibles de plus petites dimensions pour les feux en tirailleurs.

Par économie, on peut faire tous les tirs sur des cibles rectangulaires car rien n'empêche de tracer des cibles rondes sur des panneaux carrés (fig. 565). On noterait zéro toute balle qui atteindrait la cible en dehors du dernier cercle. Les zones concentriques au noir sont numérotées, en donnant le n° 1 à la plus éloignée du centre. Toute balle ayant atteint la cible a une valeur en points déterminée par le numéro de la zone touchée. S'il y a quatre zones, les balles qui touchent le noir central ont une valeur de cinq points. Aux petites distances, alors que les écarts sont minimes et imputables surtout au tireur, on devrait multiplier le nombre des zones concentriques, si l'on n'était arrêté par la difficulté de la marque.

La cible prussienne a 12 cercles, celle qui a été en usage à l'école de tir pendant les dernières années en a 5, elle peut être employée pour les tirs des corps.

Au-delà de 400 mètres, on doit supprimer les zones concentriques au noir, donner à ce dernier une grande dimension et ne noter que 2 les balles qui l'ont atteint. Le hasard entrant pour une bonne part dans la réussite, il ne serait pas juste d'accorder une valeur considérable à une balle qui atteindrait un noir de petite dimension.

D'après ces principes, on tirerait jusqu'à 300 mètres sur une cible divisée en zones circulaires.

À 400 et à 600 mètres, on emploierait un panneau de deux mètres de haut sur deux mètres de base avec un noir carré de 0,50 m de côté ; on attribuerait une valeur de deux points à toute balle ayant atteint le noir et une valeur d'un point à toute balle ayant touché la cible en dehors du noir.

À 800 mètres et au-delà, la cible aurait quatre mètres de base et porterait un noir rectangulaire de 0,75 m de haut sur 1,50 m de base ; on compterait pour deux points les balles ayant touché ce noir.

Pour les feux d'ensemble, à volonté et à commandement, le but serait toujours représenté par un panneau de deux mètres de haut sur quatre mètres de base.

Les feux de tirailleurs exigeraient l'adoption de cibles spéciales ayant, au plus, 0,75 m de haut sur 0,50 m de base. Elles seraient recouvertes en papier gris ou de couleur sombre et ne porteraient aucun point voyant.

Le tir de chambre exige, en outre, une cible spéciale dont le modèle vient d'être adopté. C'est une plaque de fonte carrée de 0,15 m de côté et 0,01 m d'épaisseur (fig. 581); elle est divisée en cinq zones, comme la cible décrite ci-dessus. Les balles qui touchent dans les coins de la cible en dehors du dernier cercle sont cotées 0.

Des munitions. — Les munitions sont d'un prix élevé, de sorte qu'une allocation de cartouches, bien minime pour l'instruction de chaque homme, se traduit par une grande dépense pour l'État.

Les exercices de tir peuvent se diviser en trois périodes :

1 - Les tirs individuels à courte portée, c'est-à-dire en deçà de 300 mètres ;
2 - Les tirs individuels à moyenne et à longue portée ;
3 - Les feux en tirailleurs, les feux d'ensemble, à volonté et à commandement, à distance connue et inconnue.

En consacrant 90 cartouches par homme à ces divers exercices, on est dans les limites du strict nécessaire. En supposant un champ de tir de 1200 mètres, ces cartouches seraient employées de la manière suivante :

GENRE de feux.	DIMENSIONS et dispositions des cibles.	DISTANCES.	NOMBRE de séances.	NOMBRE de cartouches par homme.	
Tirs individuels.	Cible de $1^m,50$ avec noir de $0^m,15$ de rayon et zones de $0^m,15$ de largeur	 200	3 [1]	18	36
		 150	1	6	
		 250	1	6	
		 300	1	6	
	Cible de 2 mèt. sur 2 mèt. avec noir carré de $0^m,50$.	 400	1	6	24
		 600	1	6	
	Cible de 2 mèt. sur 4 mèt. avec noir rectangulaire de $0^m,75$ sur $1^m,50$. . .	 800	1	6	
		 1000	1	3	
		 1200	1	3	
Feux en tirailleurs.	Cibles grises de 0^m75, sur $0^m,50$ sans noir	Inconnue (entre 200 et 500)	1	9	30
	Cibles de 2 mèt. sur 2 mèt. sans noir.	Inconnue (entre 500 et 1000)	1	6	
Feu à volonté.	Panneau de 2 mètres sur 4 mètres sans noir.	 400	1	6	
Feux de peloton à genou	. . . Id	 600	1	6	
Feux de peloton debout.	. . . Id	Inconnue (entre 700 et 900)	1	3	
		TOTAUX.	16	90	

Le troisième tir à 200 mètres ne serait exécuté qu'à la clôture des exercices ; il servirait, par comparaison avec le premier tir à la même distance, à constater la moyenne des progrès accomplis.

Manière de signaler les points.— On place deux observateurs à chaque cible. Le premier montre les coups avec la palette et bouche, en même temps, les trous au moyen du tampon ; le second signale les points de la manière suivante (fig. 566).

- Pour 1, il lève le drapeau et le maintient immobile, la hampe inclinée à gauche d'environ 45° ;
- Pour 2, il lève le drapeau et le maintient immobile, la hampe inclinée à droite d'environ 45° ;
- Pour 3, il lève le drapeau et le maintient immobile, la hampe verticale ;
- Pour 4, il lève le drapeau et l'agite verticalement, c'est-à-dire dans le sens de la hampe ;
- Pour 5, il lève le drapeau et l'agite circulairement de droite à gauche et réciproquement.

Le drapeau doit rester levé jusqu'à ce que le tamponneur ait bouché le trou.

Par mesure de prudence, on donne à chaque marqueur deux fanions de couleur différente. Le premier sert à signaler les points, le second (pour lequel on pourrait adopter la couleur rouge) sert uniquement à faire cesser le feu. Ainsi, lorsque le marqueur, pour une cause quelconque, demande que le tir soit interrompu, il lève le fanion rouge. Inversement, lorsque l'officier de tir fait le signal de cessez-le-feu, le marqueur lève le fanion rouge pour indiquer qu'il a entendu la sonnerie et qu'il va sortir de la tranchée.

Tube à tir. – Il a une longueur de 0,15 m, un calibre 5,6 mm et porte six rayures hélicoïdales au pas de 0,25 m (fig. 573).

Le tube en acier (1) est fixé et centré dans le canon par deux viroles de laiton placées aux deux bouts.

La virole antérieure (2) est fixe, elle s'engage dans l'âme dont elle a exactement la dimension (11mm).

La virole postérieure (3) est tournée tronconiquement à la demande de la chambre ; elle se visse sur le tube, on règle sa position à volonté, au moyen d'un contre-écrou (4). La, position convenable à donner à la virole mobile est déterminée, pour chaque arme, par la condition que le porte charge s'adapte exactement contre l'orifice du tube rayé. En arrière de l'écrou, le trou de la virole est fraisé à la demande du porte charge.

Porte-charge. — Il est en acier et de forme tronconique.

Des cannelures sont pratiquées sur le pourtour extérieur pour recevoir l'encrassement provenant du tir.

Intérieurement, le porte charge est partagé en deux parties par une cloison percée d'un trou central pour le passage de l'aiguille. Le porte charge s'ajuste sur le dard, deux fentes longitudinales partagent le logement tronconique du dard en deux parties formant un véritable ressort à deux branches. Par cette disposition, le logement peut s'élargir à la demande du dard. L'élasticité des branches le maintient sur la tête mobile. La cartouche se place dans le logement cylindrique qui est en avant de la cloison.

Arrache-cartouche. — C'est un crochet qui sert à enlever du porte charge les résidus de la cartouche.

Lavoir. — Un lavoir de forme spéciale permet de nettoyer le tube lorsque les rayures commencent à s'obstruer ; on doit nettoyer le tube après dix coups tirés.

Cartouche. — L'étui est formé avec un rectangle de papier roulé sur un mandrin métallique et collé suivant une génératrice.

Un emporte-pièce de forme spéciale découpe les étuis de longueur en ménageant à l'extrémité de chacun d'eux des ailettes destinées à être rabattues et collées sur une rondelle de papier-carton formant le fond de l'étui.

Sur cette première rondelle on place, à l'aide d'un mandrin de bois, une amorce Canouil qui est elle-même séparée de la poudre par une deuxième rondelle.

La charge de poudre est de 0,1 g. La balle de forme sphérique est du calibre de 6 mm et pèse 1,1g.

Outillage pour la confection de ces cartouches.

Les cartouches pour le tir de chambre se fabriquent dans les corps.

Les ustensiles nécessaires à cette confection sont :

- *Des moules à balles ;*
- *Des mandrins de fer pour rouler les étuis ;*
- *Des mandrins de bois pour placer les rondelles et l'amorce ;*
- *Des emporte-pièces pour découper les étuis ;*
- *Des emporte-pièces pour découper les rondelles ;*
- *Des chargettes pour mesurer la poudre ;*
- *Des planches à charger pour faciliter le remplissage ;*
- *Des entonnoirs pour verser la poudre dans l'étui ;*
- *Des sertisseurs ;*
- *Des billots, marteaux ou maillets.*

Les matières consistent :

En papier bulle, poudre, plomb, amorces Canouil, que l'on trouve dans le commerce au prix de 0,75 fr le mille.

Matériel pour l'instruction des réserves

L'organisation de la défense nationale serait singulièrement simplifiée si les citoyens appelés sous les drapeaux étaient déjà habiles dans les exercices du tir à la cible. Avec de pareils éléments et de bons cadres, il serait facile de former rapidement des armées solides.

Pour réaliser un pareil état de choses, il faudrait faire naître et largement développer le goût du tir dans la nation. C'est une affaire de mœurs et d'habitudes et, par conséquent, une grosse question. Mais la difficulté de l'entreprise ne doit pas rebuter le Gouvernement.

Le tir à l'arc et à l'arbalète avait autrefois déterminé la formation d'un grand nombre de sociétés. Quelques-unes se sont perpétuées jusqu'à nos jours, quoique ces armes de nos aïeux soient aujourd'hui sans aucune application pratique. C'est que le tir, sous quelque forme qu'il se présente, est un jeu d'adresse qui a des attraits incontestables. Parmi tous les genres de tir, celui des armes de précision est certainement le préféré et il serait le plus en vogue, s'il n'était à la fois le plus coûteux pour les tireurs, et le plus dangereux pour les voisins.

Le tir à l'arc n'entraînait pas de dépenses de munitions, il pouvait s'établir n'importe où, soit à couvert, soit en plein air.

Le tir à la carabine, au contraire, est coûteux, non seulement en raison du prix élevé des bonnes armes, mais surtout parce que chaque coup tiré nécessite une dépense de poudre et de plomb. Le tir de la carabine est donc un plaisir de luxe.

En second lieu, on ne peut tirer à balle qu'en prenant de grandes précautions pour éviter les accidents. La difficulté d'installation est donc un obstacle pour ceux qui pourraient supporter les dépenses qu'entraîne le tir.

Il est à remarquer que c'est dans les pays montagneux que l'on trouve le plus grand nombre de tireurs. Au milieu des rochers, l'installation d'un tir est très facile, la nature en fait tous les frais.

L'État aurait le plus grand intérêt à faciliter les exercices de tir dans tout le pays, et à les rendre gratuits et même obligatoires pour tous les hommes qui sont inscrits sur les contrôles de la réserve. À cet effet, toute commune importante devrait établir et entretenir à ses frais un tir municipal d'une étendue de cinquante mètres au moins (c'est tout ce qu'il faut pour former des tireurs). Un tir de ce genre peut s'établir n'importe où, à peu de frais.

L'exploitation du tir serait concédée gratuitement à un sous-officier libéré du service, ayant obtenu à l'armée un brevet d'instructeur de tir.

Un certain nombre d'armes (2 par 1000 âmes, par exemple), destinées à exercer au tir les hommes de la réserve, seraient confiées au maître de tir, qui resterait pécuniairement responsable de leur conservation et de leur entretien.

Ces armes devraient se charger avec des cartouches métalliques à percussion centrale (des fusils Remington, par exemple).

On fabriquerait pour ces armes des étuis de cartouches d'un modèle tout spécial. Ils auraient exactement la forme extérieure de la cartouche de guerre, mais ils seraient établis dans des conditions de solidité telles, qu'ils puissent se recharger indéfiniment sans se déformer.

L'amorce serait indépendante de l'étui et placée à la main.

La capacité de la douille serait réduite des ⅔ ou des ¾ pour des renforts intérieurs.

Enfin, une balle creuse remplacerait la balle pleine de la cartouche de guerre.

Avec de pareilles cartouches d'exercice, on réduirait de beaucoup les dépenses et les risques d'accidents, tout en conservant les bénéfices de la précision de l'arme.

Les hommes de la réserve domiciliés dans la commune ou dans les localités environnantes viendraient tirer à la cible sous la conduite de leurs officiers. Chacun aurait l'obligation de tirer vingt cartouches par an.

Il serait alloué au maître du tir un ou deux centimes par coup tiré.

Les dépenses annuelles d'instruction à supporter par l'État seraient de 0,60 c. à 0,75 c. par homme.

Le tir municipal serait d'ailleurs ouvert à toute personne qui voudrait s'exercer soit avec ses propres armes, soit avec des carabines appartenant au maître du tir.

On organiserait annuellement des concours communaux ; les meilleurs tireurs seraient admis à des concours régionaux où l'on distribuerait quelques prix importants.

Nous sommes persuadé que l'ensemble de ces mesures produirait dans un temps plus ou moins long d'excellents résultats, au point de vue de la défense nationale.

IV. Moyens d'émulation

Ce qu'on appelle l'ensemble dans les manœuvres, ce qui n'est souvent, pour les individus, que l'à-peu-près, n'a aucune valeur dès qu'il s'agit de tir. Il faut instruire les hommes un par un, assidûment, longuement, complètement. Pour y arriver, il faut que tous les officiers, sous-officiers, caporaux et soldats, soient intéressés à bien faire.

Depuis quelques années, on encourage les exercices de tir par la formation des classes, par des gratifications, des prix distribués à la fin de chaque année. On a créé de nouveaux moyens d'émulation qui auront certainement une heureuse et notable influence mais le système n'est pas encore complet.

Les encouragements ne s'adressent qu'à une minorité et laissent la masse indifférente. Il est donc nécessaire d'agir même sur les maladroits et les indolents, il faut qu'eux aussi aient intérêt à bien faire.

La formation des classes doit avoir un double but :

1 - Exciter l'émulation de tous pour arriver aux meilleurs résultats d'instruction possible ;
2 - Faire connaître aux officiers la valeur de leurs hommes comme tireurs, pour les employer avec discernement suivant les circonstances.

Le premier de ces deux objectifs mérite un examen approfondi. Il est bon de bien se pénétrer du but à atteindre, avant de proposer ou d'adopter des moyens d'exécution.

Le but à atteindre est de :

1 - Former les jeunes soldats à la pratique du tir ;
2 - Maintenir les anciens dans de bonnes habitudes ;
3 - Donner à quelques tireurs d'élite une instruction supérieure.

Instruction des jeunes soldats

Nos effectifs comprendront à l'avenir beaucoup de recrues ou de soldats d'un an. On a beaucoup compté jusqu'ici sur les années subséquentes pour enseigner le tir aux jeunes soldats, il serait dangereux de persister dans cette manière de faire ; il faut qu'un homme de recrue reçoive, dès la première année de sa présence sous les drapeaux, une instruction de tir en rapport avec son aptitude.

Il y a à cela deux raisons :

- C'est dans la première année de service que les hommes sont plus maniables, plus zélés, plus désireux d'acquérir toutes les connaissances que comporte leur état ; puis, surtout, les hommes de recrue pouvant être appelés à entrer en campagne quelques mois, quelques jours même après leur incorporation, il est prudent de commencer leur instruction de tir dès qu'ils savent tenir et charger leur fusil, et nécessaire de la compléter dans le plus bref délai possible.
- Les hommes sont plus ou moins zélés, plus ou moins bien doués. Le premier stimulant à mettre en jeu consiste à mettre à profit le désir qu'a tout homme de recrue de terminer le plus promptement possible ses classes d'instruction, pour jouir des bénéfices attachés à la situation d'ancien soldat ; il faut donc qu'il sache, dès le début, qu'il ne quittera les classes de recrues qu'après avoir obtenu un résultat déterminé dans les tirs spécialement dirigés par le capitaine instructeur.

En conséquence, les jeunes soldats ayant parcouru toute la série des exercices préparatoires doivent être soumis à un examen sérieux, après lequel on désignera les hommes qui peuvent commencer les tirs à la cible ; les autres doivent être versés à la classe suivante.

Après les quatre premiers tirs (24 cartouches), quiconque n'aura pas atteint un certain résultat fixé par un règlement doit être remis aux exercices préparatoires, pour recommencer, plus tard, les tirs à la distance de 200 mètres, jusqu'à ce qu'il ait satisfait aux conditions fixées.

Ceux-là seuls qui seront capables de profiter de l'instruction continueront la série des tirs individuels ; quant aux autres, ils la reprendront lorsque l'état de leur instruction le permettra.

Instruction des anciens soldats

Chaque soldat ayant surmonté une épreuve sérieuse à l'époque de son passage au bataillon, il ne resterait plus, dans cette hypothèse, qu'à l'entretenir dans la pratique du tir.

Tous participeraient aux mêmes exercices et l'instruction serait placée sous la responsabilité des commandants de compagnies, mais il faudrait que cette responsabilité fût effective.

Le meilleur moyen de maintenir des tireurs déjà formés dans leurs bonnes habitudes serait de renoncer absolument aux séances spéciales d'exercices préparatoires de tir, qui lassent la patience des instructeurs et l'attention des hommes. Mieux vaut attribuer de temps en temps aux exercices de tir une courte pause dans la prise d'armes du jour, et exiger que ce peu de temps soit bien employé.

L'identité qui existe actuellement entre l'école du soldat et l'instruction sur le tir rend cette manière de faire à la fois simple et naturelle.

Instruction des tireurs d'élite

Quelques tireurs bien doués par la nature et dressés de manière à atteindre le maximum d'adresse auquel ils puissent parvenir, rendraient dans maintes circonstances des services inappréciables. On ne devrait rien négliger pour parfaire leur instruction, en leur faisant exécuter des tirs de précision sur des cibles de plus en plus restreintes et sur des buts mobiles. Cette instruction spéciale devrait être spécialement confiée au capitaine de tir ; il est facile de prélever des cartouches sur les économies, pour exécuter des tirs supplémentaires.

Des classes de tireurs

Le classement des tireurs devrait être réglementé de façon à concourir au but qu'on se propose ; il y aurait lieu, à notre avis, de faire quatre classes. La quatrième serait composée des hommes qui, dans les quatre premiers tirs, n'auraient pas atteint un résultat déterminé. Ces hommes seraient remis aux exercices préparatoires jusqu'à ce qu'ils eussent satisfait aux conditions imposées. Les hommes de la quatrième classe, presque tous jeunes soldats, auraient hâte d'atteindre le résultat exigé, de même qu'ils ont hâte de passer au bataillon.

Les sous-officiers, caporaux, anciens ou jeunes soldats admis à terminer la série des tirs individuels devraient être partagés en trois classes. La troisième classe devrait être peu nombreuse, du moins dans les régiments bien instruits. Les hommes de cette classe seraient remis de temps à autre aux exercices préparatoires dans des séances supplémentaires.

Cette prescription existe depuis longtemps, mais elle est toujours restée à l'état de lettre morte.

La deuxième classe comprendrait la masse des anciens et des jeunes soldats, ceux qui auraient obtenu d'assez bons résultats pour que leur instruction fût réputée complète, mais qui n'auraient pas assez bien réussi pour prétendre à une distinction.

La première classe serait entièrement composée de tireurs d'élite, dont les premiers, en nombre déterminé, recevraient des insignes honorifiques.

L'insigne honorifique remplit un double but : il récompense le soldat et surtout, il signale les bons tireurs d'une manière permanente, de sorte que les officiers les retrouvent et peuvent les employer à un moment donné.

Par conséquent, il est logique d'admettre les jeunes soldats à concourir avec les anciens pour l'obtention du cor de chasse. La disposition inverse ne se justifie ni par des considérations de justice, ni par des considérations d'intérêt public car, en refusant la marque distinctive à un jeune soldat excellent tireur, on s'expose à se priver de ses services devant l'ennemi.

La formation des classes peut être annuelle, mais on peut aussi accorder l'admission à une classe comme définitive pour toute la durée du service.

Le meilleur, à notre avis, est de considérer seulement comme définitifs l'admission au classement ou la sortie de la quatrième classe et le droit de porter les insignes de 1er tireur. Les classes seraient formées chaque année. Les tireurs des trois classes seraient soumis annuellement aux mêmes exercices ; cependant, les anciens soldats qui n'auraient pas obtenu dans les 4 premiers tirs individuels, les résultats exigés pour sortir de la 4e classe, seraient exercés dans des séances supplémentaires, en même temps que les recrues, jusqu'à ce que le commandant de compagnie jugeât leur instruction suffisamment améliorée.

Prix de tir. On donne depuis fort longtemps pour prix de tir, des épinglettes à chaîne et à grenade d'argent. Quoique l'épinglette n'ait plus de raison d'être, elle a été conservée à cause de la chaîne à laquelle les soldats attachent beaucoup de prix. On pourrait suspendre à cette chaîne une lamette graduée que l'on adapterait sur la planche de hausse pour tirer de 1 200 à 1 600 ou 1 700 mètres.

Les distinctions honorifiques et les prix de tir devraient être décernés d'après les résultats d'un concours auquel seraient admis tous les tireurs de 1re classe. En agissant ainsi, on éviterait les difficultés que présente le classement des premiers tireurs, lorsque les compagnies d'un régiment ont exécuté leurs tirs à des distances différentes, et les suspicions auxquelles peuvent donner lieu les succès des compagnies qui sont le mieux partagées dans la distribution des récompenses. Cette observation n'implique pas l'idée que l'émulation de compagnie à compagnie soit une mauvaise chose, loin de là, mais on ne peut comparer les compagnies entre elles que sur des éléments faciles à constater, par exemple sur les résultats obtenus dans des feux à commandement exécutés à une même distance.

Une telle manière de faire entraîne des conséquences très avantageuses. Pour obtenir de bons résultats dans les feux d'ensemble, il faut que les commandants de compagnie aient, au préalable, instruit les hommes individuellement, et qu'ils se soient exercés eux-mêmes à commander.

Tous les tireurs disponibles de la compagnie devraient entrer dans le rang, pour le concours ; chacun aurait ainsi intérêt à faire reprendre l'instruction des hommes de la troisième classe, les maladroits ne pouvant que faire baisser la moyenne de la compagnie.

Une récompense donnée au sergent-major de la compagnie classée la première engagerait ces sous-officiers à surveiller l'instruction de tous les hommes sous leurs ordres (on pourrait donner, par exemple, une dragonne d'or).

Quant aux conditions d'admission à telle ou telle classe, elles dépendent de la cible adoptée, du choix des distances de tir, et du nombre de cartouches allouées pour les diverses séances de tir individuel.

CHAPITRE II

APPRÉCIATION DES DISTANCES

On ne doit pas se borner à encourager le tir, il faut penser à développer l'instruction sur l'appréciation des distances. Tout le monde reconnaît l'importance du résultat, mais personne ne songe à se mettre à l'œuvre pour arriver au but.

Si, jusqu'ici, l'on n'a rien fait dans ce sens, c'est qu'on n'était pas intéressé à bien faire.

Nos voisins ne se sont pas contentés, comme nous, d'adopter une méthode d'enseignement sans en exiger l'exécution et sans s'inquiéter des résultats ; ils tiennent compte des appréciations de chacun, forment des classes et ne décernent des récompenses qu'aux tireurs d'élite qui sont en même temps de 1re classe pour l'appréciation des distances.

Il faut cependant reconnaître qu'il n'est pas de soldat mieux doué que le Français pour ce genre d'exercice. Il suffirait de lui prouver qu'on tient au résultat pour qu'il fît lui-même son éducation.

L'auteur de la première instruction sur le tir avait certainement cette idée en vue, en prescrivant l'étalonnage du pas, c'est-à-dire, en donnant à chacun le moyen de vérifier lui-même sa propre appréciation.

Si le soldat était intéressé à bien faire, il utiliserait ses promenades pour s'instruire. Les séances commandées serviraient plutôt à constater qu'à donner l'instruction et, pour ce motif, elles pourraient être bien plus rares et de plus courte durée.

Il faudrait, à notre avis, constater les estimations et attacher une certaine consécration aux résultats obtenus.

L'appréciation d'une distance à la vue simple est le résultat de la comparaison de cette distance avec une distance connue. Si le souvenir des distances réglementaires de tir était gravé dans la mémoire des officiers et des sous-officiers, cette base leur suffirait pour se guider en terrain inconnu. Il leur est donc recommandé de faire des observations à toutes les séances de tir à la cible, sur les différentes apparences du terrain, des objets et des hommes.

Ces observations seront renouvelées pendant les exercices de l'étalonnage du pas et de la mesure des distances au pas.

Il faut examiner le terrain avec réflexion, mais en évitant la minutie. Les remarques trop précises et trop nombreuses échappent à toutes les mémoires. Les apparences des objets sont d'ailleurs changeantes, de sorte qu'on peut insister avec beaucoup de soin sur une foule de détails sans profit réel pour l'instruction.

Pour ces motifs, on ne devrait pas consacrer plus d'une séance aux exercices prescrits par les paragraphes 17, 18, 19, 20 et 21 du règlement du 16 mars 1869 sur les manœuvres d'infanterie.

Mesure des distances au pas

La mesure des distances au pas a un double but :

- Donner aux hommes un moyen de vérifier les estimations faites à la vue ;
- Leur fournir des termes de comparaison ; un homme qui aura mesuré beaucoup de distances sera mieux préparé qu'un autre à les apprécier.

On arrive aisément à mesurer une distance au pas avec une grande approximation. Les moyens d'exécution peuvent varier sans inconvénient. Nous recommandons le suivant.

Le tireur compte ses pas et dit : (100 mètres), en étendant le pouce de la main droite, lorsqu'il a compté le nombre de pas qu'il doit faire pour mesurer 100 mètres.

Il recommence à compter ses pas depuis un jusqu'au nombre qui correspond à 100 mètres et dit (200 mètres), en étendant le premier doigt.

Il recommence encore à compter et lève le troisième doigt quand il arrive à une troisième centaine, etc.

Lorsque le tireur juge qu'il est à moins de 100 mètres du but, il regarde combien il a levé de doigts et retient ce nombre qui exprime des centaines de mètres.

Il continue à marcher en comptant par dizaines et en les marquant successivement avec ses doigts, comme il a fait pour les centaines, jusqu'à ce qu'il arrive assez près du but pour pouvoir compter par mètres, en allongeant le pas. Il ajoute ses pas, mètre par mètre, aux dizaines qu'il vient de compter, si bien qu'en touchant le but il connaît la distance exprimée en mètres, en ajoutant le nombre ainsi obtenu à celui des centaines qu'il a dû retenir.

Exercices d'appréciation

C'est dans le troisième article de la première partie du titre IV que l'on trouve les exercices réellement profitables à l'instruction, mais les détails d'exécution ne sont pas décrits avec assez de précision.

En France, pour obtenir n'importe quoi, il faut pousser la réglementation jusqu'à l'abus. L'initiative individuelle produit peu de résultats. Quelles que soient les causes qui aient amené ce fâcheux état de choses, le mal existe et il faut en tenir compte.

Dire simplement : « *On tiendra note des hommes qui ont montré le plus d'aptitude dans l'appréciation des distances* » c'est s'exposer à ne rien obtenir. De toute nécessité, il faut préciser :

1 - La nature de ces notes ;
2 - Le modèle et le format du cahier ou de la situation sur lesquels elles doivent être inscrites ;
3 - Le moment où elles doivent être prises ;
4 - L'individualité chargée de l'inscription ;
5 - L'individualité qui doit en être le dépositaire.

C'est pour donner satisfaction à ce besoin de réglementation que nous proposons les moyens suivants déjà employés avec un plein succès à l'école de tir du camp de Châlons. Les résultats des appréciations sont exprimés en points de la manière suivante :

Feux simulés. — Jusqu'à la distance de 500 mètres, les tireurs prennent la ligne de mire qui convient à la distance, sans préciser davantage l'éloignement du but. Ils se bornent à appliquer les règles de tir.

Au-delà de 500 mètres, on ne fait varier la hausse que de 50 en 50 mètres, de sorte qu'entre deux graduations successives de la planche, on n'admet, dans ces exercices, qu'une position intermédiaire à donner au curseur.

Pour les distances de 500 mètres et au-dessous, on donne un point au tireur dont la hausse est bonne, et zéro tous les autres.

Quand on arrive à la limite d'emploi de deux lignes de mire consécutives, on n'accepte comme bonne que la hausse inférieure. Ainsi à 250 mètres, la hausse réputée comme bonne est celle de 200 mètres.

Pour les distances supérieures à 500 mètres, les hausses multiples de 50 étant seules employées, le tireur qui choisit un des multiples de 50 entre lesquels la distance est comprise obtient deux points.

Celui qui choisit le multiple précédent obtient un point ; cette hausse est réputée bonne pour toucher le but par ricochet.

On donne un zéro à ceux qui ont dépassé ces limites.

Lorsque la distance réelle est un multiple de 50, on donne deux points aux tireurs seuls qui ont pris la hausse exacte, et un point à ceux qui ont pris la hausse inférieure. Si la distance est supérieure à 1 200 mètres, on donne deux points aux hommes qui ont estimé que le but était hors de portée ; on donne un point aux tireurs qui ont pris la hausse de 1 200 mètres, dans le cas où la distance réelle est inférieure à 1300.

Pour l'inscription des points, on emploiera les deux modèles suivants :

- Le premier est une situation par subdivision destinée à un seul exercice ;
- Le deuxième est un contrôle établi par compagnie, à la suite du registre de tir, pour l'inscription des résultats moyens obtenus dans les divers exercices de l'année.

Manière de remplir la situation. Immédiatement après l'exécution du feu simulé, pendant qu'on mesure la distance, le chef de section fait ouvrir les rangs ; les sergents passent devant les hommes de leur subdivision, chacun de ces derniers présente son arme : le canon en dehors et tenu verticalement, la planche couchée sur son pied lorsqu'on a voulu faire usage d'une ligne de mire fixe, la hausse rabattue sur le canon si la distance estimée comporte l'emploi du curseur mobile.

Le sergent, sans interroger personne, prend note des hausses employées et les inscrit sur la situation.

Les hommes qui ont estimé que le but était hors de portée, restent l'arme au pied lorsque le sergent passe devant eux. Cette attitude, qui signifiera but hors de portée, sera marquée sur la situation par les initiales H. P.

L'en-tête qui sert de guide au sergent chargé de donner les notes est dicté par l'officier, lorsque la distance réelle est connue.

Les notes données par le sergent sont lues à haute voix, confirmées ou rectifiées par l'officier en cas de contestation.

À la fin de la séance, le sergent inscrit la note moyenne de chacun, sous forme de fraction décimale. Ainsi, en supposant qu'on ait fait huit appréciations et que le caporal Wercq ait obtenu six points, la note moyenne sera 6/8.

La dernière colonne, intitulée pour cent, est remplie par l'officier de section ; ce pour cent s'obtient en réduisant les fractions ordinaires en fractions décimales et en avançant la virgule de deux rangs. Ainsi 6/8= 0,750 ; la note sera 75,0 et signifiera qu'on aurait obtenu 75 points sur cent appréciations.

2e modèle. — La tenue de ce registre ne nécessite aucune explication ; il se termine par une note moyenne qui est la moyenne des pour cent obtenus dans l'année par chaque tireur.

Avantage. — Au moyen de ces situations et de ces cahiers de notes, les chefs de bataillon, le lieutenant-colonel, le colonel et le général inspecteur, pourront connaître :

1 - Le nombre de séances consacrées par année à l'instruction de l'appréciation des distances ;

1er modèle, sur feuille volante, 1/4 de feuille.

Ier BATAILLON.

5e COMPAGNIE. 1re SUBDIVISION.

Situation pour la séance d'appréciation des distances du 12 avril 1872.

Nombre d'appréciations faites ; 8.

Distances mesurées		270		680		750		1270						NOTES moyennes de la journée exprimées.	
Hausses donnant droit à 2 points.				650 et 700		750		H. P							
Hausses donnant droit à 1 point.		300		600		700		1200							
NOMS	GRADES.	Hausses employées.	Notes.	Hausses employées.	Notes.	Hausses employées.	Notes.	Hausses employées.	Notes.					En fractions ordinaires.	En pour 100.
Becculet	Sergent	200	0	600	1	800	0	1050	0					5/8	62,5
Wercq.	Caporal	300	1	550	0	700	1	H. P.	2					6/8	75,0
Roquier	Soldat de 1re cl.	300	1	750	0	750	2	1200	1					7/8	87,5
Dubreuil.	Id.	200	0	700	2	650	0	900	0					4/8	50,0
Robert	Id.	400	0	600	1	600	0	H. P.	2					5/8	62,5
Scha'ck.	Id.	300	1	650	2	750	2	1000	1					7/8	87,5

2e modèle
à la gauche du registre de tir.

Ier BATAILLON.

5e COMPAGNIE.

Résultats obtenus par les hommes de la compagnie dans les exercices de l'appréciation des distances pendant l'année 1872.

NOMS.	GRADES.	12 avril 8 appréciations.	27 avril 5 appréciations.									NOTE moyenne de l'année.	CLASSEMENT.
Becculet	Sergent.	62,5	80,0									77,8	
Wercq.	Caporal.	75,0	40,0									69,3	
Roquier	Soldat de 1re cl.	87,5	40,0									82,1	
Dubreuil. . . .	Soldat de 2e cl.	50,0	80,0									79,4	
Robert.	Id.	62,5	60,0									58,5	
Schalck.	Id.	87,5	20,0									51,8	

2 - Le nombre d'appréciations faites dans chaque séance ;
3 - Le nombre d'hommes présents à chaque exercice ;
4 - Les résultats obtenus par un homme quelconque dans le courant de l'année.

Classement. — À la fin des exercices, il serait fait un classement, comme pour le tir. Les bases de ce classement ne pourront être définitivement établies que lorsque la méthode précédente aura été sérieusement appliquée, pendant deux ou trois ans, dans plusieurs régiments. En attendant, on pourrait adopter les bases suivantes :

Le 1/8 de l'effectif serait admis à la 1re classe, la moitié à la 2e, les trois derniers huitièmes formeraient la 3e classe.

Variation des exercices. — Les exercices de l'appréciation des distances seront commencés sur le champ de manœuvre ou sur le champ de tir ; on s'attachera d'abord à familiariser tout le monde avec le mode de notation employé mais il est de toute nécessité de répéter ces opérations sur des terrains variés. On peut le faire sans quitter les routes et les sentiers battus.

Les promenades militaires doivent toujours avoir pour objet de simuler une opération de guerre. Dès qu'on a pris position, chaque commandant de compagnie fait apprécier les distances de tous les points remarquables près desquels l'ennemi devrait passer s'il prenait l'offensive.

Pendant qu'on prend note des appréciations, un officier mesure ces distances à l'aide d'un télémètre (voir page 118) et est bientôt en mesure de rectifier les erreurs commises.

On peut encore mesurer ces distances à l'aide d'une carte topographique suffisamment détaillée.

CHAPITRE III

FEUX EN TIRAILLEURS

Les feux d'exercice avec cartouches à balle ne peuvent guère être exécutés que dans les camps d'instruction ; on devrait toujours faire tirer sur des buts de petite dimension placés à des distances réellement inconnues ; on devrait, en outre, organiser pour les tireurs d'élite des tirs sur des cibles mobiles, et même sur des buts paraissant subitement et disparaissant quelques secondes plus tard.

En un mot, il faudrait s'attacher à simuler autant que possible les circonstances qui doivent se présenter à la guerre et pour cela, se conformer aux indications développées ci-après.

Feux en tirailleurs à la guerre

Les feux de tirailleurs s'engagent dans des circonstances tellement variées qu'il ne faut pas songer à formuler des règles précises pour chaque cas particulier. Nous croyons pourtant indispensable de donner quelques indications générales applicables aux trois situations qui résument tous les cas :

- Les feux de pied ferme ou de position ;
- Les feux en marchant en avant ;
- Les feux en marchant en retraite.

Feux de pied ferme. Une position occupée de pied ferme par des tirailleurs peut avoir été choisie à loisir pour y attendre l'ennemi, ou bien elle a été conquise par un mouvement offensif, ou bien encore elle a été prise après un mouvement de retraite.

Quelles que soient les circonstances antérieures, nous supposons que les tirailleurs aient seulement pour mission de garder cette position.

C'est au premier abord le cas le plus simple, et cependant, c'est celui qui présente le plus d'écueils pour la direction des feux.

Si l'ennemi marche sur vous, attendez-le à bonne portée, à découvert autant que possible, désignez d'avance la position qu'il faut lui laisser atteindre avant d'ouvrir le feu, indiquez la hausse qu'il faudra employer.

Quatre ou cinq coups par homme, s'ils sont bien ajustés, suffisent généralement pour arrêter l'ennemi. Si cependant il continue à marcher, laissez tirer, mais faites vivement avancer vos réserves si vous ne voulez pas céder le terrain.

Supposons en second lieu que l'ennemi ait été arrêté par votre feu ou que, pour toute autre cause, il se trouve en position devant vous à portée de fusil.

Généralement, l'ennemi reste invisible ou à peu près. Ne cherchez pas à le déloger par un feu bien nourri, car vous obtiendriez des résultats diamétralement opposés à ceux que vous vous proposiez.

D'abord, votre tir ne produira que très peu d'effet, et l'ennemi s'enhardira d'autant plus que vous ferez plus de bruit et moins de mal.

En second lieu, vous épuiserez rapidement vos munitions, l'inquiétude gagnera vos hommes lorsque les gibernes se dégarniront ; il faudra faire mouvement pour relever la ligne ou renouveler les munitions, et l'ennemi n'attend peut-être que ce moment pour vous attaquer.

C'est donc une position critique que vous vous êtes préparée.

C'est en pareil cas qu'il faut savoir utiliser les tireurs d'élite. Pendant que la majeure partie des hommes s'abrite le mieux possible, les premiers tireurs, embusqués dans les meilleurs postes, tirent sur tout ce qui bouge, sur tout ce qui ose se montrer.

Tant que ce feu intermittent maintiendra l'ennemi couché ou abrité, votre but sera atteint, vous gardez la position et vous êtes toujours prêt à repousser une attaque sérieuse, parce que vous avez su ménager vos munitions.

Lorsqu'on s'installe dans une position que l'on a l'intention de défendre au besoin, il est bon, à défaut d'obstacles naturels, de creuser des tranchées-abris. Elles sont d'un excellent usage pour la défensive.

Les hommes tiennent bien et le tir s'exécute sur appui, dans d'excellentes conditions.

Feux en marchant en avant

Et d'abord ne marchez pas à l'aventure, vous pourriez tomber, au moment où vous vous y attendez le moins, sur une ligne ennemie bien embusquée et recevoir une décharge à bride pourpoint.

Neuf fois sur dix, vos hommes ainsi surpris seront ramenés malgré vos efforts.

Si vous ne savez pas où est la première ligne ennemie, si le terrain n'a pas été reconnu, faites-vous éclairer par quelques volontaires dont vous connaissez la prudence et la résolution. (On en trouve toujours lorsqu'on veut.)

Marchez alors de position en position, jusqu'à ce que vous ayez reconnu l'emplacement de l'ennemi.

Voulez-vous déloger ses tirailleurs ? Assurez-vous d'abord que l'ennemi n'est pas protégé par un obstacle infranchissable car, dans ce cas, il ne faut pas attaquer de front.

La position occupée par l'ennemi est-elle abordable ? Rendez-vous bien compte de la route à suivre, des distances à parcourir, des obstacles à franchir ou à utiliser pour couvrir votre marche. Puis, la décision prise, avancez résolument en vous découvrant le moins possible, mais en évitant le pas de course, s'il y a une grande distance à franchir. Lorsqu'au contraire les positions successives que vous vous proposez d'occuper sont rapprochées les unes des autres et facilement reconnaissables, sautez par bonds d'une position à l'autre. Mais que chacun des mouvements se fasse avec ensemble, que les hommes reprennent haleine avant de repartir.

Tirez le moins possible. C'est par l'effet moral qu'il faut décider la retraite de l'ennemi. Plus vous avancez, plus vos armes, quoique muettes, deviennent menaçantes.

L'ennemi, s'il n'a pu vous arrêter par ses premiers feux, se trouble, tire de plus en plus mal et quitte la place avant que vous l'ayez atteinte.

C'est le moment de lancer quelques balles avec précision. Ce feu peut être excellent si vous avez bien indiqué la distance et si l'ennemi s'est découvert pour fuir car le succès a décuplé la confiance de vos hommes. Ne perdez pas cependant votre temps à tirailler, il faut s'établir au moins sur la position conquise avant l'arrivée des renforts.

D'un autre côté, ne vous laissez pas entraîner trop loin après le succès, vous risqueriez de le compromettre en tombant dans un piège.

Prenez position soit pour vous défendre d'après les règles précédemment développées, soit pour préparer un nouveau mouvement offensif que vous exécuterez après avoir fait reconnaître le terrain cédé par l'ennemi.

Lorsque l'artillerie prend le premier plan pour masquer une infanterie inférieure en valeur, n'hésitez pas faire attaquer les pièces par des tirailleurs. Prenez de préférence des compagnies de volontaires (il devrait en exister une par régiment) et faites-les appuyer par des pelotons formés sur un rang, arrivant successivement. (Voir page 398).

Si les tirailleurs parviennent à prendre une bonne position pour tirer sur les servants à une distance inférieure à 1000 mètres, l'artillerie ne tiendra pas, elle n'a pas de prise sur des hommes isolés et dans ces conditions, elle est d'autant moins redoutable qu'on s'est rapproché davantage.

Si l'ennemi veut conserver la position, il sera obligé de montrer son infanterie, et c'est le but que vous vous proposez.

Feux en marchant en retraite

Le maintien de l'ordre devient ici la première préoccupation du chef. S'il est poursuivi, il doit s'arrêter dans toutes les positions favorables, pour ouvrir le feu dans le but de retarder la marche de l'ennemi.

La retraite en échelons présente de très grands avantages ; elle permet de se retirer en bon ordre sans cesser un instant de tirer sur l'ennemi. Tant que celui-ci est en vue et à bonne portée, il ne faut pas regretter les balles qu'on lui adresse.

CHAPITRE IV

FEUX A RANGS SERRÉS

F*ormation.* — L'ordre constitutif de formation adopté pour l'infanterie a toujours été motivé par le genre d'armement dont elle était pourvue. Sans remonter aux temps antiques, rappelons-nous qu'après l'adoption du mousquet, l'infanterie se formait sur quatre rangs : deux rangs de piquiers et deux rangs de mousquetaires.

Après l'invention du fusil à baïonnette, l'ordre s'amincit, on ne se forma plus que sur trois rangs.

L'usage des armes rayées a amené la formation sur deux rangs.

L'emploi des armes se chargeant par la culasse déterminera tôt ou tard (du moins d'une manière partielle) la formation sur un seul rang.

Le tir dans la position couché est, en effet, très avantageux avec les nouvelles armes, mais il ne peut être convenablement exécuté que par des tirailleurs, ou par des troupes formées sur un seul rang.

Le règlement sur les manœuvres de l'infanterie n'autorise, ou du moins, ne recommande la position couché que pour les tirailleurs. Cependant des troupes formées sur deux rangs, et même quelquefois des groupes présentant une plus grande profondeur, ont largement usé, pour ne pas dire abusé, du tir dans la position couché.

Il est inutile de faire observer que non seulement ce tir ne peut avoir d'efficacité, mais qu'il est fort inquiétant et fort dangereux pour le premier, ou pour les premiers rangs. Bornons-nous à noter que ces faits révèlent un besoin : la formation accidentelle sur un rang.

Cet ordre présente d'ailleurs d'autres avantages, il convient à une troupe qui appuie des tirailleurs marchant sur l'artillerie. Que cette troupe soit en bataille ou en colonne à grands intervalles, les hommes peuvent facilement se jeter à terre pour éviter les obus et se relever immédiatement après, pour reprendre leur marche.

En outre, c'est l'ordre le plus convenable pour prendre position et pour exécuter des feux derrière un abri quelconque : une tranchée, un fossé, le revers d'un talus, une haie, un mur de clôture, etc.

Avec des armes à courte portée et à chargement lent, un ordre aussi mince n'aurait eu aucune consistance ; les hommes des derniers rangs pouvaient d'ailleurs être utilisés à charger les armes, lorsque le premier rang seul pouvait agir. Avec des fusils à tir rapide, les chargeurs auxiliaires sont inutiles ; de plus, certains abris peu élevés, qui n'avaient aucune valeur avec des fusils à baguette, prennent une grande importance maintenant qu'on peut charger et tirer dans toutes les attitudes.

Dans ces nouvelles conditions, une ligne sur un seul rang présente une force très respectable dans bien des circonstances.

Dans une formation de ce genre, il y aurait avantage à mettre les caporaux hors rang.

Le dédoublement partiel de la première ligne, principalement sur des terrains qui présentent des abris utilisables, permet d'engager moins de troupes au début de l'action. Lorsqu'on engage trop de monde au début, on obtient d'abord des avantages sur les premières lignes mais si l'on n'a pas des troupes fraîches pour soutenir le choc des réserves, on risque de perdre à la fin de la journée le fruit de ses premiers succès.

L'infanterie doit se présenter au combat sur trois lignes au moins :

- Un cordon de tirailleurs ;
- Une ligne ordinairement déployée, c'est-à-dire prête à faire usage de ses feux ;
- Une ligne ordinairement formée de bataillons en colonne, c'est-à-dire prête à faire mouvement.

Les intervalles à laisser entre ces lignes sont le plus souvent déterminés par la configuration du terrain mais dans un pays plat et découvert, ces intervalles se déduisent logiquement de la portée des armes en usage.

On paraît avoir oublié quelquefois, pendant la dernière campagne, que la portée de la mousqueterie et celle de l'artillerie ont triplé depuis 1815, et que la tactique de nos pères demande à être modifiée en conséquence.

Autrefois, la ligne de bataille couverte par des tirailleurs déployés à 200 mètres en avant, était hors d'atteinte de la mousqueterie ennemie, parce que la portée du fusil n'était que de 300 mètres.

La deuxième ligne, placée à 400 mètres en arrière de la première, était hors de la portée du canon de campagne (800 mètres), car cette artillerie devait se tenir au moins à 300 mètres plus loin que les tirailleurs, c'est-à-dire à 900 mètres des réserves.

Une pareille formation serait absurde aujourd'hui, car elle exposerait à la fois les trois lignes à tous les feux de l'ennemi, tandis que les tirailleurs seuls pourraient faire usage de leurs armes.

Il faut que les lignes soient assez espacées pour que le même feu n'atteigne pas deux lignes à la fois. (Voir les résultats, page 123).

On peut aujourd'hui porter les tirailleurs à 500 mètres en avant de la ligne de bataille, l'espace intermédiaire étant occupé par les pelotons de soutien.

Dans ces nouvelles conditions, il faut renoncer à faire rentrer les tirailleurs pour démasquer les bataillons qu'ils couvrent. Cette manière de faire n'était acceptable autrefois qu'en raison de la faible distance des lignes, et surtout de la lenteur et de l'incertitude des feux.

On doit aujourd'hui arrêter les tirailleurs sur la position où l'on a l'intention de combattre, et porter successivement sur cette ligne les soutiens et les bataillons.

Feux

D'après le règlement sur les manœuvres de l'infanterie, un bataillon peut exécuter, soit dans la position debout, soit dans la position à genou :

Des feux à volonté { par peloton, par bataillon,

Des feux à commandement { par peloton, par demi-bataillon, par bataillon.

Les *feux à volonté* sont toujours faciles à exécuter, quels que soient l'étendue de la ligne et l'effectif des pelotons.

Les *feux à commandement* sont d'un excellent usage, mais d'une exécution plus difficile que les feux à volonté. De plus, tous les feux à commandement indiqués par le règlement ne sont pas également pratiques à la guerre.

Un bataillon de 800 hommes formé sur deux rangs, occupe en bataille une étendue de plus de 250 mètres ; il faut posséder une voix d'une puissance exceptionnelle pour faire exécuter convenablement des feux de bataillon par une pareille troupe, même dans un polygone. À la guerre, les feux de bataillon ne sont guère possibles.

Les feux par demi-bataillon présentent les mêmes difficultés si le commandant reste à sa place de bataille. S'il se transporte alternativement derrière chaque demi-bataillon, il perd beaucoup de temps mal à propos, et ne peut observer les effets produits. Mieux vaudrait laisser un demi-bataillon inactif.

Le chargement est tellement rapide aujourd'hui qu'un seul chef ne peut suffire à commander deux groupes faisant feu alternativement.

De ces trois genres de feux, les feux de peloton sont les seuls pratiques, une compagnie de guerre, quel que soit son effectif, n'occupant jamais une étendue dépassant la portée d'une voix ordinaire ; mais pour que ces feux réussissent, il faut que les compagnies soient isolées les unes des autres, cette condition se rencontre fort souvent à la guerre.

Lorsque les six compagnies d'un bataillon sont en ligne de bataille, les feux de peloton, tels que les indique la théorie, sont très difficiles parce que les pelotons se gênent mutuellement en raison de leur proximité et de la succession rapide des salves ; en pareil cas on peut, à la rigueur, exécuter les feux à commandement par division, l'étendue du front n'est pas trop considérable et toute cause de confusion disparaît en prescrivant aux chefs des divisions latérales de ne faire le commandement de joue qu'après avoir entendu le feu de la division centrale, et au chef de cette dernière d'attendre lui-même que les deux divisions des ailes aient envoyé leur salve pour reprendre son tir.

On réussit, d'autant mieux à la guerre qu'on s'est plus exercé dans le même sens pendant la paix. C'est en vue de ce résultat que nous avons tout d'abord indiqué quels étaient les feux les plus pratiques dans les combats. Ces indications constituent le programme d'instruction.

Les développements que comporte ce sujet se divisent naturellement en deux parties :

1°. La préparation pendant la paix, c'est-à-dire les feux de polygone ;

2°. L'emploi des feux à la guerre.

I. – Feux de polygone

Principes généraux. Les principes qui servent de base à la réglementation des feux d'ensemble sont les suivants :

1 - Il est inutile et il peut être dangereux de charger les armes à l'avance ;
2 - Les positions du tireur dans le rang doivent être les mêmes que dans le tir individuel ;
3 - Dans les feux à commandement, on doit autant que possible mettre les hommes dans des conditions analogues à celles du tir à volonté, c'est-à-dire leur laisser le temps d'épauler et de viser à l'aise, et ne pas les surprendre par le commandement de feu ;
4 - L'efficacité du feu dépend de la mesure dans laquelle on sait concilier la vitesse avec la justesse ;
5 - La rapidité du chargement dispense de s'astreindre à telle ou telle progression anciennement en usage et dont le but était de conserver toujours une moitié des armes chargées.

I

L'opportunité du chargement est une question indépendante du tir. (Voir page 349). Nous nous bornerons à faire observer que, pour être conséquent avec le principe, il faudrait, dans les exercices, interpréter d'habitude le commandement de « *armes* » dans le sens de « *chargez*[15]. »

II

Les positions adoptées dans le tir individuel sont celles qui ont été reconnues les meilleures après une longue expérience. Le feu d'ensemble étant la réunion des feux de plusieurs individus, il était logique de chercher à mettre ces individus dans les conditions les plus favorables à la justesse du tir.

On y est arrivé par un procédé fort simple : en faisant déboîter les hommes du second rang vers la droite, à l'un des commandements qui indiquent le feu. Dès lors, ils peuvent, comme ceux du premier rang, charger et tirer sans modifier les positions enseignées à l'instruction préparatoire de tir et à l'école du soldat.

La quantité dont les hommes du deuxième rang déboîtent à droite n'est pas indifférente. Quand on l'exagère de manière à faire correspondre la figure au milieu du créneau, l'épaule se trouve trop à droite et la mise en joue est impossible, le fusil est dévié à gauche par le sac de l'homme du premier rang de la file précédente. On doit déboîter de 10 centimètres à peu près de façon à mettre l'épaule et non la figure en face du créneau.

Dans les *feux à volonté*, les tireurs sont gênés par leurs voisins, par la fumée qui couvre le front de la troupe, mais ils ont la latitude de ne tirer que lorsqu'ils jugent le moment opportun.

On recommandera le calme, le sang-froid et l'application des règles connues car, dans ce cas, on ne peut agir sur eux que par des conseils. Il est bien entendu qu'il ne s'agit ici que d'instruction préparatoire car, au moment du tir réel, le chef de peloton et les serre-files doivent garder un silence absolu. La rectification d'une faute en engendrerait de plus graves.

Dans les *feux à commandement*, le chef doit laisser aux hommes le temps de disposer la hausse, d'épauler, de viser ; en outre, il s'attachera à leur faire pressentir le moment où ils entendront le commandement de feu, afin de ne pas les surprendre. Donc, il faut mettre, entre les commandements de joue et de feu, un intervalle suffisant et invariable.

Cet intervalle suffisant et invariable est de trois secondes environ. Les instructions qui se sont succédé depuis une quinzaine d'années conseillent, à titre d'indication, de compter mentalement un certain nombre de pas sur la cadence du pas accéléré. Mais, chose singulière, on ne s'entend pas encore sur ce nombre. Il est aisé pourtant d'établir le rapport convenable. En effet,

[15] L'expérience nous a démontré l'avantage de ne charger les armes qu'au moment du feu, c'est une des raisons qui nous font rejeter l'emploi des armes à répétition pour l'infanterie.

la cadence du pas accéléré est de 110 par minute, et il y a 60 secondes par minute. Donc, on devra compter : *Joue*, un, deux, trois, quatre, *feu*. En d'autres termes, si on simulait le pas, *joue* étant pris pour *marche*, il faudrait prononcer le commandement de *feu* à l'instant où on poserait le pied à terre pour la cinquième fois, car on fait :

110 pas en 60",
1 pas en 60" / 110
5 pas en (5 x 60) / 110 = 30 / 11 = 3" à peu près.

Les hommes ne sont instruits en réalité que lorsque, tout en exécutant les feux avec ensemble, à la voix de leur chef, chacun en particulier applique les principes sans se troubler et avec le même soin que dans le tir. C'est alors seulement que l'instruction sera réputée bonne et qu'on pourra s'attendre à ce que les coups partent simultanément et portent juste.

Ce genre de feu nécessite une préparation, et la meilleure, à notre avis, consiste à faire tirer isolément à commandement. On ne peut pas songer à faire ces tirs préparatoires avec des cartouches de guerre mais il est très facile aujourd'hui de les exécuter dans les chambres au moyen du tube à tir.

La cadence à laquelle les officiers ont besoin de s'habituer comme les soldats est trop souvent mal observée. Cela vient de ce que l'on n'a pas encore secoué le joug des anciennes habitudes. On commande dans les exercices simulés d'une tout autre manière que dans les feux réels. Il faudrait absolument rompre avec cette routine et, dans les exercices de détails, dans les manœuvres comme dans les exercices de tir, commander *feu* trois secondes après avoir commandé *joue*.

On peut tirer à commandement dans la position couché mais, pour réussir, on doit modifier le mode d'exécution ou plus exactement, la manière de commander.

Il faut un temps relativement long pour mettre en joue dans la position couché, et ce temps est très variable en raison de la portion de terrain où chacun se trouve et de l'habileté de chaque tireur à s'assurer sur ses points d'appui. Il est donc impossible de commander *feu* trois secondes après le commandement de *joue*, cet intervalle devient insuffisant.

D'un autre côté, on peut sans fatigue rester fort longtemps en joue lorsqu'on a trouvé son assiette, il n'y a donc pas d'inconvénients à faire attendre ceux qui sont les premiers prêts. L'intervalle à laisser entre les commandements de *joue* et de *feu* peut alors être allongé d'une manière indéterminée. Le moment opportun pour l'exécution est marqué par l'immobilité qui s'établit lorsque chacun est prêt.

Il n'y a plus qu'à éviter la surprise d'un commandement d'exécution que rien n'aurait fait prévoir ; on y arrivera simplement en faisant précéder le commandement de *feu* de celui d'*attention*, qui sera fait dans le haut de la voix et très prolongé. Ainsi, pour faire des feux à commandement dans la position couché, on attendra, après le commandement de joue, que l'immobilité s'établisse, puis on commandera :

Attention, et immédiatement, après *feu — chargez.*

IV

La vitesse de tir est le nombre de coups que 100 hommes tirent en une minute. L'effet utile est le nombre de balles que 100 tireurs mettent dans un but déterminé pendant le même temps[16].

La justesse qui est appréciée par le pour cent ne tient compte que des résultats du tir, abstraction faite du temps employé à les produire.

L'effet utile, au contraire, ne tient compte que des résultats obtenus dans un temps donné, abstraction faite du nombre de munitions consommées.

Que 100 hommes visant avec tout le soin possible tirent 2500 balles en 5 minutes, et en mettent 2000 dans la cible, soit 400 par minute, ils auront obtenu 80 % et 400 d'effet utile.

Si, s'attachant moins à la justesse, les mêmes tireurs se préoccupaient plutôt de la vitesse, ils pourraient tirer 2500 balles en 2 minutes par exemple. S'ils n'en mettent que 600 dans la cible, soit 300 par minute, ils auront obtenu non seulement une moindre justesse, mais encore un effet utile inférieur à celui du tir précédent.

Si, tirant 2500 balles en 5 minutes, ils en mettent 1800 dans la cible, la justesse est moindre que dans le premier cas mais l'effet utile est plus grand, puisque dans une minute ils mettent 600 balles dans la cible au lieu de 400.

Ces exemples ont été choisis pour faire ressortir que la recherche exclusive de la vitesse peut nuire à la justesse. L'expérience démontre, en effet, que l'efficacité, qui n'est autre chose que le produit de la vitesse par la justesse, n'augmente avec la vitesse que jusqu'à une certaine limite au-delà de laquelle elle diminue.

Il y a un maximum d'efficacité qui est dû à l'alliance bien combinée de la justesse avec la vitesse.

C'est en faisant exécuter des feux d'ensemble et en en mesurant les effets que les officiers se rendront compte du degré de vitesse qu'il faut atteindre et ne jamais dépasser.

Dans les tirs régimentaires faits au camp de Châlons, l'effet utile paraissait diminuer : *dans les feux à volonté*, lorsque la consommation moyenne dépassait six cartouches par homme et par minute et, *dans les feux à commandement*, lorsqu'on exécutait plus de 5 salves à la minute.

[16] En comptant la vitesse et l'effet utile pour 100 hommes, on indique d'abord que le nombre donné est une moyenne prise sur les résultats obtenus par un peloton et, en second lieu, on évite l'emploi de nombres fractionnaires. Ainsi, on dira que 400 hommes tirent 563 balles en une minute, au lieu de dire qu'un homme tire, pendant ce temps 5,63 balles.

En pareille matière, les chiffres ne sauraient être absolus. Le maximum de vitesse que l'on puisse atteindre dépend surtout de l'instruction de la troupe. Les bons tireurs ajustent et tirent vite.

Lorsque les hommes ne visent pas et que l'on tire de loin, le feu est presque sans effet.

V

Aujourd'hui qu'on charge instantanément, on n'a plus à se préoccuper de conserver en réserve des armes chargées.

Emploi de la hausse dans les feux d'ensemble

Dans les feux d'ensemble, il est avantageux de faire prendre à la troupe une hausse plus faible que celle qui correspond à la distance. La différence en moins peut aller jusqu'à 50 ou 60 mètres.

Il y a à cela deux raisons :

D'abord, prenant une hausse faible, on se ménage la chance de profiter des ricochets ; les coups qui frappent en avant ne sont pas toujours perdus, tandis que ceux qui passent par-dessus le sont nécessairement.

En second lieu, il arrive aux meilleurs tireurs, lorsqu'ils ajustent vite, de placer l'œil trop haut au-dessus du cran de mire et de prendre trop de hausse. Ainsi, dans un peloton qui a pris la hausse de 500 mètres, par exemple, il est probable que la plupart des hommes feront passer leur rayon visuel à hauteur de la graduation, 530 mètres environ. Conséquemment, le chef du peloton doit indiquer dans son commandement non pas la distance qu'il a appréciée, mais bien la graduation à laquelle il croit avantageux de faire placer le curseur.

Exemple : La distance est de 600 mètres. Le capitaine juge qu'il convient de prendre la hausse de 550 mètres, il commande :

1 - Peloton = Armes.
2 - À 550 mètres = Joue.
3 - Feu.
4 - Chargez.

On se laisse influencer, souvent à tort, à la vue des ricochets. Outre que les coups de ricochets atteignent souvent le but, il faut se rendre compte que dans un tir d'ensemble, on a de toute nécessité des écarts en hauteur comme en largeur.

Si le tir est moyennement à bonne hauteur, on aura toujours une certaine quantité de coups trop hauts et de coups trop bas. Un feu que l'on aura jugé excellent a priori parce qu'il n'aura pas donné de ricochets sera, au contraire, totalement manqué. On s'apercevra en arrivant aux panneaux que presque toutes les balles ont passé par-dessus le but et que l'on avait pris trop de hausse.

Dans un feu même bien exécuté, on constate que la gerbe de plomb a 6 mètres de diamètre au moins , quand elle arrive sur des panneaux placés à huit cents mètres (voir planche p. 373).

La hausse est bien réglée quand la partie centrale de la gerbe, celle qui est la plus garnie de balles, vient s'abattre sur la cible. Dans ce cas, le plus favorable de tous, la cible n'ayant que deux mètres de hauteur et la gerbe en ayant six, une portion assez notable des coups ricoche, tandis que d'autres en nombre à peu près égal passent par-dessus la cible (fig. 569, p. 373 et 574, p. 374).

Si on règle la hausse de façon à éviter les ricochets, il arrive qu'on remplace une portion de la gerbe centrale par les quelques projectiles qui sont disséminés à la limite inférieure de la gerbe. De plus on se prive des coups de ricochet. La hausse est évidemment trop forte (fig. 569 et 570, p. 373).

Supposons, au contraire, qu'on prenne une hausse faible et que l'on commette une erreur en moins égale à l'erreur commise en trop dans le cas précédent ; on ne profite pas des coups de plein fouet de la totalité de la gerbe centrale, mais on se ménage le bénéfice de nombreux ricochets. Il vaut donc encore mieux se tromper par défaut que par excès (fig. 569 et 572, p. 373).

Lorsque l'étendue du champ de tir ne permet pas d'exécuter les feux d'ensemble aux distances réglementaires, on tire à plus courte portée en ayant soin de préciser toujours la distance réelle.

Les distances de tir ne doivent être déclarées inconnues que lorsqu'on opère dans un grand polygone, où l'on peut changer l'emplacement des cibles. Lorsqu'on ne se trouve pas dans des circonstances de ce genre, les munitions réservées aux tirs à distance inconnue sont employées à distance connue ; mention doit en être faite sur le registre de tir et sur le rapport annuel.

Tirs plongeants. — La courbure des trajectoires peut être utilisée dans certaines circonstances de la guerre. Elle permet quelquefois d'atteindre un ennemi caché derrière un parapet ou un abri quelconque.

Lorsqu'on sait ou qu'on suppose qu'il y a des troupes en arrière d'un obstacle qui en masque la vue, on dirige le tir de manière à faire passer la masse des projectiles un peu au-dessus de la crête de l'abri. Les balles plongent derrière l'obstacle et viennent frapper ou du moins inquiéter les troupes qui se croyaient en sûreté.

Ces tirs, qu'on appelle *tirs plongeants*, ne peuvent s'exécuter qu'à grande distance lorsque la trajectoire prend une inflexion très prononcée.

Depuis 1865, des tirs de ce genre ont été exécutés chaque année à l'école de tir, ordinairement à la distance de 800 mètres.

À la fin du deuxième camp de 1860, un peloton de cent hommes, pris dans le 84e d'infanterie, a exécuté des feux de peloton sur des panneaux de 30 mètres dressés dans l'intérieur d'un des ouvrages blancs et complètement masqués à la vue des tireurs par le relief du parapet.

Le premier panneau était à environ 12 mètres du pied du talus de banquette, et le deuxième à 12 mètres en arrière du premier.

Les feux plongeants ont donné les résultats suivants :

DIMENSIONS des buts.	Distances.	Position.	Tireurs.	Balles tirées.	Balles mises.	Pour 100.	Durée du feu.	Vitesse pour 100 hommes.	Effet utile pour 100 hommes.	OBSERVATIONS.
1re panneau 30m	800m	debout et à	100	1500	150	10,0	3'35"	419	42	On a exécuté 9 salves debout et 6 à genou.
2e id.	812m	genou	»	»	237	15,8	»	»	61	
TOTAUX. . .			100	1500	287	25,8	3'35"	419	103	

II. Emploi des feux à la guerre

Par l'instruction du polygone et du champ de manœuvres, on se prépare à exécuter les divers feux qu'on peut employer à la guerre. Reste à examiner quel est le mode d'exécution qui convient le mieux à telle circonstance donnée.

On peut choisir en effet :

1° L'attitude { debout / à genou / couchée

2° Le genre de feu { à volonté / à commandement

3° La distance.

Enfin l'on peut, dans certaines limites, régler à volonté :

4° La vitesse du tir.

Les cas à prévoir sont tellement nombreux qu'il est impossible de donner des règles précises pour chacun d'eux. C'est à l'officier qui commande qu'appartient le choix des moyens à employer. Nous nous bornerons à donner quelques indications générales.

1° Attitude. — L'attitude dépend le plus souvent de la configuration du terrain sur lequel on combat, de la hauteur des abris derrière lesquels on a pris position. Néanmoins chaque attitude présente des avantages et des inconvénients particuliers qu'il est bon de signaler.

Tir debout.— Il est très avantageux dans une marche offensive. On ne perd pas de temps pour prendre position ; on peut tirer dans des directions divergentes, et par conséquent suivre en visant tous les mouvements de l'ennemi, quels que soient le sens de la marche et la rapidité de l'allure.

Le tir debout n'attache pas le soldat au sol comme la position à genou ou la position couché. L'attitude debout est donc celle qu'il convient de prendre lorsqu'on s'arrête pour tirer avec l'intention de se porter en avant immédiatement après avoir cessé le feu.

Il est à remarquer, en effet, que lorsqu'une troupe a pris position à genou ou couchée, il se manifeste toujours une certaine hésitation lorsqu'on fait reprendre l'offensive.

Une troupe debout offre une grande prise à l'ennemi, aussi doit-on, autant que possible, saisir pour tirer debout le moment où l'ennemi est dans une position critique et où, par suite, la riposte n'est pas redoutable. Tels sont les cas où l'ennemi lâche pied, où il est embarrassé dans un passage difficile, où il est déjà engagé avec une autre troupe, etc.

Tir à genou.— C'est l'attitude qu'il convient de prendre lorsqu'on prend position pour ouvrir immédiatement le feu. Nous avons déjà dit que la position à genou présentait des inconvénients pendant une marche offensive. Pour des raisons d'un autre ordre, elle ne convient pas toujours à la défensive, à moins que cette position ne soit forcément déterminée par la hauteur de l'abri couvrant le front de la troupe.

La position à genou est en effet très fatigante pour le tireur, on ne doit la prendre qu'au moment de commencer le feu.

Or, une troupe qui doit longtemps rester en place n'attendra pas le moment d'agir dans la position debout, elle serait trop en vue. Il faut donc : ou bien qu'elle se tienne en arrière de sa position de combat, pour se porter en ligne au moment d'ouvrir le feu, et dans ce cas elle peut prendre la position à genou, ou bien qu'elle se couche sur la ligne de bataille ; dans cette deuxième hypothèse les rangs se séparent forcément, de sorte qu'on ne peut prendre la position à genou qu'en perdant du temps et en s'exposant à un certain désordre. Mieux vaut alors tirer dans la position couché.

Le choix entre ces deux manières de faire est déterminé par la configuration du terrain. Le premier moyen est le meilleur lorsque la ligne de bataille suit une crête et que l'on se trouve abrité par la pente opposée à l'ennemi ; le deuxième doit avoir la préférence sur un terrain généralement plat, mais présentant un ressaut de peu de hauteur que l'on peut utiliser pour couvrir la ligne de batailles

Tir couché.— C'est le vrai tir de position, malgré les trois inconvénients ci-après :

1 - On ne peut tirer que sur un rang ; il faut alors dédoubler les pelotons, placer la ligne de bataille dans la position la plus avantageuse pour tirer, et mettre en réserve et à l'abri tout ce qui n'a pas pu entrer en ligne ;
2 - Le tir est lent ;
3 - Le champ d'action est assez limité ; lorsqu'on est en joue, on ne peut tirer que devant soi ; il est difficile de suivre en visant le mouvement de l'ennemi.

2° Genre de feu. Le feu à volonté ne doit être employé qu'à courte distance.

Les feux à commandement sont surtout avantageux pour les tirs à longue portée.

La distance de 500 mètres peut être considérée comme la limite d'emploi de chaque genre de feu.

Ainsi, en deçà de 500 mètres, usez des feux à volonté ; au-delà de cette distance, faites des feux à commandement.

Ces indications, que nous n'avons pas la prétention de donner avec le caractère d'une règle absolue, nous paraissent se déduire des observations suivantes.

Feu à volonté. — Le feu à volonté est le plus facile, le plus rapide et le plus efficace de tous les feux, mais c'est aussi celui qui coûte le plus de munitions.

Par esprit d'économie, il faut donc réserver les feux à volonté pour les circonstances où il faut, à tout prix, obtenir rapidement un résultat important. C'est ce que l'on doit chercher, par exemple, quand on est engagé de près avec l'ennemi.

L'idée d'économie n'est pas la seule raison qui fasse rejeter le feu à volonté pour les tirs à longue portée. Dans les feux de ce genre, en effet, il est impossible de faire varier la hausse pendant l'exécution du feu. Si la première indication a été mal donnée, le feu est sans effet. Si la troupe sur laquelle on tire est en marche, elle restera peu de temps dans les zones dangereuses, en supposant que le curseur ait été bien placé au début de l'action.

La fumée qui couvre le front de la troupe ne permet pas, d'ailleurs, de viser avec tout le soin que demande le tir à grande distance.

Le feu à volonté n'a de véritable efficacité qu'à petite distance, alors qu'il suffit de viser à hauteur de ceinture pour balayer 500 mètres de terrain, en avant du front des tireurs (voir page 123). Voilà pourquoi nous fixons à 500 mètres, au maximum, la limite d'emploi du feu à volonté

Feux à commandement. — Les feux à commandement sont d'une exécution plus lente et plus difficile que les feux à volonté.

En raison de la difficulté, on ne doit généralement recourir à ce genre de feu que quand on n'est pas serré de trop près par l'ennemi.

La lenteur d'exécution (que l'on peut d'ailleurs régler à volonté, dans certaines limites) devient une qualité lorsqu'on veut ménager les munitions. De plus, cette lenteur facultative permet de régler les hausses.

Il est souvent facile d'observer les effets d'une salve et de corriger, en conséquence, une première appréciation de la distance.

On peut encore, dans l'intervalle de deux salves, modifier la position du curseur pour faire varier la portée en raison des mouvements de l'ennemi.

D'après les observations précédentes, les feux à commandement paraissent donc convenir surtout aux tirs à longue portée, mais il ne faut pas en proscrire l'usage à courte distance. Avec une troupe solide, on peut attendre l'ennemi à courte portée et l'arrêter par une seule décharge à commandement.

3° Distance. — On ne peut pas, à proprement parler, choisir la distance de tir mais, suivant la distance de l'ennemi, on a toujours le choix entre tirer et ne pas tirer.

Par esprit d'économie, on ne doit tirer à grande portée que lorsqu'on aperçoit bien nettement l'ennemi, mais si l'on voit des groupes importants en deçà de 1200 mètres, on ne doit pas hésiter à envoyer quelques salves.

Dans les cas de ce genre, il sera souvent inutile d'engager le feu sur toute la ligne, on désignera pour cela un ou plusieurs pelotons suivant l'importance des forces ennemies.

Dès qu'on a pris position, on doit apprécier ou mesurer rapidement les distances en avant de soi, faire connaître les points où il faut laisser arriver l'ennemi pour ouvrir le feu, et indiquer la hausse à prendre pour chacune des positions indiquées.

4° Vitesse. — La vitesse du *feu à volonté* devrait être toujours réglée à six coups par minute. Cette vitesse est bien suffisante pour rendre le tir écrasant s'il est bien dirigé. Le tireur a tout le temps nécessaire pour ajuster. Enfin, la fumée produite dans ces conditions n'est pas assez épaisse pour masquer entièrement la vue de l'ennemi.

Un feu à volonté ne devrait jamais durer plus d'une minute, sans interruption. Au bout de ce temps, il doit y avoir un effet produit ; il est donc bon de s'arrêter pour observer et prendre une décision nouvelle.

Il serait très avantageux d'habituer les hommes à tirer à volonté un nombre de cartouches limité par un commandement d'avertissement, ainsi l'on pourrait commander :

Feu à volonté de 4 cartouches, etc.

Les *feux à commandement* doivent être très lents au début, c'est-à-dire tant que les résultats produits sont incertains, mais dès qu'on a bien réussi une salve on doit tirer avec toute la vitesse possible, jusqu'à ce que l'ennemi ait disparu, ce qui ne sera jamais long en pareille circonstance.

TABLE DES HAUSSES TOTALES COMPRATIVES

DE MINUTE EN MINUTE

USAGE DE LA TABLE

1° *Un angle de mire étant donné en degrés et minutes, trouver la hausse totale comparative qui mesure cet angle.*

Règle. — Prendre dans la colonne verticale ayant pour *en-tête* le nombre de degrés donné, la quantité qui est sur la ligne horizontale correspondant au nombre de minutes donné. Cette grandeur est la hausse cherchée exprimée en millimètres.

Exemple. — Trouver la hausse totale comparative qui mesure un angle de mire de **4° 17′**.

Réponse. — $74^{mm},90$, nombre qui se trouve sur la colonne verticale ayant pour *en-tête* 4° et sur l'horizontale marquée **17′**.

2° *Un angle de mire étant donné en degrés et minutes, trouver la hausse totale qui mesure cet angle, pour une arme ayant une longueur de ligne de mire donnée.*

Règle. — Chercher d'abord la hausse totale comparative qui mesure cet angle et réduire le nombre trouvé proportionnellement à la longueur de la ligne de mire (voir page 107).

Exemple. — Trouver la hausse totale qui mesure un angle de mire de **4° 17′**, la distance de la hausse au guidon étant de **$0^{m},70$**.

Réponse. — La hausse totale comparative qui mesure cet angle est de $74^{mm},90$ (voir 1°) ; il reste à réduire cette grandeur dans le rapport de $0^{m},70$ à 1 mètre. La hausse cherchée sera donc de

$$74^{mm},90 \times \frac{0,7}{1} = 74^{mm},9 \times 0,7 = 52^{mm},43.$$

La hausse cherchée est $52^{mm},43$.

3° *Quelle est, en degrés et minutes, la valeur d'un angle de mire mesuré par une hausse totale comparative donnée.*

Règle. — Chercher dans la table le nombre qui se rapproche le plus de la hausse donnée; prendre l'en-tête de la colonne verticale et le numéro de la ligne horizontale sur lesquelles se trouve le nombre choisi. L'en-tête donne le nombre des degrés de la valeur cherchée; le numéro de la ligne est le nombre de minutes qui complète l'expression.

Exemple. — Exprimer en degrés et minutes l'angle de mire mesuré par une hausse totale comparative de $165^{mm},30$.

Réponse. — Le nombre du tableau qui se rapproche le plus de la hausse donnée est $165^{mm},25$. Ce nombre se trouve dans la colonne verticale ayant pour en-tête 9° et sur la ligne horizontale marquée 23′. L'expression cherché est donc : 9° 23′.

4° *Quelle est, en degrés et minutes, la valeur d'un angle de mire mesuré par une hausse de $33^{mm},9$, sur une arme dont la longueur de ligne de mire est de $0^{m},60$?*

Règle. — Chercher d'abord quelle est la hausse totale comparative qui correspond à la hausse donnée; et, pour cela, diviser cette quantité par la longueur de ligne de mire donnée.

La hausse totale comparative correspondante étant ainsi déterminée, on opérera, pour trouver l'expression en degrés et minutes, comme il vient d'être expliqué ci-dessus.

Exemple. — Une hausse de $33^{mm},9$ avec une longueur de ligne de mire de 0,60, a pour hausse totale comparative correspondante la quantité $\frac{33^{mm},9}{0,6}, = 56^{mm},5$.

L'angle de mire mesuré par cette hausse est de 3°,14′.

OBSERVATIONS.

1° *Approximations que peut donner la table.*

Les hausses sont exprimées en millimètres et calculées à moins de 1/2 centième de millimètre près.

Quoique les angles ne varient que de minute en minute, on peut convertir une hausse quelconque en une expression angulaire calculée à une seconde près.

Remarquons, en effet, que, dans les limites de la table, une différence de une minute entre deux angles donne à peu près $0^{mm},30$ de différence entre les hausses correspondantes. — Une minute se décomposant en 60 secondes, on voit que 2 secondes de différence entre 2 angles doivent donner $0^{mm},01$ de différence entre les hausses correspondantes; et réciproquement.

Ceci posé, supposons qu'on cherche la hausse qui correspond à un angle de.

7° 15′ et 18″

On trouvera d'abord dans la table que la hausse de $127^{mm},22$ correspond à l'angle de 7°,15′. — Pour avoir une valeur encore plus approchée, il faut ajouter à ce nombre la longueur de hausse qui correspond à 18″. Cette longueur, calculée à raison de $0^{mm},01$ pour 2 secondes, est de $0^{mm},09$.

La hausse exacte est donc de

$$\begin{array}{r} 127,22 \\ +\,0,09 \\ \hline =127,31 \end{array}$$

Réciproquement, cherchons l'angle qui correspond à une hausse de $98^{mm},22$.

D'après la table, l'angle de 5° 36′ correspond à la hausse de $98^{mm},05$. Reste à trouver le nombre de secondes qui correspond à la différence $98^{mm},22 - 98^{mm},05 = 0^{mm},17$.

D'après ce qui a été dit précédemment, ce nombre est de $17 \times 2 = 34$.

L'expression angulaire cherchée est donc

5° 36′ et 34″

La table des hausses ci-contre permet donc d'opérer des conversions de hausse en expressions angulaires, et reciproquement, en obtenant une approximation de 1/2 centième de millimètre pour les hausses et de une seconde pour les angles.

Cette approximation est bien supérieure à la précision des instruments dont on se sert pour mesurer les hausses ou pour les graduer; ces instruments ne permettent pas de tenir compte d'une quantité inférieure à 1/10 millimètre. Une plus grande précision serait d'ailleurs sans but pour la pratique du tir.

2° *Les limites de la table dépassent tous les besoins de la pratique.*

L'angle de 10°, 60′ ou de 11°, qui forme la limite de la table est bien supérieur aux angles de mire usuellement employés; ainsi, avec le fusil modèle 1866, cet angle donnerait une portée de 2000 mètres, à peu près.

L'angle de mire déterminé par le cran supérieur de la hausse du même fusil modèle 1866, n'est que de 4°,40′ et il correspond à une portée d'environ 1170 mètres.

A

TABLE

DES HAUSSES TOTALES COMPARATIVES

DE MINUTE EN MINUTE.

	0°	1°	2°	3°	4°	5°	6°	7°	8°	9°	10°
	millim.	millim.	millim.	millim.	millim.	millim.	millim.	millim.	millim.	millim.	mi lim.
1′	0,29	17,75	35,21	52,70	70,22	87,78	105,40	123,08	140,84	158,68	176,63
2	0,58	18,04	35,50	52,99	70,51	88,07	105,69	123,38	141,13	158,98	176,93
3	0,87	18,33	35,79	53,28	70,80	88,37	105,99	123,67	141,43	159,28	177,23
4	1,16	18,62	36,09	53,57	71,10	88,66	106,28	123,97	141,73	159,58	177,53
5	1,45	18,91	36,38	53,87	71,39	88,95	106,58	124,26	142,02	159,88	177,83
6	1,74	19,20	36,67	54,16	71,68	89,25	106,87	124,56	142,32	160,17	178,13
7	2,04	19,49	36,96	54,45	71,97	89,54	107,16	124,85	142,62	160,47	178,43
8	2,33	19,78	37,25	54,74	72,27	89,83	107,46	125,15	142,91	160,77	178,73
9	2,62	20,07	37,54	55,03	72,56	90,13	107,75	125,44	143,21	161,07	179,03
10	2,91	20,36	37,83	55,32	72,85	90,42	108,05	125,74	143,51	161,37	179,33
11	3,20	20,66	38,12	55,62	73,14	90,71	108,34	126,03	143,81	161,67	179,63
12	3,49	20,95	38,42	55,91	73,44	91,01	108,63	126,33	144,10	161,96	179,93
13	3,78	21,24	38,71	56,20	73,73	91,30	108,93	126,62	144,40	162,26	180,23
14	4,07	21,53	39,00	56,49	74,02	91,59	109,22	126,92	144,70	162,56	180,53
15	4,36	21,82	39,29	56,78	74,31	91,89	109,52	127,22	144,99	162,86	180,83
16	4,65	22,11	39,58	57,08	74,61	92,18	109,81	127,51	145,29	163,16	181,13
17	4,95	22,40	39,87	57,37	74,90	92,47	110,11	127,81	145,59	163,46	181,43
18	5,24	22,69	40,16	57,66	75,19	92,77	110,40	128,10	145,88	163,76	181,73
19	5,53	22,98	40,46	57,95	75,48	93,06	110,70	128,40	146,18	164,06	182,03
20	5,82	23,28	40,75	58,24	75,78	93,35	110,99	128,69	146,48	164,35	182,33
21	6,11	23,57	41,04	58,54	76,07	93,65	111,28	128,99	146,78	164,65	182,63
22	6,40	23,86	41,33	58,83	76,36	93,94	111,58	129,29	147,07	164,95	182,93
23	6,69	24,15	41,62	59,12	76,65	94,23	111,87	129,58	147,37	165,25	183,23
24	6,98	24,44	41,91	59,41	76,95	94,53	112.17	129,88	147,67	165,55	183,53
25	7,27	24,73	42,20	59,70	77,24	94,82	112,46	130,17	147,96	165,85	183,83

26	7,56	25,02	42,49	60,00	77,53	95,11	112,76	130,47	148,26	166,15	184,14
27	7,85	25,31	42,79	60,29	77,82	95,41	113,05	130,76	148,56	166,45	184,44
28	8,14	25,60	43,08	60,58	78,12	95,70	113,35	131,06	148,86	166,74	184,74
29	8,44	25,89	43,37	60,87	78,41	96,00	113,64	131,36	149,15	167,04	185,04
30	8,73	26,19	43,66	61,16	78,70	96,29	113,94	131,65	149,45	167,34	185,34
31	9,02	26,48	43,95	61,46	78,99	96,58	114,23	131,95	149,75	167,64	185,64
32	9,31	26,77	44,24	61,75	79,29	96,88	114,53	132,24	150,05	167,94	185,94
33	9.60	27,06	44,53	62,04	79,58	97,17	114,82	132,54	150,34	168.24	186,24
34	9,89	27,35	44,83	62,33	79,87	97,46	115,11	132,84	150,64	168,54	186,54
35	10,18	27,64	45,12	62,62	80,17	97,76	115,41	133,13	150,94	168,84	186,84
36	10,47	27,93	45,41	62,92	80,46	98,05	115,70	133,43	151,24	169,14	187,14
37	10,76	28,22	45,70	63,21	80,75	98,34	116,00	133,72	151,53	169,44	187,45
38	11,05	28,51	45,99	63,50	81,04	98,64	116,29	134,02	151,83	169,74	187,75
39	11,34	28,81	46,28	63,79	81,34	98,93	116,59	134,32	152,13	170,04	188,05
40	11,64	29,10	46,58	64,08	81,63	99,23	116,88	134,61	152,43	170,33	188,35
41	11,93	29,39	46,87	64,37	81,92	99,52	117,18	134,91	152,72	170,63	188,65
42	12,22	29,68	47,16	64,67	82,22	99,81	117,47	135,20	153,02	170,93	188,95
43	12,51	29,97	47,45	64,96	82,51	100,11	117,77	135,50	153,32	171,23	189,25
44	12,80	30,26	47,74	65,25	82,80	100.40	118,06	135,80	153,62	171,53	189,55
45	13,09	30,55	48,03	65,54	83,09	100,69	118,36	136,09	153,91	171,83	189,86
46	13,38	30,84	48,32	65,84	83,39	100,99	118,65	136,39	154,21	172,13	190,16
47	13,67	31,14	48,62	66,13	83,68	101,28	118,95	136,69	154,51	172,43	190,46
48	13,96	31,43	48,91	66,42	83,97	101,58	119,24	136,98	154,81	172,73	190,76
49	14,25	31,72	49,20	66,71	84,27	101,87	119,54	137,28	155,11	173,03	191,06
50	14,55	32,01	49,49	67,00	84,56	102,16	119,83	137,58	155,40	173,33	191,36
51	14,84	32,30	49.78	67,30	84,85	102,46	120,13	137,87	155,70	173,63	191,66
52	15,13	32,59	50,07	67,59	85,14	102,75	120,42	138,17	156,00	173,93	191,97
53	15,42	32,88	50,37	67,88	85,44	103,05	120,72	138,47	156,30	174,23	192,27
54	15,71	33,17	50,66	68,17	85,73	103,34	121,01	138,76	156,60	174,53	192,57
55	16,00	33,46	50,95	68,46	86,02	103,63	121,31	139,06	156,89	174,83	192,87
56	16,29	33,76	51,24	68,76	86,32	103,93	121,60	139,35	157,19	175,13	193,17
57	16,58	34,05	51,53	69,05	86,61	104,22	121,90	139,65	157,49	175,43	193,47
58	16,87	34 34	51,82	69,34	86,90	104,52	122,19	139,95	157,79	175,73	193,78
59	17,16	34,63	52,12	69,63	87,20	104,81	122,49	140,24	158,09	176,03	194,08
60	17,46	34,92	52,41	69,93	87,49	105,10	122,78	140,54	158,38	176,33	194,38

MODÈLE A.

SITUATION pour le tir à la cible du Avril. — Tir à 200 mètres.

NOMS.	GRADES.	1er coup.	2e coup.	3e coup.	4e coup.	5e coup.	6e coup.	TOTAL des points.	NOMS.	GRADES.	1er coup.	2e coup.	3e coup.	4e coup.	5e coup.	6e coup.	TOTAL des points.
Beccolet . . .	Sergent.	0	1	3	0	2	2	8	*Report.* . .	»							127
Woreq.. . . .	Caporal.	2	5	0	4	1	2	14	Astruc.. . . .	Solt 2e cl.	0	0	1	0	3	1	5
Roquier. . . .	Solt 1re cl.	1	0	4	3	2	0	10	Amaury. . . .	id.	1	0	0	0	1	2	4
Dubreuil . . .	id.	2	2	1	1	3	2	11	Filias.	id.	2	0	0	0	0	0	2
Robert.. . . .	id.	0	1	1	2	2	3	9	Jacques. . . .	id.	4	4	5	2	3	0	18
. . . .	. . . .	. .	. .	. .	. .	. .	. .	. .	. . . .	. . . .	. .	. .	. .	. .	. .	. .	. .
							TOTAUX. . . .	127								TOTAUX. . .	198

MODÈLE B.

CONTROLE DE COMPAGNIE pour l'inscription des tirs individuels.

NOMS.	GRADES.	TIRS (1) comparatifs à 200m. — 1er tir. 8 avril.	TIRS (1) comparatifs à 200m. — dernier tir. 25 juin.	Tirs antérieurs à l'arrivée à la compie.	150m, 12 avr.	200 m. 19 avril.	250 m. 26 avril.	300 m. 7 mai.	400 m. 14 mai.	600 m. 23 mai.	800 m. 30 mai.	1000 m. 10 juin.	1200 m. 18 juin.	TOTAUX des points.	CLASSEMENT.	MUTATIONS ET OBSERVATIONS.
Beccolet. . . .	Sergent.	6	15	—	7	9	8	5	4	2	3	0	1	60	1re	Passé caporal à la 3e c. du 2e bat
Roquier. . . .	Soldat.	7	—	—	9	6	3	—	—	—	—	—	—	48	—	
Pierre.	Soldat.	—	12	58	—	—	—	—	5	0	3	1	0	79	1re	(200 m) Venu du 7e de ligne, le 2 mai.
TOTAUX. . . .																
Nombre de balles tirées																
Pour cent.																

Récapitulation par distance (1).

Distances.	Balles tirées.	Points obten.	Pour 100.	
100				
150				
200				
250				
300				
400				
600				
800				
1000				
1200				

(1) Les tirs comparatifs doivent être compris dans la récapitulation par distance.

Modèle C.

Feux en tirailleurs, à volonté et à commandement.

ESPÈCES DE FEUX.	DISTANCES.	NOMBRES DE tireurs.	NOMBRES DE balles tirées.	NOMBRES DE balles mises.	Durée des feux.	Pour cent.	Vitesse du tir.	Effet utile calculé pour 100 hommes.	CIRCONSTANCES atmosphériques ET OBSERVATIONS.
Feux en tirailleurs (1re séance).									
id. (2e séance).									
Feu à volonté.									
Feux de peloton. à genou. . . .									
Feux de peloton. debout. . .									
	Totaux . . .								

Modèle F.

Décomposition, par classes de tireurs, de l'effectif de la compagnie au 31 décembre.

GRADES.	1re classe.	2e classe.	3e classe.	4e classe.	Non classés.	Totaux.	Pour % de l'effectif.	OBSERVATIONS.
Sous-officiers.								
Caporaux.								
Sapeurs.								
Anciens soldats.								
Jeunes soldats.								
Ouvriers de la comp. h. rang.								
Clairons.								
Tambours.								
Musiciens.								
Totaux.								

B

Modèle G.

REGISTRE DE TIR

1er TABLEAU.

	NUMÉRO		TIRS COMPARATIFS A 200m.						TIRS A 100m.			TIRS A 150m.			TIRS A 200m.			TIRS A 250m.			TIRS A 300m.			TIRS A 400	
			PREMIER TIR.			DERNIER TIR.																			
	des bataillons.	des compagnies.	balles tirées.	points obtenus.	pour cent.	balles tirées.	points obtenus.	pour cent.	balles tirées.	points obtenus.	pour cent.	balles tirées.	points obtenus.	pour cent.	balles tirées.	points obtenus.	pour cent.	balles tirées.	points obtenus.	pour cent.	balles tirées.	points obtenus.	pour cent.	balles tirées.	points obtenus.
ANCIENS SOLDATS	1er	1re																							
		2e																							
		3e																							
		4e																							
		5e																							
		6e																							
	2e	1re																							
		2e																							
		3e																							
		4e																							
		5e																							
		6e																							
	3e	1re																							
		2e																							
		3e																							
		4e																							
		5e																							
		6e																							
	4e	1re																							
		2e																							
		3e																							
		4e																							
		5e																							
		6e																							
	Comp. H R.																								
Totaux des anc. sold.																									
Jeunes soldats.	1er	»																							
	2e	»																							
	3e	»																							
	4e	»																							
Totaux des jnes solds.																									
Totaux généraux.																									

DU RÉGIMENT.

— TIRS INDIVIDUELS.

TIRS A 600m.			TIRS A 8 0m.			TIRS A 1000m.			TIRS A 1200m			TOTAUX.		
balles tirées.	points obtenus.	pour cent.	balles tirées.	points obtenus.	pour cent.	balles tirées.	points obtenus.	pour cent.	balles tirées.	points obtenus.	pour cent.	balles tirées.	points obtenus.	pour cent.

RÉSULTATS MOYENS. EXPRIMÉS EN POUR CENT.				
DISTANCES.	Anciens soldats.	Jeunes soldats.	ENSEMBLE.	
Tirs comparatifs à m. { 1er tir. . .				
Tirs comparatifs à m. { 2e tir. . . .				
100				
15				
200				
250				
300				
400				
600				
800				
1000				
1200				

Modèle H.

REGISTRE DE TIR

3e *TABLEAU.* — FEUX D'ENSEMBLE,

BATAILLONS.		COMPAGNIES.	FEUX A VOLONTÉ. Distances.	NOMBRES DE tireurs.	NOMBRES DE balles tirées.	NOMBRES DE balles mises.	Durée du feu.	Pour cent.	Vitesse du tir.	Effet utile.	FEUX DE PELOTON A GENOU. Distances.	NOMBRES DE tireurs.	NOMBRES DE balles tirées.	NOMBRES DE balles mises.	Durée du feu.	Pour cent.	Vitesse du tir.	Effet utile.
ANCIENS SOLDATS.	1er	1re																
		2e																
		3e																
		4e																
		5e																
		6e																
	2e	1re																
		2e																
		3e																
		4e																
		5e																
		6e																
	3e	1re																
		2e																
		3e																
		4e																
		5e																
		6e																
	4e	1re																
		2e																
		3e																
		4e																
		5e																
		6e																
JEUNES SOLDATS.	1er	»																
	2e	»																
	3e	»																
	4e	»																
Totaux. . .					t	m							t′	m′				

DU RÉGIMENT.

A VOLONTÉ ET A COMMANDEMENT.

FEUX DE PELOTON DEBOUT.								
Distances.	NOMBRES DE			Durée du feu.	Pour cent.	Vitesse du tir.	Effet utile.	TOTAUX.
	Tireurs.	Balles tirées.	Balles mises.					
		t″						T
			m′					M

RÉSULTATS MOYENS.									
GENRES de feux.		DISTANCES.	JEUNES SOLDATS.			ANCIENS SOLDATS.			
			Pour cent moyen.	Vitesse moyenne.	Effet utile moyen.	Pour cent moyen.	Vitesse moyenne.	Effet utile moyen.	
Feux à volonté.		à 200m							
		 300							
		 400							
Feux à commandement.	à distances connues.	à 200m							
		 300							
		 400							
		 500							
		 600							
	à distances inconnues.	de 600 à 700m							
		de 700 à 800							
		de 800 à 900							

RÉCAPITULATION

DES MUNITIONS CONSOMMÉES.

	Balles tirées.
Tirs de MM. les officiers	
Tirs individuels (1er tableau).	
Feux en tirailleurs (2e tableau)	
Feux d'ensemble (3e tableau).	
Tirs d'essai	
Cartouches avariées	
TOTAL GÉNÉRAL.	

CHAPITRE V

MOYENS DE CONTRÔLE

I. Bases de la comptabilité

L'inscription des résultats des tirs individuels et d'ensemble est nécessaire :

- Parce qu'il y a un contrôle à exercer sur la consommation des munitions, pour la sauvegarde des intérêts pécuniaires de l'État ;
- Parce que la constatation des résultats obtenus dans les tirs individuels, d'après lesquels on accorde certaines récompenses aux bons tireurs, est un puissant moyen d'émulation ;
- Parce que c'est à l'aide de la statistique que l'on peut juger de la valeur d'une arme, des valeurs comparatives des différents feux, de l'influence de tel ou tel élément (vitesse, justesse, distance, instruction) sur l'efficacité d'un feu, enfin du degré d'instruction des diverses fractions ou de la totalité d'un corps.

La comptabilité de tir doit être exacte, claire et simple. Elle sera exacte si les résultats sont relevés sans erreur sur le terrain, et si les inscriptions sont efficacement contrôlées. Elle sera claire et simple, si elle ne donne que des renseignements utiles présentés de manière que la lecture en soit facile et la signification nette.

Il ne faut pas confondre la simplicité apparente et la simplicité réelle de la comptabilité.

La simplicité apparente consiste à affirmer le principe, en laissant tous les détails d'exécution à l'initiative de chacun. L'expérience a prouvé que cette manière de faire donnait naissance aux deux abus inverses : quelques-uns ne font pas assez, d'autres font trop ; tous adoptent des moyens différents, de sorte que les résultats présentés ne sont pas comparables entre eux et que chaque rapport exige une étude préalable pour être compris. La simplicité réelle consiste à établir l'uniformité, qui rend la lecture facile et les résultats comparables, à tout prévoir pour réduire au minimum les notes à prendre sur le terrain, les résultats à transcrire après le tir et les opérations à faire pour passer des inscriptions journalières à la récapitulation des résultats de l'année.

Situation de tir. — Le tir par points étant admis, on doit prendre note de chaque coup et résumer les résultats obtenus par chaque tireur dans une note unique (total des points) ; il paraît donc impossible de simplifier la situation (modèle A).

Registre de compagnie. — Les inscriptions à faire sur le registre de compagnie (modèle B) se réduisent à un nombre par tireur et par séance, il est impossible de faire moins. De plus ces nombres sont disposés de telle façon que la récapitulation par distance n'exige d'autre opération que l'addition des résultats inscrits dans le courant de l'année.

Des mutations se produisent inévitablement, il faut établir le registre de compagnie de façon que les inscriptions nécessitées par ces mutations soient réduites au strict nécessaire et ne créent aucune difficulté au moment où l'on fait les récapitulations.

Pour les hommes qui quittent la compagnie, l'opération est des plus simples : on barre le nom des partants ainsi que les cases destinées aux tirs non exécutés et au classement mais on laisse subsister les résultats inscrits parce qu'ils doivent être compris dans la récapitulation des tirs de la compagnie.

Les arrivants peuvent avoir déjà exécuté une partie de leurs tirs. Les résultats (connus par le livret de l'homme) doivent être reportés sur le registre de compagnie pour constater les droits au classement. Mais ils doivent être inscrits de telle sorte qu'ils ne puissent être confondus avec les tirs exécutés dans la compagnie. À cet effet, on porte en bloc le total des points dans une colonne spéciale et on barre les cases correspondant aux tirs déjà exécutés.

À la suite de la mutation sommaire, on inscrit l'étendue du champ de tir dans lequel ces résultats ont été obtenus. Cette mention est indispensable car les conditions de classement varient nécessairement avec les distances auxquelles on a tiré.

À la suite des tirs individuels, on doit porter les résultats des feux d'ensemble, d'où la nécessité du tableau modèle (C). Les résultats de l'instruction individuelle doivent être envisagés et appréciés à deux points de vue :

1 - La justesse moyenne des tirs, que donne la récapitulation par distance ;
2 - L'état de l'instruction des hommes de la compagnie indiqué par le classement des tireurs. Il peut arriver, en effet, que l'on obtienne de bons résultats en n'amenant à la cible qu'une fraction plus ou moins considérable de la compagnie, et que l'on ait cependant négligé de faire l'instruction de tir d'un grand nombre d'hommes comptant à l'effectif.

Cet état de choses est mis en relief par la décomposition par classes de tireurs de l'effectif de la compagnie à la clôture des exercices. Les hommes peu ou point instruits figurent sur cette situation comme non classés ou tout au plus comme tireurs de troisième classe. Le tableau (modèle F) donne donc des renseignements utiles à celui qui doit juger de la direction imprimée à l'instruction.

Carnet de l'officier de tir. — L'officier de tir doit tenir note des résultats d'ensemble. Il les inscrit sur un carnet disposé de telle façon que les inscriptions journalières sont réduites au minimum (deux nombres : balles tirées, points obtenus) et que les récapitulations peuvent se faire simplement et rapidement, quelque nombreux, quelque enchevêtrés qu'aient été les tirs de l'année.

Contrôle des opérations. — Les résultats d'ensemble ressortent de deux manières :

- Par la récapitulation des registres de compagnie ;
- Par la récapitulation des carnets de l'officier de tir.

La concordance est une preuve de l'exactitude des opérations. En cas d'erreur, on a recours aux situations qui servent de base à la comptabilité du tir.

Registre de tir du régiment. — Le carnet de l'officier de tir dispense d'établir un registre par bataillon. On peut donc se borner à ouvrir un registre par régiment pour l'inscription des résultats d'ensemble. On doit y retrouver les récapitulations des registres de compagnie, c'est le point de départ des opérations ayant pour objet de résumer dans une expression unique les résultats de chaque genre de feu.

Un premier tableau (modèle G) permet d'arriver simplement à la récapitulation par distance de tous les tirs individuels.

Deux tableaux sont nécessaires pour les feux d'ensemble : le premier servirait à l'inscription des feux de tirailleurs, le second serait consacré aux feux d'ensemble, à volonté et à commandement.

Les résultats obtenus dans des circonstances différentes ne doivent pas être résumés dans une expression unique, car cette expression n'aurait aucune signification.

Ainsi, le règlement prescrivant, par exemple, d'exécuter des feux de peloton à 600 mètres, il peut arriver que, faute d'espace, certaines compagnies détachées aient été dans la nécessité d'exécuter ces tirs à 400 mètres, d'autres à 300, à 200 même, tandis que quelques-unes auront pu se conformer au règlement.

Résumer dans une expression unique les tirs exécutés à ces quatre distances, c'est faire de la confusion à plaisir.

En pareil cas, on additionne les balles tirées et les balles mises pour arriver par des totaux égaux à la vérification des opérations, puis on classe les résultats par espèces et l'on fait autant de récapitulations qu'il y a de tirs différents. On doit donc présenter dans chaque tableau la récapitulation générale de tous les résultats de l'année par distance et par espèces de feux. L'attitude (debout, à genou) ne doit pas être considérée comme un élément de différence, l'expérience ayant prouvé qu'elle avait peu d'influence sur les résultats.

Un dernier renseignement est nécessaire pour apprécier l'état de l'instruction du corps. C'est la décomposition par classes de tireurs de l'effectif au 31 décembre. Il est donc utile de récapituler dans un tableau synoptique les décompositions de ce genre déjà portées sur les registres de compagnie.

Du contrôle exercé sur la consommation des munitions. — Le contrôle sur les consommations de munitions appartient au lieutenant-colonel.

Un règlement ou une circulaire ministérielle fixe les droits des individus. Les officiers de compagnie et les officiers de tir, chacun en ce qui les concerne, signe des bons de munitions. Les situations de tir, qui sont des situations d'effectif, sont de véritables pièces à l'appui des consommations. À la clôture des exercices de tir, ou même à la fin de chaque trimestre, le total général des munitions consommées par le régiment doit être justifié par les situations, le capitaine de tir ayant la latitude d'y ajouter les coups d'essai.

Il va sans dire que le total doit être égal à celui des bons fournis. Les munitions avariées doivent être représentées par les balles qui sont versées à l'artillerie.

Au règlement de compte avec l'artillerie, il existe toujours un excédent de munitions qui provient de ce que les perceptions ont été faites en prévision des besoins, et d'après un effectif moyen comprenant un grand nombre d'hommes qui, pour une cause quelconque, ne peuvent brûler les munitions qui ont été perçues pour eux.

Le règlement du 1er mars 1854 prescrivait que ces excédents de munitions fussent consacrés à l'étude des feux d'ensemble. Elles peuvent aussi être consacrées à des tirs individuels supplémentaires. Cette disposition, outre qu'elle donne une grande latitude aux chefs de corps pour faire l'instruction, a encore l'avantage de simplifier la comptabilité. L'artillerie se borne à constater que les consommations ne dépassent pas les allocations auxquelles le corps a eu droit en raison de son effectif.

Le contrôle serait évidemment plus compliqué s'il fallait rendre compte des consommations homme par homme.

Rapport annuel sur le tir. — Le rapport sur le tir doit naturellement comprendre les observations que le chef de corps croit devoir transmettre au Ministre, sur toutes les parties de l'instruction spéciale du tir. En tant que chiffre, il serait complet et par suite suffisant, s'il présentait :

1 - Le résultat général des tirs individuels du régiment à chaque distance ;
2 - Le résultat général des feux d'ensemble, à chaque distance, ces feux étant distingués par espèces de feux et appréciés par leur pour cent, leur vitesse et leur effet utile ;

3 - Le total général des consommations de munitions du régiment ;
4 - La décomposition par classes de tireurs de l'effectif du corps au 31 décembre.

II. Manière de relever et d'apprécier les résultats des feux d'ensemble

Les feux à volonté et à commandement sont appréciés par leur effet utile, qui tient compte à la fois de l'effet produit et du temps employé à le produire. Le rôle des officiers de tir consiste à assurer l'exactitude des quantités qui servent à calculer la vitesse et la justesse du tir.

Les officiers de tir comptent eux-mêmes les tireurs.

Comme il est nécessaire que le feu soit continué par tous les hommes jusqu'au roulement, il faut distribuer assez de cartouches pour que nul ne puisse les épuiser avant la cessation du feu

Au roulement, on ouvre les rangs, on, décharge les armes. Les officiers de tir font ramasser par les sergents toutes les cartouches non brûlées et les font compter devant eux. La différence entre les cartouches distribuées et les cartouches restantes donne le nombre de balles tirées.

La durée se compte à l'aide d'une montre ou d'un compteur à secondes. Elle s'étend, pour les feux à volonté, depuis le commandement de « *commencez le feu* » et pour les feux à commandement, depuis le premier commandement de *joue*, jusqu'au roulement.

Après chaque espèce de feu, les officiers de tir comptent soigneusement les balles mises et font réparer les cibles devant eux.

Le capitaine de tir doit faire figurer dans les comptes rendus : la vitesse, le pour cent et l'effet utile. Quand il s'agit d'apprécier l'instruction d'une troupe ou de comparer deux troupes entr'elles, les deux premières de ces quantités sont essentielles à connaître, parce qu'elles fixent dans une certaine mesure la valeur de la troisième. De deux pelotons qui ont obtenu le même effet utile, celui qui est arrivé à ce résultat au moyen d'un pour cent plus considérable, et d'une vitesse moindre, doit être considéré comme ayant la supériorité. Les effets étant égaux, l'avantage est à celui qui a consommé le moins de munitions : économiser les cartouches en développant l'adresse des hommes, tel est le but de l'instruction.

III. Justesse — Vitesse — Effet utile du tir — Manière de calculer ces quantités.

1° Justesse. — On représente la justesse du tir par le rapport entre le nombre des balles mises et celui des balles tirées. Afin d'avoir une commune mesure, on ramène le nombre des balles tirées à 100. Cette quantité s'appelle communément le *pour cent.*

Calcul du pour cent. 85 hommes ont tiré 512 balles, ils en ont mis 128 dans la cible : quel est le pour cent ?

Sur 512 balles tirées, 128 ont touché le but ; pour une balle tirée la chance d'atteindre serait 512 fois plus faible et représentée par 128/512.

Pour 100 balles tirées, la chance d'atteindre devient 100 fois plus grande que pour une. Elle est représentée par conséquent par (128x100)/512=25,0.

Le pour cent est 25,0.

Règle. — On multiplie le nombre de balles mises par 100, et on divise le produit par le nombre de balles tirées. On force le chiffre des dixièmes si celui des centièmes est plus grand que 5.

Remarque. — On opère exactement de la même manière lorsque les tirs individuels ont été relevés par points ; ainsi on dira : le pour cent des points est de 35, de 84, de 129 etc... Ce qui veut dire que l'on a obtenu, en moyenne, 35, 84 ou 129 points sur 100 coups tirés.

Il peut et il doit arriver que le pour cent des points soit supérieur à 100, puisque l'on peut faire 500 points sur 100 coups tirés.

2° Vitesse. — On appelle vitesse du tir le nombre de balles tirées par cent hommes en une minute.

Calcul de la vitesse. — 85 hommes ont tiré 512 balles en une minute dix-huit secondes (1' 18" = 78") : quelle est la vitesse du tir ?

Une simple réduction à l'unité vous donne le résultat :

Si 85 hommes, en 78", ont tiré 512 balles,

1	—	en 78"	doit tirer	512/85	(ou 85 fois moins)
1	—	en 1"	—	512/(85x78)	(ou 78 fois moins)
1	—	en 60" (1')	—	(512x60)/(85x78)	(ou 60 fois plus)
100	—	en 60" (1')	—	(512x60x100)/(85x78)	(ou 100 fois plus)

Le résultat de cette dernière opération est 634, expression de la vitesse.

Règle.— Pour avoir la vitesse, on multiplie d'abord le nombre de balles tirées par le nombre constant 6000 ; on multiplie d'autre part le nombre de balles mises par la durée exprimée en secondes et on divise le premier produit par le second.

Si le chiffre des dixièmes du quotient est supérieur à 5, on force le chiffre des unités.

3° Effet utile. — On appelle effet utile ou efficacité du tir le nombre de balles que 100 hommes mettent dans la cible en une minute.

Exemple : 128 balles ont été mises, dans la cible par 85 hommes en 1' 18" (ou 78") : quel est l'effet utile du tir ?

Si 85 hommes, en 78", ont mis 128 balles dans la cible				
1	— en 78"	en mettra	128/85	
1	— en 1"	—	128/(85x78)	
1	— en 60" (1')	—	(128x60)/(85x78)	
100	— en 60" (1')	—	(128x60x100)/(85x78)	= 115,8 en forçant 116.

Règle. — Pour avoir l'effet utile, on multiplie le nombre de balles mises par le nombre *constant* 6000 ; on multiplie, d'autre part, le nombre d'hommes par la durée exprimée en secondes, et on divise le premier produit par le second, en forçant le chiffre des dixièmes du quotient quand ce chiffre est supérieur à 5.

Remarque. — Quand on connaît la vitesse et le pour cent, on peut se dispenser de calculer directement l'effet utile. En effet, nous avons trouvé dans l'exemple choisi que 100 hommes, en une minute, tiraient 463 balles, mais nous avons trouvé, d'autre part, que la compagnie avait mis dans la cible les 25% des balles tirées ; donc sur 463 balles tirées, elle en met 463x25/100 = 116, nombre déjà trouvé.

Règle. — Quand on veut avoir l'effet utile, ayant déjà la vitesse et le pour cent, on multiplie ces deux dernières expressions l'une par l'autre, et on divise le produit par 100.

Pour cent moyen. — Vitesse moyenne. — Effet utile moyen.

Le pour cent, la vitesse, l'effet utile étant calculés pour chaque compagnie, les officiers de tir ont à opérer sur des totaux et à trouver, pour le bataillon et pour le régiment, le pour cent moyen, la vitesse moyenne, l'effet utile moyen.

Il importe de ne pas confondre ces quantités avec la moyenne des pour cent, la moyenne des vitesses et la moyenne des effets utiles. Un exemple fera comprendre la différence.

Tir individuel. — Les douze sapeurs qui sont des hommes d'élite, ont tiré 72 balles. Ils en ont mis 36 dans la cible. Leur pour cent est 50,0.

La compagnie hors rang, forte de 80 hommes, ayant tiré 480 balles, en a mis 120 dans la cible. Le pour cent est 25,0.

La moyenne des pour cent est (50+25)/2 = 75/2 = 37,5.

Mais il est bien évident que si on avait fait tirer les sapeurs avec la compagnie on aurait eu un peloton de 92 hommes, lesquels auraient tiré 552 balles, en auraient mis 156 dans la cible, et auraient obtenu, par conséquent, (156x100)/552= 28,2 pour cent.

Dans ce cas, le pour cent moyen est 28,2 tandis que la moyenne des pour cent est 37,5.

Calcul du pour cent moyen. — Règle. — On divise le total des balles mises dans tout le bataillon ou dans tout le régiment par le total des balles tirées. On multiplie le quotient par 100.

Feux d'ensemble. — De même, quand on doit calculer les justesses, les vitesses et les effets utiles moyens des feux d'ensemble ; comme les compagnies n'ont pas le même effectif, qu'elles ne tirent pas exactement avec la même vitesse ni avec la même justesse, et que les durées de leurs feux ne sont pas les mêmes, on commettrait des erreurs si on se bornait à prendre les moyennes de ces quantités calculées séparément pour chacune des fractions du corps.

Quelle que soit la quantité que l'on veuille calculer, le procédé est le même : on ramène les résultats du tir à ce qu'ils seraient si toutes les compagnies formées en un détachement unique avaient tiré pendant le même temps. On cherche donc quels seraient le nombre de balles tirées et le nombre des balles mises dans l'unité de temps par ce peloton fictif. De là, on passe aisément à l'expression qui est indiquée par la définition même de la quantité cherchée.

Exemple :

1re compagnie — 80 hommes ont tiré 700 balles. Ils en ont mis 175 dans la cible ; le feu a duré 1'12', soit 72".

2e compagnie — 70 hommes ont tiré 400 balles. Ils en ont mis 200 dans la cible ; le feu a duré 1'36", soit 96".

Balles tirées en une minute :

1re compagnie — 80 hommes ont tiré 700 balles en 1'12". Ils ont tiré par conséquent (700x60)/72=583 en une minute.

2e compagnie — 70 hommes ont tiré (400x60)/96 = 250 balles en une minute.

Les 1re et 2e compagnies formant un peloton de 150 hommes auraient tiré :

583 + 250 = 833 balles en 1'.

Balles mises en une minute :

La 1re compagnie a mis dans la cible (175x60)/72 = 146 balles en 1'.

La 2e compagnie a mis dans la cible (200x60)/96 = 125 balles en 1'.

Les 1re et 2e compagnies auraient mis 146+125 = 271 balles en cible en 1'.

Justesse moyenne. — La justesse moyenne est 271/833 = 0,324 et le pour cent moyen est 32,4.

Vitesse moyenne. —	150 hommes	ont tiré 833 balles en 1';	
	1	—	aurait tiré 833/150 = 5,55 balles ;
	100	—	auraient tiré 555 balles.
Effet utile moyen. —	150	—	ont mis 271 balles en 1';
	1	—	aurait mis 271/150 = 1,80 balles;
	100	—	auraient mis 180 balles.

Remarque. — On obtient encore l'effet utile moyen, en multipliant la vitesse moyenne par la justesse moyenne.

555 x 0,324 = 180.

Règle. — On divise le total des balles tirées dans chaque compagnie par la durée correspondante. On fait la somme des quotients. On obtient ainsi le total des balles tirées en 1' par le bataillon ou par le régiment ; on opère de même sur les balles mises.

Ces deux expressions étant trouvées, on en déduit :

- Le pour cent moyen, en divisant le total des balles mises en 1' par le total des balles tirées en 1', et en multipliant le quotient par 100 ;
- La vitesse moyenne, en divisant le total des balles tirées en 1' par le total des tireurs du bataillon ou du régiment et en multipliant le quotient par 100.
- L'effet utile moyen, en divisant le total des balles mises en l' par le total des tireurs du bataillon ou du régiment et en multipliant le quotient par 100. On obtient encore l'effet utile moyen en multipliant la vitesse moyenne par la justesse moyenne.

IV. Termes de comparaison pour servir à l'appréciation des tirs d'exercice

Les résultats d'un tir d'exercice sont souvent influencés par des circonstances atmosphériques dont on doit tenir compte dans l'appréciation.

Cette réserve faite, on trouvera dans le tableau suivant la qualification de résultats de tirs individuels exprimés par leur pour cent et de feux d'ensemble évalués par leur effet utile.

FEUX A VOLONTÉ ET A COMMANDEMENT.

Qualification d'effets utiles obtenus dans des tirs d'instruction exécutés sur des panneaux de 2 mètres de hauteur sur 4 mètres de base, avec le fusil modèle 1866.

ESPÈCES DE FEUX.	DISTANCES.	MAUVAIS tir.	TIR médiocre.	ASSEZ BON tir.	BON TIR.	TRÈS-BON tir.	TIR excellent.
Feux à volonté.	200	au-dessous de 60	de 61 à 120	de 121 à 180	de 181 à 260	de 261 à 350	au-dessus de 351
	300	— 50	51 87	88 140	141 215	216 280	— 281
	400	— 42	43 68	69 115	116 160	161 225	— 226
	500	— 34	35 58	59 95	96 130	131 180	— 181
	600	— 28	29 50	51 80	81 110	111 150	— 151
Feux à commandement.	400	— 30	31 50	51 85	86 120	121 160	— 161
	500	— 25	26 45	46 70	71 100	101 130	— 131
	600	— 20	21 40	41 60	61 80	81 110	— 111
	700	— 15	16 30	31 50	51 70	71 90	— 91
	800	— 12	13 25	26 40	41 55	56 75	— 76
	900	— 10	11 20	21 30	31 45	46 60	— 61
	1000	— 8	9 15	16 25	26 35	26 45	— 46
	1200	— 6	7 8	9 10	11 14	15 20	— 21

TIRS INDIVIDUELS.

Qualification de pour cent obtenus avec le fusil modèle 1866.

DISTANCES.	DIMENSIONS du but.	MAUVAIS tir.	TIR médiocre.	ASSEZ BON tir.	BON TIR.	TRÈS-BON tir.	TIR excellent.
200	2 mètres sur 1 mètre	au-dessous de 25	de 26 à 35	de 36 à 45	de 46 à 60	de 61 à 80	au-dessus de 81
300	2 — 1^m,50	— 21	22 28	29 38	39 52	53 70	— 74
400	2 — 2^m,00	— 17	18 23	24 31	32 44	45 60	— 61
500	2 — 2^m,50	— 14	15 19	20 27	28 37	38 50	— 51
600	2 — 3^m,00	— 12	13 16	17 23	24 31	32 42	— 43
700	2 — 3^m,50	— 10	11 14	15 19	20 26	27 35	— 36
800	2 — 4^m,00	— 8	8 11	12 16	17 22	23 30	— 31
900	2 — 4^m,50	— 6	7 9	10 13	14 18	19 25	— 26
1000	2 — 5^m,00	— 4	5 7	8 10	11 14	15 20	— 21

CHAPITRE VI

INFLUENCE DE L'AMÉLIORATION DE L'ARMEMENT ET DES PROGRÈS DU TIR AU POINT DE VUE FRANÇAIS

L'emploi d'une arme nouvelle a toujours entraîné des modifications sensibles dans la tactique. Cette conséquence habituelle devait suivre naturellement l'adoption des armes rayées de petit calibre à chargement rapide.

Nous avons eu le tort de ne pas le prévoir en temps opportun, et de continuer à nous inspirer des errements de nos devanciers. Faute d'études préalables bien mûries, d'instructions nettes propagées dans les rangs de l'armée, on n'a pas complètement utilisé, dans la dernière guerre, la supériorité incontestable de notre armement.

Pour obtenir de grands résultats, il faut que le mode de combat que l'on adopte tienne compte, tout à la fois, et de la puissance des engins de guerre en usage dans les deux camps, et de l'esprit propre à chacune des armées.

Nous n'avons pas la prétention de poser les règles d'une nouvelle tactique, notre but est plus modeste. Nous voulons simplement essayer de réfuter les trois assertions suivantes que nous avons trop souvent entendu émettre :

1°. Les progrès de l'armement, plus favorables à la défensive qu'à l'offensive, sont au profit de nos adversaires, les Français étant surtout propres à l'offensive ;

2°. La rapidité du tir annulant le rôle de la baïonnette, enlève au Français sa principale supériorité sur les champs de bataille ;

3°. Le Français, par son tempérament, est inapte à devenir tireur, ou du moins il est, à cet égard, dans des conditions d'infériorité très notable, par rapport aux races du Nord.

I. Conditions nouvelles de l'offensive et de la défensive

Il est hors de doute que la défensive a gagné en puissance et que, par ce fait même, l'offensive devient plus difficile et plus périlleuse, mais conclure de là que l'armée française a perdu dans ces changements ce que ses adversaires y ont gagné, c'est n'envisager la question que sous une de ses faces.

Pour que cette déduction fût logique, il faudrait que l'armée française fût condamnée à une offensive constante, tandis que l'ennemi pourrait gagner des batailles sans quitter la défensive. Cette hypothèse est évidemment inadmissible.

Une bataille se compose, pour les deux armées en présence, d'alternatives d'attaque et de défense ; il faut donc se demander ce que nous gagnons et ce que nous perdons dans chacun de ces deux cas.

1° Défensive. — Nous avons gagné plus que quiconque dans ce genre de combats. Chacun sait, en effet, qu'il a toujours été difficile de contenir le soldat français pour attendre l'ennemi dans une position choisie à l'avance. Cependant, la guerre soutenue par l'armée du Rhin fournit une foule d'exemples de défenses de positions où l'infanterie française a fait preuve de calme et de solidité. Cette qualité nouvelle qui semble se révéler ne tient-elle pas à l'énorme confiance que les soldats avaient dans la puissance de leurs armes ?

Dans ce cas , l'amélioration de l'armement aurait tourné à notre profit.

2° Offensive. — C'est surtout dans l'offensive que nous devons non seulement conserver mais encore augmenter notre supériorité.

Tous les genres d'attaque passés, présents et futurs, se rapprochent plus ou moins des deux caractères généraux suivants :

1 - Aborder l'ennemi en conservant le tact des coudes, les hommes n'ayant besoin d'aucune initiative propre parce que les forces de tous sont concentrées dans les mains d'un seul, chaque individualité n'ayant qu'à suivre l'impulsion donnée par le chef ;

2 - Disséminer les combattants pour offrir moins de prise au feu de l'ennemi, chaque individualité échappant en partie à l'action du chef.

Le premier genre d'attaque, qui a pu être excellent avec des armes à chargement lent et à courte portée, devient aujourd'hui peu praticable en raison de la vitesse du tir et de la longue portée des armes rayées.

La deuxième manière d'attaquer prend donc la première place, or c'est celle qui convient à l'esprit, au tempérament de la nation.

Les progrès de l'armement et du tir ne nous sont pas, de tous points, préjudiciables.

II. Rôle de la baïonnette

Enlever ou aborder une position à la baïonnette est une expression imagée que l'usage a consacrée et que l'on doit traduire presque toujours de la manière suivante : marcher à l'ennemi sans tirer.

Le combat à l'arme blanche n'est pas le dénouement ordinaire de ce genre d'attaque : ou bien la position est abandonnée par les défenseurs avant l'arrivée des assaillants, ou bien ces derniers sont arrêtés par le feu avant d'arriver à l'ennemi.

La qualité qui a fait la réputation du soldat français dans les attaques dites à la baïonnette, c'est un tempérament fougueux (*furia francese*) qui le fait se jeter, tête baissée, au milieu du danger ; l'ennemi ébranlé quitte la place, non par suite du mal qu'on lui a fait, mais par crainte de celui qu'on pourrait lui faire s'il attendait plus longtemps et, certainement, la crainte du feu prend la plus large part dans l'effet produit. Croit-on, par exemple, qu'une troupe armée de fusils abandonnerait jamais une position, si elle savait que l'assaillant n'est armé que de piques ?

Quoi qu'il en soit, la supériorité du soldat français tient à une qualité de race qui existait avant l'invention de la baïonnette et qui survivra à l'usage de cette arme, en supposant qu'il soit abandonné ou du moins considérablement amoindri.

III. Aptitude au tir

Il est plus facile et surtout moins fatigant de déclarer que le Français est inapte à devenir tireur que de chercher à le former.

Pour notre compte, nous avons toujours remarqué que non seulement les hommes que nous avons eus à instruire avaient tout ce qu'il faut pour bien faire, mais encore qu'ils prenaient beaucoup de goût au tir dès qu'ils en avaient surmonté les premières difficultés.

Le tir est, somme toute, un jeu d'adresse, et on ne voit pas pourquoi le Français serait, à cet égard, moins bien doué que ses voisins. Si le calme et le flegme peuvent donner une certaine supériorité dans un tir de grande précision, l'adresse, l'intelligence, la vivacité, sont des qualités sérieuses pour le tir de guerre et, à ce point de vue, nous ne le cédons à personne.

Le reproche le plus sérieux que l'on puisse adresser au soldat français, c'est sa tendance à trop tirer. Nous avons déjà signalé ce défaut que nous imputons surtout aux cadres de notre infanterie.

Lorsque les officiers et les sous-officiers seront bien pénétrés de la nécessité de ménager les munitions, lorsqu'ils sauront diriger et judicieusement employer les feux à commandement, cette fâcheuse tendance sera contenue car, nous le répétons, si le soldat tire hors de propos et hors de mesure, c'est qu'il est trop souvent livré à lui-même en présence de l'ennemi.

Admettons cependant que les Allemands soient plus aptes que nous à tirer dans le rang, sous la direction d'un chef, il n'en reste pas moins certain qu'il n'y a pas de soldat mieux doué que le Français pour se servir isolément d'une arme à longue portée ; il n'y a qu'à se donner la peine de l'instruire en temps de paix et de le diriger sur le champ de bataille.

CONCLUSION

En résumé :

Notre fusil, malgré ses défauts, est encore supérieur aux 9/10 des armes actuellement en service dans les armées européennes.

Nous pouvons modifier le modèle adopté en 1866 et lui donner une valeur au moins égale à celle des meilleurs types connus, valeur très voisine du maximum de puissance que l'on puisse donner à une arme à feu portative destinée au service de l'infanterie.

Les progrès qu'on pourra réaliser dans un avenir plus ou moins lointain, amèneront probablement une économie dans la fabrication des armes et des cartouches, une plus grande facilité d'entretien, un allègement dans le transport des munitions, peut-être même une plus grande précision dans le tir, mais les effets des feux de l'infanterie ne seront augmentés que de quantités inappréciables.

Tous les progrès à prévoir sont du même ordre que ceux qui ont été réalisés de 1745 à 1840 sur le fusil à silex.

Dans un temps plus ou moins court, l'équilibre s'établira dans l'armement de toutes les puissances, c'est-à-dire que toutes auront des fusils ayant à peu près la même valeur que le type dont nous avons indiqué les éléments constitutifs.

Nos manufactures sont outillées de manière à ne nous laisser dépasser par personne dans la voie du progrès. Notre situation, au point de vue de l'armement de l'infanterie, est donc bonne dans le présent et peut être maintenue telle dans l'avenir.

Mais il ne suffit pas d'avoir de bonnes armes, il faut surtout de bons soldats. Les principaux caractères qui les distinguent sont :

1 - Des qualités de race soigneusement développées, dirigées et entretenues par une bonne éducation militaire ;
2 - Une instruction professionnelle ayant en partie pour objet d'unir, pour ainsi dire, le soldat à son arme, chacun des deux n'ayant de valeur que par l'autre.

En fait d'instincts guerriers, le Français n'a rien à envier à personne ; il est, d'ailleurs, aussi apte que quiconque à utiliser la grande puissance des armes modernes.

Donnons donc à nos soldats et surtout à nos cadres l'instruction qui leur a fait un peu défaut jusqu'ici, et l'infanterie française conservera dans l'avenir le rang qu'elle occupait avant l'invention des armes de précision.

FIN

GLOSSAIRE DE TERMES D'ARMEMENT

AIGUILLE : fine tige métallique servant de percuteur.

ARMÉ : position des pièces mobiles d'une arme juste avant la percussion.

ARME À TABATIÈRE : arme chargée par la bouche transformée pour être chargée par la culasse. La culasse s'ouvre par basculement sur le côté, comme une tabatière.

ARRÊTOIR : pièce qui limite le mouvement des pièces mobiles d'une arme.

BASSINET : partie de la platine qui recevait la poudre de l'amorce.

BATTANT : anneau ou œillet monté sur pivot.

BATTANT DE CROSSE : extrémité repliée de la plaque de couche.

BATTES : pinces qui retiennent la pointe d'une épée à l'intérieur de son fourreau.

BLOC DE CULASSE : pièces mobiles de la culasse.

BOÎTE DE CULASSE : pièce fixe de la culasse à l'intérieur de laquelle circulent les pièces mobiles.

BOURRE : tampon de calage entre la charge et la balle.

BOUTEROLLE : écrou fixé sur un support métallique.

BUSC : coude de la crosse du fusil.

CALEPIN : élément de bourre utilisé dans les armes à poudre noire.

CAPUCINE : collier tenant le canon au fût de l'arme.

CAPSULE : alvéole en cuivre, ou en laiton, contenant la poudre d'amorçage.

CARABINE : fusil léger à canon rayé.

CHIEN : pièce métallique portant autrefois le silex, aujourd'hui qui frappe le percuteur, ou l'aiguille.

CHINOISE : évidement longitudinal d'une pièce métallique pour limiter un mouvement donné.

CRAN DE MIRE : échancrure pratiquée dans la hausse servant à la visée.

CROISIÈRE : pièce transversale d'une épée qui sert de garde.

COULISSE : rainure.

CULASSE : pièce métallique qui assure l'obturation de l'orifice postérieur du canon.

DÉTENTE : pièce du mécanisme qui,

pressée par le tireur, agit sur la gâchette pour faire partir le coup.

DOUILLE : autre terme pour désigner l'étui.

EMBOUCHOIR : anneau reliant le canon au fût de l'arme.

ENCLUME : petite pièce métallique d'une cartouche située entre l'amorce et la poudre.

ÉTOUTEAU : cheville fixée sur la douille d'une baïonnette à douille pour limiter le mouvement de la virole.

ÉTUI : cylindre qui contient la charge d'une cartouche et auquel est fixée la balle.

ÉTUI DE CLINQUANT : étui en feuilles métalliques minces.

EXTRACTEUR : pièce de la culasse mobile pour retirer l'étui vide d'une cartouche après le départ du coup.

FUSIL DE REMPART : fusil de gros calibre qui équipait jusqu'au XIXe siècle les soldats postés sur les remparts ou dans les retranchements.

GÂCHETTE : pièce métallique solidaire de la détente qui commande le départ du coup.

GRAIN : sorte de bague sertie sur une tige.

GRENADIÈRE : collier maintenant en son milieu le canon au fût.

GUIDON : petite pièce métallique fixée à l'extrémité du canon, qui sert, avec le cran de mire, ou l'œilleton, de la hausse, à effectuer une visée.

LAVOIR : petite pièce métallique trouée à monter sur la baguette du fusil pour assurer le nettoyage du canon avec un chiffon.

LIMBE : couronne ou cercle graduée.

NOIX : bague mobile qui en entraîne autre pièce dans un mouvement de translation.

PLAQUE DE COUCHE : pièce métallique protégeant le pied de la crosse.

PLATINE : mécanisme de l'arme assurant la percussion.

PONTET : pièce qui protège la détente d'une arme à feu.

SABOT : pièce de bois ou de carton intercalée entre la poudre et la balle.

SOUS-GARDE : voir pontet.

STADIA : mire graduée utilisée pour mesurer au télémètre la distance entre deux points.

TABATIÈRE : voir arme à tabatière.

TIRE-CARTOUCHE : voir extracteur.

TONNERRE : partie du canon d'une arme à feu venant se fixer à la boîte de culasse. Cette partie est la plus épaisse car devant supporter le maximum des pressions du tir.

PERCUTEUR : tige métallique dont la pointe frappe l'amorce sous l'action du chien.

INDEX

TABLE DES MATIÈRES

TROISIÈME PARTIE

PRATIQUE DU TIR

www.ingramcontent.com/pod-product-compliance
Lightning Source LLC
Chambersburg PA
CBHW061153240926
51846CB00006B/1005
9782369650621